Horst Scholze

Glas

Natur, Struktur und Eigenschaften

Dritte, neubearbeitete Auflage

Mit 168 Abbildungen

Springer-Verlag Berlin Heidelberg GmbH 1988

Dr. rer. nat. Horst Scholze
ehem. Professor für Glas, Keramik und Bindemittel an der TU Berlin
ehem. Leiter des Fraunhofer-Instituts für Silicatforschung, Würzburg
Hon.-Professor an der Universität Würzburg

ISBN 978-3-662-07496-1   ISBN 978-3-662-07495-4 (eBook)
DOI 10.1007/978-3-662-07495-4

Dieses Werk ist urheberrechtlich geschützt. Die dadurch begründeten Rechte, insbesondere die der Übersetzung, des Nachdrucks, des Vortrags, der Entnahme von Abbildungen und Tabellen, der Funksendung, der Mikroverfilmung oder der Vervielfältigung auf anderen Wegen und der Speicherung in Datenverarbeitungsanlagen, bleiben, auch bei nur auszugsweiser Verwertung, vorbehalten. Eine Vervielfältigung dieses Werkes oder von Teilen dieses Werkes ist auch im Einzelfall nur in den Grenzen der gesetzlichen Bestimmungen des Urheberrechtsgesetzes der Bundesrepublik Deutschland vom 9. September 1965 in der Fassung vom 24. Juni 1985 zulässig. Sie ist grundsätzlich vergütungspflichtig. Zuwiderhandlungen unterliegen den Strafbestimmungen des Urheberrechtsgesetzes.

© Springer-Verlag Berlin Heidelberg 1988
Ursprünglich erschienen bei Springer-Verlag Berlin Heidelberg New York 1988.
Softcover reprint of the hardcover 3rd edition 1988

Die Wiedergabe von Gebrauchsnamen, Handelsnamen, Warenbezeichnungen usw. in diesem Buch berechtigt auch ohne besondere Kennzeichnung nicht zu der Annahme, daß solche Namen im Sinne der Warenzeichen- und Markenschutz-Gesetzgebung als frei zu betrachten wären und daher von jedermann benutzt werden dürften.

Sollte in diesem Werk direkt oder indirekt auf Gesetze, Vorschriften oder Richtlinien (z. B. DIN, VDI, VDE) Bezug genommen oder aus ihnen zitiert worden sein, so kann der Verlag keine Gewähr für Richtigkeit, Vollständigkeit oder Aktualität übernehmen. Es empfiehlt sich, gegebenenfalls für die eigenen Arbeiten die vollständigen Vorschriften oder Richtlinien in der gültigen Fassung hinzuzuziehen.

Satz: Mit einem System der Springer Produktions-Gesellschaft
Gesamtherstellung: Brühlsche Universitätsdruckerei, Gießen
2160/3020-543210 – Gedruckt auf säurefreiem Papier

Aus dem Vorwort zur ersten Auflage

Das Glas ist ein Stoff mit einer theoretisch unbegrenzten Vielfalt an Zusammensetzungsmöglichkeiten. Deshalb sind auch seine Eigenschaften sehr variabel, was dem Glas viele Anwendungsgebiete erschlossen hat und ständig neue eröffnet. Groß ist aber auch die Zahl der Veröffentlichungen über das Glas, wobei die Ansichten über bestimmte Probleme nicht immer übereinstimmen. Für jemanden, der sich in dieses Gebiet einarbeiten will, oder für einen Außenstehenden, der sich einen kurzen Überblick verschaffen will, bestehen deshalb beträchtliche Schwierigkeiten. Hier helfend einzugreifen ist das Ziel dieses Buches. Bei der Planung ergab sich aber bald, daß ein einheitliches Bild in dem begrenzten Rahmen eines solchen Buches nur durch eine Beschränkung auf die Grundlagen zu erreichen ist. Es war dazu erforderlich, sich nur auf die wichtigsten Komponenten zu beziehen und im Hinblick auf ein besseres Verständnis an einigen Stellen Vereinfachungen vorzunehmen, obwohl unsere Kenntnisse schon weiter fortgeschritten sind. An wenigen anderen Stellen wurde jedoch bewußt über die Grundlagen hinausgegangen, um zu zeigen, wie interessant das Glas ist und wo noch offene Probleme liegen.

Der Verfasser will mit diesem Buch nicht nur Glasfachleute und solche, die es werden wollen, ansprechen, sondern hofft, daß es auch Wissenschaftlern und Praktikern anderer Fachrichtungen eine Hilfe sein möge, dem Glas mit seinen Eigenschaften und Eigenarten näher zu kommen.

Berlin, Dezember 1964   H. SCHOLZE

Vorwort zur dritten Auflage

Der Verfasser dankt den Lesern und Benutzern, daß sie nach der ersten auch die zweite Auflage dieses Buches freundlich aufgenommen haben und daß die schwierige Auswahl zwischen Grundlagen, praktischen Eigenschaften, Meßmethoden und angeführter Literatur meist gutgeheißen wurde. Wie bereits im vorstehenden Vorwort zur ersten Auflage angeführt, ist es das Anliegen dieses Buches, durch eine verständliche, d. h. einfache und daher z. T. vereinfachende Darstellung zum Verständnis des Glases und seiner Eigenschaften beizutragen. Durch die Angaben von Daten und den Hinweis auf Methoden soll es den praktischen Umgang mit dem Glas erleichtern. Ein relativ ausführliches Literaturverzeichnis weist auf Vertiefungsmöglichkeiten hin; dem Verlag sei für die Gewährung dieser Ausführlichkeit besonders gedankt. Trotzdem war es notwendig, viele Zitate der ersten beiden Auflagen wegzulassen; übernommen wurden vorwiegend solche Zitate, die wesentliche Ergebnisse bringen bzw. aus denen man noch mehr lernen kann. Den Querverbindungen innerhalb des Buches dienen sowohl entsprechende Hinweise als auch ein aufgeschlüsseltes Sachverzeichnis.

Auch in den letzten reichlich 10 Jahren seit Erscheinen der zweiten Auflage hat die Zahl der Veröffentlichungen über das Glas stark zugenommen, wesentliche Fortschritte zum Verständnis des Glases und seiner Anwendungen wurden erzielt. Der Verfasser bittet um Verzeihung, wenn er einige der neuen Arbeiten nicht zitiert oder übersehen hat; es mußte eine Auswahl getroffen werden, um im Rahmen eines Buches bleiben zu können. Das Schwergewicht liegt nach wie vor beim Verhalten der herkömmlichen Gläser, doch wird versucht, im Abschnitt über spezielle Glasstrukturen den neuen Glastypen gerecht zu werden. Besonders eingegangen wird auch auf moderne Entwicklungen bei einigen optischen und chemischen Eigenschaften. Neue Abschnitte behandeln die Grundlagen von Glasoberflächen und die nicht konventionelle Herstellung nach dem Sol-Gel-Prozeß.

So hofft der Verfasser, daß es ihm gelungen ist, dieses Buch dem modernen Kenntnisstand anzupassen. Das Schrifttum bis Ende 1987 wurde nach Möglichkeit berücksichtigt. Nach Rücksprache mit dem Verlag wurden die bewährten Einheiten Gew.-% und Mol-% noch beibehalten.

Abschließend dankt der Verfasser dem Verlag, daß er sich seinen Vorstellungen gegenüber immer aufgeschlossen gezeigt hat. Er dankt auch der Fraunhofer-Gesellschaft, daß sie ihm ermöglicht hat, an seiner früheren Wirkungsstätte weiterhin an diesem Buch zu arbeiten. Ein besonderer Dank gilt seiner Frau, ohne deren kritische, sachkundige und unermüdliche Mitwirkung diese Arbeit nicht zu schaffen gewesen wäre.

Würzburg, Juli 1988 H. SCHOLZE

Inhaltsverzeichnis

1 Einleitung 1

2 Natur und Struktur des Glases 3
  2.1 Definition von Glas 3
  2.2 Netzwerkhypothese 5
  2.3 Struktur der Schmelze 8
    2.3.1 Auswertung von Phasendiagrammen – Aktivitäten 8
    2.3.2 Auswertung sonstiger Messungen 17
    2.3.3 Entmischung 22
    2.3.4 Azidität – Basizität 36
  2.4 Kinetik der Bildung flüssiger und fester Phasen 40
    2.4.1 Grundlagen der Viskosität 40
        2.4.1.1 Abhängigkeit von der Temperatur 43
        2.4.1.2 Abhängigkeit von der Zeit 47
    2.4.2 Schmelzvorgang 51
    2.4.3 Kristallisation 53
        2.4.3.1 Keimbildung 54
        2.4.3.2 Kristallisationsgeschwindigkeit 60
        2.4.3.3 Gezielte Kristallisation 66
    2.4.4 Glasbildung – kinetisch betrachtet 68
    2.4.5 Sol-Gel-Prozeß 76
  2.5 Glasstruktur 81
    2.5.1 Thermodynamische Betrachtung 82
    2.5.2 Untersuchungsmethoden 90
    2.5.3 Bindungsverhältnisse 98
        2.5.3.1 Bindungsverhältnisse beim SiO_2 98
        2.5.3.2 Zahlenmäßige Erfassung 101
        2.5.3.3 Glasbildung – bindungsmäßig betrachtet 105
    2.5.4 Weitere Hypothesen zur Glasstruktur und Glasbildung 107
    2.5.5 Idealglas – Realglas 112
    2.5.6 Glasig – amorph 115
    2.5.7 Glasoberfläche 117
  2.6 Spezielle Glasstrukturen 120
    2.6.1 Oxidische Gläser 121
        2.6.1.1 Einkomponentengläser 121
        2.6.1.2 Einfluß von R_2O 123
        2.6.1.3 Einfluß von RO 126
        2.6.1.4 Einfluß von R_2O_3 und Gläser auf R_2O_3-Basis 128
        2.6.1.5 Einfluß von RO_2 bzw. R_2O_5 und Gläser auf deren Basis 133
        2.6.1.6 Oxogläser 135
        2.6.1.7 Einfluß anderer Anionen 136
    2.6.2 Nichtoxidische Gläser 140
        2.6.2.1 Halogenid-, insbesondere Fluoridgläser 140
        2.6.2.2 Chalcogenidgläser 142
        2.6.2.3 Metallische Gläser 142
        2.6.2.4 Kohlenstoffhaltige Gläser 144

3 Eigenschaften des Glases 147

3.1 Viskosität 147
3.1.1 Meßmethoden 148
3.1.2 Abhängigkeit von der Zusammensetzung 153
3.1.3 Berechnung aus der Zusammensetzung 162
3.1.4 Abhängigkeit von der Vorgeschichte 167

3.2 Wärmedehnung 169
3.2.1 Meßmethoden 169
3.2.2 Abhängigkeit von der Temperatur 171
3.2.3 Abhängigkeit von der Zusammensetzung 172
3.2.4 Berechnung aus der Zusammensetzung 175
3.2.5 Abhängigkeit von der Vorgeschichte 179

3.3 Dichte 181
3.3.1 Meßmethoden 181
3.3.2 Abhängigkeit von der Zusammensetzung 182
3.3.3 Berechnung aus der Zusammensetzung 190
3.3.4 Abhängigkeit von der Temperatur – Dichten von Glasschmelzen 193
3.3.5 Abhängigkeit von der Vorgeschichte 196

3.4 Optische Eigenschaften 199
3.4.1 Lichtbrechung 199
3.4.1.1 Meßmethoden 203
3.4.1.2 Abhängigkeit von der Zusammensetzung 204
3.4.1.3 Berechnung aus der Zusammensetzung 207
3.4.1.4 Abhängigkeit von der Temperatur 211
3.4.1.5 Abhängigkeit von der Vorgeschichte 212
3.4.2 Lichtdurchlässigkeit 213
3.4.2.1 Meßmethoden 215
3.4.2.2 Durchlässigkeit im ultravioletten Bereich 216
3.4.2.3 Durchlässigkeit im sichtbaren Bereich 217
3.4.2.4 Durchlässigkeit im infraroten Bereich 222
3.4.2.5 Abhängigkeit von der Temperatur 224
3.4.2.6 Abhängigkeit von der Vorgeschichte 225
3.4.2.7 Besondere Entwicklungen 225

3.5 Mechanische Eigenschaften 228
3.5.1 Elastische Eigenschaften 229
3.5.1.1 Meßmethoden 229
3.5.1.2 Abhängigkeit von der Zusammensetzung 231
3.5.1.3 Berechnung aus der Zusammensetzung 233
3.5.1.4 Verdichtung 236
3.5.1.5 Abhängigkeit von der Temperatur 237
3.5.1.6 Abhängigkeit von der Vorgeschichte 238
3.5.2 Festigkeit 238
3.5.2.1 Theoretische Festigkeit 239
3.5.2.2 Praktische Festigkeit 240
3.5.2.3 Vorgänge beim Bruch – Bruchmechanik 243
3.5.2.4 Ermüdung – Lebensdauer 248
3.5.2.5 Abhängigkeit von der Temperatur 252
3.5.2.6 Abhängigkeit von der Zusammensetzung 252
3.5.2.7 Abhängigkeit von der Vorgeschichte 255
3.5.2.8 Verbesserung der Festigkeit 256
3.5.2.9 Meßmethoden 258
3.5.3 Spannungen 259
3.5.3.1 Doppelbrechung 260
3.5.3.2 Abhängigkeit von der Zeit – Kühlung 265
3.5.4 Härte 267
3.5.4.1 Verformungsmechanismen 267
3.5.4.2 Meßmethoden 269

Inhaltsverzeichnis

- 3.5.4.3 Abhängigkeit von der Zusammensetzung 269
- 3.5.4.4 Abhängigkeit von der Temperatur 272
- 3.5.4.5 Abhängigkeit von der Vorgeschichte 272
- 3.5.4.6 Schleifhärte 273
- 3.6 Elektrische Eigenschaften 274
  - 3.6.1 Elektrische Leitfähigkeit 274
    - 3.6.1.1 Meßmethoden 274
    - 3.6.1.2 Abhängigkeit von der Zusammensetzung 276
    - 3.6.1.3 Abhängigkeit von der Temperatur – Verhalten von Glasschmelzen . 283
    - 3.6.1.4 Berechnung aus der Zusammensetzung 285
    - 3.6.1.5 Abhängigkeit von der Vorgeschichte 286
    - 3.6.1.6 Gläser mit besonderen elektrischen Eigenschaften . 287
  - 3.6.2 Dielektrische Eigenschaften 291
    - 3.6.2.1 Meßmethoden 292
    - 3.6.2.2 Abhängigkeit von der Temperatur und der Frequenz 292
    - 3.6.2.3 Abhängigkeit von der Zusammensetzung 294
    - 3.6.2.4 Berechnung aus der Zusammensetzung 295
    - 3.6.2.5 Abhängigkeit von der Vorgeschichte 297
- 3.7 Oberflächenspannung 297
  - 3.7.1 Meßmethoden 298
  - 3.7.2 Abhängigkeit von der Zusammensetzung 299
  - 3.7.3 Berechnung aus der Zusammensetzung 302
  - 3.7.4 Abhängigkeit von der Temperatur 304
- 3.8 Chemische Beständigkeit 305
  - 3.8.1 Grundlegende Reaktionen 306
  - 3.8.2 Meßmethoden 307
  - 3.8.3. Meßergebnisse 310
  - 3.8.4 Mechanismen 316
  - 3.8.5 Abhängigkeit von der Zusammensetzung 318
  - 3.8.6 Berechnung aus der Zusammensetzung 322
  - 3.8.7 Abhängigkeit von der Temperatur 322
  - 3.8.8 Abhängigkeit von der Vorgeschichte 323
  - 3.8.9 Gläser mit besonderen chemischen Eigenschaften 324
    - 3.8.9.1 Glaselektroden 324
    - 3.8.9.2 Flußsäurebeständige Gläser 326
    - 3.8.9.3 Alkalibeständige Gläser 326
    - 3.8.9.4 Gläser für Natriumdampf-Lampen 327
    - 3.8.9.5 Gläser zum Lagern von radioaktivem Abfall 327
    - 3.8.9.6 Gläser mit eingestellter Auflösungsgeschwindigkeit . 328
- 3.9 Thermische Eigenschaften 330
  - 3.9.1 Spezifische Wärme 330
    - 3.9.1.1 Meßmethoden 330
    - 3.9.1.2 Abhängigkeit von der Temperatur 331
    - 3.9.1.3 Abhängigkeit von der Zusammensetzung 331
    - 3.9.1.4 Berechnung aus der Zusammensetzung 332
    - 3.9.1.5 Abhängigkeit von der Vorgeschichte 334
  - 3.9.2 Wärmetransport 335
    - 3.9.2.1 Meßmethoden 336
    - 3.9.2.2 Abhängigkeit von der Temperatur 336
    - 3.9.2.3 Abhängigkeit von der Zusammensetzung 337
    - 3.9.2.4 Berechnung aus der Zusammensetzung 338

Literaturverzeichnis 340

Autorenverzeichnis 381

Sachverzeichnis 389

1 Einleitung

Im Laufe der Zeit hat der Begriff „Glas" verschiedene Bedeutungen erhalten. So kann man darunter einen bestimmten Zustand einer Substanz (glasig), einen Werkstoff (z.B. Fensterglas) oder auch einen Gegenstand (z.B. ein Weinglas) verstehen. Es ist deshalb verständlich, daß man im Schrifttum viele Definitionen findet, die teilweise recht unterschiedlich sind. (Die in deutscher Sprache üblichen Begriffe sind in einer Norm festgelegt [1145]. Eine Hilfe bietet auch das von der Internationalen Glaskommission herausgegebene Wörterbuch [435].) Daneben spielen auch praktische Belange eine Rolle. Wissenschaftler sind schon zufrieden, wenn sie von einer Substanz nur Spuren glasig erhalten können, während Praktiker eine Substanz erst dann als glasbildend bezeichnen, wenn es gelingt, größere Mengen von ihr in glasiger Form herzustellen. Mit den sich daraus ergebenden Definitionsfragen wird daher das nächste Kapitel beginnen.

Die Kunst der Glasherstellung ist 5 000 Jahre alt, doch schon vorher wurde das natürliche Glas, der Obsidian, zur Herstellung von Werkzeugen verwendet. Die interessante und abwechslungsreiche Geschichte des Glases kann hier nur gestreift werden. Sehr wahrscheinlich war es der Zufall, der den Menschen das erste selbst hergestellte Glas in die Hand spielte. Doch bald wurde dieser neue Werkstoff mit großer Kunstfertigkeit gehandhabt, weshalb das erste Glas vorwiegend als wertvoller Schmuckgegenstand diente. Dann trat die Verwendung des Glases als Gefäß in den Vordergrund, wozu das Glas zunächst gefrittet und anschließend im gerade geschmolzenen, zähflüssigen Zustand um einen Kern geformt wurde. Diese Technik hatte also große Ähnlichkeit mit der Keramik. Das Glas im flüssigeren Zustand zu verformen scheiterte wohl an dem nicht genügend beständigen Tiegelmaterial. Die Zusammensetzung der alten ägyptischen Gläser sind uns aus Analysen, aber auch von den Keilschrifttafeln aus der Bibliothek des Assurbanipal bekannt: 70 Gew.-% SiO_2 (mit etwas Al_2O_3), 10 Gew.-% CaO (mit etwas MgO) und 20 Gew.-% Na_2O (mit etwas K_2O). Die ersten Gläser waren also Natrongläser. Für die benötigte Soda hatten die Ägypter ein Herstellungsmonopol, das über die Römer an Venedig überging.

Die erste einschneidende Wende in der Glasherstellung war die Erfindung der Glasmacherpfeife, die wahrscheinlich im 1. Jh. v. Chr. gelang. Besseres Tiegelmaterial erlaubte jetzt, das Glas höher zu erhitzen und dann zu verblasen, womit eine dem Glas eigene Technik geschaffen wurde. An dieser Technik hat sich fast 2 000 Jahre lang kaum etwas geändert. Die Römer entwickelten sie zu hoher Kunst und brachten diese auch nach Mitteleuropa, wo sie in der Gegend von Köln im 3. Jh. n. Chr. eine große Blüte erlebte. In der folgenden Zeit stand die Herstellung von Gläsern für den täglichen Bedarf im Vordergrund. Statt Soda verwandte man als Alkalirohstoff die aus Holz gewinnbare Pottasche, ging also zu den Kaligläsern über, die meist durch merkliche

Eisengehalte grünlich gefärbt waren und als Waldgläser bekannt geworden sind. Erst im 15. Jh. gelang es wieder, farblose Gläser herzustellen. Von Böhmen ging die Entwicklung des Kristallglases aus, von England die des Bleikristallglases, das sich durch seinen hohen Glanz auszeichnet.

Der zweite Wendepunkt in der Geschichte des Glases war die Einführung der maschinellen Glaserzeugung zu Beginn dieses Jahrhunderts. Die Zusammensetzung der Gläser brauchte für die maschinelle Verarbeitung nicht wesentlich geändert zu werden. Mit etwa (in Gew.-%) 73 SiO_2, 1 Al_2O_3, 11 CaO(+MgO), 14 Na_2O und 1 K_2O liegt sie gar nicht so weit von der der ägyptischen Gläser entfernt. Viele neue Gläser wurden entwickelt, von denen die durch einen B_2O_3-Gehalt gekennzeichneten chemisch und thermisch resistenten Gläser und das Kieselglas wohl am bekanntesten sind. (Das Kieselglas wird oft als Quarzglas bezeichnet, hat aber mit dem Quarz nur noch die chemische Zusammensetzung — SiO_2 — gemein.) Die Entwicklung der optischen Gläser brachte zahlreiche weitere Komponenten als Glasbestandteile. Theoretisches Interesse führte in neuerer Zeit zur Herstellung von nichtoxidischen Gläsern auf z.B. Fluorid- oder Sulfidbasis (ZrF_4 oder As_2S_3) und von metallischen Gläsern, die in der Zwischenzeit ebenfalls schon industrielle Anwendung gefunden haben. Aber es gibt noch viele weitere Gläser ungewöhnlicher Zusammensetzung, oft nur von wissenschaftlichem Interesse. Auf einige von ihnen wird noch zurückgekommen werden. Früher wurden die Gemengeversätze meist streng geheim gehalten. Erst gegen Ende des 19. Jh. wurden mit der immer stärker werdenden Entwicklung der Wissenschaften und Technik die Grundlagen der Glasherstellung bekannter. Bald setzten umfangreiche Untersuchungen mit dem Ziel ein, die Zusammenhänge zwischen Zusammensetzung und Eigenschaften der Gläser festzustellen. Dem folgten die Versuche, diese Zusammenhänge aufgrund der Glasstruktur zu deuten.

Auf dem Gebiet der Glasforschung ist in den letzten Jahrzehnten viel Arbeit geleistet worden. Die Grundzüge dieser Arbeiten werden hier zusammenfassend dargestellt. Sie werden im allgemeinen ausreichen, das besondere Verhalten und die Eigenschaften der Gläser zu verstehen. Ein weiteres Studium erlauben einige Monographien und Übersichtswerke u.a. von Doremus [196], Eitel [224], Jebsen-Marwedel und Brückner [457], Hinz [406], Jones [463], Navarro [654], Paul [685], Pye u. M. [744], Rawson [762], Vogel [1025], Volf [1034], Weyl und Marboe [1061] und Zarzycki [1116]. Daneben gibt es Buchserien, in denen Fachleute spezielle Kapitel verfaßt haben, die z.B. von Tomozawa und Doremus [982] bzw. Uhlmann und Kreidl [1004] herausgegeben werden. Schließlich ist auf Fachzeitschriften sowie auf zahlreiche Bücher hinzuweisen, in denen die Vorträge von Tagungen veröffentlicht werden.

2 Natur und Struktur des Glases

Es ist ein Ziel der Wissenschaft, aus der Zusammensetzung eines Glases auf dessen Struktur und dessen Eigenschaften zu schließen. Man hat in dieser Beziehung schon beachtliche Erfolge erzielt, die in diesem Kapitel zusammenfassend dargestellt werden sollen. Es gibt aber noch viele offene Probleme, vor allem auch deshalb, weil beim Glas noch zusätzliche Einflußgrößen zu beachten sind. Es wird daher manchmal nicht nur von der Struktur, sondern allgemeiner von der Natur des Glases gesprochen.

2.1 Definition von Glas

Die unterschiedlichen Ansichten über den Begriff Glas haben leider zu einigen Mißverständnissen geführt. Es soll daher bereits hier die Frage der Definition aufgeworfen werden, um die wesentlichen Grundlagen herauszustellen. Später werden sich dann Verfeinerungen ermöglichen. Auch in diesem Kapitel kann nicht auf alle Vorschläge in der Literatur eingegangen werden; z.T. unterscheiden sie sich nur in Nuancen. Das Bestreben nach einer allgemeinen Definition besteht weltweit. Es ist erfreulich, daß sich in den letzten Jahren die Ansichten immer mehr nähern.

Der allgemeine *Sprachgebrauch* des Wortes Glas hat sich im Laufe der Jahrhunderte stark geändert. In der wissenschaftlichen Literatur findet man zwar auch Unterschiede, die jedoch mehr auf verschiedenen Betrachtungsweisen beruhen. Aus dem äußerst umfangreichen Material sollen nur einige typische Stellen erwähnt werden. So beginnt einer der Pioniere der Glasforschung, Tammann [950], sein Buch „Der Glaszustand" mit dem Satz:

„Im Glaszustand befinden sich die festen, nicht kristallisierten Stoffe."

Diese Definition ist jedoch zu allgemein gehalten; denn danach würde z.B. das Kieselgel ebenfalls zu den Gläsern gehören. Zahlreiche andere Definitionen sind dadurch gekennzeichnet, daß sie das Viskositätsverhalten in den Vordergrund stellen. Darauf wird gleich zurückgekommen werden.

Diese Definitionen schränken die *Zusammensetzung* des Glases nicht ein. Eine andere Gruppe von Definitionen stammt von Autoren, die der Technik näher stehen. Als Beispiel sei die Definition der American Society for Testing Materials von 1945 erwähnt: „Glass is an inorganic product of fusion which has been cooled to a rigid condition without crystallizing." Sie wurde wie folgt in die eingangs genannte deutsche Norm [1145] übernommen:

„Glas ist ein anorganisches Schmelzprodukt, das im wesentlichen ohne Kristallisation erstarrt."

Damit wird also das Glas auf anorganische Produkte beschränkt, was in dieser allgemeinen Form bedenklich ist. Die amerikanische Definition enthält aber noch einige Erläuterungen, in denen u.a. steht, daß auch Gegenstände aus Glas einfach als Glas bezeichnet werden, z.B. ein Weinglas oder ein Vergrößerungsglas.

Wenn das Wort Glas definiert werden soll, dann müßten auch diese Begriffe darin enthalten sein. Das ist natürlich bei einer kurzen Definition — und eine Definition soll kurz sein — nicht möglich; denn hier liegen ganz verschiedene Bedeutungen des Wortes Glas vor. Bei einer kurzen Definition muß deshalb vorangestellt oder in ihr enthalten sein, welche Bedeutung des Begriffs Glas gerade gemeint ist. Das eben erwähnte Beispiel zeigt, daß man bei allgemeiner Ausdrucksweise unter Glas ein Werkstück verstehen kann. Diese Definition ist hier uninteressant. Aber auch ein bei den obigen Definitionen auftretender wesentlicher Unterschied (die Berücksichtigung der Zusammensetzung) ist auf verschiedene Bedeutungen des Begriffs Glas zurückzuführen, indem einmal das Glas als physikochemischer Zustand, das andere Mal das Glas als technischer Werkstoff aufgefaßt wird.

Im Rahmen dieses Buches interessiert, was *physikochemisch* das Glas besonders auszeichnet. Dies läßt sich am einfachsten erklären, wenn man dem technologischen Prozeß der Glasherstellung folgt, dabei aber das Verhalten einer bestimmten Eigenschaft beobachtet. Begonnen werden soll damit bei hohen Temperaturen, wo eine Glasschmelze, d.h. eine Flüssigkeit vorliegt, und verfolgt werden soll das Volumen. In Bild 1 sind die Verhältnisse schematisch dargestellt. Beim Abkühlen einer Flüssigkeit oder Schmelze nimmt im allgemeinen deren Volumen ab. Im Normalfall tritt am Schmelzpunkt T_s Kristallisation ein, wobei eine Volumenabnahme erfolgt. Bei weiterer Temperaturabnahme wird das Volumen weiterhin kleiner, jetzt aber mit einem geringeren Temperaturkoeffizienten, d.h. der Ausdehnungskoeffizient ist beim Kristall kleiner als bei der Flüssigkeit.

Die gesamte durchgezogene Kurve des Bildes 1 entspricht thermodynamischen Gleichgewichtszuständen. Wenn bei T_s keine Kristallisation einsetzt, dann verringert sich das Volumen stetig weiter entlang der gestrichelten Gleichgewichtskurve. Dieser Bereich der *unterkühlten Schmelze* oder *Flüssigkeit* befindet sich daher immer noch im — allerdings metastabilen — thermodynamischen Gleichgewicht.

Die metastabile Gleichgewichtskurve verläuft mit abnehmender Temperatur nicht beliebig weit, sondern bei einer bestimmten Temperatur beobachtet man, daß die

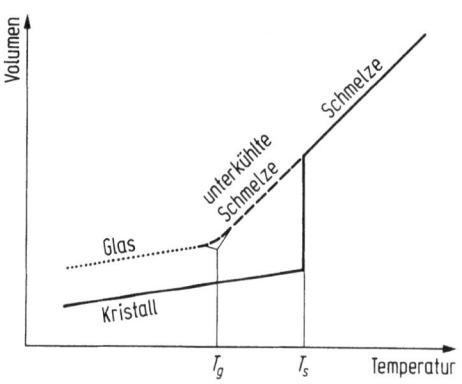

Bild 1. Schematische Darstellung der Temperaturabhängigkeit des Volumens

Kurve abbiegt und von da ab etwa parallel der des Kristalls läuft. Ab hier liegen keine Gleichgewichtszustände mehr vor. Die Ursache des Abbiegens liegt in der steigenden Viskosität von Flüssigkeiten beim Abkühlen (s. Abschn. 2.4.1). Dadurch wird die Einstellung der zu jeder Temperatur gehörenden Flüssigkeitsstruktur immer langsamer, bis schließlich die Viskosität so hoch geworden ist, daß bei kontinuierlicher Abkühlung eine Gleichgewichtseinstellung nicht mehr möglich ist. Dann ist aus der Flüssigkeit ein Festkörper geworden. Aus dieser Betrachtung geht zugleich hervor, daß dies unabhängig von der Zusammensetzung bei einheitlicher Viskosität erfolgt, nämlich bei etwa 10^{13} dPa s (= Poise).

Es ist üblich geworden, die zu dieser Viskosität gehörende Temperatur mit *Transformationstemperatur T_g* zu bezeichnen. Da der Übergang aber stetig erfolgt, ist es besser, von einem Transformationsbereich zu sprechen. Noch treffender wird diese Erscheinung nach Simon [894] mit *Einfriervorgang* bezeichnet. Kennzeichnet man noch die Absicht der Definition, dann erhält man:

„*Im physikochemischen Sinn ist Glas eine eingefrorene unterkühlte Flüssigkeit.*"

Die neuere Entwicklung der Naturwissenschaft hat gezeigt, daß sich die Grenzen zwischen verschiedenen Gebieten immer mehr verwischen. Das gilt ebenfalls für das Glas. Es ist deshalb nicht berechtigt, aufgrund von extremen Grenzfällen eine sonst allgemein gültige Definition in Zweifel zu ziehen. Es ist dagegen wünschenswert, wenn − zumindest im wissenschaftlichen Sprachgebrauch − deutlich unterschieden wird zwischen dem Glas als einem Festkörper (unterhalb T_g) und der Glasschmelze (oberhalb T_g).

2.2 Netzwerkhypothese

Die oben angeführte Definition läßt bereits auf die Struktur des Glases schließen. Wenn man davon ausgeht, daß Flüssigkeiten eine ungeordnete Struktur haben, dann muß dies auch für das Glas als eingefrorene Flüssigkeit gelten. Auf dieser Grundlage wurden mit einigen Variationen und Erweiterungen mehrere Hypothesen über die Glasstruktur und die Bedingungen der Glasbildung entwickelt, die deshalb als Hypothesen anzusprechen sind, weil es bisher nicht möglich war, einen Beweis zu führen. Am fruchtbarsten waren die von Zachariasen [1107, 1108] entwickelten Gedanken. Sie sollen hier vorangestellt werden, um die Grundlagen für das Verständnis der folgenden Kapitel zu schaffen. Auf weitere Hypothesen wird später eingegangen werden (s. Abschn. 2.5.4).

Die ersten Ansätze zur Netzwerkhypothese gehen schon auf V. M. Goldschmidt zurück. Ausgangspunkt von Zachariasen war der Befund, daß die Energieunterschiede zwischen Glas und Kristall derselben Zusammensetzung sehr gering sind, daß also im Glas dieselben Bindungszustände oder Struktureinheiten wie im Kristall vorliegen müssen, in Silicaten z.B. das [SiO_4]-Tetraeder (s. Abschn. 2.5.3). Während im Kristall diese Tetraeder regelmäßig angeordnet sind, bilden sie im Glas ein *unregelmäßiges Netzwerk*. Aufgrund der Überlegung, welche Verbindungstypen ebenfalls ein Netzwerk bilden können, stellt Zachariasen folgende vier Bedingungen für die Bildung von Oxidgläsern auf:

a) Die Koordinationszahl des Kations muß klein sein.
b) Ein Sauerstoffion darf an nicht mehr als zwei Kationen gebunden sein.
c) Die Sauerstoff-Polyeder dürfen nur gemeinsame Ecken, nicht gemeinsame Kanten oder Flächen haben.
d) Mindestens drei Ecken jedes Sauerstoff-Polyeders müssen mit anderen Polyedern gemeinsam sein.

Diese Bedingungen werden erfüllt durch die Oxide vom Typ R_2O_3, RO_2 und R_2O_5, was durch das Auftreten von z.B. B_2O_3, As_2O_3, SiO_2, GeO_2 und P_2O_5 in glasiger Form bestätigt wird.

Wie später noch ausführlicher dargestellt werden wird (s. Abschn. 2.5.2), konnte Warren [1043] seine Röntgenaufnahmen von Gläsern mit dieser Hypothese gut deuten, weshalb jetzt auch oft von der Netzwerkhypothese nach Zachariasen-Warren gesprochen wird. Mit ihr war es möglich, viele Eigenschaften der Gläser zwanglos zu erklären. Bild 2 zeigt in schematischer Darstellung die Struktur eines geordneten SiO_2-Netzwerks, dem in Bild 3 die Struktur des ungeordneten Netzwerks von Kieselglas gegenübergestellt wurde.

Die oben angegebenen Beispiele betreffen nur Gläser aus einem Oxid. Glasbildung ist aber auch bei Systemen mit mehreren Komponenten möglich, z.B. in den binären Systemen R_2O-SiO_2 (mit R = Alkali). Den *Einfluß von Alkalioxid* auf die Struktur kann man leicht erkennen, wenn man aus der Struktur des SiO_2-Glases den kleinen Bereich $\equiv Si-O-Si \equiv$ herausgreift und diesem Na_2O zufügt:

$$\equiv Si-O-Si \equiv + Na-O-Na \rightarrow \equiv Si-O\underset{Na}{\overset{Na}{\diagup\diagdown}}O-Si\equiv$$

Die Einführung von Na_2O hat demnach eine wesentliche Änderung der Glasstruktur zur Folge. Im reinen SiO_2-Glas sind alle O^{2-}-Ionen an zwei Si^{4+}-Ionen gebunden. Da die O^{2-}-Ionen Brücken zwischen benachbarten Si^{4+}-Ionen darstellen, werden sie auch *Brückensauerstoffe* genannt. Der Einbau des Na_2O sprengt den geschlossenen Verband auf. Es entstehen benachbarte Si^{4+}-Ionen, an denen sich jeweils ein nur einfach gebundenes O^{2-}-Ion befindet, so daß keine direkte Bindung mehr untereinander vorliegt. Wegen der dadurch entstandenen *Trennstellen* kann man diese einfach gebundenen O^{2-}-Ionen als *Trennstellensauerstoffe* bezeichnen. Jedes eingeführte Na^+-Ion erzeugt einen Trennstellensauerstoff.

Wenn bei diesen Gläsern immer die Bedingung des dreidimensionalen Netzwerks erfüllt werden muß, so ist die Grenze der Glasbildung dann erreicht, wenn jedes $[SiO_4]$-Tetraeder nur noch über drei Ecken verknüpft ist, also bei der Zusammensetzung $R_2O \cdot 2SiO_2$. Bei noch höheren R_2O-Gehalten spaltet das dreidimensionale Netzwerk auf, um bei der Zusammensetzung $R_2O \cdot SiO_2$ in (theoretisch) unendlich lange Ketten zu zerfallen. Da aber nicht damit zu rechnen ist, daß die Verknüpfung der Tetraeder vollkommen einheitlich ist, werden auch die Ketten untereinander vernetzt sein, so daß bis zur Zusammensetzung $R_2O \cdot SiO_2$ noch Glasbildung möglich ist, vorausgesetzt, daß keine anderen Gründe dagegen sprechen. Bei noch höheren Alkaligehalten spalten die Ketten weiter auf, bis schließlich bei der Zusammensetzung

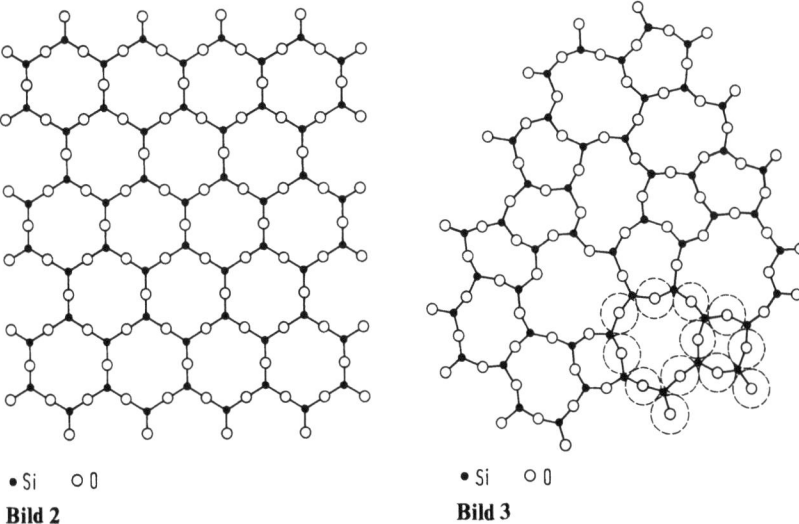

• Si ○ O
Bild 2

• Si ○ O
Bild 3

Bild 2. Ebene Darstellung eines regelmäßigen SiO$_2$-Netzwerks. (Die vierten Valenzen der Si ragen nach oben oder unten aus der Zeichenebene heraus)

Bild 3. Ebene Darstellung eines unregelmäßigen SiO$_2$-Netzwerks. (Die vierten Valenzen der Si ragen nach oben oder unten aus der Zeichenebene heraus, gestrichelt rechts unten der wirkliche relative Flächenbedarf der Sauerstoffe)

2R$_2$O · SiO$_2$ isolierte Tetraeder vorliegen, die keinen Zusammenhang über Si – O – Si-Brücken mehr haben. Dann tritt keine Glasbildung mehr ein.

Die Grundlage der Glasbildung ist also das Netzwerk, das im eben besprochenen Beispiel durch die [SiO$_4$]-Tetraeder gebildet wird. Die Kationen, die derartige netzwerkbildende Polyeder aufbauen, werden deshalb als *Netzwerkbildner* (networkformer) bezeichnet, während die Kationen, die das Netzwerk abbauen oder verändern, *Netzwerkwandler* (networkmodifier) genannt werden. Netzwerkbildner sind u.a. Si, Ge, B, As und P, Netzwerkwandler u.a. die Alkalien und Erdalkalien. In Ergänzung zum ungeordneten Netzwerk nehmen Zachariasen und Warren eine zufällige, d.h. *statistische Verteilung* (random distribution) der Netzwerkwandler in der Glasstruktur an. Auf die Grenzen dieser Annahme wird später noch eingegangen werden (s. Abschn. 2.5.5).

Die Zachariasensche Hypothese war die Grundlage für viele erfolgreiche Deutungen und Versuche. Trotzdem ist diese Hypothese recht speziell, da sie nur vom kristallchemischen Standpunkt ausgeht, die chemischen Bindungsverhältnisse daher zumindest nicht direkt berücksichtigt werden. Außerdem sind nach der Aufstellung dieser Hypothese zahlreiche Gläser gefunden worden, die sich nicht damit erklären lassen. Darauf wird später noch zurückgekommen werden (s. Abschn. 2.5.4). So nehmen z.B. die PbO – SiO$_2$-Gläser mit PbO-Gehalten bis zu 90 Gew.-% (entspricht etwa 70 Mol-%) eine Sonderstellung ein; denn zu ihrer Deutung war man gezwungen, dem Pb^{2+}-Ion den Status eines Netzwerkbildners mit der Koordinationszahl 4 zuzuordnen. Die Zachariasensche Hypothese ist wegen dieser neuen Befunde nicht ungültig geworden, sondern sie muß nur entsprechend erweitert werden.

2.3 Struktur der Schmelze

Nähere Aussagen über die Struktur des Glases sind zu erhoffen, wenn man sich direkt der Struktur der Schmelze zuwendet, aus der das Glas durch Einfrieren entsteht. Entsprechende Überlegungen wurden zuerst vor mehreren Jahrzehnten von einigen Glasforschern angestellt, die vor allem versuchten, das Viskositätsverhalten von Glasschmelzen auszuwerten. Dann wandten sich die Metallurgen diesem Problem zu, um den Einfluß der Schlacken besser erfassen zu können; Turkdogan [993] hat diese Ergebnisse zusammengefaßt. Schließlich haben sich in jüngster Zeit die Geophysiker und Geochemiker dieses Themas angenommen zum besseren Verständnis des natürlichen Magmas und seines Verhaltens; Überblicke dazu stammen z.B. von Mysen u. M. [646] oder von Richet und Bottinga [772].

Messungen in oder an Schmelzen sind wegen der benötigten hohen Temperaturen meist mit experimentellen Schwierigkeiten verbunden, weshalb oft nur eine begrenzte Genauigkeit erzielt werden kann. Da außerdem die Kenntnisse über die Struktur von einfachen Flüssigkeiten noch relativ gering sind, ist es verständlich, daß bisher nur wenig gesicherte Erkenntnisse über die Struktur von Glasschmelzen vorliegen. Die folgenden Abschnitte zeigen einige Ergebnisse und offene Probleme auf.

2.3.1 Auswertung von Phasendiagrammen – Aktivitäten

Thermodynamisch stabil sind Schmelzen nur oberhalb der Schmelztemperatur bei einer Verbindung bzw. oberhalb der Liquidustemperatur bei Systemen mit zwei oder mehr Komponenten. Es ist daher angebracht, sich zunächst einmal den entsprechenden Phasendiagrammen zuzuwenden. Dabei wird hier vorausgesetzt, daß die Grundbegriffe der Phasendiagramme und auch der Thermodynamik bekannt sind. Sie sind in einschlägigen Lehrbüchern leicht nachlesbar. Mehr Hinweise für praktische Anwendungen bringt eine von Alper [14] herausgegebene Reihe über Phasendiagramme.

Bild 4 bringt den SiO_2-reichen Teil des Phasendiagramms Na_2O-SiO_2. Man erkennt, daß neben SiO_2 noch die beiden kristallinen Phasen des Natriumdisilicats $Na_2O \cdot 2SiO_2$ und des Natriummetasilicats $Na_2O \cdot SiO_2$ auftreten, wovon letzteres mit 1 089 °C einen wesentlich höheren Schmelzpunkt als das Disilicat hat. Daraus folgert Dietzel [177], daß in der Schmelze bevorzugt die Strukturelemente des Metasilicats vorliegen sollen, weil ein hoher Schmelzpunkt einer Verbindung auch auf eine große Stabilität in der Schmelze hinweist. Dies gilt nicht in allen Fällen, aber die Kenntnisse reichen bisher nicht aus, die einfache und plausible Hypothese von Dietzel zu beweisen.

Es sei deshalb zunächst an die bekannte Erscheinung der *Schmelzpunkterniedrigung* erinnert, wonach der Schmelzpunkt einer Substanz A durch Zugabe einer anderen Substanz B erniedrigt wird. Drückt man in einer solchen Mischung den Gehalt an A durch den Molenbruch x_A aus, dann ergibt sich in idealen Lösungen die dazugehörige Liquidustemperatur T_l nach

$$\ln x_A = \frac{Q_s}{R}\left(\frac{1}{T_s} - \frac{1}{T_l}\right). \tag{1}$$

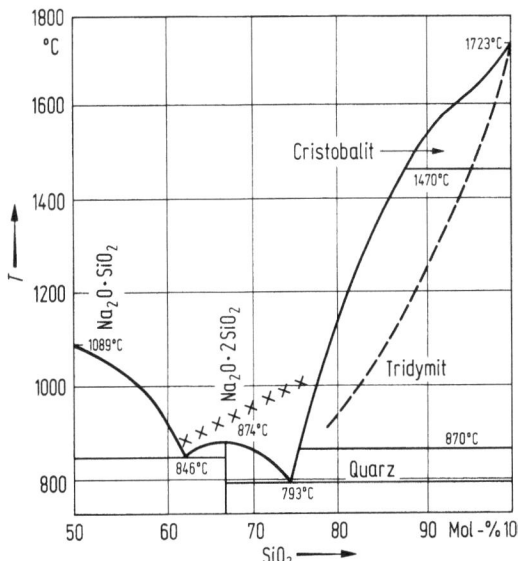

Bild 4. System Na_2O-SiO_2 nach Kracek [505, 506] (× = Punkte gleicher Viskosität $\log \eta = 3{,}6$)

(Sind in der Mischung n_A Mole A und n_B Mole B, dann ist der Molenbruch x_A definiert zu $n_A/(n_A+n_B) = x_A = 1/100$ Mol-% A.)

In Gl. (1) stellt R die Gaskonstante, T_s die Schmelztemperatur und Q_s die Schmelzwärme der reinen Substanz A dar, wobei Q_s als temperaturunabhängig angenommen ist. Die Auflösung nach T_l führt zu

$$T_l = \frac{1}{\dfrac{1}{T_s} - \dfrac{R \ln x_A}{Q_s}}.$$

Mit der Zugabe der Komponente B, also mit abnehmendem x_A, wird T_l immer kleiner, und zwar um so ausgeprägter, je kleiner Q_s ist.

Gleichung (1) sei jetzt auf das binäre System $Na_2O - SiO_2$ angewendet. Die zur Betrachtung der SiO_2-reichen Seite benötigte Schmelzwärme Q_{SiO_2} beträgt etwa 6 kJ/mol. Die mit diesem Wert berechneten Schmelzpunkte enthält Bild 4 als gestrichelte Kurve. Man erkennt, daß nur in unmittelbarer Nähe der reinen Komponente SiO_2 gute Übereinstimmung zwischen der experimentellen und der berechneten Liquiduskurve besteht, daß dann aber bald Abweichungen eintreten.

Die Ursache der schlechten Übereinstimmung zwischen Theorie und Experiment liegt darin, daß einmal bei der theoretischen Ableitung der Gl. (1) Vereinfachungen eingeführt wurden und daß zum anderen ideales Verhalten der Mischung vorausgesetzt wurde. Eine der Vereinfachungen war die Annahme, daß die Schmelzwärme Q_s temperaturunabhängig ist. Berücksichtigt man diese Temperaturabhängigkeit, was über die spezifische Wärme verhältnismäßig einfach möglich ist, so kommt man jedoch zu keiner besseren Übereinstimmung. Man muß daher das Augenmerk auf das *Abweichen vom idealen Verhalten* richten.

Das reale Verhalten kann man berücksichtigen, wenn man an Gl. (1) festhält, aber statt der Molenbrüche die *Aktivitäten a* nach

$$a \equiv \gamma x \tag{2}$$

Tabelle 1. Aktivitätskoeffizienten γ_{SiO_2} im System Na_2O-SiO_2

Temperatur (°C)	Molenbruch x_{SiO_2}	Aktivität a_{SiO_2}	Aktivitätskoeffizient γ_{SiO_2}
1723	1,00	1,00	1,00
1627	0,94	0,985	1,05
1527	0,91	0,965	1,06
1427	0,88	0,943	1,07
1327	0,85	0,920	1,08
1227	0,83	0,893	1,08
1127	0,805	0,864	1,07
1027	0,785	0,832	1,06
927	0,770	0,795	1,03

einführt. Die Abweichungen machen sich jetzt in der Größe γ, dem Aktivitätskoeffizienten bemerkbar. Bei idealem Verhalten ist $\gamma=1$. Ist $\gamma>1$, so ist die Wechselwirkung zwischen verschiedenen Komponenten (z.B. $A-B$) geringer als die zwischen der reinen Komponente (z.B. $A-A$). Das führt schließlich so weit, daß bei wachsendem γ Entmischung der beiden flüssigen Phasen eintritt. $\gamma>1$ ist also ein Zeichen für Entmischungstendenz, während umgekehrt $\gamma<1$ ein Zeichen für Verbindungsbildung ist.

Nach der sich aus den Gln. (1) und (2) ergebenden neuen Gleichung

$$\ln a = \frac{Q_s}{R}\left(\frac{1}{T_s}-\frac{1}{T_l}\right) \tag{3}$$

kann man für die verschiedenen Liquidustemperaturen die jeweiligen Werte von a berechnen, aus denen sich mit den dazugehörigen x-Werten nach Gl. (2) die Werte von γ ergeben. Tabelle 1 zeigt, daß also im System Na_2O-SiO_2 auf der SiO_2-reichen Seite Entmischungstendenz vorliegt.

Auf eine etwas andere Art verwendet Förland die Phasendiagramme, um Aussagen über die Struktur der Schmelze zu machen, wie Urnes [1007] berichtet. In einem Phasendiagramm $A-B$ ergibt sich mit einigen vereinfachenden Annahmen für die partielle *Mischungsentropie* $\overline{\Delta S}$ der sich ausscheidenden Komponente bei der Liquidustemperatur T_l der Ausdruck

$$\overline{\Delta S}=Q_s\left(\frac{1}{T_s}-\frac{1}{T_l}\right). \tag{4}$$

Es sei an dieser Stelle erwähnt, daß die Schmelzentropie $S_s(=Q_s/T_s)$ von SiO_2 mit etwa 4 J/(mol K) sehr klein ist, woraus man folgern kann, daß beim Schmelzen keine wesentlichen Strukturänderungen eintreten. Eine kleine Schmelzentropie wird auch von Förland bei der Einführung von geringen Alkaligehalten angenommen. Die Struktur der Schmelze ist dann am wenigsten gestört, wenn die durch den Einbau von R_2O entstehenden zwei Trennstellensauerstoffe und damit auch die Kationen paarweise benachbart liegen. Diese Struktureinheit kann dann in der Schmelze gegen eine $Si-O-Si$-Einheit ausgetauscht werden, was die Möglichkeit bietet, obige Mischungsentropie $\overline{\Delta S}$ für SiO_2 zu berechnen. In einer Mischung aus n_1 Mol R_2O und n_2 Mol SiO_2 sind $2n_2-n_1$ Brückensauerstoffe und n_1 Paare Trennstellensauerstoffe vorhanden. Eine statistische Mischung dieser zwei Einheiten führt nach den Gesetzen der Thermodynamik zu $\overline{\Delta S_{\mathrm{SiO_2}}} = -2R\ln[2n_2/(2n_2-n_1)]$ oder mit dem Molenbruch x von SiO_2 zu $\overline{\Delta S_{\mathrm{SiO_2}}} = 2R\ln[(3x-1)/2x]$. Wenn dieses Strukturbild stimmt, dann muß sich beim Auftragen von $\ln[(3x-1)/2x]$ gegen $1/T$ eine Gerade ergeben, wie der Vergleich mit Gl. (4) sofort zeigt. Aus deren Steigung läßt sich die Schmelzwärme von SiO_2 berechnen. Förland und Urnes fanden bei den Systemen R_2O-SiO_2 mit $R=Cs$ oder Rb befriedigende Übereinstimmung mit direkten Messungen, jedoch in der Reihe $R=K$, Na und Li steigende Abweichungen, was sie auf das Vorliegen von Schwärmen von Alkaliionen und Trennstellensauerstoffen zurückführen. Danach ist es also nicht sicher, ob in der Schmelze wirklich Kationenpaare auftreten. Trotzdem ist dies ein interessanter Ansatz.

Da diese Ansätze noch weiter entwickelt werden müssen, ist es angebracht, sich näher mit den Aktivitäten bzw. Aktivitätskoeffizienten zu beschäftigen. Sie sind besonders deshalb wichtig, weil man mit ihrer Hilfe die *freien Mischungsenthalpien* ΔG_M berechnen kann. Die Thermodynamik liefert dafür folgende Gleichung:

$$\Delta G_M = RT(x_1 \ln a_1 + x_2 \ln a_2), \tag{5}$$

worin R = Gaskonstante = 8,317 J/(mol K) = 1,987 cal/(mol K) und T = absolute Temperatur. Für eine ideale Mischung, bei der $\gamma = 1$ oder $a = x$ ist, ergibt sich dann

$$\Delta G_M^{\mathrm{ideal}} = RT(x_1 \ln x_1 + x_2 \ln x_2).$$

Die Differenz ΔG_M^E

$$\Delta G_M - \Delta G_M^{\mathrm{ideal}} = \Delta G_M^E$$

wird als Exzeß- oder Überschußfunktion bezeichnet und gibt Auskunft über besondere Vorgänge in der Schmelze.

Ergänzend sei hier erwähnt, daß die freie Enthalpie ΔG sich aus der grundlegenden thermodynamischen Gleichung

$$\Delta G = \Delta H - T\Delta S$$

ableitet, in der ΔH = Enthalpiedifferenz ist.

Zur *Berechnung* nach Gl. (5) benötigt man die Aktivitäten aller Komponenten. Meist ergibt das Experiment nur die Aktivität bzw. den Aktivitätskoeffizienten einer Komponente. Ist der Wert der Komponente 1 bekannt, dann ergibt sich der der Komponente 2 mit Hilfe der Gleichungen von Gibbs-Duhem und Duhem-Margules, aus denen man ableiten kann, daß gilt

$$\ln \gamma_2 = -\int_0^{x_1} \frac{x_1}{x_2} \, d\ln\gamma_1. \tag{6}$$

Die theoretisch einfachste Methode zur Bestimmung der Aktivität einer Komponente in einer Lösung ist die Aktivitätsbestimmung aus *Dampfdruckmessungen* nach $a = p_A/p_{A,0}$, d.h. die Aktivität stellt das Verhältnis aus dem Partialdruck p_A von A über der Lösung und dem Dampfdruck $p_{A,0}$ über der reinen Phase bei derselben Temperatur dar.

Dieser Methode hat sich auch Charles [130] bedient unter Verwendung der Verdampfungsgeschwindigkeit der Systeme R_2O-SiO_2 nach Messungen anderer

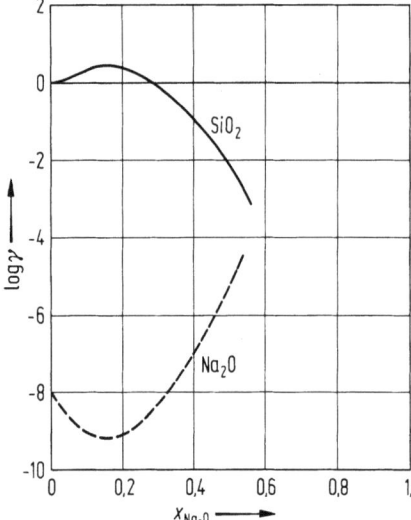
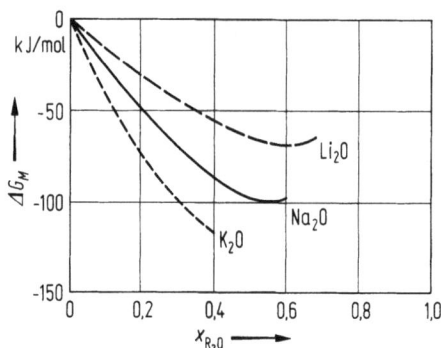

Bild 5. Aktivitätskoeffizienten γ von Na_2O und SiO_2 bei 1 000 °C in Na_2O-SiO_2-Schmelzen nach Charles [130]

Bild 6. Freie Mischungsenthalpien ΔG_M binärer R_2O-SiO_2-Schmelzen bei 1 000 °C nach Charles [130]

Autoren. Zunächst hat er aus den Phasendiagrammen die Aktivitätskoeffizienten von SiO_2 für kleine R_2O-Konzentrationen wie oben beschrieben (s. z.B. Tabelle 1) berechnet. Dabei erhält man Werte für unterschiedliche Temperaturen. Die Umrechnung auf gleiche Temperaturen erfolgte nach $\ln \gamma_T = \dfrac{T_l}{T} \ln \gamma_{T_l}$, worin T_l die jeweilige Liquidustemperatur darstellt. Die Verdampfungsgeschwindigkeiten führten zu γ_{R_2O}-Werten im Bereich $0,2 < x < 0,5$, womit dann nach Gl. (6) auch die entsprechenden γ_{SiO_2}-Werte zu berechnen waren. Diese Werte bringt Bild 5 für das System Na_2O-SiO_2, während Bild 6 die freien Mischungsenthalpien der binären Alkalisilicatschmelzen enthält. Man erkennt deutliche Unterschiede, woraus man folgern kann, daß die Mischungsneigung beim System K_2O-SiO_2 am größten ist, da dort die größten Negativwerte von ΔG auftreten. Die umgekehrte Folgerung für das System Li_2O-SiO_2 wird später noch behandelt werden (s. Abschn. 2.3.3).

Die Berechnungen von Charles wurden inzwischen durch direkte Dampfdruckmessungen von Rego u. M. [764] im wesentlichen bestätigt. Diese Autoren fanden z.B. für die Zusammensetzung $Na_2O \cdot 2SiO_2$ bei 1 400 °C $\gamma_{Na_2O} \approx 5 \cdot 10^{-7}$. Ähnliche Messungen von Eliezer u. M. [226] am System K_2O-SiO_2 ergaben für die entsprechende Zusammensetzung $K_2O \cdot 2SiO_2$ bei 1 225 °C $\gamma_{K_2O} \approx 10^{-5}$.

Zur unmittelbaren Bestimmung der Aktivitäten haben sich Messungen der *elektromotorischen Kräfte* (EMK) E als gut geeignet erwiesen. Man arbeitet dabei nach

$$E = E^0 - \dfrac{RT}{nF} \ln a,$$

worin E^0 = EMK des reinen Oxids, n = Wertigkeit des zu messenden Ions und F = Faradaykonstante = 96 487 C/mol.

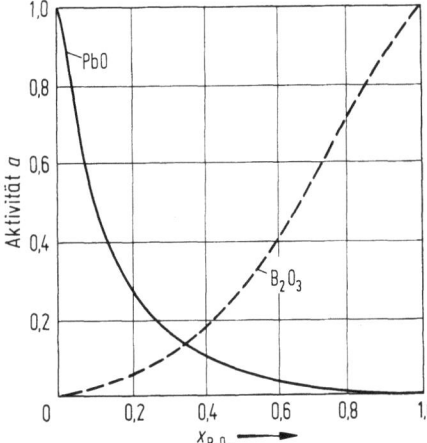 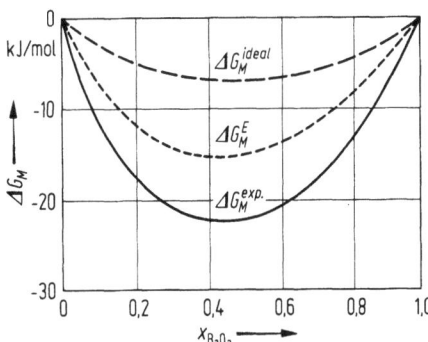

Bild 7. Aktivitäten von PbO und B_2O_3 bei 1 000 °C in PbO–B_2O_3-Schmelzen nach Kapoor und Frohberg [472]

Bild 8. Freie Mischungsenthalpien ΔG_M bei 1 000 °C in PbO–B_2O_3-Schmelzen nach Kapoor und Frohberg [472]

Diese Methode wurde vielfältig eingesetzt. So haben damit Kapoor und Frohberg [472] Schmelzen des Systems PbO–B_2O_3 untersucht. Letztere verwenden die Zelle Pb/PbO + B_2O_3//ZrO_2 + CaO//O_2, Pt, in der das CaO-stabilisierte ZrO_2 zur Messung der Sauerstoffionenaktivität dient, die direkt auf die des PbO übertragbar ist. Der Vorteil bei diesem System liegt in dem großen zugänglichen Konzentrationsbereich, der die Ermittlung von $a_{B_2O_3}$ aus a_{PbO} nach Gl. (6) recht gut durchführen läßt. Bild 7 bringt diese Aktivitäten, Bild 8 die daraus ermittelten ΔG_M-Werte. Es zeigt sich, daß ΔG_M^E negative Werte aufweist, woraus auf eine Wechselwirkung zwischen PbO und B_2O_3 geschlossen werden muß. Die Autoren diskutieren mehrere Möglichkeiten, z.B. Koordinationswechsel $[BO_3] \rightleftarrows [BO_4]$ oder Kettenbildung, ohne das Ergebnis damit quantitativ fassen zu können. Es wird schließlich angenommen, daß sich die Struktur der Schmelze kontinuierlich mit der Zusammensetzung ändert, bedingt durch eine Aufspaltung des Netzwerks nach $>$B–O–B$< + O^{2-} \rightleftarrows (>$B–O$^-)$, ohne daß es bis jetzt möglich ist, diese Reaktion quantitativ auszudrücken.

Im engen Zusammenhang damit stehen ähnliche Messungen an Alkaliborat- und Alkalisilicatschmelzen z.B. durch Shults [883] und seine Schule sowie von Itoh u. M. [443]. Beachtenswert ist dabei, daß im Gegensatz zum System PbO–B_2O_3 die Aktivitäten des Partners vom B_2O_3 wieder sehr gering werden, nämlich nach Itoh u. M. für die Zusammensetzung $Na_2O \cdot 2B_2O_3$ bei 850 °C nur $a_{Na_2O} \approx 10^{-10}$ betragen. Daraus wird auf das Vorliegen von Tetraborat- neben Diboratgruppen geschlossen.

Bisher wurden die Systeme R_2O – oder RO–SiO_2 als binäre Systeme betrachtet. Es ist jedoch zu bedenken, daß in der Schmelze nicht diese Oxide, sondern *Kationen* und *Anionen* vorliegen werden. Dadurch kann sich die Zahl der Komponenten ändern, was wiederum eine Änderung des Molenbruches zur Folge hat, zu dessen Berechnung alle vorhandenen Komponenten herangezogen werden müssen. Das kann die Ursache für den Unterschied zwischen dem am Phasendiagramm abgelesenen Molenbruch und dem berechneten Aktivitätskoeffizienten sein. Setzt man ideales Verhalten der Schmelze voraus, dann treten Abweichungen dadurch ein, daß andere Komponenten vorliegen. Man kann jetzt versuchen, die Art dieser Komponenten so lange zu variieren, bis der berechnete und der experimentelle Aktivitätskoeffizient übereinstimmen. Damit eröffnet sich ein Weg, aus den Phasendiagrammen Aussagen über die in der Schmelze vorliegenden Komponenten zu machen.

Ausgangspunkt für die folgende Betrachtung ist eine allgemeinere Ableitung der Aktivität nach Temkin [958]. Er nimmt eine ideale Mischung der verschiedenen Kationen K und Anionen A an, d.h. die Kationen K sind in statistischer Verteilung von den Anionen A umgeben und umgekehrt. Das führt zur folgenden Beziehung für die Aktivitäten der Komponenten mit der Zusammensetzung $K_i A_i$, die also aus dem speziellen Kation K_i und dem speziellen Anion A_i bestehen mit deren Molenbrüchen $x_{K,i}$ und $x_{A,i}$

$$a_{K,i,A,i} = x_{K,i} \, x_{A,i} \,, \tag{7}$$

die noch weiter aufgelöst werden kann für die Aktivitäten der Kationen oder der Anionen, z.B.

$$a_{A,i} = x_{A,i} = \frac{n_{A,i}}{n_{A,1} + n_{A,2} + n_{A,3} + \ldots + n_{A,n}} \,. \tag{8}$$

In Gl. (8) stellen die $n_{A,i}$ die jeweiligen Anzahlen an Molen aller verschiedenen Anionen dar. Es ist aber nicht möglich, die Aktivitäten der Ionen aus thermodynamischen Messungen zu bestimmen, worauf Förland und Grjotheim [258] deutlich hinweisen. Sie betonen auch, daß die Anwendung obiger Beziehung immer der genauen Definition des betrachteten Zustands bedarf, was bei der Beurteilung der entsprechenden Veröffentlichungen zu beachten ist.

Im Hinblick auf die Strukturen von Silicatschmelzen sind Überlegungen von Knapp und van Vorst [497] interessant. Sie greifen aus dem System $Na_2O - SiO_2$ (s. Bild 4) das Teilsystem $Na_2SiO_3 - Na_2Si_2O_5$ heraus und betrachten es als ein neues System. Bezieht man dieses neue System auf Na_2SiO_3, dann ist bei $x=1$ (also bei der reinen Verbindung Na_2SiO_3) und auch bei $x=0$ (also bei $Na_2Si_2O_5$) die Steigung der Liquiduskurve $dT/dx = 0$. Dies ist ein Zeichen dafür, daß diese Verbindungen in der Schmelze dissoziiert sind. Für den einfachsten Fall kann man das Vorliegen von SiO_3^{2-}- und $Si_2O_5^{2-}$-Anionen annehmen, so daß nach Gl. (8) gilt

$$a_{SiO_3^{2-}} = \frac{n_{SiO_3^{2-}}}{n_{SiO_3^{2-}} + n_{Si_2O_5^{2-}}} \,.$$

Die Gültigkeit dieser Beziehung läßt sich nach Gl. (3) überprüfen, die dieselben Werte für a ergeben muß. Voraussetzung ist dabei die Kenntnis der Schmelzwärme Q_s. Wirklich ist die Übereinstimmung für den Bereich von $x=0,3$ bis $x=0,8$ mit dem bekannten Wert von $Q_{Na_2SiO_3} = 56$ kJ/mol sehr gut, was obige Annahme des Vorliegens von SiO_3^{2-}- und $Si_2O_5^{2-}$-Anionen bestätigt.

Wird diese Übereinstimmung nicht erreicht, so geht man folgendermaßen vor: Man berechnet nach Gl. (3) die a-Werte für verschiedene Temperaturen. Aus dem Phasendiagramm kann man die Molzahlen entnehmen und nun verschiedene Anionen in Gl. (8) einsetzen, bis man eine Übereinstimmung beider a-Werte erhält. Damit erhält man dann eine Aussage über die Art der in der Schmelze vorliegenden Anionen.

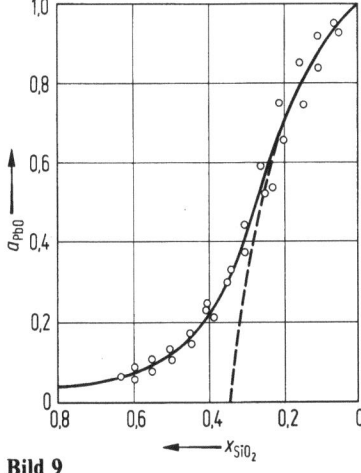
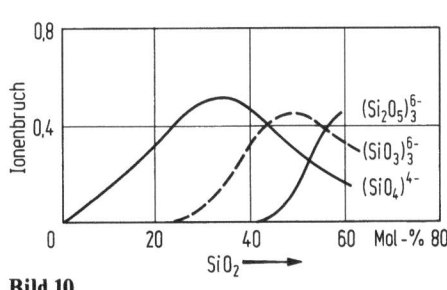

Bild 9. Aktivitäten a von PbO in PbO−SiO$_2$-Schmelzen bei 1000 °C; ○ experimentelle Werte verschiedener Autoren; − − − berechnet nach Gl. (9); ——— berechnet nach Gl. (13) mit $k_{11} = 0{,}196$

Bild 10. In PbO−SiO$_2$-Schmelzen bei 1100 °C vorliegende Silicationen nach Flood und Knapp [257]

Im System PbO−SiO$_2$ haben Richardson und Webb [769] die Aktivitäten des PbO für verschiedene Temperaturen wieder auf eine andere, den EMK-Messungen ähnliche Methode bestimmt, nämlich über den Sauerstoffgehalt von metallischem Blei, der sich im Gleichgewicht mit der Schmelze einstellt. Diese Werte und die anderer Autoren enthält Bild 9 als Kreise. Damit haben Flood und Knapp [257] weitere Berechnungen durchgeführt, indem sie ausgehend von reinem PbO zunächst annahmen, daß alles zugesetzte SiO$_2$ zu Orthosilicat reagiert. Wenn in der Schmelze dann n Mol PbO und n Mol Pb$_2$SiO$_4$ vorhanden sind, ergibt sich

$$a_{PbO} = \frac{n_{PbO}}{n_{PbO} + n_{Pb_2SiO_4}} = \frac{x_{PbO} - 2x_{SiO_2}}{x_{PbO} - x_{SiO_2}}, \qquad (9)$$

wobei gleich die Umrechnung in die Molenbrüche durchgeführt wurde. (Die Zahl der vorliegenden Mole n_{PbO} ergibt sich aus dem Molenbruch x_{PbO}, vermindert um den Anteil, der als Orthosilicat Pb$_2$SiO$_4$ vorliegt. Da pro Mol SiO$_2$ dazu 2 Mol PbO benötigt werden, folgt also $n_{PbO} = x_{PbO} - 2x_{SiO_2}$.) Aus Bild 9 ist für $x_{PbO} = 0{,}8$ der Wert $a_{PbO} = 0{,}66$ zu entnehmen, während Gl. (9) $a_{PbO} = 0{,}667$ ergibt. Aus dem Phasendiagramm PbO−SiO$_2$ kann man mit $Q_{s,PbO} = 29$ kJ/mol und $T_{s,PbO} = 1159$ K für dieselbe Zusammensetzung $a_{PbO} = 0{,}64$ errechnen, d.h. in der Schmelze liegen [SiO$_4$]-Ionen vor, wenn man berücksichtigt, daß diese Schmelze ionisch aufgebaut ist. Mit dem Ansatz von Temkin würde man beim Einsetzen der Ionenmolenbrüche dasselbe Ergebnis erhalten.

Diese gute Übereinstimmung ist aber nur bis zu SiO$_2$-Gehalten von 20 Mol-% gegeben. Die dann eintretenden Abweichungen zeigen, daß sich bei höheren SiO$_2$-Gehalten noch andere Ionen bilden. Flood und Knapp haben verschiedene Möglichkeiten diskutiert und erhielten schließlich das Ergebnis, das in Bild 10 dargestellt ist. Mit steigendem SiO_2-Gehalt treten neben dem einfachen $[SiO_4]$-Ion in zunehmendem Maße höher polymerisierte Ionen auf. Berücksichtigt man bei der Einführung des PbO nur die darin enthaltenen O^{2-}-Ionen, dann läßt sich die Bildung dieser Ionen wie folgt darstellen:

$$6\,SiO_2 + 12\,O^{2-} \rightarrow 6[SiO_4]^{4-}$$

$$6\,SiO_2 + 6\,O^{2-} \rightarrow 2[(SiO_3)_3]^{6-}$$

$$6\,SiO_2 + 3\,O^{2-} \rightarrow [(Si_2O_5)_3]^{6-}.$$

Die *Polymerisation der Anionen* ist um so größer, je geringer die Menge an vorhandenen O^{2-}-Ionen ist oder je geringer die Basizität der Schmelze ist, da, wie später (s. Abschn. 2.3.4) noch gezeigt werden wird, die Konzentration an O^{2-}-Ionen ein Maß für die Basizität der Schmelze ist.

Zu Bild 10 ist noch zu bemerken, daß bei höheren SiO_2-Gehalten mehrere Anionentypen gleichzeitig auftreten. Bei den Zusammensetzungen, bei denen die den Anionen entsprechenden Verbindungen liegen würden, also bei $2PbO \cdot SiO_2$ für $[SiO_4]^{4-}$ mit 33,3 Mol-% SiO_2, bei $PbO \cdot SiO_2$ für $[(SiO_3)_3]^{6-}$ mit 50 Mol-% SiO_2 und bei $PbO \cdot 2SiO_2$ für $[(Si_2O_5)_3]^{6-}$ mit 66,7 Mol-% SiO_2, sind nur Maxima für diese Anionen vorhanden.

Die Möglichkeit des gleichzeitigen Auftretens von Anionen mit verschiedenen Größen führt zur Frage, wie diese in der Schmelze verteilt sind. Die einfachste Annahme dazu ist die statistische Verteilung. Solche Überlegungen wurden vor allem von Metallurgen an Schlackensystemen durchgeführt, die sich im wesentlichen durch einen hohen Gehalt an Netzwerkwandlern auszeichnen, d.h. meist ist $x_{SiO_2} < 0,5$. In solchen Schmelzen ist anzunehmen, daß neben den Brückensauerstoffen O^0 und den Trennstellensauerstoffen O^- auch freie Sauerstoffionen O^{2-} auftreten, die miteinander nach

$$2\,O^- \rightleftarrows O^0 + O^{2-}$$

im Gleichgewicht stehen.

Diese Gleichgewichte wurden von verschiedenen Gesichtspunkten aus betrachtet. Masson [52] bediente sich dabei der Grundlagen der Polymerisation von organischen Molekülen. Ausgangspunkt ist die einfache Grundgleichung

$$2[SiO_4]^{4-} \rightleftarrows [Si_2O_7]^{6-} + O^{2-}, \tag{10}$$

die anders geschrieben für das System $PbO - SiO_2$ lautet

$$2\,Pb_2SiO_4 \rightleftarrows Pb_3Si_2O_7 + PbO. \tag{11}$$

Das sich nach Gl. (10) bildende Disilicatanion kann weiter reagieren nach

$$[SiO_4]^{4-} + [Si_2O_7]^{6-} \rightleftarrows [Si_3O_{10}]^{8-} + O^{2-},$$

oder allgemein ausgedrückt

$$[SiO_4]^{4-} + [Si_nO_{3n+1}]^{2(n+1)-} \rightleftarrows [Si_{n+1}O_{3n+4}]^{2(n+2)-} + O^{2-}.$$

Gleichung (11) führt zur Gleichgewichtskonstante

$$k_{11} = \frac{a_{Pb_3Si_2O_7} \cdot a_{PbO}}{(a_{Pb_2SiO_4})^2}$$

und unter Verwendung der oben erwähnten Temkinschen Beziehung und der Annahme, daß das Verhältnis der Aktivitätskoeffizienten der Anionen mit benachbarten Kettenlängen konstant ist, zur einfachen Beziehung

$$k_{1n} \cdot \frac{x_{[SiO_4]^{4-}}}{x_{O^{2-}}} = \frac{x_{[Si_{n+1}O_{3n+4}]^{2(n+2)-}}}{x_{[Si_nO_{3n+1}]^{2(n+1)-}}}.$$

Damit kann folgende Abhängigkeit der Aktivität des Netzwerkwandleroxids a_{RO} von dem Molenbruch abgeleitet werden:

$$\frac{1}{1-x_{RO}} = \frac{1}{x_{SiO_2}} = 2 + \frac{1}{1-a_{RO}} - \frac{1}{1+a_{RO}\left(\frac{1}{k_{11}}-1\right)}. \qquad (12)$$

Gleichung (12) gilt für die Annahme, daß sich nur lineare Ketten ausbilden. Läßt man auch verzweigte Ketten zu, dann wird Gl. (12) modifiziert zu

$$\frac{1}{1-x_{RO}} = \frac{1}{x_{SiO_2}} = 2 + \frac{1}{1-a_{RO}} - \frac{3}{1+a_{RO}\left(\frac{3}{k_{11}}-1\right)}. \qquad (13)$$

Bild 9 zeigt, daß unter Annahme der verzweigten Ketten, d.h. mit Gl. (13) und mit $k_{11} = 0{,}196$, die verschiedenen experimentell bestimmten a_{PbO}-Werte gut erfaßt werden können. Man kann auch eine Kettenlängenstatistik daraus ableiten, deren Ergebnis für die Häufigkeit des $[SiO_4]^{4-}$-Ions der im Bild 10 entspricht, aber bei den größeren Anionen zu zunehmend kleineren Werten führt. Dies wird leicht verständlich, wenn man bedenkt, daß in Bild 10 nur drei Silicatanionen berücksichtigt wurden, während bei Masson alle n betrachtet werden. Insofern ist die Betrachtungsweise von Masson vorzuziehen, die aber eine mögliche Bildung ringförmiger Silicatanionen nicht beinhaltet und für übliche Glasschmelzen nicht eingesetzt werden kann, da sie nur für SiO_2-Gehalte $x_{SiO_2} < 0{,}5$ abgeleitet wurde. Es ist zu hoffen, daß die inzwischen vorgeschlagenen verbesserten Ansätze auch den Bereich $x_{SiO_2} > 0{,}5$ erfassen werden.

2.3.2 Auswertung sonstiger Messungen

Die im vorangegangenen Abschnitt beschriebenen Untersuchungen haben wertvolle Hinweise, aber keine Beweise erbracht. Es ist deshalb notwendig, sich nach weiteren Methoden umzusehen, wobei hier nur die Methoden behandelt werden, die auf Messungen an Glasschmelzen beruhen und die nähere Aussagen über die Struktur der Schmelze zulassen. Weitere Daten über Glasschmelzen sind im Kap. 3 bei den meisten Eigenschaften bei der Behandlung des Temperatureinflusses zu finden. Ganz allgemein gilt auch hier, daß Messungen an Glasschmelzen wegen der benötigten hohen

Temperaturen oft recht schwierig sind, woraus meist folgt, daß man an die Meßgenauigkeit keine hohen Forderungen stellen kann.

Direkte Methoden zur Ermittlung von Strukturen der Schmelze sind nicht bekannt. Gewisse Aussagen erhält man durch die *Röntgenographie*. Zarzycki [1110] konnte mit solchen Messungen an Schmelzen der Netzwerkbildner B_2O_3, GeO_2 und SiO_2 zeigen, daß auch in der Schmelze die vom Glas her bekannte Koordinationszahl (KZ) vorhanden ist, daß aber mit steigender Temperatur eine Abnahme der KZ beobachtet wird, was man sich durch Bildung von Bruchstücken erklären kann. Miyake u. M. [617] erweitern den Meßbereich bei ihren röntgenographischen Messungen an einer B_2O_3-Schmelze bei 650 °C. Sie folgern aus ihrer Auswertung auf eine Struktur, die eine Mischung aus $[B_3O_6]^{3-}$-Ringen, auch Boroxol-Ringe genannt, und unabhängigen $[BO_3]^{3-}$-Dreiecken darstellt.

Entsprechende Messungen an Schmelzen des Systems $Na_2O-B_2O_3$ durch Titov u. M. [971] zeigen große Ähnlichkeit zu solchen Messungen an entsprechenden Gläsern, lassen also den Koordinationswechsel des Boratoms von 3 nach 4 erkennen (s. Abschn. 2.6.1.1). Man erkennt aber auch neben thermischen Fluktuationen der Dichte und der Zusammensetzung Heterogenitäten in der Größenordnung einmal von 1 nm, zum anderen von 20 nm, deren Ursache noch nicht geklärt ist, die aber einen Zusammenhang mit der Entmischungsneigung haben werden. Interessant ist auch die Beobachtung, daß bei Schmelzen mit 6 bis 15 Mol-% Na_2O während des Abkühlens beim Durchschreiten der Liquidustemperatur die Fluktuationen sich ändern, also auch Änderungen in der Struktur der Schmelze eintreten müssen.

Die analogen Koordinationswechsel in Na_2O-GeO_2-Schmelzen finden Kamiya u. M. [468], während die Schmelzen der Alkalisilicate nach Waseda und Suito [1045] das einfache Verhalten dieser Gläser zeigen mit den Koordinationszahlen 4, 6 bzw. 7 für Li, Na bzw. K gegenüber O. Abschließend sei zu den röntgenographischen Untersuchungen bemerkt, daß sie keine Beweise für ein bestimmtes Modell darstellen, sondern nur zeigen, daß die Messung damit verträglich ist.

Strukturempfindlich sind auch die Schwingungen der einzelnen Atome mit- oder gegeneinander. Ändert sich dabei das Dipolmoment der betreffenden Gruppierung, dann ist die betreffende Schwingung infrarotaktiv, ändert sich die Polarisierbarkeit, dann ist sie ramanaktiv. Die *Infrarot- und die Ramanspektroskopie* ergänzen sich; sie liegen im Wellenlängenbereich ab etwa 1 μm oder − in der bei diesen Spektroskopien meist üblichen Bezeichnung − bei Wellenzahlen kleiner 10 000 cm^{-1}. Es gibt viele entsprechende Messungen an Gläsern (s. Abschn. 2.5.2), aber bei Messungen an Schmelzen müssen einige meßtechnische Schwierigkeiten überwunden werden, z.B. die eigene Temperaturstrahlung, die in demselben Bereich liegt. Verbunden mit der allgemeinen Entwicklung der Meßtechnik liegen jüngere ramanspektroskopische Messungen u.a. von Seifert u. M. [857] vor.

Bild 11 zeigt ein solches Spektrum einer Natriumsilicatschmelze im Vergleich mit dem Spektrum des Glases. Es bestehen nur geringe, aber doch deutliche Unterschiede. Die größere Intensität der Bande bei 590 cm^{-1} in der Schmelze wird auf eine höhere Defektkonzentration, wahrscheinlich offene Si−O−Si-Brücken, zurückgeführt. Aus anderen, kleineren Unterschieden wird geschlossen, daß in der Schmelze mehr kettenförmige als flächenförmige Struktureinheiten vorliegen. Weitere Messungen brachten das wichtige Ergebnis, daß beim Erhitzen eines $Na_2O \cdot Al_2O_3 \cdot 10SiO_2$-Glases bis auf 1 200 °C sich die KZ 4 des Al nicht ändert (s. Abschn. 2.6.1.4). Auch

2.3 Struktur der Schmelze   19

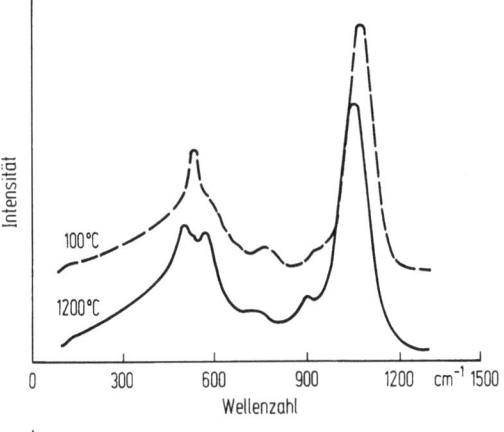

Bild 11. Ramanspektren von Glas (gestrichelt; Kurve nach oben versetzt) und Schmelze (durchgezogen) der Zusammensetzung $Na_2O \cdot 3{,}25\ SiO_2$ nach Seifert u. M. [857]

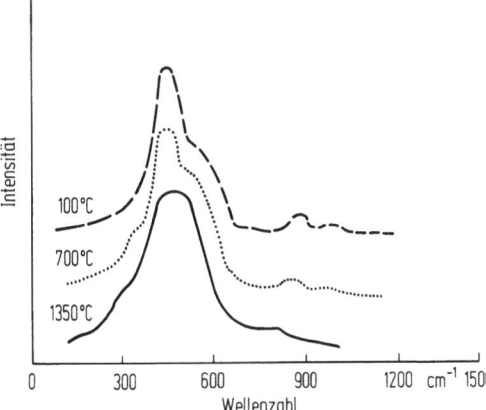

Bild 12. Ramanspektren von GeO_2-Glas (gestrichelt) und GeO_2-Schmelze (punktiert und durchgezogen) nach Seifert u. M. [857]; die Kurven für 100 und 700 °C sind nach oben versetzt

beim GeO_2-Glas (s. Bild 12) bleibt beim Erhitzen die KZ 4 des Ge konstant (s. Abschn. 2.6.1.5), aber es tritt eine starke Verbreiterung der Bande um 500 cm^{-1} ein, die vor allem durch eine Zunahme der Bande bei 530 cm^{-1} verursacht wird, die als Defektbande angesprochen wird. Ähnlich wie oben werden damit Defekte in den Schmelzen erkennbar.

Mit dem Öffnen und Schließen von Bindungen des silicatischen Netzwerkes steht die *Viskosität* in engem Zusammenhang. Die hohen Viskositäten der meisten silicatischen Schmelzen sind eine für die Praxis sehr wichtige Tatsache, wie auch die typische Temperaturabhängigkeit der Viskosität solcher Schmelzen Voraussetzung für viele Formgebungsverfahren ist. Es wurde daher mehrfach versucht, die Viskositäten zu Aussagen über die Strukturen der Schmelzen zu nutzen (s. auch Abschn. 2.4.1). Hier sind vor allem die klassischen Arbeiten von Bockris u. M. [80] zur Deutung der Ergebnisse von physikalischen Messungen zu nennen.

Bei der Auswertung der Viskositätsmessungen an binären Systemen nach den Aktivierungsenergien E_η und den Aktivierungsentropien wurde ein starker Abfall der Werte bis etwa 10 Mol-% R_2O oder bis etwa 20 Mol-% RO gefunden. Zur Deutung dieser Ergebnisse nimmt Bockris an, daß bei hohen R_mO_n-Gehalten diskrete Anionen in der Schmelze vorliegen, die durch Kationen getrennt sind und die Fließeinheiten darstellen. Die Größe dieser Anionen erhält man, wenn man die Bedingungen der

Elektroneutralität und der Stöchiometrie erfüllt. Wegen des Si–O–Si-Winkels von etwa 145° werden sich bevorzugt Dreier- und Viererringe neben kurzen Ketten bilden. Für einige herausgegriffene Zusammensetzungen ergeben sich folgende Anionen:

$R_2O \cdot SiO_2$: einfache Ringe der Form $[(SiO_3)_3]^{6-}$ oder $[(SiO_3)_4]^{8-}$

$R_2O \cdot 2SiO_2$: Zusammenlagerung von je zwei Ringen: $[(Si_2O_5)_3]^{6-}$ oder $[(Si_2O_5)_4]^{8-}$

$R_2O \cdot (>2)SiO_2$: bei höheren SiO_2-Gehalten lagern sich zwischen diese beiden Ringe noch „neutrale" $(SiO_2)_3$- oder $(SiO_2)_4$-Ringe, so daß längliche Anionen entstehen, deren allgemeine Formeln dann lauten:
$[(SiO_3 + n\,SiO_2)_3]^{6-} = [(Si_{n+1}O_{2n+3})_3]^{6-}$ oder
$[(SiO_3 + n\,SiO_2)_4]^{8-} = [(Si_{n+1}O_{2n+3})_4]^{8-}$.
So ergibt sich z.B. für

$R_2O \cdot 4SiO_2$: $n = 3 \rightarrow [(Si_4O_9)_3]^{6-}$ oder $[(Si_4O_9)_4]^{8-}$.

Mit der Annahme solcher Anionen, die für jede Zusammensetzung ein bestimmtes Gleichgewicht bilden, läßt sich der langsame Abfall (nach dem oben erwähnten starken Abfall) der E_η-Werte mit steigendem R_mO_n-Gehalt gut erklären. Die höheren E_η-Werte der Erdalkalisilicatschmelzen werden durch die stärkere Bindung der Anionen durch die dazwischenliegenden Erdalkaliionen bewirkt.

Bockris kommt damit zu ähnlichen Struktureinheiten wie sie von Flood und Knapp [257] aus ganz anderen Überlegungen gefolgert wurden. So besteht vor allem die Übereinstimmung in der Annahme von $[(SiO_3)_3]^{6-}$- und $[(Si_2O_5)_3]^{6-}$-Anionen, wenn auch Dreierringe etwas ungewöhnlich erscheinen.

Nach der Annahme von Bockris liegen in der Schmelze diskrete Anionen vor, die mit sinkendem R_mO_n-Gehalt immer länger werden, bis sie schließlich instabil werden, was bei einem R_2O-Gehalt von 10 Mol-% und einem RO-Gehalt von etwa 20 Mol-% eintritt. Der folgende stärkere Anstieg der E_η-Werte zeigt, daß dann dreidimensionale Vernetzung einsetzt. Die Vernetzung erfolgt bei den Erdalkalisilicatschmelzen schon bei höheren R_mO_n-Gehalten, da die Erdalkaliionen selbst bereits vernetzend wirken.

Die Auswertung der *Dichtemessungen* nach partiellen Molvolumina ergibt Bereiche konstanter Werte, was ebenfalls auf diskrete Anionen in diesen Bereichen hinweist. Allerdings folgert Épel'baum [231] aus ähnlichen Auswertungen, daß neben den großen Netzwerkbruchstücken nur die kleinen SiO_3^{2-}-Anionen vorliegen. Die Dichtemessungen bei verschiedenen Temperaturen wurden von Bockris auch auf die thermische Ausdehnung dV/dT hin ausgewertet. Dabei wurde gefunden, daß in binären R_2O–SiO_2-Schmelzen die Ausdehnung bis etwa 12 Mol-% R_2O praktisch gleich Null ist. Das läßt sich gut mit der obigen Anschauung erklären, wonach bis zu diesem Alkaligehalt die Kationen in das noch starre Netzwerk eingeschlossen werden und so keinen Beitrag zur Ausdehnung liefern können. Erst bei höheren Alkaligehalten, wenn diskrete Anionen auftreten, ist das der Fall.

Die von Bockris entwickelten Anschauungen über die Struktur der Schmelze erlauben eine zwanglose Deutung der Meßergebnisse; die Meßergebnisse sind aber kein Beweis für sie. Einige weitere Versuche lassen sich jedoch mit diesen Anschauungen gut erklären, u.a. die Beobachtung, daß sich NaF in derartigen Silicatschmelzen erst bei R_2O-Gehalten über 13 Mol-% in größeren Mengen löst; also erst dann, wenn nach Bockris die Schmelzen deutlich ionisch werden.

Um zu zeigen, daß es auch andere Möglichkeiten der Erklärung dieser Meßergebnisse gibt, sei die von Bockris selbst erwähnte zweite Deutung als Beispiel genannt: Bis 12 Mol-% R_2O wird dieselbe Struktur angenommen. Bei höheren R_2O-Gehalten bildet sich eine Mikrophase $R_2O \cdot 2SiO_2$, die sich als Film zwischen SiO_2-reichen Inseln befindet. Mit steigendem R_2O-Gehalt nimmt die Größe der Inseln stetig ab, um bei 33 Mol-% R_2O die Zusammensetzung von diskreten Anionen zu erreichen. Dabei müßten sich Filmdicken von 1 bis 4 nm Dicke ergeben, was als Tendenz zur Entmischung aufgefaßt werden kann.

Bockris hat sich mit seinen Mitarbeitern durch diese Arbeiten große Verdienste um die Struktur der Schmelze erworben, wenn auch einige Folgerungen angezweifelt werden können. So geht z.B. aus den Viskositätsmessungen von Kurkjian und Douglas [520] im System Na_2O-GeO_2 hervor, daß bereits mit 2 Mol-% Na_2O der Fließmechanismus gänzlich geändert wird. Mehrere Autoren haben versucht, aus Viskositätsmessungen auf sog. *Fließeinheiten* und damit auf die Struktur der Schmelze zu schließen. Brückner [109] hat diese Arbeiten zusammengefaßt.

Interessant sind auch die Messungen der induzierten Orientierungsdoppelbrechung von Brückner und Käs [113], die schließen lassen, daß in einer B_2O_3-Schmelze isotrope Netzwerkbruchstücke vorliegen mit einem Durchmesser von etwa 3,0 nm bei 800 °C. Mit steigender Temperatur werden die Bruchstücke kleiner, bei 1 000 °C sind sie nur noch etwa 2,5 nm groß. Durch Zugabe von Na_2O, untersucht wurde eine Probe mit 5,5 Mol-%, werden die Bruchstücke ebenfalls kleiner, bei 800 °C sind sie etwa 2,2 nm groß. Im Schergefälle wird eine Orientierungsdoppelbrechung beobachtet. Die sich dadurch anzeigende geringe Anisotropie der Netzwerkbruchstücke nimmt mit steigender Temperatur und durch Na_2O-Zusatz ab.

Hinweise auf das Öffnen und Schließen von $Si-O-Si$-Bindungen und damit auf die Größe von Silicatanionen ergeben *voltametrische Messungen*. Mit dieser Methode, die der Polarographie entstammt, haben Perander und Karlsson [694] Untersuchungen an binären Alkalisilicatschmelzen durchgeführt. Sie deuten ihre Ergebnisse mit recht großen Anionen, indem sie im Bereich 20 bis 27 Mol-% vorwiegend $[Si_{24}O_{54}]^{12-}$-Anionen annehmen, die mit steigendem Na_2O-Gehalt depolymerisieren, zunächst in $[Si_{12}O_{28}]^{8-}$-Anionen und dann in $[Si_6O_{15}]^{6-}$-Anionen, die bei 33 bis 40 Mol-% vorliegen und die die Grundeinheit darstellen.

Einen anderen Weg der Untersuchung der Glasschmelze haben Dietzel und Flörke [183] eingeschlagen. Wieder wird dazu auf das *Phasendiagramm* des Zweistoffsystems Na_2O-SiO_2 zurückgegriffen (s. Bild 4). Das dem SiO_2 zunächst liegende Eutektikum hat bei 26 Mol-% Na_2O eine eutektische Temperatur von 793 °C. Auf der zum SiO_2 ansteigenden Liquiduskurve ist bis 870 °C Quarz, bis 1 470 °C Tridymit und darüber Cristobalit stabil. Es wurde die Zusammensetzung 23,8 Mol-% Na_2O und 76,2 Mol-% SiO_2 ausgewählt, die im Ausscheidungsfeld des Quarzes liegt, und einmal ein Glas bei 850 °C und ein anderes bei 950 °C erschmolzen. Nachdem ausreichende Homogenität vorlag, wurden beide Schmelzen schnell auf 700 °C abgekühlt und entglast. Wenn sich in der Schmelze eine Struktur einstellen sollte, die der bei der jeweiligen Temperatur beständigen Kristallphase entspräche oder verwandt wäre, dann müßte sich das in den Entglasungsprodukten bemerkbar machen. Das war aber nicht der Fall, sondern in beiden Fällen wurde Tridymit mit etwas Quarz gefunden, also dieselbe Entglasung beobachtet. Die Ursache des Auftretens dieser SiO_2-Modifikation ist von Flörke [256] aufgeklärt worden.

Ähnlich Versuche wurden auch im Dreistoffsystem $Na_2O - CaO - SiO_2$ durchgeführt, hier im Ausscheidungsfeld des bei 1 047 °C inkongruent schmelzenden Devitrits $Na_2O \cdot 3\ CaO \cdot 6\ SiO_2$. Die Liquidustemperaturen dieses Ausscheidungsfeldes reichen bis unter 1 000 °C, so daß neben einer Schmelze bei 1 250 °C eine solche bei 980 °C durchgeführt werden konnte. Von beiden Schmelzen wurden anschließend die Kristallisationsgeschwindigkeitskurven des sich ausscheidenden Devitrits bestimmt, die sowohl in der maximalen Kristallisationsgeschwindigkeit als auch in deren Temperatur übereinstimmten. Das war auch der Fall, wenn als Rohstoff für die Schmelze bei tieferer Temperatur Devitrit genommen wurde.

Diese anschaulichen Versuche zeigen, daß sich beim Abkühlen der Glasschmelze der der jeweiligen Temperatur entsprechende Gleichgewichtszustand der Struktur schneller einstellt als dies mit den üblichen Beobachtungsmethoden festzustellen ist. Damit stimmt überein, daß die Relaxationszeiten in diesem Gebiet nur Bruchteile von Sekunden betragen.

Interessant ist auch folgender Hinweis von Bezborodov [75]. Ein Glas der Zusammensetzung (in Gew.-%) 74 SiO_2, 7 CaO und 19 Na_2O liegt im Ausscheidungsfeld des Devitrits, der sich auch als Erstkristallisation bildet. Erhöht man aber den CaO-Gehalt auf Kosten des Na_2O-Gehaltes, z. B. bis zur Zusammensetzung 74 SiO_2, 12 CaO und 14 Na_2O, dann kristallisiert zuerst Tridymit aus, obwohl die Zusammensetzung dem Devitrit näher gekommen ist. Dies zeigt deutlich, daß der Struktur der Schmelze auch in dieser Beziehung eine große Bedeutung zukommt.

2.3.3 Entmischung

Bei den obigen Berechnungen wurde oft eine statistische Verteilung der Anionen angenommen, und auch nach der Netzwerkhypothese sind die Netzwerkwandler in einem Glas statistisch verteilt. Im Laufe der Zeit hat es sich aber herausgestellt, daß man mit einer derartigen Verteilung der Kationen einige Eigenschaften der Gläser nicht restlos befriedigend deuten kann. Es werden deshalb von verschiedenen Seiten Modifikationen der Verteilung der Kationen vorgeschlagen. So nimmt Dietzel [175] in Gläsern des Systems $Na_2O - SiO_2$ bei geringen Alkaligehalten eine *schwarmartige Anhäufung* der Na^+-Ionen an; denn bei einer gleichförmigen Verteilung sind die einzelnen Na^+-Ionen recht weit voneinander entfernt und haben dann infolge des noch relativ starren SiO_2-Netzwerks nur schlechte Koordinationsmöglichkeit. Diese Vorstellung ist ohne weiteres auf die Schmelze übertragbar. Auf den Zusammenhang mit der Glasstruktur wird an anderer Stelle eingegangen (s. Abschn. 2.5).

Die von Dietzel angenommenen Schwärme gehen über eine statistische Verteilung hinaus in Richtung einer latenten *Entmischungsneigung*, die sich auch im Phasendiagramm andeutet, indem sie sich durch einen Aktivitätskoeffizienten $\gamma > 1$ zu erkennen gibt (s. Abschn. 2.3.1). Nach Bild 4 liegt dann die experimentelle Liquiduskurve höher als die theoretische Kurve, so daß sich ein schwach S-förmiger Kurvenverlauf ergibt. Die Aktivitätskoeffizienten werden immer größer, je stärker diese S-Form ausgeprägt ist, und gleichzeitig wird die Entmischungstendenz immer stärker. Bild 13 zeigt, daß bei den binären Silicatsystemen dies eintritt, indem die Entmischungstendenz zunimmt in der Reihe der Oxide von Rb und Cs, K, Na und Li bis zum Ba. Im System $SrO - SiO_2$

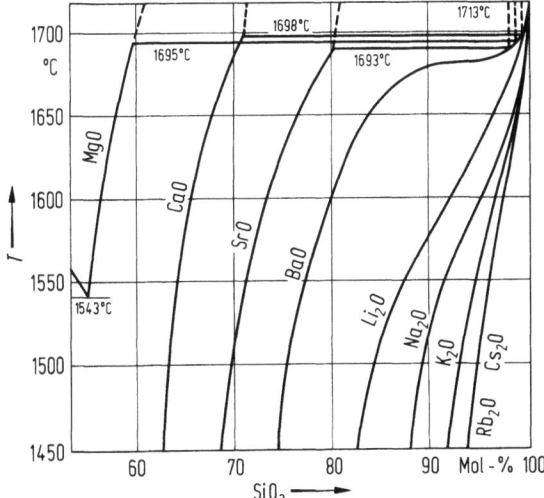

Bild 13. Vergleich der SiO$_2$-Seiten der Schmelzdiagramme der Systeme Alkalioxid-SiO$_2$ und Erdalkalioxid-SiO$_2$

kommt es dann in der Schmelze zu einer flüssig-flüssig-Entmischung, auch *Phasentrennung* oder *Mischungslücke* genannt.

Diese Erscheinungen sind intensiv untersucht worden, nachdem man erkannt hatte, daß sie eine wichtige praktische Bedeutung haben können und allgemeiner auftreten, da es in vielen Systemen auch metastabile Mischungslücken unterhalb der Liquiduskurve gibt. Inzwischen gibt es viele zusammenfassende Darstellungen, von denen hier nur einige genannt werden können: Jantzen und Herman [455], Levin [545], Mazurin und Porai-Koshits [597], Stevens [926], Tomozawa [977] und Vogel [1024].

Experimentell lassen sich Entmischungen mit den üblichen Methoden zur Festlegung von Phasendiagrammen bestimmen, z.B. mit der Abschreckmethode und anschließender Untersuchung des erhaltenen Glases mit den üblichen optischen Methoden oder mit Hilfe von Durchlässigkeitsmessungen, Beobachtungen des Streulichts, Röntgenkleinwinkelstreuung mit ihren Varianten, z.B. STEM (= scanning transmission electron microscope = Raster-Durchstrahlungselektronenmikroskop), Ramanspektroskopie und Bestimmung der Gitterkonstanten von Mischkristallen. Direkt in der Schmelze werden als Methoden beschrieben die Verfolgung von Viskosität, elektrischer Leitfähigkeit, EMK oder Oberflächenspannung sowie Hochtemperaturinfrarotspektroskopie, während die Hochtemperaturzentrifuge eine unmittelbare Trennung der Phasen erlaubt. Eine Gegenüberstellung der Ergebnisse nach einigen der obigen Methoden und einiger zusätzlicher Messungen an einem System (PbO−B$_2$O$_3$) bringt Shelby [877].

Die ersten Deutungsversuche über die *Ausdehnung der Mischungslücken* haben Warren und Pincus [1044] aufgrund von geometrischen Betrachtungen durchgeführt. Sie gehen davon aus, daß sich z.B. jedes Ca^{2+}-Ion mit mehreren Trennstellensauerstoffen koordinieren möchte. Da aber das Verhältnis dieser O^{2-}-Ionen zu den Ca^{2+}-Ionen nur 2:1 beträgt, muß jedes einfach gebundene O^{2-}-Ion gleichzeitig zu mehreren Ca^{2+}-Ionen gehören. Der nächste Abstand von zwei Ca^{2+}-Ionen, die dann einem O^{2-}-Ion benachbart sind, ist der doppelte Ca−O-Abstand. Eine homogene Schmelze kann erst dann entstehen, wenn die CaO-Konzentration so hoch ist, daß diese Anordnung

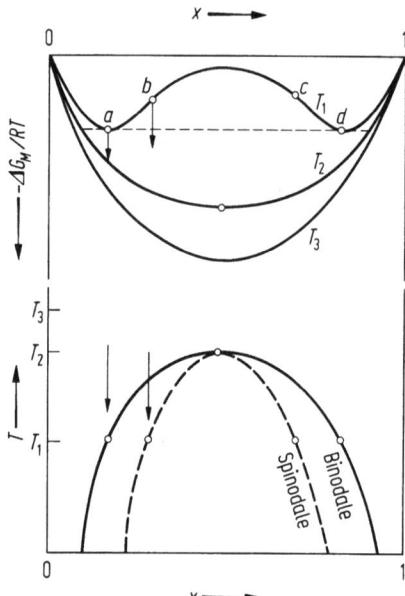

Bild 14. Schematische Darstellung des Zusammenhangs zwischen freier Mischungsenthalpie ΔG_M und Mischungslücken in Schmelzen

überall möglich ist. Diese Konzentration müßte also die Grenze der Mischungslücke darstellen. Unter Verwendung bekannter Daten ergab die Rechnung 33 Gew.-% CaO, während die experimentelle Grenze bei 28 Gew.-% CaO liegt.

Diese Berechnungen wurden später von Levin und Block ausgedehnt, was von Levin [545] dann zusammenfassend dargestellt wird. Dabei werden zwei Modelle betrachtet, indem zwei benachbarte Kationen einmal durch ein O^{2-}-Ion (Typ A), zum anderen durch ein [SiO_4]-Tetraeder (Typ B) getrennt sind. Danach gehören die SiO_2-Systeme mit R_2O, PbO, BaO und SrO zum Typ B, die mit CaO, MgO und FeO z.B. zum Typ A. Später wurden dann auch noch das Koordinationsbestreben und die Feldstärke der Ionen betrachtet. Letzteres geht auf die schon von Dietzel geäußerten Gedanken zurück, daß in Systemen mit mehreren Komponenten eine Konkurrenz der Netzwerkbildner und Netzwerkwandler um das Sauerstoffion besteht.

Galakhov und Varshal [285] weisen darauf hin, daß die Entmischung primär durch *elektrostatische Wechselwirkungen* bedingt wird, indem jedes Kation versucht, seine günstigste Koordination aufzubauen. Wenn die sich dabei bildenden Polyeder strukturmäßig nicht verträglich sind, dann erfolgt als sekundärer Vorgang die Entmischung. Außerdem erkennen sie, daß die Kennzeichnung der Entmischung durch Angabe der Breite der Mischungslücke bei der Liquidustemperatur ungeeignet ist, u.a. auch wegen fehlender Möglichkeit, die metastabilen Entmischungen zu berücksichtigen. Deshalb wählen sie die Breite der Mischungslücke bei der halben kritischen Entmischungstemperatur T_{kr} und finden, daß diese Breite im allgemeinen mit der Ionenfeldstärke Z/r^2 (Z = Wertigkeit, r = Ionenradius) ansteigt. Es gibt aber deutliche Ausnahmen, z.B. im System $Al_2O_3 - SiO_2$, wo die Mischungslücke deutlich kleiner als erwartet ist. Daraus wird geschlossen, daß dafür strukturelle Ähnlichkeiten zwischen [SiO_4]- und [AlO_4]-Tetraedern verantwortlich sein könnten, wodurch das Ausmaß der Entmischung verringert wird.

Diese Betrachtungsarten führen zu keiner eindeutigen Aussage. Deshalb ist es angebracht, die *Thermodynamik* zu Rate zu ziehen; denn Schmelzen befinden sich im Gleichgewicht, sollten also der thermodynamischen Behandlung zugänglich sein. Einige Grundlagen dazu wurden im Abschn. 2.3.1 erwähnt. Es wurde dabei auch gezeigt, daß es möglich ist, die freien Mischungsenthalpien ΔG_M zu berechnen. In den Bildern 6 und 8 sind einfache Fälle dargestellt. Manchmal ändert sich der Kurvenverlauf mit sinkender Temperatur, wie es schematisch im oberen Teil des Bildes 14 dargestellt ist. Dabei ergibt sich, daß bei T_2 die ΔG_M-Kurve ein kurzes Stück parallel zur x-Achse läuft, während bei T_1 zwischen den Zusammensetzungen a und d die ΔG_M-Werte sogar wieder steigen (weniger negativ werden). Dies tritt bei besonderen Verhältnissen in der Schmelze auf, erkennbar auch in außergewöhnlichen ΔG_M^E-, ΔH_M- oder ΔS_M-Werten, worauf hier aber nicht näher eingegangen werden kann.

Es wurde bereits erwähnt, daß thermodynamisch stabil immer die Phase mit dem geringsten (oder höchsten negativen) ΔG_M-Wert ist. Wenn aber in Bild 14 zwischen a und d die ΔG_M-Werte dieser Schmelze wieder ansteigen, dann sind alle Zusammensetzungen in diesem Bereich weniger stabil als die Schmelzen der Zusammensetzungen a und d. Daraus folgt, daß eine Auftrennung in die beiden Grenzschmelzen a und d zu einer Erniedrigung von ΔG_M führen würde, d.h. alle Schmelzen zwischen a und d sind thermodynamisch nicht stabil, sondern entmischen, wobei die Mengenanteile der entstehenden Schmelzen a und d von der Ausgangszusammensetzung abhängen. Die beiden koexistierenden Schmelzphasen ergeben sich aus den Berührungspunkten der angelegten Tangente.

Aus Bild 14 läßt sich noch eine weitere wichtige Aussage ableiten. Man kann in jeder Schmelze ständige örtliche Schwankungen der Zusammensetzung annehmen. Üblicherweise ist die ΔG_M-Kurve von der x-Achse aus betrachtet konvex gekrümmt. Dann liegt der gemeinsame ΔG_M-Wert zweier benachbarter Bereiche höher, ist also weniger stabil, d.h. die Schwankung wird bald wieder in Richtung homogene Schmelze rückgängig gemacht. Dies gilt in Bild 14 für die Bereiche 0 bis b und c bis 1. Anders verhält sich dagegen der Bereich b bis c, der konkav gekrümmt ist. Dort gilt dann sinngemäß, daß eine statistische Schwankung zu einem ΔG_M-Wert führt, der geringer als der der Ausgangsschmelze ist, der also stabiler ist und nicht von allein rückgängig läuft, sondern im Gegenteil die Tendenz hat, die Schmelze noch weiter aufzutrennen. Daraus folgt, daß im Bereich b bis c *spontane Entmischung* eintritt; denn dieser Bereich war nach oben sowieso nicht stabil. Die ebenfalls nicht stabilen Bereiche $a-b$ und $c-d$ bedürfen zur Entmischung der Keimbildung.

Die Zusammensetzungen b und c stellen Wendepunkte der ΔG_M-Kurve dar. Trägt man diese für alle Temperaturen in das Phasendiagramm ein, wie am Beispiel der Temperatur T_1 im unteren Teil des Bildes 14 geschehen ist, dann erhält man die dort gestrichelt gezeichnete Kurve, die als *Spinodale* bezeichnet wird. Die ausgezogene Kurve, die die Grenze zwischen Ein- und Zweiphasengebiet markiert, wird auch *Binodale* genannt. Während also die Entmischung zwischen Binodale und Spinodale über Keimbildung verläuft, findet sie innerhalb der Spinodalen spontan statt und wird auch als spinodale Entmischung beschrieben. Sie ist theoretisch vor allem von Cahn [123, 126] behandelt worden. Auch andere Autoren haben sich damit beschäftigt, u.a. Shults [881], während Cook und Hilliard [154] Näherungslösungen zur Berechnung der Spinodalen angeben. In der Nähe des oberen *kritischen Entmischungspunktes* bei der Temperatur T_{kr} und der Zusammensetzung c_{kr} gilt $(c_s-c_{kr})/(c_b-c_{kr}) \approx \sqrt{3}$,

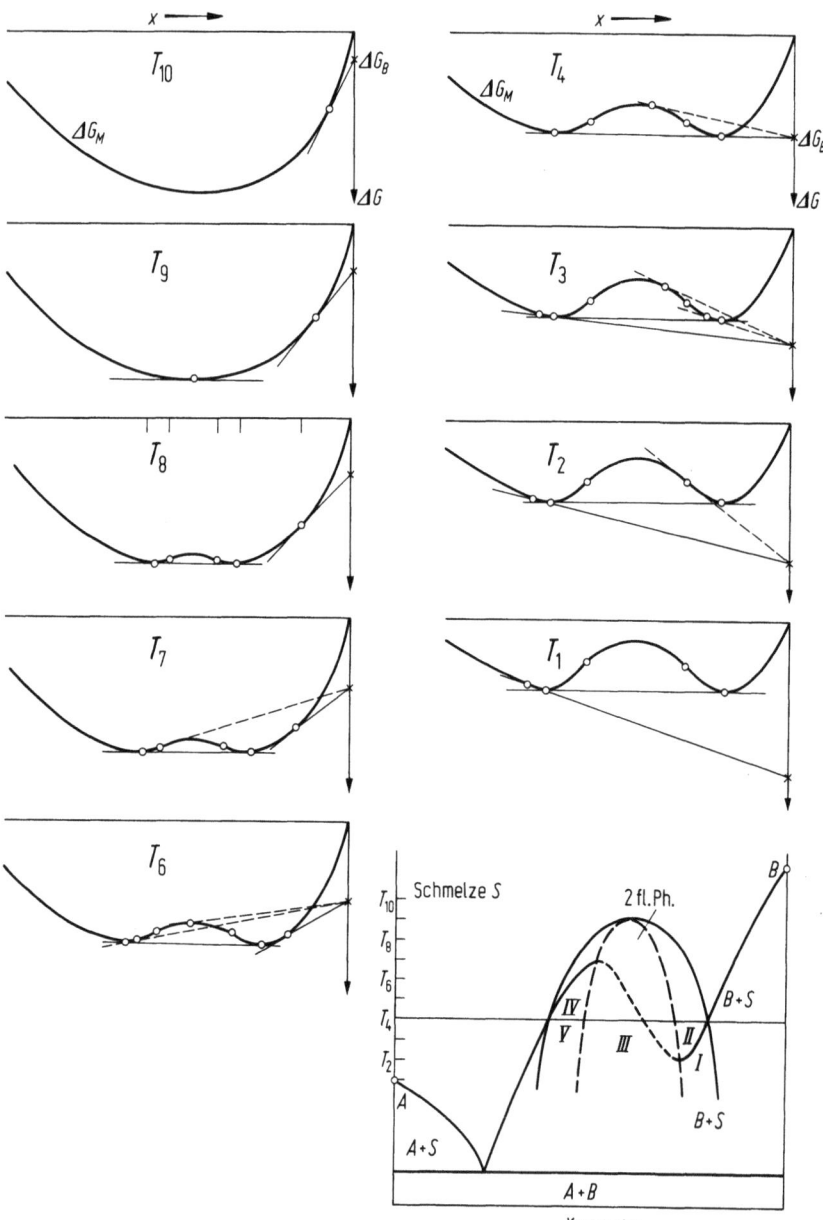

Bild 15. Konstruktion eines binären Systems mit stabiler Mischungslücke in der Schmelze

worin c_s = Zusammensetzung der Spinodale und c_b = Zusammensetzung der Binodale. Für tiefere Temperaturen T gilt bei bestimmten Bedingungen für die Form der Mischungslücke $(c_s - c_{kr})/(c_b - c_{kr}) \approx 1 - 0{,}422\, T/T_{kr}$.

Während Bild 14 sehr schematisch ist, bringt Bild 15 ein Beispiel eines Phasendiagramms mit einer stabilen Mischungslücke, wobei in den oberen ΔG-Diagrammen auch die jeweiligen freien Enthalpien der rechten Randkomponente B als Kreuze

2.3 Struktur der Schmelze

enthalten sind. Beginnend mit der höchsten Temperatur T_{10} erhält man die Zusammensetzung der Schmelze, die mit B im Gleichgewicht steht, indem man von $\varDelta G_B$ aus die Tangente an die $\varDelta G_M$-Kurve legt. Der Berührungspunkt ist entsprechend markiert und entspricht der Liquidustemperatur bei T_{10}. Bei T_9 ist gerade die kritische Entmischungstemperatur, bei T_8 schon Entmischung eingetreten. Auf der Abszisse dieses Teildiagramms findet man fünf Zusammensetzungen markiert: zwei für die Binodale, zwei für die Spinodale (entspricht den Wendepunkten) und eine für die Liquidustemperatur. Teildiagramm T_7 ist dem von T_8 ähnlich, nur tritt der Fall ein, daß von B aus eine Tangente den linken Wendepunkt erfassen würde. Das hat zur Folge, daß bei tieferen Temperaturen, also bei T_6, man von B aus zwei weitere Tangenten an die $\varDelta G_M$-Kurve legen kann. Da jedoch die Gerade zum Berührungspunkt neben dem linken Minimum unterhalb der gemeinsamen Tangente liegt, ergibt sich ein metastabiler Punkt, während der Berührungspunkt zwischen den beiden Wendepunkten sogar instabil sein muß. Das Teildiagramm 5 bietet nichts Neues, weshalb es nicht gezeichnet wurde. Bei T_4 trifft die gemeinsame Tangente die Komponente B, d.h. bei dieser Temperatur sind drei Phasen (2 Schmelzen + B) im Gleichgewicht. Die tieferen Temperaturen bieten wieder nichts Neues, nur daß jetzt auch die gemeinsame Tangente der Entmischung metastabil wird; denn sie hat höhere $\varDelta G$-Werte zur Folge als die stabile Tangente von B aus.

Insgesamt ergibt sich das unten in Bild 15 dargestellte Phasendiagramm, aus dem sich nach Cahn [124] folgende interessante Erscheinungen ableiten lassen: Der Bereich II liegt im Teildiagramm T_3 zwischen dem zweiten und dritten Punkt von rechts auf der $\varDelta G_M$-Kurve. Jede homogene Schmelzzusammensetzung dazwischen hat eine Tangente, die auf der rechten Ordinate zu einem $\varDelta G$-Abschnitt führt, der negativer als der von B selbst ist. Daraus folgt, daß aus der homogenen, metastabilen Schmelze im Bereich II keine direkte Kristallisation möglich ist, sondern daß vorher erst Entmischung auftreten muß, die auch nur metastabil ist. Umgekehrt verhält es sich im Bereich IV. Dieser liegt im Teildiagramm T_6 zwischen dem zweiten und dritten Punkt von links. Homogene, d.h. metastabile Schmelzen haben Tangenten, deren Abschnitt jetzt höhere $\varDelta G$-Werte als B hat, d.h. es wird zunächst Kristallisation von B eintreten, bzw. Kristalle von B lösen sich in homogener Schmelze nicht auf. Erst wenn die stabile Entmischung erfolgt ist, dann löst sich B auf. Diese Erscheinungen können für die Praxis große Bedeutung haben.

In Bild 15 wurde eine stabile Mischungslücke diskutiert. Es wurde aber bereits darauf hingewiesen, daß besonders bei glasbildenden Systemen auch mit *metastabiler Entmischung* zu rechnen ist. Dies läßt sich an S-förmigen Liquiduskurven erkennen und auch aus ternären Phasendiagrammen extrapolieren, wie es für das System $BaO-SiO_2$ zunächst Levin und Cleek [546], später Cahn und Charles [126] getan haben. Nach Bild 16 deutet sich im System $CaO-BaO-SiO_2$ eine solche Mischungslücke an, die aufgrund früherer elektronenmikroskopischer Beobachtungen von Tröpfchen in solchen Gläsern auch erwartet werden konnte. Später wurde durch Seward u. M. [860] auch die Form experimentell bestätigt, wie Bild 17 zeigt. In dieser Abbildung sind die drei Zusammensetzungen a, b und c markiert. Diese wurden erschmolzen und normal in Luft abgekühlt. Die elektronenmikroskopischen Durchlichtaufnahmen der Bilder 18a–c lassen bei a und c tröpfchenförmige Entmischung, bei b ein Durchdringungsgefüge erkennen, das typisch für die spinodale Entmischung ist.

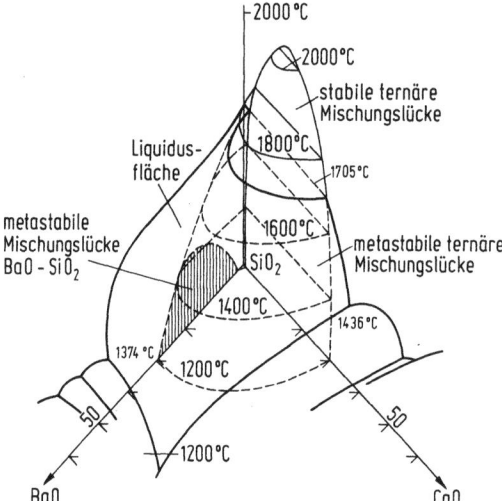

Bild 16. Entmischung im System CaO−BaO−SiO$_2$ nach Cahn und Charles [126]

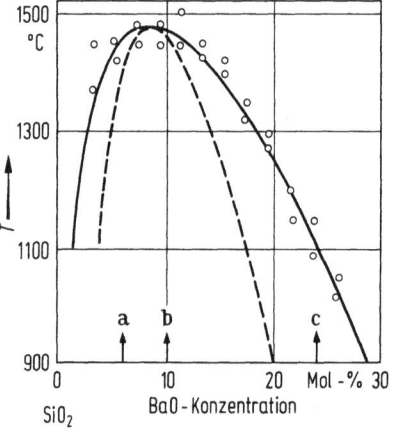

Bild 17. Metastabile Mischungslücke im System BaO−SiO$_2$ nach Seward u. M. [860]

In solchen Proben sind zwei verschiedene Glasphasen vorhanden. Jede Phase für sich hat ihre eigene Struktur. Man sollte daher das Erscheinungsbild der Probe nicht mit dem gleichen Begriff belegen, sondern der Ausdruck für das gleichzeitige Vorliegen mehrerer Phasen ist das *Gefüge*. (Im englischen Sprachgebrauch wird dafür der Ausdruck „microstructure" verwendet, dessen deutsche Übersetzung als Mikrostruktur nicht günstig ist und daher vermieden werden sollte.)

Die ersten Entmischungserscheinungen in binären Alkalisilicatgläsern wurden beim System Li$_2$O−SiO$_2$ 1964 durch Vogel und Byhan [1027] und beim System Na$_2$O−SiO$_2$ durch Hammel [371] und Tran [988] mitgeteilt. Andere Autoren haben dies später bestätigt. In Bild 19 sind diese Werte zusammengestellt, zugleich mit der hypothetischen Mischungslücke im System K$_2$O−SiO$_2$ nach Moriya u. M. [629], die nicht existent ist, denn ihre kritische Entmischungstemperatur liegt nach einer Abschätzung von Kawamoto und Tomozawa [478] mit $T_{kr} \approx 830$ K knapp aber

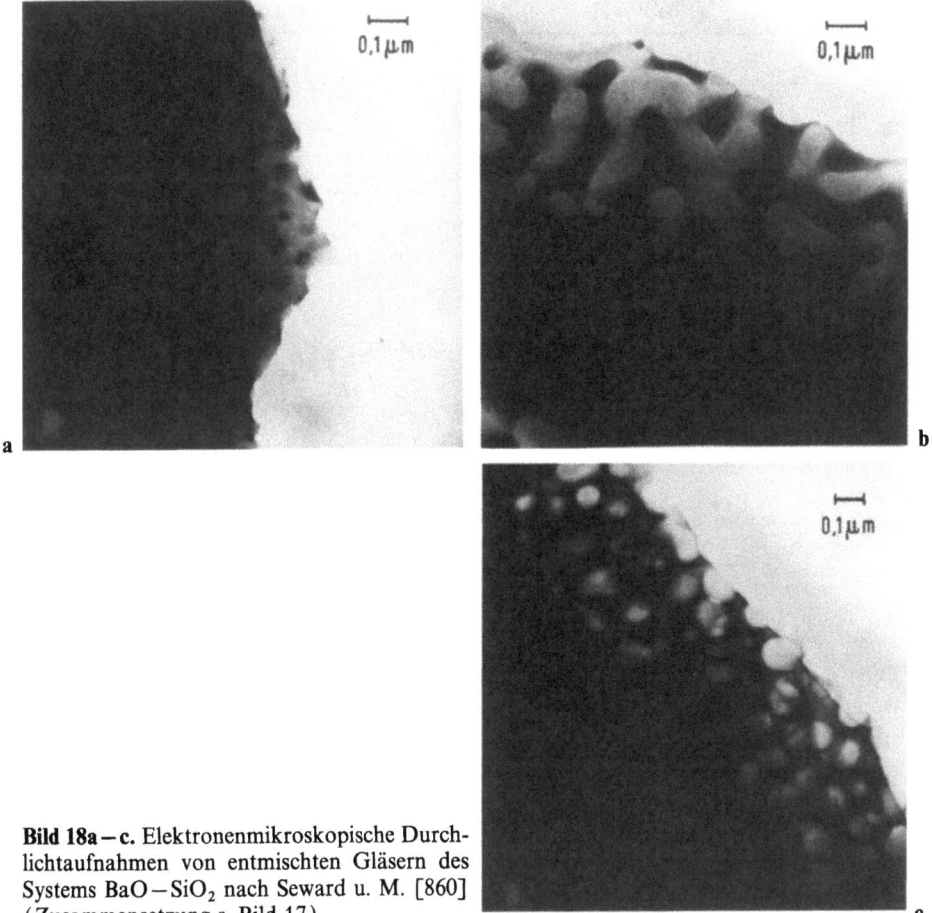

Bild 18a–c. Elektronenmikroskopische Durchlichtaufnahmen von entmischten Gläsern des Systems BaO–SiO$_2$ nach Seward u. M. [860] (Zusammensetzung s. Bild 17)

deutlich unterhalb der entsprechenden Transformationstemperatur von $T_g \approx 855$ K. Auch Messungen der He-Löslichkeit in diesem System von Gehman und Shackelford [305] haben keine Entmischung erkennen lassen. In Bild 19 kann man eine deutliche Tendenz erkennen, nämlich der Abnahme der Entmischung mit größer werdenden Kationen, wie es auch von den stabilen Entmischungen der Erdalkalisysteme bekannt ist (s. Bild 13).

Man kann an den binären $R_2O-B_2O_3$-Systemen prüfen, ob dies eine allgemeine Bedeutung hat, was nach den früheren Ausführungen zu erwarten wäre. Messungen von Shaw und Uhlmann [872] zeigen jedoch, daß diese Abhängigkeit in den Boratsystemen nicht gültig ist, denn danach besteht in den Boratsystemen eine größere Neigung zur Entmischung als in den Silicatsystemen. Spätere Messungen von Porai-Koshits u. M. [725] lassen aber nur im $Li_2O-B_2O_3$-System Entmischung erkennen, und nach Tomozawa [979] ergeben sich beim Auftragen von T_{kr} über dem Verhältnis Wertigkeit:Ionenradius für die Alkali- und Erdalkalisilicat- und -boratsysteme einfache Abhängigkeiten in der oben geschilderten Art, d.h. bei den Systemen $R_2O-B_2O_3$ mit R = Na oder K ist anzunehmen, daß T_{kr} ebenfalls unterhalb T_g liegt.

30 2 Natur und Struktur des Glases

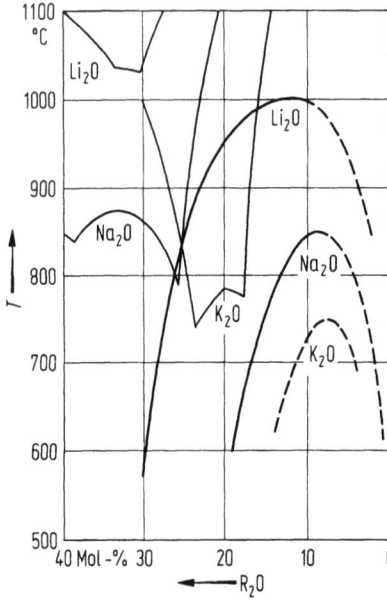

Bild 19. Metastabile Mischungslücken in den Systemen R_2O-SiO_2 nach Moriya u. M. [629] mit den entsprechenden Liquiduskurven

Bei den Mischungslücken ist auffallend, daß sie oft sehr unsymmetrisch sind. Haller u. M. [369] haben darauf hingewiesen, daß man bei regulären Lösungen eine symmetrische Form erwarten müßte. Sie führen die Ursache darauf zurück, daß es falsch ist, bei den Berechnungen als Komponenten die beiden Randoxide zu verwenden; denn diese Komponenten liegen in dieser Form sicher nicht in der Schmelze vor. Sie variieren daher die Art der Randkomponenten, z.T. durch Verwendung nur eines Teilsystems, bis sie zu symmetrischen Kurven kommen. Araujo [30] kommt bei seinen Berechnungen zu einer anderen Lösung. Er geht von plausiblen

Tabelle 2. Mischungslücken in binären Systemen mit SiO_2 nach verschiedenen Autoren

System	T_{kr} (°C)	c_{kr} (Mol-% R_mO_n)	Ausdehnung der Mischungslücke in Mol-% R_mO_n bei		Bemerkung
			$0,9\ T_{kr}$ (K)	$0,8\ T_{kr}$ (K)	
SiO_2-Li_2O	1000	10	21	25	metastabil
$-Na_2O$	850	8	15	18	metastabil
$-MgO$	2200	10	28	38	stabil
$-CaO$	2100	11	23	30	stabil
$-SrO$	1920	7	17	25	stabil
$-BaO$	1460	10	18	23	metastabil
$-PbO$	775	10	18	20	stabil
$-B_2O_3$	520	50	70	90	unsicher
$-Al_2O_3$	1650	27	34	43	metastabil
$-Al_2O_3$	1300	20	27	32	metastabil
$-La_2O_3$	2060	8	17	23	stabil
$-TiO_2$	2100	55	70	80	stabil
$-ZrO_2$	2450	33	18	25	stabil

Annahmen über Anzahl, Lage und Bindung von Atomen und Atomgruppen aus und erhält durch Anwendung der Wahrscheinlichkeitsrechnung Aussagen über die Mischungsentropien. Dieses Modell ergibt für die R_2O-SiO_2-Systeme immer dann Entmischung, wenn die Si—O-Bindung in einer Si—O—Si-Brücke durch benachbarte Trennstellensauerstoffe beeinflußt wird. Die oft beobachtete Asymmetrie der Mischungslücken, die auch Bild 19 zeigt, erscheint dann, wenn man eine Tendenz zur Paarbildung der Trennstellensauerstoffe annimmt. Letzteres wurde schon früher angesprochen und macht die größere Neigung zur Entmischung bei den Erdalkalien leicht verständlich, denn diese haben sicher paarweise Trennstellensauerstoffe benachbart.

In zahlreichen weiteren Systemen treten Mischungslücken auf. Eine Auswahl davon enthält Tabelle 2, wo neben den Werten des oberen kritischen Entmischungspunktes die Breite der Mischungslücke angegeben wurde bei jeweils 0,8 und 0,9 T_{kr}, wobei T_{kr} in K gerechnet wurde. Unsicher ist allerdings die von Charles und Wagstaff [131] beschriebene Mischungslücke im System $B_2O_3-SiO_2$, denn sowohl Vasilevskaya u. M. [1017] als auch Kawamoto u. M. [477] konnten diesen Befund nicht bestätigen. Auch beim System $Al_2O_3-SiO_2$ streuen die Angaben stark, indem die T_{kr}-Werte nach MacDowell und Beall [561] höher liegen als nach Galakhov u. M. [288].

Als Folgerung ergibt sich unmittelbar, daß auch in Drei- und *Mehrstoffsystemen* mit Entmischungen zu rechnen ist. Bei den Kalk-Natrongläsern haben zuerst Ohlberg und Hammel [671] darauf hingewiesen, während Burnett und Douglas [122] ausführlicher diese Erscheinung untersuchten. Ein Glas der Zusammensetzung (in Mol-%) $15Na_2O$, $10CaO$ und $75SiO_2$ beginnt unterhalb 600 °C zu entmischen, was weit unterhalb der Liquidustemperatur T_l liegt und schon nahe der Transformationstemperatur kommt. Höhere Na_2O-Gehalte lassen diese Temperatur rasch weiter sinken.

Diese Beobachtung kann man auch so auslegen, daß eine dritte Komponente eine stabile Mischungslücke schließt, die von einem binären Randsystem ausgeht. Man kennt zahlreiche derartige Phasendiagramme. Eine einfache Deutung ist darin zu sehen, daß meistens die dritten Komponenten die Liquidustemperaturen erniedrigen und daß im allgemeinen die T_{kr} parallel mit den T_l abnehmen. Besonders wirksam ist die Zugabe von Al_2O_3, von dem nach Hager u. M. [358] bereits 1 Mol-% ausreicht, um die Entmischung im System Na_2O-SiO_2 zu verhindern. Man kann das auch strukturmäßig verstehen; denn die sich bildenden $[AlO_4]$-Tetraeder bauen sich zwanglos in die Struktur der Schmelze ein und haben Na^+-Ionen neben sich, die keinen Trennstellensauerstoff mehr fordern. Die Auswirkungen sind überraschend, denn schon die in einigen Glassanden enthaltenen Verunreinigungen von 0,1 Gew.-% an Al_2O_3 erniedrigen die Entmischung von Kalk-Natrongläsern nach Kumar und Rindone [515]. An letzteren Gläsern wurden auch weitere Einflüsse untersucht, z.B. der des im Glas gelösten Wassers. Nach Faber und Rindone [247] fördern diese OH-Gruppen (s. Abschn. 2.6.1.7) die Geschwindigkeit der Entmischung, beeinflussen aber nicht das Entmischungsfeld, was nach Neilson u. M. [657] auch für die binären Natronsilicatgläser gilt. Solche Einflüsse muß man berücksichtigen, wenn man die Mischungslücken berechnen will. Strnad und McMillan [932] gehen dazu den Weg der Gleichsetzung der chemischen Potentiale der beiden im Gleichgewicht stehenden Flüssigkeiten. Sie benötigen dazu allerdings bereits vorhandene Meßergebnisse von Teilbereichen, um das gesamte System erfassen zu können.

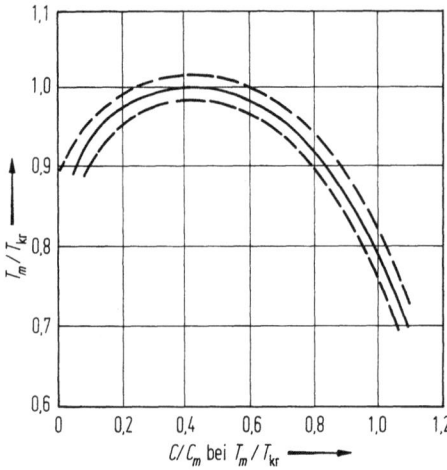

Bild 20. Masterkurve der Entmischungskurve (durchgezogen) von binären Silicatsystemen und Meßbereich (innerhalb der gestrichelten Kurven) nach Kawamoto und Tomozawa [478]

Zur *Vorhersage* des Verlaufs der Mischungslücken in ternären Systemen gehen Kawamoto und Tomozawa [479] ebenfalls von den bekannten binären Systemen aus. Es gelingt ihnen, die Entmischungskurven der Silicatsysteme zu normalisieren, indem sie die jeweiligen Entmischungstemperaturen T_m durch die kritische Entmischungstemperatur T_{kr} und die dazugehörigen Zusammensetzungen C durch C_m dividieren, wobei C_m die Zusammensetzung darstellt, die bei $T_m/T_{kr}=0,8$ auf dem SiO_2-armen Ast liegt. Dann ergibt sich die einheitliche Masterkurve des Bildes 20, aus der man bei Kenntnis von T_{kr} und C_m den ganzen Kurvenverlauf erhält. Aus Überlegungen zur Mischungsthermodynamik folgt, daß dies auch in guter Näherung für ternäre Systeme gilt.

Man kann nicht allgemein mit einer Abnahme der Entmischungstendenz durch dritte Komponenten rechnen, sondern das hängt von deren Einfluß ab. Meist ist es so, daß dritte Komponenten, die mit einer der beiden anderen Komponenten selbst starke Entmischung zeigen, die Entmischung zwischen diesen beiden Komponenten fördern.

Eine Sonderstellung nimmt das *System $Na_2O-B_2O_3-SiO_2$* ein. Auf die metastabilen Mischungslücken in den Randsystemen war schon hingewiesen worden. Das Dreistoffsystem ist mehrfach untersucht worden. Bild 21 bringt die Darstellung nach Haller u. M. [370]. Spätere Untersuchungen haben diese Ergebnisse im wesentlichen bestätigt. Nach Alekseeva u. M. [13] liegt T_{kr} bei 770 °C. Es ergibt sich hier die Ausnahme, daß durch Na_2O-Zugabe die T_{kr}-Werte zunächst ansteigen, woraus man

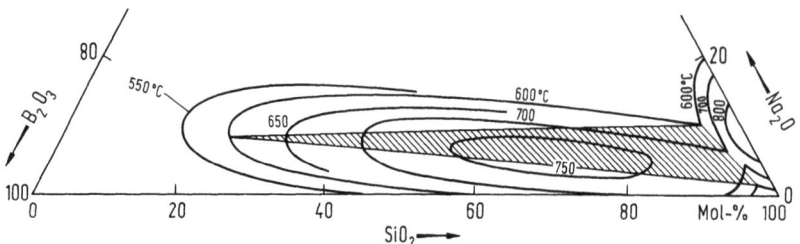

Bild 21. Entmischungsbereich im System $Na_2O-B_2O_3-SiO_2$ nach Haller u. M. [370]. (Schraffierter Bereich: Gebiet der Koexistenz von 3 flüssigen Phasen)

auf erhebliche Strukturänderungen in der Schmelze schließen muß, die im Zusammenhang mit dem Koordinationswechsel [BO$_3$] → [BO$_4$] stehen (s. Abschn. 2.6.1.4).

Die Anzahl P der in einem System im Gleichgewicht vorhandenen möglichen Phasen ergibt sich nach der *Phasenregel* von Gibbs zu

$$P + F = K + 2, \tag{14}$$

worin K = Zahl der Komponenten und F = Zahl der Freiheitsgrade, d.h. Temperatur, Druck und Konzentration der Komponenten (entspricht $K-1$). In einem Zweistoffsystem ist $K=2$, also ist nach Gl. (14) die maximale Zahl der gleichzeitig vorliegenden Phasen $P=4$. In einem System mit Mischungslücke, wie es z.B. in Bild 15 unten dargestellt ist, sind dies bei T_4 eine feste Phase, zwei flüssige Phasen und eine Gasphase. Das tritt aber nur bei einer ganz bestimmten Temperatur auf. Nimmt man sich die Freiheit der Änderung der Temperatur, dann wird $F=1$, und nach Gl. (14) sinkt P auf 3, d.h. eine Phase verschwindet. Geht man im Bereich der Mischungslücke in Richtung T_5, dann sind dort nur noch zwei flüssige Phasen im Gleichgewicht. Das gilt allgemein, d.h. in binären Systemen ist im Gleichgewicht mit maximal zwei flüssigen Phasen zu rechnen. Ganz analog folgt dann für Dreistoffsysteme mit $K=3$, daß dort drei flüssige Phasen im Gleichgewicht auftreten können.

Dieser Bereich ist in Bild 21 schraffiert eingezeichnet worden. Eine elektronenmikroskopische Aufnahme des Gefüges eines solchen Glases bringt Bild 22. Sie wurde bereits 1959 von Kühne und Skatulla [513] veröffentlicht. Die großen Tröpfchen sind SiO$_2$-reich. Sie sind eingebettet in eine B$_2$O$_3$-reiche Matrix, die kleine Natriumboratreiche Tröpfchen enthält. (Dazu abweichende Deutung s. später.) Wichtig ist, daß die SiO$_2$-reiche Phase das typische Durchdringungsgefüge zeigt, was Voraussetzung dafür war, daß diese Entmischungsneigung der Natriumborosilicatgläser in eleganter Weise technisch genutzt werden konnte. Sie lassen sich leicht erschmelzen und formen. Unterwirft man diese Gegenstände dann einer geeigneten Temperaturbehandlung, so

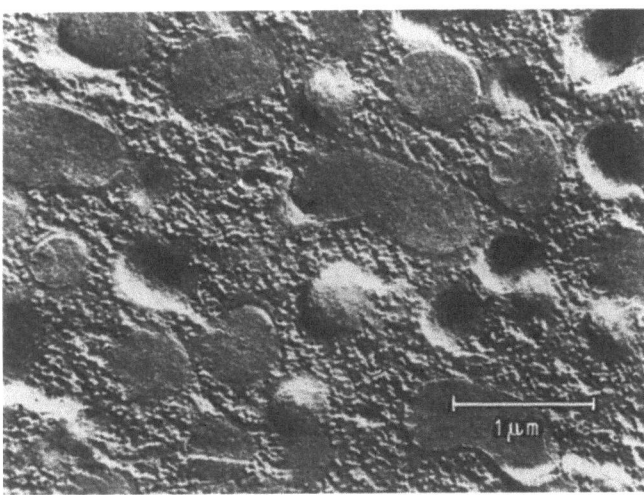

Bild 22. Elektronenmikroskopische Aufnahme eines Na$_2$O–B$_2$O$_3$–SiO$_2$-Glases (7–20–73 Mol-%) nach Tempern 96 h bei 700 °C nach Kühne und Skatulla [513]

tritt im Glas die Phasentrennung in eine SiO_2-reiche und eine Borat-reiche Phase ein. Letztere läßt sich auslaugen, so daß ein äußerst feines SiO_2-Gerüst zurückbleibt, das man bei verhältnismäßig tiefer Temperatur zu einem dichten, fast aus reinem SiO_2 bestehenden Glas zusammensintern kann, das unter der Firmenbezeichnung *Vycor-Glas* bekannt geworden ist. Mit diesem Verfahren gelingt es also Geräte aus SiO_2-Glas herzustellen, ohne die sonst benötigte hohe Schmelztemperatur des Kieselglases von etwa 2 000 °C verwenden zu müssen.

Aufgrund der erwiesenen oder erhofften praktischen Bedeutung sind viele weitere Borosilicatsysteme auf ihr Entmischungsverhalten untersucht worden. Nach Voldán [1033] verhalten sich die alkalihaltigen Systeme $R_2O - B_2O_3 - SiO_2$ ähnlich wie die binären Silicatsysteme, indem die Mischungslücke mit steigendem Ionenradius geringer wird, und zwar in der Reihe R = Li — Na — K sinkt $T_{kr} = 995 - 765 - 600$ °C. Hier tritt also im K_2O-haltigen System noch Entmischung auf, und selbst die Systeme Rb_2O- bzw. $Cs_2O - B_2O_3 - SiO_2$ zeigen nach Galakhov u. M. [287] noch metastabile Entmischung mit $T_{kr} = 555$ bzw. 525 °C.

Sehr viel größer sind die Mischungslücken in den erdalkalihaltigen Borosilicatsystemen $RO - B_2O_3 - SiO_2$, die von Galakhov und Vavilonova [286] diskutiert werden. Aber auch der Zusatz von zwei- oder dreiwertigen Oxiden zu Alkaliborosilicaten vergrößert die Mischungslücken, wie Taylor u. M. [955, 956] festgestellt haben.

Praktisch wichtig ist auch das System $Li_2O - Al_2O_3 - SiO_2$, dessen Entmischungsverhalten von Kawamoto [476] untersucht wurde. Er kommt zum interessanten Ergebnis, daß in dem Zusammensetzungsbereich, in dem die praktische Glaskeramik hergestellt wird (s. Abschn. 2.4.3.3), die abgeschätzten T_{kr}-Werte unterhalb T_g liegen müssen. Die bei der Herstellung handelsüblicher Glaskeramik beobachtete Phasentrennung muß daher auf die verschiedenen Zusätze zurückgeführt werden.

Sowohl theoretisch, nach den oben geschilderten Anwendungen aber auch praktisch interessant ist die *Kinetik der Phasentrennung*. Ausgehend von Cahn [123, 126] haben sich viele Autoren damit beschäftigt. Keine Probleme sind bei der Deutung im Bereich zwischen Binodaler und Spinodaler eingetreten, in der nach der Theorie zunächst eine homogene Keimbildung eintreten müßte. Dies wurde an einem Kalk-Natronglas von Hammel [372] experimentell bestätigt. Die für die Kristallisation üblichen Theorien (s. Abschn. 2.4.3) sind anwendbar, wie Hammel [373] in einem Überblick zeigt. Die Größe der Keime lag bei 2,1 bis 3,4 nm, ansteigend mit steigender Temperatur.

Nicht so klar sind die Verhältnisse innerhalb der Spinodalen. Die von Cahn aufgrund der spontanen Entmischung abgeleitete Kinetik wird experimentell vor allem dann beobachtet, wenn man sich weit von der Spinodalen entfernt befindet, d.h. im Innern der Mischungslücke. Auch da sind noch Verfeinerungen notwendig. Am Rande der Spinodalen wurde jedoch mehrfach festgestellt, daß die Ergebnisse mit der Annahme einer anfänglichen Keimbildung besser zu erklären sind. Das Durchdringungsgefüge entsteht nach Haller [368] durch Zusammenwachsen der zunächst gebildeten Tröpfchen. Die Durchrechnung ergab jedoch Schwierigkeiten, das gemessene Wachstum mit den bekannten Diffusionsvorgängen in Einklang zu bringen. Es wurden deshalb dafür Fluktuationen in Betracht gezogen, für die sich Reichweiten in Borosilicatschmelzen um 4 nm errechnen lassen. Wenn sich also zwei Tropfen durch Wachstum bis auf 4 nm genähert haben, dann „wissen" sie voneinander und werden auch zusammenfließen. Als treibende Kraft dient die Oberflächenspannung. Solche

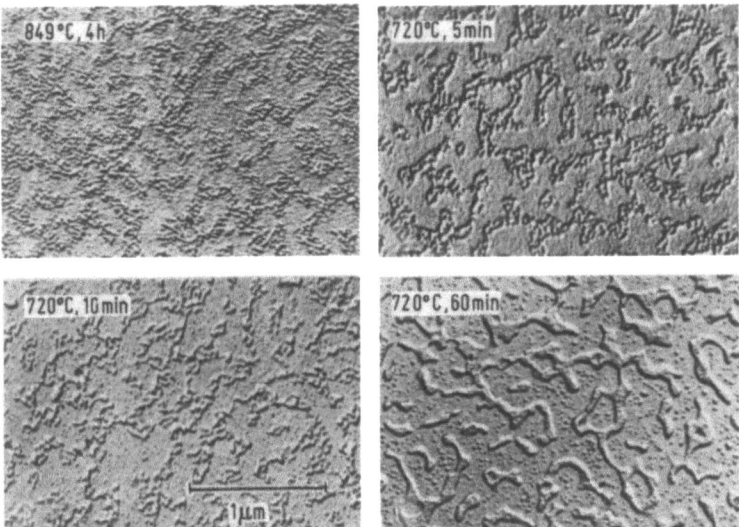

Bild 23. Sekundäre Entmischung in einem $Na_2O - SiO_2$-Glas mit 7,5 % Na_2O nach Porai-Koshits u. M. [724]

Fluktuationen werden auch von Porai-Koshits u. M. [727] mit der Röntgenkleinwinkelstreuung an entsprechenden Schmelzen gemessen. Sie treten auch oberhalb T_{kr} auf, allerdings in Dimensionen (Größenordnung 10 nm), die nicht als Entmischung angesprochen werden dürfen. Nähere Angaben zur Kinetik der Phasentrennung findet man bei den schon genannten Autoren Mazurin und Porai-Koshits [597] und Tomozawa [977]. Auf mehrere noch offene Fragen in diesem Zusammenhang hat Hopper [416] hingewiesen.

Seit einiger Zeit werden Zweifel an der Dreiphasigkeit von Natriumborosilicatgläsern geäußert. Porai-Koshits und Averjanov [724] schließen dies aus Beobachtungen an binären Natriumsilicatgläsern, die bei entsprechender Behandlung ebenfalls drei Phasen zeigen können, wie in Bild 23 zu sehen ist. Dies sind jedoch keine Gleichgewichtszustände, sondern Zwischenstadien. Die Serie bei 720 °C zeigt, daß durch langes Tempern schließlich eine Phase verschwindet. Bei Natriumborosilicatgläsern sind starke Hinweise vorhanden, daß die feinkörnige dritte Phase erst beim Abkühlen nach dem Tempern bei 750 °C entsteht. Diese Abhängigkeit von der Kinetik kann zu sehr unterschiedlichen Erscheinungen führen. So finden Vogel u. M. [1030] im System $BaO - B_2O_3 - SiO_2$ elektronenmikroskopisch bis zu acht Phasen in einer Probe. Vogel nimmt auch an, daß die in Bild 22 auftretenden sehr kleinen Tröpfchen eine zweite SiO_2-reiche Phase darstellen und durch eine Sekundärentmischung beim Abkühlen entstanden sind. Das Auftreten mehrerer Phasen wird von Vogel [1024] auch in einem anderen Zusammenhang erläutert.

Es gibt viele weitere Glassysteme, bei denen Phasentrennung beobachtet wird. Hier sei nur erwähnt, daß Ersatz des B_2O_3 in den Borosilicatgläsern durch P_2O_5 nach Rabinovich u. M. [748] ebenfalls zu vycorähnlicher Entmischung führt. Auch zeigen die Modellsysteme der Fluoride (s. Abschn. 2.6.2.1) eine analoge Phasentrennung.

Bisher wurde vor allem der Einfluß der Kationen betrachtet. Eine andere Art der Phasentrennung müßte man bei den *fluorhaltigen Gläsern* erwarten, wo beim

Schmelzen das Fluor aus dem Gemenge als SiF$_4$ austreten müßte. Die Bildung der Trübgläser zeigt aber, daß durchaus nicht alles Fluor entweicht. Durch den Eintritt von einem Fluorion in eine [SiO$_4$]-Gruppe wird die Abschirmung des Si^{4+}-Ions erniedrigt, die restlichen O^{2-}-Ionen werden also fester gebunden, so daß der weitere Eintritt von Fluor erschwert wird, der aber zur SiF$_4$-Bildung nötig ist. Damit zeigt sich eine Möglichkeit, den Fluorgehalt von Gläsern zu erhöhen, nämlich durch Einführen von Kationen mit höherer Koordinationszahl als 4, z.B. von Titan. Die Koordinationspolyeder dieser Kationen können mehrere Fluorionen aufnehmen, weil die restlichen O^{2-}-Ionen zur Abschirmung noch ausreichen. Solche Zusätze sind für Trübgläser natürlich ungeeignet; denn bei diesen will man die Kristallisation von Fluoriden erreichen. Besseres Abschirmvermögen als die F$^-$- und O^{2-}-Ionen haben die Cl$^-$- oder S^{2-}-Ionen. Mit solchen Ionen bilden sich leicht SiCl$_4$ oder SiS$_2$, die flüchtig gehen. Glas hat daher für Chloride und Sulfide nur eine geringe Löslichkeit. Man kann diese aber erhöhen, wenn man Kationen mit stärker polarisierender Wirkung einführt, z.B. Zn^{2+} oder Cd^{2+}, die diese Ionen durch die größere gegenseitige Deformation binden.

Diese Art der Phasentrennung führt bereits weg von der flüssig-flüssig-Entmischung in Richtung flüssig-fest-Entmischung, d.h. zur Kristallisation, der ein eigener Abschnitt gewidmet ist (2.4.3). Am Ende dieses Abschnitts sei noch erwähnt, daß neben der praktischen Anwendung der Phasentrennung zur Herstellung von Vycorglas auch noch andere Anwendungsmöglichkeiten vorhanden sind; Roskova und Tsekhomskaya [788] haben sie zusammengestellt. Dies betrifft vor allem Gläser mit besonderen optischen und elektrischen Eigenschaften sowie Gläser unterschiedlicher Porosität. Aber man kann auch nach Miyata und Jinno [619] verbesserte mechanische Eigenschaften erhalten, wenn es gelingt, ein geeignetes Gefüge herzustellen. Daneben beeinflußt eine Entmischung viele Glaseigenschaften. Dieses Verhalten wird bei der jeweiligen Eigenschaft unter „Abhängigkeit von der Vorgeschichte" besprochen werden.

2.3.4 Azidität – Basizität

In den vorangegangenen Abschnitten wurde die chemische Seite nur untergeordnet betrachtet. Im Hinblick auf die Struktur von Glasschmelzen ist das aber nicht gerechtfertigt, und drei Monographien zeigen dies auch in ihrem Titel: „Glaschemie" von Vogel [1025], „Chemical Approach to Glass" von Volf [1034] und „Chemistry of Glasses" von Paul [685]. Im letzteren Werk ist ein eigenes Kapitel dem Thema „Acid-base concepts in glass" gewidmet. Übersichtsartikel liegen u.a. von Iwamoto [446] und Shults [882] vor.

Im Abschn. 2.3.1 wurde mit Gl. (10) eine Grundgleichung für die Struktur von Silicatschmelzen angegeben, die die Polymerisation oder die Aufspaltung des Netzwerks darstellt. Reduziert man diese Gleichung nur auf ein benachbartes Paar von Si-Atomen, dann ergibt sich

$$\equiv \text{Si} - \text{O}^- + {}^-\text{O} - \text{Si} \equiv \; \rightleftarrows \; \equiv \text{Si} - \text{O} - \text{Si} \equiv + \text{O}^{2-} , \qquad (15)$$

worin man deutlich erkennt, daß O^{2-}-Ionen zur Bildung von Trennstellen führen. Sie werden in eine Glasschmelze durch Netzwerkwandleroxide eingebracht, z.B. in

2.3 Struktur der Schmelze

vereinfachter Darstellung nach

$$\equiv Si-ONa + NaO-Si \equiv \;\rightleftarrows\; \equiv Si-O-Si \equiv + Na_2O.$$

Die Konzentration bzw. Aktivität der O^{2-}-Ionen ist damit ein wichtiges Merkmal für Silicatschmelzen. Man weiß nun von den wäßrigen Lösungen, daß die Azidität bzw. Basizität eine wichtige Rolle spielt. Es ist deshalb zu fragen, wie man diese Begriffe auf die Glasschmelzen übertragen kann. In wäßrigen Lösungen ist die Konzentration an H^+-Ionen das Maß für die Azidität, die durch den pH-Wert, d.h. den negativen dekadischen Logarithmus, ausgedrückt wird. Nach Lux [559] kann man in oxidischen Schmelzen ganz analog die Basizität durch die Konzentration an O^{2-}-Ionen bzw. als deren negativen dekadischen Logarithmus den *pO-Wert* festlegen.

Zur Kennzeichnung der Basizität muß also der pO-Wert gemessen werden, wofür sich *elektrochemische Messungen* anbieten. Csaki und Dietzel [159] haben damit zuerst Oxidationsgleichgewichte in Schmelzen untersucht. Grundlage dafür ist die Nernstsche Beziehung für die elektromotorische Kraft (EMK) E, die sich in einer galvanischen Zelle zwischen zwei Schmelzen mit den Sauerstoffaktivitäten 1 und 2 einstellt nach

$$E = \frac{RT}{zF} \ln \frac{a_1}{a_2} \qquad (16)$$

mit R = Gaskonstante, z = Zahl der Ladungsäquivalente (z.B. bei O^{2-}-Ionen ist $z=2$) und F = Faraday-Konstante.

Diese Methode ist von mehreren Autoren eingesetzt worden, z.B. von Frohberg u. M. [280] zu Messungen an binären Alkalisilicatschmelzen, wobei davon ausgegangen wird, daß sich nur die O^{2-}-Ionenaktivität ändert, nicht aber die Kationenaktivität. Letzteres ist aber nicht gesichert.

Gleichung (16) ergibt keine absoluten pO-Werte, sondern nur eine Differenz ΔpO. Man benötigt daher einen Bezugspunkt, der auch gegeben sein kann, wenn man die eine Seite der Zelle als O_2-Elektrode ausbildet. Dann wird Gl. (16) modifiziert zu

$$E = \frac{RT}{4F} \ln \frac{p_{O_2}}{a_{O_2}},$$

worin a_{O_2} die Aktivität des in der Schmelze gelösten molekularen Sauerstoffs darstellt. Dieser steht nach

$$O_2 + 4e \rightleftarrows 2\,O^{2-}$$

mit den O^{2-}-Ionen im Gleichgewicht, wobei die Elektronen e für Redoxvorgänge verantwortlich sind (s. später).

Der praktische Aufbau einer solchen Zelle bedient sich des mit CaO oder Y_2O_3 stabilisierten ZrO_2, das eine hohe Leitfähigkeit für O^{2-}-Ionen aufweist. Es hat sich nach Schaeffer u. M. [276, 543] und Tran und Brungs [989] bewährt, wenn man es als einseitig geschlossenes Rohr in die zu untersuchende Schmelze taucht. Es ist übrigens interessant, daß Gol'denberg u. M. [317] auch reproduzierbare Werte mit einer H_2/Pt-Elektrode in Alkalisilicatschmelzen erhielten, jedoch ist mit Störungen durch die starke Reduktionswirkung des H_2 zu rechnen.

Die oben angeführten *Redoxvorgänge* spielen sich vor allem mit den Elementen ab, die leicht ihre Wertigkeit ändern können. Das sind in erster Linie die Kationen der Übergangselemente. Für die sich abspielenden Reaktionen gilt die allgemeine Beziehung

$$M^{x+} + \frac{y}{4} O_2 \rightleftarrows M^{(x+y)+} + \frac{y}{2} O^{2-} .\qquad(17)$$

Gleichung (17) stellt von links nach rechts betrachtet die Oxidation des Kations M^{x+} dar, in umgekehrter Richtung ergibt sich die Reduktion des höherwertigen Kations. Gleichung (17) ist also die Grundgleichung der Redoxreaktionen. Sie werden ausführlich bei Paul [685] behandelt, aber auch von Schreiber [847] liegt eine zusammenfassende Darstellung vor.

Die direkte Anwendung von Gl. (17) auf das Fe^{2+}/Fe^{3+}-Gleichgewicht führt zu

$$4\,Fe^{2+} + O_2 \rightleftarrows 4\,Fe^{3+} + 2\,O^{2-} ,$$

woraus man folgern müßte, daß mit steigender Basizität, also mit steigender O^{2-}-Konzentration das Gleichgewicht sich zu Fe^{2+} verschieben würde, d.h. zur niedrigeren Wertigkeitsstufe. Das widerspricht den Erfahrungen. Die Diskrepanz löst sich, wenn man bedenkt, daß das Fe^{3+}-Ion die Tendenz zur Ausbildung von Sauerstoffkoordinationen hat, z.B. nach

$$4\,Fe^{2+} + 14\,O^{2-} + O_2 \rightleftarrows 4\,[Fe^{III}O_4]^{5-} .$$

Diese Deutung ist gleichbedeutend damit, daß bei solchen Betrachtungen in Gl. (17) auch die Aktivitäten der Kationen berücksichtigt werden müssen, wie es z.B. Jeddeloh [458] vorschlägt.

Der Oxidationszustand einer Schmelze wird zwar von der Ofenatmosphäre bestimmt, in der Praxis aber wesentlich von der Läuterung beeinflußt. Nach Schaeffer u. M. [820] läßt sich dies mit der ZrO_2-Elektrode sehr gut verfolgen. Es bestätigt sich im wesentlichen die Nützlichkeit der Redoxzahl, die sich aus dem Gemenge berechnen läßt. Simpson und Myers [896] haben dazu einige Faktoren angegeben.

Das Fe^{2+}/Fe^{3+}-Gleichgewicht kann man als Indikator zur Bestimmung der Basizität einsetzen. Dies gilt ganz allgemein für alle Kationen, die mit ihrer Wertigkeit die Farbe meßbar ändern. Eine interessante, ebenfalls *optische Methode* ist die von Duffy und Ingram [212] verwendete Messung der UV-Absorption des Pb^{2+}-Ions. Beim freien Ion liegt diese bei 165 nm, während eine Umgebung aus O^{2-}-Ionen, wie sie z.B. im CaO vorliegt, zu einer Absorption bei 337 nm führt. Diese starke Verschiebung kann als ein Maß für die basischen Eigenschaften der Sauerstoffe gelten und wird von den Autoren als optische Basizität bezeichnet. Mit dieser Methode konnte eine Zunahme der Basizität der Brücke Si–O–R in folgender Reihe für R gemessen werden:

P–H–B(in KZ 3)–Si–B(in KZ 4)-Al-Erdalkaliion-Alkaliion.

Sie läßt sich nach Klein und Onorato [495] auch auf ternäre Systeme anwenden und hat nach Duffy [211] einen engen Zusammenhang mit der Ionenrefraktion des O^{2-}-Ions.

2.3 Struktur der Schmelze

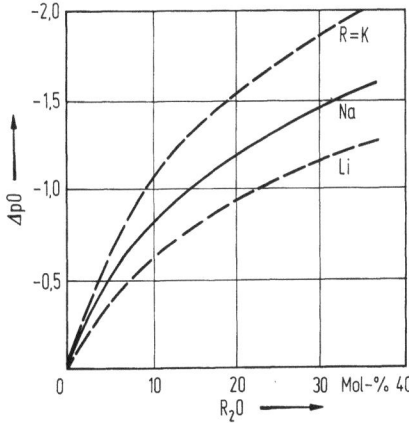

Bild 24. Basizitäten ΔpO von binären Alkalisilicatschmelzen bezogen auf SiO_2-Schmelze und extrapoliert auf 1700 °C

Schließlich ermöglichen auch einige *Gaslöslichkeiten*, zu O^{2-}-Aktivitäten bzw. Basizitäten zu gelangen. Man kann dazu die Wasserdampflöslichkeit in Glasschmelzen [270] heranziehen, die nach

$$O^{2-} + H_2O \rightleftarrows 2\,OH^-$$

von der O^{2-}-Aktivität abhängt. Ist die Wasserdampflöslichkeit bei einem Wasserdampfpartialdruck von 1 gleich L, dann ergibt sich der Unterschied der Basizitäten zweier Schmelzen zu

$$\Delta pO = 2 \log L_1/L_2. \tag{18}$$

Die Auswertung solcher Messungen ist in Bild 24 dargestellt. Man erkennt deutlich nicht nur die Zunahme der Basizität mit steigendem Alkaligehalt, sondern auch die Zunahme der Basizität beim Übergang von Li_2O- über die Na_2O- zu den K_2O-SiO_2-Schmelzen. Erklärbar wird dies durch die leichter polarisierbaren O^{2-}-Ionen in den K_2O-haltigen Schmelzen, was zugleich auf den Zusammenhang zwischen Polarisierbarkeit der O^{2-}-Ionen und Basizität hinweist.

Auf analoge Weise ist Pearce [690] aufgrund von Messungen der CO_2-Löslichkeit in Glasschmelzen zu Aussagen über die Basizität dieser Schmelzen gekommen, und Holmquist [414] hat ganz ähnlich die SO_3-Löslichkeit ausgenutzt.

Wenn man die Ergebnisse der verschiedenen Methoden vergleicht, dann findet man qualitative, aber keine quantitative Übereinstimmung. Die Ursache liegt darin, daß in den Schmelzen nicht mit dem Auftreten freier O^{2-}-Ionen zu rechnen ist, sondern sie unterliegen dem Gleichgewicht der Gl. (15). Einige Diskrepanzen lösen sich auf, wenn man Gl. (15) verwendet. Für die Wasserdampflöslichkeit haben Franz und Kelen [269] gezeigt, daß sie wesentlich durch die Trennstellensauerstoffe bestimmt wird und daß sie weitere Aussagen über die Struktur der Schmelze zuläßt. Nach Gl. (15) folgt, daß $[O^{2-}]$ proportional $[\equiv Si-O^-]^2$ ist, so daß Gl. (18) modifiziert werden muß zu

$$\Delta pO = 4 \log L_1/L_2.$$

Damit konnte Franz [266] zeigen, daß jetzt gute Übereinstimmung zwischen den verschiedenen Methoden erzielt werden kann.

Dieses Kapitel über die Struktur der Schmelze hat gezeigt, daß es viele theoretische und experimentelle Ansätze zur Aufklärung gibt, daß über einige Grundlagen Einvernehmen besteht, daß es aber noch weiterer Untersuchungen bedarf, das z.Z. bestehende, manchmal noch recht unsichere Bild über die Struktur der Schmelze aufzuhellen. Im Hinblick auf die notwendige Beschränkung im Rahmen dieses Buches konnten oft nur Hinweise gegeben werden; außerdem wurde meist nur das Verhalten von silicatischen Schmelzen betrachtet.

2.4 Kinetik der Bildung flüssiger und fester Phasen

Obwohl bei der Besprechung der Definition von Glas (s. Abschn. 2.1) herausgestellt wurde, daß Glas durch einen Einfriervorgang entsteht, die Glasbildung also durch die Kinetik bestimmt ist, haben sich die Betrachtungen im vorangegangenen Abschnitt über die Struktur der Schmelze meist auf Gleichgewichtszustände bezogen. Das war insofern möglich, als sich in Schmelzen, d.h. in Flüssigkeiten die Gleichgewichte meist sehr schnell einstellen. Erniedrigt man die Temperatur, dann tritt entweder Kristallisation oder Glasbildung ein. Die Kinetik bestimmt, welcher der beiden Prozesse vorherrschen wird.

In diesem Abschnitt werden zunächst die Grundlagen der Viskosität als wichtigste kinetische Eigenschaft von Glasschmelzen betrachtet werden, um dann auf die Vorgänge beim Erhitzen von festen Körpern, das Schmelzen, und den umgekehrten Vorgang, die Kristallisation, einzugehen. Aus letzterem folgt unmittelbar die kinetische Betrachtungsweise der Glasbildung als Verfestigung ohne Kristallisation.

2.4.1 Grundlagen der Viskosität

Die Bedeutung der Viskosität erkennt man, wenn man die Entstehung eines Glases, z.B. des Kieselglases, betrachtet. Man findet zwar vereinzelt SiO_2-Glas in der Natur, doch sind das sehr seltene Ausnahmen. In der Technik wird Quarz, meist Bergkristall, hoch erhitzt (bis über 2 000 °C), wobei man eine Schmelze erhält. Eine Schmelze ist eine Flüssigkeit und unterscheidet sich vom Kristall dadurch, daß die Bewegungsmöglichkeit einzelner Bauelemente so groß ist, daß die Fernordnung zusammenbricht, wie dies im Abschn. 2.3 näher erläutert wurde. Wenn sich einzelne Teile bewegen, dann müssen Bindungen gesprengt werden. Die dazu notwendige Energie wird von der thermischen Energie aufgebracht. Je fester die Bindungen im Kristall sind, um so höher liegt der Schmelzpunkt. Aus der festen Si−O-Bindung erklärt sich damit der hohe Schmelzpunkt des Cristobalits, der bei hohen Temperaturen stabilen kristallinen Phase des SiO_2, von 1 723 °C. Beim Erreichen des Schmelzpunkts müssen nun nicht alle Bindungen gesprengt sein, sondern es genügt ein gewisser Teil. In der Schmelze werden deshalb Bruchstücke bestimmter Größe vorliegen, deren Bewegungsmöglichkeiten begrenzt sind, d.h. die SiO_2-Schmelze hat eine große Viskosität. Je höher die Temperatur ist, um so mehr Bindungen werden aufgerissen und um so geringer wird die Viskosität.

2.4 Kinetik der Bildung flüssiger und fester Phasen

Umgekehrt schließen sich beim Abkühlen Bindungen, wodurch die Viskosität ansteigt. Beim Erreichen der Schmelztemperatur besteht die Möglichkeit der Kristallisation. Dazu müssen die zum Aufbau der kristallinen Phase notwendigen Komponenten in der richtigen Menge und Lage herangeführt werden. Da auch in der Schmelze [SiO_4]-Tetraeder oder ähnliche Bruchstücke vorliegen, sind die nötigen Komponenten immer vorhanden. Anders ist es aber mit der Lage. In der Schmelze findet ein ständiges Schließen und Öffnen von Bindungen statt, wobei es nicht immer auf die genauen Orientierungen der gegenseitigen Verknüpfungen der [SiO_4]-Tetraeder ankommt. Die einzelnen Bruchstücke werden deshalb keine besondere Symmetrie der Anordnung aufweisen. Die Kristallbildung kann erst dann einsetzen, wenn sich zufällig einmal ein geordnetes Bruchstück, ein Keim, gebildet hat. Das ist aber eine Frage der Zeit. Wenn daher die Abkühlung in nicht sehr langen Zeiten erfolgt, ist im Falle einer SiO_2-Schmelze nicht mit Kristallisation zu rechnen. Mit weiterer Abkühlung findet ein weiteres, im allgemeinen willkürliches Schließen von Bindungen statt, wodurch sich die Viskosität noch mehr erhöht. Dadurch wird die Kristallisation immer mehr gehemmt, bis schließlich die Viskosität so groß wird, daß eine Kristallisation praktisch unmöglich ist. Die Schmelze, oder die Flüssigkeit, ist in das feste Glas übergegangen.

Viskositäten, meist mit η bezeichnet, werden in *Pascalsekunden* Pa s gemessen; zur Angleichung an die Werte in der früher üblichen Einheit *Poise* (P) ist es jedoch besser, sich der Einheit dPa s ($= 1$ P) zu bedienen (s. auch Abschn. 3.1, in dem die mehr praktischen Probleme der Viskosität behandelt werden). Bei obigen Vorgängen treten nun Viskositätsänderungen um mehrere Zehnerpotenzen ein. Es ist deshalb angebracht und üblich, den Logarithmus der Viskosität log η gegen T aufzutragen, wie Bild 25 am Beispiel eines handelsüblichen Kalk-Natronglases zeigt.

Bei Zimmertemperatur ist η mit etwa 10^{19} dPa s sehr hoch, d.h. es liegt ein spröder Körper vor. Mit steigender Temperatur nimmt η zunächst gering, dann stärker und schließlich wieder geringer ab, um bei den üblichen Schmelztemperaturen der Praxis um 1 500 °C mit etwa 10^2 dPa s immer noch einen relativ hohen Wert zu haben (zum Vergleich $\eta_{H_2O, 20 °C} = 10^{-2}$ dPa s). Der gesamte Kurvenverlauf des Bildes 25 weist einen Wendepunkt auf, der bei diesem Glas bei 550 °C und log $\eta \approx 13$ liegt und auf den unten noch näher eingegangen werden wird.

Vor der Flamme kann ein Glas verarbeitet werden, wenn es eine Viskosität von etwa 10^6 bis 10^9 dPa s hat, das Glas des Bildes 25 etwa im Temperaturbereich von 700 bis 850 °C. Gläser anderer Zusammensetzung haben im einzelnen andere, im Prinzip aber ähnliche log $\eta - T$-Kurven. Ist die Viskositätskurve in dem Bereich von 10^6 bis 10^9 dPa s steil, so entspricht diesem Viskositätsbereich nur ein kleiner Temperaturbereich. Bei der Abkühlung des Glases wird dieser Bereich dann schnell durchschritten, d.h. man hat nur eine kurze Zeit zur Verfügung, um das Glas zu verarbeiten. Gläser mit steiler Viskositätskurve werden deshalb als *kurze Gläser* bezeichnet, während man im umgekehrten Fall von *langen Gläsern* spricht.

Wegen ihrer großen praktischen Bedeutung haben sich viele Autoren mit der Viskosität beschäftigt. Hier kann nur auf eine Literaturzusammenstellung [1134], sowie auf zusammenfassende Darstellungen von Douglas [205] und Hagy [360] hingewiesen werden.

An Grundlagen ist noch wichtig zu wissen, daß sich Glasschmelzen wie einfache oder sog. *Newtonsche Flüssigkeiten* verhalten. Sie zeichnen sich dadurch aus, daß bei

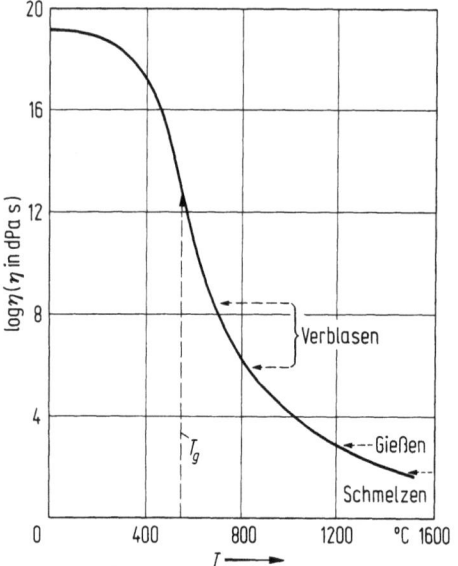 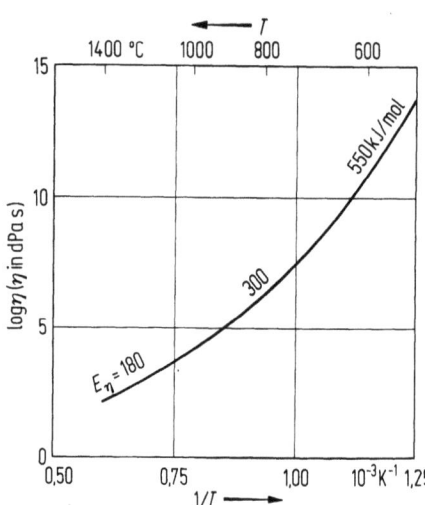

Bild 25. Viskositäts-Temperatur-Verlauf eines Kalk-Natronglases (Zusammensetzung in Gew.-%: 71,7 SiO$_2$, 0,1 TiO$_2$, 1,2 Al$_2$O$_3$, 0,2 Fe$_2$O$_3$, 6,8 CaO, 4,2 MgO, 15,0 Na$_2$O, 0,4 K$_2$O, 0,4 SO$_3$)

Bild 26. log $\eta = f(1/T)$-Darstellung des Kalk-Natronglases des Bildes 25

einer Scherbeanspruchung die sich einstellende Schergeschwindigkeit j proportional der Schubspannung σ ist nach

$$\sigma = \eta j,$$

wobei der Proportionalitätsfaktor die Viskosität η darstellt. Nur unter außergewöhnlichen Bedingungen werden Abweichungen von diesem Verhalten beobachtet. Mazurin [594] stellt die bisher gemachten Beobachtungen kritisch gegenüber und kommt zum Ergebnis, daß vor allem bei sehr hohen Schubspannungen mit einer Abnahme der Viskosität zu rechnen ist. An einem Kalk-Natronglas wurde dies experimentell von Simmons u. M. [892] bestätigt. Außerdem beobachtet man plastisches Fließen von Glas bei der Mikrohärtemessung (s. Abschn. 3.5.4).

Wenn beim viskosen Fließen eine Verschiebung stattfindet, dann bedarf es, wie bei jedem kinetischen Prozeß, einer gewissen Zeit, bis sich die den neuen Bedingungen

Tabelle 3. Vergleich der Relaxationszeiten von Glas und Wasser

	Temperatur T (°C)	Viskosität η (dPa s)	Schubmodul G (dPa)	Kompressibilität $\varkappa$ (dPa^{-1})	Relaxationszeit τ (s)
Kalk-Natronglas	550	10^{13}	$2 \cdot 10^{11}$	$3 \cdot 10^{-12}$	50
H$_2$O	20	10^{-2}	—	$50 \cdot 10^{-12}$	10^{-12}

entsprechende Lage der Bestandteile wieder eingestellt hat. Dies macht sich bei hohen Viskositäten bemerkbar, wo dann noch ein elastischer Anteil in Erscheinung tritt. Maxwell hat gezeigt, daß bei einer mechanischen Deformation die Abnahme der Spannung S mit der Zeit t proportional der noch vorhandenen Spannung ist:

$$\frac{dS}{dt} = -\frac{1}{\tau} S.$$

In dieser Gleichung ist $1/\tau$ die Proportionalitätskonstante. τ hat die Dimension einer Zeit und wird als *Relaxationszeit* bezeichnet. Sie läßt sich aus den Experimenten mit Hilfe der integrierten obigen Gleichung bestimmen:

$$S = S_0 \exp(-t/\tau). \tag{19}$$

Weiterhin haben Maxwell und später Kuhn gezeigt, daß zwischen τ und η folgende Zusammenhänge bestehen: $\eta = G \tau$ mit $G =$ Schubmodul und $\eta = \dfrac{3}{5\varkappa} \tau$ mit $\varkappa =$ Kompressibilität. Wendet man letztere Gleichungen auf das Glas des Bildes 25 beim Wendepunkt an, so erhält man die Werte der Tabelle 3, in der dem Glas zum Vergleich das Verhalten von H_2O bei Zimmertemperatur gegenübergestellt wurde.

Nach Tabelle 3 ist bei einer leicht beweglichen Flüssigkeit wie H_2O die Relaxationszeit τ von der Größenordnung, in der ein Molekül infolge der thermischen Bewegung einen Weg von der Länge des eigenen Durchmessers zurücklegt. Bei Gläsern kommt man dagegen beim Wendepunkt in der $\log \eta - T$-Kurve in den Bereich, wo τ mit der Versuchszeit übereinstimmt. Mit steigender Viskosität nimmt τ ebenfalls zu, so daß entsprechende Messungen sehr schwierig werden (für $\eta = 10^{15}$ dPa s beträgt $\tau \approx 1,5$ h und für $\eta = 10^{19}$ dPa s wird $\tau \approx 1,5$ a). Das bedeutet aber, daß bei einer solchen Viskosität ein Fließen der Gläser kaum zu beobachten ist. Man spricht dann von einem festen Körper. Aus der Glasschmelze wird somit das feste Glas. Der Wendepunkt in den $\log \eta - T$-Kurven liegt deshalb bei allen Gläsern nahezu bei derselben Viskosität von etwa 10^{13} dPa s. Die dazugehörige Temperatur wird als *Transformationstemperatur T_g* bezeichnet. (Das Symbol T_g stammt von Tammann [950], der damit die Temperatur kennzeichnete, bei der beim Abkühlen einer glasbildenden Substanz Sprödigkeit eintritt. Er bestimmte sie durch Aufdrücken einer Spitze auf die Substanz und Aufsuchen der Temperatur, bei der keine Risse mehr entstehen.) Es wurde bereits erwähnt und wird unten noch näher erläutert werden, daß es besser ist, von einem Transformations- oder Einfrierbereich zu sprechen.

2.4.1.1 Abhängigkeit von der Temperatur

Viele Versuche wurden unternommen, den Viskositäts-Temperatur-Verlauf formelmäßig zu erfassen. Die Temperaturabhängigkeit eines kinetischen Prozesses beschreibt man am einfachsten mit einem Boltzmann-Ansatz

$$\eta = K \exp[E_\eta/(RT)], \tag{20}$$

in der die Aktivierungsenergie der Viskosität E_η die Größe der zu überwindenden Energieschwelle darstellt. Diese Beziehung gilt exakt, d.h. mit einem konstanten E_η-Wert, bei einfachen Flüssigkeiten mit kugelförmigen Teilchen und nichtgerichteten Bindungen.

Zur besseren Darstellung der Versuchsergebnisse nach Gl. (20) logarithmiert man diese Gleichung und erhält nach Überführen in den dekadischen Logarithmus

$$\log \eta = K' + E_\eta/(19{,}15\,T)$$

(mit E_η in J/mol und T in K). Beim Auftragen von $\log \eta$ gegen $1/T$ muß sich eine Gerade ergeben, aus deren Steigung E_η leicht zu berechnen ist. Je größer E_η ist, um so steiler verlaufen die Kurven. Kurze Gläser haben also einen großen, lange Gläser einen geringen Wert von E_η.

Als Beispiel für eine Glasschmelze ist in Bild 26 die Temperaturabhängigkeit der Viskosität des Kalk-Natronglases des Bildes 25 dargestellt. Hier ergibt sich beim Auftragen von $\log \eta$ gegen $1/T$ keine Gerade, so daß sich kein einheitlicher Wert von E_η angeben läßt. Man kann aber für bestimmte Temperaturen E_η berechnen, indem man jeweils die Tangente an die Kurve anlegt. Die so ermittelten Werte enthält ebenfalls Bild 26. Man erkennt, daß E_η mit sinkender Temperatur ansteigt. Bei T_g beträgt die Aktivierungsenergie E_η 550 kJ/mol und ist damit höher als die Bindefestigkeit der Si–O-Bindung mit etwa 420 kJ/mol.

Theoretische Überlegungen haben ergeben, daß Gl. (20) für Glasschmelzen nur näherungsweise bei sehr geringen oder sehr hohen Viskositäten gültig ist, was oft durch das Experiment bestätigt wird. Für den Zwischenbereich wurde angenommen, daß sich die Struktur der Schmelze bei bestimmten Temperaturen unstetig ändert, daß man also für bestimmte Bereiche jeweils Gl. (20) anwenden kann. Genauere Messungen von Fontana und Plummer [261] bestätigen aber die kontinuierliche Abnahme von E_η mit steigender Temperatur, was plausibel ist, denn es ist nicht anzunehmen, daß die Struktur der Schmelze mit steigender Temperatur Unstetigkeiten zeigt.

Das Versagen der einfachen Gl. (20) hat dazu geführt, daß sowohl empirische Erweiterungen als auch neue theoretische Überlegungen angestellt wurden. Gleichung (20) wurde zuerst durch Vogel [1022], später unabhängig davon, aber gleichwertig durch Fulcher [281] und Tammann und Hesse [951] durch eine dritte Konstante T_0 ergänzt zu

$$\eta = K \exp\left(\frac{E_\eta}{T-T_0}\right).$$

Daraus ergibt sich die jetzt meist übliche Schreibweise

$$\log \eta = A + \frac{B}{T-T_0}. \tag{21}$$

Gleichung (21) wird als *Vogel-Fulcher-Tammann-Gleichung* oder kurz VFT-Gleichung bezeichnet. Mit ihr lassen sich die $\eta - T$-Kurven von Gläsern oberhalb T_g recht gut erfassen, weshalb sie in der Praxis vielfach verwendet wird. Zur Aufstellung benötigt man drei Meßpaare, die man durch Bestimmung von *Viskositätsfixpunkten* erhalten kann (s. Abschn. 3.1.1). Genauere Messungen, vor allem von Meerlender [604], haben ergeben, daß oft systematische Abweichungen auftreten, wenn man die gemessenen mit den nach Gl. (21) berechneten Werten vergleicht. Für das Glas des Bildes 26 ergibt sich

$$\log \eta = -1{,}56151 + \frac{4\,289{,}18}{T-250{,}737},$$

2.4 Kinetik der Bildung flüssiger und fester Phasen   45

worin T in °C einzusetzen ist. (Es muß darauf aufmerksam gemacht werden, daß manchmal auch T in K zu verwenden ist.)

Verschiedene Autoren haben versucht, die VFT-Gleichung theoretisch zu begründen bzw. sie auf andere Gleichungen zurückzuführen. Diese anderen Gleichungen sind sehr zahlreich und führen meist nicht viel weiter, weil oft für einige der benötigten Größen die Zahlenwerte nicht zur Verfügung stehen. Viele Ansätze schließen an theoretische Überlegungen von Eyring für Flüssigkeiten an, berücksichtigen aber die gegenseitige Kopplung, was im Endeffekt zu mehr Konstanten führt.

Andere Autoren diskutieren die Viskosität über das sog. *freie Volumen* V_f, das vorhanden sein muß, um ein Fließen zu ermöglichen. V_f ergibt sich nach

$$V_f = V - V_0$$

als Differenz des gemessenen Volumens V zum Volumen V_0 der dichtgepackten Substanz. Zunächst fanden Williams, Landel und Ferry [1079] empirisch die folgende, auch WLF-Gleichung genannte Beziehung

$$\eta = A \exp(B/V_f) \tag{22}$$

mit den Konstanten A und B, die dann durch Cohen und Turnbull [149] auch theoretisch abgeleitet wurde. Macedo und Litovitz [563] haben dann durch Kombination beider Anschauungen erhalten:

$$\eta = A_0 T \exp\left(\frac{E^*}{RT} + \frac{\gamma V_0}{V_f}\right) \tag{23}$$

worin

$$A_0 = \left(\frac{2mkR}{E^* V^{4/3}}\right)^{1/2}$$

mit E^* = Höhe der Potentialschwelle zwischen zwei Gleichgewichtslagen, γ = Zahlenfaktor zur Korrektur der Überlappung der freien Volumina mit Werten von 0,5 bis 1,0, m = Molekülmasse und k = Boltzmannsche Konstante. Mit plausiblen Annahmen für diese Größen gelang es Macedo und Litovitz, den $\eta - T$-Verlauf mehrerer Substanzen zu erfassen. Es gelingt auch, aus Gl. (23) die anderen $\eta - T$-Gleichungen abzuleiten. Sturm [933] gibt in einer Übersicht 17 derartige Gleichungen an und ergänzt sie um eine weitere, indem er sowohl das freie Volumen V_f betrachtet als auch berücksichtigt, daß bei T_g die Viskosität gegen ∞ gehen sollte:

$$\ln \eta = A - B \ln\left(1 - \frac{T_g}{T}\right),$$

worin A und B ebenfalls Konstanten sind, von denen die letztere im Zusammenhang mit V_f steht. Diese Gleichung hat nur zwei Konstanten, erfaßt aber die Meßwerte in weiten Bereichen recht gut. Das Freie-Volumen-Modell ist noch in der Diskussion, z.B. ist es nach Williams und Angell [1078] nicht verträglich mit ihren Ergebnissen.

Dies soll zurück zur Frage führen, ob diese Gleichungen eine *Vorherberechnung* der Viskosität erlauben oder zumindest eine Aussage über die Art der Temperaturabhängigkeit. Es sei bereits hier festgestellt, daß das bisher nur in beschränktem Ausmaß möglich ist, aber es können doch einige qualitative Überlegungen angestellt werden.

Diese beruhen im Gegensatz zu den obigen, mehr physikalisch ausgerichteten Betrachtungen vorwiegend auf physikochemischen Grundlagen. Das hat zwar den Nachteil, daß formelmäßige Angaben kaum möglich sind, hat aber dafür den Vorteil der leichteren Verständlichkeit und größeren Anschaulichkeit, weshalb diese Betrachtungen nicht nur Deutungsmöglichkeiten eröffnet haben, sondern auch Anregungen zu weiteren Fortschritten bewirkten.

Es wurde bereits oben erwähnt, daß man die *Aktivierungsenergie* E_η nicht direkt mit den Bindungsenergien in Beziehung setzen kann. Noch deutlicher wird das, wenn man eine B_2O_3- mit einer SiO_2-Schmelze vergleicht, in denen die Bindungsenergien der B–O- bzw. Si–O-Bindung nahezu gleich sind, während E_η für die SiO_2-Schmelze mit 710 kJ/mol wesentlich über E_η der B_2O_3-Schmelze mit 310 kJ/mol liegt. Deshalb folgern Weyl und Marboe [1060], daß beim viskosen Fließen keine Bindungen zerbrochen werden, sondern daß sich die Atome durch Lagen bewegen, die so weit von ihrer Gleichgewichtslage entfernt sind, daß jede Beschreibung mit einem Gleichgewicht nutzlos ist. Nach diesen Autoren wird das viskose Fließen durch eine zeitweise Erniedrigung der Koordinationszahl der Kationen ermöglicht, wobei sich die Abschirmung verringert. Die dazu aufzubringende Energie stellt die Aktivierungsenergie der Viskosität dar. Je größer das Sauerstoff-Kationen-Verhältnis eines Oxids ist, desto besser ist die Abschirmung des Kations und desto leichter ist eine Erniedrigung der Koordinationszahl möglich. Damit erklärt sich die viel geringere Viskosität einer P_2O_5-Schmelze gegenüber einer SiO_2-Schmelze. Eine Ausnahme von dieser Regel bilden u.a. die Oxide der sehr kleinen Kationen, neben CO_2 auch B_2O_3. Die Ursache der geringen Viskosität einer B_2O_3-Schmelze liegt auch in der starken polarisierenden Wirkung des B^{3+}-Ions, wodurch eine bessere Abschirmung bei unvollständiger Koordination erreicht wird. Beim Vergleich der Viskositäten zweier Systeme spielt die Geometrie, die sich in der Koordinationszahl ausdrückt, eine wichtige Rolle. Nur wenn bei zwei Systemen die Geometrie gleich ist, kann man für die Unterschiede verschiedene Bindungsenergien verantwortlich machen.

Auf einen weiteren interessanten Punkt hat Stanworth [914] hingewiesen. Er geht davon aus, daß sich die Aktivierungsenergie E_η zusammensetzt aus der Energie zum Bilden eines Hohlraums ($=U'$) und der Energie zum Transport eines Moleküls in diesen Hohlraum ($=U''$), also $E_\eta = U' + U''$. Bei verhältnismäßig tiefer Temperatur kann man $U' \approx Q_v$, der Verdampfungswärme, setzen, da bei der Verdampfung ebenfalls Hohlräume molekularer Größe gebildet werden müssen. Bei hoher Temperatur sind aber schon so viele Hohlräume durch die thermische Bewegung vorhanden, daß der Anteil von U' sehr stark absinkt. Es gilt daher:

für tiefe Temperatur $\quad E_{\eta, T \approx T_g} = Q_v + U''$

für hohe Temperatur $\quad E_{\eta, T \gg T_g} = U''$

und daraus $\quad E_{\eta, T \approx T_g} - E_{\eta, T \gg T_g} = Q_v$.

B_2O_3-Schmelzen zeigen bei hohen Temperaturen eine Aktivierungsenergie der Viskosität von etwa 85 kJ/mol, die mit abnehmender Temperatur bis auf 315 kJ/mol ansteigt. Die Differenz der Aktivierungsenergien beträgt also 230 kJ/mol, während $Q_v = 270$ kJ/mol ist; es besteht also recht gute Übereinstimmung. Bei den binären Alkalisilicatgläsern und den Kalk-Natrongläsern ist die zahlenmäßige Übereinstimmung als befriedigend zu bezeichnen. Es treten aber auch größere Abweichungen auf, z.B. beim Selen, das auch eine glasbildende Substanz ist, was möglicherweise seine Ursache in der Kettenstruktur des glasigen Selens hat.

Ganz allgemein ist für glasbildende Substanzen die Aktivierungsenergie der Viskosität bei T_g oder beim Schmelzpunkt des Kristalls größer als Q_v, das Verhältnis $Q_v : E_\eta$ also kleiner als 1. Dieses Verhältnis liegt dagegen bei den Salzen meist bei 4 bis 5, bei den Metallen bei 8 bis 25 und bei molekularen Flüssigkeiten bei 3 bis 4.

Die Abnahme der Aktivierungsenergie der Viskosität E_η mit steigender Temperatur war Ansatzpunkt mehrerer Betrachtungen. Man hat dabei versucht, das viskose Fließen mit Strukturänderungen und damit auch mit einem entsprechenden Einfluß auf die Aktivierungsentropie in Zusammenhang zu bringen. Nemilov [659] konnte damit die Viskositätskurven gut erfassen.

Umgekehrt hat man auch aus Viskositätsmessungen Rückschlüsse auf die Struktur der Schmelzen gezogen (s. Abschn. 2.3.2). Hier sei nur an die Bockrisschen diskreten Anionen erinnert. Man kann sie in Beziehung setzen zu den Fließeinheiten, die sich auch aus anderen Messungen ableiten lassen. So finden Brückner und Käs [113] durch Messung der induzierten Orientierungsdoppelbrechung, daß in B_2O_3-Schmelzen räumliche Assoziate mit einem Durchmesser von 2 bis 4 nm vorhanden sind. Dieser Wert stimmt gut mit den 2,2 nm überein, den Donth [195] berechnet als Größe der kooperierenden Bereiche beim viskosen Fließen von B_2O_3 in der Nähe von T_g. Für ein Glas der Zusammensetzung $Na_2O \cdot K_2O \cdot 6SiO_2$ besteht ein solcher Bereich der gegenseitigen Wechselwirkung aus etwa 30 $[SiO_4]$-Tetraedern.

2.4.1.2 Abhängigkeit von der Zeit

Die Ursache des Wendepunkts in der Viskositäts-Temperatur-Kurve bei etwa $\log \eta = 13$ liegt darin, daß dort die Zeit bis zur Einstellung des Gleichgewichts, d.h. die Relaxationszeit bereits etwa 1 min beträgt. Mit sinkender Temperatur steigt die Relaxationszeit proportional der Viskosität an. Im Prinzip ist es aber möglich, in Langzeitversuchen auch unterhalb der Transformationstemperatur T_g Gleichgewichtseinstellung zu erreichen. Man dehnt dann den Bereich der unterkühlten Flüssigkeit nach tieferen Temperaturen aus. Die sich dabei abspielenden Relaxationsvorgänge haben auch eine große praktische Bedeutung, z.B. bei der Kühlung von Glas (s. Abschn. 3.5.3.2). Auf einige Folgerungen wird unten eingegangen werden. Übersichten zu diesem Thema liegen u.a. vor von Douglas [206], Mazurin [595], Brawer [95] und Scherer [824].

Eine Erniedrigung von T_g tritt natürlich auch dann ein, wenn man langsamer abkühlt, wie dies in Bild 27 gezeigt wird, während umgekehrt bei schnellerer Abkühlung der Übergang in den Glaszustand bei höherer Temperatur erfolgt. Bartenew u. M. [55] haben für die dadurch zu beobachtende Abhängigkeit der Transformationstemperatur T_g von der Abkühlgeschwindigkeit q die Beziehung

$$q = A \exp[E_q/(R\,T_g)]$$

vorgeschlagen, die die Verhältnisse nach Bild 28 gut wiedergibt, in dem die Meßwerte von sehr unterschiedlichen glasbildenden Substanzen zusammengetragen wurden. Ähnliches haben Moynihan u. M. [634] mit einer anderen Ableitung gefunden, wobei sie dann $\log q$ direkt über T_g auftragen und auch Geraden erhalten, was aber wegen der geringen Temperaturunterschiede verständlich ist. Es ist erwähnenswert, daß in allen

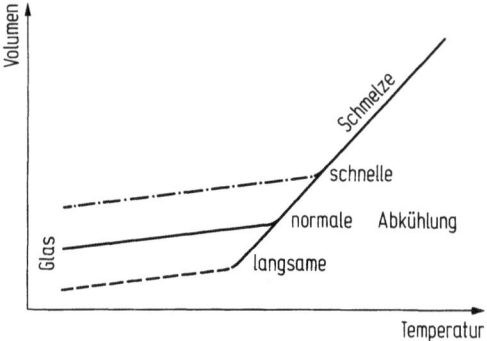

Bild 27. Einfluß der Kühlgeschwindigkeit auf die Glasbildung

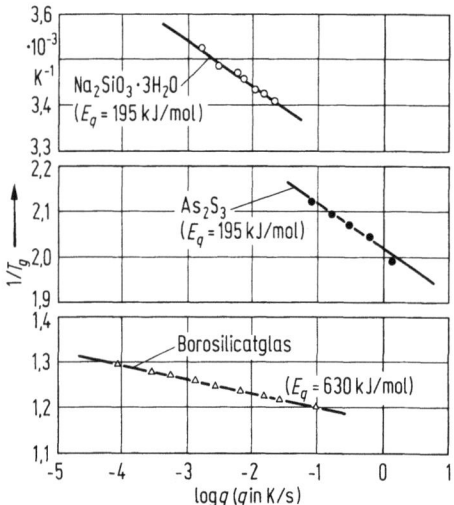

Bild 28. Einfluß der Kühlgeschwindigkeit q auf die Lage der Transformationstemperatur T_g

Fällen die sich ergebenden Aktivierungsenergien E_q denen der Viskosität E_η in der Nähe von T_g gleichen. Für das Borosilicatglas bedeutet eine Änderung der Abkühlgeschwindigkeit um den Faktor 10 eine Verschiebung von T_g um 20 K. Dies gilt nicht nur für die Abkühlung, sondern auch beim Aufheizen, wie Twiggs u. M. [997] mit Aufheizgeschwindigkeiten von 1 bis 600 K/min zeigen konnten.

Da man üblicherweise unter T_g eine ganz bestimmte und definiert gemessene Temperatur versteht (s. Abschn. 3.1.1), hat Tool [985] für die unter anderen Bedingungen sich ergebenden Temperaturen für den Übergang in den Glaszustand den Begriff der *fiktiven Temperatur* vorgeschlagen. Die fiktive Temperatur ist also die Temperatur, bei der die Eigenschaften des Glases denen der im (metastabilen) Gleichgewicht befindlichen Schmelze gleich sind.

Eingangs dieses Abschnitts wurde gesagt, daß man auch noch Gleichgewichte bei $\log \eta > 13$ einstellen kann; man muß jedoch dann länger warten. Mißt man jedoch kontinuierlich bei einer konstanten Temperatur, dann wird man eine sich ändernde Viskosität feststellen, bis schließlich der Gleichgewichtswert erreicht ist. Solche Messungen von Lillie [549] zeigt Bild 29. Bei diesem Glas lag der übliche T_g-Wert bei 520 °C. Die frisch gezogenen, also von hoher Temperatur kommenden Gläser zeigen eine Viskositätszunahme, die längere Zeit auf tieferer Temperatur gehaltenen Gläser

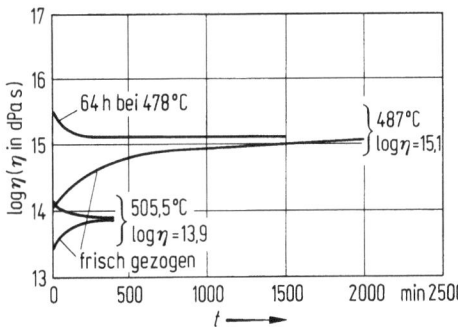

Bild 29. Zeitabhängigkeit der Viskosität eines Kalk-Natronglases unterhalb der Transformationstemperatur nach Lillie [549]

dagegen eine Viskositätsabnahme. Dabei finden Umlagerungen der Bausteine statt, man spricht von einer *strukturellen Relaxation*, und für jede Temperatur stellt sich ein bestimmter Vernetzungsgrad, also eine bestimmte Viskosität ein. Die Umlagerung der Bausteine, die in diesem Viskositätsbereich recht groß sind, ist für den Zeitbedarf verantwortlich. Theoretisch sollte dieser, wie oben erwähnt, bei der Transformationstemperatur ($\log \eta \approx 13$) etwa 1 min betragen, auf 10 min bei $\log \eta = 14$ und auf 100 min bei $\log \eta = 15$ ansteigen. Diese Zahlen werden auch bei der Verfolgung anderer Eigenschaften bei diesen Temperaturen gemessen, wie am Beispiel der Abnahme von Spannungen später (s. Abschn. 3.5.3) gezeigt werden wird. Im vorliegenden Fall sind sie aber wesentlich größer. Das konnten auch andere Autoren, u.a. Oel [670], bei ähnlichen Versuchen feststellen. Es muß daher ein Unterschied in den Relaxationsmechanismen bestehen. Bei der Viskosität von Gläsern ist mit der Bewegung größerer Einheiten zu rechnen. Man kann dies auch formelmäßig erfassen. So kommen Mazurin u. M. [599] bei $\log \eta = 15$ auf etwa 30 h für die Gleichgewichtseinstellung.

Weitere Versuche von anderen Autoren, z.B. von Zijlstra [1131], DeBast und Gilard [165] und Prod'homme [736] haben gezeigt, daß eine Deutung mit einfachen Relaxationszeiten nicht möglich ist, sondern ein ganzes Spektrum von Relaxationszeiten zu berücksichtigen ist. Außerdem gibt es mehrere Relaxationsvorgänge (s. später). Alle diese Erscheinungen werden oft mit dem Begriff der *Viskoelastizität* verbunden, mit der sich mehrere Autoren beschäftigt haben, z.B. Perez u. M. [695] oder Rekhson [766], besonders aber Macedo [562]. Zum besseren Erkennen der zeitabhängigen Vorgänge bei T_g hat letzterer mit seinen Mitarbeitern [82, 565] die sehr interessanten Überkreuz (crossover)-Versuche durchgeführt. Grundlage ist dabei die sich aus Bild 27 ergebende Folgerung, daß unterschiedlichen fiktiven Temperaturen auch unterschiedliche Eigenschaften entsprechen. Besonders empfindlich bzw. gut meßbar ist dabei die Brechzahl.

Bild 30 zeigt diese Werte für B_2O_3-Glas, die bei Raumtemperatur gemessen wurden nach Gleichgewichtseinstellung bei den betreffenden Temperaturen. Diese Gleichgewichtseinstellung geschieht bei hohen Temperaturen sehr schnell. Bild 31 zeigt nur die Verhältnisse bei tieferen Temperaturen < 289 °C, wobei von einem Glas ausgegangen wurde, das bei einer höheren Temperatur (310,5 °C) sich im Gleichgewicht befand ($\log \eta = 13$ liegt bei 276,5 °C). Man erkennt, daß bei nur geringer Temperaturänderung, d.h. bei noch hoher Temperatur das neue Gleichgewicht sich schnell einstellt: der Anstieg auf den neuen Wert ist sehr steil. Mit sinkender Temperatur erfolgt die Einstellung langsamer: der Anstieg wird flacher. Da aber eine tiefere Temperatur zu

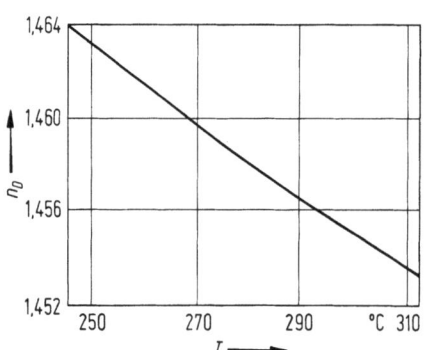

Bild 30. Brechzahl n_D von B_2O_3-Glas bei Raumtemperatur nach Gleichgewichtseinstellung bei T °C (nach [82])

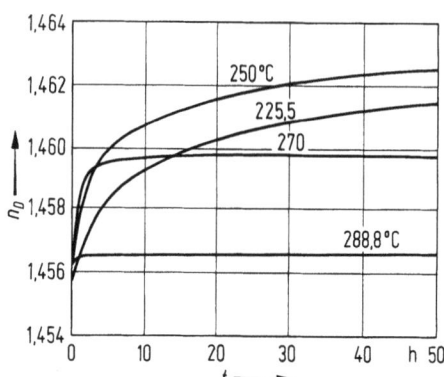

Bild 31. Brechzahl n_D von B_2O_3-Glas bei Raumtemperatur nach Gleichgewichtseinstellung bei 310,5 °C ($\triangleq n_D = 1{,}45337$) und anschließender Behandlung bei den angegebenen Temperaturen nach [82]

einem höheren n_D-Wert führt, findet ein Schneiden der Meßkurven statt. So erreicht man bei 225,5 °C erst nach 14 h den n_D-Wert von 1,45974, den die bei 270 °C getemperte Probe schon lange erreicht hat. Wenn man jetzt die 225,5 °C-Probe nicht bei dieser Temperatur beläßt, sondern sofort auf 270 °C bringt, dann sollte sich nichts ändern, wenn diese Vorgänge nur durch einen Relaxationsmechanismus bestimmt werden. Der Kontrollversuch in Bild 32 zeigt aber, daß n_D zunächst abnimmt, um nach Durchschreiten eines Minimums wieder den Gleichgewichtswert anzustreben. Daraus folgt, daß die Annahme von nur einem Relaxationsmechanismus nicht ausreicht. Eine einfache Näherung ergibt sich, wenn man einen schnellen Relaxationsmechanismus dem Einfluß der Temperaturänderung zuordnet und einen langsamen der Strukturänderung. Da der Übergang 225,5 → 270 °C eine Temperaturerhöhung darstellt, die mit einer n_D-Abnahme gekoppelt ist, macht sich zunächst dieser Vorgang bemerkbar, ehe er von der langsameren, bei 225,5 °C noch nicht vollendeten Strukturänderung wieder rückgängig gemacht wird. In Bild 32 ist gestrichelt die Aufteilung nach den beiden einzelnen Relaxationsmechanismen eingetragen, die den folgenden Gleichungen genügen (mit t in h):

schnell: $n_s = 1{,}45974 + 0{,}0022 \exp(-t/0{,}075)$

langsam: $n_l = 1{,}45974 + 0{,}0022 \exp(-t/2{,}0817)$

$n_{ges} = (n_s + n_l)/2$.

In der letzten Gleichung wurde die Annahme gemacht, daß beide Relaxationsmechanismen die gleiche Stärke haben, wodurch das Experiment gut erfüllt wird. Diese Erscheinungen bei T_g nennt Rekhson [765] Gedächtniseffekte, da das Verhalten beim Wiederaufheizen von der vorangegangenen Abkühlung abhängt. Er zeigt auch einen entsprechenden Einfluß auf T_g, was er auf eine ganze Serie von Relaxationsmechanismen zurückführt. Diese Versuche zeigen, daß Gläser mit gleichen Eigenschaften aber unterschiedlicher Vorgeschichte unterschiedliche Strukturen haben können.

Die Ergebnisse in Bild 32 lassen sich auch mit anderen Modellen deuten, z.B. nach Narayanaswamy [648] durch Einführung einer reduzierten Zeitskala, wodurch eine

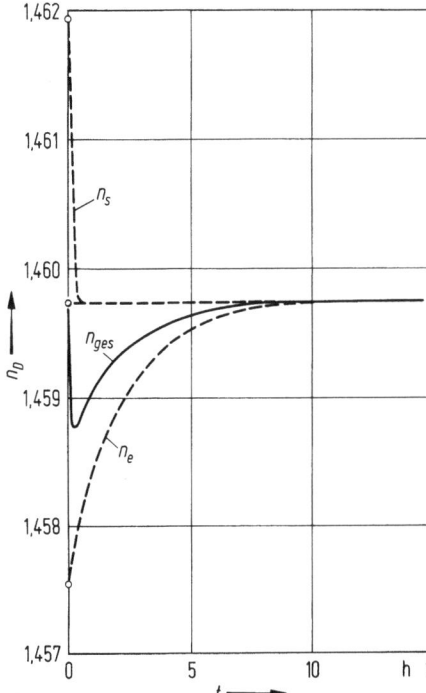

Bild 32. Überkreuzversuche an B_2O_3-Glas nach [82]: Gleichgewichtseinstellung bei 310,5 °C — 14 h bei 225,5 °C ($\triangleq n_D = 1{,}4597$) — Tempern bei 270 °C. n_D-Messung bei Raumtemperatur

neue fiktive Temperatur entsteht, die die Vorgeschichte enthält oder nach Douglas [205] durch die Annahme, daß durch die Temperaturänderungen Pseudospannungen entstehen, die die Volumen- und damit auch Brechzahländerungen bewirken. Im allgemeinen wird bei diesen Betrachtungen angenommen, daß die Temperaturabhängigkeit der Relaxationszeit τ der Arrhenius-Gleichung genügt nach $\ln \tau \sim E/(RT)$. Das wird auch durch die Experimente im wesentlichen bestätigt. Scherer [822] weist aber darauf hin, daß dafür kein theoretischer Grund besteht, sondern daß die Adam-Gibbs-Gleichung [7] $\ln \tau \sim A/(S_c T)$ besser geeignet sei. In letzterer Gleichung stellt A eine Konstante und S_c die Konfigurationsentropie dar, die mit der Differenz der spezifischen Wärmen von Schmelze und Glas zusammenhängt. Die Anwendung führt zu verbesserten Aussagen über das Relaxationsverhalten bei sehr schnellem Abkühlen.

2.4.2 Schmelzvorgang

Im *Kristall* sind sämtliche Gitterbausteine streng geordnet. Mit steigender Temperatur geht die *Ordnung* verloren, weil einige Bausteine fortwandern, d.h. in Zwischengitterplätze treten oder sich verdrehen, bis schließlich das Gitter bei einer bestimmten Temperatur zusammenbricht: der Schmelzpunkt ist erreicht. Die Lage des Schmelzpunkts hängt von den Bindungen im Kristall ab. Sind diese stark, so schmilzt die Substanz bei hoher Temperatur und entsprechend umgekehrt.

Diese stark vereinfachte Darstellung des Schmelzens erlaubt auch die Vorgänge beim *Glas* anschaulich zu machen. Das Glas weist im Gegensatz zum Kristall eine *ungeordnete Struktur* auf, d.h. im Glas werden viele Übergänge zwischen starken und schwachen Bindungen vorliegen. Letztere schwache Bindungen werden zuerst gesprengt, aber ein gewisser Zusammenhang durch die starken Bindungen bleibt noch gewahrt. Ein Glas schmilzt daher nicht bei einer bestimmten Temperatur, sondern erweicht langsam.

Aufgrund seiner Abschirmtheorie gibt Weyl [1060] auch dem Schmelzvorgang bei Kristallen eine neue Deutung, wobei er zwei Extremfälle betrachtet. Im allgemeinen nimmt beim Erhitzen die Zahl der Fehlstellen in einem Kristall zu. Diese Fehlstellen wirken als Asymmetriezentren und haben eine Disproportionierung der Bindekräfte der umgebenden Ionen zur Folge. Wird der Schmelzpunkt erreicht, so besteht die Schmelze dann aus Struktureinheiten, deren innere Bindekräfte stärker als die des Durchschnitts sind. Diese Struktureinheiten werden untereinander durch Bindekräfte zusammengehalten, die schwächer als der Durchschnitt sind; die Schmelze weist deshalb eine geringe Viskosität auf. Thermodynamisch gesehen ist der Unterschied der freien Enthalpien ΔG zwischen Schmelze und Kristall (in der Grundgleichung $\Delta G = \Delta H - T \Delta S$) am Schmelzpunkt gleich Null. Die Bildung von Fehlstellen erhöht sowohl den H-Wert als auch den S-Wert des Kristalls, die mit unterschiedlichem Vorzeichen in obige Gleichung eingehen. Der Entropieeinfluß wird sich aber wegen des Produkts $T \Delta S$ besonders bei hohen Temperaturen bemerkbar machen. Deshalb wird die Kinetik des Schmelzens bei hochschmelzenden Substanzen, z.B. Carbiden und Nitriden, durch die Fehlstellenbildung bestimmt. Aber auch die meisten anderen, d.h. bei tieferen Temperaturen schmelzenden Substanzen schmelzen nach diesem Schema, vorausgesetzt, daß das Polarisationsverhalten und damit verbunden das Abschirmverhalten der Ionen die Bildung von Fehlstellen zuläßt. Anders liegen die Verhältnisse, und damit wird der andere Extremfall des Schmelzens behandelt, wenn eine Substanz Kationen mit hohem Abschirmbestreben enthält, z.B. SiO_2. Selbst bis zu hohen Temperaturen wird dann die Bildung von Fehlstellen sehr stark gehemmt, bis schließlich die thermische Energie die durchschnittlichen Bindekräfte übertrifft und dadurch der Kristall schmilzt. Jetzt entsteht aber eine sehr viskose Schmelze, die sich leicht unterkühlen läßt und deshalb auch zur Glasbildung neigt. Eines der charakteristischen Beispiele letzterer als „perfekte" Kristalle schmelzenden Substanzen ist der Feldspat Albit $Na_2O \cdot Al_2O_3 \cdot 6SiO_2$, der sich einige Tage 50 K über seinen Schmelzpunkt von 1 118 °C erhitzen läßt, ohne daß er seine äußere Form verändert.

Diese qualitativen Betrachtungen sind recht einfach, während die wirklichen Vorgänge noch durch weitere Erscheinungen bestimmt werden, z. B. durch Vorschmelzeffekte, auf die besonders Ubbelohde [998] hingewiesen hat. Die quantitative Behandlung faßt den Schmelzvorgang als negative Kristallisationsgeschwindigkeit KG auf. Man kann daher die dafür abgeleiteten Beziehungen übernehmen, wie sie unten im Abschn. 2.4.3.2 z.B. in den Gln. (30) und (31) zu finden sind, die von Uhlmann [999] vorgeschlagen wurden. Er und seine Mitarbeiter [251, 605] empfehlen für die *Schmelzgeschwindigkeit SG*

$$SG = \frac{c}{\eta} \left[1 - \exp\left(\frac{-\Delta H_s \Delta T}{R T T_s} \right) \right]$$

mit c = Konstante, η = Viskosität, ΔH_s = Schmelzwärme, ΔT = Überhitzung, R = Gaskonstante und T_s = Schmelztemperatur. Die um den Einfluß der Viskosität

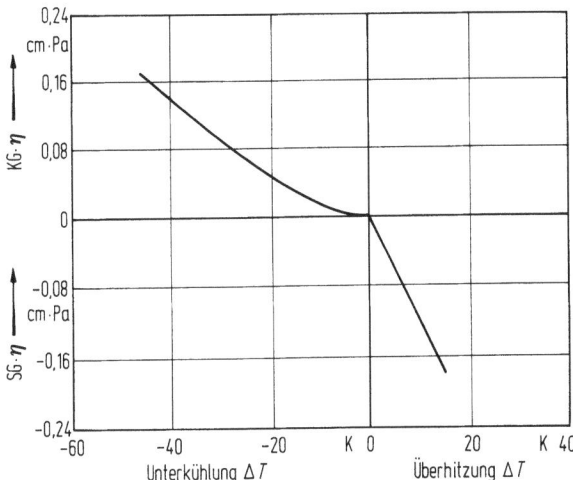

Bild 33. Abhängigkeit der mit η multiplizierten Kristallisationsgeschwindigkeit KG und Schmelzgeschwindigkeit SG von Unterkühlung und Überhitzung von $Na_2O \cdot 2\,SiO_2$ nach Fang und Uhlmann [251]

und Überhitzung reduzierte Schmelzgeschwindigkeit SG_R ist dann

$$SG_R = \frac{SG\,\eta}{\left[1 - \exp\left(\dfrac{-\Delta H_s\,\Delta T}{R\,T\,T_s}\right)\right]}.$$

Es gibt bisher nur wenig entsprechende Messungen. Bild 33 zeigt das Verhalten von $Na_2O \cdot 2SiO_2$, wobei KG und SG jeweils mit η multipliziert wurden. Es ergibt sich deutlich, daß SG viel größer ist als KG. Berücksichtigt man zusätzlich die Überhitzung durch Bildung der reduzierten Schmelzgeschwindigkeit SG_R nach obiger Gleichung, dann erhält man konstante Werte, die für $Na_2O \cdot 2SiO_2$ 3,7 cm Pa betragen. Diese Konstante wird auch bei anderen Substanzen gefunden, woraus man folgern kann, daß beim Schmelzen die Grenzfläche Kristall-Schmelze rauh ist in atomarer Sicht. Übrigens betragen die Meßwerte für die Schmelzgeschwindigkeiten von $Na_2O \cdot 2SiO_2$ bei einer Überhitzung von 1 K 9 µm/min und bei einer solchen von 10 K 110 µm/min.

2.4.3 Kristallisation

Der dem Schmelzen entgegengesetzte Vorgang ist die Kristallisation, die normalerweise beim Abkühlen einer Schmelze bei derselben Temperatur eintritt, bei der das Schmelzen beobachtet wird. Da aber, wie eben ausgeführt wurde, die Gläser keinen Schmelzpunkt haben, sondern langsam erweichen, ist auch bei der Abkühlung eine Sonderstellung der Gläser zu erwarten. Diese Sonderstellung einer bestimmten Gruppe von Schmelzen, die im Gegensatz zu den normalen Schmelzen keine Kristallisation zeigen, ist die Voraussetzung für das Auftreten des glasigen Zustands. Tritt aber die – in der Glastechnologie meist unerwünschte – Kristallisation ein, dann bezeichnet man sie meist mit *Entglasung*.

Die grundlegenden Arbeiten über dieses Problem stammen von Tammann [950] und seiner Schule. Tammann erkannte, daß dabei zwei Prozesse maßgebend sind: die Keimbildung und die Kristallisationsgeschwindigkeit.

Zusammenstellungen der von 1945 bis 1970 erschienenen Veröffentlichungen findet man in zwei Büchern [961, 1135], während in [392] und im Band 3 von [720] die Vorträge von zwei Symposien über die Kristallisation enthalten sind. Zusammenfassende Arbeiten liegen u.a. vor von James [453], Hammel [373], Hinz [407], Simmons u. M. [893], Toschev und Gutzow [987] und Uhlmann [1003].

2.4.3.1 Keimbildung

Bei der Keimbildung müssen die zum Aufbau eines Keimes nötigen Komponenten in richtiger Zahl und Lage zusammengeführt werden. In einer homogenen Schmelze ist das eine Frage der Statistik, wie weiter unten gezeigt werden wird. Kleine Keime haben einen erhöhten Dampfdruck, also einen tieferen Schmelzpunkt, weshalb nach Tammann die Keimbildung direkt unterhalb T_s verschwindend klein wird. Da die Keimbildungswärme bei tieferen Temperaturen leichter abgeführt werden kann, nimmt mit sinkender Temperatur die Keimbildung zu. Mit sinkender Temperatur steigt aber die Viskosität stark an. Dadurch nimmt bei noch tieferen Temperaturen die Keimbildung wieder ab; sie erreicht daher bei einer bestimmten Temperatur ein Maximum.

Neben Tammann haben sich noch viele Autoren mit dem Problem der Keimbildung und der anschließend zu besprechenden Kristallisationsgeschwindigkeit beschäftigt, von denen stellvertretend nur die Namen von Volmer und Turnbull genannt seien. Die folgende quantitative Behandlung geht vorwiegend auf Turnbull [994] zurück.

Nach den Gesetzen der physikalischen Chemie bestimmen die freien Enthalpien G die Reaktionen. Wenn eine kristalline Anhäufung die freie Enthalpie G_k und die dazugehörige Schmelze die freie Enthalpie G_s besitzt (jeweils bezogen auf n Moleküle), dann bestimmt der Unterschied der freien Enthalpie ΔG die Triebkraft der Reaktion: $\Delta G = G_k - G_s$.

Man kann ΔG auch anders ausdrücken; denn es setzt sich zusammen aus der Differenz der freien Enthalpien pro Einheitsvolumen ΔG_V zwischen Schmelze und Kristall und der zwischen beiden bestehenden freien Grenzflächenenthalpie σ (= Grenzflächenspannung). Nimmt man eine kugelförmige kristalline Anhäufung mit dem Radius r an, dann ergibt sich die freie Keimbildungsenthalpie zu

$$\Delta G = 4/3 \pi r^3 \Delta G_V + 4 \pi r^2 \sigma . \tag{24}$$

Zur Abschätzung der Größe von ΔG kann man näherungsweise ansetzen

$$\Delta \dot{G}_V \approx \Delta H_{sV} \Delta T / T_s \approx \Delta H_{sV} \Delta T T / T_s^2 ,$$

worin ΔH_{sV} die Schmelzwärme pro Einheitsvolumen und $\Delta T = T - T_s$ die Unterkühlung darstellt. Der rechte Näherungsansatz berücksichtigt auch die Temperaturabhängigkeit der Schmelzwärme und Schmelzentropie.

Für die Bestimmung von σ hat Turnbull [995] den Ansatz

$$\sigma = \beta \Delta H_s / (N_L^{1/3} V^{2/3}) \tag{25}$$

2.4 Kinetik der Bildung flüssiger und fester Phasen 55

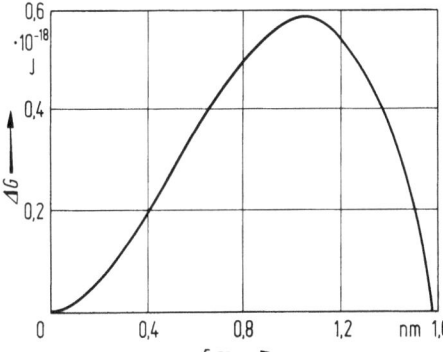

Bild 34. Abhängigkeit der freien Keimbildungsenthalpie ΔG vom Keimradius r nach Gl. (26)

vorgeschlagen mit $N_L = 6{,}02 \cdot 10^{23}$ mol^{-1} = Loschmidtsche Zahl und V = Molvolumen. Nach Turnbull beträgt die Konstante $\beta = 0{,}5$ für Metalle. Matusita und Tashiro [587] haben festgestellt, daß Gl. (25) für einige binäre Silicate am besten mit $\beta = 0{,}45$ erfüllt wird. Damit wird aus Gl. (24)

$$\Delta G \approx \frac{4}{3}\pi r^3 \Delta H_{sV} \Delta T/T_s + 1{,}8\,\pi r^2 \Delta H_s/(N_L^{1/3} V^{2/3}) \qquad (26)$$

und man kann jetzt Werte einsetzen. Mit $\Delta H_s = 40$ kJ/mol und $V = 70$ cm^3/mol ergibt sich nach Gl. (25) $\sigma = 125 \cdot 10^{-7}$ J/cm^2 ($= 125$ dyn/cm). Mit $\Delta H_{sV} = \Delta H_s : V = 0{,}57$ kJ/cm^3, $T_s = 1200$ K und einer Unterkühlung $\Delta T = -500$ K wurde in Bild 34 nach Gl. (26) bzw. Gl. (24) die Abhängigkeit von ΔG vom Radius r berechnet.

Man erkennt, daß mit steigendem Radius r die freie Keimbildungsenthalpie ΔG zunächst ansteigt, um nach Erreichen eines Maximums wieder abzufallen. Man kann dem Maximum einen *kritischen Keimradius* r_{kr} zuordnen. Da nach der Thermodynamik alle Vorgänge in Richtung kleinerer ΔG-Werte ablaufen, wird eine Anhäufung von Molekülen erst bei $r > r_{kr}$ stabil, da dann bei weiterem Wachsen ΔG wieder abnimmt. Erst dann kann man von einem wachstumsfähigen Keim sprechen. Anhäufungen mit $r < r_{kr}$ werden wieder zerfallen, um zu geringeren ΔG-Werten zu kommen. Man bezeichnet sie auch als *Embryonen*.

Der zu r_{kr} gehörende ΔG-Wert stellt die *Keimbildungsarbeit* ΔG_{max} dar, die aufgebracht werden muß, um einen wachstumsfähigen Keim zu erzeugen. Man erhält beide Werte durch Null-Setzen der ersten Ableitung von Gl. (24):

$$r_{kr} = -2\sigma/\Delta G_V \quad \text{und} \quad \Delta G_{max} = \frac{16}{3}\pi\sigma^3/\Delta G_V^2. \qquad (27)$$

Aus obigen Gleichungen kann man auch erkennen, daß mit steigender Temperatur, also mit geringer werdender Unterkühlung ΔT, r_{kr} und ΔG_{max} größer werden. Bei der Schmelztemperatur T_s werden beide Größen schließlich unendlich. Oberhalb T_s tritt in Gl. (24) kein Maximum mehr auf, d.h. es bilden sich keine Keime mehr, obwohl trotzdem Anhäufungen entstehen können, die dann aber nur Embryonen sind. Wenn man jedoch schnell abkühlt, dann können diese zu Keimen werden.

Setzt man die oben angenommenen Werte in die Gl. (27) ein, dann erhält man für $\Delta G_{max} = 0{,}58 \cdot 10^{-18}$ J und für $r_{kr} = 1{,}05$ nm. Letzterer Wert entspricht einer Anhäufung von etwa 40 Molekülen.

Nach dem Boltzmann-Ansatz ist die Wahrscheinlichkeit W, daß sich ein Keim bildet aus n_{max} Molekülen (daher jetzt mit $k = R/N_L$)

$$W = \text{const}' \cdot \exp[-\Delta G_{max}/(kT)].$$

Diese Wahrscheinlichkeit ist proportional der Keimbildungsgeschwindigkeit, wobei der Proportionalitätsfaktor const' die Eigendiffusion D der Teilchen enthält, die sich mit der als temperaturunabhängig angenommenen Aktivierungsenergie der Diffusion E_D ergibt zu

$$D = \text{const}'' \cdot \exp[-E_D/(kT)].$$

E_D wird auch als kinetische Barriere der Keimbildung bezeichnet.

Damit folgt für die *Keimbildungsgeschwindigkeit KB*

$$KB = c_{KB} \exp[-(E_D + \Delta G_{max})/(kT)], \tag{28}$$

wobei die Konstante c_{KB} als das Produkt aus der Zahl der Moleküle pro Einheitsvolumen n_V mit der Frequenz aufgefaßt werden kann, mit der ein ankommendes Teilchen erfolgreich angelagert wird. Dann hat KB die Dimension Anzahl an Keimen pro Volumen- und Zeiteinheit. c_{KB} liegt in der Größenordnung von $10^{36}\,\text{cm}^{-3}\text{s}^{-1}$.

Gleichung (28) zeigt, daß KB sowohl bei tiefen Temperaturen (T wird klein) als auch in Annäherung an T_s (ΔG_{max} wird groß) klein wird. Das haben auch Experimente bestätigt, wobei es sich aber zeigte, daß meßbare KB-Werte meist erst bei großen Unterkühlungen auftreten. KB steigt rasch an, um bald wieder in der Nähe von T_g zu verschwinden. Ein Beispiel zeigt Bild 35. Dieser Kurvenverlauf ist typisch für einfache silicatische Systeme, bei denen die Zusammensetzungen von Schmelze und Kristall gleich oder ähnlich sind. James [454] hat einige Meßwerte zusammengestellt, die in Tabelle 4 übernommen wurden. Darin bedeutet T_d die Temperatur, bei der Keimbildung gerade noch beobachtet werden kann und T_{max} die Temperatur der maximalen Keimbildung. Es ist überraschend, wie eng die Werte der jeweiligen reduzierten Temperaturen zusammenfallen. (Die Temperaturen für $Li_2O \cdot 2SiO_2$ in Tabelle 4 stammen aus Messungen von James [452]; sie weichen etwas ab von denen in Bild 35.)

Die Überprüfung der Gültigkeit der Gl. (28) ist möglich, wenn man den Zusammenhang der Diffusion mit der Viskosität η verwendet, um zur Beziehung

$$KB = \text{const} \cdot (T/\eta) \cdot \exp[-\Delta G_{max}/(kT)]$$

zu gelangen. Beim Auftragen von $\ln(KB \cdot \eta/T)$ über $1/(\Delta G^2 \cdot T)$ muß man dann eine Gerade erhalten, was bei den Substanzen der Tabelle 4 bei $T > T_{max}$ weitgehend erfüllt ist, aber bei $T < T_{max}$ treten Abweichungen derart auf, daß die Theorie höhere KB-Werte ergibt. Die Ursache dafür kann nach James darin gesehen werden, daß sich die Temperaturabhängigkeit einiger Eigenschaften bemerkbar macht, die zur Ableitung von Gl. (28) als konstant angenommen wurden, vor allem die der Grenzflächenspannung σ, die übrigens im Größenbereich von 100 bis 200 mN/m liegt. Obige Diskrepanz diskutieren auch Joseph und Pye [464]. Als weitere Methode setzen sie die Ramanspektroskopie ein, die die Bildung einer metastabilen $Li_2O \cdot SiO_2$-ähnlichen Phase erkennen läßt. Unter der Annahme eines solchen Vorläufers und mit dessen Daten finden sie eine gute Übereinstimmung zwischen Theorie und Experiment der Keimbildung von $Li_2O \cdot 2SiO_2$.

2.4 Kinetik der Bildung flüssiger und fester Phasen   57

Tabelle 4. Daten zur homogenen Keimbildung einfacher silicatischer Systeme nach James [454] mit S = SiO$_2$, L = Li$_2$O, N = Na$_2$O, C = CaO und B = BaO

System	Temperatur (K)				Reduzierte Temperaturen		
	T_s	T_d	T_{max}	T_g	T_d/T_s	T_{max}/T_s	T_g/T_s
LS$_2$	1307	808	727	727	0,62	0,56	0,56
NS	1362	–	733	683	–	0,54	0,50
CS	1817	–	≈1065	≈1030	–	≈0,59	≈0,57
BS$_2$	1693	1119	973	962	0,66	0,57	0,57
B$_3$S$_5$	≈1705	–	≈ 980	≈ 960	–	≈0,57	≈0,56
NC$_2$S$_3$	1562	1003	868	838	0,64	0,56	0,54
N$_2$CS$_3$	≈1450	–	778	743	–	0,54	0,51

Bisher wurde nur die *homogene Keimbildung* im stationären (steady-state) Zustand betrachtet, bei dem die Keimzahlen proportional der Zeit sind. Genauere Untersuchungen haben aber ergeben, daß dies erst nach einer gewissen *Induktionsperiode* τ eintritt, die benötigt wird, bis sich die der jeweiligen Temperatur entsprechende Größenverteilung an Embryonen eingestellt hat. Man muß deshalb eine Abhängigkeit von der Zeit t berücksichtigen, die sich ergibt mit der stationären, d.h. zeitunabhängigen Keimbildungsgeschwindigkeit KB_0 zu

$$KB(t) = KB_0 \exp(-\tau/t).$$

Man kann den Einfluß von τ vernachlässigen, wenn $t > 5\tau$ wird, da dann der Fehler $<1\%$ wird.

Mit diesem nichtstationären Einfluß auf die Keimbildung haben sich besonders Toschev und Gutzow [987] beschäftigt, die für τ ableiten:

$$\tau = 1,6 \frac{\sigma \eta a^5 N_L^2 T_s^2}{\Delta H_s^2 \Delta T^2}. \tag{29}$$

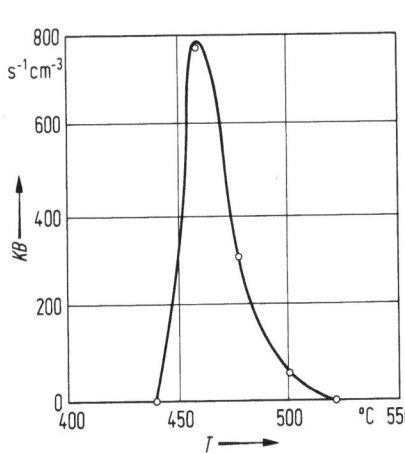 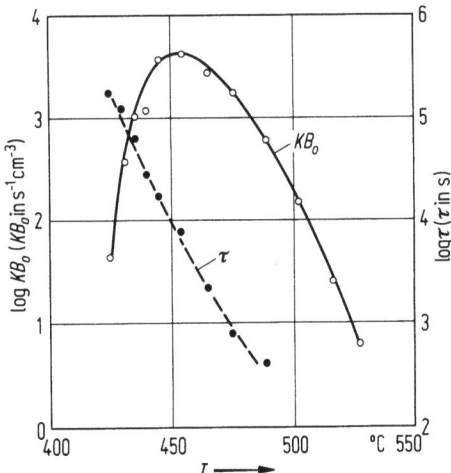

Bild 35. Keimbildungsgeschwindigkeit KB von Li$_2$O · 2 SiO$_2$ nach Matusita und Tashiro [587]

Bild 36. Stationäre Keimbildungsgeschwindigkeit KB_0 und Induktionsperiode τ von Li$_2$O · 2 SiO$_2$ nach James [452]

Für obige Zahlenbeispiele kommt man mit $a=$ mittlerem Molekülabstand $=0{,}3$ nm und mit $\eta=10^{10}$ dPa s zu $\tau\approx 1{,}4$ s, was zu vernachlässigen ist. In Gl. (29) ist bemerkenswert, daß τ proportional der Viskosität η ist. Da letztere logarithmisch mit sinkender Temperatur ansteigt, gilt das gleiche für τ. Bei tiefen Temperaturen kann daher die Induktionsperiode so groß werden, daß keine KB mehr beobachtet werden kann.

Bild 36 zeigt erneut Messungen an $Li_2O \cdot 2SiO_2$. Im Vergleich zu Bild 35 findet James [452] eine höhere Keimzahl. Interessanter ist aber die Messung von τ, die in dem kleinen Temperaturintervall von 70 K um etwa 3 Zehnerpotenzen variiert. Nach Tabelle 4 liegt bei diesem Glas T_g bei 454 °C. Dort beträgt τ bereits 10^4 s, d.h. fast 3 h. Am weiteren logarithmischen Anstieg erkennt man den großen Einfluß von τ. Volterra und Cooper [1035] geben eine Methode an, τ numerisch zu berechnen.

In Bild 36 ist τ über der Temperatur aufgetragen. Eine lineare Abhängigkeit erhält man, wenn man den eben erwähnten Zusammenhang mit der Viskosität berücksichtigt und nach

$$\tau = \tau_0 \exp[E_\tau/(RT)]$$

über der reziproken absoluten Temperatur aufträgt. Die sich ergebenden Aktivierungsenergien E_τ haben ähnliche Werte wie die der Viskosität; im Beispiel des Bildes 36 etwa 440 kJ/mol.

Es muß noch erwähnt werden, daß während der Induktionsperiode τ die Keimbildung nicht völlig unterdrückt ist, sondern daß sie von Null beginnend langsam zum stationären Wert KB_0 ansteigt.

Für Kieselglas sind die τ-Werte vergleichsweise höher als beim $Li_2O \cdot 2SiO_2$-Glas. Für 1300 °C liegen die Literaturwerte bei 10^5 s. Dann beträgt KB_0 nur 1 s^{-1} cm^{-3}, ist also immer noch sehr klein. Damit wäre Kieselglas hervorragend entglasungsbeständig.

Die praktische Erfahrung spricht dagegen, indem bei diesen Temperaturen durchaus Kristallisation eintreten kann. Betrachtet man sich solche Proben, dann stellt man fest, daß die Kristallisation von der Oberfläche ausgegangen ist. Im Gegensatz zur bisher besprochenen homogenen Volumenkeimbildung muß man hier von einer Oberflächenkeimbildung sprechen. Sie kann ebenfalls homogen sein und hat dann etwas höhere Werte als die Volumenkeimbildung, jedoch sind solche Messungen noch schwieriger. Im allgemeinen ist die Kristallisation von der Oberfläche aus eine Stufe der *heterogenen Keimbildung*. Diese heterogene Keimbildung herrscht meist vor; denn Ober- und Grenzflächen, die in dieser Richtung wirken, sind praktisch immer vorhanden. Daneben wirken auch andere Störungen in ähnlicher Weise, vor allem Verunreinigungen.

Damit wird es verständlich, daß bewußtes Zufügen von Keimen das Kristallisationsverhalten ganz erheblich beeinflussen kann. Zu diesem Zweck werden verschiedene Substanzen verwendet, neben den Edelmetallen sind es besonders die Oxide TiO_2, ZrO_2 und P_2O_5 sowie verschiedene Fluoride und Sulfide. Aber auch eine zunächst eintretende flüssig-flüssig-Entmischung kann die Keimbildung fördern und wird oft praktisch eingesetzt, um bei der Herstellung von Glaskeramik eine hohe Keimzahl zu erhalten (s. Abschn. 2.4.3.3).

Die eben erwähnte *Entmischung* benötigt aber ebenfalls eine Keimbildung. An einem $13Na_2O \cdot 11CaO \cdot 76SiO_2$-Glas hat dies Hammel [372] sehr gut untersucht. In

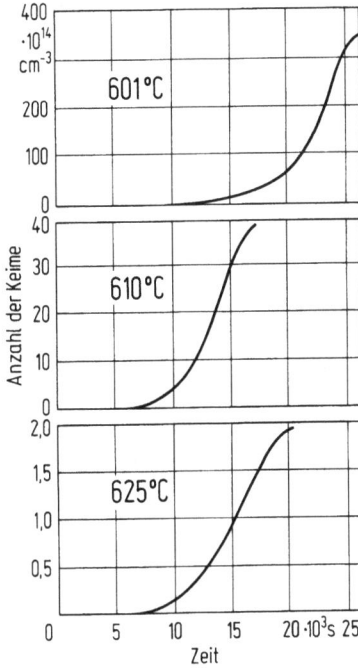

Bild 37. Keimzahlen der flüssig-flüssig-Entmischung von 13 $Na_2O \cdot 11\, CaO \cdot 76\, SiO_2$ nach Hammel [372]

Bild 37 sieht man, daß auch hier eine Induktionsperiode auftritt, ehe der stationäre Zustand erreicht wird. Nach längeren Zeiten nimmt KB dann wieder ab. Bild 37 zeigt weiterhin, daß mit sinkender Temperatur der Anstieg der Kurven steiler wird, woraus folgt, daß die KB_0-Werte ansteigen (von $2{,}4 \cdot 10^{10}$ bei 625 °C bis $6{,}0 \cdot 10^{12}\,s^{-1}\,cm^{-3}$ bei 601 °C). Hammel schätzt die freie Grenzflächenenthalpie zu $4{,}6 \cdot 10^{-7}\,J/cm^2$ ab und kommt damit zu kritischen Keimradien von 2,87 nm bei 625 °C und 2,15 nm bei 601 °C.

Man befindet sich auch bei dieser Keimbildung in einem Größenbereich, der direkten Messungen sehr schwierig zugänglich ist. Die *experimentelle Bestimmung* der Keimzahlen erfolgt daher meist indirekt durch Auszählen der sich später daraus bildenden Kristalle. Man bedient sich dabei oft verschiedener *Keimförderer*, z.B. der bereits oben genannten Oxide TiO_2, ZrO_2 oder P_2O_5. Plumat [714] bringt dazu einige Beispiele. Es gibt für den Wirkungsmechanismus verschiedene Möglichkeiten, die anhand der Gln. (28) bzw. (27) diskutiert werden können. KB wird erhöht, wenn ΔG_{max} kleiner wird, also wenn die Grenzflächenspannung σ erniedrigt und/oder die freie Volumenenthalpie ΔG_V erhöht wird. Es kann aber auch eine erhöhte Beweglichkeit eintreten bzw. können Verbindungen der Zusätze als erstes kristallisieren und als Keime für das weitere Geschehen wirken. Es ist anzunehmen, daß von Fall zu Fall die vorherrschenden Mechanismen anders sein werden. Ergänzend sei noch erwähnt, daß sich nach Weyl [1060] einige Erscheinungen gut mit dem unterschiedlichen Polarisationsverhalten erklären lassen, indem alle die Verbindungen leicht Keime bilden, die eine hohe Polarisierbarkeit aufweisen. Demgegenüber kann die außerordentlich geringe Keimbildung und Kristallisation beim B_2O_3-Glas — es läßt sich unter normalen Bedingungen nicht zur Kristallisation bringen — nicht durch diese Anschauungen erklärt werden. Die großen Unterschiede in der Dichte zwischen kristallinem B_2O_3 (2,56 g/cm³) und glasigem B_2O_3 (1,86 g/cm³) sowie die hohe Schmelzenthalpie des B_2O_3 von 30 J/(mol K) machen es wahrscheinlich, daß zwischen Kristall und Glas wesentliche Strukturunterschiede vorliegen, die die Aktivierungsenergie der Keimbildung bestimmen. Die Kristallisation erfordert dann den Umbau ganzer Struktureinheiten, während dieser Umbau für das viskose Fließen nicht nötig ist.

2.4.3.2 Kristallisationsgeschwindigkeit

Über die Kristallisationsgeschwindigkeit KG stellt Tammann ähnliche Überlegungen wie über die Keimbildung an, wonach bei hohen Temperaturen das Abführen der Kristallisationswärme und bei tiefen Temperaturen die große Viskosität die Kristallisationsgeschwindigkeit behindern, so daß auch hier bei einer bestimmten Temperatur ein Maximum auftritt. Wegen der Unterschiedlichkeit der Prozesse wird es aber bei einer anderen Temperatur als das der Keimbildung liegen, wobei ganz allgemein gilt, daß KG_{max} bei höheren Temperaturen als KB_{max} liegt.

Zur quantitativen Behandlung der Kristallisationsgeschwindigkeit KG gibt es mehrere Ansätze. Uhlmann [999] hat einige in einem Überblick gegenübergestellt. Wenn man annimmt, daß der Antransport der Teilchen durch die Diffusion D bestimmt wird und daß durch den Faktor f die Häufigkeit gekennzeichnet wird, mit der ein solches Teilchen mit dem Sprungabstand a eingebaut wird, dann ergibt die statistische Betrachtung des Auf- und Abbaus des Kristalls mit der freien Schmelzenthalpie ΔG_s für KG:

$$KG = \frac{fD}{a}\left[1 - \exp\left(\frac{-\Delta G_s}{RT}\right)\right]. \qquad (30)$$

Der Dimensionsvergleich zeigt, daß sich KG nach Gl. (30) als Länge pro Zeiteinheit ergibt, daß also diese KG die lineare Kristallisationsgeschwindigkeit darstellt.

Man kann Gl. (30) umformen, wenn man die umgekehrte Proportionalität von Diffusion und Viskosität berücksichtigt und außerdem ΔG_s auflöst nach

$$\Delta G_s = \Delta H_s - T\,\Delta S_s \approx \Delta H_s - T\,\Delta H_s/T_s = -\Delta H_s \Delta T/T_s,$$

mit der Unterkühlung $\Delta T = T - T_s$; dann erhält man mit der neuen Konstante c

$$KG = \frac{c}{\eta}\left[1 - \exp\left(\frac{\Delta H_s \Delta T}{RTT_s}\right)\right]. \qquad (31)$$

Unterhalb T_s ist in Gl. (30) die freie Schmelzenthalphie ΔG_s als positiver Wert einzusetzen, und in Gl. (31) ist ΔT immer negativ.

Aus den Gln. (30) bzw. (31) folgt, daß KG um so größer ist, je größer die Werte von f, D, ΔG_s und ΔT und je kleiner die Werte von a, η und ΔH_s sind. Dabei wird vorausgesetzt, daß die anderen Werte jeweils konstant bleiben, was im Hinblick auf die starke Temperaturabhängigkeit von D und η zu beachten ist. Für kleine Unterkühlungen kann man näherungsweise

$$\exp\left(\frac{\Delta H_s \Delta T}{RTT_s}\right) \approx 1 + \frac{\Delta H_s \Delta T}{RTT_s}$$

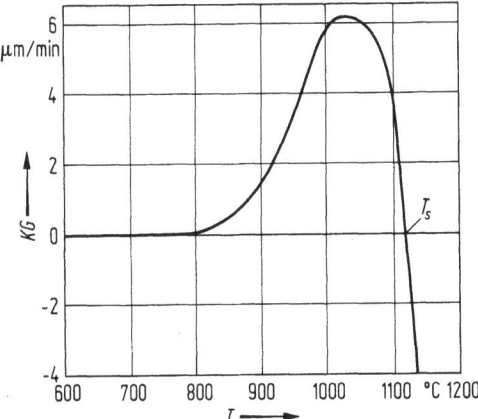

Bild 38. Lineare Kristallisations- und Schmelzgeschwindigkeit KG von GeO_2 nach Uhlmann [999]

setzen, womit Gl. (31) übergeht in

$$KG \approx \frac{c}{\eta} \cdot \frac{\Delta H_s}{RTT_s} \cdot (T_s - T),$$

d.h. in umittelbarer Nähe von T_s ist KG direkt proportional der Unterkühlung.

Dies wurde in vielen Experimenten bestätigt. Bild 38 zeigt das am Beispiel des GeO_2 nach Uhlmann [999]. Die gemessene KG-Kurve läßt sich mit obigen Gleichungen gut erfassen mit $\Delta H_s = 12{,}2$ kJ/mol und den von anderen Autoren gemessenen Viskositäten.

In Bild 38 ist die lineare KG in μm/min angegeben, was in der Glasliteratur die eingeführte Einheit für KG darstellt. Für GeO_2 ergibt sich damit ein maximaler KG-Wert von 6,2 μm/min. Die Temperatur, bei der die *maximale Kristallisationsgeschwindigkeit* KG_{max} auftritt, ist aus Gl. (31) zu ermitteln, wenn man darin mit $\eta = A \exp[E_\eta/(RT)]$ die Temperaturabhängigkeit von η berücksichtigt und dann die erste Ableitung nach T gleich Null setzt. Wie an anderer Stelle beschrieben [516], kann man dann vereinfachen und kommt zur Beziehung

$$\ln \eta_{T_{max}} - \ln \eta_{T_l} \approx 1, \qquad (32)$$

d.h. die Differenz der natürlichen Logarithmen der Viskositäten bei T_l (= Liquidus- oder Schmelztemperatur) und bei der Temperatur von KG_{max} ist etwa gleich 1. Da oft die Viskositäten besser als die KG-Werte bekannt sind, läßt sich auf diese Weise schnell die Lage von KG_{max} abschätzen. Die einfache Beziehung Gl. (32) hat sich bei vielen Systemen gut bewährt.

Für das *Kieselglas* hat Wagstaff [1038] eine dem Bild 38 ganz analoge Kurve gefunden. KG_{max} mit 0,12 μm/min lag bei 1 680 °C. Es hat sich aber gezeigt, daß andere Autoren deutlich andere Werte erhielten und daß auch Abweichungen von der linearen Abhängigkeit des Kristallwachstums von der Zeit auftraten. Die Ursachen dafür liegen in Verunreinigungen, die sowohl von außen aus der Atmosphäre auf die Probe einwirken können, als auch in die Struktur eingebaut sind. In letzterer Beziehung wirken vor allem OH-Gruppen, die nicht nur KG beeinflussen, sondern auch die Induktionsperiode τ. Nach Leko und Komarova [541] wird mit steigendem p_{H_2O} in der Atmosphäre die Induktionsperiode τ kürzer, während gleichzeitig die KG-Werte ansteigen. Allerdings ändern sich die Temperaturabhängigkeiten nicht, d.h. die entsprechenden Aktivierungsenergien bleiben konstant, woraus man schließen kann, daß der Mechanismus sich nicht ändert. Nach Fratello u. M. [271], die einen ähnlichen Effekt mit H_2O-Dampf messen, darüber hinaus aber auch finden, daß die KG proportional dem $Si-OH$-Gehalt im Kieselglas zunimmt, beruht der Mechanismus auf der Aufspaltung des $Si-O-Si$-Netzwerks unter Bildung von $Si-OH$-Gruppen, wodurch das Netzwerk leichter beweglich wird. Quantitative Messungen dazu liegen für die Viskosität vor (s. Abschn. 3.1.2), die mit steigendem OH-Gehalt abnimmt.

Ähnliche Untersuchungen gibt es auch an *Silicatgläsern*. Über eine erhöhte Kristallisationsgeschwindigkeit KG durch erhöhten OH-Gehalt beim $Li_2O \cdot 2SiO_2$-Glas berichten auch Huang u. M. [427], während gleichzeitig die Keimbildungsgeschwindigkeit KB abnimmt. Das gleiche Glas wurde auch über die Sol-Gel-Methode (s. Abschn. 2.4.5) hergestellt, was zu einem erheblich höheren Wassergehalt führte. Es unterschied sich vom erschmolzenen Glas dadurch, daß als kristalline Phase nicht das stabile $Li_2O \cdot 2SiO_2$ entstand, sondern das metastabile $Li_2O \cdot SiO_2$. Das kann in einem gewissen Zusammenhang stehen mit den im vorausgegangenen Abschnitt erwähnten ramanspektroskopischen Beobachtungen von Keimbildungserscheinungen beim Lithiummetasilicat. Man muß aber bedenken, daß solche Versuche kritisch sind, denn Gonzalez-Oliver u. M. [323], die ebenfalls den Einfluß des Wassergehalts auf das Kristallisationsverhalten von $Li_2O \cdot 2SiO_2$ und $Na_2O \cdot 2CaO \cdot 3SiO_2$ untersuchten, fanden sowohl einen Anstieg von KB als auch von KG mit steigendem Wassergehalt, was vorzugsweise durch die Viskositätserniedrigung erklärt werden kann. Eine beschleunigte Kristallisation wird von Neilson und Weinberg [656] auch an Gläsern aus dem System Na_2O-SiO_2 festgestellt, die über die Sol-Gel-Methode hergestellt worden waren. Den größeren Gehalt an Kristalliten kann man mit einer höheren KB deuten. Dagegen verhält sich die Vorstufe, das Gel, bei der Kristallisation deutlich anders, was durch die andere Struktur der Gele zu erklären ist. Es kann hier nur kurz erwähnt werden, daß sich mit dem Kristallisationsverhalten von Gelen besonders Zarzycki befaßt hat, z.B. in [707] oder in [1130].

Auf die Besonderheiten im Kristallisationsverhalten von Gelgläsern weist auch Uhlmann [1003] in seinem Überblick hin. Man muß dabei auf die notwendigerweise oder unbeabsichtigt eingeführten Verunreinigungen achten. Neben dem oben bereits angeführten Wasser sind das im Falle des Kieselglases vor allem Alkalien, die sich ganz erheblich bemerkbar machen können.

Eine weitere Klasse von Gläsern hat ebenfalls ein besonderes Kristallisationsverhalten, die *metallischen Gläser* (s. Abschn. 2.6.2.3). Hier muß man berücksichtigen, daß bei der Kristallisation ein Brechen von Bindungen und Umorientieren nicht notwendig ist, so daß es möglich erscheint, daß Keimbildung und Kristallwachstum auch unterhalb T_g eintreten.

Die als Beispiele genannten Oxide GeO_2 und SiO_2 haben eine geringe Schmelzentropie ΔS_s, die in der Form $\Delta H_s/T_s$ unmittelbar in Gl. (31) eingeht. Solange $\Delta S_s < 2R$ (R = Gaskonstante = 8,317 J/(mol K)), sind obige Gleichungen gut anwendbar. Wenn jedoch $\Delta S_s > 4R$, dann beobachtet man Abweichungen, bedingt durch ein bevorzugt orientiertes Kristallwachstum, eine Zunahme des f-Faktors mit steigender Unterkühlung und durch nicht mehr ebene Kristallisationsfronten.

Bisher wurden nur kongruent schmelzende Verbindungen betrachtet, bei denen die Zusammensetzung der Schmelze der des Kristalls entspricht. Das ist aber bei Gläsern

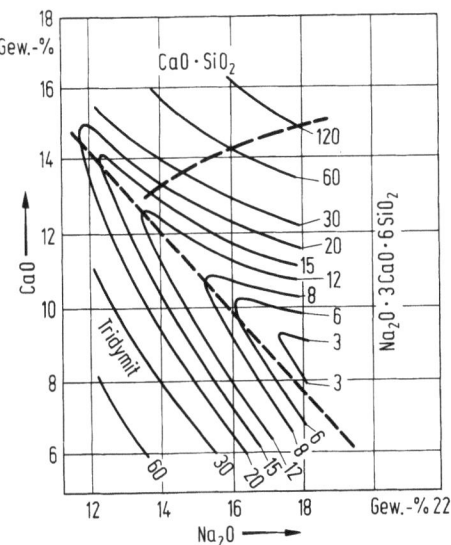

Bild 39. Linien gleicher maximaler Kristallisationsgeschwindigkeiten (in µm/min) im System $Na_2O-CaO-SiO_2$ nach Dietzel [171] (mit eingezeichneten Feldergrenzen des Phasendiagramms)

nur selten der Fall. Meist wird die sich ausscheidende Kristallphase eine andere Zusammensetzung haben, was man in einfachen Fällen den entsprechenden *Phasendiagrammen* entnehmen kann. Wegen des großen praktischen Interesses sind viele entsprechende Messungen durchgeführt worden. Bild 39 zeigt die KG_{max}-Werte im technisch wichtigen System $Na_2O-CaO-SiO_2$ nach Untersuchungen von Dietzel [171]. Man erkennt, daß entlang der Feldergrenzen des Tridymits die *KG*-Werte geringer sind.

Ähnliche Abhängigkeiten finden Dietzel und Wickert [186] im System Na_2O-SiO_2. Umfangreicher sind die mit Kumm [516] durchgeführten Messungen im System $CaO-Al_2O_3-SiO_2$, in dem weite Gebiete glasig erhalten werden können und das als „Schlacken"-System eine technisch wichtige Rolle spielt. In Bild 40 sieht man, daß sich die Linien gleicher KG_{max}, die Isotachynen, den Feldergrenzen und den – nicht eingezeichneten – Isothermen anschmiegen. Man kann diese Erscheinung vor allem auf den Einfluß des Häufigkeitsfaktors f zurückführen. In Bild 41 sind die Linien gleicher f-Werte dargestellt, die aus den Meßwerten berechnet wurden. Es ergeben sich mit steigendem Abstand von einer Verbindung geringere, in den Bereichen der Feldergrenzen die geringsten Werte, was man mit einer Konkurrenz der Bestandteile erklären kann. Das hängt eng mit statistischen Fragen zusammen, die ihrerseits zur Thermodynamik führen.

Nach obigen Ausführungen nimmt mit sinkender Temperatur die Kristallisationsgeschwindigkeit zunächst zu, um nach Überschreiten des KG_{max}-Wertes abzunehmen und mit Erreichen von T_g praktisch Null zu werden. Dies wird auch im allgemeinen festgestellt, jedoch berichten Abe u. M. [2] über eine interessante Ausnahme am $Ca(PO_3)_2$-Glas. Die Transformationstemperatur T_g dieses Glases liegt bei 500 °C. Oberhalb T_g ist normale Kristallisation zu beobachten, die aus praktischen Gründen an geblasenen Folien gemessen wurde. Mit der experimentell bestimmten Aktivierungsenergie der Kristallisation E_{KG} von 460 kJ/mol ergibt sich für T_g eine extrapolierte KG von 10^{-7} µm/min. Aus demselben Glas wurden auch größere massive Proben hergestellt, die überraschenderweise bei T_g eine KG von 10 µm/min zeigten und auch

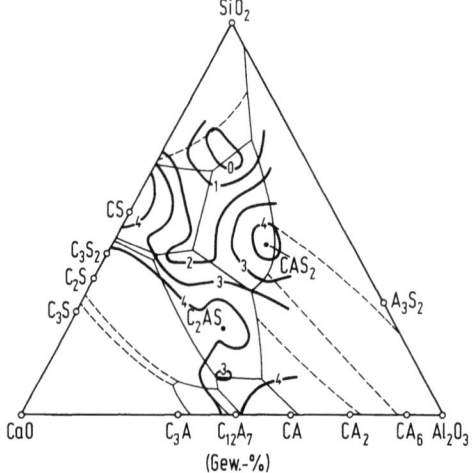

Bild 40. Linien gleicher KG_{max} im System $CaO - Al_2O_3 - SiO_2$ (eingetragen als log KG mit KG in µm/min; an den Seiten und im Diagramm bedeuten $C = CaO$, $A = Al_2O_3$ und $S = SiO_2$)

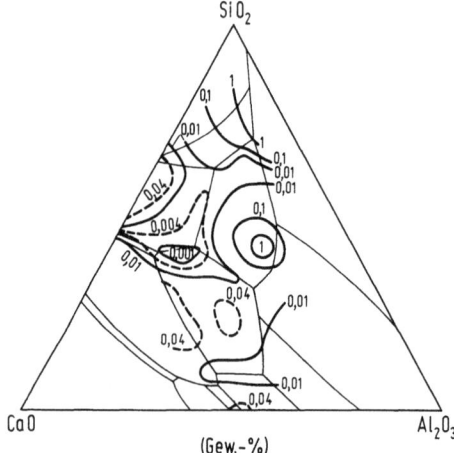

Bild 41. Linien gleicher Häufigkeitsfaktoren f der Kristallisation im System $CaO - Al_2O_3 - SiO_2$

noch 70 K unterhalb T_g mit 2 µm/min kristallisierten. Die sich daraus ergebende wesentlich geringere E_{KG} von 125 kJ/mol zeigt, daß ein anderer Mechanismus vorliegen muß. Das $Ca(PO_3)_2$-Glas weist in seiner Struktur Metaphosphatketten auf. Im Glas sind diese ungeordnet. Während der Kristallisation, also während der Einordnung der Ketten, tritt eine starke Schrumpfung von 3 Vol.-% ein. Abe u. M. nehmen nun an, daß die dabei auftretenden Spannungen die noch aus dem Kristall herausragenden Kettenreste vorordnen und so die Kristallisation ganz erheblich erleichtern und fördern. Sie fanden bei allen Metaphosphaten, deren entsprechende Kristalle Kettenstruktur haben, die Möglichkeit der Kristallisation unterhalb T_g, aber nicht bei denen, deren Kristalle Ringstrukturen aufweisen, z.B. $NaPO_3$. Damit sind bei den Kristallisationserscheinungen noch zusätzliche Einflüsse zu beachten.

Kurz soll noch auf die *experimentellen Möglichkeiten* der KG-Messung hingewiesen werden. Bei glasbildenden Systemen mit geringen KG-Werten wird meist die Abschreckmethode eingesetzt, bei der die Proben bei einer bestimmten Temperatur verschiedene Zeiten getempert, dann abgeschreckt und unter dem Mikroskop

2.4 Kinetik der Bildung flüssiger und fester Phasen

ausgemessen werden. Man kann erheblich an Zeit sparen, wenn man dabei mit einem Gradientenofen arbeitet und so für jede Zeit Meßwerte für verschiedene Temperaturen erhält. Mit Heiztischmikroskopen kann man bei großen Kristallisationsgeschwindigkeiten direkte Messungen durchführen. Für sehr hohe KG sind diese meist zu träge; dann empfiehlt sich der Einsatz eines Heizmikroskops, bei dem sich eine kleine Probe direkt an der Perle zwischen den Drähten eines Thermoelements befindet, das gleichzeitig als Heizleiter dient und mit dem Mikroskop beobachtet wird. Es ist auch möglich, die bei der Kristallisation auftretende Wärme auszunützen, z.B. mit der DTA-(differential thermal analysis)- oder DSC-(differential scanning calorimetry)-Methode. Man kann auch die Röntgenographie einsetzen, Dichteänderungen verfolgen oder die Gleichstromleitfähigkeit messen. Letztere Methode hat sich nach Doenitz u. M. [192] bei alkalifreien Glaskeramiken bewährt.

Die meisten der eben genannten Methoden erfassen das Volumen und messen den *Volumenanteil* V_K an kristallisierter Phase. Für die Abhängigkeit von V_K von der Zeit t hat Avrami [35] die Beziehung

$$V_K = 1 - \exp[-(Kt)^n]$$

abgeleitet, in der n den Morphologieindex ($n=4$ für kugelförmiges, $n=3$ für plattenförmiges, $n=2$ für stabförmiges Wachstum) und K eine effektive, gemeinsame Reaktionsgeschwindigkeit darstellt, in die KB und KG eingehen. Meist ist aber der Einfluß von KB gering. Die obige Avrami-Gleichung gilt in dieser Form nur für den isothermen Fall. Mehrere Methoden, insbesondere DTA und DSC, arbeiten aber mit variierender Temperatur. Ist dabei die Aufheizgeschwindigkeit konstant und zeigen KB und KG in ihrer Temperaturabhängigkeit arrheniussches Verhalten, dann kann der Verlauf theoretisch erfaßt werden. Yinnon und Uhlmann [1100] haben die bisherigen Vorschläge kritisch gegenübergestellt. Sie geben auch ein Verfahren an, die Auswertung numerisch durchzuführen.

Bild 39 zeigt, daß in gewissen Bereichen die KG_{max} sich linear mit der Zusammensetzung ändert. Dort, aber nur dort ist gerechtfertigt zu versuchen, aus der Zusammensetzung die KG_{max} zu *berechnen*. Dafür haben Šašek u. M. [810] die allgemeine Formel für die Berechnung einer Eigenschaft E aus der Zusammensetzung p verwendet

$$E = e_0 + e_1 p_1 + e_2 p_2 + \ldots = e_0 + \sum e_i p_i, \tag{33}$$

in der e_0 eine Konstante, p_i die jeweiligen Gew.-% von Na_2O, K_2O, MgO, CaO, Al_2O_3 und Fe_2O_3 (also außer SiO_2) und e_i die entsprechenden Faktoren darstellen. Später hat Rodriguez Cuartas [787] weitere Komponenten berücksichtigt und sich dabei einer auf den SiO_2-Gehalt bezogenen Formel bedient:

$$E = \sum e_i p_i / p_{SiO_2}. \tag{34}$$

In Gl. (34) geht der SiO_2-Gehalt mit in die Summen ein. In Tabelle 5 sind diese Faktoren angegeben. Sie erlauben die Berechnung von T_l, $T_{KG,max}$, $T_{KB,max}$ und von KG_{max} selbst. Die Übereinstimmung untereinander und mit dem Experiment ist jedoch begrenzt, aber für Vergleichszwecke ausreichend.

Trägt man die drei Hauptkomponenten der Tabelle 5 in Bild 39 ein, dann befindet man sich nur im Ausscheidungsfeld des Tridymits, wo mit einigermaßen linearen

Tabelle 5. Faktoren zur Berechnung der Liquidustemperatur T_l, der Temperatur für KG_{max} und KB_{max} (alle in °C) und der maximalen Kristallisationsgeschwindigkeit KG_{max} (in μm/min) aus der Zusammensetzung (in Gew.-%; GB = Gültigkeitsbereich)

Oxid	Šašek u. M. [810] nach Gl. (33)				Rodriguez Cuartas [787] nach Gl. (34)			
	T_l	T_{KGmax}	T_{KBmax}	GB	T_l	T_{KGmax}	KG_{max}	GB
Na$_2$O	−34,4	−34,4	−15,06	13,0…16,0	−2012	−1308	−40,7	11,8…14,8
K$_2$O	+17,6	+5,6	−4,4	0,0…0,5	−1606	−1129	−100,8	0,1…2,3
MgO	−25,6	−31,6	−4,4	2,5…4,5	+653	+592	+23,8	0,1…4,9
CaO	+30,13	+28,13	+23,86	7,0…8,5	+1504	+1075	+140,6	6,6…12,2
BaO	−	−	−	−	+501	+608	−35,4	0,0…2,5
B$_2$O$_3$	−	−	−	−	−757	−283	+30,9	0,0…4,8
Al$_2$O$_3$	−10,32	−17,92	+3,28	0,5…3,0	+1849	+937	+49,0	0,1…4,0
SiO$_2$	−	−	−	69,4…76,0	+1171	+1003	−7,7	64,9…73,1
Cr$_2$O$_3$	−	−	−	−	−3473	+2192	−638,7	0,0…0,2
MnO	−	−	−	−	−1148	−1624	+49,8	0,0…0,5
Fe$_2$O$_3$	+76,0	+84,89	+24,0	0,0…0,5	+897	−840	−23,8	0,0…0,9
SO$_3$	−	−	−	−	+1833	+472	−265,0	0,0…0,4
Konstante	1335,5	1317,4	897,8	−	−	−	−	−

Änderungen gerechnet werden kann. Ganz allgemein muß man aber mit solchen Berechnungen vorsichtig sein; denn die notwendige Linearität ist nur in seltenen Fällen vorhanden. Wenn man sich dieser Grenzen bewußt ist, dann können diese Berechnungen wertvolle Anhaltswerte liefern.

2.4.3.3 Gezielte Kristallisation

Meist ist die Kristallisation oder Entglasung nicht erwünscht, jedoch gibt es auch Fälle, bei denen eine Entglasung die Voraussetzung für ein gewünschtes Endprodukt ist. An erster Stelle sind dabei die *Trübgläser* zu nennen, bei denen meist in das Gemenge Fluoride eingeführt werden. Bei den hohen Schmelztemperaturen der Gläser lösen sich die Fluoride in der Glasschmelze, scheiden sich aber beim Abkühlen in einer sehr feinen Entglasung wieder aus, so daß das Glas ein milchiges Aussehen bekommt.

Auf Entglasung basieren auch einige der schönsten *Farbgläser*, von denen am bekanntesten das Goldrubinglas ist. Das Gemenge dieser Gläser enthält kleine Mengen an Goldsalzen, die sich ebenfalls in der Glasschmelze auflösen. Durch geeignete andere Gemengebestandteile und geeignete Feuerführung bei der Schmelze und beim Abkühlen werden die sich zunächst im Glas befindenden Goldionen zum metallischen Gold reduziert, das im Glas nur äußerst gering löslich ist und deshalb Kristalle von kolloidaler Größe bildet, die für die Farbe verantwortlich sind. Auf ähnliche Weise werden Gläser mit Farbträgern aus Ag, Cu und CdS oder CdSe hergestellt.

Es ist noch auf andere Weise möglich, in Gläsern z.B. metallisches Silber zu erzeugen. Erschmilzt man ein Glas mit geringen Zusätzen (einigen Hundertstel eines Prozents) an Cer- und Silbersalzen, so enthält das Glas Ce^{3+}- und Ag$^+$-Ionen. Durch Bestrahlen mit ultraviolettem Licht tritt zwischen diesen Ionen folgende Reaktion ein

$$Ce^{3+} + Ag^+ \xrightarrow{h\nu} Ce^{4+} + Ag^0,$$

2.4 Kinetik der Bildung flüssiger und fester Phasen

d.h. es bildet sich atomares Silber, das sich beim Erwärmen des Glases zu Kristallen kolloidaler Größe zusammenlagert. Durch diese Behandlung eines solchen photosensitiven Glases ist es möglich, in Gläsern Bilder zu erzeugen, da das atomare Silber nur an der Stelle der Belichtung erzeugt wird. Mit Silber werden gelbe, mit Gold oder Kupfer rote Färbungen erhalten.

Die sich bildenden Metallkeime können auch als Keime für silicatische Kristalle wirken, so daß dann die belichteten Stellen nach dem Tempern eine Weißtrübung zeigen. Zu diesem Zweck muß man mit der Glaszusammensetzung dem Kristallisationsbestreben entgegenkommen, weshalb man meist Gläser auf Li_2O-SiO_2-Basis verwendet.

Die getrübten, auskristallisierten Stellen haben wegen der Vielzahl der vorhandenen Kristalle eine sehr große Oberfläche und sind deshalb in Flußsäure etwa zehnfach leichter löslich als das umgebende Glas. Es ist deshalb über den Umweg der Belichtung, Temperung und Flußsäureätzung möglich, Hohlräume, Durchbrüche oder Schlitze ganz bestimmter Form herzustellen, die sich vor allem auch durch ihre geringen Dimensionen auszeichnen. Es lassen sich in Gläsern Öffnungen bis herab zu 10 µm Weite oder Raster mit 50 000 Löchern pro cm^2 fertigen.

Die konsequente Anwendung und Auswertung der eben beschriebenen *heterogenen Keimbildung* ist Stookey [929] zu verdanken, der darüber hinaus nicht nur einzelne Bereiche, sondern das ganze Glas entglaste. In den Glasversatz werden Edelmetalle oder Oxide eingeschmolzen, die leicht Keime bilden, z.B. TiO_2. Die Schmelze kann wie ein normales Glas verarbeitet und zu einem zunächst durchsichtigen Glasgegenstand verformt werden. Bei der folgenden Temperaturbehandlung wird der Gegenstand erst auf die Temperatur der maximalen Keimbildungsgeschwindigkeit und dann auf die der maximalen Kristallisationsgeschwindigkeit gebracht. Dabei tritt je nach Zusammensetzung mehr oder weniger vollkommene Entglasung ein, und das Endprodukt ist dann ein keramischer Gegenstand.

Die Variationsmöglichkeiten in der Zusammensetzung sind sehr groß, wie es auch viele Anwendungen gibt. Es existiert deshalb eine umfangreiche Literatur über das Gebiet der *Glaskeramik*. Letzterer Begriff hat sich jetzt allgemein durchgesetzt. Es ist hier nicht möglich, auf die verschiedenen Varianten einzugehen; man findet dies zusammengestellt in den Monographien von McMillan [603] und Strnad [931], in mehreren Beiträgen im von Simmons u. M. [893] herausgegebenen Bericht über ein einschlägiges Symposium oder in den Übersichten von z.B. Beall und Duke [65], Petzold und Schilling [704] oder Müller [636]. Es sei nur kurz erwähnt, daß eine wichtige Entwicklung in Richtung von Werkstoffen mit sehr geringer thermischer Ausdehnung geht, wozu man besonders die Systeme $Li_2O-Al_2O_3-SiO_2$ oder $MgO-Al_2O_3-SiO_2$ verwendet, in denen es Verbindungen mit sehr geringen, z.T. sogar negativen Ausdehnungskoeffizienten α gibt, z.B. Eukryptit $Li_2O \cdot Al_2O_3 \cdot 2SiO_2$ oder Cordierit $2MgO \cdot 2Al_2O_3 \cdot 5SiO_2$. Es ist gelungen, Werkstoffe herzustellen, deren α-Wert praktisch bei Null liegt und die daher eine ganz hervorragende Temperaturwechselbeständigkeit haben. Es ist weiterhin gelungen, transparente glaskeramische Werkstoffe zu erzeugen, wobei es einmal auf geringe Korngröße der Kristalle ankommt und zum anderen die Brechzahlen von Kristall und Restglasphase angepaßt sein müssen. Schließlich seien noch die Bereiche der Oberflächenkristallisation erwähnt, wodurch man z.B. die mechanische Festigkeit von Glas wesentlich steigern kann (s. Abschn. 3.5.2.7), der orientierten Kristallisation, wodurch man Werkstoffe mit anisotropen Eigenschaften erhält und der Bioglaskeramik, die sich hervorragend bewährt als Hartgewebeersatz in der Medizin, wie Vogel und Höland [1029] berichten.

2.4.4 Glasbildung – kinetisch betrachtet

Die Besprechung der Kristallisationserscheinungen im vorangegangenen Abschnitt erlaubt eine einfache Antwort auf die Frage, ob eine bestimmte Substanz in den Glaszustand überführt werden kann: Dies ist immer dann möglich, wenn Kristallisations- und/oder Keimbildungsgeschwindigkeit Null oder sehr gering sind oder wenn beide Maxima weit auseinander liegen. Diese kinetische Fragestellung der Glasbildung soll im Folgenden unter Berücksichtigung verschiedener Aspekte behandelt werden. Andere Gesichtspunkte der Glasbildung, vor allem strukturelle und thermodynamische, werden in späteren Abschnitten besprochen. Manchmal ist jedoch eine klare Trennung nicht möglich, so daß einige Überschneidungen eintreten.

Grundsätzlich kann eine Kristallisation, die die Glasbildung verhindert, nur unterhalb der Schmelztemperatur T_s eintreten. Einen scharfen Schmelzpunkt haben aber nur Einkomponentensysteme, während die handelsüblichen Gläser nahezu ausschließlich aus mehreren Komponenten bestehen. Ausschlaggebend für die Möglichkeit der Kristallisation ist dann die jeweilige Liquidustemperatur T_l. Außerdem haben die sich ausscheidenden Kristalle bzw. zuvor die Keime eine andere Zusammensetzung als die Ausgangsschmelze, so daß sich die restliche Zusammensetzung ändern muß. Die sich aus einer mehrkomponentigen Schmelze ausscheidende Kristallart ist durch das entsprechende Phasendiagramm bestimmt, wie es für ein einfaches Zweikomponentensysem $A-B$ in Bild 42 dargestellt ist. Eine Schmelze der Zusammensetzung x zeigt beim Abkühlen beim Erreichen der Liquidustemperatur T_l die erste Kristallisation von A. Bei weiterer Abkühlung scheiden sich mehr A-Kristalle aus, die Zusammensetzung der Schmelze reichert sich an B an. Das geht so lange, bis die eutektische Temperatur T_e erreicht ist, bei der die restliche Schmelze auskristallisiert, wobei neben A- auch B-Kristalle entstehen.

Der eben beschriebene Verlauf erfolgt jedoch nur dann, wenn sich das der jeweiligen Temperatur entsprechende Gleichgewicht zwischen Schmelze und kristalliner Phase einstellen kann. Voraussetzung dazu ist eine genügend große Keimbildungs- und Kristallisationsgeschwindigkeit der Schmelze für die Kristallart A. Sind beide

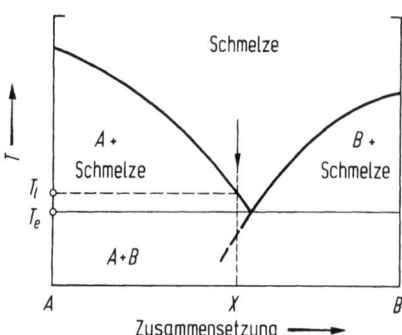

Bild 42. Schmelzdiagramm eines einfachen Zweistoffsystems

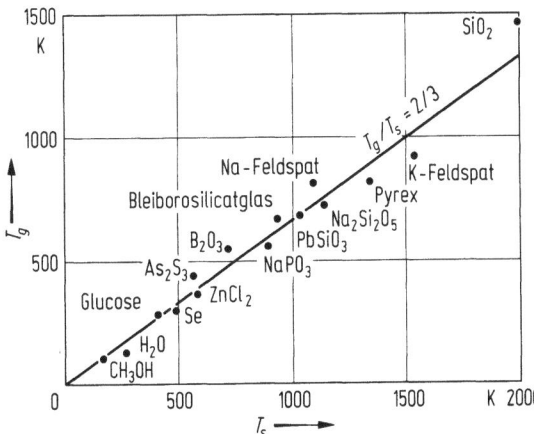

Bild 43. Verhältnis Transformationstemperatur T_g: Schmelztemperatur T_s verschiedener Substanzen

Größen klein, so kann die Auskristallisation von A verzögert werden. Ohne Kristallisation gelangt man dann unterhalb T_e in den Stabilitätsbereich der festen Phasen $A + B$. Sind aber Keimbildungs- und Kristallisationsgeschwindigkeit von B groß, so tritt beim Erreichen des verlängerten B-Astes (gestrichelt in Bild 42) Erstkristallisation von B ein. Dieser Vorgang wird manchmal als *Unterkühlung* bezeichnet. (Bei den früheren Betrachtungen (s. Abschn. 2.1) hatte dieser Begriff einen etwas anderen Sinn, so daß man jeweils darauf achten muß, was gerade gemeint ist.)

Nun wurde aber früher bereits festgestellt, daß beim Erreichen von T_g, also von $\log \eta \approx 13$, die Relaxationszeiten so groß werden, daß unterhalb T_g nicht mehr mit Kristallisation zu rechnen ist. Hat man einmal diese Temperatur erreicht, dann ist die Glasbildung gesichert.

Es interessiert nun die Frage, ob ein Zusammenhang zwischen T_s und T_g besteht. Zunächst kann man aus thermodynamischen Überlegungen sofort ableiten, daß immer $T_g < T_s$ sein muß. Dies folgt auch Gibbs [311] aus der geringen Entropieänderung bei T_g. Empirische Beobachtungen haben dann Tammann [950] zu der Beziehung

$$T_g/T_s \approx 2/3 \tag{35}$$

geführt, die dann vielfach bestätigt worden ist (s. Bild 43). Eine einfache Ableitung schlägt Kanno [471] vor. Sakka und Mackenzie [801] konnten zeigen, daß Gl. (35) näherungsweise auch in Mehrkomponentengläsern gilt. Da in solchen Systemen T_g sich kontinuierlich ändert, T_l dagegen in Richtung der Eutektika deutliche Minima hat, zeigt das Verhältnis T_g/T_l häufig bei Eutektika ein Maximum und entsprechend bei kongruent schmelzenden Verbindungen ein Minimum. Die Abweichungen sind jedoch gering, so daß Gl. (35) eine wertvolle Hilfe für Voraussagen sein kann.

Eine weitere Frage betrifft die Größe von T_0 in der VFT-Gl. (21); denn wenn in dieser Gleichung $T \to T_0$ geht, dann geht $\eta \to \infty$, was unmittelbar zum Glas führen muß. Auch hierzu gibt es einige empirische Ansätze und theoretische Überlegungen. Gutzow u. M. [352] kommen dabei zu dem Schluß, daß

$$T_0/T_s \approx 1/2 \quad \text{bzw.} \quad T_g/T_0 \approx 4/3$$

Tabelle 6. Beziehungen zwischen Schmelz- bzw. Liquidustemperatur T_s, Transformationstemperatur T_g und Konstante T_o der VFT-Gleichung von glasbildenden Substanzen (nach Sakka und Mackenzie [801])

Glas	T_s (K)	T_g (K)	T_o (K)	$\frac{T_g}{T_s}$	$\frac{T_o}{T_s}$	$\frac{T_g}{T_o}$
SiO_2-	1996	1480	526	0,74	0,26	2,81
Pyrex-	1351	823	625	0,61	0,46	1,32
Kalk-Natron-	1330	829	542	0,62	0,41	1,53
$Na_2O \cdot 3\,SiO_2$-	1061	753	415	0,71	0,39	1,81
B_2O_3-	723	523	405	0,72	0,56	1,29
KNO_3–$Ca(NO_3)_2$-	477	329	316	0,69	0,66	1,04

sein solle. Einige in Tabelle 6 angeführte Werte zeigen jedoch, daß diese Beziehungen nur sehr begrenzte Gültigkeit haben.

Nach Klärung dieser Grundlagen kann auf die Glasbildung zurückgekommen werden. Für das Eintreten der Glasbildung, also für geringe Kristallisation, sind kleine Werte der Keimbildungs- und/oder der Kristallisationsgeschwindigkeit nur eine hinreichende Bedingung. Glasbildung läßt sich auch erreichen, wenn die Maxima der Keimbildungs- und der Kristallisationsgeschwindigkeit bei sehr unterschiedlichen Temperaturen liegen, da dann bei hoher Keimbildung die Keime nicht wachsen können, während bei hoher Kristallisationsgeschwindigkeit keine Keime vorhanden sind.

Einen auf die Keime bezogenen weiteren Gesichtspunkt hat Goodman [325] zur Diskussion gestellt, indem er meint, daß die üblichen Ansichten zur Glasbildung nicht ausreichen, sondern daß sich in der Schmelze unterschiedliche Keime − er nennt sie Cluster − bilden müssen, was immer dann der Fall ist, wenn eine Substanz in mehreren polymorphen Modifikationen auftreten kann, wie das beim SiO_2 mit Quarz, Tridymit und Cristobalit der Fall ist. In der Schmelze kommen durch die Eigenbewegung Keime verschiedener Struktur in Kontakt, wobei in der Grenzzone Spannungen entstehen, was die freie Keimbildungsarbeit erhöht, also die Keimbildungsgeschwindigkeit erniedrigt. Bei weiterer Abkühlung bildet sich dann ein „strained mixed cluster network". Goodman gelingt es, mit dieser Hypothese eine Reihe von Erscheinungen zu erklären, z.B. die schwierige Glasbildung bei Metallen. Deren Ursache ist der rasche Abbau der Spannungen zwischen den Clustern, d.h. die Keimbildungsarbeit bleibt gering. Es bleiben aber noch Fragen offen, z.B. die Ursache der stabilen Glasbildung beim B_2O_3 und in einigen anderen Fällen. Die Annahme, daß es in einigen Systemen Modifikationen gebe, die im Vergleich zu anderen Modifikationen nicht stabil seien, aber doch zu Keimen in der Schmelze führen würden, ist etwas unbefriedigend, weil nicht immer beweisbar.

Im allgemeinen ist aber die Kristallisationsgeschwindigkeit KG der bestimmende Faktor, da durch Verunreinigungen und Grenzflächeneffekte fast immer genügend Keime vorhanden sind. Dietzel [175] hat deshalb die *Glasigkeit* als reziproken Wert der KG definiert.

Für das System $Na_2O - SiO_2$ hat Dietzel anhand des Phasendiagramms (s. Bild 4) zunächst folgende Überlegungen angestellt:

a) Mit steigendem Alkaligehalt erniedrigt sich die Viskosität, wodurch die KG erhöht, die Glasigkeit also erniedrigt wird (gestrichelte Kurve in Bild 44).

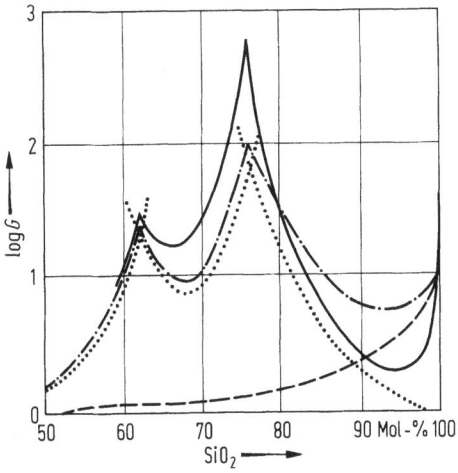

Bild 44. Theoretische Vorhersage (strichpunktierte Kurve) und experimentelle Bestimmung (durchgezogene Kurve) der Glasigkeit G (in min/mm) nach Dietzel [175, 186] im System Na_2O-SiO_2

b) Die Konzentration an ausscheidungsfähigen Strukturelementen ist bei Verbindungen im Phasendiagramm besonders groß, so daß dort geringe Glasigkeit zu erwarten ist (punktierte Kurven in Bild 44).

c) Hat eine kristalline Substanz einen hohen Schmelzpunkt, so wird dort auch eine hohe KG, d.h. geringe Glasigkeit vorliegen.

Diese Vorhersage, aus der sich die strichpunktierte Kurve des Bildes 44 ergibt, hat sich in Versuchen von Dietzel und Wickert [186] glänzend bestätigt (durchgezogene Kurve des Bildes 44). Danach liegt im untersuchten Bereich des Systems Na_2O-SiO_2 die Glasigkeit bei $\log G = 0,3$ bis $3,0$, was maximalen Kristallisationsgeschwindigkeiten von 0,5 bis 0,001 mm/min oder 500 bis 1 μm/min entspricht.

Die obigen drei Einflußgrößen kann man auch direkt auf die KG-Gln. (30) und (31) zurückführen, indem die Aussage a) dem Einfluß von η in Gl. (31) entspricht. Die Aussage b) meint, daß der Häufigkeitsfaktor f groß ist. Schließlich bedeutet die Aussage c), daß eine hohe Temperatur zu einer geringen Viskosität führt.

Aber schon die Kenntnis der *Viskosität* allein erlaubt eine wichtige Aussage. In Bild 4 wurden noch die Temperaturen (als Kreuze) eingezeichnet, bei denen für die entsprechende Zusammensetzung immer die gleiche Viskosität ($\log \eta = 3,6$) vorliegt. Mit steigendem SiO_2-Gehalt steigen die Temperaturen konstanter Viskosität gleichförmig an. Mit sinkender Temperatur nehmen nun die Viskositäten zu, und zwar für alle Zusammensetzungen nahezu gleichmäßig, da sich die Aktivierungsenergien der Viskositäten in diesem Bereich nur wenig ändern. Ist der Abstand bis zur Liquidustemperatur groß, so wird dort eine hohe Viskosität vorliegen, die Glasbildung, die ja erst unterhalb der Liquidustemperatur eintreten kann, also begünstigt werden. Das ist vor allem der Fall bei den Eutektika. Und wirklich zeigt dort auch die Glasigkeit Maxima. Damit ergibt schon diese Betrachtung eine Deutung der experimentellen Kurve.

In den Gln. (30) und (31) traten außerdem noch die thermodynamischen Größen ΔH_s bzw. $\Delta H_s/T_s = \Delta S_s$ auf. KG ist gering bzw. die Glasbildung erfolgt leicht, wenn die Schmelzwärme ΔH_s bzw. die Schmelzentropie ΔS_s groß sind. Das ist verständlich; denn große Entropieunterschiede zwischen Kristall und Schmelze weisen auf große Unterschiede in den Strukturen hin, was die Kristallisation sicher erschwert. Leider stimmen die experimentellen Befunde mit diesen Betrachtungen nur teilweise überein.

Ganz allgemein sind die Unterschiede der Schmelzentropien nicht groß. Die Werte liegen für Edelgase um 12 J/(mol K), für Alkalimetalle um 8 J/(mol K) und für anorganische Substanzen bis etwa 45 J/(mol K), z.B. für Al_2O_3 bei 45 J/(mol K). Hohe ΔS_s-Werte zeigen die glasbildenden Substanzen $KHSO_4$ mit 100 J/(mol K) oder BeF_2 mit 50 J/(mol K), dagegen hat aber Cristobalit die außerordentlich geringe Schmelzentropie von 4 J/(mol K). Solche geringen Werte führt man darauf zurück, daß beim Schmelzen nur größere Bruchstücke, also Assoziate entstehen, die zu einer hohen Viskosität führen. Die Frage des Einflusses von ΔS_s ist also von verschiedenen Seiten zu betrachten und kann noch nicht einheitlich beantwortet werden.

Cohen und Turnbull [150] haben die früher erwähnten Ansätze für die Keimbildungs- und die Kristallisationsgeschwindigkeit weiter ausgebaut und sind zu einem halbquantitativen Kriterium für die Glasbildung gekommen. Danach ist für eine gegebene Abkühlungsgeschwindigkeit und für Substanzen eines bestimmten Typs die Glasbildungstendenz um so größer, je kleiner die *reduzierte Schmelztemperatur* T_r ist, die sich mit der Verdampfungswärme Q_v ergibt zu

$$T_r = R\, T_s / Q_v. \tag{36}$$

Tiefe Schmelztemperaturen begünstigen also die Glasbildung. In Mehrstoffsystemen ist die Glasbildung deshalb vor allem in der Nähe der Eutektika zu erwarten, wenn diese durch besonders tiefe Temperaturen gekennzeichnet sind. Das ist häufig der Fall, z.B. bei der Glasbildung im System $KNO_3 - Ca(NO_3)_2$, und bei den metallischen Gläsern. Allerdings läßt sich die reduzierte Schmelztemperatur nicht zum Vergleich der Glasbildungstendenz sehr unterschiedlicher Substanzen heranziehen. B_2O_3 hat zwar einen geringen Wert von etwa 0,02 gegenüber etwa 0,04 beim Al_2O_3, aber SiO_2 weist (mit angenäherten Werten) eine reduzierte Schmelztemperatur von etwa 0,05 auf, die man in gleicher Höhe auch beim $NaCl$ findet. Es ist auch die Anwendung von Gl. (36) auf einige Silicatgläser möglich, wobei man eine Parallelität der Werte von T_r und KG_{max} findet.

Die bisherigen Betrachtungen behandeln die Frage, wie sich verschiedene Eigenschaften auf die Glasbildung auswirken. Es ist aber auch interessant zu wissen, wie schnell man bei vorgegebenen Eigenschaften abkühlen muß, um gerade noch ein Glas zu erhalten. Natürlich kann sich dabei auch ergeben, daß die vorliegenden Eigenschaften zu einer so hohen Abkühlgeschwindigkeit führen, daß experimentell die Glasbildung nicht mehr möglich ist.

Mit diesem Problem hat sich besonders Uhlmann mit seinen Mitarbeitern befaßt, z.B. in [1005]. Nimmt man konstante Keimbildungs- und Kristallisationsgeschwindigkeiten (KB und KG) an, dann führt eine plausible Abschätzung für das kristallisierte Volumen V_c im Verhältnis zum Ausgangsvolumen V nach der Zeit t zu

$$\frac{V_c}{V} = 1 - \exp\left(-\frac{\pi}{3}\, KB\, KG^3\, t^4\right). \tag{37}$$

Kennt man KB und KG, dann kann man den Gehalt an Kristallen in Abhängigkeit von Zeit und Temperatur berechnen und erhält nach Uhlmann sog. TTT-Kurven (time-temperature-transformation curves). Nimmt man weiterhin an, daß ein Kristallgehalt $V_c/V = 10^{-6}$ die Grenze des Nachweises darstellt, dann kommt man zur zweidimensionalen Darstellung des Bildes 45, das das Verhalten des glasbildenden Feldspats

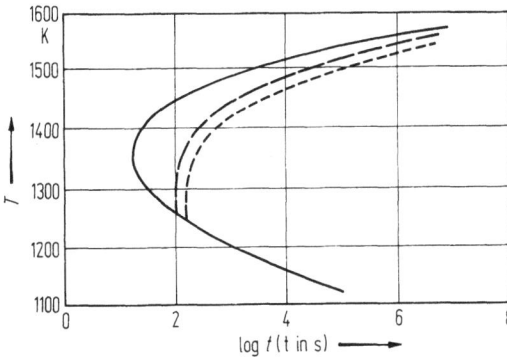

Bild 45. Zeit-Temperatur-Kristallisationskurven (TTT-Kurven nach Uhlmann u. M. [1005]) für Anorthit für Kristallanteil $V_c/V = 10^{-6}$ bei unterschiedlichem Temperaturverlauf: isotherm (durchgezogen), logarithmische Abkühlgeschwindigkeit (gestrichelt) und konstante Abkühlgeschwindigkeit (punktiert)

Anorthit $CaO \cdot Al_2O_3 \cdot 2SiO_2$ zeigt. (Anorthit schmilzt bei 1825 K.) Die TTT-Kurven haben eine charakteristische Form mit einer ausgeprägten, nach links gerichteten „Nase". Innerhalb dieser Nase liegt der Bereich der stärkeren Kristallisation. Die Spitze der Nase gibt die Zeit an, die gerade noch erlaubt ist, damit keine nennenswerte Kristallisation eintritt. Das führt unmittelbar zu einer *kritischen Abkühlgeschwindigkeit*

$$q_{kr,1} \approx \Delta T_n / t_n \tag{38}$$

mit $\Delta T_n = T_s - T_n$, wobei T_n und t_n die Temperatur und die Zeit der Nasenspitze sind. Für die isotherme TTT-Kurve des Anorthits in Bild 45 ergibt $q_{kr,1} \approx 30$ K/s.

Die Anwendung von Gl. (38) setzt voraus, daß im gesamten Temperaturbereich von T_s bis T_n das Kristallisationsverhalten so schnell wie bei T_n abläuft. Da das aber nicht der Fall ist, sind die so berechneten $q_{kr,1}$-Werte zu groß. Man kommt zu besseren Näherungen, wenn man die Temperaturabhängigkeit des Kristallisationsverhaltens berücksichtigt. Das ist bei der gestrichelten und der punktierten Kurve des Bildes 45 geschehen, wobei jeweils eine kontinuierliche Abkühlung angenommen wurde (continuous cooling: CT-Kurve) mit logarithmischer bzw. konstanter Abkühlgeschwindigkeit. Dadurch verschiebt sich die Nase nach tieferen Temperaturen und längeren Zeiten, so daß insgesamt geringere kritische Abkühlgeschwindigkeiten benötigt werden, damit Glasbildung eintritt. Im Beispiel des Bildes 45 macht das etwa eine Größenordnung aus.

Eine andere Näherung geht von dem empirischen Befund aus, daß ein Zusammenhang zwischen T_n und T_s besteht nach $T_n \approx 0{,}77 \cdot T_s$. Unter Berücksichtigung thermodynamischer Zusammenhänge kommt Uhlmann zur Beziehung

$$q_{kr,2} \approx \frac{A T_s^2}{\eta_n} \exp(-0{,}212\,B) \left[1 - \exp\left(-\frac{0{,}3 \Delta H_s}{R T_s}\right)\right]^{3/4}, \tag{39}$$

mit $A = 5 \cdot 10^4$ J/(m^3 K), η_n = Viskosität bei 0,77 T_s und B, das im Zusammenhang steht mit der Keimbildung nach $KB = c \cdot \exp[-0{,}0205 \cdot B \cdot T_s^5 / (\Delta T^2 \cdot T^3)]$ und danach ermittelt werden kann. Dann ergibt sich $q_{kr,2}$ in K/s. In Gl. (39) zeigt sich deutlich der starke Einfluß der Viskosität, was den praktischen Erfahrungen gut entspricht.

Bei obigen Betrachtungen wurden mehrere Vereinfachungen vorgenommen, die sich manchmal deutlich bemerkbar machen können. Dies gilt vor allem für viele praktische Fälle, bei denen oft ausreichend Fremdkeime vorliegen, man also nicht von einer homogenen, sondern von einer heterogenen Keimbildung ausgehen muß. Geschwindigkeitsbestimmend wird dann KG, und es werden zur Glasbildung höhere kritische Abkühlgeschwindigkeiten benötigt.

Eine andere Vereinfachung betrifft die Vernachlässigung der Induktionsperiode τ. Im vorangegangenen Abschnitt wurde erwähnt, daß dadurch die Keimbildung wesentlich verzögert werden kann. Ausgehend von den Uhlmannschen Betrachtungen haben Kelton und Greer [480] die Glasbildung beim Abkühlen unter Berücksichtigung dieser Induktionsperiode τ untersucht, wobei sie sich einer numerischen Methode bedienten, um die Zahl der Keime beim Abkühlen zu berechnen. Dabei ergab sich, daß bei Substanzen mit großer Tendenz zur Glasbildung der Einfluß von τ zu vernachlässigen ist. Die kritische Abkühlgeschwindigkeit q_{kr} ergibt sich z.B. für $Li_2O \cdot 2SiO_2$ zu 3,8 K/s bei dieser wie bei der Uhlmannschen Methode. Bei der glasig zu erhaltenden Legierung $(Au_{85}Cu_{15})_{77}Si_9Ge_{14}$ betrug $q_{kr} = 1,3 \cdot 10^4$ bzw. $4,5 \cdot 10^3$ K/s ohne bzw. mit Berücksichtigung von τ, d.h. der Einfluß wird merkbar. Dieser Einfluß von τ kann aber wesentlich werden, wie die Werte von der Legierung $Au_{81}Si_{19}$ mit $q_{kr} = 2,4 \cdot 10^7$ bzw. $1,0 \cdot 10^5$ K/s ohne bzw. mit Berücksichtigung von τ zeigen; denn dies sind Abkühlgeschwindigkeiten, die an der Grenze des Möglichen liegen, d.h. der Einfluß von τ kann entscheidend werden, ob eine Substanz glasig zu erhalten ist oder nicht.

Es war übrigens überraschend, als 1960 Klement u. M. [496] mitteilten, daß es ihnen gelungen sei, durch schnelles Abschrecken eine Au/Si-Legierung (mit 25 Atom-% Si) glasig zu erhalten. Diese metallischen Gläser haben seitdem eine stürmische Entwicklung erlebt (s. Abschn. 2.6.2.3). Entscheidend dafür und für parallel laufende Entwicklungen zur Herstellung weiterer Gläser ungewöhnlicher Zusammensetzungen war die Beherrschung *großer Abkühlgeschwindigkeiten*. Klement u. M. verwendeten die sog. splat-quenching-Technik, bei der die geschmolzene Probe durch komprimierte Luft auf eine gekühlte Unterlage geschossen wird. Dieses Grundprinzip, das schnelle Aufbringen einer Schmelze auf kaltes Substrat zur schnellen Abführung der Wärme, wurde inzwischen verschiedentlich modifiziert. Besonders bewährt haben sich die Roller- und Spinntechniken. Bei der Rollertechnik wird die Schmelze im engen Spalt zwischen zwei gekühlten, gegenlaufenden Walzen abgeschreckt. Bei den Spinntechniken wird die Schmelze durch Preßluft auf eine rotierende Trommel geschossen, oder es wird eine hohe Relativgeschwindigkeit durch eine Zentrifugalbeschleunigung erreicht, wobei dann im allgemeinen die Schmelze auf die Innenseite einer Trommel auftrifft. Eine Variante davon ist die Bewegung des Substrats als drehender Flügel. Man erreicht dabei meist Abkühlgeschwindigkeiten von 10^6 bis 10^7 K/s, wobei diese Werte wesentlich von der Probengröße abhängen, denn diese bestimmt die Menge an abzuführender Wärme. Mit kleineren Proben hat man Abkühlgeschwindigkeiten bis 10^{10} K/s erreicht. Nähere Angaben findet man vor allem im Schrifttum über metallische Gläser bei der Beschreibung der Experimente. Nur auf die Methoden gehen z.B. Zolotukhin und Barmin [1132] ein.

Die Verfügbarkeit dieser neuen Methoden einerseits und die theoretischen Beobachtungen andererseits haben zu vielen Untersuchungen angeregt. Das silicatische System $Li_2O - SiO_2$ wurde oben schon erwähnt. Ausgedehnte Versuche damit haben Tatsumisago u. M. [953] durchgeführt. Sie konnten zeigen, daß bei einer Abschreckgeschwindigkeit von etwa 10^6 K/s der Glasbereich bis auf 65 Mol-% Li_2O ausgedehnt werden kann, wobei jedoch auffallend war, daß die allgemeine Regel

$T_g/T_l = 2/3$ (mit T_l = Liquidustemperatur) verlassen wurde und das Verhältnis T_g/T_l bis auf 1/3 absank. Das bedeutet aber gleichzeitig, daß die Differenz $T_l - T_g$ größer wird und damit auch mehr Zeit zum Abkühlen benötigt wird. So wird die zunehmende Schwierigkeit der Glasbildung verständlich. Im gleichen System machen Huang u. M. [425] an der Zusammensetzung $2Li_2O \cdot 3SiO_2$ die Beobachtung, daß sehr geringe Zusätze an Pt oder Au die q_{kr}-Werte ansteigen lassen, was leicht verständlich ist, da diese Metalle als Fremdkeime wirken. Interessant aber ist, daß geringe P_2O_5-Zugaben die q_{kr}-Werte erniedrigen, d.h. die Glasbildung erleichtern.

Über q_{kr}-Messungen im System $Na_2O - SiO_2$ berichten auch Fang u. M. [252]. Schmelzen mit Na_2O-Gehalten von $15 - 25 - 33,3$ Mol-% zeigten experimentell bestimmte q_{kr}-Werte von $10 - <0,01 - 0,2$ K/s, also Unterschiede über drei Größenordnungen. Dagegen beträgt der entsprechende Unterschied in der Glasigkeit des Bildes 44 nur zwei Größenordnungen, zeigt aber sonst eine gleichlaufende Tendenz.

Durch schnelles Abschrecken hat man viele Oxide glasig erhalten können, nicht jedoch reines Al_2O_3 oder ZrO_2. Oft fördern geringe Zusätze die Glasbildung, aber noch mehr sind Zusätze wirksam, die zu tiefen Liquidustemperaturen führen. Interessant ist auch die Gruppe der glasigen Oxoverbindungen (s. Abschn. 2.6.1.6), die z.T. besondere Eigenschaften aufweisen. Sie haben die allgemeinere Form ABO_x, worin A meist ein Alkali-, aber auch ein Erdalkalikation ist, während B das Zentralkation im entsprechenden Sauerstoffpolyeder darstellt. Nassau [650] hat einige dieser Gläser beschrieben.

Ein besonderes Oxid ist das *Wasser* H_2O. Nach den theoretischen Berechnungen liegt für H_2O die kritische Abkühlgeschwindigkeit bei $q_{kr} \approx 10^7$ K/s, also an der Grenze der experimentellen Möglichkeiten. Die 2/3-Regel würde zu einem T_g von 182 K ($-91\,°C$) führen, also experimentell gut zugänglich sein. Wegen der geringen Viskosität von H_2O muß man eine besondere Versuchstechnik anwenden. So haben Pryde und Jones [737] in einem tiefgekühlten Kalorimeter H_2O-Dampf kondensieren lassen und durch Verfolgen der Temperaturen beim Aufheizen festgestellt, daß zwischen -150 und $-125\,°C$ ein Wärmeeffekt auftritt. Da Eis bei diesen Temperaturen keine Umwandlung zeigt, muß der H_2O-Dampf glasig erstarrt sein. Die gemessenen Temperaturen entsprechen dem Eintreten der Kristallisation, die erst oberhalb der Transformationstemperatur möglich ist. Die Extrapolation der Viskositätskurve des H_2O zwischen $+300$ und $-10\,°C$ bis auf T_g in Bild 46 spricht für die Richtigkeit dieser Messungen. Inzwischen haben mehrere andere Autoren die Glasbildung von H_2O bestätigt, wobei sich der T_g-Wert auf 136 K ($-137\,°C$) eingependelt hat. Dies wird jedoch von MacFarlane und Angell [567] in Frage gestellt, da sie keinen thermischen Effekt mit der DSC-Methode bei dieser Temperatur finden. Sie folgern daraus, daß T_g oberhalb 160 K liegt und deshalb von der dort eintretenden Kristallisation verdeckt wird. Diese Kristallisation ist deutlich abhängig von der Aufheizgeschwindigkeit. Nach Koverda u. M. [503] liegt sie bei 160 K, wenn man mit 0,03 K/s aufheizt. Arbeitet man aber mit 1 K/s, dann kristallisiert glasiges H_2O erst bei 170 K. Beachtenswert ist auch, daß Hallbrucker und Mayer [366] beim glasigen H_2O, das sie aus flüssigem Wasser herstellen, eine geringere Kristallisationswärme finden als die anderen Autoren, die das glasige H_2O aus der Dampfphase erzeugen. Für die Struktur des glasigen H_2O haben Rice und Sceats [773] das Modell eines durch Wasserstoffbrückenbindungen aufgespannten, statistisch variierenden Netzwerks vorgeschlagen, das in seiner Struktur sehr dem üblichen Strukturmodell für das

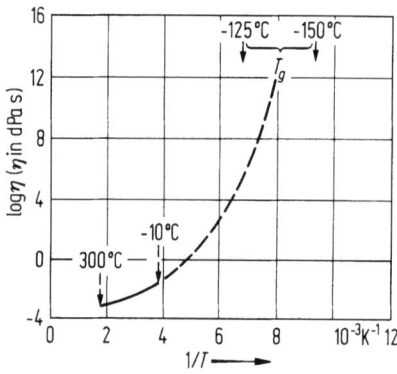

Bild 46. Temperaturabhängigkeit der Viskosität von H$_2$O mit Extrapolation bis T_g nach Pryde und Jones [737]

Kieselglas ähnelt, nur daß die $\equiv$Si−O−Si$\equiv$-Brücken ersetzt sind durch $>$O−H$\cdots$O$<$-Brücken. Nach Chowdhury u. M. [136] können dabei auch Fünferringe eine bemerkenswerte Rolle spielen.

2.4.5 Sol-Gel-Prozeß

Man kann das bisher Behandelte auch so zusammenfassen, daß Glasbildung dann erreicht werden kann, wenn es gelingt, eine ungeordnete Struktur unterhalb T_g zu erhalten. Die obigen Methoden gingen von der Schmelze aus und kühlten diese ab. Eine andere Möglichkeit sollte darin bestehen, bei Temperaturen unterhalb T_g die gewünschten Komponenten in einer statistischen Unordnung zusammenzufügen. Geeignet sind dazu Flüssigkeiten. Man muß also versuchen, alle Komponenten z.B. bei Zimmertemperatur in gelöster Form zu erhalten. Dazu eignen sich zahlreiche metallorganische Verbindungen, z.B. Si(OC$_2$H$_5$)$_4$ als SiO$_2$-Träger, Al(OC$_4$H$_9$)$_3$ für Al$_2$O$_3$ und CH$_3$ONa für Na$_2$O. In Gegenwart von Feuchtigkeit findet durch Hydrolyse die Abspaltung der organischen Reste statt. Für diesen Vorgang gilt für die Si-haltige Komponente die − hier vereinfacht dargestellte − Reaktion

$$Si(OR)_4 + 4 H_2O \rightarrow Si(OH)_4 + 4 ROH,$$

worin R ein Alkylrest ist. Dem folgt unter H$_2$O-Abspaltung die Kondensation − wieder vereinfacht − nach

$$2 Si(OH)_4 \rightarrow (HO)_3Si-O-Si(OH)_3 + H_2O$$

und weiteren entsprechenden Schritten, also insgesamt bis

$$Si(OH)_4 \rightarrow SiO_2 + 2 H_2O.$$

Bei dieser Kondensation bilden sich zunehmend größere Moleküle, die zunächst noch als Kolloide im Sol gelöst sind, aber beim Fortschritt der Reaktion so groß werden, das das System zum Gel ansteift. Man bezeichnet daher diese Methode als Sol-Gel-Methode oder Sol-Gel-Prozeß. Das Gel enthält noch viel Flüssigkeit, d.h. es muß getrocknet und dann zu einem Monolithen verdichtet werden, wobei eine ganz wesentliche Voraussetzung ist, daß dabei keine Kristallisation eintritt, d.h. auch die Glasbildung nach der Sol-Gel-Methode ist kinetisch bestimmt. Auf diese Vorgänge wird unten noch eingegangen werden, doch sei schon hier erwähnt, daß bereits um 1970 nach dieser Methode Roy [792] ein Kalk-Natronglas bei 680 °C und Dislich [189] ein Borosilicatglas bei 550 °C, d.h. knapp unterhalb T_g, herstellen konnte. In der Zwischenzeit wurde dieser Methode sehr viel Aufmerksamkeit geschenkt, da sich viele interessante Anwendungsmöglichkeiten abzeichnen. Die Zahl der Veröffentlichungen ist deshalb stark angewachsen. Es finden darüber auch alle zwei Jahre Workshops statt, deren Vorträge gesammelt von Gottardi [328], Scholze [840], Zarzycki [1120] bzw. Sakka [800] herausgegeben wurden. Die Beiträge von Tagungen in den USA wurden herausgegeben von Hench und Ulrich [394, 395] bzw. Brinker u. M. [99], wobei das Thema der letzteren Tagungen bezeichnend ist: „Better Ceramics Through Chemistry". Wie richtig dieser Slogan ist, zeigen auch die zusammenfassenden Artikel, z.B. von Dislich [190], Sakka [798], Scherer [825] oder Zarzycki [1119].

Sowohl die *Hydrolyse* als auch die *Kondensation* hängt von vielen Parametern ab. Es sind dies vor allem Ausgangskomponenten, Lösungsmittel, Menge an H_2O, Art und Konzentration des Katalysators und Temperatur. Dabei werden Hydrolyse und Kondensation unterschiedlich beeinflußt. Durch die Wahl des Katalysators kann man die betreffende Geschwindigkeit stark variieren. Meist ist die Geschwindigkeit der Hydrolyse größer als die der Kondensation, aber oft überschneiden sich beide Vorgänge, wie es z.B. von Brinker u. M. [103] geschildert wird. Während der Kondensation formt sich das für Silicatgläser charakteristische Netzwerk. Die sich bildenden Einheiten können jedoch je nach Versuchsbedingungen sehr unterschiedlich sein, wobei eine wichtige Einflußgröße der Grad der Hydrolyse ist. Auch die Art des Katalysators wirkt sich sehr aus. So bilden sich bei saurer Katalyse bevorzugt lineare Polymerketten, bei basischer Katalyse verzweigte Polymere. Die entstehenden Gelstrukturen haben also eine große Vielfalt, wie u.a. Yoldas [1102] oder Brinker und Scherer [102] aufzeigten.

Die Gele enthalten in ihrem Gefüge noch Wasser und/oder Lösungsmittel. Man spricht im Falle des Wassers auch von Aquagelen, im Falle des Alkohols von Alcogelen. Sie müssen dann von Flüssigkeit befreit, d.h. getrocknet werden zu einem porösen Festkörper, einem Xerogel oder Aerogel, wenn die Poren mit Luft gefüllt sind. Das *Trocknen* ist ein wichtiger weil schwieriger Schritt, denn es ist in der Regel mit einer großen Schwindung und sehr oft mit einem Zerbröseln der Probe verbunden. Die Ursachen dafür sind nach Zarzycki [1118] vielseitig und beruhen vor allem auf Kapillarkräften. Diese machen sich besonders dann bemerkbar, wenn das Gel Kapillaren mit verschiedenen Durchmessern aufweist, die verschieden schnell trocknen, wodurch auf engstem Raum große Spannungen entstehen können. Man kann das Reißen beim Trocknen vermindern 1. durch Verbessern der Festigkeit des Gels durch Altern, wodurch sich mehr Kontaktstellen zwischen den einzelnen Partikeln bilden, 2. durch Verringern der Kapillarkräfte durch Vermeiden sehr kleiner Poren, Erzeugung einheitlicher Kapillaren und durch Erniedrigung der Oberflächenenergie und 3. durch gänzliches Vermeiden der Kapillarkräfte durch Arbeiten im überkritischen Zustand.

Letztere Methode, beschrieben u.a. von Prassas u. M. [730], beruht darauf, daß oberhalb des kritischen Punktes, der für jede Flüssigkeit durch einen charakteristischen Druck und eine charakteristische Temperatur gegeben ist, die Flüssigkeit nicht mehr existent ist und die Substanz nur noch gasförmig vorliegt. Damit verschwinden die Kapillarkräfte, die durch die Wechselwirkung zwischen Festkörper und Flüssigkeit zustande kommen. Für H_2O liegen diese Werte bei 22 MPa und 374 °C. Erhitzt man das Gel über diese Werte in einem Autoklaven, dann kann man durch Ablassen des H_2O-Dampfes das Gel trocknen. Unter milden Bedingungen kann man arbeiten, wenn man eine Flüssigkeit verwendet, deren kritischer Punkt günstiger liegt, z.B. Methanol mit 8 MPa und 240 °C. Zur Durchführung wird vor dem Trocknen das Gel mit Methanol gesättigt. Bei dieser Art des Trocknens tritt keine Schwindung ein; die so hergestellten Xerogele haben daher eine sehr geringe Dichte.

Einen anderen Weg zur Verbesserung des Trocknens ist Hench [390] gegangen, indem er der Ausgangsmischung bestimmte Verbindungen zufügt, die er „Drying Control Chemical Additive" (DCCA) nennt. Bewährt hat sich besonders Formamid H_2NCOH, aber auch Oxalsäure oder Glycerin. Dadurch entsteht ein für das Trocknen günstiges Gefüge: größere und einheitliche Poren und ein festeres Silicatgerüst. Die Flüssigkeitsabgabe erfolgt dann gleichmäßig, wodurch sich keine inneren Spannungen mehr bilden und das Reißen der Proben vermieden werden kann.

Nach dem Trocknen liegt eine Probe vor mit hoher Porosität und großer spezifischer Oberfläche. Porositäten von 80 Vol.-% und spezifische Oberflächen bis zu 1 000 m^2/g sind nicht außergewöhnlich. Die Porendurchmesser bewegen sich dann im Bereich um 10 nm. Zur Herstellung eines Monolithen muß ein *Verdichtungsprozeß* folgen, der erhebliche innere Strukturänderungen bedingt, was auch dadurch verständlich wird, daß bei der vollständigen Verdichtung lineare Schwindungen bis zu 50% eintreten können. Damit dabei keine Zerstörung eintritt, muß die Probe nach dem Trocknen riß- und spannungsfrei sein.

Man kann sich die Verdichtung − relativ − einfach machen, indem man die dazu benötigte Kraft von außen aufbringt, wie es das bereits von Dislich [189] und später von Decottingnies u. M. [166] beschriebene Heißpressen darstellt. Das ist aber eigentlich nicht notwendig, denn Gele besitzen durch ihre hohe freie Oberflächenenergie eine eigene innere treibende Kraft. Damit ist die Voraussetzung für das Sintern gegeben, das als eine gängige Methode z.B. in der Oxidkeramik und auch in der Glastechnologie Eingang gefunden hat, wie Rabinovich [747] in einer Übersicht beschreibt. Man hat deshalb versucht, die für Oxide abgeleiteten Sintermodelle auf das Sintern von Gelen zu übertragen. So beschreiben Scherer u. M. [826] das viskose Sintern für ein Modell mit offenen Poren und Phalippou u. M. [708] ein solches Modell mit geschlossenen Poren. Dabei hat sich herausgestellt, daß die Anwendbarkeit dieser Modelle begrenzt ist, denn die Gele zeigen doch einige wesentliche Unterschiede zu den Oxiden. Man muß bedenken, daß die Gele auf den Porenoberflächen aber auch innerhalb der Struktur sehr viele Si−OH-Gruppen aufweisen. Deren Kondensation zu Si−O−Si-Brücken und H_2O-Molekülen stellt eine fortschreitende Polykondensation, d.h. weitere Vernetzung dar, die zu inneren Verspannungen Anlaß geben kann, so daß man auch mit strukturellen Relaxationen rechnen muß. Diese strukturellen Umlagerungen und die Abnahme des OH-Gehalts während des Sinterns führen insgesamt zu einer deutlichen Zunahme der Viskosität. Erst wenn sich ein gewisser Endzustand eingestellt hat und die Viskosität konstant wird, können die bekannten Sintermodelle angewandt werden. Übrigens ist anzunehmen, daß das Verdichten von Gelen zum massiven Glas in der Nähe von oder sogar unterhalb der üblichen T_g-Werte durch die eben erwähnten Wassergehalte ermöglicht wird, denn diese haben einen großen viskositätserniedrigenden Einfluß (s. Abschn. 3.1.2). Brinker u. M. [104] weisen noch darauf hin, daß beim Verdichten von Gelen zunächst eine sehr offene Netzwerkstruktur entsteht, die man vergleichen kann mit der Struktur eines sehr

2.4 Kinetik der Bildung flüssiger und fester Phasen

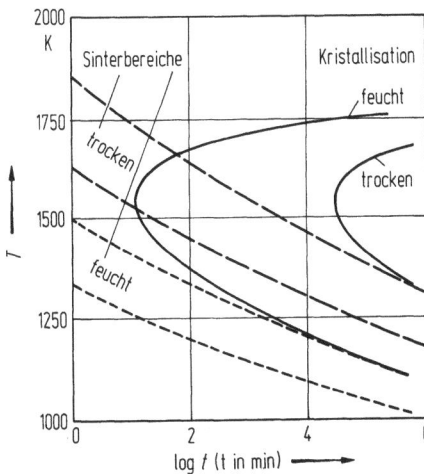

Bild 47. TTT-Kurve von Kieselglas und Sinterbereiche von SiO_2-Gel, ohne (= trocken) und mit (= feucht) OH-Gehalten nach Uhlmann u. M. [1006]

schnell abgeschreckten Glases, das eine hohe fiktive Temperatur T_f hat. Es bewährt sich, das Gelnetzwerk durch einen hohen T_f-Wert zu beschreiben.

Die *Herstellung von Glas* über die Gelphase ist ein anderer interessanter Aspekt der kinetischen Einflüsse auf die Glasbildung. Es ist aber notwendig, auch den früheren Aspekt der Kristallisation zu betrachten, denn während des Sinterns darf natürlich, wie oben bereits angedeutet, keine Kristallisation eintreten, wenn man zu einem einwandfreien Glas kommen will. Diesen Aspekt haben sowohl Zarzycki [1113] als auch Uhlmann u. M. [1006] diskutiert. Es bieten sich dazu die betreffenden TTT-Diagramme (s. Bild 45) an, wonach man das Sinterprogramm so legen muß, daß man die TTT-Kurve nicht schneidet. Bild 47 zeigt als Beispiel das Verhalten von SiO_2-Gel und -Glas. Dabei ist berücksichtigt, daß der OH-Gehalt („feucht") nicht nur die Sintertemperatur senkt, sondern auch die TTT-Kurve des SiO_2-Glases in Richtung schnellerer Kristallisation verschiebt. In der Praxis muß man die „feuchten" Kurven berücksichtigen. Sie zeigen, daß ab $\log t = 3{,}5$, d.h. ab etwa 50 h mit Kristallisation zu rechnen ist, was den praktischen Erfahrungen entspricht.

Es ist relativ einfach, nach der Sol-Gel-Methode das nur eine Komponente enthaltende Kieselglas herzustellen. Die Einführung weiterer Komponenten bedarf besonderer Sorgfalt, weil die meisten anderen Alkoxide viel größere Hydrolyse- und Kondensationsgeschwindigkeiten aufweisen und deshalb zum Ausfallen neigen. Man kann sich dann helfen, indem man das zur Hydrolyse benötigte H_2O kontrolliert langsam zugibt oder indem man zunächst einen Teil der langsameren Komponente vorkondensiert.

Damit ist die Frage der Homogenität der nach der Sol-Gel-Methode hergestellten Gläser angesprochen. Sie ist theoretisch sehr gut, wenn es gelingt, die ideale Mischung der Ausgangskomponenten über die verschiedenen Verfahrensschritte zu erhalten. Das ist, wie gerade angesprochen, bei Mehrkomponentengläsern nicht selbstverständlich und bedarf sorgfältiger Beobachtung, besonders im Hinblick auf Entmischungseffekte, worauf Mukherjee [639] hinweist.

Dies führt zur nächsten Frage, dem *Vergleich der Eigenschaften* von erschmolzenem und über die Gel-Route hergestelltem Glas. Es wurde und es wird gelegentlich über Unterschiede berichtet, aber wenn man die oben beschriebenen Einflußmöglich-

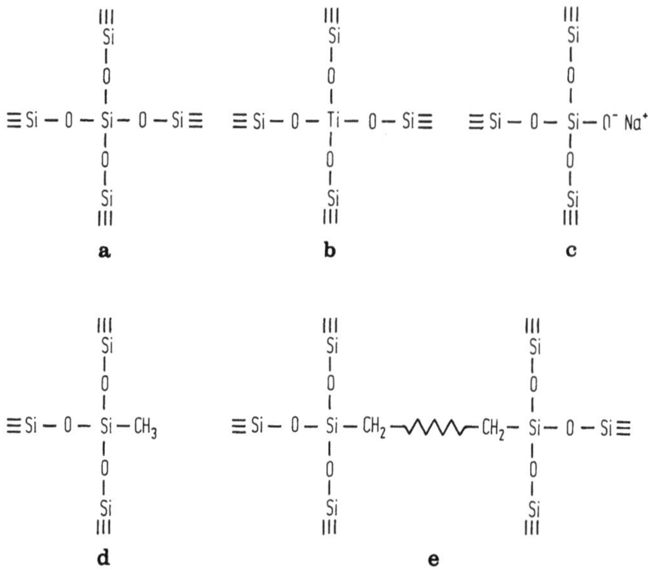

```
       |||              |||              |||
       Si               Si               Si
       |                |                |
       O                O                O
       |                |                |
≡Si—O—Si—O—Si≡   ≡Si—O—Ti—O—Si≡   ≡Si—O—Si—O⁻ Na⁺
       |                |                |
       O                O                O
       |                |                |
       Si               Si               Si
       |||              |||              |||
        a                b                c


       |||              |||              |||
       Si               Si               Si
       |                |                |
       O                O                O
       |                |                |
≡Si—O—Si—CH₃     ≡Si—O—Si—CH₂—\/\/\/—CH₂—Si—O—Si≡
       |                |                |
       O                O                O
       |                |                |
       Si               Si               Si
       |||              |||              |||
        d                         e
```

Bild 48. Schematische Darstellung von Modifizierungen des SiO_2-Netzwerks (**a**) durch anorganische Netzwerkbildner (**b**), anorganische Netzwerkwandler (**c**), organische Netzwerkwandler (**d**), organische Netzwerkbildner (**e**)

keiten beachtet, insbesondere den oft höheren OH-Gehalt und die höhere fiktive Temperatur, letztere auch von Puyané u. M. [739] erwähnt, dann wird verständlich, daß keine nennenswerten Unterschiede zu erwarten sind, wie es auch von Mackenzie [570] und Nogami und Moriya [667] vertreten wird. Meistens erfolgt das endgültige Sintern in der Nähe von T_g, wobei die eingesetzten Zeiten ausreichen, daß sich die dem Gleichgewicht entsprechenden Strukturen einstellen.

Es gibt auch noch anders hergestellte Gele, z.B. durch Fällen aus Lösungen (Hydrogele) oder durch Flammoxidation von z.B. $SiCl_4$. Im Vergleich zu den Sol-Gelen wurden bei den Hydrogelen durch Phalippou u. M. [706] im wesentlichen die gleichen Eigenschaften gefunden, während Brinker u. M. [100] Unterschiede beim Sintern der mit der Flamme hergestellten Gele finden. Letzteres ist durch eine dichtere Struktur der einzelnen Teilchen bedingt. Sie haben auch einen geringeren OH-Gehalt.

Eine weitere Variante der Sol-Gel-Methode besteht in der *Einführung organischer Gruppen* in das silicatische Netzwerk [842], indem man als Ausgangskomponente nicht nur solche Si-haltigen Verbindungen einsetzt, die vollständig hydrolysieren wie z.B. $Si(OR)_4$, sondern eine oder mehrere OR-Gruppen ersetzt durch organische Radikale R'. Die allgemeine Formel solcher Verbindungen lautet dann $R'_n Si(OR)_{4-n}$. R' ist ein Alkyl- oder Aryl-Rest. Die dabei eintretenden und möglichen Strukturänderungen zeigt schematisch Bild 48 im Vergleich mit anorganischen Modifizierungen des SiO_2-Netzwerks. Ist in der obigen Formel $n=1$, dann entsteht eine Trennstelle, ist $n=2$, dann bilden sich kettenförmige Strukturelemente, und mit $n=3$ liegen endständige Gruppen vor. Solche organischen Radikale können als organische Netzwerkwandler bezeichnet werden. Ihre Variationsbreite ist sehr groß, indem diese Radikale noch funktionelle Gruppen enthalten können, z.B. $-OH$, $-COOH$, $-NH_2$ oder

$-CH=CH_2$. Damit kann man organisches Reaktionsverhalten in das anorganische Netzwerk einbauen.

Besonders interessant ist die zuletzt genannte Vinylgruppe, die die Möglichkeit der Polymerisation mit benachbarten Gruppen hat, wodurch die ursprünglichen Trennstellen wieder überbrückt werden, so daß man von einem organischen Netzwerkbildner sprechen kann. Schematisch ist dies in Bild 48e durch die Zickzacklinie dargestellt. Diese Verknüpfung kann nach den Regeln der organischen Chemie auch auf andere Weise erfolgen.

Damit erschließt sich eine Gruppe von Werkstoffen, die sowohl anorganische wie organische Eigenschaften aufweisen und als innere Verbundwerkstoffe angesprochen werden können. Sie stellen *or*ganisch *m*odifizierte *Si*licate dar, für die auch die Abkürzung *Ormosile* verwendet wird [842]. Die Herstellung wird stark durch das andere Reaktionsverhalten der siliciumorganischen Verbindungen beeinflußt wie mit Schmidt [830] dargestellt wurde. Beim Trocknen tritt ebenfalls eine große Schwindung ein. Außerdem ist zu berücksichtigen, daß ein Sintern nur sehr begrenzt möglich ist wegen der relativ geringen Temperaturbeständigkeit der organischen Komponenten. Es hat sich herausgestellt, daß durch Einsatz von Titanalkoxiden $Ti(OR)_4$ die Schwindung ganz erheblich zu reduzieren ist, und man so direkt zu glasigen Monolithen kommt. So gelingt es, durch konsequente Anwendung organischer Reaktionsprinzipien neue Werkstoffe mit gewünschten Eigenschaften maßzuschneidern, wie Philipp und Schmidt [709] am Beispiel von Kontaktlinsen gezeigt haben. Mit steigendem Gehalt an organischen Anteilen erhält man auch flüssige Produkte. Eine Variante der Herstellung von Ormosilen ist die von Ravaine u. M. [759] vorgeschlagene Hydrolyse und Kondensation einer Mischung aus $Si(OR)_4$ mit Polyethylenglycol. Auf strukturelle Fragen wird im Abschn. 2.6.2.4 eingegangen.

Zusammengefaßt ergibt sich am Ende dieses Abschnitts, daß der Weg von den tiefen Temperaturen aus über die Sol-Gel-Route sehr viele Möglichkeiten eröffnet, z.B. die Herstellung von Gläsern mit Komponenten, die leicht verdampfen oder von Gläsern mit Zusammensetzungen, die sehr zur Kristallisation neigen. Weitere Vorteile liegen in der Möglichkeit, Gläser mit hoher Homogenität und großer Reinheit zu erreichen oder mit Spurenelementen zu dotieren. Diese Vorteile überwiegen sicher die Nachteile, die von Mackenzie [570] ebenfalls erwähnt werden. Es ist zu erwarten, daß in den nächsten Jahren weitere Fortschritte erzielt werden. Dislich [191] und Mackenzie [571] wagen einige Voraussagen.

2.5 Glasstruktur

Bisher wurde das Glas im wesentlichen als eingefrorene unterkühlte Flüssigkeit betrachtet, also von der Schmelze abgeleitet. Man kann aber auch das Glas als Festkörper betrachten und die Möglichkeiten der Untersuchung von Festkörpern nutzen, um Aussagen über seine Struktur und seine Eigenschaften zu erhalten. In diesem Abschnitt soll zunächst die Thermodynamik als die wesentliche Grundlage zu Wort kommen, ehe die üblichen Methoden der Strukturbestimmung, vor allem die Röntgenographie, erörtert werden. Es ist anschließend notwendig, sich mit den Bindungsverhältnissen zu befassen, die unmittelbar zu der bereits früher behandelten

Frage der Glasbildung führen, jetzt jedoch in bindungsmäßiger Hinsicht. Dann soll versucht werden, die Begriffe ideales und reales Glas sowie glasig und amorph zu klären, ehe abschließend auf spezielle Strukturen eingegangen wird. Die wichtigste Literatur dazu wurde eingangs dieses Buches bereits erwähnt. Zu diesen Themen sind schon mehrere Symposien abgehalten worden, die oft in Buchform erschienen sind, herausgegeben von Porai-Koshits [720], Gaskell [298], Frischat [277] oder Zarzycki [1115], wobei die letzten beiden Bücher die Beiträge der letzten beiden Konferenzen über die Physik von nichtkristallinen Feststoffen bringen, die im mehrjährigen Abstand abgehalten werden.

2.5.1 Thermodynamische Betrachtung

Obwohl eingangs dieses Buches bereits darauf hingewiesen wurde, daß sich das Glas nicht im thermodynamischen Gleichgewicht befindet, lassen sich thermodynamische Daten ermitteln und daraus entsprechende Überlegungen anstellen. Das ist besonders dann möglich, wenn ein bestimmter Zustand eines Glases genügend lange bestehen bleibt. In den letzten Jahren nehmen thermodynamische Betrachtungen über den Glaszustand stark zu, weshalb es angebracht ist, zumindest mit den Grundbegriffen vertraut zu sein.

Auf eine der grundlegenden Gleichungen der Thermodynamik wurde bereits hingewiesen:

$$G = H - TS,$$

mit G = freie Enthalpie, H = Enthalpie oder Wärmeinhalt, T = absolute Temperatur und S = Entropie. Die Temperaturabhängigkeit der freien Enthalpie ergibt sich aus den Temperaturabhängigkeiten von H und S

$$H_T = H_{T=0} + \int_0^T c_p \, dT \tag{40}$$

$$S_T = \int_0^T \frac{c_p}{T} \, dT.$$

Aus diesen Gleichungen folgt

$$G_T = H_{T=0} + \int_0^T c_p \, dT - T \int_0^T \frac{c_p}{T} \, dT.$$

Danach wird das thermodynamische Verhalten einer Substanz durch die Enthalpie H, die spezifische Wärme (bei konstantem Druck) c_p, die davon abhängigen Größen und deren Temperaturabhängigkeit bestimmt.

Nach Gl. (40) ist die *spezifische Wärme* definiert als Änderung der Enthalpie mit der Temperatur

$$c_p = \left(\frac{\partial H}{\partial T}\right)_p \tag{41}$$

Der Index p weist darauf hin, daß die Verhältnisse unter konstantem Druck p betrachtet werden. Die bei konstantem Volumen gemessene spezifische Wärme wird analog mit c_v bezeichnet.

Zwischen beiden besteht die Beziehung

$$c_p = c_v + \beta^2 \, T/(\varrho \varkappa)$$

mit $\beta =$ kubischer Ausdehnungskoeffizient, $\varrho =$ Dichte, $\varkappa =$ isotherme Kompressibilität und $T =$ absolute Temperatur. Mit Mittelwerten erhält man für den zweiten Summanden der rechten Seite für Zimmertemperatur etwa $3{,}5 \cdot 10^{-3}$ J/(g K). Die c_p-Werte für Gläser bei Zimmertemperatur liegen um $0{,}8$ J/(g K) ($\approx 0{,}19$ cal/(g K)), so daß der Unterschied zwischen c_p und c_v nahezu zu vernachlässigen ist. Er wird allerdings mit steigender Temperatur größer. Die Größe c_p bezieht sich dabei auf 1 g. Das Produkt aus der spezifischen Wärme und dem Molgewicht M

$$c_p M = C_p$$

wird als *Molwärme* C_p bezeichnet. Weitere Angaben über c_p-Werte in Abhängigkeit von der Zusammensetzung sind im Abschn. 3.9.1.2 enthalten.

Bei Kenntnis der Struktur ist die theoretische Berechnung der spezifischen Wärme möglich, und umgekehrt lassen sich aus den spezifischen Wärmen Rückschlüsse auf die Struktur ziehen. Es soll bereits hier gesagt werden, daß man in diesen Beziehungen beim Glas erst in den Anfängen steckt, daß aber wegen ihrer grundsätzlichen Bedeutung die spezifische Wärme hier kurz erörtert werden soll.

Bereits 1819 fanden Dulong und Petit empirisch, daß das Produkt aus spezifischer Wärme und Atomgewicht, also die Atomwärme, bei Zimmertemperatur für die meisten Elemente mit etwa 26 J/(mol K) nahezu konstant ist. Eine weitere von Neumann und Kopp aufgestellte Regel besagt, daß man bei festen Verbindungen die Molwärme als Summe der Atomwärmen der in der Verbindung enthaltenen Elemente berechnen kann. Da nach der Dulong-Petitschen Regel die Atomwärmen 26 J/(mol K) betragen, hat die Molwärme einer Verbindung aus n Elementen den Wert

$$C_p = n \cdot 26 \text{ J/(mol K)}.$$

Später konnte gezeigt werden, daß bei genügend hoher Temperatur für einatomige Substanzen

$$C_v = 3R = 24{,}95 \text{ J/(mol K)} \approx C_p$$

gilt, die Dulong-Petitsche Regel also einen theoretischen Hintergrund hat ($R =$ Gaskonstante).

Es wurde eben erwähnt, daß obige Beziehungen nur bei nicht zu tiefen Temperaturen gelten. Aber gerade das Verhalten bei tiefen Temperaturen spielt in der Thermodynamik eine wichtige Rolle. Nähere Betrachtungen über das Verhalten von amorphen Festkörpern bei tiefen Temperaturen findet man in einem von Phillips [711] herausgegebenen Werk. Hier sei nur erwähnt, daß nach Nernst die spezifischen Wärmen von Festkörpern am absoluten Nullpunkt Null werden. Weiter unten wird dazu noch mehr gesagt werden. Daran schließt sich nach Debye ein Gebiet an, in dem die spezifischen Wärmen proportional T^3 ansteigen. Genauere Untersuchungen ergaben für die gesamte Temperaturabhängigkeit den Ausdruck

$$C_v = 3R\sum F_i(x_i).$$

In dieser Gleichung ist die Funktion $F(x)$ gegeben durch

$$F(x) = x^2 e^x / (e^x - 1)^2,$$

worin wiederum

$$x = h\nu/(kT) = \Theta/T$$

darstellt. Darin bedeutet h das Plancksche Wirkungsquantum ($=6{,}63 \cdot 10^{-34}$ J s), k die Boltzmannsche Konstante ($=1{,}38 \cdot 10^{-23}$ J/K) und ν die Frequenz einer Eigenschwingung. Aus diesen drei Größen ergibt sich Θ, die sog. charakteristische oder Debye-Temperatur. In Festkörpern treten mehrere Eigenschwingungen auf, die alle einen Beitrag zur Molwärme liefern, weshalb in obiger Gleichung über die verschiedenen $F(x)$ summiert worden ist. Die Molwärmen setzen sich danach aus verschiedenen Schwingungswärmen zusammen.

Bei tiefen Temperaturen geht $F(x)$ gegen Null, bei hohen Temperatur gegen 1, so daß die Grenzfälle mit $C_v = 0$ und $C_v = 3R$ richtig erfaßt werden. Atome mit großem Atomgewicht schwingen langsam, ν und damit auch Θ sind dann klein, und der Grenzfall $F(x) \to 1$ wird schon bei verhältnismäßig niedrigen Temperaturen erreicht. In den normalen Gläsern liegen Elemente mit nur recht geringen Atomgewichten vor, so daß die Molwärmen zwischen beiden Bereichen liegen. Da $F(x)$ mit steigender Temperatur größer wird, nehmen auch die Molwärmen von Gläsern mit steigender Temperatur zu.

Bei Kenntnis der Eigenschwingungen müßte es nach obigen Gleichungen möglich sein, den Temperaturverlauf der spezifischen Wärme zu berechnen. Leider stößt die Bestimmung der Eigenschwingungen bei Gläsern auf einige Schwierigkeiten. Das Verhalten von Kieselglas wird dabei oft diskutiert, z.B. von Leadbetter [534] und Brawer [94]. Genauere Messungen haben ergeben, daß das einfache T^3-Gesetz zur Erfassung der Meßwerte nicht ausreicht. Neuere Vorschläge nehmen Potenzreihen in T an oder setzen allgemeiner $C_v \sim T^n$ mit variablem n, das mit steigender Temperatur ein Minimum durchläuft, was nach Nemilov [660] als typisch für den Glaszustand angesehen werden kann.

Den weiteren Verlauf der spezifischen Wärme mit steigender Temperatur zeigt Bild 49 am Beispiel des Kieselglases. Man erkennt, daß der theoretische Wert für hohe Temperaturen $C_p \approx 3 \cdot 3R = 74{,}85$ J/(mol K) bei etwa 1 000 °C erreicht wird. Die mit drei charakteristischen Temperaturen (370, 1 100, 1 220 K) berechnete Kurve erfüllt die Messungen recht gut.

In Bild 49 tritt bei 1 500 K eine Änderung im Kurvenverlauf ein, die mit Transformationserscheinungen in Zusammenhang gebracht werden muß. Ähnlich wie beim Übergang Kristall→Schmelze in den meisten Fällen die spezifischen Wärmen ansteigen, weil neue Bewegungsmöglichkeiten frei werden, ist auch im Transformationsbereich eine Zunahme der spezifischen Wärmen zu erwarten. Diese Effekte lassen sich mit Hilfe der Differentialthermoanalyse (DTA) an einigen Gläsern als endotherme Effekte erkennen.

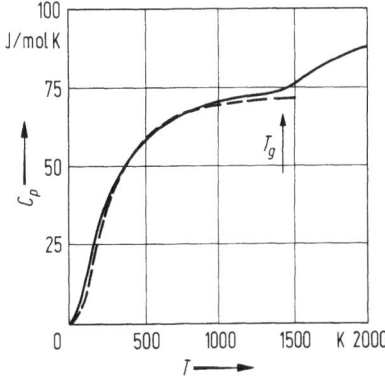

Bild 49. Temperaturabhängigkeit der Molwärme C_p des SiO_2-Glases. Vergleich zwischen experimentellen (durchgezogene Kurve) und berechneten (gestrichelte Kurve) Werten nach verschiedenen Autoren

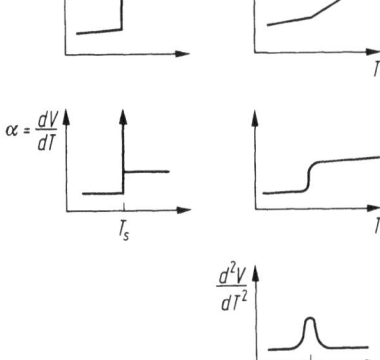

Bild 50. Schematische Darstellung der Temperaturabhängigkeit des Volumens von kristall- und glasbildenden Substanzen

Ehe diese Erscheinung näher erörtert wird, soll zunächst das *Umwandlungsverhalten* von Stoffen allgemein betrachtet werden. Früher wurde dazu in Bild 1 die Temperaturabhängigkeit des Volumens diskutiert. Das ist in Bild 50 erneut skizziert mit dem Vergleich zur Kristallbildung.

Durch Differenzieren des Volumens kommt man zum Ausdehnungskoeffizienten α, wie Bild 50 schematisch zeigt. Im allgemeinen ist die Temperaturabhängigkeit des Volumens nicht streng linear; meist steigt der Ausdehnungskoeffizient mit der Temperatur schwach an. Während die $dV/dT - T$-Kurve des Kristalls am Schmelzpunkt wegen der sprunghaften Volumenänderung eine Unstetigkeitsstelle zeigt, ist die entsprechende Kurve des Glases wegen des kontinuierlichen Übergangs bei T_g stetig.

Nun ist für die Temperaturabhängigkeit der Enthalpie H derselbe Kurvenverlauf wie beim Volumen zu erwarten; d.h. die c_p-Kurve müßte mit der dV/dT-Kurve übereinstimmen. Das ist auch wirklich der Fall, wie Bild 51 für kristallbildende Substanzen zeigt. Bild 51 enthält noch weitere Kurven und deren Ableitungen, bis Unstetigkeiten auftreten; denn auf dieses Verhalten hat Ehrenfest eine *Systematik* der Umwandlungen begründet. Danach werden Umwandlungen mit 1. Ordnung bezeichnet, wenn die erste Ableitung der Enthalpie an einer Stelle unendlich wird, wie z.B. beim Schmelzen eines Kristalls. Umwandlungen 2. Ordnung sind solche mit einer Unend-

86 2 Natur und Struktur des Glases

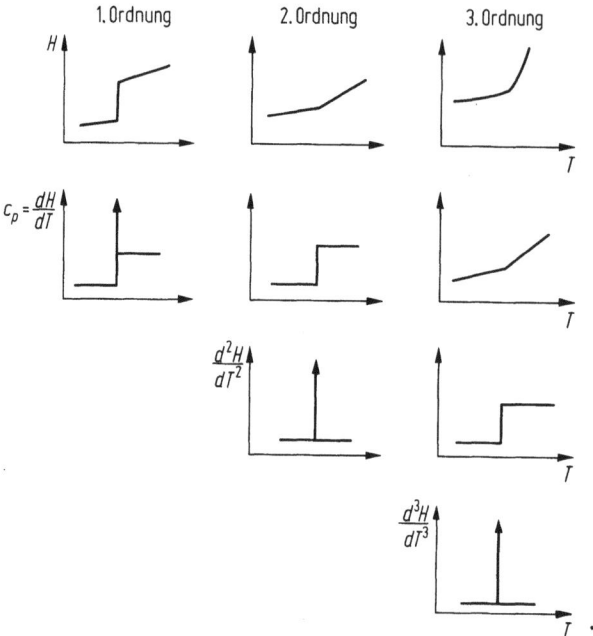

Bild 51. Schematische Darstellung der Temperaturabhängigkeit der Enthalpie zur Festlegung der Umwandlungsordnungen nach Ehrenfest

lichkeitsstelle in der zweiten Ableitung, worunter z.B. Rotationsumwandlungen fallen. Entsprechend ist die Umwandlung 3. Ordnung definiert.

Das Glas, das nicht in Bild 51 aufgeführt ist, zeigt nun Eigenschaften, die denen der Umwandlung 2. Ordnung ähnlich sind, aber doch nicht damit übereinstimmen; denn die Ableitung der c_p-Kurve wird eben nicht unendlich. Das Glas läßt sich deshalb in dieses Schema nicht eingliedern. Ebenfalls darf man dem Glas nicht eine sogenannte λ-Umwandlung zuschreiben, die wohl einen gleichen c_p-Verlauf zeigt, bei der aber die ganze Kurve immer Gleichgewichtszustände darstellt. (λ-Umwandlungen liegen z.B. bei Legierungen vor bei der Umwandlung von Ordnung in Unordnung in einem engen Temperaturbereich.)

Der grundsätzliche Unterschied zwischen den in der Literatur definierten Umwandlungen und der beim Glas besteht darin, daß sonst die Umwandlungen zwischen verschiedenen Gleichgewichtszuständen stattfinden, was für das Glas bei der Transformationstemperatur gerade nicht zutrifft, denn bei T_g ist eine ausgesprochene Zeitabhängigkeit vorhanden. Es ist deshalb besser, wenn man die glasige Erstarrung nicht als Umwandlung, sondern als einen *Einfriervorgang* bezeichnet, da beim Abkühlen die Bausteine in einer der Flüssigkeit entsprechenden Struktur eingefroren werden.

Oberhalb T_g, also im Bereich der unterkühlten Flüssigkeit, können Konfigurationsanteile zur spezifischen Wärme beitragen, unterhalb T_g sind es nur die Gitterschwingungen. Bild 52 zeigt einige Beispiele, die Angell [20] zusammengestellt hat. Bei T_g kann man einen, einer Umwandlung 2. Ordnung ähnlichen Anstieg der Molwärme ΔC_p erkennen. Es ist bemerkenswert, daß bei diesen Temperaturen die Gläser meist den theoretischen Wert von C_p für Festkörper (also 1 in der normierten Darstellung

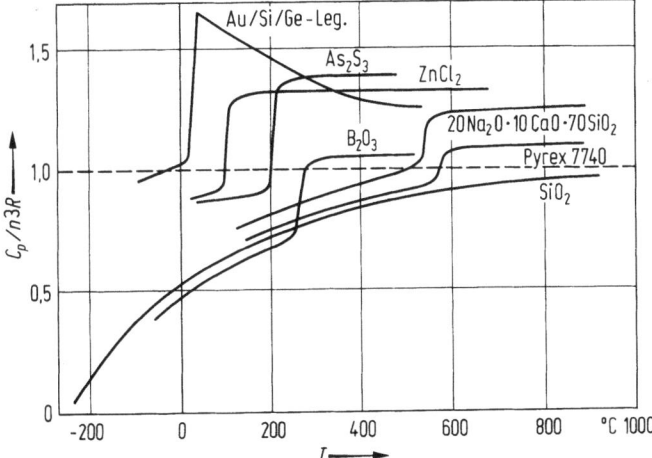

Bild 52. Normierte Molwärmen einiger Gläser

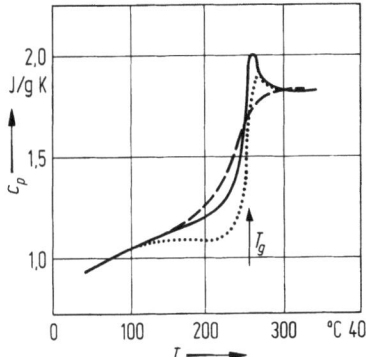

Bild 53. Temperaturabhängigkeit der spezifischen Wärme c_p des B_2O_3-Glases nach Thomas und Parks [963]. Durchgezogene Kurve: gemessen beim Erhitzen nach langsamer Kühlung; punktierte Kurve: gemessen beim Erhitzen nach schneller Kühlung; gestrichelte Kurve: gemessen beim Abkühlen

des Bildes 52) erreichen. Es ist weiterhin bemerkenswert, daß ΔC_p bei den nichtoxidischen Gläsern groß, dagegen bei den oxidischen klein ist und beim SiO_2-Glas praktisch verschwunden ist. Für dieses Verhalten steht eine allgemein befriedigende Erklärung noch aus.

Besonders auffallend verhält sich das B_2O_3-Glas in Bild 52, in dem der normierte C_p-Wert bei T_g nur 0,7 beträgt. Haggerty u. M. [359] führen dies auf unvollständige Lockerung aller Bindungen bei T_g zurück, wie man es auch bei Substanzen mit Wasserstoffbrückenbindungen (z.B. Glycerin) antrifft.

Am B_2O_3-Glas hat man zuerst ein besonderes Verhalten von C_p einiger glasbildender Substanzen festgestellt, das in Bild 53 nach Messungen von Thomas und Parks [963] dargestellt ist. Die spezifische Wärme erreicht in der Schmelze den theoretischen Wert von $5 \cdot 3\,R$/Molgewicht $= 1,8$ J/(g K). Die Messungen beim Abkühlen zeigen den stetigen Übergang, während die Messungen beim Aufheizen von der Vorgeschichte derart abhängig sind, daß ein Maximum vor Erreichen des Wertes der Schmelze erscheint, das um so ausgeprägter ist, je langsamer vorher abgekühlt wurde. Dieses Maximum tritt immer dann auf, wenn das Erhitzen schneller als das Abkühlen erfolgt, weil dann im Glas langsamere Relaxationszeiten überfahren werden, die zu einer

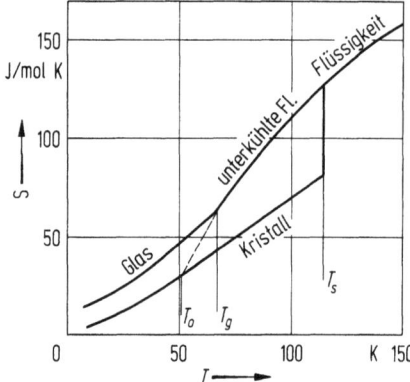

Bild 54. Entropiediagramm von Isopentan nach Suga und Seki [934]

nachträglichen Wärmeabgabe führen, wenn bei höheren Temperaturen das Glas beweglicher wird.

Es wurde bereits früher gezeigt, daß beim Abkühlen von unterkühlten Flüssigkeiten das metastabile thermodynamische Gleichgewicht nicht bis zu beliebig tiefen Temperaturen verfolgt werden kann, weil dann die Relaxationszeiten zu lang werden. Man kann aber auch im eingefrorenen Zustand spezifische Wärmen messen und daraus Entropien berechnen. An einer als Glasbildner etwas ungewöhnlichen Substanz, dem Isopentan, haben dies Suga und Seki [934] getan; Bild 54 zeigt das Ergebnis. Es zeigt den zu erwartenden Verlauf, indem mit sinkender Temperatur bei T_g die Entropieabnahme beim Glas geringer wird. Da die Entropiedifferenzen zwischen Glas und Kristall unterhalb T_g näherungsweise konstant bleiben, verbleibt schließlich beim absoluten Nullpunkt beim Glas eine endliche Entropie, die als *Nullpunktsentropie* ΔS^0 bezeichnet wird und beim Isopentan des Bildes 54 $\Delta S^0 = 14\,\mathrm{J/(mol\,K)}$ beträgt.

Die Nullpunktsentropie des Glases wird auch als eingefrorene Konfigurationsentropie angesprochen. Noch anschaulicher ist es, wenn man bedenkt, daß die Entropie auch als ein Maß für die Unordnung eines Systems aufgefaßt wird. Dann ist verständlich, daß Gläser mit ihren ungeordneten Strukturen auch am absoluten Nullpunkt noch einen Entropiebetrag haben müssen. Dieser ΔS^0-Wert liegt beim SiO_2-Glas bei $4\,\mathrm{J/(mol\,K)}$, und für B_2O_3- bzw. $Na_2B_4O_7$-Glas wurden 11 bzw. $9\,\mathrm{J/(mol\,K)}$ gemessen.

Bild 54 zeigt noch eine andere interessante Erscheinung. Verlängert man den Kurvenverlauf der unterkühlten Flüssigkeit nach tieferen Temperaturen entsprechend der gestrichelten Kurve, dann schneidet diese Verlängerung bei T_0 die Kurve des Kristalls. Bei Temperaturen $< T_0$ müßte dann die Entropie des Glases kleiner als die des Kristalls werden, was thermodynamisch unmöglich ist. Auf diesen paradoxen Zustand hat bereits vor einiger Zeit Kauzmann [473] hingewiesen, weshalb er auch als *Kauzmann-Paradox* bezeichnet und vielfach diskutiert wird. Eine Auflösung dieser paradoxen Erscheinung wird dadurch erschwert, daß die Verlängerung der metastabilen Gleichgewichtskurve mit entsprechenden Anstiegen der Relaxationszeiten verknüpft ist. Zelinski u. M. [1123] berechnen für das Anorthitglas bei obigem T_0 eine Strukturrelaxationszeit von etwa $2 \cdot 10^{15}$ a. Unter den gleichen Bedingungen würde Kristallisation erst nach $1\,000 \cdot 10^{15}$ a eintreten, d.h. eine voreilende Kristallisation ist nicht die Lösung des Kauzmann-Paradoxes, sondern es müssen noch andere Einflüsse

2.5 Glasstruktur

mitwirken, wobei aber auch zu fragen ist, ob so große Extrapolationen überhaupt erlaubt sind, denn es gibt Hinweise, daß die metastabile Gleichgewichtskurve vor Erreichen der Kristallkurve abbiegt.

Die Entropie des Glases setzt sich nach Gutzow [351] aus mehreren Beiträgen additiv zusammen. Bei Kenntnis der jeweiligen Zustände Z, die sich aus der Struktur ableiten, kann man mittels der Statistik den Entropiebeitrag berechnen nach

$$\Delta S^0 = R \ln Z^0, \qquad (42)$$

worin R die Gaskonstante ist. Damit besteht auch hier ein Zusammenhang mit der Glasstruktur.

Gutzow [351] konnte nun zeigen, daß bei den anorganischen Gläsern die Berücksichtigung des freien Volumens ausreicht, ΔS^0 zu erklären. Nimmt man an, daß im Glas N_0 die Zahl aller Plätze und n die Zahl der leeren Plätze sei, dann ergibt die Statistik

$$Z^0 = \frac{(N_0+n)!}{N_0! n!} = \ln \frac{N_0+n}{N_0} + \frac{n}{N_0} \cdot \ln \frac{N_0+n}{n}. \qquad (43)$$

Wenn man weiterhin annimmt, daß das Volumen eines besetzten Platzes dem eines leeren Platzes gleicht, beide also $=v$ seien, dann ist $N_0 \cdot v =$ Molvolumen des Kristalls $= M/\varrho_k$ und $(N_0+n) \cdot v =$ Molvolumen des Glases $= M/\varrho_g$, wenn $M =$ Molgewicht und $\varrho =$ Dichte. Setzt man diese Beziehungen in die Gln. (43) und (42) ein, dann erhält man

$$\Delta S^0 = R \left[\ln \frac{\varrho_k}{\varrho_g} + \left(\frac{\varrho_k}{\varrho_g} - 1 \right) \ln \left(\frac{\varrho_k}{\varrho_k - \varrho_g} \right) \right]. \qquad (44)$$

Für Kieselglas hat man $\varrho_g = 2{,}20$ und $\varrho_{Quarz} = 2{,}65$ einzusetzen und erhält $\Delta S^0 = 4{,}5$ J/(mol K), was gut mit dem experimentell gemessenen Wert übereinstimmt. Daraus kann man folgern, daß im Kieselglas eine statistische Verteilung der Hohlräume vorhanden ist.

Mit Gl. (44) lassen sich anorganische Gläser gut erfassen, jedoch ergibt sich für Glycerin danach nur $\Delta S^0 = 1$ J/(mol K), während experimentell 22 J/(mol K) gefunden wurden. Hier zeigt sich deutlich, daß noch andere Beiträge zu ΔS^0 berücksichtigt werden müssen. Hier setzen auch die Arbeiten vieler Autoren ein, z.B. durch die Erweiterung der Zustandssummen der Gl. (42) durch Jäckle [449] oder durch mehrere Versuche der Anwendung der irreversiblen Thermodynamik auf das Glas.

Gutzow u. M. [352] haben sich noch weiter mit der Nullpunkts- bzw. Konfigurationsentropie des Glases ΔS_g beschäftigt. Unter Verwendung der schon früher erwähnten Regel $T_g : T_s = 2:3$ und anderen ähnlichen allgemeinen Befunden kommen sie zu der Beziehung $\Delta S_g / \Delta S_s \approx 1/3$, worin ΔS_s die Schmelzentropie ist. Die Konfigurationsentropie ΔS_g läßt sich nach Grantscharova u. M. [335] auch über die Messung der Löslichkeit der Gläser bei verschiedenen Temperaturen ermitteln, wie diese Autoren am Beispiel des glasigen Phenolphtaleins zeigen konnten, wobei $\Delta S_g \approx 20$ J/(mol K) ist. Die Auswertung analoger Literaturwerte für Kieselglas ergab $\Delta S_g \approx 3$ J/(mol K), was befriedigend mit dem oben genannten experimentellen Wert von 4 J/(mol K) übereinstimmt.

Zusammenfassend kann man sagen, daß das Glas gegenüber dem Kristall
a) energiereicher ist,
b) eine höhere spezifische Wärme hat und
c) eine gewisse Nullpunktsentropie aufweist.

Thermodynamisch ist das Glas dadurch gekennzeichnet, daß es sich in keinem Gleichgewichtszustand befindet. Erst beim Erhitzen geht das Glas im Einfrierbereich in das metastabile Gleichgewicht der unterkühlten Flüssigkeit über. Es besteht daher ein grundlegender Unterschied gegenüber den anderen Umwandlungserscheinungen, weshalb es angebracht ist, die Glasbildung im Einfrierbereich beim Abkühlen mit „Einfriervorgang" zu bezeichnen. Alle Berechnungen und Überlegungen, die den Gleichgewichtszustand voraussetzen, sind deshalb beim Glas nur unter Vorbehalt möglich. Da aber unterhalb T_g durchaus reversibel gemessen werden kann, sind thermodynamische Daten zugänglich und können eine wertvolle Hilfe bei Aussagen über die Glasstruktur sein. Allerdings sind die Kenntnisse über diese Möglichkeiten bisher nur gering.

2.5.2 Untersuchungsmethoden

Es gibt viele Methoden zur Untersuchung der Struktur von Festkörpern. Bei einem Werkstoff mit kontinuierlich veränderbarer Zusammensetzung, wie es typisch für den Werkstoff Glas ist, schließt man oft aus der Abhängigkeit einer bestimmten Eigenschaft von der Zusammensetzung auf die Struktur des betreffenden Glassystems. Diese Methode wird auch bei der Besprechung der Glaseigenschaften im Kapitel 3 genutzt werden. Aus der chemischen Analyse lassen sich nur sehr begrenzt Strukturaussagen gewinnen, weshalb auf sie hier nicht eingegangen wird, d.h. das Schwergewicht dieses Abschnitts wird auf den physikalischen Untersuchungsmethoden liegen. Es gibt darüber eine umfangreiche Literatur. Stellvertretend sei nur die Monographie von Wong und Angell [1087] sowie ein kürzerer zusammenfassender Artikel von Zarzycki [1114] genannt.

An erster Stelle der *physikalischen Methoden* stehen die Beugungsmethoden, die ausführlich und kritisch von Wondratschek [1086] dargestellt wurden. Übersichten findet man z.B. bei Porai-Koshits [722] oder im Buch von Wong und Angell [1087]. Besonders erwähnt sei die Zusammenfassung von Wright und Leadbetter [1088], in der versucht wird, Diskrepanzen in verschiedenen Strukturvorschlägen dadurch aufzulösen, daß anstelle von struktureller Ordnung von Bindungs-Topologie gesprochen wird; denn die Art der Bindungen bestimmt eine Struktur. Dies wurde dann von Konnert u. M. [500] auf SiO_2 angewandt. Man erhält dabei auch Informationen über die Nahordnung. Zur Wahrung des Zusammenhangs sollen die dafür geeigneten Methoden hier ebenfalls behandelt werden. Auch darüber gibt es eine ausführliche, von Brückner [108] zusammengefaßte Darstellung.

Die klassische Methode zur Untersuchung der Struktur von Festkörpern ist die *Röntgenographie*. Bei den kristallisierten Silicaten haben die umfangreichen röntgenographischen Untersuchungen von Bragg und seiner Schule und von anderen Forschern ergeben, daß das Siliciumatom von vier Sauerstoffatomen tetraedrisch umgeben ist mit einem Si–O-Abstand von etwa 0,16 nm. Ist das Verhältnis Si:O = 1:2, so bildet sich ein Raumnetzwerk, bei dem die $[SiO_4]$-Tetraeder über alle vier Ecken miteinander

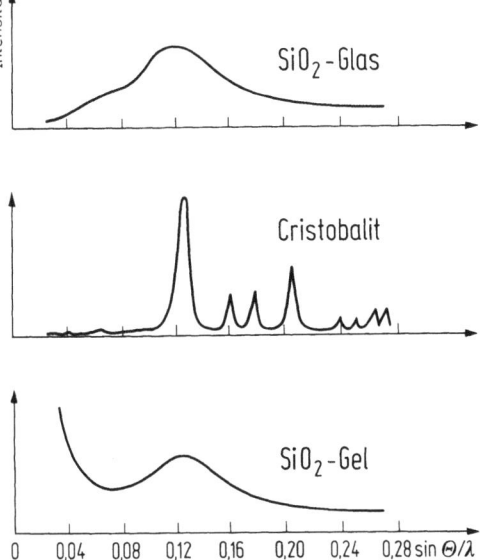

Bild 55. Photometerkurven der Röntgenaufnahmen von SiO_2-Glas, Cristobalit und getrocknetem SiO_2-Gel

verknüpft sind. Wird dieses Verhältnis kleiner, so bilden sich Netze, Bänder oder Ketten mit nur teilweiser Verknüpfung über die Ecken, bis schließlich beim Si:O-Verhältnis 1:4 isolierte $[SiO_4]$-Tetraeder auftreten. Die daneben noch vorhandenen Kationen können in verschiedener Weise eingebaut werden. Diese Messungen stehen daher im Einklang mit den sich aus den Bindungsverhältnissen ergebenden Folgerungen.

Wenn man eine Pulveraufnahme von Kristallen nach dem Debye-Scherrer-Verfahren durchführt, dann erhält man auf dem Film in bestimmten Abständen Interferenzlinien unterschiedlicher Intensität, je nach der vorliegenden Substanz. Entsprechende Messungen an Gläsern hat Warren [1043] mit seinen Mitarbeitern durchgeführt. In Bild 55 sind die Röntgenaufnahmen des Kieselglases denen von Cristobalit und Kieselgel gegenübergestellt. Man erkennt, daß an der Stelle der stärksten Interferenz des Cristobalits im Kieselglas eine sehr breite Interferenzlinie auftritt. Derartige Verbreiterungen werden bei kristallinen Substanzen beobachtet, wenn die Korngröße sehr klein wird. Es ist möglich, aus der Linienverbreiterung die Korngröße zu berechnen. Im vorliegenden Fall des Kieselglases ergäbe sich eine Korngröße, die nur wenig über der Größe einer Elementarzelle des Cristobalits läge, so daß man nicht mehr von Kristallen sprechen kann. Ähnliches gilt für das Kieselgel, nur daß hier der starke Anstieg in der Nähe des Nullpunkts, die Kleinwinkelstreuung, auf Inhomogenitäten hinweist. Die sich daraus ergebende mikroporöse Struktur des Kieselgels läßt sich leicht durch die Wasserabgabe beim Trocknen erklären.

Die Röntgenaufnahmen des Kieselglases gleichen stark denen von Flüssigkeiten. Im Gegensatz zu Kristallen haben Flüssigkeiten eine *ungeordnete Struktur*. Die röntgenographischen Untersuchungen bestätigen daher, daß Gläser eine ungeordnete Struktur haben.

Röntgenographische Messungen lassen sich so auswerten, daß man eine radiale Verteilung der Atom- oder Elektronendichten erhält. Aus einer solchen Kurve ergibt

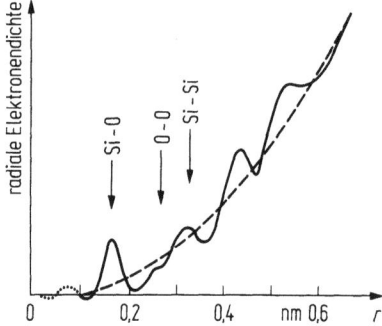

Bild 56. Röntgenographisch ermittelte radiale Elektronendichteverteilung des Kieselglases

sich, mit welcher Wahrscheinlichkeit man ein anderes Atom in einem bestimmten Abstand von einem ausgewählten Atom auffinden kann. Bei einem Stoff mit völliger Unordnung ist das nur eine Frage des Volumens; die radiale Dichte muß also mit dem Quadrat des Abstands zunehmen, d.h. die Kurve hat die Form einer Parabel (gestrichelte Kurve in Bild 56). Hat die Meßkurve eine Abweichung von dieser Parabel nach höheren Dichten, dann ist bei diesem Abstand eine größere Wahrscheinlichkeit vorhanden, ein anderes Atom zu finden, d.h. es liegt ein gewisser Ordnungszustand vor. Diese Ordnung ist um so größer, je größer die Abweichung ist, so daß man aus der Größe der Abweichung die Koordinationszahl berechnen kann; denn die von der Abweichung begrenzte Fläche ist ein Maß für die Zahl der dort zu findenden Atome.

Im SiO_2-Glas (durchgezogene Kurve in Bild 56) fanden Warren und Mitarbeiter in späteren Arbeiten einen ersten ausgezeichneten Abstand von 0,162 nm, der dem Si−O-Abstand zuzuordnen ist. Die Auswertung der Fläche ergab eine Koordinationszahl von etwa 4. Der zweite Abstand (O−O) lag bei 0,265 nm, was die $[SiO_4]$-Gruppierung bestätigt; denn theoretisch müßte er beim Tetraeder bei $0{,}162 \cdot \sqrt{8/3} = 0{,}2645$ nm liegen. Bild 56 läßt noch einige weitere ausgezeichnete Abstände erkennen, doch werden diese mit zunehmendem Abstand r immer undeutlicher. Immerhin kann der Si−Si-Abstand mit 0,312 nm angegeben werden, woraus sich ein mittlerer Bindungswinkel Si−O−Si von 144° ergibt (bei einer Schwankungsbreite von 120 bis 180°). Für Na_2O−SiO_2- und Na_2O−B_2O_3-Gläser erhielt Warren mit seinen Mitarbeitern entsprechende Ergebnisse. Die Verfeinerung der Meßtechnik erlaubt inzwischen, die radialen Verteilungskurven (RDF = radial distribution function) nach größeren Abständen hin zu verfolgen. Man findet dafür die Abkürzungen WAXS (wide angle X-ray scattering) bzw. LAXS (large angle X-ray scattering).

Damit steht fest, daß auch in den Silicatgläsern das $[SiO_4]$-Tetraeder der Grundbaustein ist. Im Gegensatz zu den kristallisierten Silicaten, die eine Fernordnung besitzen, zeigen Gläser nur in einem sehr kleinen Bereich eine Ordnung, haben also nur eine *Nahordnung*, die vor allem im $[SiO_4]$-Tetraeder vorliegt. Diese Deutung der röntgenographischen Messungen entspricht den Vorstellungen über die Struktur des Glases, die kurz zuvor von Zachariasen [1107, 1108] als Netzwerkhypothese entwickelt worden war.

Die Auswertung von Röntgenbeugungsaufnahmen benötigt die Vorgabe eines Modells. Für Gläser hat man dazu zwei prinzipielle Möglichkeiten, nämlich einmal die Vorgabe einer statistischen Unordnung und zum anderen die schrittweise Einführung von Fehlstellen in entsprechende Kristallgitter. Es ist dann zu prüfen, ob das Modell mit der Messung verträglich ist. Eine solche Übereinstimmung ist aber kein Beweis für die Richtigkeit der angenommenen Struktur, denn auch andere Modelle könnten mit den Meßergebnissen verträglich sein. Ein klassisches Beispiel für die Vieldeutigkeit der Röntgenspektren ist das Kieselglas, für das es mehrere Modelle gibt, die alle ausreichend mit den Messungen übereinstimmen, z.B. statistische Unordnung oder vorwiegend 6er Ringe oder vorwiegend 5er Ringe oder gestörter Cristobalitkristall. Daraus folgt einerseits, daß Röntgenbeugungsaufnahmen relativ strukturunempfindlich sind und andererseits, daß solche Aufnahmen keine Strukturbeweise darstellen. Trotzdem leistet die Röntgenographie wertvolle Hilfe. Auf einige weitere Strukturmodelle wird in späteren Abschnitten noch zurückgekommen werden. Bereits hier seien die Modelle für die Strukturen binärer Alkalisilicatgläser von Soules [910] und Yasui u. M. [1099] erwähnt. Es gibt darüber hinaus auch Strukturmodelle für andere Zwecke, z.B. von Shackelford [861] zur Erklärung des Transports von Gasatomen oder -molekülen in oder durch Glas.

Bei der Auswertung von röntgenographischen Messungen ist auch darauf zu achten, daß *thermische Dichtefluktuationen* zu einem Untergrund führen können, der manchmal als ein Anzeichen von Schwarm- oder Clusterbildung der Alkaliionen gedeutet wurde. Bei solchen Untersuchungen bewährt sich nach Urnes [1008] die chemische Differenzmethode, indem man einzelne Ionen gegen schwerere mit möglichst gleichen Eigenschaften austauscht, wodurch sie röntgenographisch leichter erkennbar werden. Typisch dafür ist der Austausch Na gegen Ag oder Si gegen Ge. Mit der energiedispersiven Röntgenbeugung (EDXD = energy dispersive X-ray diffraction) finden Hanson und Egami [378] an Cs_2O-SiO_2-Gläsern bevorzugte Cs^+-Cs^+-Paarbildung und Anzeichen der Bildung kleiner Cluster von Cs^+-Ionen.

In Bild 55 zeigt das Kieselgel eine ausgeprägte *Röntgen-Kleinwinkelstreuung* (SAXS = small angle X-ray scattering). Falls in einem Glas kleine Bereiche mit genügenden Unterschieden in der Elektronendichte vom Grundglas vorhanden sind, dann müßten auch solche Gläser Kleinwinkelstreuung zeigen. Das ist tatsächlich der Fall in echt entmischten Gläsern. Die Kleinwinkelstreuung dient dann als wertvolle Methode zur Kennzeichnung der Größe der Bereiche. Für ihre Entwicklung hat sich vor allem Porai-Koshits [721] verdient gemacht.

Zu den Beugungsverfahren gehört auch die *Beugung von Elektronenstrahlung*, zusammengefaßt von Deeg und Bach [168]. Ihre Anwendung ist bisher gering, zumal die Aufnahmen noch schwieriger auszuwerten sind. Verstärkt findet dagegen die *Neutronenbeugung* Anwendung auf Glas. Bisher sind damit im wesentlichen die Ergebnisse der Röntgenbeugung bestätigt worden, wie auch die Vergleichsuntersuchungen von Urnes u. M. [1009] zeigen, doch hat die Neutronenbeugung — abgesehen vom experimentellen Aufwand — den Vorteil, daß die Abstandsverteilungskurven schärfer sind und mehr Einzelheiten zeigen und daß sie besser auf leichtere Elemente anspricht. Besonders Wright mit seinen Mitarbeitern [897] bedient sich dieser Methode, z.B. zur näheren Untersuchung des Kieselglases. Mit ihr lassen sich auch Kleinwinkelmessungen durchführen, wie Ravaine u. M. [758] berichten.

Bei den Resonanzverfahren kommt das zu messende Signal von einzelnen Atomen, während es bei den Beugungsverfahren Atomgruppierungen waren. Erstere Signale hängen von den Energiezuständen des Atoms ab, die ihrerseits von der unmittelbaren Umgebung beeinflußt werden, so daß diese Methoden eine Aussage über die

Nahordnung zulassen. Sie wurden zusammengefaßt u.a. von Weeks [1048], die spezielle Methode der *kernmagnetischen Resonanz* (NMR = nuclear magnetic resonance) von Müller-Warmuth und Eckert [638], besonders aber von Bray [96], der sich auf diesem Gebiet sehr verdient gemacht hat.

Die NMR spricht nur auf solche Elemente an, die Isotope haben, deren Kern ein magnetisches Moment besitzt. Die Kern-Dipol-Einstellung im magnetischen Feld in einzelnen Niveaus wird zur Messung ausgenutzt. Bei einigen Kernen kommt noch eine Quadrupolwechselwirkung hinzu. Unter anderem eignen sich für NMR-Untersuchungen die Isotope ^{1}H, ^{7}Li, ^{9}Be, ^{11}B, ^{19}F, ^{23}Na, ^{27}Al, ^{29}Si, ^{31}P, ^{73}Ge, ^{75}As, ^{125}Te, ^{133}Cs und ^{207}Pb. Das Schwergewicht der Untersuchungen lag bisher beim Bor, bei dem zwischen der planaren [BO$_3$]-Gruppe und dem [BO$_4$]-Tetraeder so große Unterschiede vorhanden sind, daß im Spektrum deutlich andere Linien auftreten und dadurch wertvolle Strukturaussagen bei den Borat- und Borosilicatgläsern möglich sind (s. Abschn. 2.6.1.4). Außerdem lassen NMR-Messungen an anderen Isotopen Aussagen über die Nachbarschaft zu, wobei sich bei den Alkalisilicatgläsern eine Paarbildung der Alkalien andeutet. Auch über den Struktureinfluß der Netzwerkbildner Si und Al vermitteln kernmagnetische Untersuchungen interessante Ergebnisse, wie z.B. Schneider u. M. [833] mit ^{29}Si und Hallas u. M. [365] mit ^{27}Al berichten. Schließlich lassen sich NMR-Messungen auch für Aussagen über Transportvorgänge verwenden (s. Krämer u. M. [507]).

Bei der ähnlichen *Elektronenspinresonanz* (ESR = electron spin resonance), vor allem von Peterson u. M. [701] und Griscom [341] beschrieben, werden die verschiedenen Einstellmöglichkeiten des Spins ungepaarter Elektronen im Magnetfeld zur Messung verwendet, d.h. diese Methode ist nur auf Gläser mit paramagnetischen Ionen oder angeregten Zuständen anwendbar. Untersuchungen über die paramagnetischen Ionen, z.B. Fe^{3+}, Mn^{2+}, Cr^{3+} oder V^{4+} liegen vor neben Messungen an Gläsern, in denen durch energiereiche Strahlung geeignete Zentren erzeugt wurden.

Auch der *Mößbauer-Effekt* wird zur Strukturaufklärung von Gläsern eingesetzt. Ausgenutzt wird dabei die Wechselwirkung von γ-Strahlen mit bestimmten Atomkernen, die ebenfalls von der Umgebung beeinflußt wird, so daß das resultierende Mößbauerspektrum Aussagen über Wertigkeit und Koordinationszahl erlaubt. Da diese Methode jedoch nur für bestimmte Isotope anwendbar ist, z.B. ^{57}Fe und ^{119}Sn, und außerdem bei Gläsern nur geringe Empfindlichkeit besitzt, sei auf die zusammenfassenden Arbeiten von Kurkjian [518] und Tomandl [973] verwiesen.

Eine Gruppe von Meßmethoden beruht auf der Wechselwirkung von Röntgenstrahlen mit den Elektronenhüllen bestimmter Atome. Strukturaussagen werden dadurch möglich, daß die Energiezustände der Elektronen von der Nachbarschaft beeinflußt werden und damit Aussagen über diese Nachbarschaft zulassen. Bild 57a zeigt schematisch die mit Elektronen gefüllten K- und L-Schalen eines Atoms, wobei letztere drei Energieniveaus aufweist. Bestrahlt man diese Probe mit einem monochromatischen Röntgenstrahl, d.h. mit Photonen bestimmter Energie $h\nu$, dann werden Elektronen freigesetzt, deren kinetische Energie $E_{kin} = h\nu - E_K$ beträgt, wenn E_K die Ionisationsenergie des K-Niveaus darstellt (Bild 57b). Man bezeichnet diese Ionen auch als Photoelektronen und die darauf aufbauende Methode als *Elektronenspektroskopie* (XPS = X-ray photoelectron spectroscopy), denn man kann E_{kin} recht genau messen und so E_K berechnen. Da, wie bereits oben angedeutet, die Energieniveaus vom Bindungszustand abhängig sind („chemical shift"), wird diese Methode auch als

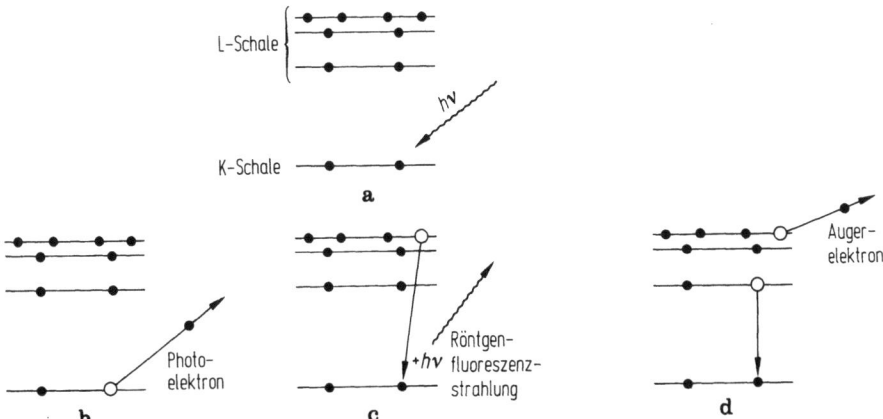

Bild 57a–d. Schematische Darstellung der K- und L-Elektronenschalen und deren Reaktion auf Einstrahlung eines Photons $h\nu$

Elektronenspektroskopie zur chemischen Analyse (ESCA = electron spectroscopy for chemical analysis) bezeichnet. Die Messung ist in der Regel begleitet vom Auftreten von sog. Auger-Elektronen, die nach Bild 57d dadurch entstehen, daß ein Elektron aus einer L-Schale in die K-Schale zurückfällt und die dabei freiwerdende Energie $E_K - E_{L1}$ verwendet wird, um ein Elektron aus einer anderen L-Schale zu emittieren, so daß z.B. gilt $E_{kin} = E_K - E_{L1} - E_{L2}$. Darauf baut sich die Auger-Spektroskopie (AES = Auger electron spectroscopy) auf.

Brückner u. M. [111] haben gezeigt, daß die ESCA-Methode sehr gut zwischen Brücken- und Trennstellensauerstoffen in der Glasstruktur unterscheiden läßt, was z.B. von Goldman [320] bestätigt wurde. Dabei wird aber auch darauf hingewiesen, daß die Anwendung dieser Methode großer Sorgfalt bedarf, was insbesondere den Zustand der zu untersuchenden Probe betrifft. Der Grund dafür liegt in der sehr geringen Austrittstiefe von Elektronen aus den Gläsern von nur etwa 2 nm. Daraus folgt, daß jede vorherige Oberflächenbehandlung vermieden werden muß und daß man Aussagen über Strukturen nur dann fehlerfrei zu erwarten hat, wenn man die Proben im Vakuum in der Apparatur bricht.

Damit erweisen sich ESCA und AES als ausgesprochene Methoden zur *Untersuchung von Glasoberflächen*. Sie wurden von Bach [36] zusammengestellt. Es eignen sich zur Oberflächenanalyse auch weitere Verfahren, die man gliedern kann einerseits in Art der Anregung (Photonen, z.B. Röntgen-, UV-, IR-Strahlung, Elektronen oder Ionen bzw. Neutralteilchen) und andererseits in Art der Reaktion des Festkörpers, (z.B. Emission von Photonen, Elektronen oder Ionen). Hier seien nur die Sekundärionenmassenspektroskopie (SIMS = secondary ion mass spectroscopy) und die Kernreaktionsprozesse (NRA = nuclear reaction analysis) erwähnt, die unter bestimmten Voraussetzungen auch Aussagen über H bzw. OH erlauben. Wichtig bei solchen Messungen ist die Beachtung von Matrixeffekten und möglichen Aufladungen, da die Gläser Isolatoren sind. Letzteres schafft auch Probleme, wenn man Tiefenprofile durch Sputtern mit Teilchen aufnehmen will.

Übrigens kann man ein Massenspektrometer als Meßgerät auch einsetzen, wenn das Glas mit einem Laserstrahl beaufschlagt und dadurch oberflächlich verdampft wird. Aus den erzeugten Ionen kann man Rückschlüsse auf das Vorliegen entsprechender Gruppen in der Glasstruktur ziehen. Diese Laser-Ionenmikrosonde wird auch mit LAMMA (=laser microprobe mass analysis) oder LIMA (=laser induced mass analysis) bezeichnet.

Bisher wurde Bild 57c noch nicht erläutert. Bei diesem Fall wird die K-Schale durch ein Elektron der L-Schale aufgefüllt unter Aussendung einer Strahlung einer bestimmten Wellenlänge, die der Differenz der beiden Energieniveaus entspricht. Dies ist das Grundprinzip der *Röntgenfluoreszenzspektroskopie* (=X-ray emission spectroscopy; nicht zu verwechseln mit der RFA=Röntgenfluoreszenzanalyse). Diese Methode hat sich besonders bewährt bei der Untersuchung der Al-Kα-Linie, die verschiedene Lagen je nach Zahl der nächsten Sauerstoff-Nachbarn zeigt und somit eine Unterscheidung ermöglicht von Al mit Koordinationszahl 4 oder 6. Die genauere Untersuchung der Hochenergieseite der K-Elektronen-Absorptionskante verschiedener Elemente führte zur Beobachtung eines Spektrums des Absorptionskoeffizienten, bedingt durch Beugung der emittierten Photoelektronen an den Atomen der Umgebung. Diese erweiterte Methode, auch EXAFS-Methode (=extended X-ray absorption fine structure) erlaubt die Auswertung in Form einer radialen Verteilungsfunktion für die Umgebung und damit entsprechende Strukturaussagen. Mit ihr verwandt ist die XANES-Methode (=X-ray absorption near-edge structure). Zusammenfassende Arbeiten über diese Methoden haben Gurman [349] und Greaves [336] vorgelegt.

Mit der *Infrarot- und der Ramanspektroskopie* stehen Methoden zur Verfügung, die weitergehende Strukturaussagen ermöglichen, da sie auf den Schwingungen von Atomgruppierungen beruhen, wie dies bereits bei der Besprechung der Struktur von Schmelzen im Abschn. 2.3.2 erwähnt wurde. Die üblichen Silicatgläser sind in Schichtdicken von 1 mm ab 2 000 cm^{-1} für IR-Strahlen praktisch undurchlässig, bedingt durch die sehr intensiven Si—O-Banden mit ihren stärksten Absorptionen bei 1 000 cm^{-1}. Diese Bande verschiebt sich mit der Zusammensetzung, was zu Strukturaussagen verwendet worden ist. Man muß dann allerdings mit sehr dünnen Folien (Dicke etwa 2 µm) oder mit Pulvern arbeiten. Nachteilig ist auch die schwierige theoretische Erfassung der IR-Banden in Festkörpern und die recht große Halbwertsbreite. Trotzdem eignen sich diese Methoden für die Bestimmung von Koordinationszahlen, z.B. von B, Al oder Si, wofür sich besonders die Ramanspektroskopie bewährt hat, wie Seifert u. M. [858] berichten. Letztere Methode hat durch den Einsatz von intensivem Laserlicht als Primärstrahlung verstärkte Anwendung gefunden, auch Messungen an Glasschmelzen sind möglich, wie McMillan [602] zusammenfassend berichtet. Mit gutem Erfolg kann man die IR-Spektroskopie zur Untersuchung und Aufklärung des Wassers und seiner verschiedenen Einfluß- und Einbaumöglichkeiten einsetzen, worüber an anderer Stelle berichtet wird (s. Abschn. 2.6.1.7).

Eine besondere Einsatzform ist die IR-Reflexionsspektroskopie (IRRS=infrared reflectivity spectroscopy), bei der, wie der Name sagt, die reflektierte IR-Strahlung gemessen wird. Das hat Vorteile bei der Untersuchung von opaken Proben, aber auch den Nachteil, daß man Informationen nur über eine begrenzte Eindringtiefe von 1 bis 25 µm erhält. Diese Methode zählt daher zur Gruppe der Oberflächenanalysenmethoden. Sie eignet sich nach Hench [389] besonders für Korrosionsuntersuchungen. Einen allgemeinen Überblick haben Gervais u. M. [310] gegeben.

Auf relativ große Bereiche spricht die *Elektronenmikroskopie* (EMI) an, wo hochauflösende Geräte (HREM=high-resolution electron microscope) zur Verfügung stehen mit Auflösungsvermögen bis in den Nanometerbereich, wie Howie [420] am Beispiel dünner amorpher Filme gezeigt hat. Die ersten elektronenmikroskopischen Messungen wurden an Bruchflächen mit verschiedenen Abdrucktechniken durchgeführt. Es gelang damit, verschiedene Entmischungserscheinungen (in der Größenordnung 5 bis 50 nm) zu finden, also eine Aussage über das Gefüge des Glases zu erhalten. Es gab aber auch Hinweise auf strukturelle Effekte, die als parakristalline oder granulare Struktur des Glases gedeutet wurden. Dies wurde gestärkt durch weiter entwickelte Techniken, vor allem der Durchlichtelektronenmikroskopie (TEM = transmission electron microscopy). Selbst am Kieselglas wurde über Domänen mit 5 nm Durchmesser berichtet. Solche Bereiche sind aber in der Struktur eines Einkomponentenglases schwer vorstellbar und wirklich haben Überprüfungen ergeben, daß ein großer Einfluß der Probenherstellung besteht, d.h. Kieselglas enthält keine (elektronenmikroskopisch erkennbaren) Inhomogenitäten. Einige in der Literatur beschriebene Effekte entstehen bei der Probenherstellung.

Meist werden die Proben für die Elektronenmikroskopie durch einen Bruch hergestellt. Man muß dann bedenken, daß diese Aufnahmen die Struktur der Bruchstelle und damit keinen exakten Schnitt durch das Glas zeigen. Ein Bruch wird durch das Glas nicht vollkommen eben verlaufen, sondern bevorzugt dort, wo schwächere Bindungen sind. Bei einer statistischen Verteilung sind Anhäufungen vorhanden, auch solche von schwächeren Bindungen, die der Bruch dann bevorzugen wird. Um jede solche Anhäufung kann so ein elektronenmikroskopisch sichtbarer Bereich entstehen, der aber im allgemeinen wesentlich größer als die einzelnen Anhäufungen sein wird. Man kann deshalb nur aussagen, daß in jedem Bereich wahrscheinlich eine Anhäufung liegt, ohne deren Größe angeben zu können. Bei der Auswertung der elektronenmikroskopischen Aufnahmen ist deshalb Vorsicht am Platze. Wenn diese geübt wird, kann diese Methode wertvolle Erkenntnisse vermitteln, wie z.B. die Arbeiten von Vogel u. M. [1032] zeigen.

Apparative Weiterentwicklungen führen vom Rasterelektronenmikroskop (REM; SEM = scanning electron microscope) zum Rasterdurchlichtelektronenmikroskop (STEM = scanning transmission electron microscope) oder messen Energieverlustspektren von Elektronen, die eine dünne Folie durchstrahlt haben (EELS = electron energy loss spectroscopy). Die Anwendung auf Gläser beschreibt Risbud [778].

Einer ganz anderen Methode zur Strukturaufklärung von Gläsern bedienen sich Shackelford und Brown [862], indem sie vom statistisch ungeordneten Netzwerk ausgehen, das genügend große Hohlräume enthalten muß, die den *Transport von He- oder Ne-Atomen* ermöglichen müssen. Deutlich gibt sich die Erschwernis der Bewegungsmöglichkeit dieser Atome durch den Einbau von Netzwerkwandlern zu erkennen.

Abschließend soll noch eine *chemische Methode* als Ergänzung zu den physikalischen Methoden erwähnt werden. Nachdem man die Struktureinheiten von Phosphatgläsern schon seit längerem dadurch bestimmt, daß man das Glas auflöst und die Anionen *chromatographisch* trennt, wurde diese Methode jetzt auch auf Silicatgläser angewendet, indem zunächst das Glas mit Trimethylchlorsilan $(CH_3)_3SiCl$ und wenig Wasser zur Reaktion gebracht wird, wobei jeder Trennstellensauerstoff mit einer $(CH_3)_3Si$-Gruppe abgesättigt wird. Die so entstehenden Moleküle entsprechen in ihrer Größe den vorher vorliegenden Anionen. Sie sind stabil und lassen sich gaschromatographisch und massenspektrometrisch trennen. Masson [582] hat mit dieser Methode die Anionenverteilung in abgeschreckten basischen Silicatschmelzen untersucht, während Götz u. M. [316] diese Methode zusammen mit anderen Methoden auf binäre Bleisilicatgläser angewandt haben. Sie fanden, daß beim 4PbO · SiO_2-Glas etwa 40 Gew.-% des gesamten SiO_2 in Form von $[SiO_4]^{4-}$-Tetraedern vorliegt. Etwa die gleiche Menge an SiO_2 tritt als $[Si_2O_7]^{6-}$-Disilicatanionen auf, neben geringen Anteilen an $[Si_3O_{10}]^{8-}$-Dreierketten und $[Si_4O_{12}]^{8-}$-Viererringen. Mit steigendem SiO_2-Gehalt der Gläser nehmen letztere Anteile zu, bis beim 2PbO · SiO_2-Glas auch $[SiO_3]_n^{2-}$-Polysilicatketten beobachtet werden, und zwar gleich mit 28 % des SiO_2. Diese höher kondensierten Silicate nehmen mit weiter steigendem SiO_2-Gehalt zu. Damit bestätigen sich die berechneten Verteilungen in Bild 10 nur teilweise. Leider kann diese interessante Methode nur auf Silicatgläser mit SiO_2-Gehalten < 50 Mol-% angewendet werden. Außerdem ist die Vermeidung von Nebenreaktionen wichtig, besonders das Aufbrechen von Si–O–Si-Bindungen oder auch die gegenläufige Reaktion, ehe die Trimethylsilylierung (TMS) vollständig ist. Hoebbel u. M. [411] bedienen sich daher einer verbesserten TMS-Technik, bei der die zu untersuchende feingepulverte Substanz in einer Mischung aus $(CH_3)_3SiCl + [(CH_3)_3Si]_2O + HCON(CH_3)_2$ (Dimethylformamid = DMF) umgesetzt wird.

Im Rahmen dieses Buches kann die Beschreibung der zahlreichen Methoden, die sich zu Strukturaussagen über Glas eignen, nicht vollständig sein. Es wurde bereits vermerkt, daß die Auswertung vieler Eigenschaften des Glases sich auch für diesen Zweck eignet und im Kapitel 3 auch entsprechend genutzt werden wird. Weitere Hinweise auf Anwendungen sind im Abschn. 2.6 über spezielle Glasstrukturen zu finden.

2.5.3 Bindungsverhältnisse

2.5.3.1 Bindungsverhältnisse beim SiO_2

Die meisten handelsüblichen Gläser enthalten zahlreiche Komponenten, unter denen die Kieselsäure SiO_2 den Hauptbestandteil bildet. Das Glas mit der einfachsten Zusammensetzung ist das reine Kieselglas. Daß die technische Herstellung des Kieselglases durchaus nicht einfach ist, soll jetzt nicht stören; denn zur Betrachtung eines Stoffes ist es angebracht, zunächst mit einer einfachen Zusammensetzung zu beginnen.

Im SiO_2 sind Silicium und Sauerstoff im atomaren Verhältnis 1:2 vorhanden. Die Frage nach der Struktur dieses Stoffes ist damit eine Frage nach der Anordnung dieser beiden Bestandteile. Ganz allgemein wird die Struktur einer Substanz wesentlich bestimmt durch die *Wertigkeit* der Bestandteile und deren Größe. Das Siliciumion hat die Wertigkeit +4 und einen Ionenradius (nach V. M. Goldschmidt) von 0,039 nm, während die entsprechenden Werte für das Sauerstoffion −2 und 0,132 nm betragen.

Zur Valenzabsättigung eines Si^{4+}-Ions genügen zwei O^{2-}-Ionen, was der Formel SiO_2 entspricht. Formal gleicht diese Verbindung dem Kohlendioxid CO_2, das wirklich dieser Formel entsprechend als Molekül O=C=O vorliegt. Die Bindungen innerhalb letzteren Moleküls sind sehr stark, die zwischen verschiedenen Molekülen aber nur schwach. CO_2 ist deshalb schon bei Raumtemperatur gasförmig. Dagegen ist

2.5 Glasstruktur

vom SiO_2 bekannt, daß es bei Raumtemperatur fest ist. Die bei höheren Temperaturen stabile kristalline Modifikation des SiO_2, der Cristobalit, hat einen recht hohen Schmelzpunkt von 1 723 °C. Es müssen also Unterschiede in den Bindungsverhältnissen und dem strukturellen Aufbau zwischen CO_2 und SiO_2 bestehen.

Der *strukturelle Aufbau* wird stark von den Möglichkeiten der räumlichen Anordnung beeinflußt. Die Art der sich ausbildenden Kationen-Anionen-Polyeder ist meist eine Frage der Kationen-Anionen-Radienverhältnisse. Im allgemeinen bestimmen die größeren Anionen die Packung einer bestimmten Struktur, in deren Lücken sich die Kationen befinden. Drei Anionen A mit einem Radius 1 bilden bei dichter Packung, d.h. wenn sich die Anionen berühren, ein Dreieck $[KA_3]$, in dessen Mitte ein Kation K mit einem Radius 0,155 Platz hat. Das Kation K hat dann die Koordinationszahl KZ = 3. Wird das Kation größer, weitet sich die Koordination auf, bis sich beim Radienverhältnis K:A = 0,225 die nächste stabile Koordinationsmöglichkeit, das Tetraeder $[KA_4]$ aufbaut. Diese Koordination tritt ein bis zum Radienverhältnis K:A = 0,414, wo sich um das Kation K gerade sechs Anionen in Form eines Oktaeders $[KA_6]$ lagern können. Ab dem Radienverhältnis K:A = 0,732 wird der Hexaeder (Würfel) $[KA_8]$ und ab 0,904 der Ikosaeder $[KA_{12}]$ stabil.

Im Falle des SiO_2 ist das Ionenradienverhältnis $r_{Si}:r_O = 0,30$, d.h. es werden sich $[SiO_4]$-Tetraeder ausbilden. Wertigkeitsmäßig ist das nur möglich, wenn jedes Sauerstoffatom gleichzeitig zwei Siliciumatomen angehört, so daß man exakt $SiO_{4/2}$ schreiben müßte, wodurch man wieder zur normalen Formel SiO_2 kommt.

Der Tetraederanordnung entsprechen auch die Bindungsverhältnisse, die sich aus der Elektronentheorie ergeben. Das Silicium bildet einen sp^3-Hybrid, d.h. es hat vier gerichtete Bindungen, die einen Tetraeder aufspannen. Zu den p-Orbitals des Sauerstoffs bilden sich dann kovalente σ-Bindungen aus, so daß sich folgende schematische Darstellung des $[SiO_4]$-Tetraeders ergibt (bei der die vier Bindungen statt in Tetraederform in einer Ebene geschrieben wurden):

$$\begin{array}{c} |\overline{O}|^- \\ | \\ {}^-|\overline{O}-Si-\overline{O}|^- \\ | \\ |\overline{O}|^- \end{array}$$

Diese Form ist aber nur ein Grenzfall der Möglichkeiten der Si–O-Bindung; denn daneben stehen noch die Grenzformen der reinen ionogenen Bindung:

$$\begin{array}{c} |\overline{O}|^{2-} \\ {}^{2-}|\overline{O}| \quad Si^{4+} \quad |\overline{O}|^{2-} \\ |\overline{O}|^{2-} \end{array}$$

sowie nach Pauling [688] einer Doppelbindungsform mit π-Bindungen

$$\begin{array}{c} |O| \\ \| \\ \overline{O}=Si^{4-}=\overline{O} \\ \| \\ |O| \end{array}$$

Diese drei Formen stehen in Resonanz, d.h. der wahre Zustand liegt dazwischen, es liegt also ein *gemischter Bindungszustand* vor. Theoretische Berechnungen ergeben einen Si–O-Abstand von 0,163 nm, der gut mit den experimentellen Befunden übereinstimmt und der infolge des Auftretens der σ- und π-Bindungsanteile geringer ist als die Summe der Ionenradien. Damit liegt der Si–O-Abstand im Kieselglas im mittleren Bereich der in Silicaten gefundenen Werte, die von 0,157 bis 0,172 nm reichen, abhängig von der Struktur und Zusammensetzung dieser Silicate.

Im SiO_2 liegt also keine reine Ionenbindung vor, weshalb man die einzelnen Bauelemente nicht als Ionen bezeichnen dürfte. Aus praktischen Gründen wird aber die Bezeichnungsweise Si^{4+}- oder O^{2-}-Ion beibehalten unter der Einschränkung, daß das nur eine grobe Annäherung an den wirklichen Bindungszustand ist. In den Fällen, wo der Bindungszustand eine wichtige Rolle spielt, muß auf diese Vereinfachung hingewiesen werden.

Es bestehen mehrere Möglichkeiten der gegenseitigen *Verknüpfung* der [SiO_4]-Tetraeder: über Ecken, Kanten oder Flächen. Wenn man allgemein Gruppierungen [KA_4] betrachtet, so ist die Frage der gegenseitigen Anordnung bestimmt durch die dabei auftretenden Kräfte, d.h. durch die Wertigkeiten. Im Fall des SiO_2 ist mit dem Si^{4+}-Ion ein hochgeladenes Kation K vorhanden. Auch über die O^{2-}-Ionen hinweg stoßen sich die Si^{4+}-Ionen ab. Es wird sich daher die Konfiguration ausbilden, bei der der Si–Si-Abstand am größten ist, was bei der Eckenverknüpfung erfüllt ist. Beim SiO_2 sind daher die [SiO_4]-Tetraeder über gemeinsame O^{2-}-Ionen an den Ecken miteinander verknüpft. Das gilt für alle bekannten SiO_2-Modifikationen: Quarz, Tridymit und Cristobalit, sowie auch in der Regel für die große Gruppe der Silicate, deren Strukturchemie von Liebau [548] behandelt wird.

Ausnahmen sind erst recht spät bekannt geworden. So fanden Weiss und Weiss [1052], daß in der faserigen SiO_2-Modifikation, die sich nur unter besonderen Bedingungen bildet und recht instabil ist, Kantenverknüpfung vorliegt. Eine ähnliche Struktur ist vom SiS_2 bekannt, wo aber die Kantenverknüpfung leichter verständlich ist, da wegen der großen Schwefelionen auch die Si–Si-Abstände größer sind. Während im faserigen SiO_2 der Grundbaustein ebenfalls das [SiO_4]-Tetraeder ist, wurde von Stishov und Popova [927] bei Hochdruckversuchen gefunden, daß unter extremen Bedingungen SiO_2 auch in Rutil-Struktur, d.h. mit der Koordinationszahl 6, also als [SiO_6]-Oktaeder, auftreten kann. Diese SiO_2-Modifikation hat den Namen Stischowit erhalten. Silicium in KZ 6 tritt auch im SiP_2O_7 auf, wobei man annehmen kann, daß das hochgeladene P^{5+}-Ion die Koordination des Si aufweitet. Auch in Komplexverbindungen mit organischen Liganden findet man [SiO_6]-Oktaeder.

Dies alles sind jedoch Ausnahmen. Für silicatische Gläser kann man als Regel annehmen, daß die *Grundbausteine* die [SiO_4]-Tetraeder sind, die über Ecken verknüpft sind.

Auch das O-Atom hat bestimmte Elektronenzustände, die zunächst einen Bindungswinkel von 90° vorgeben. Dieser wird auch bei einer reinen kovalenten σ-Bindung angestrebt, während dagegen die π-Bindung zu einem Winkel von 180° führt. Die gemischte Bindung bei der Si–O–Si-Gruppe ergibt einen mittleren Winkel um 145°, der auch röntgenographisch gefunden wurde (s. Abschn. 2.5.2). In der ungeordneten Glasstruktur ist eine gewisse Schwankungsbreite anzunehmen. Der vollständige Zusammenbau aller [SiO_4]-Tetraeder in einem Kieselglas führt so zu einem dreidimensionalen Netzwerk, in dem nur noch eine Nahordnung, aber keine Fernordnung mehr vorhanden ist. Diese Strukturvorstellung entspricht der eingangs vorgestellten Netzwerkhypothese (s. Abschn. 2.2).

2.5.3.2 Zahlenmäßige Erfassung

Oben wurden zwei *Bindungsarten* erwähnt: Bei der kovalenten oder Atombindung gehören jeweils zwei Bindungselektronen den beiden Partnern gemeinsam an; bei der heteropolaren oder Ionenbindung wird ein Valenzelektron von einem Partner abgegeben (Kation) und vom anderen aufgenommen (Anion). Im ersteren Fall ist die Bindung gerichtet, im letzteren Fall nicht.

Neben diesen beiden Bindungsarten, die in allen Mischungsverhältnissen vorkommen können, treten noch die metallische Bindung, wo ein Teil der Elektronen im Gitter leicht beweglich ist, und die wesentlich schwächeren, sog. Nebenvalenzbindungen auf. Bei letzteren ist vor allem die Wasserstoffbrückenbindung zu nennen, bei der ein H-Atom teilweise an ein benachbartes O-Atom gebunden ist in der Art $-O-H\ldots O<$.

Die große Variationsbreite in den Glaszusammensetzungen läßt vermuten, daß damit eine ähnliche Breite in den Bindungen besteht, wobei man zunächst die metallische Bindung und die Nebenvalenzbindungen ausschließen kann. Da weiterhin anzunehmen ist, daß parallel sich die Eigenschaften der Gläser ändern, war man bestrebt, für die Bindefestigkeiten eine Maßzahl zu finden.

Einer der ersten, der in dieser Richtung arbeitete und dabei auch gleich das brauchbarste Modell schuf, war Dietzel [172] mit seinen *Feldstärken*. Die Anziehungsenergie U zwischen zwei entgegengesetzt geladenen Ionen 1 und 2 mit den Ionenradien r_1 und r_2, den Wertigkeiten z_1 und z_2 und der Elementarladung e beträgt

$$U = z_1 z_2 e^2 / (r_1 + r_2).$$

Nun sind die Ionenradien in den meisten Tabellen nur für die Koordinationszahl 6 angegeben. Der Abstand zwischen den beiden Ionen 1 und 2 ändert sich aber mit der Koordinationszahl. Es ist deshalb besser, statt der Summe der Ionenradien $r_1 + r_2$ den wirklichen Abstand a zwischen den beiden Ionen 1 und 2 einzuführen:

$$U' = z_1 z_2 e^2 / a.$$

Mit dieser Größe läßt sich die Abhängigkeit einiger Eigenschaften von der Art des Kations innerhalb einer Gruppe des Periodensystems (also z.B. bei den Alkalien oder Erdalkalien) gut darstellen. Sie versagt aber beim Übergang von einer zu einer anderen Gruppe. Nach Dietzel erhält man allgemeine Abhängigkeiten, wenn man statt der Energie die Feldstärke F verwendet, also mit folgender Beziehung arbeitet:

$$F = z_1 z_2 e^2 / a^2.$$

Betrachtet man die Verhältnisse in einem System, in dem das Anion immer dasselbe ist, also z.B. die Oxidgläser, dann ist in obiger Beziehung neben e auch z_2 konstant. In diesem Fall genügt als Maßzahl die der Feldstärke proportionale Größe z/a^2, die jetzt im Schrifttum allgemein als „Feldstärke" bezeichnet wird, also direkt nur auf oxidische Systeme anwendbar ist. Dabei hat es sich eingebürgert, Kationen mit hoher Feldstärke als starke Kationen und solche mit geringer Feldstärke als schwache Kationen zu bezeichnen.

Tabelle 7 enthält für viele Elemente die benötigten Zahlenwerte und die sich daraus ergebenden Feldstärken, die direkt von Dietzel übernommen wurden. Er hat sie mit a in Ångström berechnet. Die höhere polarisierende Wirkung der Nebengruppenelemen-

Tabelle 7. Feldstärken und Elektronegativitäten einiger Elemente

Element	Wertigkeit	Ionen-radius für KZ 6 (nm)	Koordinationszahl	Kation-Sauerstoff-Abstand (nm)	Feldstärke nach Dietzel	Elektronegativität
Li	1	0,078	6	0,210	0,23	1,0
Na	1	0,098	6	0,230	0,19	0,9
			8	0,242	0,17	
K	1	0,133	8	0,276	0,13	0,8
Rb	1	0,149	8	0,292	0,12	0,8
Cs	1	0,165	8	0,309	0,10	0,7
Be	2	0,034	4	0,153	0,86	1,5
Mg	2	0,078	4	0,197	0,51	1,2
			6	0,210	0,45	
Ca	2	0,106	6	0,238	0,35	1,0
			8	0,248	0,33	
Sr	2	0,127	8	0,270	0,27	1,0
Ba	2	0,143	8	0,286	0,24	0,9
B	3	0,025	3	0,136	1,62	2,0
			4	0,144	1,45	
Al	3	0,057	4	0,176	0,97	1,5
			6	0,189	0,84	
Sc	3	0,083	6	0,215	0,65	1,3
La	3	0,122	8	0,264	0,43	1,1
Ce	3	0,118	8	0,258	0,45	1,1
	4	0,102	8	0,241	(0,83)	
C	4	0,018	3	0,129	2,40	2,5
Si	4	0,039	4	0,160	1,56	1,8
			6	0,171	1,36	
Ti	4	0,064	6	0,196	(1,25)	1,5
	3	0,069	6	0,201	(0,89)	
Zr	4	0,087	6	0,219	0,84	1,4
			8	0,228	0,77	
Th	4	0,110	8	0,252	0,63	1,3
N	5	0,014	3	0,126	3,16	3,0
P	5	0,034	4	0,155	2,08	2,1
As	5	0,046	4	0,168	(2,13)	2,0
	3	0,069	4	0,190	(1,00)	
Sb	5	0,063	4	0,184	(1,76)	1,9
	3	0,090	6	0,222	(0,73)	
Bi	5	0,074	6	0,206	(1,42)	1,9
	3	0,108	6	0,240	(0,62)	
S	6	0,031	4	0,152	2,60	2,5
Se	6	0,041	4	0,163	2,25	2,4
Te	6	0,056	4	0,177	1,92	2,1
Cu	1	0,096	6	0,228	(0,23)	1,9
	2	0,080	6	0,212	(0,53)	
Ag	1	0,113	6	0,245	(0,20)	1,9
Au	1	0,137	8	0,278	(0,16)	2,4

2.5 Glasstruktur   103

Tabelle 7. (Fortsetzung)

Element	Wertigkeit	Ionenradius für KZ 6 (nm)	Koordinationszahl	Kation-Sauerstoff-Abstand (nm)	Feldstärke nach Dietzel	Elektronegativität
Zn	2	0,083	4	0,203	(0,59)	1,6
			6	0,215	(0,52)	
Cd	2	0,103	6	0,235	(0,44)	1,7
Hg	2	0,112	8	0,251	(0,38)	1,9
	1	0,150	8	0,290	(0,14)	
Ga	3	0,062	4	0,183	(1,08)	1,6
			6	0,194	(0,96)	
Tl	3	0,105	6	0,237	(0,64)	1,8
	1	0,149	8	0,290	(0,14)	
Ge	4	0,044	4	0,166	(1,75)	1,8
Sn	4	0,074	6	0,206	(1,13)	1,8
	2	0,110	6	0,242	(0,41)	
Pb	4	0,084	6	0,216	(1,03)	1,8
	2	0,132	6	0,264	(0,34)	
			8	0,274	(0,32)	
V	5	0,059	4	0,180	(1,85)	1,6
	3	0,065	6	0,197	(0,93)	
Cr	6	0,052	4	0,174	(2,40)	1,6
	3	0,064	6	0,196	(0,94)	
Mo	6	0,062	4	0,183	(2,15)	1,8
			6	0,194	(1,92)	
	4	0,068	6	0,200	(1,20)	
Mn	7	0,046	4	0,168	(3,00)	1,5
	3	0,070	6	0,202	(0,88)	
	2	0,091	6	0,223	(0,48)	
Fe	3	0,067	4	0,188	(1,02)	1,8
			6	0,199	(0,91)	
	2	0,083	4	0,203	(0,58)	
			6	0,215	(0,52)	
Co	3	0,066	4	0,187	(1,03)	1,8
			6	0,198	(0,92)	
	2	0,082	4	0,202	(0,59)	
			6	0,214	(0,53)	
Ni	3	0,062	4	0,182	(1,08)	1,8
			6	0,194	(0,96)	
	2	0,078	4	0,198	(0,61)	
			6	0,210	(0,55)	

te auf die Anionen, die eine Verfestigung der Bindung zur Folge hat, hat Dietzel dadurch berücksichtigt, daß er die berechneten Feldstärken für diese Kationen durchweg um 20 % erhöht hat. Diese Werte sind in Tabelle 7 eingeklammert.

Die Feldstärken lassen sich zu einigen Punkten des bisher behandelten Stoffes in Beziehung setzen. Da war zunächst die Frage der Bindungsart. Der Tabelle 7 ist zu entnehmen, daß die kovalente Bindung (z.B. im CO_2) mit den höchsten Feldstärken,

Tabelle 8. Elektronegativitäten einiger Anionenbildner

Element	Elektronegativität
O	3,5
S	2,5
Se	2,4
Te	2,1
F	4,0
Cl	3,0
Br	2,8
J	2,4

Tabelle 9. Ionencharakter von chemischen Bindungen aus den Elektronegativitäten

Differenz der Elektronegativitäten	Ionencharakter in %
0,0	0
0,2	1
0,4	3
0,6	7
0,8	12
1,0	18
1,2	25
1,4	32
1,6	40
1,8	47
2,0	54
2,2	61
2,4	68
2,6	74

Ionenbindung dagegen mit den geringsten Feldstärken (Alkalien) gekoppelt ist. Zwischen beiden besteht ein fließender Übergang mit gemischten Bindungen.

Nach der Netzwerkhypothese von Zachariasen haben die Netzwerkbildner einen geringen Ionenradius und die KZ 3 oder 4. Die Feldstärken dieser Kationen liegen deshalb bei mittleren Werten, etwa bei 1 bis 2. Damit ergibt sich gleichzeitig, daß die entsprechenden Kationen-Sauerstoff-Bindungen gemischte Bindungen darstellen. Da unten noch gezeigt werden wird, daß man die gemischten Bindungen unter gewissen Vorbehalten als Kriterium für die Glasbildung ansehen kann, zeigen also mittlere Feldstärken die Tendenz zur Glasbildung an. Kationen mit hohen Feldstärken besitzen keine Glasbildungsneigung mehr (z.B. Kohlenstoff).

Die Kationen mit den geringen Feldstärken (bis etwa 0,35) stellen die Netzwerkwandler dar. Zwischen diesem Bereich und dem Bereich der Netzwerkbildner gibt es mehrere Kationen mit Zwischenwerten in den Feldstärken. Danach ist zu erwarten, daß es zwischen den Netzwerkwandlern und den Netzwerkbildnern keine scharfe Grenze, sondern auch Übergänge gibt. Die wichtigsten dieser Kationen sind Pb, Mg, Zn und Be, auf deren Sonderstellung noch hingewiesen werden wird.

Bei der Behandlung der Bindungen wurde gezeigt, daß sich in der Si−O-Bindung mehrere Bindungsarten überlagern. Die einfachste Möglichkeit, den Anteil an Ionenbindung zu ermitteln, bieten die von Pauling abgeleiteten *Elektronegativitäten*. Diese sind ein Maß der Anziehungskraft für Elektronen in kovalenter Bindung. Je größer die Differenz der Elektronegativitäten zweier Komponenten ist, um so größer ist der partielle Ionencharakter dieser Bindung. Tabelle 7 enthält die Elektronegativitäten für einige Kationen, während diese für Anionenbildner in Tabelle 8 angeführt sind. Schließlich bietet Tabelle 9 die Möglichkeit, aus der sich ergebenden Differenz der Elektronegativitäten zweier Partner den Anteil an Ionenbindung abzulesen.

Für die Si−O-Bindung ergibt sich nach diesen Tabellen eine Elektronegativitätendifferenz von 1,7, was einem Ionencharakter von etwa 45 % entspricht. (Dabei ist der oben erwähnte Doppelbindungscharakter nicht berücksichtigt.) Damit führt auch diese Betrachtungsweise dazu, der Si−O-Bindung einen gemischten Bindungscharakter zuzusprechen. Die anderen bekannten Netzwerkbildner haben ähnliche Elektronegativitäten wie Silicium, so daß man versucht ist, den gemischten Bindungstyp als Kennzeichen für die Netzwerkbildner anzusehen. Das hat aber nur beschränkte Gültigkeit; denn man kennt Gläser aus BeF_2 oder As_2S_3, deren Bindungen nach obigen Tabellen 75 bzw. 5 % Ionencharakter zuzuordnen sind, die also von der gemischten Bindung schon recht stark abweichen.

Zwischen den Elektronegativitäten und den Feldstärken besteht natürlich ein innerer Zusammenhang, wie ein Vergleich der entsprechenden Spalten in Tabelle 7 leicht erkennen läßt. Die Feldstärken lassen aber eine bessere Differenzierung der Kationen zu, was man schon an den unterschiedlichen Feldstärken für verschiedene Koordinationen erkennt. Daneben sind die Elektronegativitäten aller Übergangselemente nahezu gleich, während die Feldstärken nach obigen Tabellen stärkere Unterschiede zeigen. Insofern ist den Feldstärken der Vorzug zu geben.

Es ist inzwischen mehrfach versucht worden, diese Daten zu verbessern. Im Zusammenhang mit dem Glas sind z.B. neue Ionenradien zu erwähnen, wie sie von Prianishnikov [731] angeführt werden, oder quantenchemische *Berechnungen* von Struktureinheiten durch Baranovskii u. M. [46], die die Zunahme des Anteils an Ionenbindung von R in der Gruppe $\equiv Si - OR$ in der Reihe von H über Na nach K bestätigen. Daneben werden auch experimentelle Methoden verwendet, wie sie schon früher in Abschn. 2.5.2 geschildert wurden. Eine Zusammenstellung solcher Daten und entsprechender Berechnungen bringen Navrotsky u. M. [655]. Weitere Methoden sind thermochemische Berechnungen aufgrund von Lösungswärmen, aus denen Takahashi und Yoshio [945] die $O-R$-Bindungsenergien ermitteln. Die damit erreichten verbesserten Werte stellen in vielen Fällen einen wichtigen Fortschritt dar, doch reichen die Angaben in obigen Tabellen meist aus, die wesentlichen Abhängigkeiten der üblichen Gläser zu verstehen.

2.5.3.3 Glasbildung — bindungsmäßig betrachtet

Einige wichtige bindungsmäßige Gesichtspunkte wurden bereits im vorangegangenen Abschnitt erwähnt, vor allem, daß Glasbildung besonders bei Kationen mit mittleren Feldstärken zu erwarten ist. Auch auf die Möglichkeit, die *Elektronegativitäten* als Maß für die Glasbildung heranzuziehen, wurde schon hingewiesen. Besonders Stanworth [915] hat diese Möglichkeit betont, jedoch durch zusätzliche Forderungen die Alleingültigkeit dieser Werte eingeschränkt:

a) Die Wertigkeit der Kationen muß mindestens 3 betragen.
b) Der Kationenradius darf höchstens 0,055 nm sein, woraus die Koordinationszahlen 3 oder 4 folgen.
c) Bei größeren Kationen tritt Glasbildung nur in begrenztem Umfang und bei Elektronegativitäten zwischen 1,5 und 2,1 auf.

Aufgrund solcher Überlegungen gelang es Stanworth, Gläser ungewöhnlicher Zusammensetzung, z.B. mit TeO_2, herzustellen. Seine Forderungen gelten aber nicht für alle glasbildenden Substanzen, da z.B. BeF_2 die Forderung a) nicht erfüllt. Er fordert daher für die Glasbildung neben einem bestimmten Anteil an kovalenter Bindung noch eine offene dreidimensionale Netzwerk- oder Schichtstruktur [916], verbindet also bindungsmäßige Gesichtspunkte mit geometrischen Betrachtungen.

Sun [936] sieht als Grundbedingung für die Glasbildung die Bildung von Ketten oder Netzwerken in der Schmelze an. Das soll möglich sein, wenn

a) die Bindung der Atome in den Ketten oder Netzwerken stark ist,
b) sich nur wenig Ringe bilden,
c) die relative Zahl der verschiedenen Atome so ist, daß sich noch Ketten oder Netzwerke bilden können und
d) die Koordinationszahl der Glasbildner möglichst klein ist.

Von diesen Punkten lassen sich zahlenmäßig die Bindungsenergie und die Koordinationszahl erfassen. Als Maßzahl für die Glasbildung führt deshalb Sun die *Bindefestigkeit B* für die Einzelbindung R—O ein, die man erhält, wenn man die Dissoziationsenergie der Oxide RO_y (wobei $y=n/m$ in R_mO_n) in die gasförmigen Atome durch die Koordinationszahl des Kations R dividiert. Kationen glasbildender Oxide haben dann B-Werte um 420 kJ/mol.

Diese Bindefestigkeiten zeigen aber nur geringe Differenzierungen. Rawson [761] ist der Hinweis zu verdanken, daß für eine Glasbildung nicht nur die Bindefestigkeit zu betrachten ist, sondern auch die thermische Energie, die zum Brechen einer Bindung aufzuwenden ist. Glasbildung ist dann zu erwarten, wenn hohe Bindefestigkeiten B bei möglichst tiefen Schmelztemperaturen T_s vorliegen, weshalb Rawson das Verhältnis B/T_s als Kriterium der Glasbildung vorschlägt. Obwohl auch hier Ausnahmen vorliegen, z.B. beim CO_2, hat doch die Übertragung auf Mehrstoffsysteme ergeben, daß die größten B/T_l-Verhältnisse (also jetzt T_l=Liquidustemperatur) im Bereich der Eutektika liegen, wo wirklich oft bevorzugte Glasbildung beobachtet wird. Rawson selbst konnte durch Anwendung seiner Hypothese viele neuartige Gläser erhalten, z.B. aus den Systemen K_2O-TiO_2 und R_2O-TeO_2.

Die Bedeutung der mittleren Bindungsstärken für die Glasbildung, die bisher immer wieder durchklang, ist schon früher viel klarer von Smekal [901] herausgestellt worden. Auch Smekal geht davon aus, daß die Vorbedingung für die Glasbildung das ungeordnete Netzwerk ist. Ungeordnete Netzwerke sind aber beim Vorliegen von rein gerichteten oder rein ungerichteten Bindungen nicht möglich, da alle Partikel Gleichgewichtslagen einnehmen müssen, weshalb derartige Netzwerke gegenüber Störungen instabil werden. Lokale Unordnung in einem großen Bereich ist nur möglich, wenn keine Möglichkeit der kontinuierlichen Umwandlung in einen regelmäßigen Zustand besteht, ohne daß eine Bindung aufgebrochen wird. Diese Bedingung schränkt die Unregelmäßigkeit ein.

Smekal postulierte nun, daß das *Nebeneinander von gerichteten und ungerichteten Bindungen* Vorbedingung dafür ist, daß das unregelmäßige Glasgerüst stabil sein kann gegenüber den molekularen Wechselwirkungen.

Im festen Zustand können folgende Bindungstypen auftreten:

a) van der Waals-Kristalle: Der Zusammenhalt erfolgt durch van der Waals-Bindungen, die ungerichtet sind. Die Valenzelektronen befinden sich im Raum innerhalb der Moleküle und greifen nur wenig darüber.
b) Ionenkristalle: Die Valenzelektronen halten sich im wesentlichen bei einer Sorte von Atomen auf, die Bindung ist daher ungerichtet.
c) Metalle: Die Valenzelektronen befinden sich auf bestimmten Energiebändern und sind nicht lokalisierbar, weshalb die Bindung ungerichtet ist.

d) Valenzkristalle: Die Valenzelektronen sind ebenfalls nicht lokalisierbar, aber konzentriert auf bestimmte Gebiete im Kristall, so daß jetzt gerichtete Bindung (=homöopolare Bindung) vorhanden ist.

Da nur im letzten Fall gerichtete Bindungen vorliegen, sind nur folgende drei Kombinationen der gemischten Bindungen möglich:

α) homöopolar-Ionenbindung (z.B. Oxidgläser),

β) homöopolar-Metallbindung (z.B. glasiges Selen),

γ) homöopolar-van der Waals-Bindung (z.B. organische Gläser).

Zur Bildung eines Netzwerkes sind bestimmte Koordinationszahlen nötig (2, 3, 4), so daß auch bei den Smekalschen Anschauungen die Koordinationsbedingungen erhalten bleiben. Nach Smekal ist es mit Hilfe dieser Bedingungen aber nicht möglich, Vorhersagen zu machen, da die Kenntnisse über die Art der ungeordneten Gleichgewichtslagen zu gering sind. Gläser werden sich aber bevorzugt dann bilden, wenn im Kristall dieselbe KZ auftritt, wie sie für die Glasbildung notwendig ist. Deshalb bildet z.B. Al_2O_3 kein Glas, da sich in der Schmelze beim Abkühlen Korundkeime bilden, in denen das Al^{3+}-Ion die KZ 6 hat, was aber nicht zum Netzwerk führen kann. Smekal faßt seinen Glasbegriff sehr weit auf, indem er auch kondensierte Dämpfe von z.B. SiO oder Al_2O_3 als Gläser bezeichnet und ebenso die verformte Phase beim Mikroritzen von z.B. $CaCO_3$. Damit sind nach Smekal praktisch alle amorphen Substanzen Gläser, was im Widerspruch zu den anderen Voraussetzungen für Gläser steht.

Die Smekalschen Anschauungen stehen in engem Zusammenhang mit der manchmal vertretenen Ansicht, daß allein das Prinzip der *gemischten Bindungen* für die Glasbildung ausschlaggebend sei. Es wurde aber bereits oben erwähnt, daß man anhand der Elektronegativitäten abschätzen kann, daß Glasbildung von 5 % (beim As_2S_3) bis 75 % (beim BeF_2) Ionenbindungsanteil möglich ist. Die gemischte Bindung spielt danach keine so ausschlaggebende Rolle. Weyl [1060] weist darüber hinaus darauf hin, daß Substanzen sehr unterschiedlicher Bindungsart Gläser bilden können, weshalb es nicht einleuchtend sei, daß die Bindungsart für die Stabilität eines Glases verantwortlich sein soll. Immerhin gibt die gerichtete Bindung die Möglichkeit, die hohe Viskosität der glasbildenden Schmelzen zu erklären.

Es wurde oben gezeigt, daß sich auch aus der Elektronentheorie das gleichzeitige Vorliegen von verschiedenen Bindungstypen im $[SiO_4]$-Tetraeder ergibt. Nun hat man es bei den Halbmetallen, z.B. beim Selen, ebenfalls mit sp^3-Hybriden mit vier *gerichteten Bindungen* zu tun. Werden die Atome schwerer, so gehen die Elektronen in den *p*-Zustand über, der nach zwei Richtungen in Resonanz stehen kann. Gleichzeitig wird die Bindungsstärke verringert, da die Valenzelektronen weiter vom Kern entfernt sind. Ein Resonanzsystem hat aber eine erhöhte Reaktionsfähigkeit, eine Umwandlung kann deshalb leichter einsetzen, weshalb solche Gläser dann nicht mehr so stabil sind. Danach liegt also beim glasigen Selen eine homöopolar-metallische Mischbindung vor.

2.5.4 Weitere Hypothesen zur Glasstruktur und Glasbildung

Die Schwierigkeit oder Unmöglichkeit, bestimmte Glasstrukturen oder Bildungsvorgänge zu beweisen, läßt Raum offen für weitere Vorschläge und auch für Spekulationen. Sie können hier nur teil- und andeutungsweise gebracht werden, wobei die Auswahl sich danach richtet, ob eine bestimmte Hypothese für die Entwicklung der Kenntnisse von Bedeutung ist oder eine gewisse Originalität aufweist. Dieses Kapitel betrachtet oft Glasstruktur und -bildung gleichzeitig, da diese Probleme manchmal unmittelbar verknüpft sind.

Ausgangspunkt ist auch hier die *Netzwerkhypothese* von Zachariasen [1107] (s. Abschn. 2.2). Diese Hypothese war zunächst sehr fruchtbar, doch bald stellte es sich heraus, daß sie nicht ausreichend ist. Bereits vorher waren Gläser mit bis zu 90 Gew.-% PbO bekannt, was etwa 70 Mol-% PbO entspricht. Ohne zusätzliche Annahmen über die Natur des Pb^{2+}-Ions ist dann kein dreidimensionales Netzwerk des $[SiO_4]$-Tetraeders mehr möglich. Einen Überblick über die Varianten der Netzwerkhypothese gibt Weeks [1049], während Cooper [155] auf deren Entstehung und Grundlagen eingeht und durch Betrachtung der Koordination mittels der Koordinationszahlen zu einfachen Ausdrücken für die von Zachariasen aufgestellten Bedingungen für glasbildende Oxide kommt. Er kann dabei zeigen, daß die Bedingung c), wonach die Verknüpfung der Sauerstoff-Polyeder nur über gemeinsame Ecken erfolgen darf, nicht notwendig ist und daß dann diese Bedingungen auch auf nichtoxidische Gläser und sogar auch auf unregelmäßige Netzwerke von Kugelhaufen, wie sie bei den metallischen Gläsern vorliegen, übertragen werden können. Ein Beispiel für das teilweise Auftreten von Kantenverknüpfung von $[GeSe_4]$-Tetraedern liegt nach Wright u. M. [1089] im $GeSe_2$-Glas vor. Bicerano und Ovshinsky [77] führen die Bindungsenergien benachbarter Elemente in die Netzwerkhypothese ein und können sie so für Chalcogenidgläser erweitern.

Mehrere systematische Untersuchungen und ein Vorstoß in ein neues Gebiet sind Stevels [923] zu danken. Er verwendet zur Verfolgung der Abhängigkeit der Glaseigenschaften von der Zusammensetzung den *Strukturparameter Y*, der den Mittelwert der Zahl der Brückensauerstoffe pro $[SiO_4]$-Tetraeder darstellt. So beträgt z.B. im SiO_2-Glas $Y=4$, im $R_2O \cdot 2SiO_2$-Glas $Y=3$ und im $R_2O \cdot SiO_2$-Glas $Y=2$. Mit steigendem Netzwerkwandlergehalt sinkt Y. Beim Metasilicatglas ist $Y=2$, und die Struktur besteht aus (im Idealfall unendlich) langen Ketten. Bei noch höheren R_2O-Gehalten werden die Ketten kürzer. Gläser einer Zusammensetzung, deren Strukturparameter $Y<3$ ist, dürften nach der streng ausgelegten Hypothese von Zachariasen nicht existieren. Die entsprechenden Schmelzen haben eine sehr lockere Struktur, so daß die Bestandteile beim Abkühlen leicht geordnete Plätze einnehmen können, also Kristallisation eintritt. Die Kristallisation läßt sich aber erschweren oder ganz verhindern, wenn man gleichzeitig verschiedene Kationen unterschiedlicher Größe und Ladung einführt, wie z. B. bei der Zusammensetzung (in Mol-%) 15 Na_2O, 15 K_2O, 15 CaO, 15 BaO und 40 SiO_2. Auf diese Weise gelang es Trap und Stevels [990], Gläser mit $Y<2$ herzustellen, die als *Invertgläser* bezeichnet wurden. Dieser Name ergab sich aus zwei Gründen:

a) In normalen Gläsern ist der Zusammenhalt durch das Si–O-Netzwerk bedingt, während bei den neuen Gläsern die Kräfte zwischen den anderen Kationen und den Sauerstoffionen bestimmend werden.

b) Ein steigender Gehalt an Netzwerkwandlern hat in normalen Gläsern eine Aufspaltung des Netzwerks zur Folge, was die Änderung vieler Eigenschaften der Gläser verursacht. Bei $Y<2$ wird die Wirkung der Netzwerkaufspaltung jedoch gering gegenüber dem die Struktur verfestigenden Einfluß der Metallionen. Deshalb zeigen die Eigenschaften, die durch die Struktur bestimmt werden, bei $Y=2$ eine Änderung in ihrem Verhalten.

Dieses Verhalten gilt für übliches glastechnisches Abkühlen. Im Abschn. 2.4.4 wurde gezeigt, daß durch sehr schnelles Abschrecken die Glasbereiche in vielen Systemen erheblich erweitert werden können, z. B. nach Tatsumisago u. M. [953] im System $Li_2O - SiO_2$ bis zu 65 Mol-% Li_2O, was nahezu $Y=1$ entspricht. Solche Gläser sind aber von ihrer Zusammensetzung her sehr verschieden von den Invertgläsern, denn das Kennzeichen der Invertgläser ist die Anwesenheit vieler Kationen unterschiedlicher Größe und Ladung. Stevels folgert deshalb: „Während bei den herkömmlichen Gläsern die Ungeordnetheit des Netzwerks die glasartigen Eigenschaften verursacht, ist es bei den Invertgläsern die Ungeordnetheit der Metallionen, die zu den glasartigen Eigenschaften führt."

Auch aus anderen Gründen haben sich Stimmen gegen die von Zachariasen vertretenen Ansichten erhoben, von denen u.a. die Einwände von Hägg [354] bekannter geworden sind. Hägg führt die Glasbildung auf ein Geschwindigkeitsphänomen zurück, indem er schreibt: „Wenn eine Schmelze Atomgruppen enthält, die mit starken Kräften (in vielen Fällen homöopolar) zusammengehalten werden und wenn diese Gruppen so groß oder irregulär sind, daß ihr direktes Zusammenfügen zum Kristall schwierig ist, dann hat eine solche Schmelze die Tendenz zur Unterkühlung und Glasbildung." Leider wird aber nicht gesagt, unter welchen Bedingungen und bei welchen Substanzen mit solchen Atomgruppen zu rechnen ist. Diese Aussage ist bis heute kaum möglich. Im Grunde genommen wird hier der vorwiegend geometrisch abgeleiteten Netzwerkhypothese die Kinetik entgegengehalten. Es ist aber nicht möglich, beide Einflüsse zu trennen; bei der Glasbildung sind sowohl kinetische als auch bindungsmäßige Gesichtspunkte zu beobachten. Das kann man auch in der Übersicht von Scherer und Schultz [827] erkennen, die über ungewöhnliche Methoden der Glasbildung berichten. Außer durch Abschrecken lassen sich Gläser herstellen durch Niederschlag aus der Dampfphase, durch Reaktionen in der Lösung (Sol-Gel-Methode) oder durch Störung der kristallinen Festkörperstruktur durch Strahlung oder Schock. Damit wird der Glasbegriff sehr weit gefaßt, denn es ist damit zu rechnen, daß zunächst amorphe Körper entstehen, worauf im Abschn. 2.5.6 zurückgekommen werden wird.

Aus der Netzwerkhypothese wird oft abgeleitet, daß die Glasstruktur zwar ungeordnet, aber gleichförmig sein soll. Dies sagt sie jedoch nicht aus, sondern sie läßt statistische Schwankungen durchaus zu. Außerdem ist bekannt, daß bei einigen Systemen Entmischung auftreten kann (s. Abschn. 2.3.3), was dann zu heterogenen Gläsern führt. Dazwischen ist ein weites Feld mit vielen denkbaren Übergängen. Roy [794] nimmt nun an, daß diese Übergänge nicht nur kurzzeitig als Keime oder ähnliches auftreten, sondern daß sie typische Struktureinheiten des Glases seien. Er folgert, daß die *Nichteinheitlichkeit* (nonuniformity) eine Bedingung der Glasbildung sei. Es muß weiteren Untersuchungen überlassen bleiben, ob und welchen Zusammenhang die hier angenommenen Einheiten mit den Struktureinheiten haben, die in glasbildenden Schmelzen aus anderen Gründen zu erwarten sind (s. Abschn. 2.3). Dies gilt auch für das gespannte Clustermodell (strained mixed cluster model) von Goodman [325], das im Abschn. 2.4.4 vorgestellt wurde.

In gewissem Maße besteht ein Zusammenhang zwischen diesem Modell und dem Modell von Hosemann u. M. [418], die ebenfalls geordnete Bereiche als wesentliche Strukturelemente des Glases annehmen, sie aber nicht Cluster, sondern *Mikroparakristalle* nennen. Das kennzeichnet zugleich den unterschiedlichen Ausgangspunkt, der bei Hosemann u. M. kristallographisch bedingt ist. So gehen sie zur Erklärung der Struktur von Kieselglas von einem geordneten, dem Cristobalit ähnlichen Gitter aus, bei dem sie die [SiO_4]-Tetraeder so verdrehen, daß sowohl Dichte als auch Röntgendiagramm damit übereinstimmen. Dazu muß um 11° gedreht werden, was zu Si−O−Si-Winkeln von 141 bis 149° führt. Dabei entstehen in einem solchen Mikroparakristall innere Spannungen, die seine Größe begrenzen. Als Modell werden Oktaeder mit einer Kantenlänge von etwa 1,2 nm angenommen, die etwa 40 SiO_2-Einheiten enthalten. Die Übereinstimmung mit dem Röntgendiagramm soll besser als bei anderen Modellen sein. Die Anwendung auf weitere Eigenschaften des Kieselglases steht noch aus.

Früher ist der Netzwerkhypothese oft die *Kristallithypothese* der russischen Schule entgegengehalten worden, die ab 1921 von Lebedev [535] entwickelt wurde. Ausgangspunkt dieser Hypothese waren Versuche zur Bestimmung der Abhängigkeit der Brechzahl von der Temperatur bei Gläsern. Dabei wurden Anomalien bei 520 bis 590 °C, also etwa bei der Hoch-Tief-Umwandlungstemperatur des Quarzes gefunden, woraus geschlossen wurde, daß im Glas submikroskopische Kristalle von Quarz vorliegen sollen. Verallgemeinert sagt die Kristallithypothese aus, daß ein Glas aus sehr kleinen geordneten Bereichen, den sog. Kristalliten besteht, die über ungeordnete Bereiche miteinander verbunden sind.

Im Laufe der Zeit hat sich aber gezeigt, daß das Konzept der Kristallithypothese nicht aufrecht zu erhalten ist bzw. daß man zu so kleinen geordneten Bereichen (von einigen nm Durchmesser) übergehen muß, die man nicht mehr als Kristallite bezeichnen kann. So schreibt Lebedev [536] selbst bereits 1940, daß kein wesentlicher Unterschied zwischen der Netzwerk- und der Kristallithypothese besteht; denn man kann in einer idealen Unordnung geordnete Bereiche finden und bei den Kristalliten zu so kleinen Durchmessern übergehen, daß sie praktisch keine Kristallite mehr sind. Evstropyev und Porai-Koshits [245] berichten dann, daß 50 Jahre nach Aufstellung der Kristallithypothese nach einer Diskussion in Leningrad in einer Resolution festgestellt wurde, der geschichtliche Wert der Kristallithypothese liege darin, daß mit ihr zum ersten Male auf Inhomogenitäten in Gläsern hingewiesen wurde.

Es wurde bereits früher erwähnt (Abschn. 2.5.2), daß in Gläsern mit Inhomogenitäten durch *Fluktuationen* zu rechnen ist. Porai-Koshits [723] hat sich damit besonders beschäftigt. Ihre Ursache liegt in thermischen Schwankungen der Dichte und der Konzentration sowie in den überkritischen Fluktuationen kurz oberhalb der stabilen Entmischungsbereiche. Dies sind thermodynamisch bedingte Schwankungen bei im Prinzip homogenen Gläsern. Deutlich davon abzugrenzen sind natürlich solche Gläser, die demgegenüber Inhomogenitäten aufweisen durch unvollständiges Erschmelzen, durch Entglasungen oder durch Entmischungen.

Einen ganz anderen Versuch, der Glasstruktur näher zu kommen, hat Huggins [428] mit seiner sog. *Struktontheorie* unternommen. Ausgangspunkt zu diesen Überlegungen war das Bestreben, aus der Zusammensetzung eines Glases dessen Dichte zu berechnen (s. Abschn. 3.3.3). Dazu trug Huggins die Dichtemeßwerte anderer Autoren gegen die Zusammensetzung auf und fand Anzeichen für Knicke in den Kurven bei bestimmten Zusammensetzungen. Das führte ihn dazu, in der Glasstruktur sog. Struktone anzunehmen, die die Baueinheiten darstellen. Diese Baueinheiten sind die Atome mit ihrer jeweiligen Koordination. Im reinen Kieselglas liegen nur die Atome Si und O vor, die einmal mit 4 O, zum anderen mit 2Si koordiniert sind. Diese beiden Struktone erhalten deshalb die Bezeichnung Si(4O) und O(2Si). Führt man in Kieselglas noch Na_2O ein, so werden daneben noch folgende Struktone angenommen: Na(6O), O(2Si, Na) und O(Si, 3Na). Bei der Aufstellung dieser Struktone gilt als Grundprinzip, daß auf kleinem Raum möglichst wenig Überschußladung vorhanden sein soll, weshalb die Bildung des Struktons O(2Si, 2Na) abgelehnt wird. Die Mengenverhältnisse der einzelnen Struktone ändern sich mit der Glaszusammensetzung und sind aus dieser zu berechnen. Mit steigendem Na_2O-Gehalt nimmt die Zahl der Brückensauerstoffe und damit die Menge der O(2Si)-Struktone ab. Letztere werden nur so lange angenommen, wie [SiO_4]-Tetraeder vorliegen können, die nur Brückensauerstoffe enthalten. Diese Grenzzusammensetzung liegt nach Huggins in binären Natriumsilicatgläsern bei 11,1 Mol-% Na_2O, und bei dieser Zusammensetzung stellt Huggins einen Knick in der Dichtekurve fest. Solche Knicke sollen auch bei den Grenzzusammensetzungen der anderen Struktone auftreten. Es fällt jedoch manchmal schwer, diese Knicke in den flachen Dichtekurven zu erkennen, wie auch die Bildung der einzelnen Struktone manchmal gezwungen erscheint, wenn man z.B. an die oben erwähnten O-Struktone denkt. So erscheint es fraglich, ob sich diese Theorie, die in Wirklichkeit nur eine Hypothese ist, weiter ausbauen lassen wird, obwohl dies Huggins [429] auch für Boratgläser versucht. Diese Hypothese bringt jedoch Vorschläge für die Schreibweise von Struktureinheiten und ermöglicht eine genauere Berechnung von Eigenschaften aus der Zusammensetzung.

Ein anderer Strukturvorschlag stammt von Tilton [968], der ebenfalls das [SiO_4]-Tetraeder als Grundbaustein annimmt. Während aber diese Tetraeder im Kristall Sechserringe bilden, sollen im Glas Fünferringe vorhanden sein, die regelmäßige Pentagondodekaeder aus 20 Tetraedern bilden, die Vitronen genannt werden. Danach bezeichnet Tilton seinen Vorschlag als *Vitronentheorie*. Ein weiteres Wachsen dieser Bausteine ist nur unter Verzerrung der nächsten Fünferringe möglich, so daß die einzelnen Bausteine über regellose Bereiche miteinander verknüpft sind. Die in Kristallen nicht mögliche 5zählige Symmetrie soll also die Ursache der Glasbildung beim SiO_2 sein. Wenn es auch Tilton gelang, aufgrund dieser Anschauung die Dichte des Kieselglases zu berechnen, so ist doch dieser interessante Strukturvorschlag viel zu speziell. Für das SiO_2-Glas ist er nicht bewiesen; auf andere Gläser ist er kaum übertragbar, was aber von Tilton für die binären Alkalisilicatgläser versucht wurde [969]. Der Vergleich mit den Messungen anderer Autoren zeigt, daß sich die Röntgendiagramme von Gläsern auch mit diesen Anschauungen deuten lassen. Aus geometrischen Gründen kann ein Vitron maximal 10Li^+-, 6Na^+- oder 4K^+-Ionen aufnehmen, wobei noch Platz für 1 oder 2O^{2-}-Ionen bleibt. Bis zu dieser Zahl von Trennstellensauerstoffen pro Vitron soll die chemische Beständigkeit gut sein, bei höheren Alkaligehalten, die mehr derartige O^{2-}-Ionen im Glas bedingen, soll sie schnell abnehmen. Auf ähnliche Weise werden andere sprunghafte Änderungen von Eigenschaften in Abhängigkeit von der Zusammensetzung gedeutet, ohne jedoch sehr zu überzeugen. Das gilt auch für die Versuche von Tilton [970], diese Anschauungen auf die Größe der Mischungslücken in Silicat- und Boratsystemen zu übertragen. Insgesamt verdient diese Vitronen-Anschauung jedoch wegen ihrer originellen Grundidee Beachtung. Auch Robinson [786] hat ein Modell aus Pentagondodekaedern zur Deutung der Struktur von Kieselglas angenommen.

Bisher wurden als Netzwerkbildner meist vierwertige Kationen K vorausgesetzt. Mit den zweiwertigen Anionen A ergeben sich dann [KA_4]-Tetraeder als Grundbausteine. Es wird im Abschn. 2.6.1.1 gezeigt werden, daß die Übertragung dieser Ideen auf dreiwertige Kationen einfach ist; es ergeben sich dann bei Verbindungen vom Typ K_2A_3, z.B. beim B_2O_3, [KA_3]-Dreiecke. Schwieriger wird es bei Verbindungen vom Typ KA_3 z.B. beim WO_3 oder beim FeF_3, bei dem die Wertigkeiten gegenüber WO_3 halbiert sind. Hier ist nach Greneche u. M. [338] der Aufbau eines kontinuierlichen statistisch ungeordneten Netzwerks aus [KA_6]-Oktaedern möglich, das im wesentlichen aus 4- und 5gliedrigen neben wenigen 3- und 6gliedrigen Ringen besteht und das ebenfalls eine Verteilung des K−A−K-Winkels aufweist.

Diesen Abschnitt abschließend soll noch ein weiterer Gesichtspunkt erwähnt werden. Praktisch alle Strukturbetrachtungen beziehen sich auf die in den betreffenden Strukturen enthaltenen Ionen. Diese füllen aber nicht den gesamten zur Verfügung stehenden Raum, sondern es verbleiben Hohlräume unterschiedlicher Größe und Zahl. Bei der Besprechung der Dichte (Abschn. 3.3) wird darauf zurückgekommen werden, aber bereits hier sei vermerkt, daß diese *Hohlräume* ebenfalls ein Bestandteil der Glasstruktur sind. Sie haben sicher einen Einfluß auf einige Eigenschaften des Glases und sind entscheidend für die Diffusion und die Löslichkeit von Gasen in Gläsern. Bisher ist diesen Hohlräumen wenig Aufmerksamkeit gewidmet worden. So führen Takahashi u. M. [942] geometrische Betrachtungen durch, indem sie die Hohlräume in Silicatgläsern mit denen in kristallinen Modifikationen des SiO_2 vergleichen, während Sanditov und Damdinov [805] ein bestimmtes freies Volumen annehmen, das Strukturänderungen durch Fluktuationen ermöglicht, ohne daß Valenzbindungen aufgerissen werden. Es beträgt nach theoretischen Betrachtungen 20 bis 25 % des Molvolumens und nimmt zu mit steigendem Alkaligehalt und in der Reihe Li−Na−K bei den binären R_2O-SiO_2-Gläsern. Es bestehen Zusammenhänge mit der Dichte und den thermischen Dichtefluktuationen, die unterhalb T_g eingefroren sind. Über die elastischen Konstanten (mit $E=$ Dehnungsmodul und $\mu=$ Poissonsche Zahl) besteht auch ein Zusammenhang mit der Aktivierungsenergie E_η für dieses freie Volumen zu $V \approx 3(1-2\mu)E_\eta/E$.

2.5.5 Idealglas − Realglas

Im Grunde genommen ist ein ideales Glas leicht vorstellbar, wenn man nur die Struktur betrachtet und sich von den Vorstellungen über ideale Kristalle leiten läßt. Letztere haben vollkommen geordnete Gitter mit genau festgelegter Besetzung der Gitterplätze. Im Gegensatz dazu muß dann das ideale Glas eine vollkommen ungeordnete, d.h. statistische Struktur haben.

Jedem ist geläufig, daß es ideale Kristalle nicht gibt, sondern daß Abweichungen verschiedener Art existieren, die jeweils in Richtung Unordnung gehen müssen. Dasselbe muß man dem Glas zubilligen, d.h. es wird kein ideales Glas geben, sondern jedes Glas wird Abweichungen von der statistischen Unordnung enthalten, die naturgemäß jetzt in Richtung Ordnung gehen. Es ist also zu überlegen, welcher Art diese Abweichungen sein können.

Die übliche Herstellung des Glases erfolgt durch Abkühlen von Schmelzen. Letztere sind im thermodynamischen Gleichgewicht, aber die Struktur der Schmelze entspricht meist nicht der obigen Vorstellung der statistischen Unordnung. In Abschn. 2.3 wurde gezeigt, daß z.B. bei den silicatischen Schmelzen neben der Nahordnung der [SiO$_4$]-Tetraeder je nach Zusammensetzung und Temperatur mit Anionen unterschiedlicher Größe gerechnet werden muß. Diese Struktur muß der Ausgangspunkt sein, womit dann folgt:

Ein *Idealglas* hat eine Struktur, die der im thermodynamischen Gleichgewicht befindlichen Struktur der unterkühlten Flüssigkeit im Transformationsbereich entspricht, ohne daß während der Abkühlung Keimbildung, Kristallisation oder Entmischung eingetreten ist. Dabei liegt eine statistische Unordnung insoweit vor, wie es der durch die jeweilige Zusammensetzung bedingte Chemismus erlaubt.

Alle Abweichungen von dieser Forderung führen zu *Realgläsern*. Solche Abweichungen können durch ungenügende Homogenisierung der Schmelze entstehen oder durch Kristallisation während des Abkühlens. Nimmt man z.B. an, daß ein Glas die nur geringe Kristallisationsgeschwindigkeit von 1 μm/min hat und mit der hohen Geschwindigkeit von 10 K/s abgekühlt wird, dann beträgt das Wachstum bereits ca. 100 nm. Kristalle dieser Größe müßten im Elektronenmikroskop zu erkennen sein. Glücklicherweise werden sie normalerweise nicht beobachtet, da die notwendigen Keime sich nicht bilden konnten. Ähnliches gilt für die Entmischung. Erfolgt jedoch die Abkühlung langsam oder wird oberhalb T_g getempert, dann kann das Realglas aus mehreren Phasen bestehen und weist dann ein Gefüge auf. Andere Autoren haben ähnliche Gedanken entwickelt. Uhlmann [1002] hat die Bedeutung und die Einflüsse des Gefüges von Gläsern zusammengestellt.

Aber nicht nur das Verweilen oberhalb T_g macht sich bemerkbar, sondern auch der *Schmelzvergangenheit* bei den üblichen hohen Schmelztemperaturen wird von einigen Autoren ein Einfluß zugesprochen. Rindone u. M. [775] konnten zeigen, daß bei niedrigen O$_2$-Partialdrücken in der Ofenatmosphäre in der Schmelze von Kalk-Natronsilicatgläsern Sauerstoffleerstellen entstehen, die dann die Entmischung fördern, was durch Streulichtmessungen nachgewiesen wurde. Das führt ganz allgemein zur Frage von *atomaren Defekten* im Glas, für die es sehr viele Möglichkeiten gibt und die auch eine Abweichung vom Bild des Idealglases darstellen. Ihre praktische Bedeutung liegt nach der Übersicht von Robertson [785] vor allem bei den Chalcogenidgläsern, aber auch bei den Silicatgläsern werden solche Effekte diskutiert.

Bekannter ist die Abhängigkeit der Glaseigenschaften von der *Abkühlgeschwindigkeit*, bedingt durch das glastypische Verhalten im Transformationsbereich und gekennzeichnet durch den Begriff der fiktiven Temperatur (Abschn. 2.4.1.2). Es ist dies ein einfaches Beispiel für die Realität, daß Gläser exakt gleicher Zusammensetzung unterschiedliche Eigenschaften haben können. Im Kapitel 3 werden diese Einflüsse näher beschrieben. Besonders deutlich macht sich dies durch das schnelle Abschrecken beim Ziehen von Glasfasern bemerkbar, was nach Brückner und Stockhorst [114] sogar zu strukturellen Anisotropien führen kann.

Über Gläser gleicher Zusammensetzung aber unterschiedlicher Eigenschaften wird auch an anderen Stellen berichtet; besonders Gottardi [329] hat sich dieser Frage angenommen. Oft wird dabei die Frage untersucht, ob Gläser nach dem Sol-Gel-Prozeß (Abschn. 2.4.5) andere Eigenschaften als erschmolzene Gläser haben. Natürlich kann man einen solchen Vergleich nur ziehen, wenn man sichergestellt hat, daß beim Sol-Gel-Prozeß keine Entmischung in den Vorstufen stattgefunden hat und keine Einflüsse durch Nebenbestandteile zu erwarten sind, wobei vor allem der Wassergehalt der Gläser zu beachten ist. Eine kritische Sichtung der einschlägigen Arbeiten durch Weinberg [1050] hat ergeben, daß unter Berücksichtigung der eben genannten Voraussetzungen keine Unterschiede zwischen den unterschiedlich hergestellten Gläsern bestehen, wenn die über den Sol-Gel-Prozeß erhaltenen Gläser bis über T_g erhitzt wurden. Mit Unterschieden muß man allerdings dann rechnen, wenn letztere Gläser unterhalb T_g hergestellt wurden, z.B. durch Heißpressen.

Empfindliche Meßmethoden haben an der *Homogenität* von Gläsern, die man als ideal ansehen sollte, einigen Zweifel aufkommen lassen. Es wurde bereits im vorangegangenen Abschnitt berichtet, daß vor allem mit der Röntgenkleinwinkelstreuung bei Mehrkomponenten- aber auch bei Einphasengläsern eine gewisse Inhomogenität gefunden wurde. Die Ursache dafür sind geringe Dichtefluktuationen, bedingt durch eine geringe Beweglichkeit der Teilchen auch bei Raumtemperatur. Man muß allerdings zwischen den verschiedenen Fluktuationsmöglichkeiten des Glases unterscheiden, wie sie bereits erwähnt wurden. Die Bedeutung dieser Fluktuationen hat dazu geführt, daß Porai-Koshits u. M. [726] von einer *Fluktuationsnatur des Glases* sprechen und daß Zarzycki [1111] der vorhandenen Nahordnung und der nichtvorhandenen Fernordnung eine Mittelbereichsordnung der Glasstruktur gegenüberstellt. In diesem Zusammenhang muß wieder der Begriff der Nichteinheitlichkeit erwähnt werden, der ebenfalls zur Kennzeichnung von einphasigen Gläsern verwendet wird; Appen und Galakhov [27] haben ihn näher diskutiert. Es gibt darüber hinaus noch weitere Begriffe, die für das Kieselglas von Witzke [1084] zusammengestellt wurden.

Der Begriff des idealen Glases kann aber auch *thermodynamisch* erfaßt werden, wie es vor allem von Angell [20] geschehen ist. Unterhalb der Schmelztemperatur ist die Entropie der unterkühlten Flüssigkeit größer als die des stabilen Kristalls. Da mit sinkender Temperatur die spezifische Wärme der Schmelze stärker sinkt als die des Kristalls, nähern sich die Entropien. Angell bezeichnet die Temperatur, bei der sich die Entropien gleichen, mit T_0 und nennt die Substanzen ideale Gläser, bei denen dieses $T_0 = T_g$ auch dem T_0 in der allgemeinen Transportgleichung

$$x = A \exp[B/(T-T_0)]$$

entspricht. Tabelle 6 zeigte, daß dies für die bekannten Gläser nicht gilt, wohl aber für das Nitratglas und andere ähnliche Substanzen. Dies weist darauf hin, daß man zur Beurteilung der Silicatgläser noch andere Gesichtspunkte heranziehen muß und daß es besser ist, den Begriff des Idealglases strukturmäßig zu betrachten.

Auf eine andere thermodynamische Betrachtungsweise machen Permyakova u. M. [697] aufmerksam, nämlich den sog. thermodynamischen Faktor $n = \partial \ln a_i / \partial \ln x_i$ bei der Berechnung des Interdiffusionskoeffizienten aus den Selbstdiffusionskoeffizienten der diffundierenden Ionen. Er wird auch als Faktor der Nicht-Idealität (nonidealness factor) bezeichnet und steht in engem Zusammenhang mit den Aktivitätskoeffizienten, die, wie früher beschrieben (Abschn. 2.3.1), eine Aussage über die Tendenz zur Bildung von Verbindungen oder Entmischungen erlauben.

2.5.6 Glasig — amorph

Meist wird die Glasbildung von der Schmelze kommend betrachtet, wobei ein nichtkristalliner Festkörper, das Glas, entsteht. Neben den üblichen Gläsern gibt es andere *nichtkristalline Festkörper*, die meist als amorphe Festkörper bezeichnet werden. In neuerer Zeit besteht die Tendenz, die Begriffe nichtkristallin — glasig — amorph gleichbedeutend zu verwenden, z.B. von Mott [631], Doi [193], Gaskell [299] oder Elliott u. M. [227] in ausführlicheren Arbeiten. Es ist aber vertretbar zu fragen, ob es nicht sinnvoll und nützlich ist, zwischen den Begriffen glasig und amorph zu unterscheiden.

Meist werden die nichtkristallinen Festkörper röntgenographisch charakterisiert, wodurch die fehlende Fernordnung gut erkennbar wird. Das ist wahrscheinlich auch der Grund dafür, daß andere Einflüsse nicht berücksichtigt werden und obige Begriffe synonym Verwendung finden. Eine nichtkristalline Struktur entsteht unmittelbar beim Einfrieren der Schmelze, wenn auch manchmal sehr hohe Abkühlgeschwindigkeiten notwendig sind (s. Abschn. 2.4.4). Damit unmittelbar verbunden ist dann, daß die möglichen „Gläser" nur in sehr dünnen Schichten erhalten werden können.

Dünne nichtkristalline Schichten lassen sich aber auch durch Kondensation von Dämpfen herstellen, manchmal auch durch Fällen aus Lösungen.

Bisher waren es die in ihrer Struktur ungeordneten Flüssigkeiten oder die Gase als Ausgangsphasen, die zum nichtkristallinen Festkörper geführt haben. Geht man mit demselben Ziel vom Kristall aus, dann muß man dessen Fernordnung zerstören. Dies kann auf verschiedenen Wegen erfolgen, z.B. durch feinstes Pulvern oder Vergrößern der Fehlordnung durch energiereiche Strahlung oder mechanische Kräfte.

Die Variationsbreite ist also groß. Man hat mehrfach versucht festzustellen, ob diese nichtkristallinen Festkörper die für das übliche Glas typischen Eigenschaften zeigen. So schätzen Secrist und Mackenzie [856] anhand der Gleichungen für die Kristallisationsgeschwindigkeit die Viskosität bei T_g ab, wobei als T_g die Temperatur angenommen wird, wo Kristallisation beim Erhitzen einsetzt. Sie finden übereinstimmend bei einer „glasigen" Au/Si-Legierung, bei kondensiertem MgF_2-Dampf und bei mit Elektronen zerstäubtem Al_2O_3 eine Viskosität in der Größenordnung von 10^{12} dPa s. Onodera u. M. [675] berichten, daß beim As_2S_3 und Sb_2S_3 die kalorimetrisch bestimmten T_g-Werte nahezu übereinstimmen, unabhängig davon, ob die Substanzen aus der Schmelze abgeschreckt oder aus einer Lösung mit H_2S gefällt wurden. Dagegen zeigen Suzuki u. M. [937], daß durch Sputtern hergestellte SiO_2- oder GeO_2-Filme eine von den entsprechenden Gläsern abweichende Struktur aufweisen, die aber durch Tempern kurz oberhalb T_g sich den bekannten Strukturen angleicht.

Diese Ergebnisse zeigen, daß die nichtkristallinen Festkörper trotz unterschiedlicher Herstellung verwandte Eigenschaften haben können. Man kann sie gliedern, wenn man dem Vorschlag von Weyl [1059] folgt, die Energieprofile zu betrachten. Geht man von der Oberfläche mit einer höheren Energie aus, dann hat im Innern der Kristall eine tiefere, aber konstante Energie, während beim Glas nur geringe Abweichungen vorhanden sind. Ein nichtkristalliner Niederschlag mit sehr geringer Korngröße weist aber ein „chaotisches" Profil auf. Etwas klarer auf die *Unterschiede der Energie* hat Roy [793] hingewiesen. Aus dessen Klassifikation der nichtkristallinen Festkörper ist Bild 58 weiter entwickelt worden: Der Kristall hat die geringste Energie,

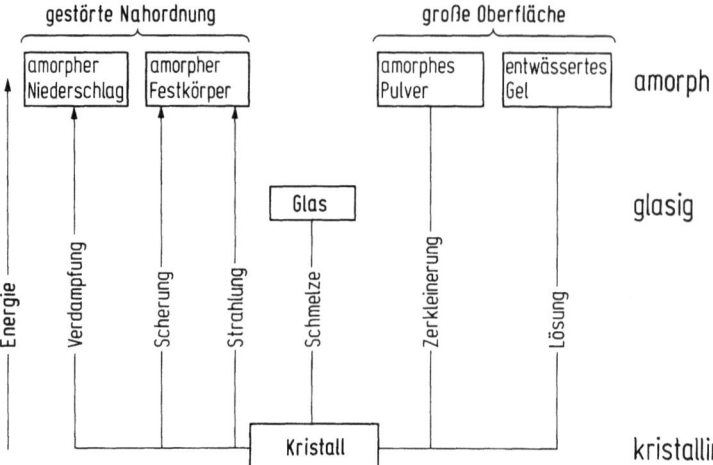

Bild 58. Wege zur Herstellung von nichtkristallinen Festkörpern – Unterschied glasig – amorph

er ist am stabilsten. Das aus der Schmelze entstandene Glas hat eine höhere Energie. Andere Herstellungsverfahren führen zu nichtkristallinen Festkörpern mit noch höherer Energie, die beim durch Zerkleinerung entstandenen Pulver oder beim entwässerten Gel durch eine sehr große Oberfläche bei sonst noch vorhandener Nahordnung bedingt ist, während bei den Niederschlägen oder Festkörpern mit hoher Fehlordnung bei meist geringer Oberfläche die Nahordnung gestört ist.

Damit ergibt sich eine zwanglose *Gliederung* der nichtkristallinen Festkörper in die Gläser mit ungeordneter Struktur (bei geringer Oberfläche und vorhandener Nahordnung) und in die amorphen Festkörper mit höherer Energie, bedingt durch eine große Oberfläche (bei vorhandener Nahordnung) oder durch gestörte Nahordnung (bei geringer Oberfläche).

Es muß auch hier angeführt werden, daß sich diese Gruppen nicht scharf abgrenzen lassen, sondern daß es viele Übergänge gibt. Auch sind die in Bild 58 angeführten Herstellungswege nicht spezifisch; denn es ist durchaus möglich, auch unter Umgehung der Schmelze zu einem Glas kommen, z.B. aus der Lösung nach dem Sol-Gel-Prozeß. Wichtig ist, daß diese nichtkristallinen Festkörper die für Glas typischen Eigenschaften aufweisen, z.B. T_g, worauf auch Sakka [797] und Popov [719] hinweisen. Auf der anderen Seite zeigt diese Darstellung, daß eine Substanz verschiedene Arten eines glasigen oder amorphen Festkörpers bilden kann, d.h. es gibt auch hier eine Art „Polymorphie", wofür nach Roy [793] das SiO_2 ein besonders gutes Beispiel ist.

Man kann auch andere Merkmale zur Unterscheidung heranziehen. Von Stevels [924] stammt der Vorschlag der Repeatability Number RN, die die Wahrscheinlichkeit darstellt, ausgehend von einem Atom in einer Richtung in bestimmten Abständen dieses wieder zu treffen. Beim Idealkristall beträgt dann $RN = 1$, während von Stevels dem amorphen Festkörper $RN = 0$ zugeordnet wird. Steigende RN-Werte führen dann zum abgeschreckten Glas, zum gut gekühlten Glas und über den fehlgeordneten Kristall zum Idealkristall. Diese Art der Klassifizierung könnte zu quantitativen Zahlen führen, doch treten Schwierigkeiten bei der Einordnung der sehr feinkörnigen amorphen Pulver auf.

2.5.7 Glasoberfläche

Bisher wurde fast ausschließlich das massive Glas betrachtet, jedoch wurde im vorangegangenen Abschnitt bereits vermerkt, daß die Eigenschaften von Glasoberflächen sich von denen im Glasinneren unterscheiden können. Das ist auch leicht verständlich, wenn man bedenkt, daß die direkt in der Oberfläche befindlichen Atome nach einer Seite keinen unmittelbaren Partner haben und dann dort ein anderer Bindungszustand herrschen muß als im Innern. Das wirkt sich in verschiedener Weise aus, wobei die größten Einflüsse bei der mechanischen Festigkeit, der chemischen Beständigkeit und der elektrischen Leitfähigkeit bestehen, was im nächsten Kapitel berücksichtigt werden wird. Diese große praktische Bedeutung hat auch dazu geführt, daß die Beschäftigung mit dem physikalischen und chemischen Verhalten der Glasoberflächen stark zugenommen hat. Holland [412] hat 1964 eine Monographie über Glasoberflächen vorgelegt, Day [163] sowie Dunken [214] haben die Vorträge von speziell den Glasoberflächen gewidmeten Tagungen herausgegeben, und zusammenfassende Artikel liegen u.a. von Ernsberger [235], Hench und Clark [391], Zarzycki [1112] und Dunken [215] vor. Auf die Methoden zur Untersuchung von Glasoberflächen wurde bereits im Abschn. 2.5.2 eingegangen. Hier seien noch drei umfassende Veröffentlichungen über dieses Thema von Fox [263], Bach und Baucke [37] und Milovanov u. M. [615] erwähnt. Wegen des Verhaltens von Oberflächen von Glasschmelzen sei auf Abschn. 3.7 verwiesen.

Über die Frage, was eine Oberfläche darstellt, ist viel diskutiert worden. Theoretisch kann man sie als eine nur zweidimensionale Grenzfläche zwischen zwei Phasen auffassen. Für praktische Betrachtungen muß sie aber aus mindestens einer Atomlage bestehen.

Bei der Glasherstellung aus der Schmelze bildet sich die Oberfläche von selbst aus, wobei das System versucht, in den Zustand geringster Energie zu kommen. Das wird einerseits dadurch erreicht, daß sich den Möglichkeiten entsprechend die kleinste geometrische Fläche bildet und daß andererseits sich die geringste Oberflächenenergie einstellt, indem sich die Komponenten in der Oberfläche anreichern, die die Oberflächenspannung erniedrigen. Im Abschn. 3.7 wird gezeigt werden, daß dies bei den üblichen Silicatgläsern vor allem die Elemente B, Pb, K und Na sind. Voraussetzung dabei ist, daß diese Anreicherungen nicht durch weitere Effekte gestört werden, z.B. durch Verdampfung. Solche Anreicherungen sind mehrfach experimentell bestätigt worden, z.B. von Rauschenbach [754], und ergeben sich nach Garofalini und Levine [297] auch aus theoretischen Berechnungen.

Es ist jedoch äußerst schwierig, solche Oberflächen im ursprünglichen, d.h. unbeeinflußten Zustand zu erhalten. Man muß annehmen, daß sich in der Oberfläche die Ionen befinden werden, die die größte Polarisierbarkeit besitzen, weil diese leichter deformierbar sind. Bei den oxidischen Gläsern sind dies die O^{2-}-Ionen, die aber eine sehr große Reaktionsbereitschaft besitzen und vor allem mit Spuren von H_2O-Dampf nach $\equiv Si-O-Si\equiv + H_2O$ zu $2 \equiv Si-OH$-Gruppen, auch Silanol-Gruppen genannt, reagieren. Das heißt, im Normalfall muß man davon ausgehen, daß die Glasoberflächen aus $Si-OH$-Gruppen bestehen. Deren thermische Stabilität ist relativ hoch, d.h. zur Entfernung dieser oberflächlichen OH-Gruppen muß man bis auf 400 °C und ggf. noch höher erhitzen. Dann kann es bereits geschehen, daß im Innern des Glases gelöstes Wasser so beweglich wird, daß es an die Glasoberfläche diffundiert.

Nachweisbar sind die Oberflächen-OH-Gruppen mit der Infrarotspektroskopie. Ihr Bindungszustand unterscheidet sich von dem des gelösten Wassers (s. Abschn. 2.6.1.7), so daß die entsprechenden IR-Banden sich etwas unterscheiden. Das gilt analog für das meist noch adsorbierte H_2O (s.u.).

Die sicherste Methode der Herstellung einer jungfräulichen Glasoberfläche ist das Brechen im Vakuum. Werden keine extremen Anforderungen an die Güte einer Glasoberfläche gestellt, dann hat sich bewährt, das Glas zunächst mit einer verdünnten HF/HNO_3-Lösung abzuätzen und anschließend einige Minuten auf T_g zu erhitzen.

Einige Autoren haben versucht, ihre Modelle für die Glasstruktur im Hinblick auf die Verträglichkeit dieses Modells für den Zustand an der Oberfläche zu diskutieren. Goodman [324], der für Kieselglas das Modell einer verspannten Clusterbildung annimmt, hat bei dieser Übertragung keine Schwierigkeit und kann darüber hinaus sogar Zusammenhänge mit dem praktischen Verhalten von Oberflächen finden. Low [555] vermutet, daß die Ladungsabsättigung an der Oberfläche auch dadurch erreicht wird, daß teilweise das Si auch in den Koordinationszahlen 5 und 6 auftritt. Auf jeden Fall verbleibt eine erhöhte Reaktionsbereitschaft, die sich auch dadurch zeigt, daß nach Berechnungen von Garofalini und Conover [296] die Selbstdiffusionskoeffizienten von Si und O in der Oberfläche von Kieselglas etwa eine Größenordnung größer als im Innern sind. Daneben hat diese Untersuchung ergeben, daß diese Koeffizienten für Si und O nahezu übereinstimmen, woraus folgt, daß beide Ionen eine gekoppelte Bewegung ausführen, also niemals gleichzeitig alle ihre nächsten Nachbarn verlieren.

Mehrfach wurde schon die große Reaktionsbereitschaft von Glasoberflächen angesprochen. Das führt im allgemeinen neben der bereits erwähnten Bildung von Silanol-Gruppen zur Adsorption von H_2O-Dampf, was beträchtliche Ausmaße erreichen kann, bedingt vor allem durch die Neigung des H_2O-Moleküls und der OH-Gruppen zur Ausbildung von Wasserstoffbrückenbindungen. Man kann annehmen, daß sich dabei die Struktur der Glasoberfläche nicht ändert.

Es gibt daneben eine Vielzahl von weiteren absichtlichen und unabsichtlichen Reaktionen oder Behandlungen bzw. Bearbeitungen der Glasoberfläche, die mit einer Änderung der Glasoberfläche verbunden sind. Sie können hier nur stichwortartig angeführt werden. Seit langem ist das Schleifen und mechanische Polieren des Glases bekannt, wobei letzterer Prozeß vielfältigen Einflüssen unterworfen ist und eine stark veränderte Glasoberfläche hinterläßt. Er erfordert große Erfahrungen, besonders Kaller [465] hat sich damit befaßt. Dieser Prozeß wird jetzt oft ersetzt durch die Säurepolitur mit einer HF/H_2SO_4-Mischung.

Eine große Zahl von Verfahren hat zum Ziel, die Eigenschaften des Glases, besonders dessen mechanische Festigkeit (s. Abschn. 3.5.2.7) zu verbessern. Später wird besprochen werden, daß man meist bestrebt ist, die Glasoberfläche unter Druckspannung zu setzen, z.B. durch thermisches oder chemisches Vorspannen. Das beeinflußt auch andere Eigenschaften, wie Hähnert u. M. [356] zeigen. Auch die Oberflächenkristallisation wird entsprechend genutzt, ein Vorgang, der manchmal auch unbeabsichtigt eintritt, wie Partridge [683] in einer Übersicht darstellt. Daneben gibt es Beschichtungen auf Glasoberflächen zu den unterschiedlichsten Zwecken; man kann sie bei Pulker [738] zusammengestellt finden. Herausgegriffen seien nur die Antireflexionsfilme, über die Ford und McMillan [262] berichten. Einen Überblick über die Möglichkeiten zur Verbesserung der Glasoberflächen durch chemische Reaktionen oder durch Aufbringen dünner Filme hat Franz [268] vorgelegt.

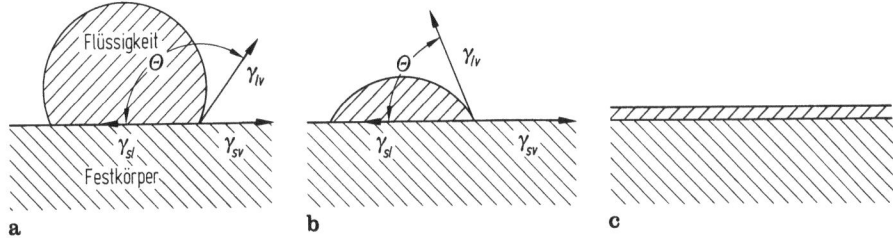

Bild 59. Beispiele für das Benetzungsverhalten von Flüssigkeiten auf Festkörpern. **a** nicht benetzend ($\Theta > 90°$), **b** benetzend ($\Theta < 90°$), **c** spreitend

Bei diesen Verfahren und auch im Gebrauch von Glas ist oft das *Benetzungsverhalten* wichtig. Es ist allgemein bekannt, daß sich Flüssigkeitstropfen auf Glasoberflächen sehr unterschiedlich verhalten können. Bild 59 zeigt drei Beispiele. Grundsätzlich liegen in diesem System drei verschiedene Oberflächen- bzw. Grenzflächenenergien vor:

$\gamma_{lv} =$ Oberflächenenergie ($\hat{=}$ Oberflächenspannung) der Flüssigkeit gegenüber der Atmosphäre ($\hat{=}$ der eigenen Dampfphase, wenn der Dampfdruck des Festkörpers vernachlässigt werden kann, was meist der Fall ist),

$\gamma_{sv} =$ Grenzflächenenergie des Festkörpers, d.h. des Glases, gegen die Atmosphäre, d.h. die Dampfphase, und

$\gamma_{sl} =$ Grenzflächenenergie des Festkörpers gegen die Flüssigkeit.

(In Anlehnung an den englischen Sprachgebrauch bedeuten die Indizes s = fest, l = flüssig, v = gasförmig.) Jedes Paar Flüssigkeit/Glas bildet einen bestimmten Randwinkel Θ (auch Kontaktwinkel genannt) aus, der das betreffende System kennzeichnet. Zwischen Θ und obigen Größen gilt die Youngsche Beziehung für den Zustand minimaler Energie

$$\gamma_{sl} - \gamma_{sv} + \gamma_{lv} \cos \Theta = 0 \quad \text{oder} \quad \cos \Theta = \frac{\gamma_{sv} - \gamma_{sl}}{\gamma_{lv}}. \tag{45}$$

In diesen Gleichungen ist γ_{lv} durch andere Methoden bestimmbar. γ_{sv} hat nur dann den Wert der Oberflächenenergie des festen Glases, wenn der Dampfdruck der Flüssigkeit zu vernachlässigen ist und eine vorhandene Dampfphase keinen Einfluß ausübt. Da γ_{sl} unbekannt ist, läßt sich der Randwinkel nicht voraussagen und muß von Fall zu Fall gemessen werden.

Nach Bild 59 spricht man bei Randwinkeln $\Theta > 90°$ von nicht benetzend (obwohl noch eine gemeinsame Grenzfläche vorhanden ist), bei $\Theta < 90°$ von benetzend und bei $\Theta = 0°$ von spreitend. Aus Gl. (45) folgt, daß die Voraussetzung für Benetzung $\gamma_{sv} > \gamma_{sl}$ ist, daß also die Grenzflächenenergie γ_{sl} gering ist. Das ist immer dann zu erwarten, wenn der Chemismus bzw. die Bindungsarten beider Partner verwandt sind, z.B. im System Wassertropfen auf hydratisierter Glasoberfläche, deren Grenzflächenenergie γ_{sv} mit 75 mJ/m² (nach Ausheizen steigt sie auf 260 mJ/m²) sehr nahe der Oberflächenenergie des H_2O mit $\gamma_{lv} = 72$ mJ/m² liegt. Im umgekehrten Fall, bei geringer Verwandtschaft, ist die Grenzflächenenergie groß, und bei $\gamma_{sv} < \gamma_{sl}$ wird nach Gl. (45) $\Theta > 90°$. Dieses Verhalten beobachtet man bei einem Hg-Tropfen auf einer Glasplatte.

Aus Gl. (45) folgt weiterhin, daß abnehmende Randwinkel, also bessere Benetzung dann zu erreichen sind, wenn γ_{sl} kleiner und γ_{sv} größer wird, während der Einfluß von γ_{lv} unterschiedlich ist. Wenn der Randwinkel gegen 0° geht, geht $\cos\Theta\to 1$. Beim Erreichen der vollständigen Benetzung gilt

$$\gamma_{sl} - \gamma_{sv} + \gamma_{lv} = 0 \,.$$

Damit wird der Grenzfall der beginnenden Spreitung erreicht. Sie wird aber nur dann eintreten, wenn dadurch Arbeit gewonnen wird. Bei diesem Vorgang verschwindet die Grenzflächenenergie γ_{sv}, während neu die Grenzflächenenergie γ_{sl} und die Oberflächenenergie γ_{lv} aufgebracht werden müssen. Für die Spreitung muß diese Differenz positiv sein, also

$$\gamma_{sv} > \gamma_{sl} + \gamma_{lv} \quad \text{oder} \quad \gamma_{sv} - (\gamma_{sl} + \gamma_{lv}) \equiv p_{S,p} > 0,$$

wobei mit $p_{S,p}$ der sog. Spreitungsdruck eingeführt wurde, der dieses Verhalten beschreibt.

Obige Abhängigkeiten gelten entsprechend für Systeme, bei denen die Flüssigkeit eine Glasschmelze und der Festkörper ein Feuerfestmaterial ist.

2.6 Spezielle Glasstrukturen

Die wichtigsten Grundlagen der Glasstruktur wurden im Abschn. 2.2 über die Netzwerkhypothese und im Abschn. 2.5 über die Bindungsverhältnisse und sonstige Betrachtungsweisen und -möglichkeiten geschildert. Nochmals kurz zusammengefaßt ist also davon auszugehen, daß die Struktur von Gläsern ein ungeordnetes Netzwerk darstellt, in der überwiegenden Mehrzahl gekennzeichnet durch über Ecken verknüpfte Koordinationen aus Netzwerkbildnern, die von Anionen umgeben sind. Es besteht damit eine Nahordnung, aber wegen der ungeordneten Verknüpfung keine Fernordnung. Durch Einführung größerer Kationen werden die Verknüpfungen aufgehoben; es entstehen durch diese Netzwerkwandler Trennstellen im Netzwerk. Die Frage nach der Struktur eines Glases mit einer bestimmten Zusammensetzung ist daher im wesentlichen eine Frage nach der Nahordnung. Manchmal kann man aus der Art der Nahordnung auf eine Fernordnung schließen, was besonders dann interessant wird, wenn mit Entmischungstendenz zu rechnen ist.

Es kann hier nur eine angenäherte Darstellung der Struktur der Gläser gegeben werden, die jedoch in den allermeisten Fällen ausreichend ist, die Einflüsse bestimmter Komponenten zu erklären und Abhängigkeiten von Eigenschaften (s. Kap. 3) zu verstehen. An mehreren Stellen dieses Buches ist darauf hingewiesen worden, daß das statistisch ungeordnete Modell der Glasstruktur eine Idealvorstellung ist und daß man Abweichungen in Richtung Ordnung annehmen muß. Es muß aber klar herausgestellt werden, daß man von einer Struktur nur bei einer einzelnen Phase sprechen kann. Ist bei einem Glas wirklich Entmischung eingetreten, dann liegt ein Gefüge vor aus mehreren Phasen, deren jede ihre eigene Struktur hat.

Im Rahmen dieses Buches werden die Gläser, die durch einfaches Abkühlen herstellbar sind, bevorzugt behandelt. Nur am Rande kann auch auf Gläser eingegangen werden, die durch sehr schnelles Abschrecken zu erhalten sind.

2.6.1 Oxidische Gläser

Die ganz überwiegende Zahl der Gläser enthält als Anion den Sauerstoff, der bei der Verknüpfung als Brückensauerstoff auftritt. Im Abschn. 2.5.3 wurde bereits erwähnt, daß die Größe der sich einstellenden Koordinationen vom Radienverhältnis Kation:Sauerstoffion abhängt. Tabelle 7 enthält einige dieser Koordinationszahlen, die eine wesentliche Aussage für die Nahordnung sind.

2.6.1.1 Einkomponentengläser

Die Netzwerkhypothese formuliert die Bedingungen für die Bildung von Oxidgläsern (s. Abschn. 2.2). Danach sind Gläser aus nur einem Oxid möglich. Ein Oxid soll hier als eine Komponente bezeichnet werden. Die Aussagen über deren Strukturen resultieren überwiegend aus Röntgen- und Neutronenbeugungsmessungen. Wiederholt hat sich dabei herausgestellt, daß Einkomponentengläser keine strukturellen Inhomogenitäten aufweisen, die mit der Röntgenkleinwinkelstreuung erkennbar wären. Die mit letzterer Methode meßbare Streuintensität wird durch thermische Dichtefluktuationen hervorgerufen. Diese Intensitäten sind nach Golubkov u. M. [322] unabhängig von der Temperatur, erst oberhalb T_g steigen sie an, d.h. die Dichtefluktuationen werden bei T_g ebenfalls eingefroren.

SiO_2-*Glas* hat von seiner Zusammensetzung und technischen Anwendung her eine hervorragende Stellung unter den Einkomponentengläsern. Es wird auch als Kieselglas bezeichnet, ein Ausdruck, der dem Begriff Quarzglas vorzuziehen ist, da letzterer zu Mißverständnissen führen kann.

Die Struktur des Kieselglases wurde schon eingehend erörtert (s. in mehreren Teilen des Abschn. 2.5), eine zweidimensionale Darstellung brachte Bild 3. In ihr sind die Vorstellungen des ideal ungeordneten Netzwerks sehr gut erfüllt. Das kontinuierliche Netzwerk zeigt in der ebenen Darstellung Ringe verschiedener Größe, die dreidimensional Hohlräume bilden. Das Netzwerk ist daher recht weitmaschig, was z.B. zur Folge hat, daß He-Gasatome verhältnismäßig leicht durch Kieselglas diffundieren. Die Folgen für andere Eigenschaften werden im 3. Kapitel behandelt werden.

Mehrere Autoren konnten zeigen, daß es möglich ist, aus [SiO_4]-Tetraedern ein mechanisches Modell des Kieselglases aufzubauen, das dann sehr gut mit dem Röntgendiagramm verträglich ist. Dabei treten variable Si–O–Si-Verknüpfungswinkel auf mit Mittelwerten um 145°. Da aber, wie früher im Abschn. 2.5.2 schon erwähnt, die Auswertung von Röntgendiagrammen immer von Modellen ausgehen muß und diese relativ unempfindlich reagieren, findet man immer wieder neue Vorschläge, die vorsichtig zu beurteilen sind. Übersichten über Eigenschaften und Strukturvorschläge bringen Brückner [107] und Shutilov und Abezgauz [886, 887]. Dabei zeigt sich, daß die Modelle nicht immer ausreichen, die Eigenschaften des Kieselglases zu erklären. Gaskell und Tarrant [301] haben deshalb das statistische Modell durch Berücksichtigung energetischer Gesichtspunkte verfeinert und können dadurch mehrere physikalische Eigenschaften, z.B. die Dichte, gut erfassen. Verbesserungen sind auch durch eine fortgeschrittene Meßtechnik zu erwarten. So können Gerber und Himmel [309] die Mittelbereichsordnung bis 2,2 nm messen. Sie stellen dabei fest, daß diese Ergebnisse sich am besten mit einer dem Hoch-Cristobalit ähnlichen Struktur erklären lassen, die durch 5er- und 7er-Ringe gestört ist. Die Bevorzugung der 5er-Ringe als wesentliches Strukturelement des Kieselglases wird daneben immer wieder betont. Daß das SiO_2 dem Pentagondodekaeder nicht abgeneigt ist, zeigen kristallographische Untersuchungen von Gies u. M. [312]. Sie fanden, daß auch das SiO_2 sehr locker gebaute Einschlußverbindungen (Clathrate) bilden kann, die sie Clathrasile nennen. Besonders häufig sind solche Strukturen aus Pentagondodekaedern aufgebaut, die dann als Dodecasile bezeichnet werden.

Schließlich sei noch erwähnt, daß in der Kieselglasstruktur atomare Fehlstellen entstehen, vorzugsweise durch energiereiche Bestrahlung. Griscom [342] hat diese Erscheinungen zusammengestellt. Sie sind nachweisbar mit der Elektronenspinresonanz oder mit optischen Methoden im UV- oder sichtbaren Bereich bei ausreichender Meßempfindlichkeit und optischer Weglänge. Letzteres ist bei Wellenleitern gegeben, wo diese Effekte eine praktische Bedeutung erhalten haben. Einen wichtigen Einfluß übt dabei der OH-Gehalt des Kieselglases aus.

B_2O_3-*Glas* ist von seiner Stabilität her an zweiter Stelle zu nennen; denn unter normalen Bedingungen ist eine Kristallisation nicht möglich. Man könnte dafür große Unterschiede in den Strukturen von Glas und Kristall verantwortlich machen, was aber nur teilweise stimmt; denn aufgrund des Ionenradienverhältnisses von 0,19 ist in beiden Formen das ebene $[BO_3]$-Dreieck die Grundeinheit. Während sich jedoch im Kristall unendliche Ketten ausbilden, sind die Röntgendiagramme am besten mit dem von Krogh-Moe [510] vorgeschlagenen Zusammenbau von drei solchen Dreiecken zu $[B_3O_6]$-Boroxol-Gruppen verträglich, die ihrerseits nun ein unregelmäßiges Netzwerk bilden, wie es schematisch Bild 60 zeigt. Die gegenseitige Verknüpfung ist hier nur dreifach, aber wegen der unterschiedlichen B−O−B-Winkel doch aus einer Ebene herausragend, so daß insgesamt ebenfalls ein räumliches Netzwerk entsteht. Es ist jedoch sofort zu erkennen, daß dessen Stabilität im Vergleich zu der des Kieselglases deutlich geringer sein muß, was sich auch in den entsprechenden Eigenschaften widerspiegeln wird. Johnson u. M. [460], die die bisherigen Strukturuntersuchungen zusammenfassen, schließen aus Neutronenbeugungsaufnahmen, daß der Anteil an unabhängigen $[BO_3]$-Dreiecken etwa 60 % beträgt. Nach Miyake u. M. [617] bleibt die Mischung auch in der Schmelze erhalten, d.h. die Boroxolringe sind relativ stabil. Bei hohen Drücken nimmt nach Sharma u. M. [864] ihr Anteil allerdings ab, jedoch findet bis 40 kbar keine Erhöhung der Koordinationszahl des B-Ions statt.

GeO_2-*Glas* hat zwar keine wesentliche technische Bedeutung, hat aber seit einigen Jahren zunehmend theoretisches Interesse gefunden. Aufgrund des Ionenradienverhältnisses befindet sich GeO_2 nahe an der Grenze zwischen KZ 4 und KZ 6. Wirklich treten zwei kristalline Modifikationen auf, die bis 1 049 °C stabile Rutilform mit der KZ 6 und die darüber bis zum Schmelzpunkt bei 1 116 °C stabile Quarzform mit der KZ 4. Aus letzterer bildet sich eine sehr viskose Schmelze, die beim Abkühlen zum Glas erstarrt, das in seiner Struktur dem Kieselglas sehr ähnelt. Die gegenseitige Verknüpfung der $[GeO_4]$-Tetraeder ist vierfach, so daß die Struktur fester ist als die des B_2O_3-Glases, aber schwächer als die des Kieselglases, da die Ge−O-Bindung schwächer als die Si−O-Bindung ist.

Die Zachariasenschen Bedingungen für das Netzwerk werden noch von *weiteren Oxiden* erfüllt, deren Glasbildungstendenz unterschiedlich ist. Hier sei nur kurz vermerkt, daß P_2O_5-Schmelzen leicht zum Glas abgekühlt werden können. Die

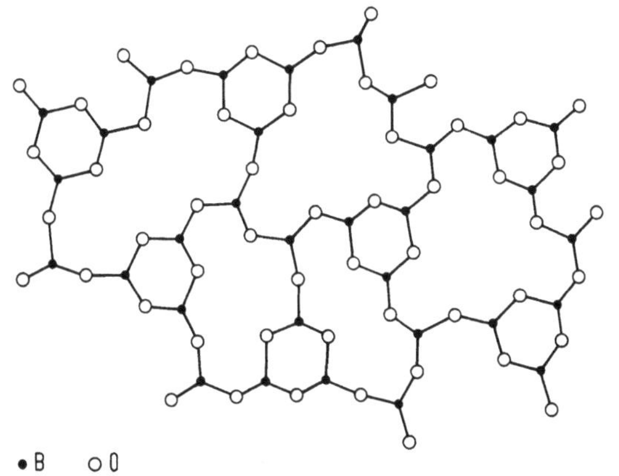

Bild 60. Modell des B_2O_3-Glases nach Krogh-Moe [510] mit B_3O_6-Boroxolgruppen

• B   ○ O

Struktur des P_2O_5-Glases ist bestimmt durch [PO_4]-Tetraeder, die jedoch nur dreifach miteinander verknüpft sein können, da ein Sauerstoff am P wegen dessen 5-Wertigkeit doppelt gebunden ist.

Sucht man in Tabelle 7 nach weiteren Oxiden, die die geforderten Bedingungen erfüllen könnten, dann stößt man noch auf As_2O_3. Es konnte wirklich glasig erhalten werden, wobei die Struktur aus [AsO_3]-Dreiecken besteht, die ein Netzwerk aus gekrümmten Schichten bilden. Das chemisch ähnliche Sb_2O_3 hat eine wesentlich geringere Glasbildungstendenz. Die Ursache dafür ist in der Ähnlichkeit der Strukturen vom Sb_2O_3-Kristall und Sb_2O_3-Glas zu sehen, die nach Hasegawa u. M. [382] beide ein Netzwerk aus Doppelketten von [SbO_3]-Pyramiden bilden, das beim Glas jedoch fehlgeordnet ist.

Es gibt noch einige weitere Oxide, die am Rande der Glasbildungsmöglichkeit liegen, die aber nur bei sehr hohen Abkühlgeschwindigkeiten (s. Abschn. 2.4.4) oder in binären Systemen als Gläser auftreten. Einige davon werden im Zusammenhang mit dem Einfluß von R_2O_3, RO_2 usw. besprochen werden.

Es muß ebenfalls H_2O als mögliches Einkomponentenglas erwähnt werden, dessen Bildungsmöglichkeiten bereits früher erörtert wurden (s. Abschn. 2.4.4). Seine Struktur muß in den Grundlagen ähnlich der des Kieselglases angenommen werden, nur daß jetzt die Sauerstoffatome im Zentrum stehen, die umgeben sind von vier Wasserstoffatomen, von denen 2 direkt und 2 durch Wasserstoffbindungen gebunden sind. Diese [OH_4]-Tetraeder bilden das Netzwerk, wobei je ein H durch eine Wasserstoffbrücke zwei Tetraeder über Ecken verknüpft. Diese vergleichsweise schwachen Bindungen erklären die Instabilität des Glases.

2.6.1.2 Einfuß von R_2O

Bei der Besprechung der Netzwerkhypothese wurden bereits die wesentlichen Strukturmerkmale der Alkalisilicatgläser genannt: während in den Einkomponentengläsern alle O^{2-}-Ionen als Brückensauerstoffe vorliegen, sind in den Alkalisilicatgläsern den Alkaliionen benachbarte Trennstellensauerstoffe vorhanden. Nach der sehr vereinfachenden Reaktionsgleichung

$$\equiv Si-O-Si\equiv \, + Na_2O \rightarrow \, \equiv Si-O-Na + Na-O-Si\equiv$$

findet eine Aufspaltung des Netzwerks statt, d.h. es liegen Trennstellen vor. Diese Trennstellenbildung stellt den wichtigsten Einfluß der Alkalioxide dar; denn sie bewirkt eine Schwächung der Glasstruktur, deren Festigkeit in diesen Glassystemen mit der Zahl der Si−O−Si-Brücken ansteigt. Die Änderung vieler Glaseigenschaften mit steigendem Alkalioxidgehalt läßt sich damit leicht erklären.

Die Bindung des Na^+-Ions ist vorwiegend ionisch, doch ist die Na−O-Bindung viel schwächer als die Si−O-Bindung. Trotzdem hat auch das Na^+-Ion das Bestreben, sich mit O^{2-}-Ionen zu koordinieren, wobei es wahrscheinlich die Koordinationszahl 6 bevorzugen wird. Das Koordinationsbestreben des Na^+-Ions wird dadurch erfüllt, daß es in den recht großen Hohlräumen des Glasnetzwerks sitzt, wo sich die benachbarten Brückensauerstoffe an der Koordination beteiligen. Für das K^+-Ion kann die KZ 8, für das Li^+-Ion die KZ 4 angenommen werden. Die Auswertung röntgenographischer Messungen führt auch zu anderen Zahlen, die bei Yasui u. M. [1099] kleiner, bei Waseda und Suito [1045] höher liegen. (Siehe auch entsprechende Angaben über die KZ in Schmelzen im Abschn. 2.3.2.) Das zeigt erneut die Schwierigkeit der Auswertung von Röntgendiagrammen, zu der bei den Alkalisilicatgläsern (und auch den weiteren Mehrkomponentengläsern) noch kommt, daß die Zahl der nächsten O^{2-}-Ionen in einer ungeordneten Struktur nicht eindeutig festzulegen ist. Aber auf jeden Fall unterscheiden sich die Strukturen der Alkalisilicatgläser bei gleichem Alkalioxidgehalt, wozu auch noch eine unterschiedliche Bindefestigkeit zum benachbarten Trennstellensauerstoff beiträgt.

Die Glasbildungsbereiche in den binären Systemen R_2O-SiO_2 liegen bei üblichen Abkühlgeschwindigkeiten bei 35 (Li_2O) bis 55 Mol-% (andere R_2O). Es wurde früher bereits erwähnt, daß diese Bereiche ausgedehnt werden können durch Einführung mehrerer Alkalien (Invertgläser, s. Abschn. 2.5.4) oder durch große Abkühlgeschwindigkeiten (s. Abschn. 2.4.4).

Eine noch nicht endgültig gelöste Frage ist die nach der *Verteilung der Alkaliionen*. Bei der Besprechung der Struktur der Schmelzen (s. Abschn. 2.3) ergab sich, daß oft mit Abweichungen von einer statistischen Verteilung in Richtung Schwarmbildung zu rechnen ist. Man konnte aber bisher kein quantitatives Maß dafür finden, und die Auswertung von Messungen nach verschiedenen physikalischen Methoden ergibt kein sehr einheitliches Bild. Es ist aber möglich festzustellen, daß bei den binären Systemen im SiO_2-nahen Bereich die Entmischungstendenz zunimmt in der Reihe der Oxide Cs−Rb−K−Na−Li, was auch Bild 13 erkennen läßt. Auch mit kernmagnetischen Messungen mit dem Isotop ^{29}Si haben Dupree u. M. [217] und ramanspektroskopisch Matson u. M. [584] diese Tendenz festgestellt; mit steigendem Alkaligehalt nimmt die Schwarm- bzw. Clusterbildung ab. (Über das Auftreten der Entmischung in den binären Systemen R_2O−SiO_2 wurde im Abschn. 2.3.3 berichtet.)

Bei den alkalihaltigen Gläsern hat man ein überraschendes Verhalten gefunden: Beim schrittweisen Ersatz eines Alkaliions durch ein anderes Alkaliion zeigen einige Eigenschaften ein ausgeprägt nichtlineares Verhalten, z.B. die elektrische Leitfähigkeit (s. Abschn. 3.6.1), der dielektrische Verlust, die innere Dämpfung und die Selbstdiffusion, also alles Eigenschaften, die durch Transportmechanismen beeinflußt werden. Dieser Effekt wird als *Mischalkalieffekt* bezeichnet, obwohl sich inzwischen herausgestellt hat, daß es besser wäre, ihn als Mischoxideffekt zu bezeichnen, da auch Nichtalkalioxide solche Effekte zeigen können. Zusammenstellungen haben Isard

[436] und Day [164] erarbeitet, wobei auch die bis dahin veröffentlichten Deutungsversuche gegenübergestellt werden. Dazu muß man berücksichtigen, daß der Mischalkalieffekt erst bei Gesamtalkaligehalten von etwa 10 Mol-% deutlich meßbar wird, daß er nicht nur bei Silicatgläsern auftritt und daß er mit steigender Temperatur geringer wird. Mehrere Deutungsvorschläge gehen von Struktur- und Bindungsbetrachtungen aus und diskutieren die Möglichkeiten und die Auswirkungen einer bevorzugten Nachbarschaft von verschiedenen Alkaliionen. Direkte Messungen ergeben ein unterschiedliches Bild. So werden solche gemischten Ionenpaare von Yasui u. M. [1099] röntgenographisch gefunden, können aber von Hanson und Egami [378] mit der energiedispersiven Röntgenbeugung nicht festgestellt werden. Dietzel [178] weist jedoch darauf hin, daß verschiedene Alkaliionen sich besonders bevorzugt an ein Trennstellen-Sauerstoffion lagern werden, wenn sie möglichst unterschiedliche Feldstärken aufweisen. Sie sollen dann auch stärker gebunden sein, was die Abnahme der Beweglichkeit erklären könnte. Dem steht der experimentelle Befund gegenüber, wonach z.B. in $20R_2O \cdot 20Ga_2O_3 \cdot 60SiO_2$-Gläsern nach Lapp und Shelby [527] in der elektrischen Leitfähigkeit ein ausgesprochener Mischalkalieffekt auftritt, aber durch Bildung der $[GaO_4]$-Koordination die Alkaliionen keine Trennstellensauerstoffe bilden können (s. Abschn. 2.6.1.4). Die Messungen der Wechselstromleitfähigkeit mit steigenden Frequenzen bis zu 100 kHz von Tomozawa und Yoshiyagawa [984] zeigen, daß bei sehr hohen Frequenzen der Mischalkalieffekt sehr klein wird, woraus gefolgert wird, daß Mechanismen, die auf nur begrenzten Nachbarschaften beruhen, keine wesentliche Rolle spielen können. Außerdem muß man bedenken, daß bereits ein sehr geringer Ersatz eines Ions durch ein anderes Ion einen erheblichen Effekt haben kann, daß also z.B. ein neues Ion die Beweglichkeit von 50 vorhandenen Ionen beeinflussen kann. Man hat versucht, dies auf verschiedene Weise zu berücksichtigen. So nimmt Filipovich [255] in der Glasstruktur spezielle Fehlstellen und einen inneren Ionenaustausch an. Von einem Defektmechanismus gehen auch Moynihan und Lesikar [633] aus, der nur einem Teil der Alkaliionen (Größenordnung 1 bis 5 %) eine leichte Beweglichkeit erlaubt. Das leitet zum Modell von Matusita u. M. [586] über, die zur Deutung des Mischalkalieffekts annehmen, daß jede Alkaliionenart sich nur auf für sie typischen Wegen bewegen kann, die durch Leerstellen gebildet werden, wo zuvor Ionen derselben Art saßen. Fremde Alkaliionen können diese Bewegungen durch Beeinträchtigung dieser Leerstellen bzw. Wege leicht stören. Tomandl und Schaeffer [975] entwickeln ein ähnliches Modell mit kationenspezifischen Pfaden, die sich mit steigender Temperatur bei T_g „auflösen", wie sie sich auch erst beim Abkühlen bilden, denn Mischalkaligläser, die durch Ionenaustausch hergestellt wurden – obige Autoren [974] behandeln Kalk-Natronsilicatgläser in einer KNO_3-Schmelze –, zeigen keinen Mischalkalieffekt, müssen also eine andere Struktur haben. Mit diesem Modell, der Annahme von Wechselwirkungsenergien und vier Parametern können sie die verschiedenen Meßergebnisse besser anpassen als Hendrickson und Bray [396], auf deren Modell der elektrodynamischen Wechselwirkungen sie aufbauen. Solche Anpassungen mit mehreren Parametern hat auch Zakis [1109] durchgeführt, der das Problem noch allgemeiner anfaßt, indem er auf Mischeffekte auch in Ionenkristallen und Metallegierungen hinweist. Damit und durch weitere Arbeiten, z.B. das Auffinden des Mischalkalieffektes auch in Fluorozirconatgläsern durch Xiujian u. M. [1094], ist die Ursache des Mischalkalieffekts zwar noch nicht endgültig aufgeklärt, aber die

damit zusammenhängenden Versuche haben doch interessante neue Erkenntnisse gebracht, die zeigen, daß es notwendig ist, die Kenntnisse über die Struktur von Gläsern noch zu verfeinern.

2.6.1.3 Einfluß von RO

Neben den Alkalioxiden enthalten alle normalen Gläser noch *Erdalkalioxide*, von denen am häufigsten das CaO ist. Der Einbau des CaO in die Glasstruktur läßt sich genau so wie die Einführung eines Alkalioxids beschreiben:

$$\equiv Si-O-Si\equiv \; + Ca=O \; \rightarrow \; \equiv Si-O-Ca-O-Si\equiv .$$

Auch durch die Einführung des CaO entstehen einfach gebundene O^{2-}-Ionen und Trennstellen. Die Ca–O-Bindung ist aber wegen der Wertigkeit 2 des Ca^{2+}-Ions deutlich stärker als die Na–O-Bindung, so daß die beiden gebildeten Trennstellensauerstoffe über das Ca^{2+}-Ion eine gewisse Bindung erhalten.

Nachdem die Art des Einbaues von Na_2O und CaO in die Glasstruktur jetzt bekannt ist, kann ein Modell für die Struktur eines Kalk-Natronglases aufgestellt werden, wie es Bild 61 zeigt. Darin lassen sich die zwei grundsätzlich verschiedenen Typen von Kationen erkennen: die Netzwerkbildner, die wie die Si^{4+}-Ionen über die Ausbildung der $[SiO_4]$-Tetraeder die Bildung des dreidimensionalen Netzwerks gewährleisten und die Netzwerkwandler, zu denen die beiden anderen Kationen Na^+ und Ca^{2+} gehören, die das Netzwerk aufspalten.

Binäre Erdalkalioxid–SiO_2-Gläser haben vorwiegend theoretisches Interesse. Im System $CaO-SiO_2$ ist die Kristallisationsneigung sehr groß, aber nach Hayashi und Saito [386] lassen sich solche Gläser über den Sol-Gel-Prozeß herstellen, wobei die Entwässerungstemperaturen nicht über 800 °C liegen dürfen, weil sonst Kristallisation einsetzt. Gläser aus dem System $BaO-SiO_2$ sind leichter erhältlich, wobei man aber nach Abschn. 2.3.3 auf die Entmischung achten muß.

Der Übergang zu ternären Gläsern mit Alkalioxiden als dritter Komponente erleichtert die Glasbildung ganz beträchtlich. So ist das oben erwähnte System $Na_2O-CaO-SiO_2$ die Grundlage der üblichen Hohl- und Flachgläser. Deren Strukturprinzip läßt sich auf die Gläser mit den anderen Erdalkalioxiden übertragen. Ebenso wie in der Reihe der Alkalien werden durch die verschiedenen Größen der Erdalkaliionen Unterschiede in der Bindungsstärke auftreten. Eine besondere Stellung nimmt dabei das Mg^{2+}-Ion ein, das mit seinem Ionenradius von 0,078 nm unter bestimmten Bedingungen mit der Koordinationszahl 4 auftreten kann. Es steht damit in seiner Wirkung auf die Struktur zwischen den Netzwerkwandlern und den Netzwerkbildnern. Die Ausbildung von $[MgO_4]$-Tetraedern, also die Wirkung von Mg als Netzwerkbildner, ist aber nur möglich, wenn der fehlende Wertigkeitsausgleich geschaffen werden kann, wenn also noch genügend Alkaliionen anwesend sind. Man wird daher Mg vorwiegend dann als Netzwerkbildner finden, wenn das Verhältnis $R^+:Mg^{2+}$ groß ist. Wenn dieses Verhältnis kleiner als 1,33 wird, dann tritt nach Gorbacher u. M. [326] das zusätzliche Mg in Form von $[MgO_6]$-Oktaedern in die Glasstruktur ein.

Noch ausgeprägter muß diese Tendenz beim noch kleineren Be-Ion sein. Hier ist es Müller [635] gelungen, beim starken Abschrecken einer Schmelze aus (in Mol-%)

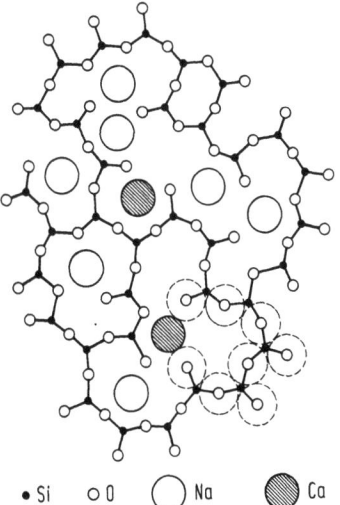

• Si ○ O ◯ Na ◉ Ca

Bild 61. Ebene Darstellung der Struktur eines Kalk-Natronglases. (Die vierten Valenzen der Si ragen nach oben oder unten aus der Zeichenebene heraus)

30 BaO, 20 CaO und 50 BeO ein Glas zu erhalten, bei dem das gesamte Netzwerk aus [BeO$_4$]-Tetraedern gebildet wird.

Es ist also nicht möglich, alle Kationen nur einem der beiden Typen (Netzwerkbildner oder Netzwerkwandler) zuzuordnen. Wie so oft hat man es auch hier mit zwei Grenzfällen zu tun, zwischen denen es alle möglichen *Übergänge* gibt. Es ist deshalb damit zu rechnen, daß einige Kationen Mittelstellungen einnehmen oder auch, daß andere Kationen ihre Stellung in Abhängigkeit von der sonstigen Zusammensetzung des Glases ändern. Das Mg^{2+}-Ion ist bereits ein Beispiel dafür. Weitere Fälle findet man häufig bei den Elementen mit größerer Polarisierbarkeit, also den Nebengruppenelementen und den Elementen mit großem Ionenradius. Als ein Beispiel sei das ZnO erwähnt, bei dem wegen des Radius des Zn^{2+}-Ions von 0,083 nm noch die KZ 4 möglich ist, so daß es ebenfalls eine Mittelstellung zwischen Netzwerkbildner und Netzwerkwandler einnimmt. Die jeweilige Glaszusammensetzung bestimmt dann, welche Eigenschaft vorherrschend ist.

Gegenüber den Hauptgruppenelementen zeichnen sich die *Nebengruppenelemente* dadurch aus, daß sie meist in verschiedenen Wertigkeiten auftreten können. Tritt dazu bei den großen Ionen, z.B. beim Pb^{2+}-Ion, eine leichte Beweglichkeit der Ladungen innerhalb des Ions, also eine große Polarisierbarkeit, dann können sich dadurch neue Einflüsse auf die Glasstruktur und die Glaseigenschaften ergeben. Das wird bei der Besprechung des Einflusses auf einige Eigenschaften hervorgehoben werden. Das Verhalten von PbO in Gläsern hat Rabinovich [745] zusammenfassend dargestellt. Die bereits erwähnte Möglichkeit, Gläser mit bis zu sehr hohen PbO-Gehalten zu erhalten, hat zu vielen weiteren Strukturuntersuchungen geführt. Die silicatischen Anionen wurden bereits im Abschn. 2.3.1 erwähnt. Die Ansichten über die Rolle des Pb^{2+}-Ions sind unterschiedlich, aber einheitlich wird eine geringe Koordinationszahl von 2 bis 4 angenommen und dem Pb-Ion eine Rolle als Netzwerkbildner zugeschrieben. Imaoka u. M. [433] konnten ihre Röntgenbeugungsmessungen den Ergebnissen der chromatographischen Anionenbestimmung anpassen.

Die Ausbildung von Mischungslücken in den Systemen RO – SiO$_2$ und die Möglichkeit der *Entmischung* im System Na$_2$O – CaO – SiO$_2$ wurde bereits im

Abschn. 2.3.3 behandelt. Für die Stabilität der meist verwendeten Kalk-Natrongläser ist es wichtig zu wissen, daß diese Entmischungsneigung nicht nur durch Al_2O_3-Zusätze, sondern auch durch MgO erniedrigt werden kann.

2.6.1.4 Einfluß von R_2O_3 und Gläser auf R_2O_3-Basis

Die meisten handelsüblichen Gläser sind auf der Basis $Na_2O - CaO - SiO_2$ aufgebaut. Im allgemeinen enthalten sie aber noch weitere Komponenten in geringeren Mengen, die teils unabsichtlich mit den Rohstoffen eingeführt, teils bewußt zugesetzt werden. Mit die wichtigste dieser weiteren Komponenten ist das *Aluminiumoxid* Al_2O_3.

Der Radius des Al^{3+}-Ions beträgt 0,057 nm, das Radienverhältnis $r_{Al}:r_O = 0,43$. Das Al^{3+}-Ion liegt demnach an der Grenze zwischen 4er- und 6er-Koordination. Es hängt vom Bindungszustand der O^{2-}-Ionen ab, welche dieser beiden Koordinationen sich einstellt. Im reinen Al_2O_3 sind den O^{2-}-Ionen nur Al^{3+}-Ionen benachbart, wodurch die O^{2-}-Ionen nach verschiedenen Seiten fest gebunden werden und nur eine geringe Polarisierbarkeit aufweisen. Zur Auffüllung der Koordination werden deshalb sechs O^{2-}-Ionen benötigt. Dann ist die gegenseitige Verknüpfung der Polyeder nur über Ecken nicht mehr möglich, so daß reines Al_2O_3 nur in kristallinen Modifikationen, normalerweise als Korund, auftritt. Obwohl es ein Oxid vom Typ R_2O_3 ist, bildet es also allein kein Glas.

Ähnlich sind die Verhältnisse, wenn man Al_2O_3 in reines SiO_2-Glas einführt. Die dort vorliegenden wenig polarisierbaren O^{2-}-Ionen zwingen das Al^{3+}-Ion in die $[AlO_6]$-Koordination, die nicht mehr als netzwerkbildend angesehen werden kann, d.h. in diesem Fall spielt das Al^{3+}-Ion die Rolle eines Netzwerkwandlers. Nach neueren Messungen verschiedener Autoren bestehen aber Anzeichen, daß in Al_2O_3-haltigen SiO_2-Gläsern auch $[AlO_4]$-Tetraeder vorliegen, wobei der Ladungsausgleich durch die restlichen, als Netzwerkwandler vorliegenden Al^{3+}-Ionen gegeben ist. Dadurch wird verständlich, daß man beim schnellen Abschrecken im System $SiO_2 - Al_2O_3$ Gläser mit bis zu 65 Mol-% Al_2O_3 erhalten kann.

Führt man Al_2O_3 in ein Kalk-Natronglas ein, wird dem Al^{3+}-Ion die Möglichkeit gegeben, mit den leichter polarisierbaren Trennstellensauerstoffen $[AlO_4]$-Koordinationen aufzubauen, wodurch es zum Netzwerkbildner wird. Hier liegt also ein weiteres Beispiel dafür vor, wie die Wirkung eines Kations von der Glaszusammensetzung abhängig ist.

Die $[AlO_4]$-Koordination gleicht der $[SiO_4]$-Koordination, und wirklich kann ein Al^{3+}-Ion an die Stelle eines Si^{4+}-Ions in der Glasstruktur treten. Dabei ist aber zu bedenken, daß die beiden Ionen verschiedene Wertigkeiten besitzen. Der notwendige Wertigkeitsausgleich wird durch die Alkaliionen geschaffen, die zur Bildung der betreffenden Trennstellensauerstoffe geführt haben. In Bild 62 ist der Ersatz von $2 SiO_2$ durch $1 Al_2O_3$ schematisch dargestellt. Diesem Bild ist zu entnehmen, daß jedem Al^{3+}-Ion ein Na^+-Ion benachbart ist, das jetzt keine Trennstelle mehr bildet. Man kann das auch so ausdrücken, daß durch den Ersatz von SiO_2 durch Al_2O_3 Trennstellen geschlossen werden, wodurch die Glasstruktur wieder verfestigt wird. Wird aber in Alkalialuminosilicatgläsern das molare Verhältnis $R_2O:Al_2O_3 < 1$, dann stehen den Al^{3+}-Ionen nicht mehr genügend Alkaliionen zum Wertigkeitsausgleich beim Aufbau der 4er-Koordination zur Verfügung. Die überschüssigen Al^{3+}-Ionen

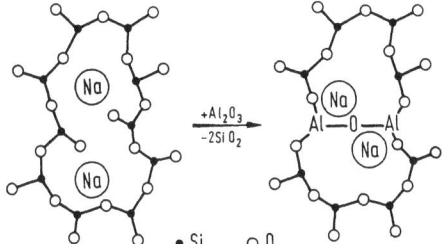

Bild 62. Schematische Darstellung des Ersatzes von SiO_2 durch Al_2O_3 in einem Natriumsilicatglas. (Die vierten Valenzen der Si ragen nach oben oder unten aus der Zeichenebene heraus)

treten dann im Glas als Netzwerkwandler in KZ 6 auf, was sich bei einigen Eigenschaften deutlich bemerkbar macht, wie später gezeigt werden wird. Der experimentelle Nachweis dieses Koordinationswechsels gelang mit verschiedenen, meist physikalischen Methoden, z.B. Röntgenfluoreszenz, IR und ESCA. Dabei wird der Beginn des Auftretens von $[AlO_6]$-Oktaedern von einigen Autoren bei geringeren, von anderen bei höheren Al_2O_3-Gehalten als beim Molverhältnis $R_2O:Al_2O_3 = 1:1$ angenommen, was möglicherweise methodenbedingt ist. Übrigens spielen Schmelzen und Gläser gerade dieser Zusammensetzung 1:1 in anderen Wissenschaftszweigen eine wichtige Rolle, denn sie tritt z.B. bei der Gruppe der Feldspäte auf.

Obige Anschauungen lassen die meisten Eigenschaften der Al_2O_3-haltigen Gläser deuten. Es gibt jedoch einige Ausnahmen, wobei das anomale Verhalten bei sehr geringen Al_2O_3-Gehalten ($<0,5$ Gew.-%) am auffallendsten ist. Zur Deutung wird von Yoldas [1101] angenommen, daß das Al^{3+}-Ion erst bei Überschreiten einer kritischen Konzentration als $[AlO_4]$-Tetraeder auftritt, vorher als $[AlO_6]$-Oktaeder vorliegt. Spätere Untersuchungen konnten diese Annahme nicht bestätigen, aber sie läßt die Anomalie bei Viskosität (s. Abschn. 3.1.2), Ausdehnungskoeffizient (s. Abschn. 3.2.2) und elektrischen Eigenschaften (s. Abschn. 3.6) zwanglos deuten.

Gläser auf Al_2O_3-Basis, d.h. *Aluminatgläser*, sind im System $CaO - Al_2O_3$ bekannt, wo es bei mittleren Zusammensetzungen relativ geringe Liquidustemperaturen gibt. Nach Rawson [761] liegt der Glasbereich bei 25 bis 50 Mol-% Al_2O_3. Als Netzwerkbildner wirkt das $[AlO_4]$-Tetraeder. Kleine Zugaben anderer Erdalkalien oder von SiO_2 erhöhen stark die Stabilität solcher Gläser. Damit kommt man zum System $CaO - Al_2O_3 - SiO_2$ mit einem weiten Glasbildungsbereich. Es hat ebenfalls große praktische Bedeutung, denn die meisten Schlacken haben dieses System als Grundlage.

Neben dem Al_2O_3 ist das *Boroxid* B_2O_3 das andere wichtige Oxid R_2O_3. Im Gegensatz zum Al_2O_3 bildet B_2O_3 allein ein Glas (s. Abschn. 2.6.1.1), das äußerst entglasungsfest ist. Zur Erklärung seines Einflusses sollen zunächst die binären Boratgläser besprochen werden, die es, ebenfalls im Gegensatz zum Al_2O_3, bis zu Gehalten von etwa 40 Mol-% R_2O oder RO gibt. Dieses Thema ist sehr oft behandelt worden; 1977 war ihm eine eigene Konferenz gewidmet, deren Vorträge von Pye u. M. [741] herausgegeben wurden, wo man auch eine Übersicht von Griscom [340] findet. Auf die Strukturen der entsprechenden Schmelzen und auf deren Entmischungsneigungen wurde bereits in den Abschn. 2.3.2 und 2.3.3 eingegangen.

Die meisten Untersuchungen liegen bei den *$Na_2O - B_2O_3$-Gläsern* vor. Die Strukturen dieser Gläser lassen sich nach Dietzel [175] leichter erklären, wenn man von einem hochalkalischen Glas ausgeht. Aus Strukturbestimmungen ist bekannt, daß im kristallinen Na_3BO_3 nur $[BO_3]$-Gruppen vorliegen, was auch für die entsprechende Schmelze anzunehmen ist; denn es liegen genügend Trennstellensauerstoffe vor, so daß dem B^{3+}-Ion zur Erfüllung der Koordination (bzw. zur Abschirmung) drei Sauerstoffe ausreichen. Mit abnehmendem Na_2O-Gehalt wird die Zahl der leicht polarisierbaren Sauerstoffe geringer. Das Koordinationsbestreben (Abschirmbestreben) der B^{3+}-Ionen wird dann dadurch erfüllt, daß ein Koordinationswechsel zu $[BO_4]$-Gruppen stattfindet. Jede $[BO_4]$-Gruppe benötigt aber zum Wertigkeitsausgleich ein Na^+-Ion. Wird der Na_2O-Gehalt noch geringer, so kann die auch hier gültige Bedingung der Eckenverknüpfung der Polyeder nur dann erfüllt werden, wenn sich wieder $[BO_3]$-Gruppen bilden. Im reinen B_2O_3-Glas liegen dann wieder nur $[BO_3]$-Gruppen vor, was aber als ein Zwangszustand aufgefaßt werden muß.

Betrachtet man den Vorgang jetzt umgekehrt, also mit steigendem Alkaligehalt, so führt der erste Einbau von Alkalioxid zum Koordinationswechsel $[BO_3] \rightarrow [BO_4]$ mit dem $[BO_4]$-Tetraeder benachbarten Alkaliionen, die keine Trennstellen bilden. Die Struktur wird daher nicht geschwächt, sondern es tritt im Gegenteil eine Verfestigung ein, da die Zahl der gegenseitigen Verknüpfungsstellen der Polyeder von drei auf vier ansteigt. Erst wenn bei höheren Alkaligehalten die Bildung von $[BO_3]$-Gruppen mit Trennstellensauerstoffen einsetzt, wird die Struktur wieder geschwächt.

Dieser doppelte Wechsel der Koordinationszahlen wird herangezogen, um bei einigen Eigenschaften von $R_2O - B_2O_3$-Gläsern die mit steigenden R_2O-Gehalten auftretenden Minima oder Maxima zu erklären, für die auch der Begriff *Borsäureanomalie* verwendet wird. Häufig liegen diese Extrema um 15 Mol-% R_2O. Es war daher überraschend, daß röntgenographische Untersuchungen dies nicht bestätigen konnten, sondern ergaben, daß bis zu 30 Mol-% R_2O zu dem entsprechenden Koordinationswechsel $[BO_3] \rightarrow [BO_4]$ führten. Letztere Ergebnisse haben sich durch andere Methoden bestätigt, besonders durch Messung der magnetischen Kernresonanz von Bray [96]. Letzterer hat die Zusammensetzungen der Versuchsgläser auf R_2O-Gehalte bis zu 70 Mol-% und auf alle Alkalien ausgedehnt. Dabei ergab sich übereinstimmend der geforderte Koordinationswechsel $[BO_3] \rightarrow [BO_4]$ mit steigendem R_2O-Gehalt bis etwa 30 Mol-% R_2O (s. Bild 63). Weitere R_2O-Gehalte ließen die Menge an $[BO_4]$-Gruppen langsamer ansteigen. Bei etwa 40 Mol-% R_2O wurde das Maximum an $[BO_4]$-Gruppen erreicht, indem etwa 45 % der B-Atome in der KZ 4 vorlagen. Noch höhere R_2O-Gehalte bewirken eine Abnahme der KZ 4, bis bei 70 Mol-% R_2O alles Bor wieder in der KZ 3 vorliegt, weil dann durch die Bildung von Trennstellen die Bildung von $[BO_3]$-Gruppen wieder möglich wird, wie es das folgende Schema zeigt, in dem R ein Alkaliion darstellt, das zum Ausgleich der Wertigkeit der $[BO_4]$-Gruppe (links) notwendig ist:

$$\begin{array}{c} B \diagdown \\ O \end{array} \begin{array}{c} \diagup B \\ O \end{array} \atop B \atop \begin{array}{c} \diagup \\ O \end{array} R^+ \begin{array}{c} \diagdown \\ O \end{array} \atop \begin{array}{c} B \diagup \\ \end{array} \begin{array}{c} \diagdown B \end{array} \quad +R_2O \rightarrow \quad \begin{array}{c} B \diagdown \\ O \\ \diagup \\ B \end{array} B-O^-R^+ + 2\ R^+O^- - B = \ .$$

Für dieses Verhalten sind unterschiedliche strukturelle Deutungsvorschläge gemacht worden, die einerseits von der Vorstellung von Krogh-Moe [510] ausgehen,

2.6 Spezielle Glasstrukturen 131

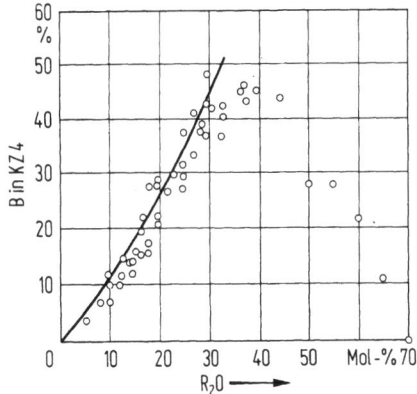

Bild 63. Abhängigkeit der Koordinationszahl des Bors in Alkaliboratgläsern nach Messung der magnetischen Kernresonanz nach Bray und O'Keefe [97]. (Durchgezogene Kurve: berechnete Werte)

wonach in den Boratgläsern Struktureinheiten vorherrschen, wie sie auch in den kristallinen Boraten vorkommen, andererseits aber bindungsmäßig bedingte Regeln vorgeben. So formuliert Abe [1], daß zwei [BO_4]-Tetraeder nicht unmittelbar benachbart sein dürfen, daß jedes [BO_3]-Dreieck nur höchstens ein [BO_4]-Tetraeder als Nachbar haben darf und daß Trennstellensauerstoffe sich nur an der [BO_3]-, nicht an der [BO_4]-Gruppe befinden dürfen. Das führt aber zu Schwierigkeiten in der Deutung der maximalen Zahl an [BO_4]-Gruppen, weshalb Gupta [347] unter sonst ähnlichen Annahmen die Bildung von benachbarten [BO_4]-Paaren zuläßt. Aber nach Araujo [31] ist das nicht notwendig, wenn man statistisch die Verteilung und damit die Anzahl der [BO_4]-Gruppen berechnet, was gut mit dem Experiment übereinstimmt. Andere Meßmethoden haben bisher keine endgültige Klärung bringen können, aber sowohl die ramanspektrographischen Untersuchungen von Konijnendijk und Stevels [499] wie auch die Röntgenbeugungsmessungen von Herms u. M. [399] sprechen für die oben erwähnten Anschauungen von Krogh-Moe. Darüber hinaus beobachten Porai-Koshits u. M. [725] bei Röntgenkleinwinkelmessungen an Alkaliboraten Mikroheterogenitäten in Größen bis herab zu 1,5 nm, was das Vorliegen von entsprechend großen Gruppen wahrscheinlich macht. Schließlich sei noch erwähnt, daß Jain u. M. [450] bei Alkaliboratgläsern bei der elektrischen Leitfähigkeit auch den Mischalkalieffekt gefunden haben. Zusammenfassend ist festzustellen, daß ausgehend vom B_2O_3-Glas mit steigendem R_2O-Gehalt zunächst ein Koordinationswechsel [BO_3]→[BO_4] eintritt, der zu einer Strukturverfestigung führt, dem sich dann eine Trennstellenbildung mit gegenläufigem Koordinationswechsel überlagert, was die Struktur wieder schwächt.

B_2O_3 ist in der Praxis ein häufiger Bestandteil der chemisch resistenten und temperaturwechselbeständigen Gläser. Die Grundlage dieser *Borosilicatgläser* bilden im allgemeinen die üblichen Komponenten SiO_2 und Na_2O; in der Glasstruktur sind also Trennstellen vorhanden. Für den Einbau von B_2O_3 in solche Gläser kann man in Analogie zum Al_2O_3 annehmen, daß in der Struktur [BO_4]-Tetraeder vorliegen, wobei der Wertigkeitsausgleich durch benachbarte Na^+-Ionen erfolgt. Der Ersatz von SiO_2 durch B_2O_3 in einem solchen Glas führt also zur Schließung von Trennstellen und damit zur Verfestigung der Struktur, gleicht daher weitgehend dem Ersatz von SiO_2 durch Al_2O_3.

Messungen der magnetischen Kernresonanz haben dies für hohe SiO_2-Gehalte bestätigt, zugleich aber auch gezeigt, daß der durch sehr hohe Alkaligehalte hervorgerufene wieder rückläufige Koordinationswechsel [BO$_4$]→[BO$_3$] mit steigenden SiO$_2$-Gehalten zu höheren R$_2$O:B$_2$O$_3$-Verhältnissen verschoben wird. Eine strukturelle Deutung hat Zhdanov [1125] gegeben, indem er wie bei den Boratgläsern annimmt, daß zwei [BO$_4$]-Tetraeder nicht unmittelbar verknüpft sein dürfen, daß aber zusätzlich noch gilt, daß [SiO$_4$]-Tetraeder ohne Trennstellensauerstoff höchstens mit drei und solche mit einem Trennstellensauerstoff sogar nur mit einem [BO$_4$]-Tetraeder verknüpft sind. Yun und Bray [1106] nehmen dagegen an, daß sich das eingeführte SiO$_2$ als [SiO$_4$]-Gruppe um die vorhandenen [BO$_4$]-Tetraeder lagert, bis alles SiO$_2$ derart eingebaut ist. Man kann die entstehenden Einheiten wie folgt formulieren: [BO$_{4/2}$]$^-$·4[SiO$_{4/2}$] = [BSi$_4$O$_{10}$]$^-$. Steigert man den Na$_2$O-Gehalt über das Verhältnis Na$_2$O:B$_2$O$_3$=1, dann werden Trennstellen gebildet. Die Art ist nach Dell u. M. [170] abhängig vom Verhältnis SiO$_2$:B$_2$O$_3$, aber es ist anzunehmen, daß Trennstellen sowohl an den [SiO$_4$]- als auch an den bereits oben erwähnten [BO$_3$]-Gruppen entstehen. Das wurde auch mit optischen Absorptionsmessungen mit Ni^{2+}-Ionen als Indikator für die Sauerstoffumgebung durch Takahashi u. M. [943] bestätigt, wie auch ramanspektroskopisch durch Furukawa und White [283]. Letztere Methode läßt auch Aussagen über in der Glasstruktur vorliegende Einheiten zu, wie Konijnendijk und Stevels [499] zeigen. Solche Aussagen sind auch durch statistische Berechnungen möglich, wenn man dafür nach Araujo [32] von verbesserten Annahmen über vorliegende Gruppen und deren energetisches Verhalten ausgeht. Allerdings besteht zwischen den verschiedenen Deutungsvorschlägen noch keine vollkommene Übereinstimmung, doch reichen die bisherigen Erkenntnisse aus, um das Verhalten von Borosilicatgläsern im wesentlichen zu verstehen.

Der Einfluß von B$_2$O$_3$ auf Silicatgläser hängt also von der jeweiligen Zusammensetzung und zusätzlich noch von der Art der Komponenten ab. Es kann daher vorkommen, daß bei Variation der Zusammensetzung sich Änderungen im Verlauf der Eigenschaften ergeben, was ebenfalls mit *Borsäureanomalie* bezeichnet wird. Unabhängig davon sind Erscheinungen, die durch das Auftreten von Entmischungen bedingt sind (s. Abschn. 2.3.3).

Kurz sei noch auf das System B$_2$O$_3$−SiO$_2$ hingewiesen, das in allen Verhältnissen Glasbildung zeigt, das aber infolge der großen Verdampfungsneigung von B$_2$O$_3$ nur relativ wenig untersucht wurde. Hier hat sich ebenfalls die Sol-Gel-Methode bewährt, die nach Nogami und Moriya [667] nach Verdichten bei 1 150 bis 800 °C für Gläser mit 15 bis 30 Mol-% B$_2$O$_3$ zu Gläsern führt, die in ihren Eigenschaften den erschmolzenen Gläsern entsprechen. Diese Eigenschaften zeigen deutlich, daß die eingeführten [BO$_3$]-Gruppen die Struktur des Kieselglases schwächen.

Wenn in Mehrkomponentengläsern neben B$_2$O$_3$ noch Al$_2$O$_3$ anwesend ist, dann wird durch die sonst anwesenden Netzwerkwandler zunächst die Viererkoordination des Al befriedigt. Das gilt auch für die Dreikomponentengläser der Art R$_2$O(RO)−B$_2$O$_3$−Al$_2$O$_3$, die durch Zusammenziehen der Kationen spezielle Bezeichnungen erhalten haben, nämlich Cabal-Gläser für R=Ca und Nabal- bzw. Kalbal-Gläser für R=Na bzw. K.

Es gibt mehrere Hinweise, daß die [BO$_4$]-Gruppe gegenüber der [BO$_3$]-Gruppe energetisch begünstigt ist. Das ermöglicht einen Temperatureinfluß derart, daß mit steigender Temperatur sich das Verhältnis KZ 4:KZ 3 verringert. Wirklich konnten Gupta u. M. [348] bei einem abgeschreckten CaO−B$_2$O$_3$−Al$_2$O$_3$−SiO$_2$-Glas einen kleineren Anteil an [BO$_4$]-Gruppen als bei dem gekühlten Glas nachweisen.

Mehrere weitere dreiwertige Elemente wurden von Smets und Krol [902] auf ihr Verhalten in Natriumsilicatgläsern untersucht, wobei sich zeigte, daß die Größe dieser Ionen wesentlich ist (s. Tabelle 7), denn nur das Ga^{3+}-Ion — das kleinste untersuchte Ion — beteiligte sich mit der [GaO_4]-Gruppe als Netzwerkbildner, die anderen, z.B. La^{3+}, traten nur als Netzwerkwandler auf.

2.6.1.5 Einfluß von RO_2 bzw. R_2O_5 und Gläser auf deren Basis

Die *Germanatgläser* haben als eine Komponente GeO_2, das wichtigste glasbildende Oxid vom Typ RO_2 neben SiO_2 (s. Abschn. 2.6.1.1). Einen Überblick über das glasige GeO_2 und die Einsatzmöglichkeiten dieses Oxids gibt Polukhin [717]. GeO_2 bildet mit SiO_2 zusammen eine kontinuierliche Reihe von Gläsern, in denen beide Kationen in KZ 4 vorliegen. Das folgt auch aus der von Huang u. M. [426] festgestellten linearen Abhängigkeit von Dichte und Brechzahl von der Zusammensetzung. Es war daher überraschend, daß Ivanov und Evstropiev [444] bei den Germanatgläsern mit steigenden R_2O-Gehalten deutliche Maxima in der Dichte (s. Abschn. 3.3.2) und der Brechzahl (s. Abschn. 3.4.1.2) fanden, was später von anderen Autoren bestätigt wurde. Die Ursache dafür liegt in der Tendenz des Ge^{4+}-Ions zur KZ 6, wie es meist in den kristallinen Germaniumverbindungen vorliegt. Mit steigendem R_2O-Gehalt findet ein Koordinationswechsel [GeO_4] → [GeO_6] statt, der bei 15 bis 20 Mol-% R_2O sein Maximum erreicht, um dann, wenn ausreichend Alkaliionen vorhanden sind, wieder rückläufig zu sein, so daß bei etwa 35 Mol-% R_2O wieder alles Germanium in KZ 4 vorliegt. Das entspricht etwa der Zusammensetzung $Na_2O \cdot 2GeO_2$, d.h. jedem [GeO_4]-Tetraeder steht dann im Mittel ein Trennstellensauerstoff zur Verfügung. Die [GeO_4]-Gruppe verhält sich in der Glasstruktur ähnlich wie die [SiO_4]-Gruppe. In Alkaligermanosilicatgläsern der Systeme $R_2O-GeO_2-SiO_2$ treten daher die [SiO_4]-Gruppen an die Stellen der [GeO_4]-Gruppen, aber es können daneben nach Osaka u. M. [676] bei entsprechender Zusammensetzung noch [GeO_6]-Gruppen vorhanden sein. Die Ähnlichkeit zum Koordinationswechsel beim Bor hat zum Begriff der *Germanatanomalie* geführt.

Von der Feldstärke und vom Ionenradius her eignet sich auch TeO_2 als Netzwerkbildner, wobei nach Vogel u. M. [1031] die Glasbereiche dieser *Telluritgläser* meist bei 10 bis 30 Mol-% liegen, es sei denn, man schreckt sehr schnell ab, um glasiges TeO_2 zu erhalten (s. Abschn. 2.4.4).

Vom Typ RO_2 ist auch das TiO_2 interessant. Allein bildet es kein Glas, aber es gibt bemerkenswerte Bereiche von *Titanatgläsern* in binären Systemen mit TiO_2, die bei 20 bis 60 Mol-% R_2O bzw. BaO liegen. Die Aussagen über die Art der Ti-Koordination sind unterschiedlich, was wahrscheinlich auch dadurch bedingt ist, daß das Ti in mehreren Koordinationen vorkommen kann und daß deshalb auch mehrere Koordinationen in einem Glas gleichzeitig auftreten können. Für die Glasbildung ist sicher die [TiO_4]-Gruppe verantwortlich, deren Anteil neben [TiO_6]-Gruppen nach Yoshimaru u. M. [1103] mit steigender Basizität zunimmt. Daneben wird auch das Vorliegen von [TiO_5]-Koordinationen diskutiert.

Besonders interessant ist das System TiO_2-SiO_2 geworden, wo das Ti nach Schultz und Smyth [852] auch in KZ 4 vorliegt und die schon geringe Ausdehnung des Kieselglases noch weiter vermindert (s. Abschn. 3.2.3). Deswegen sind den Gläsern aus diesem binären System weitere Arbeiten gewidmet worden, u.a. erleichtert durch die einfache Herstellung mit dem Sol-Gel-Prozeß. Der Einbau des Ti^{4+}-Ions als [TiO_4]-Tetraeder in das Si–O-Netzwerk des Kieselglases hat sich dabei bestätigt, jedoch wurden Anzeichen gefunden, daß bei höheren TiO_2-Gehalten auch mit Titan in KZ 6 zu rechnen ist. Es ist verständlich, daß auch dem System $R_2O-TiO_2-SiO_2$ verstärkt Aufmerksamkeit entgegengebracht wird. Mehrere Untersuchungen stimmen darin überein, daß in solchen Gläsern [TiO_4]-Gruppen enthalten sind und daß daneben noch [TiO_6]-Koordinationen auftreten. Allerdings besteht über das Mengenverhältnis beider Koordinationen und dessen Abhängigkeit von der Zusammensetzung noch kein einheitliches Bild. Auch das Auftreten von [TiO_5] wird diskutiert.

Führt man *weitere vierwertige Ionen* in Alkalisilicatgläser ein, dann verhalten sich nach Takahashi u. M. [941] Zr^{4+}, Th^{4+} und Sn^{4+} wie Netzwerkwandler mit KZ 6, 8 bzw. 6. Von diesen Gläsern sind besonders die ZrO_2-haltigen Gläser wegen ihrer großen Alkalibeständigkeit (s. Abschn. 3.8.2) wichtig geworden. Gläser aus dem Grundsystem ZrO_2-SiO_2 sind ebenfalls durch den Sol-Gel-Prozeß zugänglich geworden. Nogami [666] hat damit solche Gläser mit bis 50 Mol-% ZrO_2 hergestellt. Er nimmt jedoch an, daß in diesen Gläsern [ZrO_8]-Koordinationen enthalten sind.

Aus der Fülle der weiteren Möglichkeiten seien vom Typ R_2O_5 vor allem die *Phosphatgläser* erwähnt mit dem [PO_4]-Tetraeder als Grundeinheit, der aber einen doppelt gebundenen Sauerstoff enthält, also nur dreifach vernetzt ist. Das führt dazu, daß in den Phosphatgläsern eine ausgesprochene Tendenz zur Bildung von Ketten der

$$\text{Art} \quad -O-\underset{\underset{O}{\parallel}}{\overset{\overset{O^-}{\mid}}{P}}-O\left(-\underset{\underset{O}{\parallel}}{\overset{\overset{O^-}{\mid}}{P}}-O\right)_n -\underset{\underset{O}{\parallel}}{\overset{\overset{O^-}{\mid}}{P}}-O- \quad \text{besteht.}$$

Die entsprechenden Natriumphosphatgläser sind in Wasser löslich. Die Ketten bleiben dabei bestehen und lassen sich papierchromatographisch nach den verschiedenen Kettenlängen trennen und bestimmen. Die chemische Beständigkeit solcher Gläser läßt sich durch geringe Al_2O_3-Zugaben wesentlich verbessern, was die Untersuchung der Eigenschaften erleichtert. An solchen Gläsern fanden Sakka u. M. [803] ebenfalls einen Mischalkalieffekt.

Der Zusatz von Al_2O_3 leitet zum System $Al_2O_3-P_2O_5$ über. Hier ist seit längerem bekannt, daß das Aluminiummetaphosphat $Al(PO_3)_3$ ein guter Glasbildner ist, bedingt durch den hohen P_2O_5-Gehalt, dagegen hat man vergeblich versucht, ein Glas der Zusammensetzung 1:1, d.h. $AlPO_4$ herzustellen. Solche Versuche lagen nahe, weil die kristallinen Modifikationen von $AlPO_4$ weitgehend denen von SiO_2 gleichen, bedingt durch die Gleichheit der Wertigkeit und die Ähnlichkeit der Ionenradien der Paare $Al^{3+}+P^{5+} \cong 2 Si^{4+}$. Man spricht von III/V-Analoga. Als Ursache für die fehlende Neigung zur Glasbildung ist anzunehmen, daß beim $AlPO_4$ immer [AlO_4]- und [PO_4]-Tetraeder benachbart vorliegen müssen, was die Bildung einer unregelmäßigen Struktur stark einschränkt und vor allem die Bildung von Ringen mit fünf Netzwerkbildnern ausschließt, die nach einigen Autoren wesentlich für die Glasbildung sein sollen. Derartige Überlegungen wurden durch molekulardynamische Berechnungen von Varshneya u. M. [1016] im wesentlichen bestätigt.

Es kann hier nur eine begrenzte Auswahl an glasbildenden Systemen vorgestellt werden. Deshalb sei mit der interessanten Beobachtung von Vaivad und Sedmalis [1011] abgeschlossen, die aus der Berechnung der Refraktionen von Gläsern des

Systems $Na_2O-SiO_2-P_2O_5$ folgern, daß bei hohen P_2O_5-Gehalten die ersten SiO_2-Anteile sich mit der KZ 6 (s. Abschn. 2.5.3.1) in die Glasstruktur einbauen. Mit steigenden SiO_2-Gehalten findet dann der Übergang zum üblichen $[SiO_4]$-Einbau statt.

2.6.1.6 Oxogläser

Dem fließenden Übergang von den Netzwerkbildnern zu den Netzwerkwandlern entspricht auch ein fließender Übergang in der Glasbildung und in der Struktur der Gläser. Dies gilt insbesondere für Systeme mit Sauerstoff als Anion, die auch unter dem Begriff der Oxogläser zusammengefaßt werden, ohne scharf von den Gläsern mit den typischen Netzwerkbildnern abgegrenzt werden zu können. Bei einigen bereits erwähnten Systemen, bei denen die Randkomponenten allein keine Gläser bilden, war es typisch, daß Glasbildung meist im Bereich der tiefsten Eutektika auftritt. Dieses Prinzip hat umfassendere Gültigkeit und erklärt zumindest teilweise die Glasbildung in einigen weiteren Systemen. Eine wesentliche Verbreiterung hat diese Glasgruppe durch den Einsatz der verbesserten Abschrecktechniken erhalten. Kurze Überblicke bringen Nassau [650] und Tatsumisago u. M. [954]. Einige dieser Gläser werden wegen ihrer leichten Schmelzbarkeit als Modellsysteme für verschiedene Messungen verwendet, andere finden zunehmend praktische Bedeutung, z.B. wegen ihrer elektrischen und magnetischen Eigenschaften.

Zuerst seien die *Wolframat- und Molybdatgläser* aus den Systemen R_2O-WO_3 bzw. $-MoO_3$ erwähnt, deren Strukturen eine Verwandtschaft zu den Netzwerken haben, indem nach Gossink [327] Ketten von $[WO_4]$-Tetraedern vorhanden sind und mit Molybdän auch Einheiten mit größerer Koordinationszahl auftreten.

Die *Niobat- und Tantalatgläser* wurden mit der Abschrecktechnik von Nassau u. M. [652] erschlossen, die im System $R_2O-Nb_2-Ta_2O_5$ einen beachtlichen Glasbereich fanden. Als besonders interessant stellte sich dabei das $LiNbO_3$-Glas heraus, dessen Permittivitätszahl sich ähnlich den ferroelektrischen Substanzen verhält.

Zum Auffinden von Gläsern mit hoher elektrischer Leitfähigkeit haben Nassau u. M. [653] auch viele Li_2O-haltige *Sulfatgläser* hergestellt, nachdem schon seit einiger Zeit bekannt ist, daß auch Sulfatsysteme zur Glasbildung neigen. Bereits 1932 hat Tammann mit Tl_2SO_4 seine Versuche zur Bestimmung der Keimzahl durchgeführt. Bei der relativ leichten Glasbildung von $KHSO_4$ ist auch mit einem Einfluß von Wasserstoffbrückenbindungen zu rechnen, die möglicherweise auch bei der Bildung von Acetatgläsern eine Rolle spielen. *Acetatgläser* bilden sich besonders leicht im Bereich des Eutektikums von binären Systemen mit Alkali-, Erdalkali-, Zn- und Pb-Ionen.

Von der üblichen Netzwerkhypothese muß man auch bei den *Nitratgläsern* abrücken. Im System $KNO_3-Ca(NO_3)_2$ tritt nach Rostowsky [789] Glasbildung nur in dem engen Bereich von 40 bis 60 Gew.-% $Ca(NO_3)_2$ auf. Im Kristall befinden sich um jedes Ca^{2+}-Ion sechs Doppel-Nitratgruppen. Dietzel und Poegel [184] nehmen an, daß im Glas jedem Ca^{2+}-Ion nur vier Doppel-Nitratgruppen benachbart sind, da die geringe Feldstärke des K^+-Ions die $Ca-NO_3$-Bindungen fester werden läßt. Dadurch entstehen gerichtete Bindungen, die die Zähigkeit erhöhen und die Glasbildung bewirken. Ein derartiger Wechsel der Koordination müßte sich bei den

Eigenschaften der Gläser bemerkbar machen, konnte aber nicht direkt bestätigt werden.

Zur näheren Erfassung der Verhältnisse untersuchten Thilo u. M. [962] die Glasbildungsneigung in den Systemen $R^I NO_3 - R^{II}(NO_3)_2$ mit $R^I =$ Li, Na, K, Rb, Cs, Ag, Tl und $R^{II} =$ Mg, Ca, Sr, Ba, Cd. In einigen Systemen wird eine Glasbildung festgestellt, die insofern mit dem entsprechenden Phasendiagramm in Beziehung steht, als der Bereich der Glasbildung in der Gegend des Eutektikums liegt und um so größer wird, je tiefer die eutektischen Temperaturen T_e liegen. Während dieser Bereich im System $KNO_3 - Ca(NO_3)_2$ 30 Mol-% erfaßt, dehnt er sich im System $RbNO_3 - Ca(NO_3)_2$ mit $T_e = 128\,°C$ bis auf 50 Mol-% aus. Zur Deutung dieser Beobachtung wird davon ausgegangen, daß sich in einer reinen $Ca(NO_3)_2$-Schmelze um ein Ca^{2+}-Ion in erster Sphäre NO_3^--Ionen, in zweiter Sphäre wieder Ca^{2+}-Ionen befinden werden. In binären Schmelzen mit $R^I NO_3$ wird dieser Aufbau der zweiten Sphäre gestört, da sich dort um so mehr Kationen R^I aufhalten werden, je geringer die Feldstärke dieses Kations ist; denn dann ist die Abstoßung zwischen den verschiedenen Kationen am geringsten. Für die Keimbildung ist dieser Zustand ungünstig. Bei den geringen Liquidustemperaturen reicht die thermische Energie nicht aus, die R^I-Ionen aus der elektrostatisch begünstigten Umgebung der Ca^{2+}-Ionen zu entfernen. Für die Glasbildung wird man deshalb einen Zusammenhang mit den Unterschieden in den Feldstärken der Kationen R^I und R^{II} erwarten, der wirklich von Thilo und Mitarbeitern gefunden wurde, indem Glasbildung nur dann eintritt, wenn der Unterschied in den Feldstärken nach Dietzel (s. Abschn. 2.5.3.2) größer als 0,14 ist.

2.6.1.7 Einfluß anderer Anionen

Bisher wurde in den behandelten Gläsern nur das Sauerstoffanion angenommen. Bleibt man bei den üblichen Oxidgläsern, dann besteht bei diesen die Möglichkeit, die O^{2-}-Ionen teilweise durch andere Ionen zu ersetzen.

Den deutlichsten Einfluß übt dabei das *OH-Ion* aus. Dessen Einbau in die Glasstruktur kann man sich am besten erklären, wenn man ein H_2O-Molekül in der Art des R_2O mit dem Netzwerk reagieren läßt:

$$\equiv Si - O - Si \equiv + H_2O \rightarrow \equiv Si - OH + HO - Si \equiv .$$

Dabei bilden sich pro H_2O-Molekül zwei OH-Gruppen aus. Diese Reaktionsgleichung wird dadurch bestätigt, daß die H_2O-Löslichkeit proportional der Wurzel des Wasserdampfpartialdruckes ist. Auch infrarotspektroskopische Untersuchungen [834] haben bestätigt, daß das im Glas gelöste Wasser nur als OH-Gruppe vorliegt, wobei es sich aber zeigte, daß in Abhängigkeit von der Glaszusammensetzung die Art des Einbaues unterschiedlich sein kann. Bild 64 zeigt dies schematisch. Im Kieselglas sind nur „freie" OH-Gruppen vorhanden. In dem Maße wie Trennstellensauerstoffe auftreten, bilden sich durch Wasserstoffbrücken die „gebundenen" OH-Gruppen.

Bei hohen H_2O-Drücken kann sich auch molekulares H_2O in die Glasstruktur einbauen, wie es vor allem von Bartholomew [57] untersucht und auch in seiner allgemeinen Übersicht [56] über das Wasser im Glas beschrieben wurde. Weitere entsprechende Übersichten stammen von Boulos und Kreidl [89], Zarzycki [1117] und Tomozawa [978]. Über das Verhalten unter üblichen Wasserdampfpartial-

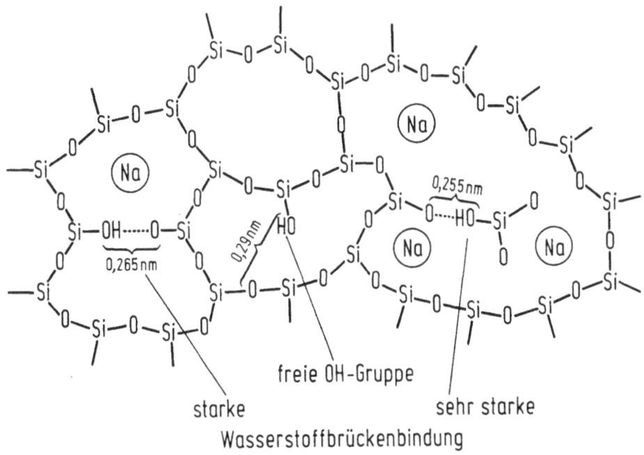

2.6 Spezielle Glasstrukturen   137

Bild 64. Schematische Darstellung der verschiedenen Arten des Einbaus von OH-Gruppen in ein Natriumsilicatglas

drücken sei nur erwähnt, daß nach Untersuchungen mit Franz [270] in den Silicatschmelzen die Löslichkeit von H_2O mit steigender Basizität zunimmt (vgl. auch Abschn. 2.3.4). Wie Bild 65 zeigt, ist die Löslichkeit in Boratschmelzen viel höher, fällt aber mit steigendem Alkaligehalt. Franz [265] bringt dies mit den Aktivitäten von H^+ und OH^- in Zusammenhang. Erwähnenswert ist auch noch, daß in den Silicatschmelzen die H_2O-Löslichkeit mit steigender Temperatur gering zunimmt, dagegen in den Boratschmelzen abfällt. In einem üblichen Kalk-Natronglas beträgt die Sättigungslöslichkeit (bei $p_{H_2O} = 1{,}013$ bar) bei 1 400 °C etwa 0,35 Mol-% H_2O, was bei einem $p_{H_2O} = 0{,}25$ bar einem Wassergehalt von etwa 0,05 Gew.-% entspricht.

Obgleich diese Mengen gering sind, haben sie auf einige Eigenschaften einen deutlichen Einfluß. Es ist dafür vor allem die Trennstellenbildung verantwortlich, die zu einer Schwächung der Struktur führt. Auffallend ist dabei die Beobachtung, daß oft die ersten Wassergehalte eine stärkere Wirkung haben als weitere Wassergehalte. Im folgenden Kap. 3 wird bei der Besprechung des Einflusses der Zusammensetzung auf die Eigenschaften im einzelnen darauf eingegangen werden. Diese Einflüsse sind oft dann besonders deutlich, wenn Transportprozesse mitspielen. So wird durch im Glas vorhandene OH-Gruppen die Viskosität gesenkt und Kristallisation und Phasentrennung gefördert. Einige Einflüsse lassen sich deuten, wenn man von der OH-Gruppe nur das H-Atom betrachtet und es als Proton H^+ auffaßt. Es hat nach Ernsberger [238] einen beachtlichen Einfluß und wird manchmal in die Reihe der Alkaliionen aufgenommen; es kann sich auch am Mischalkalieffekt beteiligen.

Aus der Kristallographie ist bekannt, daß eine große Verwandtschaft zwischen dem OH^-- und dem F^--Ion besteht. Wirklich zeigen geringe *Fluorgehalte* in Gläsern ähnliche Effekte, und es ist seit langem bekannt, daß Fluoride als Flußmittel wirken. Der Einbau in die Glasstruktur erfolgt im $[SiO_4]$-Tetraeder anstelle eines O^{2-}-Ions unter Ausbildung einer $[SiO_3F]^{3-}$-Gruppe, die dann maximal nur noch über drei Brückensauerstoffe im Netzwerk verankert ist. Auch höhere F-Gehalte der allgemeinen Form $[SiO_{(4-x)}F_x]^{(4-x)-}$ sind möglich, wie von Rabinovich [746] und Mysen und Virgo [644] festgestellt wird. Letztere Autoren arbeiten vor allem mit der Ramanspektroskopie. Interessant ist ihr weiterer Befund [645], wonach in Gläsern des Systems

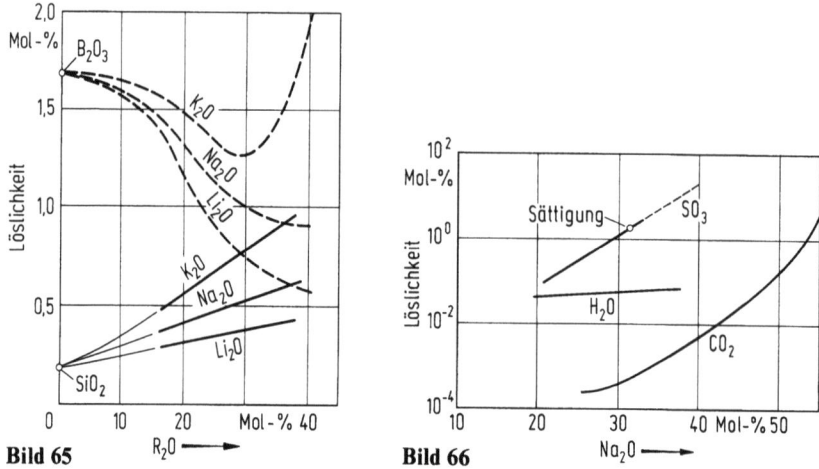

Bild 65. Löslichkeit von H_2O-Dampf in binären Alkalisilicat(———)- und Alkaliborat(— — —)-Schmelzen (alle Werte extrapoliert auf $p_{H_2O} = 1{,}013$ bar und 1 200 °C)

Bild 66. Vergleich der Löslichkeit von CO_2, H_2O und SO_3 in binären Natriumsilicatschmelzen bei 1 200 °C; p_{CO_2} und p_{H_2O} je 1,013 bar; $p_{SO_3} = 0{,}04$ mbar (aus 10 mbar SO_2 + 5 mbar O_2)

$Na_2O - Al_2O_3 - SiO_2$ mit dem Molverhältnis Na:Al $\approx$ 1 sich keine Si—F-Bindungen bilden, sondern Komplexe von F^- mit Na^+ oder Al^{3+}. Dadurch wird der Wertigkeitsausgleich gestört, der für die Bildung von Brückensauerstoffen bei gleichzeitiger Anwesenheit von Al^{3+} und Na^+ notwendig ist. Das freiwerdende Al^{3+} oder Na^+ bildet dann Trennstellen, was an der Viskositätserniedrigung deutlich zu merken ist.

Die Löslichkeit von Fluor in Silicatschmelzen kann beachtliche Werte erreichen, wie die Untersuchungen des Phasendiagramms $Na_2O - SiO_2 - NaF$ durch Bragina und Anfilogov [92] zeigen. Im Teilsystem $Na_2SiO_3 - NaF$ ist vollkommene Mischbarkeit in der Schmelze vorhanden, allerdings mit einer deutlichen Entmischungsneigung auf der NaF-Seite. Das binäre Randsystem $NaF - SiO_2$ zeigt eine Mischungslücke von 50 Mol-% bis nahe 100 Mol-% NaF. In Kalk-Natronsilicatgläsern können F-Gehalte über 3 Gew.-% zum Ausscheiden von Fluoriden führen, die das Glas dann trüben.

Letztere Autoren haben auch das Verhalten von *Chlor* im System $Na_2O - SiO_2 - NaCl$ untersucht, in dem die eben erwähnte Mischungslücke des Randsystems $SiO_2 - NaCl$ fast den ganzen Bereich umfaßt, aber im Teilsystem $Na_2SiO_3 - NaCl$ ist ebenfalls vollkommene Mischbarkeit in der Schmelze vorhanden. Die Löslichkeit des Cl^--Ions in Silicatgläsern ist geringer als die des F^--Ions, bedingt durch die deutlich unterschiedlichen Eigenschaften beider Ionen. Das Verhalten von Chlor in Gläsern hat Uva [1010] zusammengestellt.

Etwas bekannter ist der Einfluß der *Sulfationen* SO_4^{2-}, die sowohl über das Gemenge z.B. mit Na_2SO_4 als auch durch Lösung von in der Gasphase vorhandenem SO_3 bzw. $SO_2 + O_2$ in das Glas gelangen können. Der Einbau in die Glasstruktur erfolgt als SO_4^{2-}-Ion, dem zum Wertigkeitsausgleich 2 Na^+-Ionen benachbart sein müssen. In den üblichen Kalk-Natrongläsern kann sich etwa 1 Gew.-% SO_3 lösen. Höhere SO_3-Gehalte führen zur Entmischung, die sich dadurch bemerkbar macht, daß auf der Glasschmelze eine Na_2SO_4-Schmelze erscheint, die als Galle bezeichnet wird.

CO_2 hat demgegenüber eine wesentlich geringere Löslichkeit in Glasschmelzen, wobei in der Struktur das *Carbonation* CO_3^{2-} anzunehmen ist. In Bild 66 sind die Löslichkeiten der Gase H_2O, SO_3 und CO_2 gegenübergestellt. In allen drei Fällen bilden sich in der Struktur Ionen, weshalb man bei diesen Gasen von chemisch gelösten Gasen spricht. Die *chemische Löslichkeit von Gasen* ist z.T. stark abhängig vom Alkaligehalt, d.h. von der Basizität der Gläser, wie auch Bild 66 zeigt. Beim CO_2 ist nach Berjoan und Coutures [70] dieser Einfluß besonders deutlich.

Den chemisch gelösten Gasen sind die *physikalisch gelösten Gase* gegenüberzustellen, die zusammenfassend in [836] behandelt sind. Der Einbau in die Struktur erfolgt dabei durch Einlagerung der betreffenden Atome bzw. Moleküle in die Hohlräume des Netzwerks. Nennenswerte Gehalte treten nur bei den kleinsten Atomen, z.B. beim He auf. Für die anderen Gase sind die physikalisch gelösten Gasmengen so gering, daß sie hier vernachlässigt werden können.

Auch *Stickstoff* kann sich in Glasschmelzen lösen, jedoch benötigt man dafür nach Mulfinger [640] stark reduzierende Bedingungen, wobei sich als Gemengebestandteil besonders das Siliciumnitrid Si_3N_4 gut eignet. Es entstehen je nach vorherigem OH-Gehalt verschiedene Gruppen: $\equiv Si-NH_2$, $(\equiv Si)_2=NH$ und $(\equiv Si)_3\equiv N$. Letztere Art zeigt, daß das Anion jetzt drei Si verknüpft, was zu einer Verfestigung der Glasstruktur und damit zu einer Beeinflussung der entsprechenden Eigenschaften führt. An Kalk-Natronsilicatgläsern wurde dies von Schrimpf und Frischat [848] untersucht, die solche Gläser mit bis zu 3 Gew.-% eingebautem Stickstoff herstellen konnten. Mit steigendem N-Gehalt steigen Dichte, Dehnungsmodul, Viskosität, Brechzahl und Mikrohärte deutlich an, während der Ausdehnungskoeffizient schwach abnimmt. Daraus kann gefolgert werden, daß der Stickstoff in diesen Gläsern im wesentlichen nur an Si gebunden ist, d.h. ein O im $[SiO_4]$-Tetraeder wird ersetzt, wodurch ein $[SiO_3N]$-Tetraeder entsteht, wobei drei solche Tetraeder miteinander verknüpft werden. Das erklärt auch die von Frischat und Sebastian [279] gefundene verbesserte Wasserbeständigkeit nach DIN 12 111 ihrer stickstoffhaltigen Kalk-Natronsilicatgläser sowie die verbesserte Alkalibeständigkeit von stickstoffhaltigem SiO_2-Glas durch Kamiya u. M. [467], die zur Herstellung solcher Gläser den Sol-Gel-Prozeß einsetzten und wesentlich höhere N-Gehalte (bis zu 6 Gew.-%) erreichen konnten, wenn sie als Ausgangsverbindung $CH_3Si(OC_2H_5)_3$ wählten und das erhaltene Gel mit NH_3 behandelten. Sie nehmen die Reaktionsfolge $\equiv Si-CH_3 \rightarrow \equiv Si-H \rightarrow \equiv Si-NH_2 \rightarrow \equiv Si-N=$ an.

Oxidgläser mit chemisch gelöstem Stickstoff werden auch als *Oxynitridgläser* bezeichnet. Darunter versteht man jetzt oft eine besondere Gruppe von stickstoffhaltigen Gläsern, die auf der Basis der Elemente $R-Si-Al-O-N$ aufbauen. Solche Gläser wurden zuerst in den Korngrenzen von Hochtemperaturwerkstoffen aus Siliciumnitrid Si_3N_4 und Sialon, einem Mischkristall aus Si_3N_4 und Al_2O_3, gefunden. (Der Name Sialon entstand aus den Elementen $Si-Al-O-N$; die entsprechenden Gläser können dann als Sialongläser bezeichnet werden.) Wegen des großen Einflusses auf die Eigenschaften dieser Werkstoffe setzte eine intensive Erforschung dieser Gläser ein, die zu interessanten Ergebnissen führte. Übersichten wurden von Hampshire u. M. [375], Hayashi und Tien [387], Loehman [554] und Sakka [799] vorgelegt.

Die Herstellung der Oxynitridgläser erfolgt durch Schmelzen der Grundkomponenten SiO_2, Al_2O_3, Si_3N_4 und AlN in Stickstoffatmosphäre bei 1 600 bis 1 700 °C. Wesentlich höhere Temperaturen verbieten sich wegen der dann eintretenden thermischen Zersetzung der Nitride. Durch Zugabe weiterer Komponenten wird die Schmelze erleichtert. Für das oben angeführte R haben sich als Oxide besonders bewährt Mg, Ca, Ba, Mn, Y und Nd. Man kann bis zu 10 Gew.-% N einbauen, d.h. jedes vierte O durch N ersetzen. Nach Brinker und Haarland [101] hat sich auch der Sol-Gel-Prozeß in seinen späteren Stufen zur Herstellung solcher Gläser bewährt.

Der Ersatz von O durch N in der Glasstruktur ruft die bereits erwähnten Veränderungen von Eigenschaften hervor, die durch Verfestigung der Glasstruktur bedingt sind. Von technischem Interesse sind insbesondere die deutlich verbesserten mechanischen Eigenschaften, die von Gläsern gezeigt werden, die zugleich eine hohe Warmfestigkeit haben, denn die gleichzeitig vorhandene Viskositätserhöhung kann die Transformationstemperatur T_g bis auf 1 000 °C anheben, ein ungewöhnlich hoher Wert. Die Oxidationsbeständigkeit ist theoretisch nicht gut, aber Versuche von Wusikara [1092] haben gezeigt, daß meist nur oberflächlich Effekte eintreten und daß Li-, Be- oder Mg-haltige Oxynitridgläser eine gute Oxidationsbeständigkeit zeigen.

Schließlich muß hier noch das *Sulfidion* S^{2-} erwähnt werden, was strukturell ähnlich dem O^{2-}-Ion sein sollte. Die Kenntnisse darüber sind bei Glasschmelzen aber noch relativ gering. Hanada u. M. [377] konnten experimentell nachweisen, daß im System Na_2S-SiO_2 überraschend leicht Glasbildung eintritt mit bis zu 55 Mol-% Na_2S. Auch im binären System $Na_2S-B_2O_3$ werden Gläser erhalten, hier jedoch weniger leicht, bedingt durch die geringere Basizität der Boratgläser. Das Maximum der Schwefellöslichkeit wurde beim Maximum der B-Ionen in KZ 4 beobachtet. In Kalk-Natronsilicatgläsern entstehen S^{2-}-Ionen beim reduzierenden Schmelzen. Der Wechsel vom gelösten $[SO_4]^{2-}$-Ion zum gelösten S^{2-}-Ion findet bei einem O_2-Partialdruck von etwa 10^{-6} bar statt. Goldman [319] hat die Zusammenhänge beschrieben. Die S^{2-}-Ionen bilden schon mit geringen Gehalten an Eisen Komplexe mit sehr intensiver brauner Farbe.

2.6.2 Nichtoxidische Gläser

Es ist naheliegend, die Grundlagen der Glasbildung nicht nur auf Oxide anzuwenden, sondern sie allgemein zu betrachten. Das ist vielfältig geschehen. Im folgenden kann aus den zahlreichen Möglichkeiten nur eine kleine Auswahl gebracht werden.

2.6.2.1 Halogenid-, insbesondere Fluoridgläser

Schon 1926 hat Goldschmidt [321] auf die strukturmäßige Verwandtschaft der kristallinen Modifikationen von SiO_2 und BeF_2 hingewiesen, indem die Ionenradien der Kationen und Anionen weitgehend übereinstimmen, nur daß beim BeF_2 die Wertigkeiten halbiert sind. Man kann daher das BeF_2 als abgeschwächtes Modell des SiO_2 auffassen. Es gibt neben den reinen Verbindungen zahlreiche weitere analoge kristalline Verbindungen. Das *Modellglas* BeF_2 hat gegenüber dem Kieselglas eine

2.6 Spezielle Glasstrukturen

abgeschwächte Struktur mit $T_g = 115\,°C$ und $\log \eta < 2$ bei der Transformationstemperatur des Kieselglases. Die Struktur des BeF_2-Glases wird aus $[BeF_4]$-Tetraedern aufgebaut, die gemeinsame Ecken haben, d.h. das einwertige F tritt hier zweibindig auf. Der B–F–B-Winkel beträgt im Mittel 146°. Es ergibt sich demnach eine dem Kieselglas sehr verwandte Netzwerkstruktur.

Zugabe von Alkalifluoriden RF führt zu binären Fluoridgläsern, wobei nach Vogel und Gerth [1028] die Glasbereiche bis etwa 50 Mol-% RF gehen. In den Fluoridgläsern stellt das Alkaliion jedoch das Modell des Erdalkaliions in den Silicatgläsern dar. Es ist deshalb nicht überraschend, daß von Vogel und Gerth ausgedehnte Entmischungsbezirke festgestellt wurden.

Eine intensive Erforschung der Fluoridgläser setzte nach 1975 ein, als Poulain u. M. [729] berichteten, daß ZrF_4 zwar nicht allein, aber in Gegenwart weiterer Fluoride relativ stabile Gläser mit interessanten Eigenschaften bildet. Inzwischen liegen Übersichten vor von Baldwin u. M. [40], Lucas [557], Petrovskii und Abdrashitova [702], Poulain [728] und Videau und Portier [1020]. Den Grund für die Glasbildung kann man in den wechselnden Koordinationszahlen des Zr^{4+}-Ions von 6 bis 8 sehen, wobei das gleichzeitige Vorliegen die Kristallisation erschwert. Nach Strukturuntersuchungen, die in der Aussage über die KZ in den Gläsern noch nicht einheitlich sind, bilden die $[ZrF_n]$-Polyeder durch gemeinsame Ecken- und Kantenverknüpfungen ein unregelmäßiges Netzwerk, in dem die zusätzlichen Kationen R (meist Ba^{2+} oder Pb^{2+}) sich benachbart der gemeinsamen Kanten befinden und so als Netzwerkwandler angesprochen werden können.

Besonders stabil sind Zusammensetzungen um $2ZrF_4 \cdot R^{II}F_2$ (mit R^{II} = Ba, Pb). Durch weitere Komponenten kann man die Entglasungsneigung senken, wofür sich ThF_4, LaF_3, AlF_3 oder ZnF_2 bewährt haben. Man kann damit auch einige Eigenschaften beeinflussen, z.B. die relativ geringe chemische Beständigkeit verbessern. Ihren größten Vorteil haben aber diese Gläser in ihren hervorragenden optischen Eigenschaften, nämlich sehr geringer innerer Streuung und hoher IR-Durchlässigkeit, weshalb sie sich für den Einsatz als Wellenleiter und als Lasermaterial eignen.

Die Zusammensetzungsmöglichkeiten dieser Fluoridgläser sind sehr groß. Es hat sich herausgestellt, daß man auf das vierwertige Kation verzichten kann, bereits ein $R^{III}F_3$ ist ausreichend, wenn man es mit mindestens zwei $R^{II}F_2$ kombiniert. Als R^{III} wurde vor allem Al, untersucht besonders von Ehrt u. M. [222], neben Cr, Fe und Ga erprobt. Die Transformationstemperaturen liegen wie bei der vorangegangenen Gruppe bei 250 bis 450 °C.

Schon längere Zeit ist bekannt, daß $ZnCl_2$ allein ein Glas zu bilden vermag. Es ist anzunehmen, daß die Struktur aus $[ZnCl_4]$-Tetraedern aufgebaut ist. Dieses erste *Chloridglas* hat inzwischen Gesellschaft erhalten. So fanden Poulain u. M. [583], daß $CdCl_2$ zwar nicht allein, aber mit anderen Chloriden glasig zu erhalten ist, was nach Hu und Mackenzie [424] ganz analog auch mit dem $ThCl_4$ der Fall ist. Hier liegen im System $NaCl-KCl-ThCl_4$ die T_g-Werte bei 130 bis 165 °C.

Bei allen diesen Gläsern stellt man immer wieder fest, daß das gleichzeitige Vorliegen von mehreren verschiedenen Kationen die Glasbildung stark fördert, erklärbar als Konkurrenz der Kationen bei der möglichen Kristallisation beim Abkühlen. Dies gilt nicht für das reine $ZnBr_2$, das nach Hu u. M. [423] ebenfalls glasig erstarren kann mit $T_g = 122\,°C$. Seine besondere Eigenschaft ist die hohe IR-Durchlässigkeit bis etwa 20 µm.

2.6.2.2 Chalcogenidgläser

Die Netzwerkhypothese legt es nahe, die im Periodensystem der Elemente unter dem Sauerstoff stehenden Chalcogenide S, Se und Te auf ihre Möglichkeit zum Einbau in ein Netzwerk und damit zur Glasbildung zu untersuchen. Wirklich ist die Glasbildung von As_2S_3 und GeS_2 schon lange bekannt, und viele weitere Ergebnisse sind in den Übersichten, Tagungsberichten oder ausführlicheren Arbeiten u.a. von Pearson [691], Murch [641] Plumat [713] und Feltz u. M. [253] enthalten. Einige dieser Gläser haben wegen ihrer speziellen optischen oder elektrischen Eigenschaften technisches Interesse.

Überträgt man die Zachariasenschen Bedingungen auf Nichtoxide, dann muß man vor allem die Radienverhältnisse für die Bildung der Koordinationszahlen 3 oder 4 berücksichtigen. Mittels dieser Leitlinie ergaben sich viele Gläser, deren Strukturen bei der KZ 3, also z.B. bei den Gläsern aus As_2S_3, As_2Se_3 oder As_2Te_3, ähnlich wie beim B_2O_3 aus gewellten Schichten bestehen. Die sich vom GeS_2 oder $GeSe_2$ ableitenden Gläser mit der KZ 4 haben eine Struktur aus ungeordneten entsprechenden Tetraedern. Zu den weiteren Möglichkeiten gehören das von Hintenlang und Bray [405] untersuchte B_2S_3-Glas sowie das $SiSe_2$-Glas, das nach Tenhover u. M. [959] aus unregelmäßig orientierten Ketten von $[SiSe_4]$-Tetraedern besteht, die aber über Kanten verknüpft sind, was von den Autoren als ein chemisch geordnetes Netzwerkmodell bezeichnet wird.

Diese Einkomponentengläser lassen sich gegenseitig und mit anderen Komponenten weit variieren. Allgemein kann man sagen, daß mit steigendem Atomgewicht des Anions die Glasbildungstendenz abnimmt, da dann der Anteil an metallischer Bindung größer wird. Clavaguera u. M. [138] ist es gelungen, einen Zusammenhang zwischen Glasbildungstendenz und Phasendiagramm zu finden, während Barrau u. M. [48] analog zu den Oxidgläsern die Eigenschaften solcher Gläser dadurch variieren, daß sie Netzwerkwandler einführen. Im System Na_2S-GeS_2 werden Gläser erhalten, die sich durch eine hohe elektrische Leitfähigkeit auszeichnen, d.h. der Ersatz von O durch S in Gläsern führt zu einer leichteren Beweglichkeit des Na-Ions (s. Abschn. 3.6.1.2).

Es gibt aber auch Chalcogenidgläser, die nur aus einem Element bestehen. Lange bekannt ist das nur aus *Selen* bestehende Glas. Der Grund für die Glasbildung ist, daß in der Schmelze Ketten aus Se vorliegen, deren Länge mit sinkender Temperatur immer größer wird, was die Viskosität immer mehr ansteigen läßt, bis bei 31 °C T_g erreicht wird. Die Struktur besteht daher aus unregelmäßig angeordneten Ketten neben einigen Se_8-Ringen, abhängig von der Vorgeschichte. Ähnlich ist es beim Schwefel. Hier sind neben den S-Ketten die S_8-Ringe begünstigt, weshalb man zur Glasbildung sehr schnell abschrecken muß und weshalb dann T_g bei noch tieferer Temperatur (−27 °C) liegt.

2.6.2.3 Metallische Gläser

Es war überraschend, als 1960 Klement u. M. [496] berichteten, daß man beim schnellen Abschrecken bestimmter Au−Si-Schmelzen nichtkristalline Festkörper erhält, die einwandfrei der physikochemischen Definition des Glases als eingefrorener unterkühlter Flüssigkeit entsprechen. In den danach einsetzenden zahlreichen Untersuchungen werden dafür sehr unterschiedliche Begriffe verwendet: metallische Gläser, glasige Metalle oder Legierungen, Metglas usw. Alle meinen das gleiche, nämlich daß es sich um glasige Festkörper handelt aus Elementen oder Mischungen, die üblicherweise als Metalle oder Legierungen auftreten.

Der Stand der Kenntnisse hat sich inzwischen erheblich erweitert. Es liegen auch schon mehrere zusammenfassende Artikel, Berichte über diesem Thema gewidmete Tagungen und Monographien vor, von denen hier nur eine Auswahl an Autoren genannt werden kann: Beck und Güntherodt [66], Cahn [125], Chaudari und Turnbull [132], Davies [162], Gaskell [300], Haasen [353], Hillenbrand und Hornbogen [402], Luborsky [556], Takayama [949], Vander Sande und Freed [1012] und Wagner und Johnson [1036]. Wesentlich für die Herstellung ist eine sehr hohe Abkühlgeschwindigkeit (s. Abschn. 2.4.4), die man z.B. erreicht, wenn man die entsprechende Schmelze auf eine gekühlte Unterlage oder zwischen gekühlte Rollen schießt. Abschätzungen haben ergeben, daß die Abkühlgeschwindigkeiten bis 10^8 K/s liegen. Die auch dann noch vorhandene große Kristallisationsneigung hat zur Folge, daß nur relativ dünne Folien oder Drähte hergestellt werden können, wobei man kaum über Dicken von 100 µm hinauskommt, bedingt durch Schwierigkeiten der Wärmeabfuhr.

Für die Ursache der Glasbildung der Metalle gibt es mehrere Modelle und empirische Regeln. Man hat dabei, ähnlich wie bei den sonstigen Gläsern, sowohl thermodynamische als auch kinetische Einflüsse zu betrachten. Günstig für die Glasbildung ist, wenn die Differenz der freien Enthalpien ΔG zwischen Schmelze und Kristall gering ist, da dann auch die Tendenz zur Keimbildung gering ist. Entsprechende Berechnungen hat Sommer [909] vorgestellt. Die Glasbildung wird auch bei kleinem Verhältnis $T_g:T_s$ begünstigt, d.h. im Bereich der Eutektika. Dieses Verhältnis liegt meist bei 0,5 bis 0,66. Eine kinetische Hinderung der Kristallisation wird dann angenommen, wenn sich die Atomradien der beiden Hauptelemente um mehr als 10 % unterscheiden. Aufgrund der Betrachtung vieler glasbildender Legierungssysteme schreiben Egami und Waseda [220] diesen Radienverhältnissen einen großen Einfluß zu. Aber die chemische Hinderung darf man nicht außer acht lassen, die sich dann bemerkbar macht, wenn die Struktur von Vorordnungsbereichen (Cluster) in der Schmelze anders ist als die Struktur der sich ausscheidenden kristallinen Phase. So findet man im System Mg–Ca einen Glasbereich, nicht aber im System Mg–Ba. Kristallin ist bei beiden Systemen eine A_2B-Phase stabil, die ähnlich in Mg–Ba-Schmelzen angenommen wird, während in Mg–Ca-Schmelzen 1:1-Cluster vorliegen sollen.

Sehr wahrscheinlich werden jeweils mehrere Einflüsse gleichzeitig die Glasbildung bestimmen, was je nach Zusammensetzung variieren wird und was auch zu verschiedenen Strukturen führen wird. Das hat auch Anlaß zu mehreren Strukturmodellen gegeben. Ein Modell nimmt eine regellose dichte Kugelpackung der einen Atomsorte an. Zwischen den Kugeln ist nach theoretischen Berechnungen noch etwa 20 % Hohlraumvolumen frei, das für weitere Kugeln der anderen Atomsorte geeignet ist. Wirklich neigen Zusammensetzungen vom Typ $T_{80}M_{20}$ bevorzugt zur Glasbildung, wobei T ein Übergangs- oder Edelmetall, z.B. Fe, Co, Ni, Pd, und M ein Metalloid darstellt, z.B. B, C, Si, P. Letztere Elemente bewirken durch den Übergang zur kovalenten Bindung die Ausbildung eines Netzwerks, das eine bestimmte Nahordnung zeigt für chemisch verschiedene Nachbarn. Im Gegensatz zur idealen Mischung sind die M-Elemente nur von T-Elementen umgeben, meist mit Koordinationszahlen von 8

Tabelle 10. Vergleich einiger Eigenschaften von Gläsern und Metallen nach Güntherodt [344]

Eigenschaft	Silicatische Gläser	Glasige Metalle	Kristalline Metalle
Verformbarkeit	schlecht; spröd	gut; duktil	gut; duktil
Härte	groß	groß	klein
Bruchgrenze	niedrig	hoch	hoch
Lichtdurchlässigkeit	gut	undurchsichtig	undurchsichtig
elektrische Leitfähigkeit	schlecht	gut	gut
Magnetismus	unmagnetisch	diverse Erscheinungsformen	diverse Erscheinungsformen
Wärmeleitfähigkeit	schlecht	gut	gut
Korrosionswiderstand	groß	groß	klein

bis 9, wie z.B. im glasigen $Ni_{80}B_{20}$. Aufgrund dieser KZ wird auch angenommen, daß die Nahordnung vorzugsweise aus trigonalen Prismen T_3M besteht, die über Ecken und Kanten verknüpft sind. Es gibt verschiedene Möglichkeiten, wie sich solche und entsprechende Einheiten zu einer strukturellen Unordnung verknüpfen können, wie Dubois [209] gezeigt hat. Erwähnt werden muß noch, daß man metallische Gläser auch durch Kombination von Übergangselementen aus verschiedenen Bereichen des Periodensystems erhalten kann, also z.B. Fe, Co, Ni oder Mn kombiniert mit Ti, Zr, Nb oder V.

Das große Interesse an diesen neuen Gläsern liegt an ihren interessanten Eigenschaften, von denen einige in Tabelle 10 mit den Silicatgläsern und den kristallinen Metallen verglichen werden. Daraus erkennt man, daß die glasigen Metalle in ihren Eigenschaften sich z.T. den Silicatgläsern, z.T. den kristallinen Metallen nähern, was strukturell bedingt ist. Ergänzend sei erwähnt, daß man mit glasigen Metallen Magnete mit fast verlustfreier Hysteresis herstellen kann, da man Zusammensetzungen mit hoher Remanenz bei geringer Koerzitivkraft erhalten kann. Andere Zusammensetzungen sind supraleitend, wieder andere kristallisieren erst bei Temperaturen um 900 °C. Allerdings wird bereits bei Temperaturen unterhalb T_g eine Versprödung bemerkbar, bedingt durch Platzwechselvorgänge im Nahordnungsbereich.

2.6.2.4 Kohlenstoffhaltige Gläser

Eine ganz andere Stoffklasse stellt der Kohlenstoff dar, von dem seit langem bekannt ist, daß er fast amorph auftreten kann, sowohl wegen der erreichbaren Feinkörnigkeit als auch wegen des hohen Fehlordnungsgrades im Gitter. Seit etwa 1960 wird über eine neue Form berichtet, die in einigen Eigenschaften von den bisher bekannten Kohlenstofformen abweicht: sie ist dicht, hat eine hohe Härte und wird nicht zuletzt wegen des glasartigen Bruches als *glasartiger Kohlenstoff* bezeichnet. Die Herstellung erfolgt durch Festkörperpyrolyse meist von hochvernetzten aromatischen Polymeren. Nähere Angaben findet man in den Zusammenfassungen von Noda u. M. [665] und Lersmacher u. M. [544].

Die Struktur des glasartigen Kohlenstoffs besteht aus unregelmäßigen graphitartigen Schichten, in denen der Kohlenstoff meist in KZ 3 auftritt. Zwischen diesen

Schichten befindet sich ein beträchtlicher Anteil (25 bis 40 Vol.-%) an geschlossenen Poren mit Durchmessern von 1 bis 5 nm. Im einzelnen hängt dies von den Herstellungstemperaturen ab, wobei nach Craievich [158] bei etwa 700 °C starke Änderungen eintreten sollen. Danach fehlen diesem Produkt wesentliche Merkmale des Glases, d.h., man sollte es nicht als „glasigen", sondern eben als „glasartigen" Kohlenstoff bezeichnen. Seine technischen Einsatzmöglichkeiten beschreiben Dübgen und Popp [208]. Besonders hervorzuheben ist noch die sehr große Korrosionsbeständigkeit bis zu hohen Temperaturen, wenn nicht oxidierende Bedingungen herrschen, und die vergleichsweise geringen elektrischen und thermischen Leitfähigkeiten. Bei Raumtemperatur betragen diese etwa $200\,\Omega^{-1}\,\text{cm}^{-1}$ bzw. $5\,\text{W}/(\text{m K})$.

Echte Gläser im physikochemischen Sinn bilden dagegen viele *organische Polymere*. Dies ist jedoch ein eigener Wissenschaftszweig für sich, auf den im Rahmen dieses Buches nicht eingegangen werden kann, obwohl Uhlmann [1001] aufzeigt, daß neben charakteristischen Unterschieden zu den anorganischen Gläsern doch viele Gemeinsamkeiten bestehen, die man auch aus dem Handbuchartikel von Bondi [87] erkennen kann.

Diese Gemeinsamkeiten zeigen sich besonders in der neuen Werkstoffgruppe der *organisch modifizierten Silicate*, den *Ormosilen* [842]. Der Entwicklung dieser Gläser lag der Wunsch zugrunde, unter Nutzung des Sol-Gel-Prozesses in das silicatische Netzwerk organische Komponenten einzubauen zur Erzielung besonderer Eigenschaften. Das wurde in Abschn. 2.4.5 beschrieben. Strukturell ist wesentlich, daß die direkt am Si gebundenen Radikale bzw. Gruppen als organische Netzwerkwandler aufgefaßt werden können. Es besteht eine große Variationsbreite sowohl in der Zahl als auch in der Art der Einbaumöglichkeiten. Befinden sich am Si zwei organische Gruppen, dann kann die Vernetzung nur noch zweifach, d.h. linear oder kettenförmig erfolgen, und drei organische Gruppen am Si sind nur als endständige Einheiten möglich. Besondere Möglichkeiten ergeben sich, wenn die organischen Komponenten selbst noch funktionelle, d.h. reaktionsfähige Gruppen tragen. Nutzt man dabei die Polymerisationsneigung einiger organischer Gruppen, kann man benachbarte Si-Tetraeder, die jeweils eine organische Trennstelle tragen, über eine organische Brücke verknüpfen, d.h. es gibt auch organische Netzwerkbildner.

Tabelle 11. Stoffwerte von Ormosilen (für Raumtemperatur, wenn nicht anders vermerkt; Ph = Phenylgruppe, Epoxy = γ-Glycidyloxypropyltrimethoxysilan)

Stoffwerte	$x[\text{PhSiO}_{3/2}] \cdot (1-x)\text{SiO}_2$		$x[\text{Ph}_2\text{SiO}] \cdot (1-x)\text{TiO}_2$		$x\text{Epoxy} \cdot (1-x)\text{MO}_2$		
	$x = 0{,}2$	$x = 0{,}35$	$x = 0{,}5$	$x = 0{,}6$	M = Ti		M = Zr
					$x = 0{,}65$	$x = 0{,}8$	$x = 0{,}8$
Dichte (g/cm³)	1,42	1,33	1,38	1,37	1,45	1,37	1,41
Brechzahl	1,49	1,53	1,64	1,64	1,55	1,52	1,51
linearer Ausdehnungskoeffizient $\cdot 10^6$ (1/K)	15	66	62	86	106	141	135
Transformationstemperatur (°C)	225	135	40	25	180	80	95

Die Eigenschaften von Gläsern werden durch den Einbau von organischen Gruppen stark beeinflußt. Interessant ist der Vergleich des Einflusses von Trennstellen auf T_g. Führt man in Kieselglas mit $T_g = 1200\,°C$ durch Alkalizugabe pro $[SiO_4]$-Tetraeder eine Trennstelle ein, dann sinkt beim entsprechenden $NaSiO_{2,5}$-Glas T_g auf $440\,°C$. Das entsprechende Methylpolysiloxan $[CH_3SiO_{1,5}]_n$ ist aber bei Raumtemperatur bereits harzartig, und das Dimethylpolysiloxan $[(CH_3)_2SiO]_n$ hat $T_g = -120\,°C$. Tabelle 11 gibt einige Stoffwerte ausgewählter Ormosile an. Bemerkenswert sind die hohen Ausdehnungskoeffizienten und die geringen Dichten. Letzteres spricht für eine geringe Raumerfüllung, wobei aus Überschlagsrechnungen mit Strehlow [846] folgt, daß beim $Ph_2SiO \cdot TiO_2$-Ormosil das Volumen zu etwa 90 % von den Phenylgruppen bestimmt wird. Daraus wird der große Einfluß schon relativ geringer Gehalte an organischen Gruppen auf die Eigenschaften verständlich.

3 Eigenschaften des Glases

In den folgenden Abschnitten soll versucht werden, einige Eigenschaften so zu erfassen, daß es möglich wird, die Werte in ihrer Abhängigkeit von der Zusammensetzung nicht nur zu erklären, sondern auch vorauszusagen. Voraussetzung dazu ist einmal die Kenntnis der Struktur des Glases, die im vorangegangenen Kapitel behandelt wurde. Zum anderen müssen aber auch die Vorgänge oder Erscheinungen bekannt sein, die die gerade betrachtete Eigenschaft bestimmen. Da letzteres in den einschlägigen Lehrbüchern der Physik, Chemie oder Physikalischen Chemie zu finden ist, wird hier nur kurz darauf eingegangen, wobei gleichzeitig auf die wichtigsten Meßmethoden hingewiesen wird. Einige einschlägige Werke wurden am Anfang dieses Buches genannt; ergänzend seien ein Buch von Rawson [763] über Eigenschaften und Anwendungen von Glas erwähnt sowie Werke mit gesammelten Glasdaten von Eitel u. M. [225], Morey [627], Bansal und Doremus [45] und Mazurin u. M. [600] (mehrere Bände; englische Übersetzung z.T. noch in Vorbereitung). In diesen Werken wird auch angegeben, wo man die Originalarbeiten finden kann; auf diese wird manchmal in den folgenden Abschnitten zurückgegriffen. In den Büchern von Appen [25], Matveev u. M. [590] und Gan [291] findet man zusammenfassende Darstellungen, wie anhand der Zusammensetzung einige Glaseigenschaften berechnet werden können.

Im vorangehenden Kapitel wurde erläutert, daß die Glasstruktur von der Vorgeschichte abhängen kann, woraus unmittelbar eine entsprechende Abhängigkeit der Eigenschaften folgt. Bei einigen Zusammensetzungen kann eine Entmischung eintreten, was sich ebenfalls auswirken wird, worauf Moriya [628] in einer Zusammenfassung und Mazurin und Porai-Koshits [597] in einer Monographie hingewiesen haben.

Die für die Herstellung und Verarbeitung von Gläsern wohl wichtigste Eigenschaft ist die Viskosität; denn von ihr hängen zahlreiche Prozesse ab. Die Behandlung der Viskosität soll deshalb an erster Stelle stehen. Dem sollen andere Eigenschaften folgen, wie sie sich aus dem Fertigungsgang eines Glases ergeben oder wie sie sich am besten in den zu behandelnden Stoff einfügen.

3.1 Viskosität

Die Viskosität ist nicht nur für die Herstellung und Verarbeitung von Gläsern eine wesentliche Eigenschaft; sie hängt auch eng mit der Natur und Struktur der Glasschmelze zusammen. Deshalb wurde bereits im Abschn. 2.3.2 gezeigt, wie

Viskositätsmessungen zur Aufklärung der Struktur von Silicatschmelzen dienen können. Ausführlicher wurden dann im Abschn. 2.4.1 die Grundlagen der Viskosität behandelt. Auf ihnen soll hier aufgebaut werden, um ergänzend die Meßmethoden und die Abhängigkeit von Zusammensetzung und Vorgeschichte zu behandeln. Einige die Viskosität betreffende Handbuchartikel findet man im Band 3 der von Uhlmann und Kreidl [1004] herausgegebenen Buchreihe.

3.1.1 Meßmethoden

Die Viskosität η wird in der Einheit Pa s gemessen bzw. angegeben. Definitionsgemäß bezeichnet η die Kraft, die nötig ist, um zwei parallele Flächen in einem bestimmten Abstand mit einer bestimmten Geschwindigkeit zu verschieben. Die Viskosität beträgt gerade 1 Pa s, wenn die beiden Flächen je 1 m² groß sind, einen Abstand von 1 m haben und bei einer Geschwindigkeit von 1 m/s eine Kraft von 1 N benötigt wird, also 1 Pa s = 1 N s/m². Die Umrechnung zu den früher geläufigen Einheiten ist 1 Pa s = 10^5 dyn s · 10^{-4} cm^{-2} = 10 Poise oder 1 dPa s = 1 Poise. Die Umstellung in die neueren SI-Einheiten erfolgt zögernd; nur selten wird die Einheit Pa s verwendet. Zum besseren Vergleich mit den früheren, sehr geläufigen Daten und zur Vermeidung von Verwechslungen wurde deshalb im vorliegenden Buch noch die Einheit dPa s gewählt.

Bei der großen Breite der Viskositätswerte von Gläsern ist es nicht möglich, mit einer Methode den ganzen Bereich zu erfassen. Es sollen deshalb zunächst Methoden für die Messung geringer Viskositäten besprochen werden, zumal man dabei auf die bekannteren Methoden bei normalen Flüssigkeiten zurückgreifen kann. Hier und auch später kann aus der großen Zahl nur eine Auswahl typischer Methoden gebracht werden. Einige davon werden auch in DIN 52 312 [1149] behandelt.

Das *Kapillarviskosimeter*, das bei Flüssigkeiten oft angewandt wird, hat wegen der experimentellen Schwierigkeiten bei Glasschmelzen bisher nur begrenzt Einsatz gefunden. Mills und Pincus [613] konnten damit aber hohe Schergeschwindigkeiten bis zu 10^4 s^{-1} erreichen und die interessante Feststellung machen, daß sich auch dann noch eine Kalk-Natronglasschmelze wie eine Newtonsche Flüssigkeit verhielt. (Auch bei den folgenden Methoden wird angenommen, daß die Glasschmelzen newtonsches Verhalten zeigen. Bei höheren Viskositäten muß ggf. das Auftreten von viskoelastischem Verhalten berücksichtigt werden.)

Auch das *Kugelfallviskosimeter* hat wegen des Problems des Verfolgens der Kugel nur wenig Anklang gefunden. Zur Auswertung gilt hier das — verbesserte — Stokessche Gesetz

$$\eta = \frac{2r^2 g(\varrho_K - \varrho_s)}{9v(1 + 2{,}4r/R_T)},$$

wobei die Klammer im Nenner den nicht unendlich ausgedehnten Tiegel berücksichtigt. In dieser Gleichung ist r = Radius der Kugel, g = Erdbeschleunigung, ϱ_K = Dichte der Kugel, ϱ_s = Dichte der Flüssigkeit, v = Fallgeschwindigkeit der Kugel und R_T = Radius des zylinderförmigen Tiegels. Bei Verwendung einer Platinkugel und mit experimentell vernünftigen Fallgeschwindigkeiten kann man leicht abschätzen, daß das Kugelfallviskosimeter im Bereich log η = 2 bis 7 anwendbar ist. (Wenn bei η keine Einheiten stehen, dann wird die Viskosität in dPa s verwendet.)

Für sehr geringe Viskositäten ($\log \eta < 1$) ist das *Schwingungsviskosimeter* herangezogen worden, bei dem die Dämpfung eines an einem Torsionsdraht in der Schmelze hängenden Körpers gemessen wird. Beträgt das Verhältnis zweier unmittelbar folgender Schwingungsamplituden k, dann ist mit dem sich daraus ergebenden logarithmischen Dekrement $\lambda = \ln k$ die Viskosität zu berechnen nach

$$\eta = A\sqrt{D J/[1+(\pi/\lambda)^2]},$$

worin D = Direktionskraft des Torsionsdrahts, J = Trägheitsmoment des Schwingkörpers und A = Apparatekonstante, deren Größe von den Abmessungen der Anordnung abhängt.

Häufiger werden die *Rotationsviskosimeter* verwendet. In die Schmelze taucht ein Rotationskörper, und Schmelze und Rotationskörper werden gegeneinander verdreht. Dabei bestehen mehrere Möglichkeiten:

a) Der äußere Tiegel steht fest. Der Rotationskörper wird auf eine bestimmte Winkelgeschwindigkeit gebracht und das dazu benötigte Drehmoment gemessen, was man elektrisch oder mechanisch erreichen kann.

b) Man dreht den äußeren Tiegel und bestimmt das am inneren Rotationskörper auftretende Drehmoment. Das ist wieder elektrisch möglich, aber auch mechanisch durch Messen der Torsion eines Drahtes, an dem der innere Körper hängt.

c) Neben anderen Möglichkeiten kann man auch Tiegel und Rotationskörper gleichzeitig drehen. Zu messen sind wieder dieselben Werte.

Für die Auswertung der Messungen ist es günstig, zylindrische Körper zu verwenden, wobei eine genaue Zentrierung sehr wichtig ist. Dann gilt die Gleichung

$$\eta = \frac{m(R_T^2 - R_T^2)}{4\pi L_Z \omega R_T^2 R_Z^2},$$

mit R_T = Radius des Tiegels, R_Z = Radius des inneren Zylinders, L_Z = Eintauchtiefe des inneren Zylinders, ω = Winkelgeschwindigkeit und M = Drehmoment. Genauere Messungen benötigen in obiger Gleichung Korrekturglieder. Der Meßbereich der Rotationsmethode reicht von $\log \eta = 3$ bis 14, also recht weit.

In vielen Fällen erlaubt die Geometrie der Meßeinrichtung nicht die Anwendung obiger Gleichungen. Dann wird die Apparatur mit Flüssigkeiten bekannter Viskosität geeicht und eine Apparatekonstante ermittelt. Meist erfolgt die Eichung bei Zimmertemperatur, während die Messungen an Glasschmelzen bei höheren Temperaturen durchgeführt werden müssen. Eine Übertragung der Apparatekonstante auf diese Temperaturen ist aber bedenklich. Deshalb haben Dietzel und Brückner [180] ein Absolutviskosimeter nach der Rotationsmethode entwickelt, das die exakte Ermittlung der Viskosität aus den Versuchsbedingungen erlaubt. Das wesentliche dabei ist eine geeignete Wahl der Form des Tiegels und des Rotationskörpers.

Als Meßmethode für höhere Viskositäten ist zunächst das *Fadenziehviskosimeter* zu nennen, bei dem ein Glasfaden in einem senkrecht stehenden Ofen an seinem unteren Ende belastet wird. Aus der Streckgeschwindigkeit v ergibt sich dann die Viskosität zu

$$\eta = L F/(3\pi r^2 v)$$

mit L = Länge des Glasfadens, F = Zugkraft und r = Radius des Fadens. Der Meßbereich liegt bei dieser Methode zwischen $\log \eta = 8$ und 14,5. In einer Norm [1149] werden die Meßbedingungen näher beschrieben.

Das *Penetrationsviskosimeter* wurde auf seine Eignung besonders von Brückner und Demharter [112] untersucht. Für den einfachen Fall des Eindringens einer Kugel mit dem Radius R unter der Kraft F ergibt sich

$$\eta = 9 \, F \, t / (32 \sqrt{2 \, R \, l^3})$$

mit t = Belastungszeit und l = Eindringtiefe. Der übliche Meßbereich liegt bei $\log \eta = 9$ bis 13, aber empfindlichere Meßeinrichtungen sollen nach Whetton und Hall [1062] eine Erweiterung bis $\log \eta = 2$ zulassen.

Für den Meßbereich von $\log \eta = 8$ bis 15 kann die Methode der *Durchbiegung eines waagerechten Glasstabs* unter einer in der Mitte angelegten Last P verwendet werden. Bei einer Stützweite L_S und einer Durchbiegegeschwindigkeit v ergibt sich dann

$$\eta = 681 \, L_S^3 \, P / (I_c \, v),$$

worin I_c = Flächenmoment 2. Grades = $h^3 b / 12$ für einen Rechteckquerschnitt und der Zahlenfaktor 681 die Fallbeschleunigung enthält (mit allen Längen in mm). Modifikationen dieser Methoden sind u.a. die freie Balkenbiegung oder die Durchbiegung von Platten.

Für noch höhere Viskositäten bewährt sich das *Tordieren eines Glasstabs* oder Glasrohrs. Aus dem Drehmoment M und der Winkelgeschwindigkeit ω ergibt sich dann

$$\eta = 2 \, L \, M / [\pi \, (r_a^4 - r_i^4) \, \omega].$$

r_a und r_i sind der äußere bzw. innere Radius des Glasrohrs. Verwendet man einen Glasstab, dann wird $r_i = 0$. In diesem Fall ist es günstig, als Meßstrecke L einen dünneren Glasfaden zwischen zwei dickeren Enden einzuschmelzen. Der Meßbereich liegt hier bei $\log \eta = 12$ bis 16. Weiss [1053] hat das Grundprinzip dieser Methode derart modifiziert, daß sich in einem Ofen nur ein Teil eines Fadens befindet und daß von außen tordiert wird. Dadurch sind schnelle Messungen auch bei hohen Temperaturen möglich. Der Meßbereich liegt bei $\log \eta = 5$ bis 10.

Die experimentelle Bestimmung einer ganzen Viskositätskurve ist eine langwierige Messung. Häufig genügt es, einen angenäherten Verlauf zu bestimmen, was man mit Hilfe der im Abschn. 2.4.1.1 erwähnten Vogel-Fulcher-Tammann-Gleichung (21) erreichen kann, wenn man drei Meßpaare zur Verfügung hat. Oft benötigt man nicht die ganze Viskositätskurve, sondern nur einen bestimmten Bereich oder auch nur bestimmte Punkte. Ein besonders wichtiger Punkt wurde bereits erwähnt, die Transformationstemperatur T_g. Es hat sich deshalb eingebürgert, Gläser in ihrem Viskositätsverhalten durch bestimmte *Fixpunkte* zu charakterisieren. Die Zahl der vorgeschlagenen Fixpunkte ist recht groß und nimmt weiter zu. Hier soll nur auf drei eingegangen werden.

Von diesen drei Fixpunkten ist die Bestimmung der *Transformationstemperatur* in DIN 52 324 genormt [1153]. Diese Bestimmung ist eigentlich keine Viskositätsmessung, sondern beruht darauf, daß viele Eigenschaften des Glases bei T_g eine Änderung in ihrer Temperaturabhängigkeit zeigen. Besonders deutlich tritt diese bei der Wärmedehnung in Erscheinung, deren Messung deshalb in der Norm zur T_g-

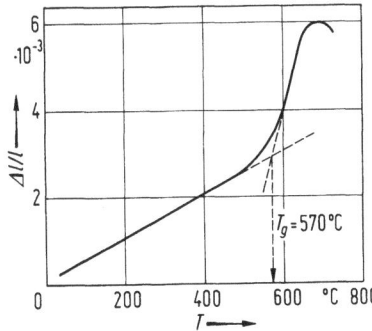

Bild 67. Beispiel für die Bestimmung der Transformationstemperatur T_g nach dem dilatometrischen Ausdehnungsverfahren [1153]

Bestimmung herangezogen wird. Bild 67 zeigt eine Meßkurve und die Art ihrer Auswertung. Bei T_g haben die Gläser eine Viskosität von $10^{13,3}$ dPa s. (In der früheren Literatur wird für T_g häufig die Viskosität von 10^{13} dPa s angenommen.) Von den Versuchsbedingungen sei nur erwähnt, daß die Proben vor der Messung gut gekühlt werden müssen. Dazu werden sie bis auf 30 K oberhalb T_g erhitzt und dann bis 150 K unterhalb T_g mit 2 K/min abgekühlt. Anschließend kann man schneller abkühlen. Während der Messung soll die Aufheizgeschwindigkeit 5 K/min betragen. Zwei Messungen müssen innerhalb 3 K übereinstimmen. T_g hat einen engen Zusammenhang mit der Kühlung (s. Abschn. 3.5.3.2) und wird manchmal auch als obere Kühltemperatur bezeichnet. Die in den USA für diesen *annealing point* übliche Bestimmungsmethode [1140] ist eine direkte Viskositätsbestimmung, die als Fadenziehmethode verwandt ist mit der unten beschriebenen Littleton-Methode, nur daß die Temperatur aufgesucht wird, bei der unter einer Belastung von 1 000 g der Faden sich mit einer Geschwindigkeit von 0,136 mm/min verlängert. Dann beträgt log $\eta = 13,0$. Kühlt man den Ofen weiter ab, erhält man durch Extrapolation auf die Verlängerungsgeschwindigkeit von 0,0043 mm/min den *strain point*, der der unteren Kühltemperatur entspricht und etwa bei log $\eta = 14,5$ liegt. Alternativ wird auch vorgeschlagen [1142], beide Punkte durch Messung der Verformungsgeschwindigkeit von Stäben unter Dreipunktbelastung zu bestimmen. Ihre Temperaturen liegen im Mittel um 35 K auseinander, und meist liegt der annealing point 5 bis 10 K höher als T_g.

Weiterhin interessiert ein Fixpunkt im Bereich der Verarbeitung, also innerhalb der Werte log $\eta = 6$ bis 9. Hier hat sich der *Littleton-Punkt* eingeführt, den Littleton [551] in Anlehnung an eine schon früher im Jenaer Glaswerk verwendete Methode vorgeschlagen hat. Ein Glasfaden mit einem Durchmesser von 0,65 bis 1,0 mm und einer Länge von 22,9 cm wird in einen Ofen bestimmter Konstruktion gehängt. Bei einer Aufheizgeschwindigkeit von 5 bis 10 K/min beobachtet man das aus dem Ofen heraushängende untere Ende des Glasfadens. Mit steigender Temperatur verlängert sich der Glasfaden unter dem eigenen Gewicht. Die Temperatur, bei der die Verlängerung 1 mm/min beträgt, wird als Littletontemperatur bezeichnet. Bei dieser Temperatur liegt die Viskosität der meisten Gläser in der Nähe von log $\eta = 7,6$. Diese Temperatur wird in Anlehnung an Littleton als *softening point*, d.h. Erweichungspunkt bezeichnet [1141]. In der Literatur gibt es aber unterschiedlich definierte Erweichungspunkte, was man beachten muß, damit keine Mißverständnisse auftreten. So wird häufig bei der dilatometrischen T_g-Bestimmung die Temperatur als Erweichungstemperatur bezeichnet, bei der die Probe sich zu deformieren beginnt, also die

Ausdehnungskurve ihr Maximum erreicht hat. Am Beispiel des Bildes 67 entspräche das etwa der Temperatur von 675 °C. Es ist deshalb besser, für den oben beschriebenen Fixpunkt die Bezeichnung Littletontemperatur zu verwenden.

Der dritte Fixpunkt liegt zweckmäßigerweise in der Nähe des Schmelzbereichs. Dafür haben Dietzel und Brückner [181] den *Einsinkpunkt* vorgeschlagen. Hierbei läßt man einen Stab in die Glasschmelze sinken und mißt die Einsinkgeschwindigkeit. Die Viskosität ergibt sich dann nach

$$\eta = C\, m\, t/l^2$$

mit $m=$ Masse des Einsinkstabes, $t=$ Einsinkdauer, $l=$ Einsinktiefe und $C=$ Konstante. Nach der Norm [1149] wird ein Pt-Rh-Stab (70/30 bis 80/20) mit halbkugelförmigen Enden, einem Durchmesser von 0,50 mm und der Masse $m=0,902$ g vorgeschlagen. (Je nach Dichte der Pt-Rh-Legierung hat dann der Stab die Länge 24,5 bis 24,0 cm.) Beträgt bei einer Einsinktiefe von 20 mm die Einsinkdauer 60 s, dann ergibt sich $\log \eta = 4,0$. Die dazu gehörende Temperatur wird auch als Einsinktemperatur bezeichnet. Man kann in obiger Gleichung die konstanten Werte zusammenfassen zu $\eta = K \cdot t$. Die Stabkonstante K ergibt sich mit den eben genannten Werten zu 133 dPa. Im angloamerikanischen Sprachgebrauch wird die Temperatur, die einer Viskosität $\log \eta = 4$ entspricht, als *working point* bezeichnet.

Für die meisten praktischen Belange reicht die Genauigkeit der Vogel-Fulcher-Tammann-Gleichung (21)

$$\log \eta = A + B/(T-T_0)$$

mit den drei Konstanten, A, B und T_0 gut aus. Zur Berechnung dieser Konstanten benötigt man drei Wertepaare η, T. Wenn diese Wertepaare η_1, T_1; η_2, T_2 und η_3, T_3 sind, dann ergeben sich die Konstanten wie folgt, wenn man zur Vereinfachung der Schreibweise für $\log \eta_i = L_i$ verwendet:

$$A = \frac{(L_1 - L_2)(L_3 T_3 - L_2 T_2) - (L_2 - L_3)(L_2 T_2 - L_1 T_1)}{(L_1 - L_2)(T_3 - T_2) - (L_2 - L_3)(T_2 - T_1)}$$

$$T_0 = \frac{L_1 T_1 - L_2 T_2 - A(T_1 - T_2)}{L_1 - L_2}$$

$$B = (T_i - T_0)(L_i - A).$$

Abschließend soll ein Beispiel angegeben werden. Das Jenaer Thermometerglas 16^{III} besitzt die folgenden Fixpunkte:
- Transformationstemperatur ($\log \eta = 13,3$): 550 °C,
- Littletontemperatur ($\log \eta = 7,6$): 715 °C,
- Einsinktemperatur ($\log \eta = 4,0$): 1000 °C.

Zur Bestimmung der drei Konstanten der VFT-Gleichung (21) ergeben sich die drei Gleichungen:

$$13,3 = A + B/(550 - T_0),$$

$$7,6 = A + B/(715 - T_0),$$

$$4,0 = A + B/(1\,000 - T_0).$$

Tabelle 12. Aus der VFT-Gleichung berechnete Viskositätswerte von Jenaer Thermometerglas 16^{III} (η in dPa s)

T (°C)	log η
(550)	(13,30)
600	10,92
700	7,93
(715)	(7,60)
800	6,11
900	4,88
1000	4,00
1100	3,34
1200	2,82
1300	2,40
1400	2,06

Daraus lassen sich die drei Konstanten berechnen zu

$$A = -1,386,$$

$$B = 3830,3,$$

$$T_0 = 288,8.$$

Der Viskositäts-Temperatur-Verlauf des Glases wird also dargestellt durch die Gleichung

$$\log \eta = -1,386 + 3830,3/(T-288,8),$$

wenn man die Temperatur in °C einsetzt. Mit Hilfe dieser Gleichung wurden die Viskositätswerte der Tabelle 12 berechnet.

3.1.2 Abhängigkeit von der Zusammensetzung

Verfolgt man die Abhängigkeit einer Eigenschaft von der Zusammensetzung, so werden bei diesem Vorgang einzelne Komponenten des Glases durch andere ersetzt. Sinnvoll ist dieser Prozeß nur, wenn man den Ersatz auf eine gleiche Anzahl an Ionen bezieht, d.h. eine Darstellung der Ergebnisse sollte immer in Mol-% erfolgen. Betrachtungen mit Gew.-% können das Bild verfälschen. Durch die Praxis, wo fast immer mit Gew.-% gerechnet wird, hat sich aber vielfach die Darstellung in Gew.-% eingeführt. Daß dabei meist vernünftige Ergebnisse erhalten wurden, liegt vor allem darin, daß von den Kalk-Natrongläsern ausgegangen wurde. Bei diesen Gläsern sind die Unterschiede zwischen den Gehalten in Gew.-% und Mol-% gering, da die Molgewichte von SiO_2, Na_2O und CaO mit 60, 62 und 56 nicht sehr voneinander verschieden sind.

Die hohe Viskosität der reinen *SiO₂-Schmelze* wurde schon öfter erwähnt. In Bild 68 ist die Viskositätskurve nach der von Brückner [107] zusammengefaßten VFT-Gleichung

$$\log \eta_{SiO_2} = -2{,}49 + 15\,004/(T-253)$$

(mit T in °C) eingezeichnet. Damit ergeben sich folgende Fixpunkte:
— Transformationstemperatur ($\log \eta = 13{,}3$): 1 203 °C,
— Littletontemperatur ($\log \eta = 7{,}6$): 1 740 °C,
— Einsinktemperatur ($\log \eta = 4{,}0$): 2 565 °C.

Die hohe Viskosität des Kieselglases ist bedingt durch das bei tiefer Temperatur praktisch vollständige Netzwerk mit den festen Si—O-Bindungen. Erst bei verhältnismäßig hohen Temperaturen werden einige dieser Bindungen gesprengt, wodurch ein langsamer Viskositätsabfall eintritt. Der Vergleich der Meßergebnisse verschiedener Autoren läßt aber beträchtliche Unterschiede erkennen. Die Ursache beruht darin, daß schon geringe Spuren von Verunreinigungen die Viskosität des Kieselglases erheblich herabsetzen können. Diese Verunreinigungen haben ihren Ursprung in den natürlichen Rohstoffen und auch im Verarbeitungsprozeß. Es handelt sich meist um Al_2O_3, Alkalien und OH-Gruppen, wobei sich T_g um bis zu 100 K erniedrigen kann. Leko [540] und Bihuniak u. M. [78] haben dazu einige Messungen durchgeführt. Auf einige Effekte wird später noch eingegangen werden. Es sei aber bereits hier darauf verwiesen, daß großer Einfluß auf die Viskosität durch kleine Mengen besonders dann eintritt, wenn das Netzwerk noch relativ intakt ist. Sind dagegen viele Trennstellen vorhanden, dann ist die Wirkung einer geringen Zahl an weiteren Trennstellen gering.

Die *B₂O₃-Schmelze* hat gegenüber der SiO₂-Schmelze den wesentlichen Unterschied, daß die Verknüpfung der einzelnen Polyeder nur über drei Ecken erfolgt, wodurch die Struktur schwächer ist und das B₂O₃-Glas schon bei tieferen Temperaturen erweichen kann. Bild 68 enthält die Viskositäts-Temperatur-Kurve der B₂O₃-Schmelze nach Messungen von Dietzel und Brückner [180]. Man erkennt deutlich die wesentlich geringeren Viskositäten. Die drei Fixpunkte betragen:
— Transformationstemperatur ($\log \eta = 13{,}3$): 254 °C,
— Littletontemperatur ($\log \eta = 7{,}6$): 362 °C,
— Einsinktemperatur ($\log \eta = 4{,}0$): 537 °C.

Die eben herangezogene Deutung der geringen Viskosität der B₂O₃-Schmelzen ist etwas unbefriedigend, da die Stärke der Einzelbindungen R—O beim B₂O₃ mit 460 kJ/mol sogar noch etwas größer ist als beim SiO₂ mit 444 kJ/mol. Es hat deshalb nicht an weiteren Deutungsversuchen gefehlt. Bereits früher (s. Abschn. 2.4.1.1) wurde auf die Anschauungen von Weyl hingewiesen, die die Bedeutung der zeitweiligen unvollständigen Koordination und des Polarisationsvermögens des B^{3+}-Ions hervorheben. Den Abfall der Aktivierungsenergie der Viskosität von 390 auf 70 kJ/mol mit steigender Temperatur führen Macedo und Napolitano [564] auf eine Verbreiterung des Relaxationszeitspektrums zurück. Es muß weiteren Untersuchungen vorbehalten bleiben, eine endgültige Klärung zu finden.

Demgegenüber hat die Struktur der *GeO₂-Schmelze* mehr Ähnlichkeit mit der der SiO₂-Schmelze, nur daß die schwächere Ge—O-Bindung eine geringere Viskosität erwarten läßt, die auch nach Bild 68 im gesamten Bereich von Fontana und Plummer

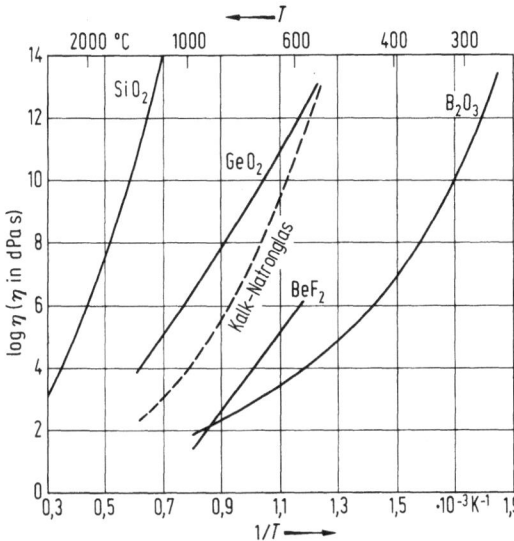

Bild 68. Temperaturabhängigkeit der Viskosität η einiger Einkomponentenglasschmelzen (mit einer Kalk-Natronglasschmelze zum Vergleich)

[260] gemessen wurde. Beim *BeF*$_2$ ist auch noch das Anion schwächer, wodurch die Viskosität noch geringer wird. Im Vergleich dazu erfolgt in der *P$_2$O$_5$-Schmelze* die Verknüpfung des Netzwerks nur über drei P−O−P-Brücken. Die Viskosität ist daher ebenfalls gering, liegt aber mit log $\eta = 7$ bei etwa 600 °C noch deutlich über der der B$_2$O$_3$-Schmelze. Beim P$_2$O$_5$ liegt nach Cormia u. M. [157] der interessante Fall vor, daß die Viskosität der Schmelze von der Art der kristallinen Modifikation des P$_2$O$_5$ abhängt, von der man ausgeht. Beim Schmelzen der hexagonalen Modifikation, die eine Molekülstruktur aufweist, entsteht zunächst eine dünnflüssige Schmelze, deren Viskosität durch Polymerisation rasch ansteigt, um denselben Wert zu erreichen, den man beim Schmelzen der polymeren tetragonalen Modifikation erhält. Martin und Angell [580] haben für T_g einen Wert von 319 °C gefunden. Zusammen mit anderen Werten ergibt sich damit für P$_2$O$_5$ ein ideales arrheniussches Verhalten über 7 Zehnerpotenzen der Viskosität.

Geht man von den Einkomponenten- zu den Mehrkomponentengläsern über, dann ergibt sich aus den Strukturbetrachtungen sofort, daß Trennstellen durch die Auflockerung des Netzwerks die Viskosität verringern werden. Das Ausmaß dieser Wirkung hängt aber von der Art der Netzwerkwandler ab, indem solche mit einer hohen Feldstärke die Trennstellen wieder überbrücken können, d.h. die Viskositätsabnahme ist dann nicht so stark. Letztere Erscheinung macht sich besonders bei tiefen Temperaturen bemerkbar, während bei hohen Temperaturen das Koordinationsbestreben der Netzwerkwandler mit hohen Feldstärken vorherrschend wird, wodurch das restliche Netzwerk noch weiter aufgelockert werden kann und dann die Viskosität abnimmt. Die Wirkung eines Netzwerkwandlers hängt damit von der Temperatur ab.

Die Besprechung der binären *Alkalisilicatsysteme* soll mit dem System Na$_2$O−SiO$_2$ begonnen werden, in dem mit steigendem Gehalt an Na$_2$O die Zahl der Trennstellen zunimmt, was sich in einer Verringerung der Viskosität bemerkbar macht. In Bild 69 sind die Viskositäten dieses Systems für drei verschiedene Temperaturen nach Messungen mehrerer Autoren eingezeichnet. Man erkennt den kontinuierlichen Abfall mit steigendem Na$_2$O-Gehalt.

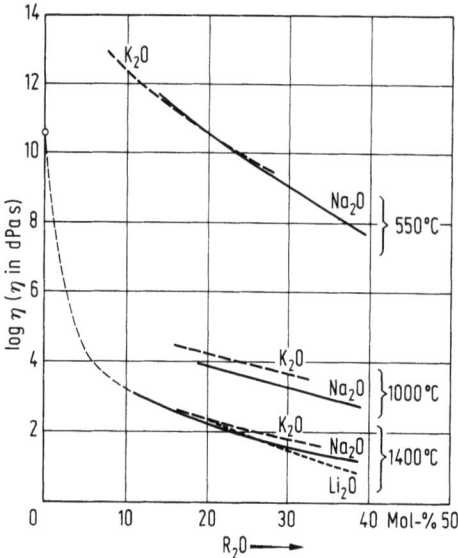 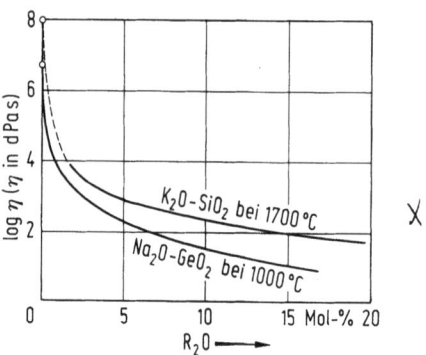

Bild 69. Viskositäten η binärer Alkalisilicatschmelzen nach Messungen verschiedener Autoren

Bild 70. Viskositäten η binärer Natriumgermanatschmelzen im Vergleich mit binären Kaliumsilicatschmelzen nach Kurkjian und Douglas [520]

Die Wirkung geringer Beimengungen ist besonders interessant und wird noch öfter erwähnt werden (s. z.B. Abschn. 3.6.1.2). Da entsprechende Viskositätsmessungen an Silicatsystemen schwierig sind, haben Kurkjian und Douglas [520] zur Klärung dieser Frage Messungen an dem leichter zugänglichen System Na_2O-GeO_2 durchgeführt. Die Ergebnisse bringt Bild 70, aus dem zu erkennen ist, daß die ersten beiden Mol-% Na_2O die Viskosität um über 3 Zehnerpotenzen erniedrigen, was deutlich den kooperativen Charakter der Viskosität bestätigt, indem sich einzelne Änderungen auf ganze Netzwerkteile auswirken, hier also deren Beweglichkeit wesentlich erhöhen. Nach den Ergebnissen in Bild 70 wurde die Na_2O-Kurve für 1 400 °C in Bild 69 bis auf 0 % extrapoliert. Inzwischen liegen Messungen von Leko u. M. [542] an Kieselglas mit sehr geringen Na_2O-Gehalten für 1 200 °C vor, die zeigen, daß die Wirkung kleiner Na_2O-Gehalte noch viel ausgeprägter ist. Bei Na_2O-Gehalten von 0,00021, 0,00091, 0,10 bzw. 0,52 Mol-% erniedrigt sich log η von 12,8 über 11,9 und 8,1 bis auf 7,0 dPa s. (Über das Verhalten der Systeme R_2O-GeO_2 bei höheren R_2O-Gehalten wird später berichtet werden.)

Die weiteren Alkalioxid–SiO_2-Systeme zeigen ein sehr ähnliches Viskositätsverhalten (s. Bild 69); denn auch durch die anderen Alkalioxide werden Trennstellen erzeugt, die wesentlich die Viskosität bestimmen. Die geringen Unterschiede in den Feldstärken der Alkalien haben nur einen geringen Einfluß. Das größere Polarisationsvermögen der Kationen mit den höheren Feldstärken, also besonders des Li^+-Ions, macht sich vor allem bei aufgelockerter Struktur bemerkbar, d.h. also bei hohen Alkaligehalten und bei hohen Temperaturen, wo das Li^+-Ion die Si–O–Si-Bindungen schwächt, was zu einer weiteren Auflockerung und damit Viskositätserniedrigung führt. Hier zeigt sich erneut, wie der Einfluß einer Komponente von der

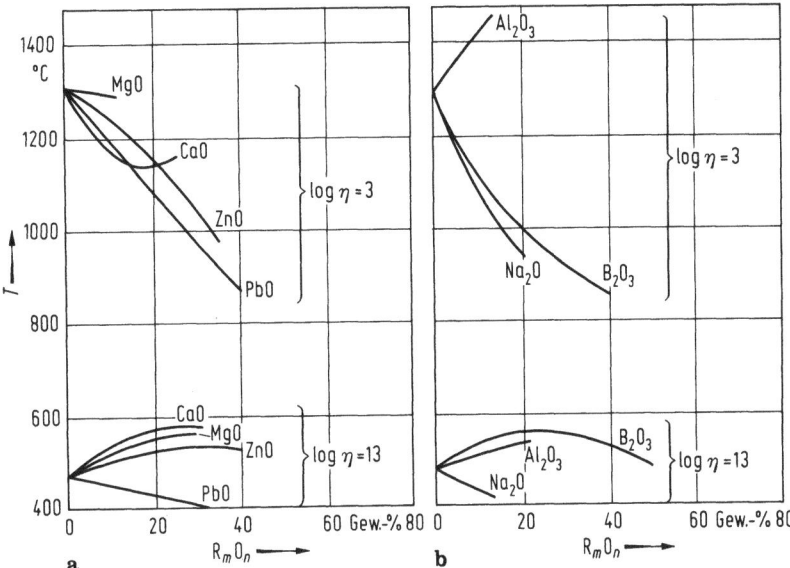

Bild 71a,b. Änderung der Temperaturen für bestimmte Viskositäten η einer Na_2O-SiO_2-Schmelze (18–82 Gew.-%) beim gewichtsmäßigen Ersatz von SiO_2 durch andere Oxide nach Gehlhoff und Thomas [304]

Glaszusammensetzung und der Temperatur abhängig ist. Dies ergibt sich auch beim Vergleich des Alkalieinflusses in Bild 69. Greift man auf Werte nur eines Autors zurück, z.B. auf die Messungen von Šašek [808], dann werden die Unterschiede deutlicher. Šašek diskutiert sie mit der Theorie des freien Volumens und folgert, daß die Viskosität um so geringer ist, nicht nur je zahlreicher, sondern auch je größer die Alkaliionen sind. Wirklich findet er in seinem Meßbereich ($\log \eta = 1$ bis 3), daß $\log \eta$ umgekehrt proportional der Zahl der Alkaliionen pro Volumeneinheit ist.

Wenn verschiedene Alkaliionen gleichzeitig vorhanden sind, d. h. bei den Mischalkaligläsern, ist meist die Viskosität additiv. Einige Autoren beobachten ein schwaches Viskositätsminimum bei Mischsystemen, das mit steigender Temperatur geringer wird.

Im Prinzip entspricht der Einfluß der *Erdalkalioxide* dem der Alkalioxide. Führt man CaO in eine reine SiO_2-Schmelze ein, so ergibt sich eine starke Viskositätserniedrigung, da Trennstellen entstehen. Dasselbe ist der Fall, wenn man in einer Na_2O-SiO_2-Schmelze SiO_2 durch CaO ersetzt. Das kann man an der oberen CaO-Kurve für hohe Temperaturen des Bildes 71a nach Messungen von Gehlhoff und Thomas [304] erkennen. In diesem Bild stellen die Kurven die Temperaturen für eine bestimmte Viskosität dar. Eine Abnahme der Temperatur entspricht einer Viskositätserniedrigung bei konstanter Temperatur. In der dünnflüssigen Schmelze kann das Ca^{2+}-Ion sein Koordinationsbestreben erfüllen, indem es die Struktur der Schmelze weiter auflockert, ähnlich der oben beschriebenen Wirkung des Li^+-Ions.

Anders ist das Verhalten von CaO in Na_2O-SiO_2-Schmelzen bei tieferer Temperatur, wo das Koordinationsbestreben nicht ausreicht, die Struktur aufzulockern. Es stehen aber durch das Alkalioxid Trennstellensauerstoffe zur Verfügung, die dem Ca^{2+}-Ion zur Koordination dienen. Dadurch werden diese Trennstellen teilweise überbrückt, die Struktur wird daher verfestigt, und die Viskosität steigt, wie es die untere CaO-Kurve des Bildes 71a zeigt.

Bei der Einführung von CaO wird also bei hohen Temperaturen die Viskosität erniedrigt, bei tiefen Temperaturen dagegen erhöht. Das führt zu einer steileren Viskositäts-Temperatur-Kurve. Die Einführung von CaO macht daher ein Glas kürzer.

Bei tiefen Temperaturen macht sich deutlich die Bindefestigkeit bemerkbar. Da sie bei den Erdalkalioxiden vom BaO zum MgO ansteigt, beobachtet man auch in derselben Reihe einen Anstieg in den Viskositäten (im Bereich log η = 10 bis 13), was nach Bild 71a für CaO und MgO nur angenähert gilt. Auffallend ist der abweichende Verlauf der MgO-Kurve in Bild 71a bei hohen Temperaturen. Ganz allgemein ist mit steigender Temperatur eine Tendenz zu geringeren Koordinationszahlen vorhanden, beim Mg^{2+}-Ion also zur Koordinationszahl 4. Das bedeutet aber mehr Netzwerkbildner-Charakter, so daß keine so starke Beeinflussung der Viskosität eintritt. Allerdings ist der Einfluß von MgO besonders stark von der Zusammensetzung abhängig, wobei nur erwähnt werden soll, daß beim schrittweisen Ersatz von CaO durch MgO in Kalk-Natrongläsern ausgesprochene Minima der Viskosität auftreten.

Führt man in ein Kalk-Natronglas *PbO* oder das Oxid eines *Nebengruppenelements* ein, dann kann sich eine weitere Erscheinung auf die Viskosität des Glases auswirken: die Polarisierbarkeit des Kations. Je größer diese ist, um so leichter ist eine Verschiebung möglich, d.h. um so geringer wird die Viskosität werden. Deshalb hat PbO über den ganzen Temperaturbereich eine sehr stark viskositätserniedrigende Wirkung, wie ebenfalls in Bild 71a zu erkennen ist. Dasselbe gilt auch für ZnO bei höheren Temperaturen, während dieses Oxid bei tiefen Temperaturen mit einer relativ hohen Feldstärke ähnlich wie CaO die Viskosität erhöht, also ebenfalls das Glas kurz macht.

Die Einführung von Al_2O_3 hat eine Schließung von Trennstellen zur Folge, was sich in einer Erhöhung der Viskosität bei allen Temperaturen bemerkbar macht (s. Bild 71b). Es wurde bei der Besprechung der Glasstruktur erwähnt, daß bei Anwesenheit von Al_2O_3 auch Alkaliionen vorliegen, denen keine Trennstellen benachbart sind. Die Einführung von Al_2O_3 wirkt also wie eine Verringerung des Alkalioxidgehalts, was einer Erhöhung der Viskosität entspricht.

Diese Wirkung des Al_2O_3 ist nur so lange möglich, wie genügend Alkaliionen zum Valenzausgleich des Al^{3+}-Ions in der $[AlO_4]$-Gruppe vorhanden sind. Ist das nicht mehr der Fall, d.h. wird der Al_2O_3-Gehalt höher, dann gehen die zusätzlichen Al^{3+}-Ionen in 6er-Koordination über, werden also ein anderes Verhalten zeigen, indem dann die Viskosität sinkt. Dieser Einfluß ist aber im System $Na_2O - Al_2O_3 - SiO_2$ nicht so groß wie erwartet, weshalb Taylor und Rindone [957] annehmen, daß die zusätzlichen Al^{3+}-Ionen ebenfalls $[AlO_4]$-Tetraeder bilden, wobei der Wertigkeitsausgleich für drei solcher Tetraeder durch ein viertes Al^{3+}-Ion erfolgt, dem dann die Koordinationszahl 6 zukommt. Aber auch bei sehr geringen Al_2O_3-Gehalten ist die Koordination des Al nicht sicher, nachdem Yoldas [1101] gefunden hat, daß bei einigen Alkalikalkgläsern bis zu 0,15 Mol-% Al_2O_3-Zusatz zu einer geringen Viskositätserniedrigung im T_g-Bereich führen, wofür Al in KZ 6 verantwortlich gemacht wird. Letzterer Vorstellung schließen sich auch Hunold und Brückner [432] aufgrund der Messung mehrerer Eigenschaften im System $(2,5-x)Na_2O \cdot xAl_2O_3 \cdot 5SiO_2$ an. Sie

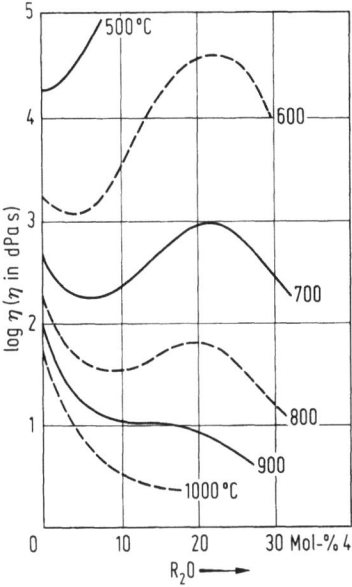

Bild 72. Viskositäten η binärer Alkaliboratschmelzen nach Shartsis u. M. [868]

finden, daß mit zunehmendem x die zu beobachtenden typischen Eigenschaftsänderungen nicht beim Molverhältnis $Al_2O_3:Na_2O = 1,0$, sondern erst bei 1,2 eintreten. Im entsprechenden Li_2O-haltigen System liegt nach Shelby [876] diese Änderung bei 1,05 bis 1,10. Mit steigender Temperatur wird der Anteil an Al in KZ 6 geringer, nach Hunold und Brückner liegt das Al bei Viskositäten $\eta \leq 10^3$ dPa s nur noch in KZ 4 vor. Sehr deutlich ist auch die Abnahme der Viskosität des Kieselglases beim Zusatz von Al_2O_3. Nach Aslanova u. M. [34] sinkt bei 10 Mol-% Al_2O_3 die Viskosität um fast 3 Zehnerpotenzen, und auch die Aktivierungsenergie der Viskosität sinkt um 20%. Al_2O_3 allein ist geschmolzen recht dünnflüssig. Knapp oberhalb des Schmelzpunkts bei 2050 °C beträgt die Viskosität nur 4 dPa s.

Ehe der Einfluß von B_2O_3 auf Silicatgläser behandelt wird, ist es angebracht, sich den binären *Alkaliboratsystemen* zu widmen. Sie sind in ihrer Struktur dadurch ausgezeichnet, daß mit steigendem Alkaligehalt eine Umlagerung der $[BO_3]$-Gruppen in $[BO_4]$-Gruppen eintritt. Die dadurch zu erwartende Viskositätserhöhung zeigt sich deutlich bei tieferen Temperaturen (500 °C) in Bild 72 nach Messungen von Shartsis u. M. [868]. Der bei höheren Alkaligehalten einsetzende Abfall der Viskositäten durch die Trennstellenbildung bewirkt die Ausbildung eines Maximums, das deutlich bei den 600 und 700 °C-Kurven zu erkennen ist. In Bild 72 wurden keine Unterschiede zwischen den Li_2O-, Na_2O- und K_2O-Systemen gemacht, da die Meßwerte nahezu auf denselben Kurven lagen. Bei den Transformationstemperaturen lassen sich dagegen Unterschiede erkennen, wobei mit zunehmender Feldstärke der Alkaliionen die Transformationstemperaturen ansteigen. Während T_g beim B_2O_3-Glas bei 257 °C liegt, beträgt dieser Wert bei 20 Mol-% R_2O 480 °C für das Lithium-, 450 °C für das Natrium- und 420 °C für das Cäsiumboratglas.

Mit steigender Temperatur macht sich auch hier die Tendenz zur Erniedrigung der Koordinationszahl bemerkbar, so daß man bei hohen Temperaturen in den Boratschmelzen $[BO_3]$-Gruppen annehmen muß. Eine Einführung von Alkalioxid führt dann wie bei den Silicatschmelzen zu einer Trennstellenbildung und damit zu einer Viskositätserniedrigung, wie es die Kurve für 1 000 °C in Bild 72 zeigt.

Bei den geringeren Alkaligehalten tritt also mit steigendem Alkaligehalt bei 500 °C ein Anstieg, bei 1 000 °C dagegen ein Abfall der Viskosität ein. Im Temperaturbereich dazwischen muß eine Umkehr eintreten. Der Abfall der Viskositäten bei hohen Temperaturen war eben mit der Trennstellenbildung in den Alkalisilicatschmelzen verglichen worden. Dort wurde darauf hingewiesen, daß die ersten eingeführten Alkalimengen die Viskosität besonders stark erniedrigen. Ähnliches ist auch bei den Boratsystemen zu erwarten. Die mit steigender Temperatur einsetzende Umwandlung der $[BO_4]$- in $[BO_3]$-Gruppen und die damit verbundene Trennstellenbildung wird sich vor allem bei den geringen Alkaligehalten bemerkbar machen, so daß dort ein Minimum auftritt, wie es auch die Kurven für 600 bis 800 °C in Bild 72 zeigen.

Die eben besprochenen Erscheinungen lassen sich auf den Einfluß von B_2O_3 in *Silicatgläsern* übertragen. Bei tiefen Temperaturen wird durch die Ausbildung der $[BO_4]$-Gruppen die Trennstellenzahl vermindert: die Viskosität steigt. Bei hohen Temperaturen tritt das B^{3+}-Ion in 3er-Koordination auf, wirkt also verflüssigend. B_2O_3 macht deshalb ein Kalk-Natronglas kürzer, wie es auch aus Bild 71 b zu erkennen ist. Bei konstantem SiO_2-Gehalt ist nach Tait u. M. [939] bei hohen Temperaturen die Viskositätserniedrigung um so größer, je höher das molekulare Verhältnis $Na_2O:B_2O_3$ ist.

Im Abschn. 2.6.1.5 wurde strukturmäßig die Borsäureanomalie mit der Germanatanomalie verglichen. Diese Verwandtschaft findet man auch bei den Viskositäten der $R_2O - GeO_2$-*Systeme*, wo Nemilov [658] Abhängigkeiten von der Zusammensetzung beobachtete, die ganz ähnlich der 700 °C-Kurve in Bild 72 waren. Das Maximum wird auf die Bildung von $[GeO_6]$-Koordinationen zurückgeführt, die sich in das Netzwerk einfügen und zum Wertigkeitsausgleich noch R^+-Ionen binden. Dadurch wird das Netzwerk steifer, die Viskosität steigt an. Höhere R_2O-Gehalte führen dann zu einem beschleunigten Abbau des Netzwerks. Ein wesentlich anderes Verhalten gilt aber bei sehr geringen R_2O-Gehalten, wo im Gegensatz zu den Boratgläsern die Viskositäten extrem erniedrigt werden, worauf schon oben hingewiesen wurde. Shelby [874] erklärt diese Wirkung damit, daß die R^+-Ionen sich an den Grenzen der Fließeinheiten anlagern und damit deren Beweglichkeit stark erhöhen.

Bei höheren Alkaligehalten sind keine solchen Ausnahmen zu erwarten, und es ist verständlich, daß der Ersatz von SiO_2 durch GeO_2 in Alkalisilicatgläsern die Viskosität kaum beeinflußt. Anders ist es dagegen, wenn man in solchen Gläsern SiO_2 durch TiO_2 austauscht. Ti^{4+} und *große Ionen mit hoher Wertigkeit* haben ein starkes Koordinationsbestreben, wodurch vorhandene Trennstellen überbrückt werden und die Viskosität ansteigt. Das macht sich noch deutlicher beim Ersatz von SiO_2 durch ZrO_2 bemerkbar, und auch Ta_2O_5 wirkt ähnlich. Es ist jedoch verständlich, daß der reine Netzwerkbildner P_2O_5 als Ersatz von SiO_2 die Viskosität kaum beeinflußt.

Es wurde schon mehrfach darauf hingewiesen, daß sich kleine Beimengungen stark bemerkbar machen können. Das gilt besonders bei tiefen Temperaturen, wo schon wenige Störstellen in der Struktur die Viskosität deutlich erniedrigen. Bei höheren Temperaturen ist die Struktur so aufgelockert, daß sich eine weitere Auflockerung auf die Viskosität kaum auswirkt. Solche geringen Beimengungen sind weitere *Anionen*, wobei vor allem die OH^-- und die F^--Ionen in Frage kommen. Von beiden Ionen ist lange bekannt, daß sie die Viskosität erniedrigen, jedoch wurden quantitative

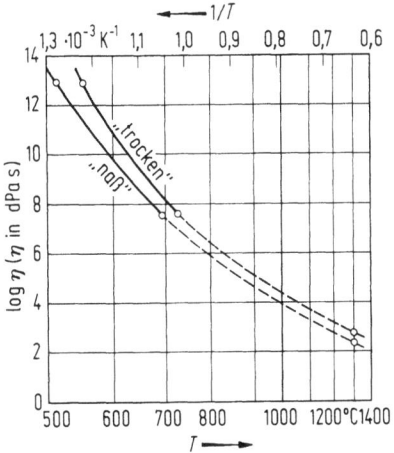

Bild 73. Viskositäts-Temperatur-Verlauf eines Kalk-Natronglases mit unterschiedlichen OH-Gehalten [611]. „trocken": mit N_2 gespült; „naß": mit H_2O-Dampf gespült

Messungen an OH^--haltigen Gläsern erst viel später ausgeführt [611]. Die Gläser stehen beim Schmelzen mit der Ofenatmosphäre in Berührung, die Wasserdampf enthält. In der Glasschmelze löst sich etwas Wasserdampf, der dann nach

$$\equiv Si - O - Si \equiv + H_2O \rightarrow 2 \equiv Si - OH$$

im Glas als OH-Gruppen vorliegt. Formal kann man diesen Prozeß mit der Einführung von Alkalioxid vergleichen, d.h. es entstehen Trennstellen. Die in normalen Gläsern *gelösten Wassermengen* sind mit etwa 0,03 Gew.-% recht gering, beeinflussen aber deutlich die Viskosität, wie Bild 73 zeigt. Im Vergleich zum „trockenen" Glas (0,004 Gew.-% Wasser) liegt die Transformationstemperatur beim „nassen" Glas (0,11 Gew.-% Wasser) um 40 K tiefer, während der Unterschied bei der Littletontemperatur 24 K beträgt. Bei 1 300 °C wird die Viskosität um den Faktor 2 gesenkt, wenn man das Glas mit Wasserdampf sättigt. Diese Temperaturunterschiede entsprechen einer Viskositätserniedrigung um den Faktor 30 im Bereich der Transformationstemperatur und um den Faktor 3 im Bereich der Littletontemperatur. Sakka u. M. [804] finden an einem ähnlichen Kalk-Natronglas entsprechende Werte; ein Alkalibleisilicatglas zeigte noch größere Viskositätsabnahmen durch gelöstes Wasser.

Vor allem auf diesen Wassergehalt von Gläsern sind die starken Unterschiede der Meßwerte an SiO_2- und B_2O_3-Gläsern zurückzuführen. Nach Hetherington u. M. [400] treten dadurch beim Kieselglas Differenzen der Transformationstemperatur bis zu 100 K auf. Leko [542] beobachtet eine Abnahme der Viskosität bei konstanter Temperatur von $\log \eta = 13{,}1$ auf 11,9 durch 0,06 Gew.-% gelöstes Wasser. Dazu kommt beim Kieselglas noch ein Einfluß der Vorgeschichte, der sich noch deutlich an anderer Stelle zeigen wird. Beim B_2O_3-Glas wurden durch Poch [715] Unterschiede der Transformationstemperatur von 60 K festgestellt (bei 0,28 Gew.-% gelöstem Wasser), die nach Brückner [106] auch bei niedrigeren Viskositäten − allerdings in geringerem Maße − auftreten. Daraus ergibt sich, daß gleichzeitig eine Änderung der Aktivierungsenergie beobachtet wird. Bei Franz [267] sind die Erniedrigungen von T_g beim B_2O_3-Glas mit vergleichbaren Wassergehalten etwas geringer. Er dehnt seine Messungen auf die binären Systeme $R_2O - B_2O_3$ aus und findet bei Gehalten bis 10 Mol-% R_2O wenig Änderung im Vergleich zum Verhalten von B_2O_3. Jedoch zeigen bei höheren R_2O-Gehalten (gemessen bis 25 Mol-% R_2O) die Li_2O-haltigen Gläser einen geringeren, die K$_2$O-haltigen Gläser einen stärkeren Effekt. Die Wirkung des gelösten Wassers ist also deutlich von der Glaszusammensetzung abhängig.

Es wurde oben erwähnt, daß ein im Gasofen erschmolzenes Glas einen OH-Gehalt von etwa 0,03 Gew.-% H$_2$O aufweist. Dasselbe Glas, im elektrischen Ofen mit seiner trockeneren Atmosphäre erschmolzen, zeigt dagegen nur einen OH-Gehalt von etwa 0,01 Gew.-% H$_2$O. Dadurch ergibt sich ein Unterschied in der Transformationstemperatur von 18 K, der weit außerhalb der in DIN 52 324 [1153] angegebenen Fehlergrenze von 3 K liegt. Bei der Bestimmung der Transformationstemperatur müßte man deshalb auch den Wassergehalt der Gläser angeben.

Diese Betrachtung zeigt, wie wichtig es sein kann, sich auch mit den nur in geringen Mengen im Glas vorliegenden Bestandteilen zu beschäftigen. Der Wirkung der OH$^-$-Ionen kommt das *F$^-$-Ion* nahe. So konnten Vargin und Krasotkina [1013] zeigen, daß in einem Na$_2$O·3SiO$_2$-Glas die dilatometrisch bestimmte Erweichungstemperatur durch 3 Gew.-% F um etwa 60 K gesenkt wird. Nach anderen Angaben erniedrigt sich die Viskosität in Kalk-Natrongläsern bei log $\eta \approx 4$ durch einen Zusatz von 1 Gew.-% F um den Faktor 10, was bei konstanter Viskosität einer Temperaturverringerung von 23 K entspricht. Die viskositätserniedrigende Wirkung des F$^-$-Ions ist damit deutlich geringer als die des OH$^-$-Ions. Letztere Folgerung ist jedoch abhängig von der Glaszusammensetzung; denn in Natriumaluminosilicatgläsern ist nach Dingwell u. M. [188] die Wirkung von F$^-$ und OH$^-$ nahezu gleichwertig.

Bereits im Abschn. 2.6.1.7 wurde der Einfluß weiterer Anionen auf die Viskosität erwähnt, z.B. das Ansteigen der Viskosität, wenn das zweibindige O-Ion durch das dreibindige N-Ion ersetzt wird.

3.1.3 Berechnung aus der Zusammensetzung

Wegen der großen Bedeutung der Viskosität bei der praktischen Glasschmelze war es das Ziel mehrerer Autoren, die Einflüsse verschiedener Komponenten auf die Viskosität zahlenmäßig zu erfassen. Diese Versuche zur Berechnung der Viskosität aus der Zusammensetzung konnten aber nur begrenzten Erfolg erringen, weil der Einfluß eines bestimmten Oxids nicht nur von der jeweiligen Temperatur abhängt, wie das oben am Beispiel des CaO erläutert wurde, sondern auch noch von der restlichen Zusammensetzung bestimmt wird, wie es z.B. beim MgO oder beim Al$_2$O$_3$ der Fall ist. Immerhin zeigen obige Diagramme, daß in engerem Zusammensetzungsbereich gewisse Gesetzmäßigkeiten vorliegen. Es wird dadurch möglich, für einen bestimmten Glastyp den Einfluß der einzelnen Komponenten zu ermitteln.

Es muß aber hier erneut deutlich gemacht werden, daß solche Berechnungen nur Anhaltswerte geben können. Sie beruhen fast ausschließlich auf empirischen Ansätzen, was man meist schon daraus sofort erkennt, daß die Zusammensetzung in Gew.-% eingeht, während doch die entscheidende Zahl der Ionen durch die Mol-% angegeben wird.

Für Kalk-Natronsilicatgläser erhält man nach Lakatos u. M. [523] recht gute Übereinstimmung zwischen Berechnung und Experiment, wenn man die Komponenten der VFT-Gleichung

$$\log \eta = -A + B/(T - T_0) \tag{46}$$

Tabelle 13. Faktoren zur Berechnung der Viskositäten von Kalk-Natronsilicatgläsern aus der Zusammensetzung (s. auch Tabelle 14)

Autor	Lakatos u. M. [523]			Braginskii [93]				Šašek u. M. [816]	
zu berechnen nach Gl.	(46) (47)			(48) (49)				(51) bis (53)	
p_i in	Mol pro 1 Mol SiO_2			Gew.-%				Gew.-%	
Temperatur in	°C			°C				K	
Anwendungsbereich (log η)	2 … 13			3 … 13				2 … 14	
System	a_i	b_i	t_i	η_0	η_1	η_2	η_3	a_i	b_i
Na_2O	−1,4788	−6039,7	−25,07	−44,86	+9,902	−0,9306	+0,03054	+0,10541	−0,04061
K_2O	+0,8350	−1439,6	−321,0	−	−	−	−	+0,02352	−0,00794
MgO	+5,4936	+6285,3	−384,0	−22,75	+6,796	−0,5705	+0,01365	+0,10862	−0,03618
CaO	+1,6030	−3919,3	+544,3	−38,32	+9,601	−0,7421	+0,01921	+0,12281	−0,04162
Al_2O_3	−1,5183	+2253,4	+294,4	+8,58	−0,754	+0,0114	+0,00138	−0,01659	+0,00690
Fe_2O_3	−	−	−	−	−	−	−	+0,00136	−0,00082

Tabelle 14. Gültigkeitsgrenzen (in Gew.-%) der Gl. (46) bis (53) zur Berechnung der Viskositäten aus der Zusammensetzung nach Tabelle 13

Oxid	Lakatos u. M.[523] nach Gl. (46) (47)	Braginskii [93] nach Gl. (48) bis (50)	Šašek u. M. [816] nach Gl. (51) bis (53)
Na_2O	10 … 15	12 … 16	13 … 16
K_2O	0 … 8	−	0,0 … 0,5
MgO	0 … 4	0 … 5	2,5 … 4,5
CaO	9 … 13	5 … 12	7,0 … 8,5
Al_2O_3	0 … 7	0 … 5	0,5 … 3,0
SiO_2	Rest	Rest	Rest
Fe_2O_3	−	−	0,05 … 0,5

(mit T in °C) ermittelt durch die Bestimmungsgleichungen

$$A = 1{,}455 + \sum a_i p_i,$$
$$B = 5736{,}4 + \sum b_i p_i, \qquad (47)$$
$$T_0 = 198{,}1 + \sum t_i p_i,$$

worin die Anteile p_i jeweils auf 1 Mol SiO_2 bezogen werden müssen. Die Faktoren a_i, b_i und t_i für die einzelnen Komponenten enthält Tabelle 13, während Tabelle 14 den Anwendungsbereich zeigt.

Einen anderen Weg hat Braginskii [93] eingeschlagen, indem er eine Reihenentwicklung einführt. Danach ergibt sich die Temperatur (in °C) für eine bestimmte Viskosität η (in dPa s) nach der Beziehung

$$T = a_0 + a_1 \log \eta + a_2 (\log \eta)^2 + a_3 (\log \eta)^3, \qquad (48)$$

worin man die Faktoren a_0, a_1, a_2 und a_3 erhält nach

Tabelle 15. Faktoren zur Berechnung der Temperaturen für bestimmte Viskositäten nach Gl. (50)

$\log \eta$	a_0	a_{Na_2O}	a_{CaO}	a_{MgO}	$a_{Al_2O_3}$
3	1659,2	−22,70	−15,68	−7,13	6,46
5	1178,4	−14,79	− 6,47	−1,33	5,26
7	900,6	−10,67	− 0,89	+1,55	4,33
9	757,5	− 8,88	+ 1,98	+2,15	3,72
11	682,2	− 7,89	+ 3,06	+1,14	3,49
13	606,0	− 6,31	+ 3,27	−0,83	3,72

$$a_0 = +2909{,}5 + \sum \eta_{0i} p_i,$$
$$a_1 = -543{,}76 + \sum \eta_{1i} p_i, \qquad (49)$$
$$a_2 = +46{,}580 + \sum \eta_{2i} p_i,$$
$$a_3 = -1{,}41402 + \sum \eta_{3i} p_i.$$

In letzteren Gleichungen sind die p_i die Anteile in Gew.-% von Na_2O, CaO, MgO und Al_2O_3 und die η_{ji} für jedes Oxid charakteristische Faktoren, die in Tabelle 13 aufgeführt sind. Den Anwendungsbereich dieser Gleichungen zeigt ebenfalls Tabelle 14.

Die Berechnung nach den Gln. (48) und (49) ist etwas umständlich. Braginskii hat deshalb für bestimmte Viskositäten spezielle Faktoren berechnet, um nach

$$T = a_0 + a_{Na_2O} p_{Na_2O} + a_{CaO} p_{CaO} + a_{MgO} p_{MgO} + a_{Al_2O_3} p_{Al_2O_3} \qquad (50)$$

schneller zu den betreffenden Temperaturen zu kommen. Diese Faktoren bringt Tabelle 15. (Es gilt wieder T in °C und p_i in Gew.-%.)

Šašek u. M. [816] bedienen sich der Beziehung

$$\log(\log \eta) = a + b \log T \qquad (51)$$

zur Berechnung von η aus der chemischen Zusammensetzung in Abhängigkeit von T (jetzt in K). In Gl. (51) sind

$$a = 7{,}96858 + \sum a_i x_i \quad \text{und} \qquad (52)$$
$$b = -2{,}36040 + \sum b_i x_i,$$

worin die x_i transformierte Koordinaten darstellen, die sich mit p_i in Gew.-% ergeben zu

$$x_{Na_2O} = (p_{Na_2O} - 14{,}5)/1{,}5,$$
$$x_{K_2O} = (p_{K_2O} - 0{,}25)/0{,}25,$$
$$x_{MgO} = p_{MgO} - 3{,}5, \qquad (53)$$
$$x_{CaO} = (p_{CaO} - 7{,}75)/0{,}75,$$
$$x_{Al_2O_3} = (p_{Al_2O_3} - 1{,}75)/1{,}25,$$
$$x_{Fe_2O_3} = (p_{Fe_2O_3} - 0{,}275)/0{,}225.$$

Die Faktoren a_i und b_i enthält Tabelle 13.

Tabelle 16. Faktoren c_i zur Berechnung der Temperaturen für bestimmte Viskositäten nach Gl. (54) und Gültigkeitsgrenzen Δp_i in Gew.-%

log η	c_{Na_2O}	c_{K_2O}	c_{MgO}	c_{CaO}	c_{BaO}	$c_{B_2O_3}$	$c_{Al_2O_3}$	c_{SiO_2}	$c_{Fe_2O_3}$
2	−794,97	+123,42	−373,46	−857,51	+171,78	−1796,89	+485,25	+1715,52	−610,70
3	−1065,63	−240,40	−202,70	−595,98	−112,01	−1218,56	+365,58	+1472,79	−90,16
4	−931,13	−357,53	−83,26	−430,87	−220,02	−926,75	+408,58	+1254,20	−125,42
7,6	−514,08	−200,07	−35,40	+2,03	+344,80	−459,96	+117,37	+822,37	−680,17
13,0	−369,05	−45,10	+168,93	+289,34	−222,01	+150,79	+121,58	+569,91	−128,38
Δp_i	5,7...15,4	0,0...4,4	0,0...5,0	4,8...12,2	0,0...2,8	0,0...8,7	0,1...5,5	62,7...72,8	0,0...1,6

Tabelle 17. Faktoren a_i zur Berechnung der Temperaturen für bestimmte Viskositäten nach Gl. (55) und Gültigkeitsgrenzen Δp_i in Gew.-%

log η	a_0	a_{Na_2O}	a_{K_2O}	a_{MgO}	a_{CaO}	a_{BaO}	$a_{Al_2O_3}$	$a_{Fe_2O_3}$	a_{SO_3}
2,0	+2066,54	−24,4210	−15,5020	−12,0313	−20,5830	−42,5734	+10,5717	−29,6283	−14,3538
4,0	+1338,91	−15,3762	−9,8774	−3,7000	−7,4880	−12,2447	+7,0814	−6,3061	+10,5308
7,65	+842,86	−9,1468	−7,0140	+1,3107	+0,7546	−2,1822	+4,0423	+2,2512	+5,5364
13,1	+628,80	−8,1180	−9,3102	−1,0150	+2,1924	−0,5139	+4,7720	−6,4359	+11,7038
Δp_i	−	10,3...16,5	0,0...4,8	0,0...4,7	4,5...11,4	0,0...4,5	0,0...6,1	0,0...0,9	0,0...0,44

Tabelle 18. Standardglas I der DGG

Oxid	Zusammen-setzung nach Analyse (Gew.-%)	Umrechnungen[a] für			
		Gl. (46) (47) (Mol/Mol SiO_2)	Gl. (48) bis (50) (Gew.-%)	Gl. (51) bis (54)	Gl. (55)
SiO_2	71,72	1,0000	72,21	72,21	71,89
Al_2O_3	1,23	0,0116	1,43	1,24	1,23
Fe_2O_3	0,19	−[b]	−[b]	0,19	0,19
TiO_2	0,14	−	−	−	−
SO_3	0,44	−	−	−	0,44
MgO	4,18	0,0866	4,20	4,20	4,18
CaO	6,73	0,1003	6,76	6,76	6,73
Na_2O	14,95	0,2016	15,40	15,02	14,96
K_2O	0,38	0,0034	−[c]	0,38	0,38
Summe	99,96	−	100,0	100,00	100,00

[a] Bei den Umrechnungen wurde TiO_2 dem SiO_2 zugeschlagen und SO_3 vernachlässigt,
[b] Fe_2O_3 dem Al_2O_3 zugezählt und
[c] K_2O dem Na_2O zugezählt.

Noch einfacher ist der bereits im Abschn. 2.4.3.2 erwähnte Ansatz von Rodriguez Cuartas [787], der die Temperatur T (in °C) berechnen läßt nach

$$T = \sum c_i p_i / p_{SiO_2} \qquad (54)$$

mit p_i = Anteil der Oxide in Gew.-% und c_i = entsprechende Faktoren, die für einige Viskositäten in Tabelle 16 aufgeführt sind. Daraus erkennt man, daß der Anwendungsbereich sehr weit gespannt ist.

Tabelle 19. Vergleich der experimentellen mit den berechneten Viskositätswerten des Standardglases I der DGG

	Experimentell	Berechnet	Nach Gl.
$T(°C)$ für $\log \eta = 3{,}0$	1193,6	1183	(48) (49)
		1192	(50)
		1215	(51) bis (53)
		1188	(54)
$\log \eta = 7{,}6$	719,1	709	(48) (49)
		729	(51) bis (53)
		713	(54)
		722	(55) $\log \eta = 7{,}65$
$\log \eta = 13{,}0$	543,3	533	(48) (49)
		533	(50)
		525	(51) bis (53)
		532	(54)
		524	(55)
$\log \eta$ für $T = 543{,}3\,°C$	13,0	12,6	(46) (47)
		12,3	(51) bis (53)
$T = 719{,}1\,°C$	7,6	7,6	(46) (47)
		7,8	(51) bis (53)
$T = 1193{,}6\,°C$	3,0	3,0	(46) (47)
		3,1	(51) bis (53)
Konstanten der VFT-Gl.			
A	−1,5835	−1,7786	
B	4331,6	4691,2	(47)
T_0	247,6	216,7	

Schließlich seien Ledererova u. M. [537] erwähnt, die sich der einfachen Beziehung

$$T = a_0 + \sum a_i p_i \qquad (55)$$

bedienen, die aus den Anteilen p_i (in Gew.-%) mit den für verschiedene Viskositäten in Tabelle 17 angegebenen Faktoren a_i die dazugehörigen Temperaturen (in °C) berechnen läßt.

Als Anwendungsbeispiel wurde das Standardglas I der DGG gewählt. Die Zusammensetzung ist in Tabelle 18 aufgeführt. Da die bekannten Faktoren nicht alle Komponenten erfassen, muß man für den Gebrauch der jeweiligen Gleichungen umrechnen, was in den folgenden Spalten dieser Tabelle geschehen ist. Tabelle 19 bringt dann die Gegenüberstellung von gemessenen und berechneten Werten. Die Übereinstimmung ist nicht besonders gut, doch reichen diese Gleichungen oft für Anwendungen in der Praxis aus. Auffallend sind die starken Abweichungen in den Konstanten der VFT-Gleichung, während die Viskositätswerte bei hohen Temperaturen gut übereinstimmen. Das zeigt, daß die Aussagekraft der Konstanten begrenzt ist.

Aus diesen Faktoren kann man die früher erwähnten Abhängigkeiten erkennen, wonach die Alkalien bei allen Temperaturen die Viskosität erniedrigen und Al_2O_3 sie erhöht, während CaO bei tiefen Temperaturen erhöhend, aber bei hohen Temperaturen erniedrigend wirkt.

Zur Berechnung der Viskosität von Bleikristallgläsern haben sich Lakatos u. M. [524] ebenfalls der Gl. (55) bedient. Darin werden die Anteile p_i der Komponenten ebenfalls in Gew.-% eingesetzt, um die der betreffenden Viskosität entsprechende Temperatur in °C zu erhalten. Die dafür gültigen Faktoren a_i enthält Tabelle 20.

Lakatos u. M. [525] geben auch Faktoren zur Berechnung der Viskositäten von Kristallgläsern an, während Šašek und Van Tu [818] weitere Berechnungsmöglichkeiten für Bleikristallgläser aufzeigen. Aber auch in anderen Sparten wurden solche Methoden verwendet, z.B. zum Abschätzen der Viskositäten von Schlacken oder Gesteinsschmelzen.

3.1.4 Abhängigkeit von der Vorgeschichte

Die Abhängigkeit von der Vorgeschichte ist auf das engste mit der Abhängigkeit der Viskosität von der Zeit verbunden, die im Abschn. 2.4.1.2 behandelt wurde. Es sollen daher hier nur einige für die Anwendung wichtige Gesichtspunkte erwähnt werden.

Der direkte Zusammenhang zwischen der Viskosität η und der mittleren *Relaxationszeit* τ und die geringen Werte von τ bei mittleren und hohen Temperaturen machen sofort verständlich, daß dort die Viskositäten sich sehr schnell einstellen, daß also keine Zeitabhängigkeit besteht. Kommt man dagegen in den Bereich um $\log \eta = 10$ und höher, dann ist zu erwarten, daß bei schneller Abkühlung die Viskosität zunächst nicht folgen kann. Wenn dann bei einer bestimmten Temperatur gehalten wird, steigt die Viskosität bis zum Gleichgewichtswert an. Umgekehrtes beobachtet man natürlich bei entsprechendem Erhitzen. In Bild 29 waren solche Kurven gezeigt worden. Sie sind in der Zwischenzeit von anderen Autoren bestätigt und theoretisch weiter unterbaut worden. Es ist leicht verständlich, daß dabei die fiktive Temperatur eine wesentliche Rolle spielt. Mazurin u. M. [599] haben gezeigt, wie man die Zeiten bis zur Einstellung des metastabilen Gleichgewichts berechnen kann. Für ein Kalk-Natronsilicatglas betrugen sie bei $\log \eta = 15$ etwa 30 bis 55 h.

Es ist aber noch eine andere Art der Abhängigkeit von der Vorgeschichte denkbar, nämlich wenn inzwischen eine *Entmischung* eingetreten ist. Die Änderung der Viskosität wird von der Art des sich einstellenden Gefüges abhängen. Natürlich ist dabei Voraussetzung, daß die entsprechenden Schmelzen zur Phasentrennung neigen. Die zu beobachtenden Abweichungen bei solchen Viskositätsmessungen sind geeignet, die Entmischungsbereiche abzugrenzen, wie dies die von Shelby [878] dilatometrisch bestimmten T_g-Werte der binären R_2O-SiO_2-Gläser in Bild 74 eindrucksvoll zeigen. Mazurin und Porai-Koshits [597] haben den Einfluß der Phasentrennung auf die Viskosität von Gläsern zusammenfassend dargestellt.

Besondere Effekte sind dann zu erwarten, wenn bei der Entmischung die Phase mit der höheren Viskosität ein zusammenhängendes Gefüge bildet. Dies ist meist bei den Borosilicatgläsern der Fall, bei denen daher häufig beim Halten oberhalb T_g deutliche Viskositätszunahmen beobachtet wurden. Dies kann sogar dazu führen, daß mit steigender Temperatur die Viskosität ansteigt, weil dann die Entmischungsvorgänge schneller ablaufen können. Ähnlich ist auch Bild 75 zu deuten, wo von Bernheim und Chaklader [71] ein Borosilicatglas vor der Viskositätsmessung unterschiedliche Zeiten bei verschiedenen Temperaturen getempert wurde. Der bei einem normalen Glas mit steigender Temperatur zu erwartende Abfall der Viskosität tritt nur bei kurzen Behandlungszeiten ein und auch dort nur bis 600 °C, weil dann schon nach 1 h merkbare Entmischung eingetreten ist.

Tabelle 20. Faktoren a_i zur Berechnung der Temperaturen für bestimmte Viskositäten von Bleikristallgläsern nach Gl. (55) und Gültigkeitsgrenzen Δp_i in Gew.-%

log η	a_0	a_{Li_2O}	a_{Na_2O}	a_{K_2O}	a_{MgO}	a_{CaO}	a_{SrO}	a_{BaO}	a_{ZnO}	a_{PbO}	$a_{B_2O_3}$
2,5	1661,2	−32,2774	−19,2560	−8,0336	+8,3359	−5,1120	−5,3900	−2,4799	+2,8774	−2,9931	−14,3699
4,5	1133,5	−27,1310	−14,6240	−4,7321	+9,8443	+0,1020	−1,5945	−1,2836	+4,3757	−1,7510	− 2,5157
13,0	497,0	−12,18	− 5,85	− 1,59	+4,86	+3,95	+0,97	+2,75	+2,94	+0,06	+ 8,83
Δp_i	52 ... 62 (= SiO_2)	0 ... 1	1 ... 4	10 ... 16	0 ... 3	0 ... 8	0 ... 4	0 ... 5	0 ... 5	23 ... 31	0 ... 3

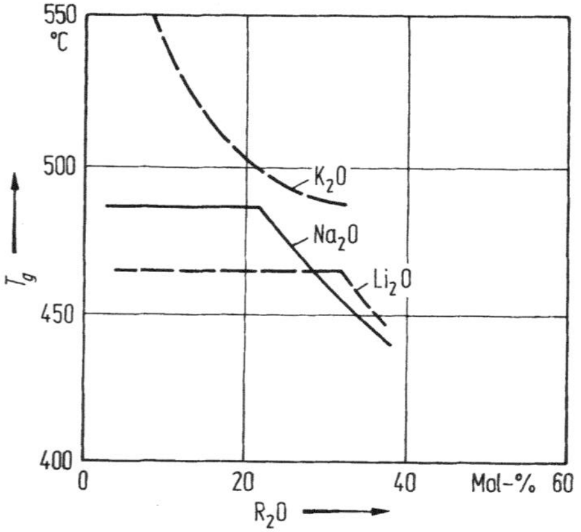

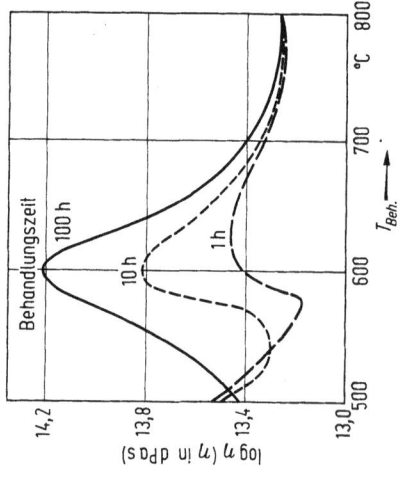

Bild 74. Dilatometrisch bestimmte Transformationstemperaturen T_g von R_2O-SiO_2-Gläsern nach Shelby [878] (Vorbehandlung: 1 h Tempern bei 600 °C)

Bild 75. Viskosität η von Pyrex-Glas nach verschieden langem Tempern bei steigenden Behandlungstemperaturen $T_{Beh.}$ nach Bernheim und Chaklader [71]

Es ist verständlich, daß solche Einflüsse nur schwer formelmäßig zu beschreiben sind. Die teilweise Überlagerung mit den Relaxationsvorgängen hat das Erfassen letzterer verzögert. Jetzt sind die wesentlichen Erscheinungen bekannt. Bei Viskositätsmessungen nahe T_g muß man sie berücksichtigen.

3.2 Wärmedehnung

Während des Glasschmelzens ist die Viskosität eine der maßgebenden Eigenschaften. Im Herstellungsprozeß schließt sich an das Schmelzen und die Formgebung das Kühlen an, das später behandelt werden wird (s. Abschn. 3.5.3.2). Dabei wird noch eine andere Eigenschaft wichtig, die bereits zur Bestimmung der Transformationstemperatur herangezogen wurde, die Wärmedehung. Sie soll deshalb als nächste Eigenschaft besprochen werden.

Jedes Teilchen einer Substanz führt infolge der immer vorhandenen thermischen Energie Schwingungen aus. Mit steigender Temperatur wird die thermische Energie größer, was eine Vergrößerung der Schwingungsamplitude zur Folge hat. Zwei miteinander durch (anharmonische) Kräfte verbundene Atome vergrößern dadurch ihren Abstand, d.h. mit steigender Temperatur findet eine Ausdehnung statt.

Im Festkörper sind die Schwingungen durch den starren Verband begrenzt, was in der Flüssigkeit weniger der Fall ist, d.h. Schmelzen haben eine größere Wärmedehnung. Entsprechendes wird man beim Übergang vom Glas zur Schmelze erwarten. Ganz allgemein gilt, daß dabei die Ausdehnung etwa um den Faktor 3 größer wird.

Die Wärmedehnung wird gekennzeichnet durch den mittleren *Längenausdehnungskoeffizienten* (linearen Ausdehnungskoeffizienten) α oder den mittleren Volumenausdehnungskoeffizienten (kubischen Ausdehnungskoeffizienten) β:

$$\alpha_{\Delta T} = \frac{1}{l_0} \cdot \frac{\Delta l}{\Delta T} \quad \text{oder} \quad \beta_{\Delta T} = \frac{1}{v_0} \cdot \frac{\Delta v}{\Delta T},$$

worin Δl bzw. Δv die bei einer Temperaturänderung ΔT sich ergebenden Längen- bzw. Volumenänderungen darstellen. Dabei gilt im allgemeinen $\beta \approx 3\alpha$.

3.2.1 Meßmethoden

Wie bereits bei der Bestimmung der Transformationstemperatur erwähnt, erfolgt die Bestimmung des Längenausdehnungskoeffizienten nach DIN 52 328 [1156] mit einem *Dilatometer*, dessen Konstruktion aber nicht vorgeschrieben wird. Es wird lediglich gefordert, daß die Anfangsprobenlänge l_0, die auf 0,1 % genau gemessen werden muß, mindestens das $5 \cdot 10^4$-fache der Meßungenauigkeit der Längenmessung beträgt. Die Längenänderung Δl muß auf 0,002 % sicher zu bestimmen sein. Bei einer Genauigkeit der Temperaturmessung von 2 K soll die Temperaturkonstanz über die Probenlänge 2 K betragen.

Die Angabe erfolgt in 10^{-6}K^{-1}, wobei für $\alpha < 10 \cdot 10^{-6} \text{K}^{-1}$ zwei wertanzeigende Stellen und für $\alpha > 10 \cdot 10^{-6} \text{K}^{-1}$ drei wertanzeigende Stellen mitzuteilen sind.

Ohne besondere Kennzeichnung von α ist immer die Ausdehnung zwischen Raumtemperatur und 300 °C gemeint. Beim Glas wird in der früheren Literatur der Ausdehnungskoeffizient meist mit dem Faktor 10^{-7} angegeben, doch hat sich der auch bei anderen Werkstoffen übliche Faktor 10^{-6} jetzt weitgehend durchgesetzt.

Die Bestimmung kann statisch oder dynamisch erfolgen. Beim statischen Versuch wird nach einer Haltezeit von 20 min bei 300 °C abgelesen. Für den dynamischen Versuch mit konstanter Temperatursteigerung wird keine Aufheizgeschwindigkeit vorgeschrieben. Bei den meist üblichen Proben mit einem Durchmesser von 5 mm hat sich eine Aufheizgeschwindigkeit von 5 K/min eingebürgert.

Weitere Meßmethoden beruhen auf dem Prinzip des Zusammenschmelzens des zu untersuchenden Glases mit einem Standardglas. Am einfachsten ist die *Doppeldrahtmethode*, bei der man die beiden Gläser parallel verschmilzt und dann zu einem Faden auszieht. Dabei entsteht ein Bimetall-ähnliches System, das sich bei einer Differenz in den Ausdehnungskoeffizienten der beiden Gläser durchbiegt. Diese Methode ist sehr empfindlich, gestattet aber nur in begrenzten Fällen eine quantitative Auswertung.

Zu quantitativen Angaben kommt man, wenn man zwei größere Glasstücke an einer Ebene verschmilzt und dann sorgfältig kühlt. Wie später (s. Abschn. 3.5.3) noch erläutert werden wird, entstehen bei unterschiedlichen Ausdehnungskoeffizienten in der Grenzschicht Spannungen, die eine *Doppelbrechung* erzeugen. Diese Doppelbrechung kann optisch, z.B. mit einem Berek-Kompensator, gemessen werden. Dann ergibt sich

$$\Delta\alpha = 2\delta(1-\mu)/(C\,d\,E\,\Delta T) \qquad (56)$$

mit δ = Gangunterschied, E = Dehnungsmodul, μ = Poissonsche Zahl, C = spannungsoptischer Koeffizient, d = Probendicke und ΔT = Temperaturdifferenz von T_g bis zur Raumtemperatur.

Für übliche Kalk-Natrongläser liegt E bei $7 \cdot 10^4$ MPa, μ bei 0,22, C bei 27 nm/(cm MPa) und ΔT bei 500 K. Das Einsetzen dieser Werte in Gl. (56) führt zu

$$\Delta\alpha = 1{,}65 \cdot 10^{-9} \cdot \delta/d \; \text{K}^{-1},$$

worin δ/d die Doppelbrechung in nm/cm darstellt. Eine Differenz in den Ausdehnungskoeffizienten von $\Delta\alpha = 0{,}1 \cdot 10^{-6}$ K^{-1} würde eine Doppelbrechung von etwa 60 nm/cm hervorrufen. Doppelbrechungen sind aber genauer meßbar, so daß es mit dieser Methode möglich ist, α mit einer Genauigkeit von $\pm 0{,}035 \cdot 10^{-6}$ K^{-1} zu bestimmen. Bei Anwendung eines Sénarmont-Kompensators kann die Genauigkeit um eine Zehnerpotenz gesteigert werden. Wenn man noch zu einem Drei-Platten-System übergeht und im Zentrum der mittleren Platte die Spannungen bestimmt, dann sind nach Hagy [361] sogar Genauigkeiten von $2 \cdot 10^{-10}$ K^{-1} erreichbar. Hagy [362] hat auch gezeigt, daß letztere Methode auf Stäbe übertragbar ist und dann eine relativ schnelle und ausreichend genaue Methode darstellt. Natürlich benötigt man dazu für den mittleren Teil Glasproben mit bekannten Ausdehnungskoeffizienten.

Neben den bisher beschriebenen relativen Meßverfahren gibt es auch *absolute Verfahren*. Die direkte Beobachtung der Ausdehnung einer Probe mit einem Komparator ist relativ ungenau, während bei Verwendung der Interferenz des Lichtes noch Längenänderungen von 10 nm meßbar sind. Man verwendet zu diesem Zweck meist eine ringförmige Probe und vergleicht die Änderung des Gangunterschieds zwischen der Probe und Umgebung (meist Luft).

3.2.2 Abhängigkeit von der Temperatur

Bei der Besprechung der Eigenschaften wird in den späteren Abschnitten dieses Buches die Temperaturabhängigkeit meist erst nach der Abhängigkeit von der Zusammensetzung abgehandelt werden. Die Wärmedehnung ist aber so eng mit der Temperaturabhängigkeit verknüpft, daß es sich empfiehlt, sie hier vorzuziehen.

Bild 67 zeigte die Dilatometerkurve eines Kalk-Natronglases. Auf den ersten Blick sieht es so aus, als ob der Ausdehnungskoeffizient bis T_g konstant sei. Betrachtet man aber die Zahlenwerte der Tabelle 21 für ein spezielles Glas, dann erkennt man, daß α mit der Temperatur ansteigt. Dies gilt für die meisten Gläser, weshalb man immer darauf achten muß, für welche Temperaturdifferenz α bestimmt wurde. Es empfiehlt sich eine Angabe z.B. in der Art $\alpha(20°C; 300°C)$.

Tabelle 21 bringt die mittleren Längenausdehnungskoeffizienten. Aus der Dilatometerkurve kann man auch den wahren Längenausdehnungskoeffizienten ermitteln. Er liegt z.B. für 400°C beim Glas der Tabelle 21 bei $10,6 \cdot 10^{-6} K^{-1}$, ist also beträchtlich höher als der mittlere Ausdehnungskoeffizient.

Immer wieder erscheinen Veröffentlichungen, die über Unstetigkeiten in den Ausdehnungskurven berichten und diese Unstetigkeiten mit Umordnungen in der Glasstruktur in Zusammenhang bringen. Bisher fehlen dafür noch weitere experimentelle Beweise, die bestätigen, daß diese Umordnungen bei bestimmten Temperaturen spontan verlaufen und ein Ausmaß erreichen, das sie meßbar werden läßt.

Keine speziellen Umordnungen in der Struktur, aber verstärktes Öffnen von Bindungen tritt ein, wenn T_g überschritten wird. Dadurch wird der Zusammenhalt der Struktur geringer, die thermischen Schwingungen können sich stärker auswirken, die Ausdehnung wird größer. Coenen [142] hat diesen Vorgang mit den elastischen Kräften im Glas in Zusammenhang gebracht und zeigt, daß der Unterschied $\Delta\alpha$ unterhalb und oberhalb T_g um so größer ist, je schwächer die Struktur ist, d.h. je tiefer T_g liegt. Er findet, daß das Produkt $\Delta\alpha \cdot T_g$ nahezu konstant ist mit einem Wert von $0,037 \pm 0,012$ (mit T in K). Sanditov und Mantatov [806], die diese Überlegungen aufgreifen, weisen besonders auf den Zusammenhang mit der Poissonschen Zahl hin, die auch das Verhältnis $\alpha_{<T_g}:\alpha_{>T_g}$ bestimmt. Da die Poissonsche Zahl von Gläsern wenig variiert (s. Abschn. 3.5.1.2), wird daraus die eingangs dieses Kapitels gemachte Aussage verständlich, daß $\alpha_{Schmelze} \approx 3 \cdot \alpha_{Glas}$ ist.

Tabelle 21 zeigt, daß α mit steigender Temperatur zunimmt bzw. mit sinkender Temperatur abnimmt. Das setzt sich auch unterhalb der Raumtemperatur fort, wobei z.B. Greenough u. M. [337] bei dem binären $21PbO \cdot 79SiO_2$-Glas fanden, daß $\alpha_{300 K} = 4,7 \cdot 10^{-6} K^{-1}$ auf $\alpha_{77 K} = 2,0 \cdot 10^{-6} K^{-1}$ absank. Übrigens beobachteten sie auch eine sehr große Ähnlichkeit im Ausdehnungsverhalten dieses Bleisilicatglases mit dem $10Na_2O \cdot 90SiO_2$-Glas, woraus sie auf strukturelle Ähnlichkeiten schließen. Beim binären $13Na_2O \cdot 87SiO_2$-Glas wird α nach Bolgov und Chernyshov [86] unterhalb

Tabelle 21. Mittlere Längenausdehnungskoeffizienten (K^{-1}) für ein Kalk-Natronglas der Zusammensetzung (in Mol-%) 15 Na_2O, 10 CaO und 75 SiO_2

$\alpha_{(20°C; 100°C)}$	$\alpha_{(20°C; 200°C)}$	$\alpha_{(20°C; 300°C)}$	$\alpha_{(20°C; 400°C)}$	$\alpha_{(20°C; 500°C)}$
$8,9 \cdot 10^{-6}$	$9,1 \cdot 10^{-6}$	$9,35 \cdot 10^{-6}$	$9,6 \cdot 10^{-6}$	$9,85 \cdot 10^{-6}$

20 K sogar negativ, was man beim Kieselglas bereits ab 140 K beobachtet. Diese Erscheinungen sind vorwiegend von theoretischem Interesse. Für die Diskussion bedient man sich oft der Grüneisen-Funktion

$$\gamma = 3 \alpha V/(\varkappa C_p),\tag{57}$$

worin neben dem Grüneisen-Parameter γ noch das Molvolumen V, die adiabatische Kompressibilität $\varkappa$ und die Molwärme C_p auftreten. Messungen < 1 K von Ackerman u. M. [3] zeigen, daß dieses Thema noch intensiv diskutiert wird.

Die Temperaturabhängigkeit der Ausdehnung ist auf das engste mit der Temperaturabhängigkeit der Dichte verknüpft und wird in diesem Zusammenhang weiter besprochen werden (s. Abschn. 3.3.4).

3.2.3 Abhängigkeit von der Zusammensetzung

Zur Diskussion des Einflusses der chemischen Zusammensetzung kann man auf die eingangs dieses Abschnitts angeführte Grundlage zurückgreifen, wonach die thermische Ausdehnung durch anharmonische Gitterschwingungen bedingt ist. In erster Näherung ist mit um so geringerem Ausdehnungskoeffizienten zu rechnen, je weniger Trennstellen das Glasnetzwerk aufweist. Dies zeigt eindrucksvoll der Vergleich der Ausdehnungskoeffizienten von Kieselglas mit $\alpha = 0{,}5 \cdot 10^{-6} \mathrm{K}^{-1}$ (s. folgendes) und Kieselgel mit $\alpha = 28 \cdot 10^{-6} \mathrm{K}^{-1}$ nach Kawaguchi u. M. [475]. Aber nicht nur die Anzahl an Trennstellen ist wichtig, sondern auch die Art der vorhandenen Netzwerkwandler, die nach Lisenenko [550] die Symmetrie der Nahordnung bestimmen. Letzterer konnte zeigen, daß beim Auftragen der α-Werte von erdalkalioxidhaltigen Gläsern über den α-Werten von alkalioxidhaltigen Gläsern alle Werte auf einer Gerade liegen, wenn Li_2O durch MgO, Na_2O durch CaO oder K_2O durch BaO ersetzt wird. Die erdalkalioxidhaltigen Gläser haben im Mittel den halben Ausdehnungskoeffizienten.

Das *SiO_2-Glas* hat die Struktur eines ungeordneten Netzwerks. Infolge der recht starken Si—O-Bindung sind die Schwingungsmöglichkeiten begrenzt. Wesentlicher ist aber, daß im Gegensatz zu den kristallinen SiO_2-Modifikationen die Bindung zu den benachbarten $[SiO_4]$-Tetraedern unregelmäßig ist, so daß kaum eine Wechselwirkung zwischen den einzelnen Tetraedern möglich ist. Die Ausdehnung des SiO_2-Glases ist deshalb mit $\alpha(0\,°C; 200\,°C) = 0{,}5 \cdot 10^{-6} \mathrm{K}^{-1}$ sehr gering. Mit zunehmender Temperatur steigt α zunächst schwach an, um bei etwa 400 °C wieder abzufallen. Dieses auffallende Verhalten wird von Dietzel [175] damit gedeutet, daß steigende Temperaturen eine Vergrößerung der Si—O-Abstände zur Folge haben, was gleichzeitig den Anteil der Ionenbindung vergrößert. Dadurch wird die Struktur verfestigt und damit der Ausdehnungskoeffizient verringert. Diese einfache Deutung reicht aber nicht aus, das Verhalten vollständig zu erklären. Die Angaben über den Ausdehnungskoeffizienten des SiO_2-Glases schwanken verhältnismäßig stark. Brückner [106] konnte nachweisen, daß diese Unterschiede durch die Vorbehandlung bedingt sind. Aus Bild 76 ist zu erkennen, daß $\alpha(0\,°C; 1\,000\,°C)$ zwischen 0,38 und $0{,}64 \cdot 10^{-6} \mathrm{K}^{-1}$ liegen kann.

Ein geringer Ausdehnungskoeffizient ist wegen der damit verbundenen hohen Temperaturwechselbeständigkeit (s. Abschn. 3.5.3.1) von großer praktischer Bedeu-

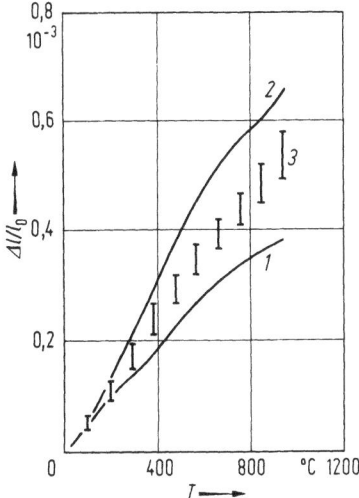
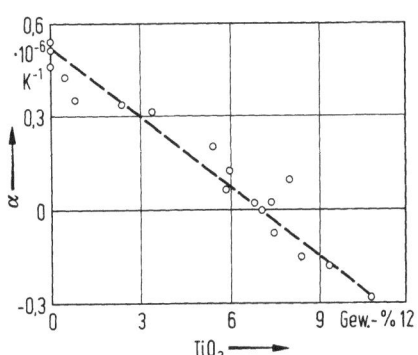

Bild 76. Ausdehnung von Kieselglas nach Brückner [106]. *1*: nach Tempern bei 1 000 °C; *2*: nach Tempern bei 1 500 °C; *3*: bisherige Literaturwerte

Bild 77. Einfluß von TiO_2 auf den Ausdehnungskoeffizienten α von Kieselglas bei Raumtemperatur

tung. Es wurde daher sehr beachtet, daß Zusätze von TiO_2 zum Kieselglas den Ausdehnungskoeffizienten weiter senken und sogar negativ werden lassen, wie Bild 77 mit den Ergebnissen verschiedener Autoren zeigt. Der Einbau erfolgt als $[TiO_4]$-Tetraeder, was nach Dietzel [174] den Ionenanteil weiter erhöht und die Struktur verfestigt. Auch hier reicht diese Deutung nicht aus, weshalb Schultz und Smyth [852] annehmen, daß mit steigendem TiO_2-Gehalt die Sauerstoffe zwischen Si und Ti eine stärkere Transversalschwingung ausführen können, was eine Näherung der Kationen und damit eine negative Ausdehnung zur Folge hat.

Da beim *B_2O_3-Glas* die Verknüpfung der einzelnen $[BO_3]$-Gruppen nur an drei Stellen erfolgt, ist die Vernetzung vorwiegend zweidimensional. Dadurch wird ein Schwingen der Gruppen gegeneinander möglich, was zu der hohen Ausdehnung von etwa $15 \cdot 10^{-6} \, K^{-1}$ führt.

Durch die Einführung der Alkalioxide ist die Struktur der binären *Alkalisilicatgläser* aufgelockert. Das ändert an den Schwingungsmöglichkeiten der $[SiO_4]$-Tetraeder nicht viel, vergrößert aber ihre Asymmetrie, wodurch die Ausdehnung erhöht wird. Mit steigendem Alkaligehalt nimmt deshalb die Ausdehnung zu. Bei gleichem Alkaligehalt wird der Einfluß um so größer sein, je geringer die Bindefestigkeit, also je geringer die Feldstärke des betreffenden Kations ist. Bild 78, nach Messungen von Shartsis u. M. [870] gezeichnet, zeigt die Zunahme der Ausdehnungskoeffizienten mit wachsendem Alkaligehalt. Bei konstantem Alkaligehalt steigt α in der Reihe Li—Na—K an. Ein Mischalkalieffekt macht sich nach Shelby [875] nur gering bemerkbar, indem in den untersuchten Systemen mit 12 bzw. 25 Mol-% R_2O (mit R = Na, K, Rb) eine Abhängigkeit derart besteht, daß mit steigendem Ionenradienverhältnis zunächst positive Abweichungen bis maximal $1,0 \cdot 10^{-6} \, K^{-1}$ auftreten (beim System Na—K), um bei größeren Verhältnissen wieder abzunehmen und sogar

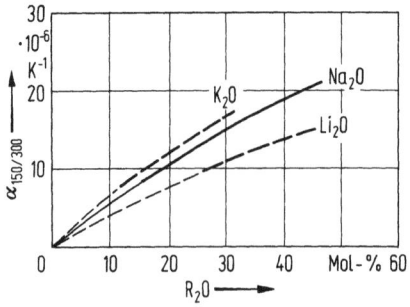

Bild 78. Längenausdehnungskoeffizienten α binärer Alkalisilicatgläser nach Shartsis u. M. [870]

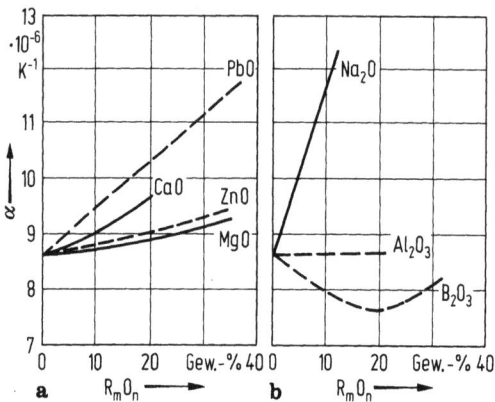

Bild 79a, b. Änderung des mittleren Längenausdehnungskoeffizienten α eines Na_2O-SiO_2-Glases (18–82 Gew.-%) beim gewichtsmäßigen Ersatz von SiO_2 durch andere Oxide nach verschiedenen Autoren

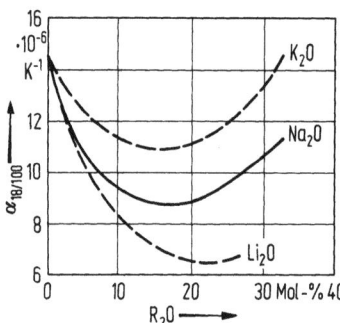

Bild 80. Längenausdehnungskoeffizienten α binärer Alkaliboratgläser nach verschiedenen Autoren

negativ zu werden (beim System Na–Rb). Das spricht für eine ausgeprägte Wechselwirkung im Nahbereich.

Für die Einführung von *Erdalkalioxiden* gelten entsprechende Überlegungen. Es wird eine Erhöhung von α eintreten, die aber nicht so groß wie bei den Alkalioxiden sein wird, da die Bindung der Erdalkaliionen im Netzwerk fester ist. Das zeigt auch Bild 79a nach Messungen von Gehlhoff und Thomas [303] und anderen am Beispiel des CaO und noch ausgeprägter beim MgO. Erinnert sei auch an den Vergleich der alkali- und erdalkalihaltigen Gläser am Anfang dieses Abschnitts.

Bei den Oxiden der Elemente mit hoher Polarisierbarkeit, vor allem der *Nebengruppenelemente*, besteht ebenfalls eine Abhängigkeit von der Bindefestigkeit, weshalb die Erhöhung der Ausdehnung durch PbO stärker als durch ZnO ist.

Bild 79b zeigt den Einfluß von Al_2O_3, der danach recht gering ist. Der Ersatz von SiO_2 durch Al_2O_3 setzt zwar die Zahl der Trennstellen herab, ändert aber nichts wesentliches an den Schwingungsmöglichkeiten, so daß die Ausdehnung praktisch konstant bleibt. Sehr geringe Al_2O_3-Gehalte, die nach Yoldas [1101] als $[AlO_6]$-Gruppen vorliegen sollen, haben jedoch zunächst einen Anstieg zur Folge, dessen Maximum bei einem Kalk-Natronglas mit einer Zunahme von etwa $0,2 \cdot 10^{-6} K^{-1}$ bei 0,4 Gew.-% Al_2O_3 liegt.

In den binären *Alkaliboratsystemen* findet mit steigendem Alkaligehalt durch den Koordinationswechsel $[BO_3] \to [BO_4]$ ein Übergang in die dreidimensionale Vernetzung statt. Dadurch tritt eine Verringerung der Ausdehnung ein, was Bild 80 zeigt. Nach dem früheren Bild 63 folgt der Koordinationswechsel mit steigendem Alkaligehalt nahezu der Theorie. Entsprechend müßte α abnehmen, um beim Absinken der Koordinationszahl des Bors mit noch höheren Alkaligehalten und der dabei einsetzenden Trennstellenbildung wieder zuzunehmen. Bei genauerer Betrachtung zeigt Bild 63, daß der Koordinationswechsel nicht ganz der Theorie folgt, da schon früher Trennstellen entstehen. Darüber hinaus verursachen die eingeführten Alkaliionen eine steigende Asymmetrie, die wie bei den Silicatsystemen ausdehnungserhöhend wirkt. Durch die Überlagerung dieser Effekte, der Erniedrigung bei geringeren und der Erhöhung der Ausdehnung bei größeren Alkaligehalten, erklärt sich die Lage des Minimums in Bild 80. Die bei der Wärmedehnung auftretende Borsäureanomalie erfährt dadurch eine einfache qualitative Deutung. Bei gleichen Alkaligehalten steigt die Ausdehnung wie in den Silicatsystemen in der Reihe Li−Na−K an.

Führt man B_2O_3 *in Silicatgläser* ein, so findet wie durch das Al_2O_3 eine Schließung von Trennstellen statt. Da aber Bor gegenüber Aluminium eine größere Feldstärke hat, wird die Struktur mehr verfestigt, d.h. der Ausdehnungskoeffizient ist geringer, wie es auch Bild 79b zeigt. In einem Silicatglas kann das B^{3+}-Ion aber nur dann in $[BO_4]$-Gruppen auftreten, so lange genügend Alkaliionen vorhanden sind. Wird das Atomverhältnis B:Na = 1 überschritten, erscheinen die überschüssigen Borionen in 3er-Koordination, was die Struktur schwächt, d.h. α steigt wieder an.

Von den *Anionen* wirken sich die in Gläsern nur in geringen Mengen enthaltenen OH^--Ionen auf die Ausdehnung nur wenig aus. Deutliche Effekte werden nur vom B_2O_3-Glas berichtet, das leicht mit höheren OH-Gehalten herstellbar ist. Hat das praktisch OH-freie B_2O_3-Glas einen Ausdehnungskoeffizienten $\alpha(20°C; 100°C) = 15,4 \cdot 10^{-6} K^{-1}$, so steigt er bei einem OH-Gehalt von 0,28 Gew.-% H_2O nach Poch [715] auf $15,8 \cdot 10^{-6} K^{-1}$ und von 0,49 Gew.-% H_2O nach Brückner [106] auf $16,4 \cdot 10^{-6} K^{-1}$. Größere Anionengehalte sind mit Fluor möglich. Vargin und Krasotkina [1013] fanden, daß Gehalte von 3 Gew.-% Fluor die Ausdehnung merklich heraufsetzen, was ebenfalls auf eine Lockerung des Netzwerks zurückzuführen ist.

3.2.4 Berechnung aus der Zusammensetzung

Aus der strukturellen Deutung der Wärmedehnung kann man folgern, daß die einzelnen Komponenten einen bestimmten Beitrag zur Ausdehnung liefern. Für die Wärmedehnung wäre damit additiv aus der Zusammensetzung eine Berechnungsmöglichkeit vorhanden. Diese Folgerung hat aber nur in nicht zu weiten Zusammensetzungsbereichen Gültigkeit; denn es muß damit gerechnet werden, daß sich die Ionen gegenseitig beeinflussen.

Die ersten Berechnungsversuche wurden von Winkelmann und Schott [1083] schon im vorigen Jahrhundert durchgeführt. Danach ergibt sich der Ausdehnungskoeffizient α zu

$$\alpha = \alpha_1 p_1 + \alpha_2 p_2 + \ldots + \alpha_n p_n = \sum \alpha_i p_i. \tag{58}$$

Hierin stellen die p_i die Anteile der einzelnen Oxide in Gew.-% dar, und die α_i sind für jedes Oxid charakteristische Faktoren, die Tabelle 22 enthält. Später haben noch mehrere andere Autoren entsprechende Faktoren abgeleitet, die teils auch von Gl. (58) ausgehen, teils aber auch quadratische Glieder berücksichtigen oder nur für bestimmte Teilbereiche gelten. Sie sind in der ersten Auflage dieses Buches gegenübergestellt. Glieder bis zur sechsten Potenz verwenden Schnapp u. M. [831] und erreichen damit für Borosilicatgläser eine bessere Genauigkeit. Hier sollen in Tabelle 22 nur noch zwei weitere Faktorengruppen gebracht werden. Die Faktoren von Appen [25] beziehen sich ebenfalls auf Gl. (58), allerdings mit Mol-%; sie haben sich gut bewährt. Dies beruht auch darauf, daß bei einigen Komponenten die Abhängigkeit von der Zusammensetzung berücksichtigt wurde. Die umfangreichen Bemerkungen zu Tabelle 22 zeigen dies deutlich. Diese Faktoren wurden von Gan [290] etwas verbessert. Nur für Kalk-Natrongläser gültige Faktoren stammen von Ledererova u. M. [537], die von der der Gl. (55) analogen Beziehung

$$\alpha = 297{,}6 + \sum \alpha_i p_i \tag{59}$$

ausgehen, bei der in der Summe alle Komponenten (in Gew.-%) außer SiO_2 berücksichtigt werden. Den Gültigkeitsbereich dieser Faktoren kann man Tabelle 17 entnehmen.

Alle diese Faktoren wurden empirisch ermittelt. Makishima und Mackenzie [575] versuchen einen theoretischen Weg zur Berechnung der Ausdehnungskoeffizienten von Gläsern, indem sie auf die thermodynamisch abgeleitete Grüneisen-Funktion (= Gl. (57) im Abschn. 3.2.2) zurückgreifen, die nach α aufgelöst werden kann. Man kennt die Abhängigkeit dieser Größen von der Zusammensetzung, bzw. kann sie von γ, was in Wirklichkeit auch von der Zusammensetzung abhängt, berechnen. Damit war es möglich, α für viele Silicatgläser mit einer Genauigkeit von etwa 10 % zu berechnen. Andere Wege zur Berechnung gehen Novopashin und Seregin [669] und Hormadely [417], indem sie vorwiegend bindungs- und volumenmäßige Gesichtspunkte berücksichtigen. Letzerer erreicht bei einer sehr großen Streubreite der Glaszusammensetzungen eine Übereinstimmung innerhalb ±15 % mit den Meßwerten.

Zusammensetzungen, Ausdehnungskoeffizienten und Transformationstemperaturen einiger bekannter technischer Gläser sind in Tabelle 23 aufgeführt. Der Vergleich zwischen experimentellen und berechneten Ausdehnungskoeffizienten zeigt, daß die Faktoren von Appen die wirklichen Werte recht gut erfassen.

Es hat sich eingeführt, die Gläser nach der Größe ihres Ausdehnungskoeffizienten einzuteilen. So bezeichnet man Gläser mit $\alpha < 6 \cdot 10^{-6} \, K^{-1}$ als *Hartgläser*, solche mit $\alpha > 6 \cdot 10^{-6} \, K^{-1}$ als *Weichgläser*. Das bekannteste Glas mit geringem Ausdehnungskoeffizienten ist das Kieselglas mit $\alpha = 0{,}5 \cdot 10^{-6} \, K^{-1}$. Will man Gläser mit hohen Ausdehnungskoeffizienten erschmelzen, so kann man in Silicatsystemen bis etwa 20 $\cdot 10^{-6} \, K^{-1}$ kommen, in Boratsystemen dagegen zu noch höheren Werten.

3.2 Wärmedehnung

Tabelle 22. Faktoren zur Berechnung der Ausdehnungskoeffizienten von Gläsern aus der Zusammensetzung (α ergibt sich daraus in 10^{-8} K^{-1})

Oxid	Winkelmann u. Schott [1083] nach Gl. (58)	Appen [25] nach Gl. (58)		Ledererova u. M.[h] [537] nach Gl. (59)
	p in Gew.-%	p in Mol-%		p in Gew.-%
	Temperaturbereich (°C)			
	20 ... 100	20 ... 400		20 ... 300
Li$_2$O	6,67	27 (27)	[a]	–
Na$_2$O	33,33	39,5 (41)		32,172
K$_2$O	28,33	46,5 (49)		38,068
BeO	–	4,5		–
MgO	0,33	6,0		3,059
CaO	16,67	13		11,680
SrO	–	16		–
BaO	10,00	20		5,375
B$_2$O$_3$	0,33	−5,0 ... 0,0	[b]	–
Al$_2$O$_3$	16,67	−3,0		1,685
Ga$_2$O$_3$	–	−2,0		–
SiO$_2$	2,67	0,5 ... 3,8	[c]	–
TiO$_2$	13,67	−1,5 ... 3,0	[d]	–
ZrO$_2$	–	−6,0		–
P$_2$O$_5$	6,67	14,0		–
As$_2$O$_5$	6,67	–		–
Sb$_2$O$_5$	12,00	7,5	[e]	–
CuO	7,33	3,0		–
ZnO	6,00	5,0		–
CdO	–	11,5		–
SnO$_2$	6,67	−4,5		–
PbO	13,00	13 ... 19	[f]	–
Cr$_2$O$_3$	17,00	–		(+ Fe$_2$O$_3$) −21,246
MnO	7,33	10,5	[g]	–
Fe$_2$O$_3$	13,33	5,5	[g]	s. Cr$_2$O$_3$
CoO	14,67	5,0		–
NiO	–	5,0		–

[a] Die Werte in den Klammern gelten für die binären R$_2$O–SiO$_2$-Gläser. Der Faktor α_{K_2O} von 46,5 gilt nur für Gläser, die mehr als 1% Na$_2$O enthalten; andernfalls gilt 42,0.

[b] Für B$_2$O$_3$-haltige Gläser muß erst das Verhältnis ψ gebildet werden, wobei die in den eckigen Klammern stehenden Ausdrücke die jeweiligen Mol-% darstellen:

$\psi = \{([Na_2O] + [K_2O] + [BaO]) + 0,7([CaO] + [SrO] + [CdO] + [PbO]) + 0,3([Li_2O] + [MgO] + [ZnO]) - [Al_2O_3]\}/[B_2O_3]$.

Damit ergibt sich dann
$\alpha_{B_2O_3} = -1,25 \cdot \psi$ für $\psi \leq 4$.
$\alpha_{B_2O_3} = -5,0$ für $\psi > 4$.

[c] $\alpha_{SiO_2} = 10,5 - 0,1 \cdot p_{SiO_2}$ für $100 \geq p_{SiO_2} \geq 67$
$\alpha_{SiO_2} = 3,8$ für $p_{SiO_2} \leq 67$

[d] $\alpha_{TiO_2} = 10,5 - 0,15 \cdot p_{SiO_2}$ für $80 \geq p_{SiO_2} \geq 50$.

[e] Dieser Faktor bezieht sich auf Sb$_2$O$_3$.

[f] $\alpha_{PbO} = 13,0$ für
  a) alkalifreie Gläser
  b) Alkalibleisilicat-Gläser mit $\Sigma p_{R_2O} < 3$,
  c) andere Gläser mit $(\Sigma p_{RO} + \Sigma p_{R_mO_n})/\Sigma p_{R_2O} > 1/3$.

$\alpha_{PbO} = 11,5 + 0,5 \cdot \Sigma p_{R_2O}$, wenn die Bedingungen a) bis c) nicht erfüllt sind.

[g] Beide Faktoren gelten für die normalerweise vorliegenden Mischungen MnO/MnO$_{1,5}$ und FeO/FeO$_{1,5}$.

[h] $\alpha_{SO_3} = -4,467$

178　3 Eigenschaften des Glases

Tabelle 23. Zusammensetzungen, Ausdehnungskoeffizienten (experimentell und berechnet) und Transformationstemperaturen einiger Gläser

Glas (Hersteller)	Zusammensetzung (Gew.-%)								$\alpha \cdot 10^6$ (K^{-1}) experimentell		$\alpha \cdot 10^6$ (K^{-1}) berechnet nach		T_g
	SiO_2	B_2O_3	Al_2O_3	Na_2O	K_2O	CaO	MgO	BaO	20/100	20/300	Winkelmann u. Schott	Appen	(°C)
Vycor (Corning)	96,6	2,9	0,4	0,02	0,02	–	–	–	–	0,8	2,7	0,8	910
Duran 50 (Schott)	79,7	10,3	3,1	5,2	–	0,8	0,9	–	3,2	3,2	4,5	4,0	568
Pyrex 7740 (Corning)	80,3	12,2	2,8	4,0	0,4	0,3	–	–	3,25	3,3	4,1	3,5	565
Supremax (Schott)	57,5	9,0	20,0	0,5	–	5,0	8,0	–	3,3	3,7	5,9	3,6	715
Geräteglas 20 (Schott)	75,5	9,0	5,0	5,3	1,2	0,4	–	3,6	4,8	4,9	5,4	4,7	569
AR-Glas (Ruhrglas)	69,5	1,4	4,2	10,8	5,3	7,8	–	–	8,8	9,5	9,0	9,3	520

Wichtig ist die Größe des Ausdehnungskoeffizienten vor allem bei *Verschmelzungen*. Es gilt die Regel, daß die Differenz nicht größer als $0,3 \cdot 10^{-6} \, K^{-1}$ sein darf. Nach Tabelle 23 kann man also Duran 50 mit Pyrex zusammenschmelzen, aber keines dieser beiden Gläser mit Geräteglas 20, erst recht nicht mit einem Weichglas.

Aus obigen Angaben ist es möglich zu berechnen, wie sich kleine Änderungen in der Glaszusammensetzung auf den Ausdehnungskoeffizienten auswirken. Tabelle 22 zeigt sofort, daß der Ersatz von 1 Gew.-% Na_2O durch 1 Gew.-% K_2O α um $0,05 \cdot 10^{-6} \, K^{-1}$ erniedrigt. Das steht scheinbar im Gegensatz zu Bild 78, in dem die K_2O-haltigen Gläser eine höhere Ausdehnung als die entsprechenden Na_2O-haltigen Gläser haben. Dieser Unterschied ist bedingt durch die Zusammensetzungsangabe in Mol-% in Bild 78, was eine sinnvolle Diskussion der Einflüsse der Komponenten ermöglicht. Die Übertragung der dabei gewonnenen Erkenntnisse auf Gew.-% kann die Abhängigkeit verschieben, insbesondere bei den Komponenten mit niedrigen oder hohen Molgewichten.

Aus Tabelle 22 kann man weiter entnehmen, daß der Ersatz von 1 Gew.-% SiO_2 durch Na_2O zu einer Erhöhung von α um etwa $0,4 \cdot 10^{-6} \, K^{-1}$ führt. Da in manchen Fällen gefordert wird, daß α innerhalb $0,1 \cdot 10^{-6} \, K^{-1}$ konstant bleibt, muß der Alkaligehalt auf mindestens 0,3 % konstant gehalten werden. Andererseits zeigt diese Betrachtung, daß mit Hilfe von Ausdehnungsmessungen die *Konstanz der Zusammensetzung* eines Glases recht genau verfolgt werden kann. Da sich α mit einer Genauigkeit von $0,04 \cdot 10^{-6} \, K^{-1}$ gut messen läßt, kann ein Austausch SiO_2 gegen Na_2O in einer Menge von nur 0,1 Gew.-% Na_2O erkannt werden. Ausdehnungsmessungen eignen sich deshalb sehr gut zur Verfolgung der Konstanz der Zusammensetzung eines Glases, indem man das zu untersuchende Glas mit einem Standardglas zusammenschmilzt (s. Abschn. 3.2.1).

3.2.5 Abhängigkeit von der Vorgeschichte

Kühlt man eine Glasschmelze ab, so findet eine Kontraktion statt. Sie wird durch Umlagerung einzelner Strukturelemente hervorgerufen. Für jede Temperatur stellt sich ein bestimmtes Volumen ein. Das geht schnell, so lange die Viskosität gering ist. Kommt man in den Bereich der Transformationstemperatur, dann benötigen die Umlagerungen meßbare Zeiten. Bei weiterer Abkühlung können zunächst die größeren Strukturelemente nicht mehr folgen, später auch nicht mehr die kleineren. Aus der Schmelze ist das feste Glas geworden. Dieser Vorgang erstreckt sich über einen gewissen Temperaturbereich, der im allgemeinen durch die Transformationstemperatur charakterisiert wird. Es ist aber besser, vom Transformationsbereich zu sprechen, wie bereits mehrfach ausgeführt.

Im Transformationsbereich ändern sich viele Eigenschaften, so auch die Ausdehnung. Wie die Kurve des Bildes 67 zeigt, erfolgt der Übergang nicht plötzlich, sondern fließend. Der flache Kurvenast gibt die Ausdehnung des festen Glases wieder, während der steile Kurvenast die Ausdehnung der Schmelze, also eine wirkliche Gleichgewichtskurve darstellt. Das Abbiegen dieser Kurve bei hohen Temperaturen ist meßtechnisch bedingt; denn der zur Ausdehnungsmessung benötigte Übertragungsmechanismus bewirkt eine Deformation des bei diesen Temperaturen erweichenden Glases.

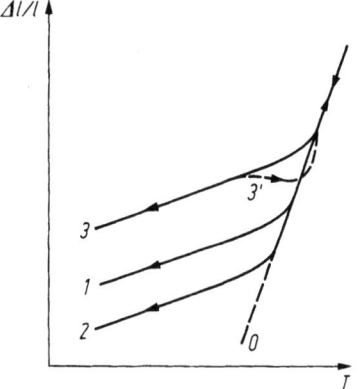

Bild 81. Kontraktions- und Dehnungskurven eines Glases. *0*: Gleichgewichtskurve; *1*: normale Abkühlung; *2*: langsame Abkühlung; *3*: schnelle Abkühlung; *3'*: normale Erhitzung

Aus diesen Betrachtungen folgt noch etwas anderes. Da die Umlagerungen Zeit benötigen, muß auch eine Abhängigkeit von der *Abkühlgeschwindigkeit* bestehen. Ist diese hoch, können die größeren Struktureinheiten schon eher nicht mehr folgen, und auch die kleineren werden eher unbeweglich. Mit anderen Worten: der Transformationsbereich wird nach höheren Temperaturen verschoben. Ganz entsprechend gilt, daß bei geringerer Abkühlgeschwindigkeit der Transformationsbereich bei tieferer Temperatur liegt. Diese Verhältnisse sind schematisch in Bild 81 dargestellt. Aus ihnen folgt, daß die Transformationstemperatur von der Vorbehandlung abhängig ist (s. Abschn. 2.4.1.2). Für die Messung von T_g muß daher eine bestimmte Geschwindigkeit — hier der Aufheizung — vorgeschrieben werden.

Je größer die Abkühlgeschwindigkeit ist, bei um so höherer Temperatur erfolgt das Abbiegen von der steilen Gleichgewichtskurve. Jedem Punkt der Gleichgewichtskurve entspricht eine bestimmte Struktur, die mit steigender Temperatur offener wird. Bei hoher Abkühlgeschwindigkeit wird deshalb eine offenere Struktur eingefroren als bei langsamer Abkühlung. Nach Unterschreiten der Transformationstemperatur ist die weitere Kontraktion unabhängig von der Abkühlgeschwindigkeit, d.h. α ist für verschieden abgekühlte Gläser gleich. Da aber nach Bild 81 diese Kontraktion je nach den Kühlbedingungen bei verschiedenen Punkten beginnt, unterscheiden sich die Gläser 1, 2 und 3 des Bildes 81 in ihrer Struktur bei Raumtemperatur. Jedes Glas kann man deshalb durch die Struktur der Temperatur charakterisieren, bei der es eingefroren wurde. Diese Temperatur bezeichnet man nach Tool [985] auch als *fiktive Temperatur*.

Heizt man ein Glas mit derselben Geschwindigkeit auf, mit der es abgekühlt wurde, dann entspricht die Ausdehnungskurve praktisch vollkommen der Kontraktionskurve (Kurve 1 in Bild 81). Hält man diese Aufheizgeschwindigkeit konstant und führt damit eine Ausdehnungsmessung am schneller abgekühlten Glas durch, so beobachtet man vor Erreichen der Transformationstemperatur eine Abweichung (gestrichelte Kurve). Beim Abkühlen dieses Glases wurde der Zustand bei einer geringen Relaxationszeit eingefroren. Die Aufheizung erfolgt jetzt langsamer, d.h. es stehen größere Relaxationszeiten zur Verfügung, die Struktureinheiten werden daher schon eher beweglich. Die offene Struktur des schnell abgekühlten Glases strebt einer dichteren Struktur zu, wodurch die Ausdehnungskurve flacher wird, bis sie schließlich in die Gleichgewichtskurve der Schmelze einmündet. Bei sehr schnell abgekühlten, abgeschreckten Gläsern, wie z.B. den Glasfasern, kann die Kontraktion so groß werden, daß man einen negativen Ausdehnungskoeffizienten vor Erreichen der Tranformationstemperatur beobachtet. Für die praktische Ausdehnungsmessung ergibt sich als Folgerung, daß man vor jeder Messung das Glas sorgfältig kühlen muß, um eine einwandfreie Kurve zu erhalten. Es liegen schließlich noch Beobachtungen vor, daß auch der Ausdehnungskoeffizient unterhalb T_g von der Vorbehandlung abhängig ist, indem er z.B. beim Tempern von Pyrexglas im Bereich um 450 °C abnimmt. Die Ursache dafür ist in einer *Entmischung* zu sehen, die im Falle des Pyrexglases zu einem zusammenhängenden Gerüst einer SiO_2-reichen Phase führt, die eine geringere Ausdehnung hat. Das Umgekehrte ist der Fall, wenn die zusammenhängende Phase eine höhere Wärmedehnung hat; dann steigt α beim Tempern an. Schließlich ist bei gleichwertigen Phasen in einem Entmischungsgefüge dann mit einer Änderung von α beim Entmischen zu rechnen, wenn zwischen Zusammensetzung und α keine lineare Beziehung besteht.

3.3 Dichte

Wenn auch die Dichte des Glases für seine Verwendung keine große praktische Bedeutung hat, ist es doch aus mehreren Gründen angebracht, sie als nächste Eigenschaft zu besprechen; denn oft benötigt man diese Werte zur Berechnung weiterer Eigenschaften. Darüber hinaus läßt sich mit Dichtemessungen in einfacher Weise die Konstanz der Zusammensetzung eines Glases kontrollieren. Definitionsgemäß ist die Dichte ϱ die Masse pro Volumeneinheit. Die offizielle SI-Basiseinheit (Système International d'Unités) dafür ist kg/m^3, jedoch findet man meist die Angabe in der abgeleiteten Einheit g/cm^3 ($=10^3 kg/m^3$), die auch hier verwendet wird.

3.3.1 Meßmethoden

Die *Pyknometermethode* zur Dichtebestimmung kann als bekannt vorausgesetzt werden. Bei sorgfältigem Arbeiten läßt sich die vierte Dezimale noch bestimmen. Eine Dezimale weiter in der Genauigkeit kommt man mit der Schwebemethode, bei der man das zu untersuchende Glasstück in eine organische Flüssigkeit etwa gleicher Dichte bettet. Da der Ausdehnungskoeffizient der Flüssigkeit wesentlich größer als der des Glases ist, kann man durch Variieren der Temperatur erreichen, daß das Glasstück schwebt. Aus dieser Temperatur und den vorher zu bestimmenden Werten von Ausdehnung und Dichte der Flüssigkeit ergibt sich die Dichte des Glases.

Beide Methoden eignen sich gut für Einzelmessungen, sind aber für laufende Bestimmungen, z.B. für die *Betriebsüberwachung*, zu langwierig. Dafür hat sich bewährt, in einem Wasserbad mehrere Glasproben in einem organischen Flüssigkeitsgemisch aufzuheizen, wobei die Dichte der Flüssigkeit so eingestellt ist, daß die Glasproben bei Raumtemperatur an der Oberfläche schwimmen. Während des Aufheizens wird die Dichte der Flüssigkeit ständig geringer, so daß bei einer bestimmten Temperatur die Glasprobe absinkt. Während dieser Zeit soll die Aufheizgeschwindigkeit 0,1 K/min nicht übersteigen. Abgelesen wird die Temperatur, bei der die Probe eine bestimmte Bezugslinie passiert. Als Flüssigkeit dient eine Mischung aus α-Bromnaphthalin und s-Tetrabromethan, deren Temperaturabhängigkeit der Dichte $-0{,}00178$ g/(cm^3 K) beträgt. Mit einem kubischen Ausdehnungskoeffizienten der normalen Kalk-Natrongläser von etwa $0{,}00003$ K^{-1} ergibt sich eine Temperaturabhängigkeit der Dichte des Glases von etwa $-0{,}00007$ g/(cm^3 K), so daß für das Gesamtsystem der Wert $-0{,}00171$ g/(cm^3 K) gilt. Meist erfolgt die Anwendung als Relativmethode, indem man ein Standardglas mit ähnlicher, aber bekannter Dichte zugibt. Dann läßt sich die gesuchte Dichte ϱ_x berechnen zu

$$\varrho_x = \varrho_s - 0{,}00171(T_x - T_s),$$

worin ϱ_s = Dichte des Standardglases, T_x = Meßtemperatur des zu untersuchenden Glases und T_s = Meßtemperatur des Standardstücks. Diese Methode erlaubt es, die Dichte bis auf die vierte Dezimale zu bestimmen. Muschik [642] hat diese Methode variiert, indem er die Dichteänderung der Flüssigkeit durch Änderungen von deren Zusammensetzung durchführt. So kann er die Dichte eines Borosilicatglases durch Zugabe von Methanol zu Tetrabromethan titrieren.

Mit diesen Methoden lassen sich die Dichten nur im Bereich verhältnismäßig tiefer Temperaturen bestimmen. Oft interessiert aber auch die Dichte bei *hohen Temperaturen*, z.B. wenn man feststellen will, ob sich ein Schlierenglas absetzt oder an die Oberfläche der Schmelze aufsteigt. Die meisten Verfahren zur Dichtebestimmung an geschmolzenem Glas beruhen auf dem archimedischen Prinzip. Am einfachsten ist die Messung des *Auftriebs* z.B. einer Platinkugel in der zu untersuchenden Schmelze. Die Anwendung dieser Methode ist jedoch auf dünnflüssige Schmelzen beschränkt. Außerdem bestehen Fehlermöglichkeiten durch die Benetzung des Aufhängedrahts der Platinkugel durch die Schmelze. Es wurde daher auch umgekehrt der Auftrieb der in einem Tiegel befindlichen Glasschmelze in Luft oder in einer Salzschmelze gemessen.

Von mehreren Autoren wird eine Bestimmungsmethode vorgeschlagen, die auf dem Prinzip des *Blasendruckverfahrens* zur Messung der Oberflächenspannung beruht. Der dabei festgestellte Gesamtdruck wird durch folgende Gleichung bestimmt:

$$p = 2\sigma/r + \varrho_{gl}\, g\, l$$

mit σ = Oberflächenspannung der Glasschmelze, r = Kapillarradius, ϱ_{gl} = Dichte der Glasschmelze, g = Erdbeschleunigung und l = Länge der Kapillare in der Schmelze. Bei bekannter Oberflächenspannung σ oder durch Messung bei verschiedenen Eintauchtiefen l der Kapillare läßt sich diese Gleichung nach der Dichte ϱ_{gl} auflösen. Besonders Merker [608] hat die Leistungsfähigkeit dieser Methode eingehend diskutiert. Man erreicht mit ihr eine Genauigkeit von $\pm 0{,}005$ g/cm^3. Die Anwendung beschränkt sich jedoch auf Schmelzen mit einer Viskosität $\log \eta < 2$.

3.3.2 Abhängigkeit von der Zusammensetzung

Dichtemessungen an Gläsern wurden recht zahlreich ausgeführt, von denen hier nur einige typische Beispiele gebracht werden sollen. Mit am häufigsten ist die Dichte des *SiO$_2$-Glases* gemessen worden, wobei die Meßwerte für Zimmertemperatur zwischen 2,20 und 2,22 g/cm^3 schwanken. Diese großen Differenzen sind vor allem auf die unterschiedliche Vorgeschichte der Gläser zurückzuführen, auf deren Bedeutung später noch allgemein eingegangen werden wird. Bemerkenswert sind die großen Dichteunterschiede zwischen den verschiedenen kristallinen SiO_2-Modifikationen Quarz mit $\varrho = 2{,}65$ g/cm³ und Cristobalit mit $\varrho = 2{,}32$ g/cm³. Da der Grundbaustein in beiden Modifikationen das $[SiO_4]$-Tetraeder ist, muß im Cristobalit durch eine andere gegenseitige Anordnung dieser Tetraeder eine offenere Struktur entstehen. Bei hohen Temperaturen ist der Cristobalit die stabile Modifikation. Für das aus der Schmelze entstehende SiO_2-Glas ist deshalb anzunehmen, daß es in seiner Struktur mehr dem Cristobalit ähnelt. Die im Gegensatz zum Cristobalit ungeordnete Struktur führt aber zu einer aufgelockerten Packung, was die geringere Dichte des SiO_2-Glases verständlich macht.

Aus der Dichte einer Substanz läßt sich leicht das Volumen V eines Mols der betreffenden Substanz nach $V = M/\varrho$ berechnen, wenn M das Molgewicht ist. Das Volumen des SiO_2 wird im wesentlichen durch die Sauerstoffionen bestimmt werden. 1 Mol Sauerstoffionen hat das Volumen

$$V_1^O = (4/3)\pi r^3 N_L = 5{,}8 \text{ cm}^3$$

(mit $r = 0{,}132$ nm). Bei dichtester Packung, also unter Berücksichtigung des in den Ecken eingeschlossenen Leervolumens, ergibt sich daraus ein Volumen von 7,8 cm³. Lägen im SiO_2 die Sauerstoffionen in dichtester Packung vor, dann würde sich eine theoretische Dichte von

$$\varrho_{\text{theor.}} = (M_{SiO_2}/7{,}8) \cdot (1/2) = 3{,}84 \text{ g/cm}^3$$

ergeben. (Der Faktor 1/2 ist dadurch bedingt, daß sich im SiO_2 zwei Sauerstoffionen befinden, das oben berechnete Volumen aber nur auf ein Mol Sauerstoffionen bezogen ist.) Diese hohe Dichte wird von den normalen kristallinen Modifikationen des SiO_2 nicht erreicht, lediglich von der Hochdruckmodifikation Stischowit (s. Abschn. 2.5.3.1) mit $\varrho = 4{,}35$ g/cm³ überschritten. Die Strukturen der stabilen Modifikationen enthalten also Hohlräume. SiO_2-Glas mit noch geringerer Dichte hat noch größere Hohlräume. Im SiO_2-Glas beträgt das Volumen, das gerade ein Mol Sauerstoffionen enthält

$$V_1^{SiO_2-\text{Glas}} = M_{SiO_2}/(2\varrho_{SiO_2}) = 60/(2 \cdot 2{,}2) = 13{,}6 \text{ cm}^3.$$

Ganz allgemein läßt sich dieses Molvolumen für ein Oxid R_mO_n berechnen zu

$$V_1^{R_mO_n} = M/(n\,\varrho),$$

worin n die Zahl der Sauerstoffe im Oxid R_mO_n darstellt.

Für das B_2O_3-*Glas* kann man erwarten, daß die Sauerstoffpackung ähnlich der des SiO_2-Glases sein wird. Setzt man also $V_1^{B_2O_3}$ gleich 13,6 cm³, dann ergibt sich eine Dichte von etwa 1,7 g/cm³, während die experimentell bestimmten Werte zwischen 1,81 und 1,85 g/cm³ schwanken, also eine geringfügig dichtere Packung anzeigen. Auf die große Schwankungsbreite wird weiter unten noch eingegangen werden.

Die Dichtemessungen an diesen beiden reinen Oxidgläsern lassen deutlich die aufgelockerte Struktur der Gläser erkennen. Die miteinander verknüpften $[SiO_4]$-Tetraeder oder $[BO_3]$-Dreiecke schließen mehr oder weniger große Hohlräume ein. Diese Hohlräume sind ein wesentlicher Bestandteil der Glasstruktur, worauf schon im Abschn. 2.5.4 hingewiesen wurde. Sie sind auch zu beachten bei der Erläuterung der

184 3 Eigenschaften des Glases

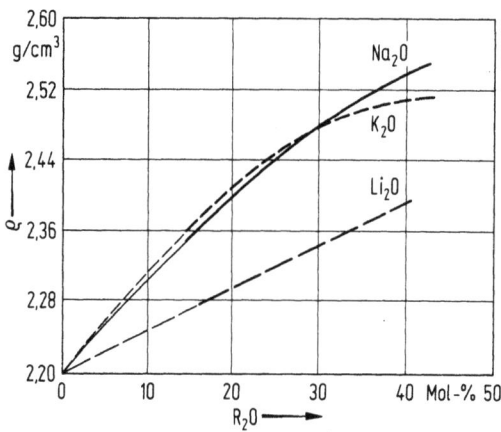

Bild 82. Dichten ϱ (für 25 °C) binärer Alkalisilicatgläser

Dichte der binären *Alkalisilicatgläser*. Führt man ein Alkalioxid in SiO$_2$-Glas ein, so wird sich das zusätzliche O^{2-}-Ion an der Sauerstoffpackung beteiligen, während die Kationen in den Hohlräumen Platz finden können. Dadurch wird die gesamte Raumerfüllung größer, d.h. es ist mit einem Anstieg der Dichte zu rechnen, wie es auch wirklich beobachtet wird. Es gibt zahlreiche Dichtemessungen an binären Alkalisilicatgläsern; in Bild 82 wurden die Messungen von Sheybany [880] herausgegriffen. Bei gleichem Alkaligehalt wird man ein Ansteigen der Dichte in der Reihe Li–Na–K vermuten, was nach Bild 82 bei geringeren Alkaligehalten annähernd, bei höheren Alkaligehalten aber nicht mehr erfüllt ist.

Die Dichten sind ungeeignet, die wahren Zusammenhänge erkennen zu lassen. Dazu geht man besser wieder auf das *Molvolumen* über, das gerade ein Mol Sauerstoffionen enthält. Man erhält es nach

$$V_1 = \frac{\bar{M}}{\varrho} \cdot \frac{1}{\sum x_i n_i}, \qquad (60)$$

worin $\bar{M} = \sum x_i M_i =$ mittleres Molgewicht des Glases, $M_i =$ Molgewicht der Komponente i, $x_i =$ Molenbruch der Komponente i und $n_i =$ Zahl der Sauerstoffe im Oxid R$_m$O$_n$. Ein Berechnungsbeispiel für das Glas der Zusammensetzung (in Mol-%) 75 SiO$_2$, 15 Na$_2$O und 10 CaO mit $\varrho = 2{,}481$ ergibt

$$V_1 = \frac{0{,}75 \cdot 60 + 0{,}15 \cdot 62 + 0{,}10 \cdot 56}{2{,}481 \cdot (0{,}75 \cdot 2 + 0{,}15 \cdot 1 + 0{,}10 \cdot 1)} = \frac{59{,}9}{2{,}481 \cdot 1{,}75} = 13{,}80 \text{ cm}^3.$$

Die Werte der Kurven des Bildes 82 wurden nach dieser Gleichung umgerechnet und in Bild 83 eingetragen. Jetzt tritt eine deutliche Trennung der unterschiedlichen Alkalien ein. Der vollkommen waagerechte Verlauf einer Kurve würde bedeuten, daß alle zusätzlichen Netzwerkwandler in den Hohlräumen des Netzwerks Platz finden. Das ist zunächst näherungsweise bei den Na$_2$O–SiO$_2$-Gläsern der Fall, deren V_1-Werte dann aber deutlich ansteigen, d.h. das Netzwerk wird durch den Einbau der Na$^+$-Ionen zunächst kaum, dann etwas aufgeweitet. Noch ausgeprägter ist die Aufweitung bei dem größeren K$^+$-Ion. Dagegen zeigt die Li$_2$O-Kurve, daß das Li$^+$-Ion nicht nur in den Hohlräumen des Netzwerks Platz findet, sondern daß es darüber hinaus eine

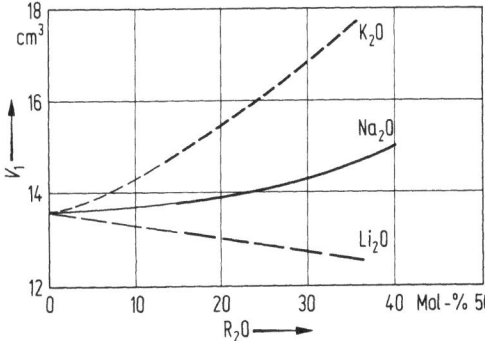

Bild 83. Molvolumina V_1 (nach Gl. (60)) der binären Alkalisilicatgläser des Bildes 82

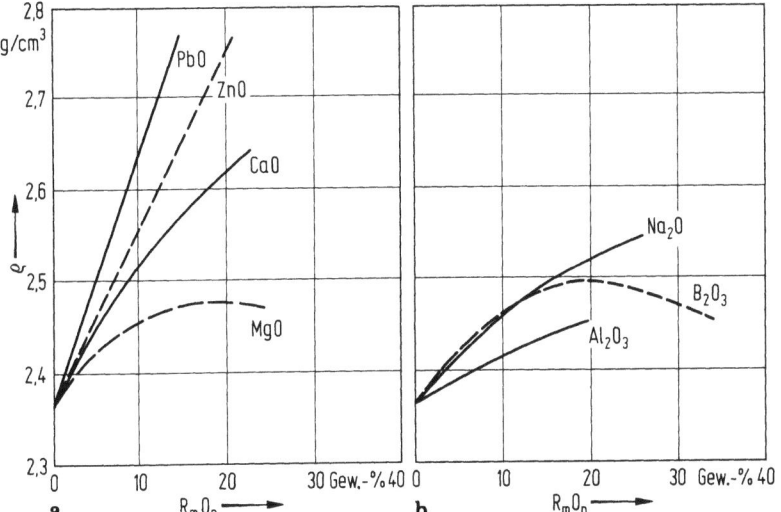

Bild 84a,b. Änderung der Dichte ϱ eines Na_2O-SiO_2-Glases (18–82 Gew.-%) beim gewichtsmäßigen Ersatz von SiO_2 durch andere Oxide nach verschiedenen Autoren

Kontraktion des Netzwerks hervorruft, erkennbar am Absinken der V_1-Werte. Wenn mehrere Alkaliionen gleichzeitig anwesend sind, dann ist das Verhalten im Molvolumen nahezu additiv, d.h. es ist nur ein geringer Mischalkalieffekt vorhanden. Es können deutlichere Abweichungen auftreten, wenn die Dichte über der Zusammensetzung aufgetragen wird, was aber dann nur ein vorgetäuschter Effekt ist.

Bei den *erdalkalihaltigen Gläsern* interessiert besonders das Verhalten von CaO. Der Ionenradius von Ca^{2+} gleicht dem von Na^+, jedoch ist die Feldstärke wegen der Wertigkeit 2 wesentlich höher. Dadurch wird ähnlich wie bei den Lithiumsilicatgläsern eine kontrahierende Wirkung eintreten, was sich in einer erhöhten Dichte bemerkbar macht. In der schon bekannten Darstellungsweise, bei der SiO_2 durch andere Oxide gewichtsanteilig ersetzt wird, zeigt dies Bild 84a nach Meßergebnissen verschiedener Autoren. Noch deutlicher tritt die Wirkung des Ca^{2+}-Ions in Erscheinung bei der Darstellung in V_1-Werten in Bild 85a. Erst bei recht hohen CaO-Gehalten macht sich die Aufweitung des Netzwerks bemerkbar. MgO verhält sich in bezug auf V_1 ähnlich

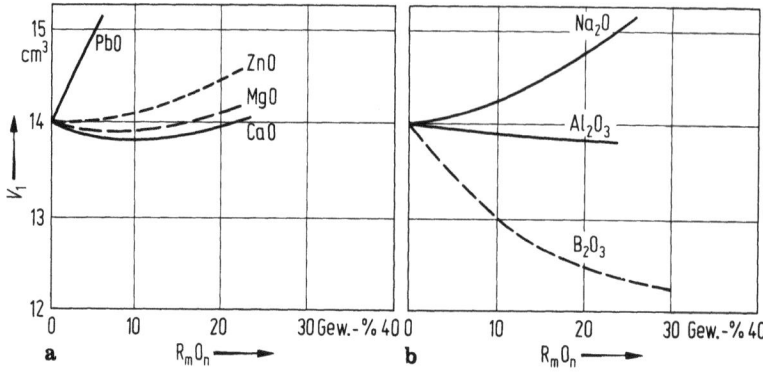

Bild 85a,b. Änderung des Molvolumens V_1 eines Na_2O-SiO_2-Glases (18–82 Gew.-%) beim gewichtsmäßigen Ersatz von SiO_2 durch andere Oxide

wie CaO; wegen des geringeren Molgewichts haben die MgO-haltigen Gläser eine geringere Dichte als die CaO-haltigen Gläser.

Bei den Elementen mit größerer Polarisierbarkeit, also den *Nebengruppenelementen* und anderen Ionen mit großem Ionenradius beobachtet man eine deutliche Strukturaufweitung, insbesondere bei der Einführung von PbO wegen der Größe des Pb^{2+}-Ions (s. Bild 85a). Infolge des hohen Atomgewichts tritt eine starke Erhöhung der Dichte ein (s. Bild 84a). Die Bilder 84a und 85a enthalten auch noch die Werte für ZnO, die sich analog deuten lassen. Allerdings erschwert hier die Darstellung in Gew.-% das Erkennen der klaren Abhängigkeit, die sich beim Auftragen in Mol-% ergeben würde. Im Vergleich zum PbO-Einfluß deutet sich aber beim ZnO an, daß das Zn^{2+}-Ion als Netzwerkbildner in die Struktur eingebaut wird, was sich nach den Dichtemessungen von Hasegawa [384] beim Ersatz von SiO_2 durch ZnO in Aluminosilicatgläsern noch deutlicher zeigt.

Einen Ersatz des Netzwerkbildners beobachtet man normalerweise bei der Einführung von Al_2O_3 in Silicatgläser, denn nach Abschn. 2.6.1.4 hat in solchen Gläsern das Al^{3+}-Kation die Koordinationszahl 4, tritt also als Netzwerkbildner auf. Der Ersatz von SiO_2 durch Al_2O_3 wird deshalb praktisch keine Änderung der V_1-Werte hervorrufen, wie das auch Bild 85b zeigt. Da das Molgewicht des Al_2O_3 größer als das des SiO_2 ist, nimmt jedoch die Dichte zu (s. Bild 84b). Wird beim Zusatz von Al_2O_3 das Molverhältnis $Al_2O_3:Na_2O > 1$, dann treten die weiteren Al^{3+}-Ionen als Netzwerkwandler auf und bewirken damit eine Erhöhung der Dichte. Nach Hunold und Brückner [432], die das System $(2,5-x)Na_2O \cdot xAl_2O_3 \cdot 5SiO_2$ ausführlich untersuchten, nehmen mit steigendem $Al_2O_3:Na_2O$-Verhältnis die Dichten zunächst ab, um erst ab $Al_2O_3:Na_2O \approx 1,2$ wieder anzusteigen, da in diesem System erst dann sich verstärkt $[AlO_6]$-Gruppen bilden.

Vielleicht noch zahlreicher sind die Dichtemessungen an den binären *Alkaliboratgläsern*. Mit den Messungen von Coenen [140] wurde Bild 86 aufgestellt. Ähnlich wie bei den binären Silicatgläsern zeigt sich eine Zunahme der Dichte mit steigendem Alkaligehalt. Aber auch dieses Bild ist schwer deutbar, weshalb die Auswertung nach V_1 in Bild 87 gezeigt wird. Der Koordinationswechsel $[BO_3] \rightarrow [BO_4]$ erlaubt eine dichtere Packung der O^{2-}-Ionen, so daß mit den ersten Alkalioxidgehalten eine Abnahme der V_1-Werte eintritt. Dem überlagern sich die auch bei den binären

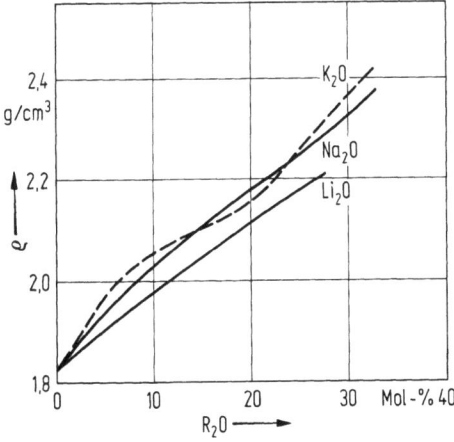

Bild 86. Dichten ϱ (für 25 °C) binärer Alkaliboratgläser

Silicatsystemen beobachteten Effekte, nämlich die Kontraktion der Struktur durch die Li$^+$-Ionen und die Aufweitung durch die Na$^+$- und die K$^+$-Ionen. Letzteres macht sich stärker erst bei höheren Alkaligehalten bemerkbar, da die ersten Alkalimengen in den größeren Hohlräumen des Netzwerks Platz finden. So entstehen die von weiteren Na$_2$O-Gehalten fast unabhängigen Werte im System Na$_2$O – B$_2$O$_3$ und das ausgeprägte Minimum im System K$_2$O – B$_2$O$_3$. Es soll hier darauf verzichtet werden, die Dichtewerte der Systeme R$_2$O – B$_2$O$_3$ noch weiter auszudeuten, wie es vielfach geschehen ist. Dabei werden manchmal Unregelmäßigkeiten in den Meßkurven besonders hervorgehoben und ausgedeutet, die man in Messungen anderer Autoren nicht oder an anderer Stelle findet. Die hier gebrachte Erklärung erlaubt die Grundtendenz der Kurven zwanglos ohne neue Annahmen zu deuten.

Die Dichtemessungen an den binären Alkaliboratgläsern werden oft zu bestimmten Auslegungen der Borsäureanomalie herangezogen. Nun wurde früher (s. Abschn. 2.6.1.5) bereits erwähnt, daß bei den binären *Alkaligermanatgläsern* ebenfalls ein mehrfacher Koordinationswechsel eintritt. Den Boratgläsern seien deshalb in Bild 88 die Dichten der binären Natrium- und Kaliumgermanatgläser nach Messungen von

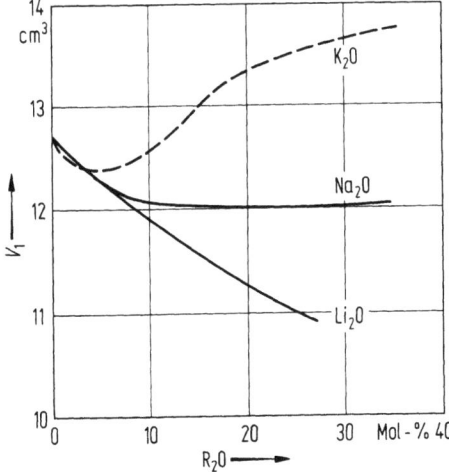

Bild 87. Molvolumina V_1 (nach Gl. (60)) der binären Alkaliboratgläser des Bildes 86

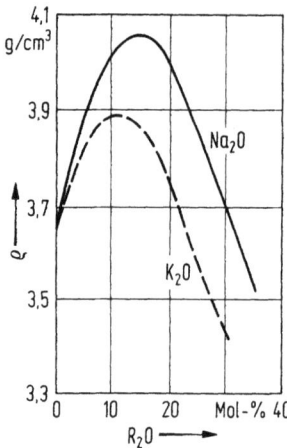

Bild 88. Dichten ϱ binärer Alkaligermanatgläser

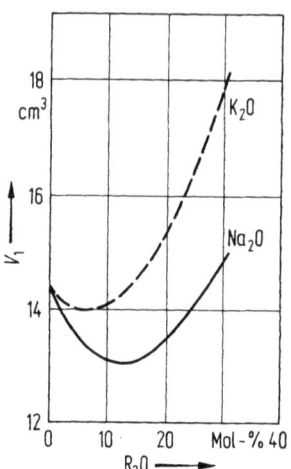

Bild 89. Molvolumina V_1 (nach Gl. (60)) der binären Alkaligermanatgläser des Bildes 88

Evstropiev und Ivanov [244] gegenübergestellt. Darin sind die deutlich höheren Dichten der Natriumgermanatgläser, besonders aber die ausgeprägten Maxima auffallend. Im reinen GeO_2-Glas liegen $[GeO_4]$-Tetraeder vor. Nach obigen Autoren bewirkt der Alkalizusatz die Ausbildung von $[GeO_6]$-Oktaedern, deren engere Sauerstoffpackung den Anstieg der Dichte erklärt. Diese Oktaeder werden mit benachbarten $[GeO_4]$-Tetraedern gemeinsame Ecken haben, weshalb sich nach der Formel $[Ge^{4+}O_{6/2}^{2-}]$ eine Ladung von -2 ergibt. Durch die gegenseitige Abstoßung der Oktaeder wird deren Konzentration beschränkt, so daß bei höheren Alkaligehalten unter Trennstellenbildung wieder $[GeO_4]$-Tetraeder entstehen und die Dichten abnehmen. Nach Evstropiev und Ivanov soll das Maximum an $[GeO_6]$-Oktaedern bei etwa 15 Mol-% R_2O liegen. Wertet man aber diese Messungen nach Gl. (60) aus, wie es in Bild 89 geschehen ist, dann zeigt sich, daß die Lage des jetzt entstehenden Minimums, also auch der Koordinationswechsel, von der Art des Netzwerkwandlers abhängt. Erneut zeigt diese Art der Auswertung ein deutlicheres Bild, indem sie die stärkere Aufweitung der Struktur durch das K^+-Ion klar zu erkennen gibt, was auch Osaka u. M. [677] finden, nach denen das Maximum an $[GeO_6]$-Oktaedern bei 15,3 Mol-% Na_2O bzw. 13,8 Mol-% K_2O liegt. Der gleiche Koordinationswechsel wird auch in den Dreistoffsystemen $R_2O - GeO_2 - SiO_2$ beobachtet, wobei Verweij u. M. [1019] finden, daß die Gegenwart von SiO_2 ihn nicht beeinflußt. Es macht sich also nicht bemerkbar, daß im binären System $GeO_2 - SiO_2$ ein vollständiger Einbau des Ge^{4+}-Ions in der KZ 4 stattfindet, nach Huang u. M. [426] auch erkennbar am linearen Anstieg der Dichten in letzterem System.

Führt man *B_2O_3 in Silicatgläser* ein, so überlagern sich die Effekte der entsprechenden Borat- und Silicatgläser. Die Schließung der Trennstellen und der Einbau des Bors in $[BO_4]$-Gruppen führen zu einer dichteren Packung der O^{2-}-Ionen, wobei die Zunahme der Packungsdichte bei Erreichen des molaren Verhältnisses $Na_2O:B_2O_3 = 1:1$ geringer wird. Das führt zu einem Maximum der Dichte beim Ersatz von SiO_2 durch B_2O_3 in einem Natriumsilicatglas, das in Bild 84b theoretisch bei etwa 20 Gew.-% B_2O_3 liegen müßte.

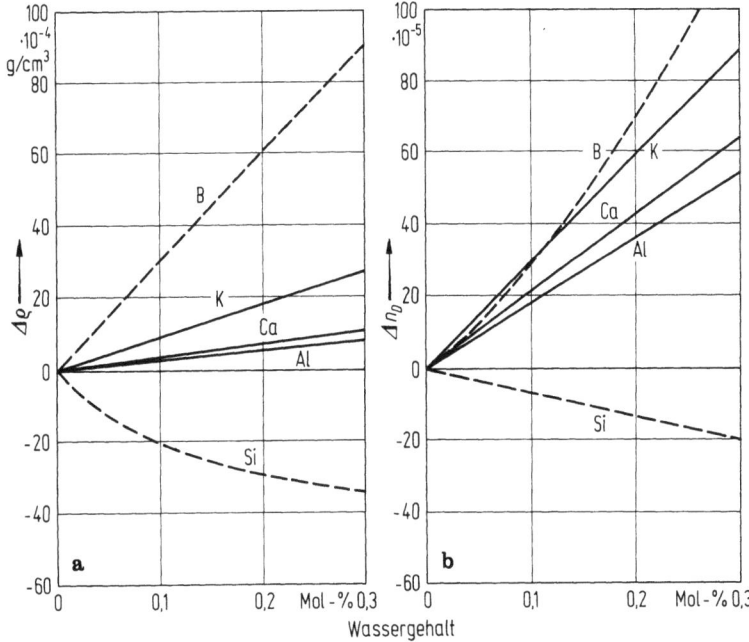

Bild 90a,b. Änderung von Dichte ϱ und Brechzahl n_D einiger Gläser mit steigendem Wassergehalt. B: B_2O_3-Glas; Si: SiO_2-Glas; K: K_2O-SiO_2-Glas (20–80 Mol-%); Ca: $Na_2O-CaO-SiO_2$-Glas (16–10–74 Mol-%); Al: $Li_2O-Al_2O_3-SiO_2$-Glas (20–5–75 Mol-%)

Bei genaueren Messungen machen sich auch die *Anionen* bemerkbar. Quantitative Messungen [844] erbrachten, daß die im Glas vorhandenen OH-Gruppen eine Erhöhung der Dichte hervorrufen. Gegenüber einem wasserfreien Glas hat ein unter reiner Wasserdampfatmosphäre erschmolzenes Glas eine um etwa eine Einheit in der dritten Dezimale erhöhte Dichte. Ähnliche Beobachtungen wurden auch an B_2O_3- und Alkaliboratgläsern von Eversteijn u. M. [242] und Franz [267] gemacht. Wegen der größeren Wasserlöslichkeit sind hier die Effekte stärker ausgeprägt. Das ist der wesentliche Grund für die oben erwähnte große Streuung der in der Literatur angegebenen Werte für die Dichte von B_2O_3-Glas.

Während bei den eben erwähnten Gläsern durch das gelöste Wasser die Dichten ansteigen, tritt beim Kieselglas eine Abnahme der Dichte ein. Es ergibt sich daher der in Bild 90a dargestellte Einfluß, den man wie folgt deuten kann [835]: In den üblichen Silicatgläsern sind die OH-Gruppen in gebundener Form vorhanden, wobei durch die Wasserstoffbrücken eine Verdichtung der Struktur eintritt. Dieser Effekt ist um so größer, je größer der Anteil an gebundenen OH-Gruppen ist. Er nimmt in Bild 90 in der Reihe der Gläser Al–Ca–K zu. Kieselglas hat dagegen nur freie OH-Gruppen, was die Struktur auflockert und dabei die Dichte erniedrigt. Auch im B_2O_3-Glas sind nur freie OH-Gruppen vorhanden, was ebenfalls zu einer Auflockerung des Netzwerks führt, wobei aber jetzt die zunächst starre nur dreifache Vernetzung abgebaut wird, was die Einstellung einer dichteren Struktur ermöglicht. Diese Überlegungen gelten für geringe Wassergehalte, wie sie beim Schmelzen dieser Gläser ohne besondere

Maßnahmen auftreten können. Das Wasser liegt dann in Form von OH-Gruppen in der Glasstruktur vor. Erzeugt man in Gläsern erhöhte Wassergehalte durch hydrothermale Behandlung, dann bewirkt dies eine Abnahme der Dichte, wie Acocella u. M. [6] an Natriumsilicatgläsern messen, bedingt durch H_2O-Moleküle im Glas.

3.3.3 Berechnung aus der Zusammensetzung

Bei der Besprechung der Abhängigkeit der Dichte von der Glaszusammensetzung hat es sich öfters gezeigt, daß die Dichteänderungen bestimmten Gesetzmäßigkeiten folgen. Das legt nahe, eine Berechnung der Dichte der Gläser aus ihrer Zusammensetzung zu versuchen. Diesen Weg sind Winkelmann und Schott [1083] schon vor dem Erkennen der strukturellen Zusammenhänge empirisch gegangen. Deren Berechnungsweise sowie ähnliche Ansätze anderer Autoren sind in den früheren Auflagen

Tabelle 24. Faktoren zur Berechnung der Dichte von Gläsern aus der Zusammensetzung

Autor	Šašek [809]		Ledererova [537]	Huggins und Sun [431]				Appen [22, 24]
zu berechnen nach Gl.	(61)		(61)	(62)				(63)
p in	Gew.-%		Gew.-%	Gew.% Bereich (N_{Si}): 0,270– 0,345	0,345– 0,400	0,400– 0,4375	0,4375– 0,500	Mol-%
Oxid	a	b	c	d				e
ϱ_0	2,2118	2,2937	2,2367	–	–	–	–	–
Li_2O	–	–	–	0,452	0,402	0,350	0,261	11,0 (11,9)
Na_2O	0,0086	–0,0005	0,0074	0,373	0,349	0,324	0,281	20,2 (20,6)
K_2O	0,0056	–0,0024	0,0057	0,390	0,374	0,357	0,329	34,1 (33,5)
Rb_2O	–	–	–	0,266	0,258	0,250	0,235	–
BeO	–	–	–	0,348	0,289	0,227	0,120	7,8
MgO	0,0088	0,0068	0,0094	0,397	0,360	0,322	0,256	12,5 (13,5)
CaO	0,0143	0,0123	0,0137	0,285	0,259	0,231	0,184	14,4
SrO	–	–	–	0,200	0,186	0,171	0,145	18,0
BaO	–	–	0,0207	0,142	0,132	0,122	0,104	22,0
B_2O_3	–	–	–	0,590	0,526	0,460	0,345	18,5 … 34,0
Al_2O_3	0,0037	0,0044	0,0031	0,462	0,418	0,372	0,294	40,4
Fe_2O_3	0,0187	0,0160	0,0176	–	–	–	–	–
SiO_2	–	–	–	0,4063	0,4281	0,4409	0,4542	26,1 … 27,25
TiO_2	–	–	–	0,319	0,282	0,243	0,176	20,5
ZrO_2	–	–	–	0,222	0,198	0,173	0,130	–
As_2O_5	–	–	–	–	–	–	–	55
Sb_2O_3	–	–	–	–	–	–	–	40
Bi_2O_3	–	–	–	0,105	0,0958	0,0858	0,0687	–
ZnO	–	–	–	0,205	0,187	0,168	0,135	14,5
CdO	–	–	–	0,138	0,126	0,114	0,0935	17,0 … 18,2
Tl_2O	–	–	–	0,122	0,118	0,115	0,108	–
PbO	–	–	–	0,106	0,0955	0,0926	0,0807	20,0 … 23,6

dieses Buches enthalten. Erwähnt seien aber die einfachen Ansätze von Šašek [809] und Ledererova u. M. [537], wonach sich die Dichte ϱ für Kalk-Natronsilicatgläser berechnen läßt nach

$$\varrho = \varrho_0 + \Sigma \varrho_i p_i, \qquad (61)$$

worin ϱ_0 einen konstanten Wert darstellt und die Faktoren ϱ_i für die einzelnen Komponenten p_i (in Gew.-%) mit Ausnahme von SiO_2 gelten. Diese Werte enthält Tabelle 24, während Tabelle 25 den Gültigkeitsbereich für die Anwendung von Gl. (61) bringt. Šašek [809] hat auch entsprechende Faktoren für Schmelzen angegeben, von denen Tabelle 24 die für 1400 °C bringt. Aus seinen anderen Angaben, die bis 1200 °C reichen, lassen sich die entsprechenden Ausdehnungskoeffizienten berechnen. Die Genauigkeit solcher Berechnungen reicht für viele Zwecke aus. Etwas bessere Übereinstimmung mit den Meßwerten erhält man, wenn man die Berechnung in quadratischer Form durchführt oder sich nur auf eine spezielle Glasgruppe bezieht. Letzteres haben z.B. Fanderlik und Skrivan [250] für Bleikristallgläser, Rada und Šašek [750] für Hartgläser, Rabukhin [749] für Germanatgläser und Simon [895] für Phosphatgläser getan.

---

[a] Dichten für 20°C
[b] Dichten für 1400°C
[c] $\varrho_{Fe_2O_3}$ umfaßt auch den Cr_2O_3-Gehalt; $\varrho_{SO_3} = -0,0019$
[d] Die Faktoren für B_2O_3 gelten für B mit der Koordinationszahl 4. Für B mit der Koordinationszahl 3 gilt entsprechend: 0,791, 0,727, 0,661, 0,546.
[e] Für einige Faktoren werden folgende Erläuterungen gegeben:

μ_{R_2O}: Die Werte in den Klammern gelten für die binären R_2O-SiO_2-Gläser.
μ_{K_2O}: Der Faktor von 34,1 gilt nur für Gläser, die mehr als 1% Na_2O enthalten; andernfalls gilt 34,5.
μ_{MgO}: Der Wert in der Klammer gilt für Gläser aus bestimmten Bereichen der Systeme Na_2O–MgO–SiO_2 oder K_2O–MgO–SiO_2.
μ_{SiO_2}: $\mu_{SiO_2} = 23,75 + 0,035 \cdot p_{SiO_2}$ für $100 \geq p_{SiO_2} \geq 67$
$\mu_{SiO_2} = 26,1$ für $p_{SiO_2} \leq 67$
$\mu_{B_2O_3}$: Mit $\psi = (\Sigma p_{R_2O} + \Sigma p_{RO} - p_{Al_2O_3})/p_{B_2O_3}$ ergeben sich folgende Faktoren:

$\mu_{B_2O_3}$	für p_{SiO_2}	und bei
$= 18,5$	44–64	$\psi > 4$
$= 30,8 - 3,1 \cdot \psi$		$4 > \psi > 1$
$= 24,7 + \dfrac{3,1}{\psi}$		$1 > \psi > \dfrac{1}{3}$
$= 18,5$	71–80	$\psi > 1,6$
$= 31,0 - 7,8 \cdot \psi$		$1,6 > \psi > 1$
$= 15,4 + \dfrac{7,8}{\psi}$		$1 > \psi > \dfrac{1}{2}$
$= 24,7 + \dfrac{3,1}{\psi}$		$\dfrac{1}{2} > \psi > \dfrac{1}{3}$

μ_{PbO}: $\mu_{PbO} = 14,0 + 0,12 \, (p_{SiO_2} + p_{B_2O_3} + p_{Al_2O_3})$
für $80 \geq (p_{SiO_2} + p_{B_2O_3} + p_{Al_2O_3}) > 50$
$\mu_{PbO} = 23,6$ für $80 \leq (p_{SiO_2} + p_{B_2O_3} + p_{Al_2O_3})$.
$\mu_{As_2O_5}$: Der Faktor ist auf As_2O_3 bezogen.

Tabelle 25. Gültigkeitsbereiche zur Berechnung der Dichten von Kalk-Natronsilicatgläsern in Gew.-%

Oxid	Bereiche nach	
	Šašek [809]	Ledererova u. M. [537]
Na_2O	13,0 ... 16,0	10,3 ... 16,5
K_2O	0,0 ... 0,5	0,0 ... 4,8
MgO	2,5 ... 4,5	0,0 ... 4,7
CaO	7,0 ... 8,5	4,5 ... 11,4
BaO	− ... −	0,0 ... 4,5
Al_2O_3	0,5 ... 3,0	0,2 ... 6,1
Fe_2O_3	0,05 ... 0,5	0,02 ... 0,9 (inkl. Cr_2O_3)
SO_3	− ... −	0,0 ... 0,5

Die Dichteberechnung von der strukturellen Seite aus wurde von Huggins und Sun [431] beschrieben. Danach ergibt sich das Volumen V_1, das 1 Mol Sauerstoffionen enthält, zu

$$V_1 = b_{Si} + \sum N_i c_i.$$

In dieser Gleichung ist N_i die Zahl der Mole R pro Mol Sauerstoff, also $N_i = m/n$ im Oxid R_mO_n. c_i sind für die einzelnen Oxide R_mO_n charakteristische Faktoren und b_{Si} Konstanten, deren Größe vom Gehalt an SiO_2 abhängt. Es werden mehrere Bereiche mit den Grenzen bei $N_{Si} = 0{,}345$, $0{,}400$ und $0{,}4375$ angenommen. Im reinen SiO_2-Glas ist $N_{Si} = 0{,}5$. Obige Grenzen entsprechen z.B. bei binären Natriumsilicatgläsern den Zusammensetzungen mit 22,2, 33,3 und 47,3 Mol-% Na_2O. Dadurch entsteht ein Kurvenzug mit Knickpunkten, den Huggins [428] später mit seiner Struktontheorie zu deuten versuchte (s. Abschn. 2.5.4). Es ist jedoch fraglich, ob diese Knickpunkte wirklich in den Dichte-Zusammensetzungs-Kurven auftreten. Die Aufteilung hat jedenfalls dazu geführt, eine größere Übereinstimmung mit den exerpimentellen Werten zu erzielen.

Obige Gleichung stellt im Grunde nur eine Verfeinerung der Gl. (60) von früher dar. In dieser Form ist die Gleichung aber unhandlich, da im allgemeinen nicht die Größe V_1, sondern die Dichte ϱ gesucht ist. Es ist eine Umformung möglich zu

$$\frac{1}{\varrho} = \frac{1}{100} \sum \varrho_i p_i. \tag{62}$$

Die hier anzuwendenden Faktoren ϱ_i enthält ebenfalls Tabelle 24. Man benötigt also nur die N_{Si}-Werte um festzustellen, in welchem Bereich man sich befindet. Das gelingt mit der folgenden Gleichung:

$$N_{Si} = x_{Si} / \sum x_i n_i$$

in Anlehnung an die früher gebrachte Gl. (60), was die Kenntnis der Molenbrüche x_i voraussetzt. Direkt kann man die N_{Si} bestimmen mit Hilfe der Gew.-% p_i und der Molgewichte M_i nach

$$N_{Si} = \frac{p_{Si}}{60} \bigg/ \sum \frac{p_i}{M_i} n_i.$$

Damit liegen die meisten handelsüblichen Gläser im N_{Si}-Bereich von 0,400 bis 0,4375.

Nahezu gleichzeitig hat Stevels [918], ebenfalls auf strukturellen Überlegungen aufbauend, eine andere Formel zur Dichteberechnung vorgeschlagen, die ähnliche Ergebnisse liefert. Gemeinsam haben dann Huggins und Stevels [430] festgestellt, daß die Hugginssche Formel recht genaue Werte liefert, aber dann versagt, wenn der Gehalt an Netzwerkbildnern außer SiO_2 hoch wird. In diesem Fall bewährt sich der Ansatz von Stevels, der sonst nur angenäherte Werte liefert.

Die Berechnungsvorschläge von Appen [22, 24] unterscheiden sich von den bisher genannten dadurch, daß sie sich auf Mol-% beziehen und daß die entsprechenden Faktoren μ_i die Molvolumina MV ergeben nach

$$MV = \frac{1}{100} \sum \mu_i p_i,$$

aus denen sich mit den mittleren Molgewichten $\bar{M}$

$$\bar{M} = \frac{1}{100} \sum M_i p_i$$

die Dichten bestimmen lassen zu

$$\varrho = \bar{M}/MV = \sum M_i p_i / \sum \mu_i p_i. \tag{63}$$

Dabei ist etwas mehr Rechenarbeit erforderlich, zumal Appen bei einigen Oxiden auch noch die Abhängigkeit von der Zusammensetzung berücksichtigt, aber die mit den in Tabelle 24 angeführten Faktoren berechneten Dichtewerte stimmen recht gut mit den experimentellen Werten überein. Einige Beispiele werden später (Abschn. 3.4.1.3) in Tabelle 30 angeführt.

Dichteunterschiede von 0,0002 g/cm^3 sind noch gut meßbar. Anhand der Faktoren ergibt sich daher, daß sich Abweichungen in der Zusammensetzung von 0,02 bis 0,05 Gew.-%, die durch die chemische Analyse kaum mehr erfaßt werden können, durch Dichtebestimmungen einwandfrei erkennen lassen. Die Bestimmung der Dichte ist daher eine sehr gute Methode, die *Konstanz einer Glaszusammensetzung* zu überwachen.

3.3.4 Abhängigkeit von der Temperatur – Dichten von Glasschmelzen

Die Temperaturabhängigkeit der Dichte, die Wärmedehnung, wird durch den *Ausdehnungskoeffizienten* beschrieben. Die im Bereich unterhalb der Transformationstemperatur auftretenden Erscheinungen wurden im vorhergehenden Abschn. 3.2 erörtert.

Die Wärmedehnung setzt sich natürlich auch oberhalb der Transformationstemperatur fort, wo sie experimentell meist durch Dichtemessungen bestimmt wird, weshalb sie hier kurz erwähnt werden soll. Bild 67 z.B. läßt erkennen, daß die Wärmedehnung oberhalb T_g größer wird und im allgemeinen etwa den dreifachen Betrag annimmt. In der (zunächst unterkühlten) Flüssigkeit oberhalb T_g ist der Zusammenhalt der einzelnen Bauelemente geringer, was eine bessere Entfaltung der Wärmeschwingungen, d.h. eine größere Ausdehnung erlaubt.

Aus Dichtemessungen kann man Aussagen über die Struktur von Glasschmelzen gewinnen; einige Beispiele wurden im Abschn. 2.3.2 erwähnt. Einige weitere Meßergeb-

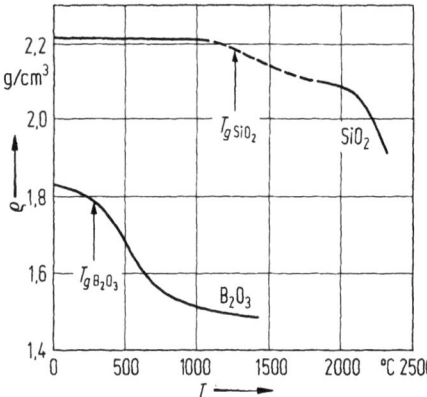

Bild 91. Temperaturabhängigkeit der Dichten ϱ von SiO$_2$- und B$_2$O$_3$-Glas

nisse sollen hier besprochen werden. In Bild 91 sind die Dichten von SiO$_2$ und B$_2$O$_3$ nach Messungen verschiedener Autoren gegenübergestellt. Beim *Kieselglas* ändert sich die Dichte bis T_g nur wenig, um darüber abzunehmen. Die starke Abnahme oberhalb 2 200 °C ist auffallend. Auch beim *B$_2$O$_3$-Glas* wird ein stärkerer Abfall der Dichte oberhalb T_g beobachtet. Bei 750 °C beträgt die Dichte etwa 1,55 g/cm³ und der lineare Ausdehnungskoeffizient α etwa $40 \cdot 10^{-6}$ K^{-1}, während die entsprechenden Werte für Zimmertemperatur 1,83 g/cm³ und $15 \cdot 10^{-6}$ K^{-1} sind.

Die Dichtewerte der binären *Alkalisilicatschmelzen* bei 1 300 °C wurden von Shartsis u. M. [870] den Werten für Zimmertemperatur gegenübergestellt, wie Bild 92 zeigt. Dabei ist eine Umkehrung in der Wirkung von Na$_2$O und K$_2$O bei konstantem

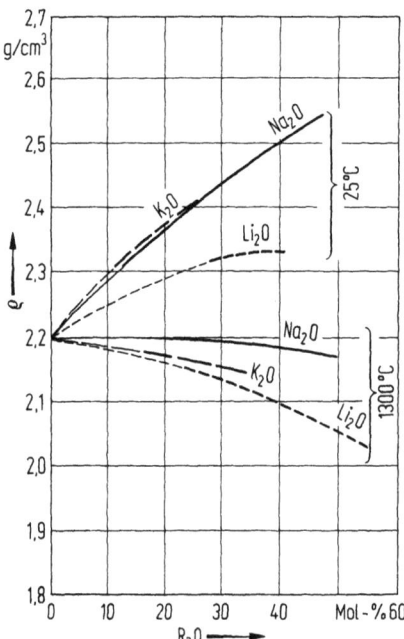

Bild 92. Vergleich der Dichten ϱ binärer Alkalisilicatgläser und -schmelzen

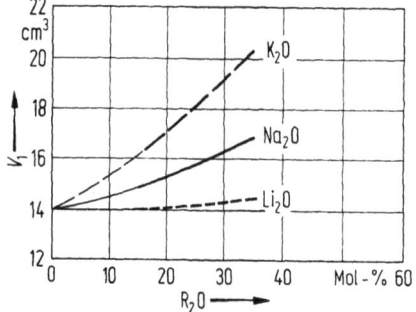

Bild 93. Molvolumina V_1 (nach Gl. (60)) binärer Alkalisilicatschmelzen bei 1 400 °C

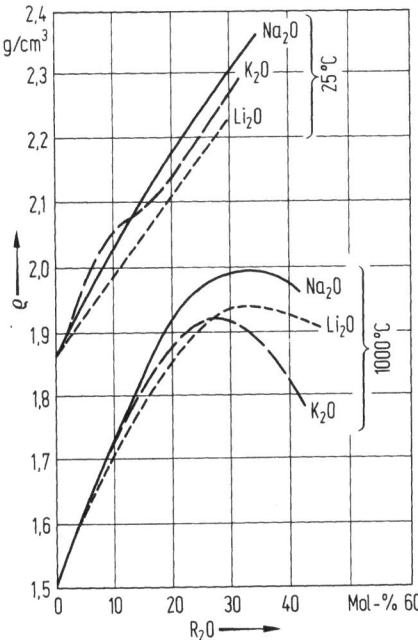

Bild 94. Vergleich der Dichten ϱ binärer Alkaliboratgläser und -schmelzen nach Shartsis u. M. [867]

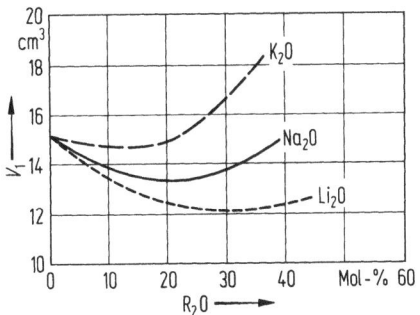

Bild 95. Molvolumina V_1 (nach Gl. (60)) binärer Alkaliboratschmelzen bei 900 °C

Alkaligehalt festzustellen. Diese Diskrepanz löst sich aber auf, wenn man wieder das Volumen pro Mol Sauerstoffionen berechnet, wie es für die Darstellung in Bild 93 geschehen ist.

Zahlreiche Messungen liegen über die binären *Alkaliboratschmelzen* vor. Shartsis u. M. [867] haben sich u.a. mit diesen Systemen beschäftigt, wie Bild 94 zeigt. Wiederum ergibt die Umrechnung nach V_1 ein klareres Bild (s. Bild 95). Man erkennt, daß bei der für Boratschmelzen sehr hohen Temperatur von 900 °C eine Kontraktion des Netzwerks erfolgt, was sich nur mit der Annahme deuten läßt, daß auch noch bei diesen Temperaturen der Übergang $[BO_3] \to [BO_4]$ stattfindet. Auffallend ist, daß die Ausdehnungskoeffizienten der Boratschmelzen nach Bild 96 zunächst gemeinsam schwach ansteigen, dann aber ähnlich wie bei den binären Silicatschmelzen auseinanderlaufen. Das läßt auf eine Verwandtschaft der Strukturen der Borat- und Silicatschmelzen schließen. Nach Riebling [774] zeigen auch R_2O-GeO_2-Schmelzen in der Dichte und der Wärmedehnung ein ähnliches Verhalten, so daß sich die Dichte als eine wichtige Größe für Strukturaussagen über Glasschmelzen erwiesen hat.

Die Dichten von Silicatschmelzen mit *weiteren Komponenten* haben für die praktische Glasschmelze größeres Interesse. Systematische Messungen über den Einfluß von Erdalkalioxiden haben Šašek und Lisý [813] bei 1 100 bis 1 400 °C durchgeführt. Man kann ihre Ergebnisse dahingehend zusammenfassen, daß die Dichten der Schmelzen mit steigendem Atomgewicht des Erdalkalikations zunehmen. Bild 97 zeigt Messungen von Coenen [141], der den Einfluß von SiO_2 und Al_2O_3 untersuchte. Dies ist von Bedeutung bei der Beurteilung, wie sich die Schlieren

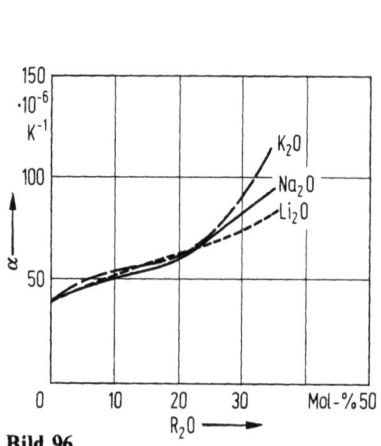

Bild 96

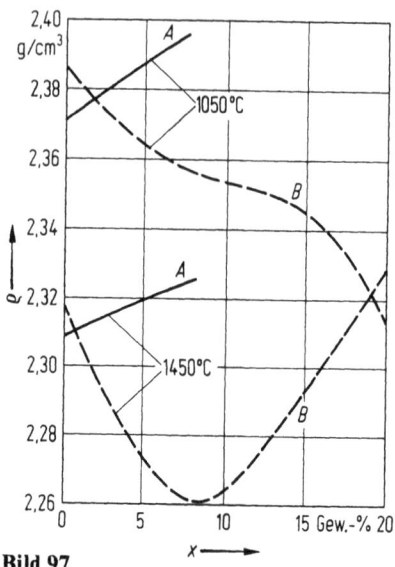

Bild 97

Bild 96. Längenausdehnungskoeffizienten α binärer Alkaliboratschmelzen bei 800 °C nach Shartsis u. M. [867]

Bild 97. Abhängigkeit der Dichte ϱ von Glasschmelzen von Zusammensetzung und Temperatur. System A: 74 SiO_2 – 16 Na_2O – 10 CaO-Glas mit x Gew.-% SiO_2 anstelle (Na_2O+CaO); System B: 79,2 SiO_2 – 12,8 Na_2O – 8,0 CaO-Glas mit x Gew.-% Al_2O_3 anstelle SiO_2

verhalten, die durch Auflösung von Feuerfestmaterial im Glas entstehen. Zusätzliches SiO_2 erhöht die Dichte, d.h. solche Schlieren sinken ab. Anders verhält sich dagegen Al_2O_3 beim Ersatz von SiO_2. Hier nehmen die Dichten zunächst ab, um bei hohen Temperaturen bei höheren Al_2O_3-Gehalten wieder anzusteigen, was von Coenen auf den Koordinationswechsel $[AlO_4] \rightarrow [AlO_6]$ zurückgeführt wird. Das hat sogar zur Folge, daß mit steigender Temperatur die Dichten von Al_2O_3-reichen Schmelzen zunehmen können. Eine Vorhersage ist schwierig, weil diese Erscheinung von der Ausgangszusammensetzung abhängt. Einfacher ist das Verhalten von Al_2O_3 im binären System $SiO_2 - Al_2O_3$, in dem nach Aksay u. M. [12] mit steigendem Al_2O_3-Gehalt die Dichten linear bis etwa 50 Mol-% Al_2O_3 zunehmen, um nur wenig abzufallen bis zur reinen Al_2O_3-Schmelze. So steigt bei 2 000 °C die Dichte der reinen Kieselglasschmelze von 2,07 g/cm³ durch Zugabe von 30 Mol-% Al_2O_3 auf 2,43 g/cm³ an. Das Molvolumen pro Mol Sauerstoff nach Gl. (60) erhöht sich dabei von 14,5 auf 14,9 cm³, d.h. die Al_2O_3-Zugabe führt nicht zu einer Verdichtung der Struktur, sondern die Struktur der Schmelze wird etwas aufgelockert.

3.3.5 Abhängigkeit von der Vorgeschichte

Bei der Besprechung der Wärmedehnung wurde darauf hingewiesen, daß die experimentellen Wärmedehnungskurven von der *Abkühlungsgeschwindigkeit* abhängen, wie Bild 81 zeigt. Bei einer hohen Abkühlungsgeschwindigkeit wird die zu einer

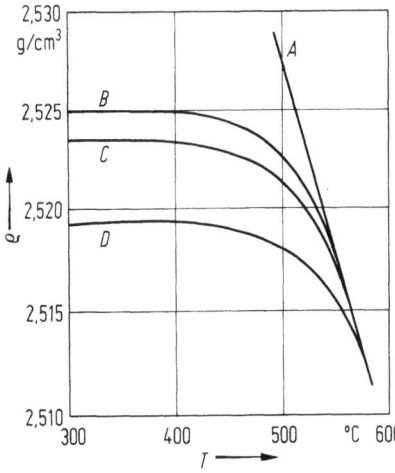

Bild 98. Dichten ϱ bei Raumtemperatur eines Borosilicat-Kronglases nach Abschrecken von verschiedenen Temperaturen bei unterschiedlichen Abkühlgeschwindigkeiten q. A: Gleichgewichtskurve; B: $q=1,00$ K/h; C: $q=1,86$ K/h; D: $q=9,87$ K/h

höheren Temperatur gehörende Struktur eingefroren; bei Zimmertemperatur liegt dann ein Glas mit einer lockeren Struktur, also einer geringeren Dichte vor. Die Dichte ist somit von der Abkühlungsgeschwindigkeit abhängig. Sie wird um so größer, je besser, d.h. langsamer die Kühlung war. Dichtewerte von verschiedenen Gläsern sind nur dann vergleichbar, wenn jeweils die Kühlung entsprechend war. Bild 98 zeigt entsprechende Messungen von Ritland [779]. Man erkennt deutlich die Abnahmen der Dichten mit steigender Abkühlgeschwindigkeit. Diese Versuche zeigen aber darüber hinaus, daß bei diesem Glas Änderungen nur bis etwa 400 °C eintreten; denn Abschrecken von verschiedenen Temperaturen darunter ändert die Dichte nicht mehr. Man kann nach der Abkühlung diesen Gläsern unterschiedliche fiktive Temperaturen zuordnen: $B \cong 508$ °C, $C \cong 514$ °C und $D \cong 528$ °C. Anders ist jedoch das Verhalten, wenn man nicht kontinuierlich abkühlt, sondern bei einer bestimmten Temperatur unterhalb T_g tempert. Dann findet eine Annäherung an den für die Temperatur zuständigen Dichtewert statt, wobei diese Einstellung um so schneller erfolgt, je geringer der Abstand zu T_g ist. Diese Relaxationserscheinungen, die auch im Abschn. 2.4.1.2 besprochen wurden, sind noch in der Diskussion, zumal Scherer [823] an einem Kalk-Natronsilicatglas vom Tafelglastyp mit $T_g = 543$ °C zeigen konnte, daß selbst noch bei 350 °C Dichteänderungen eintreten, die mit den bisherigen Annahmen nicht erklärbar sind.

Jede Dichteänderung setzt eine Änderung der Struktur voraus. Man kann auch umgekehrt aus den gemessenen Dichten im Vergleich zur Gleichgewichtsdichte auf die Vorgeschichte schließen. Das ist durch Cooper u. M. [156] bei den Glaskügelchen geschehen, die auf dem Mond gefunden wurden. Beim Tempern steigt ihre Dichte um 2 % an, woraus sich eine Erhöhung von T_g um etwa 300 K und eine Abkühlgeschwindigkeit von mehr als 10^5 K/s abschätzen läßt. Diese Werte lassen Cooper u. M. zweifeln, ob nur eine Abschreckung für diese geringe Dichte verantwortlich war, aber Pye und Knox [742] konnten am Glas des Bildes 98 zeigen, daß durch eine Flamme geblasene kleine Kügelchen eine um 2,4 % geringere Dichte haben, was einer fiktiven Temperatur von etwa 750 °C entspricht.

Ein besonderes Verhalten zeigt das Kieselglas, das nach Messungen von Brückner [107] bei 1 550 °C ein ausgeprägtes Dichtemaximum durchläuft, das durch die strukturellen Besonderheiten des Kieselglases bei diesen Temperaturen bedingt ist. Von verschiedenen Temperaturen abgeschreckte Kieselgläser haben dann auch bei Raumtemperatur unterschiedliche Dichten, was mit die Ursache für die Differenzen in den Dichteangaben in der Literatur ist. Zusätzlich ist zu beachten, daß sich auch unterschiedliche Hydroxylgehalte bemerkbar machen, die über den gesamten Temperaturbereich bis 1 800 °C zu einer geringeren Dichte führen und bei hohen Gehalten das Maximum verschwinden lassen.

Einen anderen Effekt beobachtete Tool [986] bei Dichtemessungen an einem Borosilicatglas vom Pyrex-Typ nach dem Abschrecken von verschiedenen Temperaturen. Mit steigender Temperatur wurde zunächst das erwartete Verhalten gemessen, nämlich eine Abnahme der Dichte. Ab Tempertemperaturen von 550 °C fand aber wieder ein Anstieg statt, der zu einem flachen Maximum um 720 °C führte. Diese Messungen lassen sich durch die Annahme erklären, daß beim Tempern zwei verschiedene Bereiche entstehen. Damit stellen diese Versuche einen der ersten Beweise für die Entmischung dieses Glases dar.

Der Einfluß der *Entmischung* auf die Dichte von Gläsern ist mehrfach untersucht worden. Er ist im allgemeinen gering, denn eine Dichteänderung bei einer Entmischung kann nur dann auftreten, wenn sich in dem betreffenden System die Dichten nicht linear mit der Zusammensetzung ändern. Vorausgesetzt muß dabei werden, daß sich im Innern keine Spannungen bilden, z.B. durch unterschiedliche T_g und α der beiden Phasen.

Mit sinkender Temperatur wird die Geschwindigkeit der Dichteänderungen von Gläsern immer geringer, sie sind aber mit empfindlichen Meßmethoden noch bei Zimmertemperatur nachweisbar. Sie spielen bei der Thermometerherstellung eine wichtige Rolle; denn jedes Thermometer ist ein derartiges empfindliches Meßinstrument. Ändert sich die Dichte des Glases, dann ändert sich das Volumen des Quecksilbergefäßes, wodurch die Eichung verschoben wird, was man üblicherweise durch Feststellen des Eispunktes mißt. Das Glas eines jeden neu hergestellten Thermometers erfährt auch nach guter Kühlung während der Lagerung bei tiefer Temperatur eine Kontraktion. Das Volumen des Quecksilbergefäßes wird kleiner; es tritt also ein *Eispunktanstieg*, auch säkularer Anstieg genannt, ein. Dieser Anstieg ist abhängig von der jeweiligen Temperatur und der Glaszusammensetzung, wobei die praktischen Erfahrungen ergeben haben, daß der Eispunktanstieg bei den Gläsern besonders stark ist, die gleichzeitig Natrium- und Kaliumionen enthalten. Bringt man nun ein solches bei Zimmertemperatur gealtertes Thermometer wieder auf eine höhere Temperatur, z.B. 100 °C, dann beobachtet man bei der nachfolgenden Kontrolle, daß der Eispunkt gesunken ist, was Werte von 0,1 K übertreffen kann. Man bezeichnet diese Erscheinung als Eispunktsenkung oder auch *Nullpunktsdepression*. Es dauert Monate, bis beim Lagern bei Raumtemperatur der frühere, richtige Wert durch den säkularen Anstieg wieder erreicht wird. Dagegen bedarf es keiner besonderen Haltezeit bei 100 °C, um den Effekt zu erzeugen. Es können also auch noch bei diesen relativ tiefen Temperaturen Volumenänderungen im Glas eintreten, was gleichzeitig auch Strukturänderungen bedeutet. Während aber bei den oben beschriebenen Dichteänderungen durch Tempern anzunehmen ist, daß sich das silicatische Netzwerk umlagert, muß man beim Thermometereffekt die Ursache in kleineren Bereichen suchen. Mehrere Autoren haben sich des auffälligen Befundes angenommen, daß der Effekt vor allem bei den Mischalkaligläsern auftritt. Dabei weist besonders Dietzel [179] darauf hin, daß der Effekt um so größer ist, je kleiner der Unterschied in den Feldstärken der betreffenden Kationen ist, weshalb er auch von einem *Anti-Mischalkalieffekt* spricht. Seine Hypothese, wonach sich in Gläsern mit Kationen ähnlicher Feldstärke Bereiche ausbilden, in denen jeweils das eine Kation angereichert ist und die temperatur- und zeitabhängig sind, bedarf noch der endgültigen experimentellen Bestätigung.

3.4 Optische Eigenschaften

Zwischen der Dichte und der Lichtbrechung besteht ein enger strukturbedingter Zusammenhang, weshalb diese Eigenschaft zusammen mit anderen optischen Eigenschaften als nächster Abschnitt folgen soll. Ausführlicher wird dieses Thema in einer Monographie von Fanderlik [249] behandelt.

3.4.1 Lichtbrechung

Tritt ein Lichtstrahl aus Luft, wo er angenähert die maximale Geschwindigkeit c_0 hat, in ein Glas ein, so verringert er seine Geschwindigkeit auf c infolge der Wechselwirkung des Lichts mit den das Glas aufbauenden Ionen. Bei senkrechtem Lichteinfall ändert sich der Strahlengang des Lichts dadurch nicht; wohl aber tritt bei schrägem Einfall eine Ablenkung ein, die durch das *Brechungsgesetz*

$$n = c_0/c = \sin \alpha / \sin \beta$$

erfaßt wird, worin α bzw. β die Winkel des Lichtstrahls zur Normalen in Luft bzw. im Glas und n die *Brechzahl* (Brechungsindex) des Glases darstellen.

Beim Eintritt eines Lichtstrahls in ein optisch dichteres Medium wird der Winkel zur Normalen geringer. Umgekehrt wird beim Austritt eines Lichtstrahls aus einem optisch dichteren Medium, also beim Übergang von Glas in Luft, der Winkel zur Normalen größer. Das hat seine Grenze, wenn $\alpha = 90°$ wird. Dieser Fall wird *Totalreflexion* genannt. Dann gilt

$$1/n = \sin \beta_{total}.$$

Nicht alles einfallende Licht dringt in das Glas ein. Die Glasoberfläche hat ein gewisses Reflexionsvermögen R, das bei senkrechtem Einfall

$$R = \left(\frac{n-1}{n+1}\right)^2$$

beträgt. Bei schrägem Lichteinfall ist R vom Einfallswinkel abhängig.

Normale Gläser haben eine Brechzahl von etwa $n = 1,5$. Für ein solches Glas verringert sich ein Einfallswinkel von $\alpha = 30°$ auf etwa $\beta = 20°$. Totalreflexion tritt bei $\sin \beta = 1/1,5 = 0,667$, d.h. bei $\beta = 42°$ ein. Bei senkrechtem Lichteinfall beträgt das Reflexionsvermögen $R = (0,5/2,5)^2 = 0,04$ oder 4%.

Tabelle 26. Wellenlängen zur Charakterisierung von optischen Gläsern

Früher			DIN 58 925		
Wellenlänge (nm)	Bezeichnung	Spektrallinie	Wellenlänge (nm)	Bezeichnung	Spektrallinie
			479,99	$n_{F'}$	blaue Cd-Linie
486,13	n_F	blaue H-Linie H_β			
			546,07	n_e	grüne Hg-Linie
587,56	n_d	gelbe He-Linie			
589,3	n_D	gelbe Na-Linie			
			643,85	$n_{C'}$	rote Cd-Linie
656,28	n_C	rote H-Linie H_α			

Im Vakuum ist die Geschwindigkeit des Lichts für alle Wellenlängen gleich, was in einem Medium nicht mehr der Fall ist. Dadurch wird auch die Brechzahl von der Wellenlänge λ abhängig, was mit *Dispersion* bezeichnet wird. Normalerweise nimmt n mit steigender Wellenlänge ab. Zur Charakterisierung von Gläsern verwendet man die Brechzahlen für drei bestimmte Wellenlängen. In Tabelle 26 sind diese angeführt und zugleich die früher benutzten Spektrallinien den jetzt nach DIN 58 925 [1160] zu verwendenden Spektrallinien gegenübergestellt.

n_e ist die Hauptbrechzahl, und die Differenz $n_{F'} - n_{C'}$ wird Hauptdispersion genannt. Andere Differenzen stellen Teildispersionen dar. Relative Teildispersionen sind dann das Verhältnis einer Teildispersion zur Hauptdispersion. Aus den beiden Hauptgrößen wird schließlich noch die *Abbesche Zahl* v_e als folgendes Verhältnis gebildet:

$$v_e = \frac{n_e - 1}{n_{F'} - n_{C'}} \quad (\text{früher: } v = \frac{n_D - 1}{n_F - n_C} \text{ bzw. } \frac{n_d - 1}{n_F - n_C}).$$

Tabelle 27 zeigt einige Zahlenbeispiele. Mit steigendem n nimmt v ab, was eine allgemeine Erscheinung ist. Das ist auch in Bild 99 zu erkennen, bei dem — wie es bei solchen Darstellungen allgemein üblich ist — die v-Achse von rechts nach links verläuft. Der derzeitige Bereich der optischen Gläser, in Bild 99 nach Vogel [1026], Polukhin [716] und Schmidt [828], befindet sich in stetiger Ausdehnung.

Gläser mit geringem n und $v > 55$ nennt man *Krongläser*, solche mit hohem n und $v < 50$ *Flintgläser*. In der Bezeichnung treten dann die Buchstaben K oder F auf. In dem Zwischenbereich des Bildes 99 findet man noch die Kronflint (KF)-, Leichtflint (LF)-, Doppelleichtflint (LLF)-, Schwerflint (SF)-, Schwerkron (SK)- und Schwerstkrongläser (SSK) eingetragen. Häufig tritt davor noch das für diese Gläser typische Element, z.B. BaK = Bariumkronglas. Das optische Verhalten wird mit Hilfe von n_d und v charakterisiert, indem man die jeweils ersten drei Stellen von $n_d - 1$ und v_d angibt, die gegebenenfalls aufgerundet werden. Das Lanthanflintglas LaF22 hat dann nach Tabelle 27 die Bezeichnung LaF22 − 782 371.

Mit der Brechzahl n und der Dichte ϱ ergibt sich nach Lorentz-Lorenz die *spezifische Refraktion* $\mathfrak{R}$:

$$\mathfrak{R} = \frac{n^2 - 1}{n^2 + 2} \cdot \frac{1}{\varrho}.$$

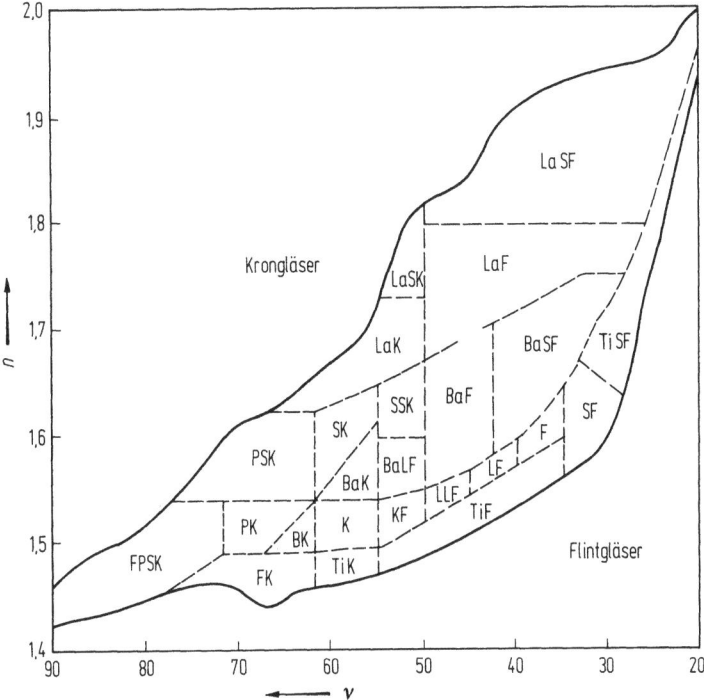

Bild 99. Zusammenhang zwischen Brechzahlen n und Abbeschen Zahlen v von Gläsern

Tabelle 27. Brechzahlen und Abbesche Zahlen einiger Schott-Gläser

Glas	$n_{F'}$	n_F	n_e	n_d	$n_{C'}$	n_C	v_d	v_e
FK3	1,470083	1,469387	1,466186	1,464500	1,462973	1,462324	65,77	65,57
BaK5	1,563862	1,563320	1,558973	1,556710	1,554286	1,553828	58,65	58,37
BaF8	1,633829	1,633053	1,626895	1,623740	1,620407	1,619783	47,00	46,71
LaF22	1,797931	1,796671	1,786786	1,781791	1,776566	1,775594	37,09	36,83
SF57	1,874249	1,872045	1,855041	1,846663	1,838084	1,836511	23,83	23,64

Durch Multiplikation von $\mathfrak{R}$ mit dem (mittleren) Molgewicht $\bar{M}$ kommt man zur *Molrefraktion* $\mathfrak{R}_M$:

$$\mathfrak{R}_M = \frac{n^2-1}{n^2+2} \cdot \frac{\bar{M}}{\varrho}. \tag{64}$$

Die Größe $\mathfrak{R}_M$ hat die Einheit eines Volumens. Das Glied $\bar{M}/\varrho$ stellt darin das Molvolumen, das Glied $(n^2-1)/(n^2+2)$ den optischen Raumerfüllungsgrad dar. Die Molrefraktion hat die wesentliche Eigenschaft, daß sie eine additive Größe ist, d.h. sie läßt sich für eine Verbindung oder ein Glas aus den Beiträgen der einzelnen Ionen berechnen. Damit öffnet sich ein Weg, bei bekannter Dichte auch die Lichtbrechung zu berechnen.

Die Molrefraktion ist weiterhin direkt proportional der *Polarisierbarkeit* α

$$\mathfrak{R}_M = (4\pi N_L/3) \cdot \alpha, \tag{65}$$

mit N_L = Loschmidtsche Zahl. Je größer also die Polarisierbarkeit eines Ions ist, um so größer ist sein Beitrag zur Molrefraktion, was gleichzeitig einen größeren Beitrag zur Lichtbrechung bedeutet. Da die Anionen eine wesentlich höhere Polarisierbarkeit als die Kationen haben, bestimmen sie vor allem die Lichtbrechung. In den oxidischen Gläsern spielt dabei das Sauerstoffion die vorherrschende Rolle. In dieser Richtung wird später der Einfluß der Zusammensetzung zu diskutieren sein.

Faßt man die Gln. (64) und (65) zusammen und löst sie nach n^2 auf, dann erhält man:

$$n^2 = \frac{1+2Y}{1-Y} \quad \text{mit} \quad Y = (4\pi N_L/3)\alpha \varrho/\bar{M}. \tag{66}$$

Diese Gleichung läßt erkennen, daß die Lichtbrechung um so höher ist, je größer die Polarisierbarkeit α und je geringer das Molvolumen $\bar{M}/\varrho$ ist.

Die Mol- bzw. Ionenrefraktionen wurden früher oft herangezogen, um weitere Strukturaussagen zu erhalten. Nach einer zeitlichen Pause haben Iwamoto u. M. [447] sich wieder dieser Methode bedient und dabei gefunden, daß man das Verhältnis der Sauerstoffionen-Refraktionen von einem Glas zur entsprechenden Refraktion von Kieselglas, also $\mathfrak{R}_{O,Glas}:\mathfrak{R}_{O,SiO_2-Glas}$, als Maß für die Basizität verwenden kann. Die $\mathfrak{R}_O$-Werte erhält man, wenn man nach Gl. (64) die Molrefraktionen $\mathfrak{R}_M$ der Gläser berechnet und davon die Ionenrefraktionen der Kationen $\mathfrak{R}_K$ entsprechend deren molarem Anteil x abzieht:

$$\mathfrak{R}_{O,Glas} = \mathfrak{R}_{M,Glas} - \sum x_i \mathfrak{R}_{K,i}.$$

Für ein binäres Na_2O-SiO_2-Glas mit 25 Mol-% Na_2O ergäbe sich dann

$$1{,}75 \cdot \mathfrak{R}_O = \mathfrak{R}_M - (0{,}5\mathfrak{R}_{Na} + 0{,}75\mathfrak{R}_{Si}).$$

Die Werte für die $\mathfrak{R}_K$ findet man in Tabelle 28. Der Faktor 1,75 ergibt sich aus der Zahl an O-Ionen in dem betreffenden Glas ($0{,}25 \cdot 1 + 0{,}75 \cdot 2$). Obiges Natriumsilicatglas zeigt $\mathfrak{R}_M = 7{,}30 \text{ cm}^3$, woraus $\mathfrak{R}_{O,Glas} = 4{,}01 \text{ cm}^3$ folgt. Kieselglas mit $\mathfrak{R}_M = 7{,}44 \text{ cm}^3$ ergibt $\mathfrak{R}_{O,SiO_2-Glas} = 3{,}68$, d.h. die oben erwähnte Basizität des $Na_2O \cdot 3 SiO_2$-Glases würde 1,09 betragen.

Während die spezifische Refraktion $\mathfrak{R}$ durch eine theoretische Ableitung erhalten wurde, haben Gladstone und Dale empirisch die *spezifische Brechung r* eingeführt:

$$r = (n_D - 1)/\varrho. \tag{67}$$

Analog kann man eine spezifische Dispersion q bilden:

$$q = (n_F - n_C)/\varrho.$$

Die Abbesche Zahl ergibt sich dann zu

$$v = r/q.$$

Tabelle 28. Ionenrefraktionen einiger Kationen in cm³

Kation	Li⁺	Na⁺	K⁺	Ca²⁺	Ba²⁺	Pb²⁺	Si⁴⁺
$\mathfrak{R}_K$	0,06	0,44	2,07	1,18	4,02	9,13	0,084

3.4 Optische Eigenschaften   203

Das ungeordnete Netzwerk erlaubt in den Gläsern keine Vorzugsrichtung, d. h. für die Lichtstrahlen sind alle Richtungen gleichberechtigt. Danach müssen Gläser isotrop sein, was bei einwandfrei hergestellten Gläsern auch immer der Fall ist. Treten jedoch Bedingungen ein, die Vorzugsrichtungen schaffen, dann wird ein eintretender linear polarisierter Lichtstrahl in zwei senkrecht zueinander schwingende Komponenten zerlegt, die verschiedene Geschwindigkeiten haben. Beim Austritt aus dem Glas ist zwischen den beiden Komponenten ein Gangunterschied δ vorhanden, der bei einer Weglänge von d cm eine *Doppelbrechung* $D = \delta/d$ erzeugt. Da der Gangunterschied meist in nm bestimmt wird, hat die Doppelbrechung die Einheit nm/cm. Die Doppelbrechung in Gläsern kann verschiedene Ursachen haben. Wie später (s. Abschn. 3.5.3.1) noch erläutert werden wird, sind vor allem Spannungen dafür verantwortlich zu machen, die durch mechanische oder thermische Beanspruchungen entstehen können. Am Rand sei erwähnt, daß man senkrecht zu starken elektrischen Feldern ebenfalls eine Doppelbrechung in Gläsern beobachten kann (Kerr-Effekt).

3.4.1.1 Meßmethoden

Aus der bisherigen Beschreibung ergeben sich ohne weiteres die wichtigsten Meßmethoden. Am genauesten ist die Messung der *Ablenkung eines Lichtstrahls* in einem Prisma mit einem Kantenwinkel φ von etwa 60° (s. Bild 100). Dann gilt bei symmetrischem Strahlengang

$$n = \frac{\sin[(\delta+\varphi)/2]}{\sin[\varphi/2]}.$$

Mit dieser Methode ist es möglich, eine Genauigkeit von einigen Einheiten in der sechsten Dezimale zu erzielen.

Die Totalreflexion wird beim *Refraktometer* ausgenützt. Dabei wird eine einseitig angeschliffene Probe mit einer Flüssigkeit hoher Lichtbrechung auf das Refraktometerprisma aufgedrückt. Mit weißem Licht kann man sofort n mit einer Genauigkeit von einer Einheit in der vierten Dezimale erhalten.

Nicht so genau ist die bekannte *Einbettungsmethode*, bei der man kleine Glasstückchen in Flüssigkeiten mit bekannter Lichtbrechung taucht. Wenn das Glas nicht zu sehen ist, entspricht die Brechzahl der Flüssigkeit der des Glases.

Kleine Unterschiede in den Brechzahlen verschiedener Gläser kann man sehr genau bestimmen, wenn man die Gläser zusammenkittet, planparallel schleift und poliert. Im *Interferenzmikroskop* erscheinen Streifenverschiebungen, aus denen man die Differenz der Brechzahlen bestimmen kann.

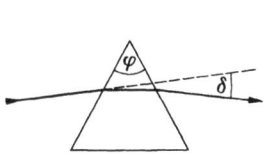

Bild 100. Strahlengang bei der Prismenmethode zur Bestimmung der Brechzahl

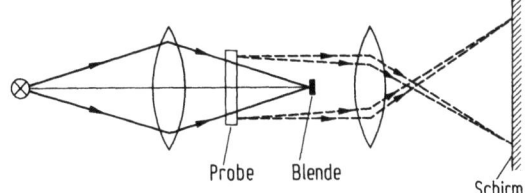

Bild 101. Strahlengang bei der Schlierenmethode

Manchmal enthalten Gläser feine faden- oder schichtenförmige Schlieren. Zu ihrem Nachweis hat sich die *Schlierenmethode* nach Toepler bewährt. Eine planparallele Platte wird in ein optisches System gebracht, bei dem das direkte Bild ausgeblendet wird (s. Bild 101). Nur die durch die Inhomogenitäten (Schlieren) abgelenkten Strahlen treffen auf den Projektionsschirm und sind dort zu beobachten. Die Schlierenmethode hat viele Variationsmöglichkeiten. So kann man in der eben beschriebenen Anordnung anstatt auszublenden eine Lochblende anbringen. Dann können die an den Schlieren abgelenkten Lichtstrahlen nicht mehr auf den hinter der Lochblende liegenden Schirm fallen, so daß sie im Bild dunkel erscheinen. Für Homogenitätsmessungen eignet sich auch das Christiansenfilter oder die davon abgeleitete Shelyubskii-Methode. Hense [397] hat darüber eine ausführliche Übersicht vorgelegt. Das Verfahren beruht darauf, daß man Festkörper in eine Flüssigkeit mit ähnlicher Brechzahl suspendiert. Wenn für einen Lichtstrahl bestimmter Wellenlänge die Brechzahlen von Festkörper und Flüssigkeit übereinstimmen, dann tritt er ungehindert durch das System. Sind aber Inhomogenitäten im Festkörper, also im Glas vorhanden, dann wird der Lichtstrahl gestört.

Zur Messung der *Doppelbrechung* kann man auf die bekannten Verfahren der Kristallographie zurückgreifen. Im Prinzip beruhen alle diese Methoden darauf, daß man mit einem Polarisator linear polarisiertes Licht herstellt, das man nach dem Durchgang durch das Glas durch einen Analysator betrachtet. Im allgemeinen ist die Stellung des Analysators um 90° gegenüber dem Polarisator verdreht, so daß ein isotropes Material zwischen den beiden das Blickfeld dunkel erscheinen läßt. Jede Doppelbrechung bewirkt eine Aufhellung, die von der Größe des Gangunterschieds abhängig ist. Werden die Gangunterschiede größer, dann kann man Interferenzfarben beobachten. Als Polarisator und Analysator werden zur Beobachtung kleiner Flächen im Mikroskop meist Nicolsche Prismen verwendet, bei größeren Flächen dagegen Polarisationsfolien. Für orientierende Messungen genügt oft die Polarisation, die das Licht bei der Reflexion an einer schwarzen Glasplatte erfährt. Die Feststellung starker Doppelbrechungen gelingt manchmal bereits durch die natürliche Polarisation des Himmelslichts, wodurch man den Polarisator spart.

Zur quantitativen Bestimmung der Doppelbrechung bieten sich die unterschiedlichen Interferenzfarben an, jedoch ist diese Methode nicht sehr genau. Halbquantitativ arbeiten auch die Methoden, bei denen man den Gangunterschied des Glases mit den bekannten Gangunterschieden eines Stufenkeils aus Glimmer vergleicht. Wesentlich genauere Werte erhält man, wenn man in den Strahlengang eine Einrichtung bringt, bei der man eine bekannte Doppelbrechung kontinuierlich variieren kann. Es wird damit möglich, den Gangunterschied des Glases zu kompensieren, weshalb man solche Instrumente *Kompensatoren* nennt. Die gebräuchlichsten sind die Kompensatoren nach Berek (mit Kalkspatplättchen) und nach Babinet (mit einer Quarzkeilkombination). Aus dem Grad der Kompensation ergibt sich sofort der Gangunterschied und bei bekannter Schichtdicke des Glases die Doppelbrechung. In günstigen Fällen ist eine Genauigkeit im Gangunterschied von ±2 nm erreichbar.

3.4.1.2 Abhängigkeit von der Zusammensetzung

Im *SiO$_2$-Glas* liegen nur Brückensauerstoffe vor, die eine geringe Polarisierbarkeit besitzen. Das SiO$_2$-Glas hat deshalb mit $n_D = 1{,}4589$ eine verhältnismäßig kleine

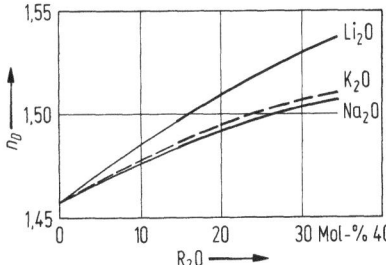

Bild 102. Brechzahlen n_D binärer Alkalisilicatgläser nach verschiedenen Autoren

Lichtbrechung. Das zunehmende Interesse, die Brechzahl von Kieselglas kontrolliert zu variieren, hat zur Untersuchung von binären Systemen $SiO_2 - R_mO_n$ geführt, in denen R einen anderen Netzwerkbildner darstellt. Dabei fanden Hammond und Norman [374] nahezu lineare Abhängigkeiten vom R_mO_n-Gehalt, der bei jeweils 10 Mol-% mit B_2O_3 zu $\Delta n = +0{,}0052$, mit P_2O_5 zu $\Delta n = +0{,}0070$ und mit GeO_2 zu $\Delta n = +0{,}0133$ führte. Diese Messungen wurden an Fasern bei einer Wellenlänge von 1,06 μm durchgeführt. Huang u. M. [716] messen an gekühlten Glasproben mit 11 Mol-% GeO_2 $\Delta n_D = +0{,}014$.

In den binären *Alkalisilicatgläsern* sind auch Trennstellensauerstoffe mit höherer Polarisierbarkeit vorhanden, was einen Anstieg der Brechzahl mit steigendem Alkaligehalt zur Folge hat, wie Bild 102 nach Messungen verschiedener Autoren zeigt. Bei gleichem Alkaligehalt würde man zunächst erwarten, daß die Lichtbrechung in der Reihe Li–Na–K ansteigt, denn in derselben Reihenfolge ist mit einer Zunahme der Polarisierbarkeit der Trennstellensauerstoffe zu rechnen. Die Lichtbrechung wird aber nicht nur von der Polarisierbarkeit bestimmt. Wie die Besprechung der Molrefraktion gezeigt hat, spielt daneben auch das Molvolumen $\bar{M}/\varrho$ eine Rolle, indem nach Gl. (66) die Lichtbrechung mit abnehmendem Molvolumen, also dichterer Struktur, ansteigt. Durch die geringen Molvolumina der Li_2O-SiO_2-Gläser, die in Bild 83 in Form der Molvolumina pro Mol O^{2-}-Ionen dargestellt sind, wird die Lichtbrechung der Li_2O-SiO_2-Gläser über die der anderen Alkalisilicatgläser angehoben.

Wenn sich schon die Abhängigkeit der Lichtbrechung von der Zusammensetzung bei den verschiedenen Alkalisilicatgläsern nicht einfach darstellen läßt, so werden die Schwierigkeiten bei den Gläsern mit *mehr Komponenten* noch größer. Eine Deutung ist nur über die Molrefraktion und das Molvolumen möglich, was hier zu weit führen würde. Es wird deshalb in den Bildern 103a und b nur gezeigt, wie sich nach Messungen mehrerer Autoren die Lichtbrechung bei Einführung von CaO, MgO, ZnO, PbO, Al_2O_3 oder B_2O_3 ändert.

Etwas näher sei auf den Einfluß des Al_2O_3 eingegangen. Nach Bild 103b tritt in Natriumsilicatgläsern beim Ersatz von SiO_2 durch Al_2O_3 nur eine geringe Erhöhung der Lichtbrechung ein, die vor allem durch die Abnahme des Molvolumens (s. Bild 85b) bedingt ist. Der Einfluß des Al_2O_3 wird aber anders, sobald das Molverhältnis $Al_2O_3:Na_2O = 1:1$ überschritten wird, was nach Hunold und Brückner [432] wie bei der Dichte (s. Abschn. 3.3.2) erst beim Verhältnis 1,2 erfolgt. Dann tritt das Al^{3+}-Ion in Form von $[AlO_6]$-Gruppen als Netzwerkwandler ein, was eine stärkere Erhöhung der Lichtbrechung bewirkt. Nach Yoldas [1101] soll dies auch ein Beweis dafür sein, daß die ersten Al_2O_3-Gehalte in einem Kalk-Natronglas in Form von $[AlO_6]$-

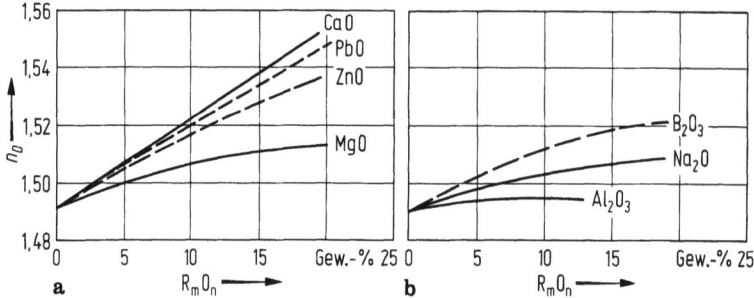

Bild 103a,b. Änderung der Brechzahl n_D eines Na_2O-SiO_2-Glases (20–80 Gew.-%) beim gewichtsmäßigen Ersatz von SiO_2 durch andere Oxide nach verschiedenen Autoren

Gruppen eingebaut werden; denn durch nur 0,25 Gew.-% Al_2O_3 wird die Brechzahl um 0,0012 erhöht, um sich dann nur noch gering zu ändern.

Die binären *Alkaliboratgläser* wurden von verschiedenen Autoren untersucht. Aus einigen dieser Daten wurde Bild 104 zusammengestellt. Ähnlich wie bei den Silicatsystemen zeigt das Li_2O-haltige System die höchsten Brechzahlen. Der größere Unterschied in den Molvolumina bewirkt, daß die Brechzahlen der $K_2O-B_2O_3$-Gläser geringer als die der $Na_2O-B_2O_3$-Gläser sind. Eine weitere Deutung ist auch hier schwierig, da einige Unregelmäßigkeiten in den Kurven bei anderen Autoren nicht oder bei anderen Zusammensetzungen auftreten.

Der mehrfache Koordinationswechsel der Borsäureanomalie ist in Bild 104 nicht direkt zu erkennen, aber sicher Ursache der Unregelmäßigkeiten in den Kurven. Ähnlich wie bei der Dichte geben auch bei der Lichtbrechung die Meßwerte von Evstropiev und Ivanov [244] an binären *Alkaligermanatgläsern* deutlichere Unterschiede, wie in Bild 105 zu erkennen ist. Die zuerst eingeführten Alkaliionen bewirken gemeinsam mit dem Koordinationswechsel $[GeO_4] \to [GeO_6]$ eine Erhöhung der Lichtbrechung, die man noch stärker bei der folgenden Trennstellenbildung und Rückbildung $[GeO_6] \to [GeO_4]$ erwarten würde, da dann leichter polarisierbare Sauerstoffionen entstehen. Die Erhöhung des Molvolumens (s. Bild 89) überdeckt aber diesen Effekt, so daß es zur Ausbildung der Maxima in Bild 105 kommt. Diese

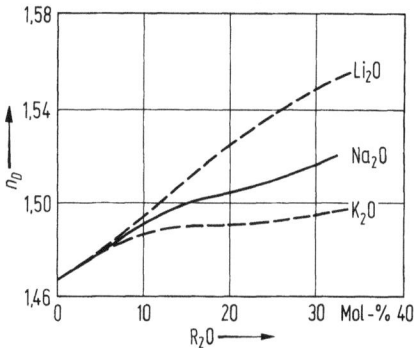

Bild 104. Brechzahlen n_D binärer Alkaliboratgläser nach verschiedenen Autoren

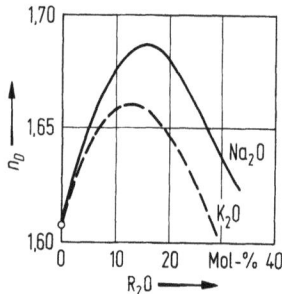

Bild 105. Brechzahlen n_D binärer Alkaligermanatgläser nach Evstropiev und Ivanov [244]

Maxima müssen deshalb nicht mit dem maximalen Gehalt an [GeO$_6$]-Oktaedern zusammenfallen.

Neben den Kationen üben auch zusätzlich vorhandene *Anionen* einen Einfluß auf die Lichtbrechung aus. Es ist wieder der OH-Gehalt der Gläser, der sich bemerkbar macht, besonders deutlich beim reinen B$_2$O$_3$-Glas. Das wurde schon vor längerer Zeit festgestellt und später von Eversteijn u. M. [242] bestätigt. Während ein normal geschmolzenes, also wasserhaltiges B$_2$O$_3$-Glas eine Brechzahl von $n_D = 1,4684$ besitzt, sinkt sie bei vollkommener Wasserfreiheit nach Poch [715] auf 1,4581 ab. Die Brechzahl von Silicatgläsern nimmt mit steigendem Gehalt an OH-Gruppen ebenfalls zu, wobei die Unterschiede in der vierten Dezimale liegen [844]. Im Gegensatz dazu steht das Kieselglas, bei dem eine zwar geringe, aber doch deutliche Abnahme der Brechzahl mit steigendem OH-Gehalt gefunden wurde. Eine Gegenüberstellung brachte bereits Bild 90b. Wie bei der Dichte läßt sich der unterschiedliche OH-Einfluß mit dem Vorliegen gebundener OH-Gruppen bei den Silicatgläsern und freier OH-Gruppen beim Kieselglas erklären [835]. Das B$_2$O$_3$-Glas, mit ebenfalls nur freien OH-Gruppen, erreicht durch vermehrte Trennstellenbildung eine dichtere Struktur und damit eine höhere Lichtbrechung. Dieser Einfluß nimmt aber in den binären R$_2$O–B$_2$O$_3$-Systemen mit steigendem Alkaligehalt ab, wie Franz [267] zeigen konnte. Übrigens gelten die eben geschilderten Abhängigkeiten nur für relativ kleine Wassergehalte. Baut man in Silicatgläser durch Hydrothermalbehandlung hohe Wassergehalte ein, dann nimmt z.B. beim Na$_2$O · 3 SiO$_2$-Glas nach Acocella u. M. [6] die Brechzahl n_D von 1,501 zu bis auf 1,503 mit 4 Gew.-% H$_2$O, um bei noch höheren Wassergehalten stark abzufallen.

3.4.1.3 Berechnung aus der Zusammensetzung

Wenn ein Lichtstrahl ein Glas durchsetzt, dann kommt er der Reihe nach mit allen auf seinem Weg liegenden Ionen in Berührung und wird durch diese beeinflußt. Die Wirkungen der Ionen müßten sich demnach summieren, d.h. man müßte die Berechnung der Lichtbrechung aus den Anteilen der einzelnen Komponenten nach

$$n = \frac{1}{100} \Sigma n_i p_i \qquad (68)$$

durchführen können. Derartige Faktoren für n_D sind von Appen [22, 24] aufgestellt worden und in Tabelle 29 enthalten. Darüber hinaus hat Appen auch Faktoren zur Berechnung der mittleren Dispersion $d = n_F - n_C$ angegeben, die sich analog ergibt:

$$d = \frac{1}{100} \Sigma d_i p_i . \qquad (69)$$

Empirische Versuche von Gladstone und Dale sowie theoretische Betrachtungen von Lorentz und Lorenz haben ergeben, daß eine einwandfreie Additivität bei der spezifischen Brechung oder bei der Refraktion vorliegt:

$$r = \frac{1}{100} \Sigma r_{i,D} p_i . \qquad (70)$$

3 Eigenschaften des Glases

Mit Gl. (67) ergibt sich dann die Lichtbrechung zu

$$n_D = 1 + \varrho\, r = 1 + \frac{\varrho}{100} \sum r_{i,D} p_i.$$

Es hat sich gezeigt, daß diese einfachere Formel zur Berechnung ausreicht, daß man also nicht die Formel von Lorentz-Lorenz zu verwenden braucht, in der die Brechzahl im Quadrat auftritt. Aus einem umfangreichen Zahlenmaterial haben Young und Finn [1105] die entsprechenden Faktoren berechnet. Gleichzeitig haben sie noch Faktoren zur Berechnung der spezifischen Dispersion q angegeben, nachdem sich gezeigt hatte,

Tabelle 29. Faktoren zur Berechnung der Brechzahlen n_D, der mittleren Dispersionen d, der spezifischen Brechungen r und der spezifischen Dispersionen q von Gläsern aus der Zusammensetzung

Autor	Huggins u. Sun [431]		Appen [22, 24]	
zur Berechnung von	r	q	n_D	d
nach Gl.	(70)	(71)	(68)	(69)
p in	Gew.-%	Gew.-%	Mol-%	Mol-%
Oxid	[a]		[b]	
Li$_2$O	0,308	0,007028	1,695 (1,655)	0,0138 (0,0130)
Na$_2$O	0,1941	0,005013	1,590 (1,575)	0,0142 (0,0140)
K$_2$O	0,2025	0,00413	1,575 (1,595)	0,0130 (0,0132)
Rb$_2$O	0,133	0,00260	–	–
BeO	0,236	0,0030	1,595	0,0089
MgO	0,210	0,00454	1,610 (1,570)	0,0111
CaO	[a]	[a]	1,730	0,0148
SrO	0,1592	0,00314	1,770	0,0163
BaO	[a]	[a]	1,880	0,0189
B$_2$O$_3$	0,215 (0,253)	0,00258 (0,00431)	1,470 … 1,710	0,0066 … 0,0090
Al$_2$O$_3$	0,2038	0,00363	1,520	0,0085
SiO$_2$	0,20826	0,003085	1,4585 … 1,475	0,00675
TiO$_2$	0,313	0,0068	2,08 … 2,23	0,050 … 0,062
ZrO$_2$	0,209	0,0069	–	–
P$_2$O$_5$	0,202	0,00253	–	–
As$_2$O$_3$	0,216	0,0045	1,570	0,0160
Sb$_2$O$_3$	0,210	0,0092	2,550	0,0170
Bi$_2$O$_3$	0,148	0,00773	–	–
ZnO	0,1499	0,00418	1,710	0,0165
CdO	0,126	–	1,805 … 1,925	0,0227 … 0,0293
SnO$_2$	0,150	0,0045	–	0,0085
PbO	[a]	[a]	2,5 … 2,35	0,0528 … 0,0744
FeO	0,190	–	–	–
Fe$_2$O$_3$	0,392	0,0014	–	–

Fußnoten a und b s. S. 209

3.4 Optische Eigenschaften   209

[a] $r,q_{B_2O_3}$: Die Faktoren für B_2O_3 gelten für B mit der Koordinationszahl 4. Für B mit der KZ 3 gelten die Werte in Klammern.

$r,q_{CaO, BaO, PbO}$: Zur Berechnung dieser Faktoren benötigt man die Zahl N_R der Mole R eines Oxids R_mO_n pro Mol Sauerstoffion, die sich berechnet nach

$N_R = (m_R p_R/M_R)/\Sigma(n_i p_i/M_i)$. Dann ist

$r_{CaO} = 0{,}2257 + 0{,}477 \cdot 10^{-4} \cdot N_{Ca}$ $q_{CaO} = 0{,}004636 + 0{,}13 \cdot 10^{-4} \cdot N_{Ca}$
$r_{BaO} = 0{,}129 + 2{,}13 \cdot 10^{-4} \cdot N_{Ba}$ $q_{BaO} = 0{,}00222 + 0{,}30 \cdot 10^{-4} \cdot N_{Ba}$
$r_{PbO} = 0{,}1272 + 2{,}044 \cdot 10^{-6} \cdot N_{Pb}^2$ $q_{PbO} = 0{,}00582 + 0{,}5044 \cdot 10^{-6} \cdot N_{Pb}^2$

[b] Für einige Faktoren werden folgende Erläuterungen gegeben:

n, d_{R_2O}:   Die Werte in den Klammern gelten für die binären R_2O–SiO_2-Gläser.

n, d_{K_2O}:   Die Faktoren 1,575 bzw. 0,0130 gelten nur für Gläser, die mehr als 1% Na_2O enthalten; andernfalls gelten 1,560 bzw. 0,0125.

n_{MgO}:   Der Wert in der Klammer gilt für Gläser aus bestimmten Bereichen der Systeme Na_2O–MgO–SiO_2 oder K_2O–MgO–SiO_2.

$n, d_{B_2O_3}$:   Mit $\psi = (\Sigma p_{R_2O} + \Sigma p_{RO} - p_{Al_2O_3})/p_{B_2O_3}$ ergeben sich folgende Faktoren:

$n_{B_2O_3}$	$d_{B_2O_3}$	für p_{SiO_2}	und bei
= 1,710	= 0,0090	44 – 64	$\psi > 4$
= 1,518 + 0,048 · ψ			$4 > \psi > 1$
= 1,616 − $\dfrac{0{,}048}{\psi}$	= 0,0064 + 0,00065 · ψ		$1 > \psi > \tfrac{1}{3}$
= 1,470	= 0,0066		$\psi < \tfrac{1}{3}$
= 1,710	= 0,0090	71 – 80	$\psi > 1{,}6$
= 1,518 + 0,12 · ψ			$1{,}6 > \psi > 1$
= 1,760 − $\dfrac{0{,}12}{\psi}$	= 0,0064 + 0,00065 · ψ		$1 > \psi > \tfrac{1}{2}$
= 1,614 − $\dfrac{0{,}048}{\psi}$			$\tfrac{1}{2} > \psi > \tfrac{1}{3}$
= 1,470	= 0,0066		$\psi < \tfrac{1}{3}$

n_{SiO_2}:	$n_{SiO_2} = 1{,}5085 - 0{,}0005 \cdot p_{SiO_2}$	für $100 \geq p_{SiO_2} \geq 67$	
	$n_{SiO_2} = 1{,}475$	für $p_{SiO_2} \leq 67$	
n, d_{TiO_2}:	$n_{TiO_2} = 2{,}480 - 0{,}005 \cdot p_{SiO_2}$	für $\Sigma p_{R_2O} < 15$ und	
	$d_{TiO_2} = 0{,}082 - 0{,}0004 \cdot p_{SiO_2}$	$80 \geq p_{SiO_2} \geq 50$	
n, d_{CdO}:	Mit $a = p_{SiO_2} + p_{B_2O_3} + p_{Al_2O_3}$ ist		
	$n_{CdO} = 2{,}125 - 0{,}004 \cdot a$	für $80 \geq a \geq 50$	
	$d_{CdO} = 0{,}0403 - 0{,}00022 \cdot a$		
	$n_{CdO} = 1{,}805$	für $a \geq 80$	
	$d_{CdO} = 0{,}0227$		
n, d_{PbO}:	Mit a (siehe bei CdO) ist		
	$n_{PbO} = 2{,}685 - 0{,}0067 \cdot a$	für $80 \geq a \geq 50$	
	$d_{PbO} = 0{,}1104 - 0{,}00072 \cdot a$		
	$n_{PbO} = 2{,}350$	für $a \geq 80$	
	$d_{PbO} = 0{,}0528$		

210   3 Eigenschaften des Glases

daß sich diese Eigenschaft ebenfalls additiv berechnen läßt. Wie oben vermerkt, erhält man aus r und q leicht die Abbesche Zahl v:

$$q = \frac{1}{100}\Sigma q_{i,(F-C)}p_i \quad \text{und} \quad v = \frac{r}{q} = \frac{\Sigma r_{i,D}p_i}{\Sigma q_{i,(F-C)}p_i}. \tag{71}$$

Huggins und Sun [431] haben sich dieser Methode angeschlossen und die Faktoren von Young und Finn teilweise direkt übernommen, teilweise etwas verbessert. So sind die Faktoren der Tabelle 29 entstanden.

Es gibt noch weitere, von anderen Autoren vorgeschlagene Faktoren. Einige davon enthält die Zusammenstellung von Matveev u. M. [590]. Andere Faktoren gelten nur für bestimmte Glassysteme; z.B. gibt es für Bleikristallgläser solche von Fanderlik und Skrivan [250] oder für Kristallgläser von Bonetti und Salvagno [88]:

$$n_D = 1{,}46221 + 0{,}0051 \cdot p_{Na_2O} + 0{,}0011 \cdot p_{K_2O} + 0{,}00316 \cdot p_{CaO} +$$

$$0{,}0023 \cdot p_{BaO} + 0{,}00198 \cdot p_{ZnO} + 0{,}00258 \cdot p_{PbO} + 0{,}00215 \cdot p_{B_2O_3}$$

mit p_i in Gew.-% (für $n_D \geq 1{,}520$).

Für Überschlagsrechnungen kann man sich des Zusammenhangs zwischen Dichte und Brechzahl bedienen, wenn erstere bekannt ist. So hat Told [972] bei einer Überprüfung von 200 handelsüblichen optischen Gläsern gefunden, daß 95 % davon mit einer Genauigkeit von besser als ± 2 % der Beziehung

$$n_D = (\varrho + 10{,}4)/8{,}6 \tag{72}$$

genügen. Man kann solche einfachen Beziehungen noch genauer gestalten, wenn man nur bestimmte Glassysteme betrachtet. Auf Möglichkeiten der Berechnung von optischen Daten für Gläser aus Systemen mit anderen Netzwerkbildnern (B und Ge) weist Polukhin [718] hin.

Tabelle 30 bringt einige Zahlenbeispiele. Man erkennt die gute Übereinstimmung zwischen Berechnung und Experiment. Verwendet man die Näherungsgleichung (72),

Tabelle 30. Vergleich der berechneten und experimentellen Dichten und Brechzahlen

	Zusammensetzung in		Faktoren nach				Dichte		Brechzahl	
	Gew.-%	Mol-%	Huggins u. Sun		Appen		(g/cm³)		n_D	
			ρ_i	r_i	μ_i	n_i	ber.[a]	exp.	ber.[a]	exp.
Glas Nr. 1										
SiO₂	79,8	80,30	0,4542	0,20826	26,56	1,4683	2,385	2,390	1,4899	1,4906
Na₂O	20,2	19,70	0,281	0,1941	20,6	1,575	2,381		1,4893	
Glas Nr. 2										
SiO₂	74,3	74,18	0,4409	0,20826	26,35	1,4714	2,487	2,497	1,5163	1,5168
Na₂O	16,3	15,77	0,324	0,1941	20,2	1,590	2,480		1,5161	
CaO	9,4	10,05	0,231	0,2257	14,4	1,730				
Glas Nr. 3										
SiO₂	79,3	73,73	0,4409	0,20826	26,33	1,4716	2,358	2,331	1,5167	1,5118
Li₂O	11,3	21,12	0,350	0,308	11,0	1,695	2,345		1,5213	
Al₂O₃	9,4	5,15	0,372	0,2038	40,4	1,520				

[a] Die Werte von Appen sind die unteren Werte.

dann ergeben sich mit den experimentellen Dichten für die Gläser 1 bis 3 n_D-Werte 1,487, 1,500 und 1,480, woran man die größeren Streuungen erkennen kann.

Man kann aus den Faktoren der Tabelle 29 schnell errechnen, daß der Ersatz von 0,1 Gew.-% SiO_2 durch 0,1 Gew.-% Na_2O in normalen Kalk-Natrongläsern zu einer Erhöhung der Lichtbrechung um mehr als eine Einheit in der vierten Dezimale führt, während ein entsprechender Ersatz durch CaO sogar eine um drei Einheiten in der vierten Dezimale höhere Lichtbrechung hervorruft. Solche Änderungen der Lichtbrechung sind nicht schwierig nachzuweisen, so daß hiermit eine weitere gute Methode vorliegt, die *Konstanz der Zusammensetzung* einer Glasschmelze zu prüfen. Andererseits zeigt es auch, welche Genauigkeit der Glaszusammensetzung gefordert werden muß, wenn ein Glas mit einer bestimmten Lichtbrechung hergestellt werden soll.

3.4.1.4 Abhängigkeit von der Temperatur

Aus Gl. (64) geht hervor, daß die Lichtbrechung von der Refraktion und der Dichte abhängt. Man muß deshalb bei der Differentiation nach der Temperatur T auch nach der Dichte ϱ differenzieren:

$$\frac{dn}{dT} = \left(\frac{\partial n}{\partial T}\right)_\varrho + \left(\frac{\partial n}{\partial \varrho}\right)_T \frac{d\varrho}{dT} = \left(\frac{\partial n}{\partial T}\right)_\varrho - \beta\,\varrho\left(\frac{\partial n}{\partial \varrho}\right)_T, \tag{73}$$

wobei β der kubische Ausdehnungskoeffizient ist. $\partial n/\partial T$ stellt die Abhängigkeit der Lichtbrechung von der Temperatur bei konstanter Dichte dar, ist also nur von der Refraktion, d.h. der Polarisierbarkeit abhängig. Da mit steigender Temperatur der Einfluß der Kationen auf die O^{2-}-Ionen geringer wird, nimmt die Polarisierbarkeit gering zu, der Koeffizient $\partial n/\partial T$ ist daher positiv. Mit steigender Dichte nimmt n ebenfalls zu, weshalb der Koeffizient $\partial n/\partial \varrho$ auch positiv ist. Da beide Koeffizienten ähnliche Werte haben und in obiger Gleichung als Differenz auftreten, kann dn/dT positive wie negative Werte aufweisen, d.h. n kann mit steigender Temperatur zu- oder abnehmen. Bei normalen Gläsern nimmt die Lichtbrechung meist zunächst schwach zu, um im Transformationsbereich stärker abzufallen. Um dies näher erklären zu können, haben Waxler und Cleek [1047] neben der Temperatur- auch die Druckabhängigkeit bestimmt. Sie fanden an einigen Oxidgläsern, daß die Änderung der Lichtbrechung mit der Temperatur wesentlich durch die Änderung der Polarisierbarkeit bestimmt wird. Für Kieselglas erhielten sie bei 25 °C entsprechend Gl. (73) bei 587,6 nm (gelbe He-Linie)

$$\frac{dn}{dT} = 0{,}91\cdot 10^{-5} - 0{,}13\cdot 10^{-5}\cdot 2{,}2\cdot 0{,}145 = 0{,}87\cdot 10^{-5}\,\text{K}^{-1},$$

d.h. eine Temperaturerhöhung von 100 K erhöht die Brechzahl um eine Einheit in der dritten Dezimale. Dagegen beobachtet man beim B_2O_3-Glas einen Abfall auch schon unterhalb T_g, wie Bild 106 nach Messungen von Prod'homme [734] zeigt, was als anomales bzw. athermisches Verhalten bezeichnet wird. Der weitere Abfall ist durch die stärkere Abnahme der Dichte im Transformationsbereich bedingt.

Prod'homme hat gleichzeitig eine etwas weiter gehende Deutung gegeben. Ausgangspunkt ist die spezifische Refraktion $\mathfrak{R}$, in der hier V das spezifische Volumen darstellt:

$$\mathfrak{R} = \frac{n^2-1}{n^2+2} V.$$

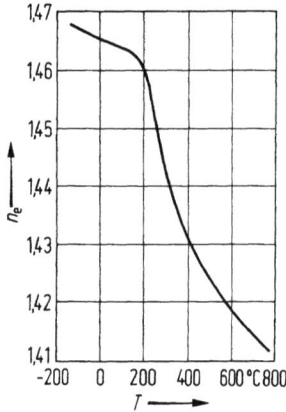

Bild 106. Abhängigkeit der Brechzahl n_e des B_2O_3-Glases von der Temperatur

Differenzieren und Einführen der Temperaturabhängigkeit der Polarisierbarkeit α nach $\varphi = (1/\alpha) \cdot (d\alpha/dT)$ führt zum Ausdruck

$$\frac{dn}{dT} = \frac{1}{6n}(n^2-1)(n^2+2)(\varphi-\beta). \tag{74}$$

Die ersten drei Faktoren der rechten Seite können in erster Näherung als konstant angesehen werden. Der Temperaturkoeffizient ist dann nur von der Differenz $\varphi - \beta$ abhängig. Ist $\varphi > \beta$, dann steigt n mit T, während bei $\varphi < \beta$ ein Abfall von n zu beobachten ist. Der Vorteil dieser Methode liegt darin, daß bei bekanntem β die Größe φ quantitativ auswertbar ist. Im Beispiel des B_2O_3-Glases haben sowohl β als auch φ bei T_g ein Maximum. Auch beim Polarisationsvermögen tritt im Transformationsbereich eine starke Änderung ein.

Obige Gl. (74) diskutieren auch Stachel u. M. [913] bei ihren Betrachtungen zum Einfluß der Temperatur auf die optische Weglänge. Letztere wird nicht nur durch dn/dT bestimmt, sondern auch durch die Änderung der Dicke des Glases mit der Temperatur. Das Gesamtverhalten wird mit β = kubischer Ausdehnungskoeffizient gekennzeichnet durch die *thermooptische Konstante G* nach

$$G = \frac{\beta}{3}(n-1) + \frac{dn}{dT}.$$

Die G-Werte der üblichen Gläser liegen in der Größenordnung von $10 \cdot 10^{-6}\,\mathrm{K}^{-1}$. Ein Glas mit temperaturunabhängiger optischer Weglänge muß $G = 0$ haben. Da in der Regel β positiv ist, muß für ein solches Glas dn/dT negativ sein. Man hat solche Gläser vor allem mit P als Netzwerkbildner gefunden.

3.4.1.5 Abhängigkeit von der Vorgeschichte

Eben wurde gesagt, daß sich die Brechzahl mit der Temperatur ändert. Betrachtet man Bild 106, erkennt man den starken Abfall im Transformationsbereich. Die Ursache dafür liegt in der Änderung der Struktur des Glases. Früher wurde aber darauf hingewiesen, daß diese Änderungen im Transformationsbereich eine gewisse Zeit benötigen. Damit wird die Brechzahl zeitabhängig. Verschiedene Autoren haben diese

Erscheinung untersucht. Die Versuche von Boesch u. M. [82] am B_2O_3-Glas (s. Bilder 30 bis 32) wurden im Abschn. 2.4.1.2 eingehend erläutert.

Wenn man ein Glas mit hoher *Abkühlgeschwindigkeit* abkühlt, dann wird es bei Zimmertemperatur eine andere Brechzahl haben als ein gut gekühltes Glas. Da die Brechzahl im Transformationsbereich abfällt, wird sie für zu schnell gekühlte Gläser tiefer liegen. Durch schlechte Kühlung können Unterschiede der Brechzahlen in der dritten Dezimale auftreten. Umgekehrt ist es möglich, durch entsprechende Kühlung kleine Korrekturen der Brechzahlen durchzuführen.

Von der Vorbehandlung ist auch eine eventuelle *Entmischung* abhängig. Auch hier gilt wieder die Parallelität zur Dichte, nämlich daß nur dann ein Einfluß auf die Lichtbrechung besteht, wenn die Brechzahlen nicht linear von der Zusammensetzung abhängig sind und/oder wenn Spannungen auftreten. Simmons [891] hat ein Borosilicatglas bei verschiedenen Temperaturen getempert und den Verlauf der Brechzahl verfolgt. Nach einem Anfangseffekt mit einem Anstieg von n bei Tempertemperaturen, die unterhalb der vorhergehenden Kühltemperatur lagen, trat eine deutliche Abnahme von n ein, die auf die Entmischung zurückgeführt werden konnte.

3.4.2 Lichtdurchlässigkeit

Als die bekannteste Eigenschaft des Glases wird oft seine Durchlässigkeit für Licht bezeichnet. Der Ursache für diese Eigenschaft kommt man besser näher, wenn man fragt, warum einige Stoffe nur geringe oder keine Durchlässigkeit für Licht zeigen.

Die Beeinträchtigung der Lichtdurchlässigkeit eines beliebigen Stoffes muß auf einer Wechselwirkung mit dem Licht beruhen, wobei mehrere Möglichkeiten bestehen:
a) Die stärkste Wechselwirkung ist dann vorhanden, wenn in einem Stoff freie Elektronen vorliegen. Solche Stoffe sind die Metalle, die deshalb für Licht vollkommen undurchlässig sind.
b) Das Licht kann nicht nur mit freien, sondern auch mit anderen Elektronen in Wechselwirkung treten, wenn die Energie des Lichts ausreichend ist, die Elektronen anzuregen. Meist ist die benötigte Energie jedoch so groß, daß die entsprechende Lichtwellenlänge in den *ultravioletten Bereich* fällt. Das ist auch bei gewöhnlichem Glas der Fall, das also im UV-Gebiet undurchlässig wird (s. Bild 107). In einfachen Silicatgläsern wird die UV-Absorptionskante durch den Bindungszustand der Sauerstoffionen bestimmt.

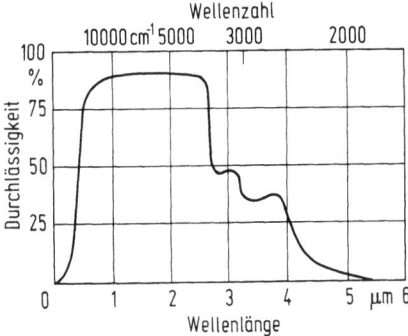

Bild 107. Spektrum eines handelsüblichen Flachglases (Schichtdicke 1 mm)

Sind in Gläsern Elemente enthalten, deren Elektronen leichter anregbar sind, z.B. Nebengruppenelemente (Fe, Mn, Cr, Co), so beobachtet man neben einer geringen Verschiebung der UV-Absorptionskante mehr oder weniger scharfe Absorptionsbanden im *sichtbaren Bereich* des Spektrums, d.h. die Gläser sind gefärbt, im allgemeinen aber immer noch transparent. Doch ist die Intensität einiger färbender Elemente so stark (Mn, Co), daß die betreffenden Gläser schon bei verhältnismäßig geringen Konzentrationen in den normalen Schichtdicken von einigen Millimetern vollkommen undurchsichtig werden können, d.h. schwarz aussehen.

c) Verfolgt man das Spektrum eines Glases über das sichtbare Gebiet hinaus bis in den *infraroten Bereich*, so stellt man fest, daß die normalen Gläser in Schichtdicken von einigen Millimetern zunächst einige Absorptionsbanden zeigen, um ab etwa 5 µm vollkommen undurchlässig zu werden (s. Bild 107). Die Ursache dieser Absorptionsbanden ist die Wechselwirkung des Lichts mit Schwingungen der Glasbestandteile, z.B. der $Si-O$-Gruppierung. (Im deutschen Sprachgebrauch findet man dafür noch die Bezeichnung „ultrarot".)

d) Bild 107 zeigt, daß die Durchlässigkeit der Gläser auch in den Bereichen, in denen keine Absorption vorliegt, nicht 100 % erreicht. Der Grund liegt in der schon früher (s. Abschn. 3.4.1) besprochenen *Reflexion R*, die die Durchlässigkeit um den Faktor $(1-2R)$ verringert, wobei $R=(n-1)^2/(n+1)^2$ ist. Für ein Glas mit einer Brechzahl $n=1,5$ beträgt $R=0,04$; es tritt also bei einem Glasplättchen an beiden Grenzflächen insgesamt ein Reflexionsverlust von 8 % ein.

Die eben angeführte Beziehung gilt aber nur für den senkrechten Einfall des Lichts. Die Durchlässigkeit kann bis auf 0 % verringert werden, wenn man bei schräger Beleuchtung in den Bereich der Totalreflexion kommt. Dieser Fall wird besonders dann wichtig, wenn ein Glaspulver mit ungeordneter Lage der Teilchen vorliegt, das dann ebenfalls undurchsichtig ist.

Durch die Reflexion läßt sich die Durchlässigkeit von Gläsern gezielt beeinflussen, wenn man dafür sorgt, daß sich auf dem Glas dünne Oberflächenschichten mit anderen Brechzahlen befinden. Das kann man durch Aufdampfen entsprechender Substanzen erreichen, aber auch durch chemische Methoden, indem man das Glas kontrolliert auslaugt oder aus der Lösung Verbindungen niederschlägt. Man kann dabei auch selektive Reflexionseigenschaften erhalten.

e) Bei Pulvern ist neben der Reflexion mit einer weiteren Verlustquelle des Lichts zu rechnen, der *Streuung des Lichts* nicht nur an, sondern auch in den Teilchen, die ebenfalls durch die unterschiedlichen Brechzahlen von Glas und umgebendem Medium verursacht wird. Diese *Trübung* hat ihr Maximum, wenn die Korngröße der Teilchen im Bereich der Wellenlänge des Lichts liegt, was ebenfalls für Einschlüsse solcher Größe in Gläsern gilt.

f) Werden die Teilchen noch kleiner, tritt *Beugung des Lichts* in den Vordergrund, wodurch die Opaleszenz hervorgerufen wird. Sie wird beobachtet, wenn in einem Glas Fremdbestandteile dieser Größe vorliegen, die ihrerseits kristallin (bei Entglasungen) oder glasig (bei Entmischungen) sein können. Es wurde bereits früher erwähnt (s. Abschn. 2.3.3), daß mittels dieser Effekte Entmischungsvorgänge untersucht wurden. Unter ganz bestimmten Bedingungen für die Brechzahlen der beiden Phasen kann man trotzdem noch völlig transparente Gläser erhalten. Darüber hinaus zeigen bei empfindlicheren Messungen auch nicht entmischte

Gläser Streueffekte, die als *Rayleigh- und Brillouin-Streuung* bezeichnet werden, die strukturell bedingt sind und sich damit auch umgekehrt zu Strukturuntersuchungen eignen, wie es auch Prod'homme [735] beschreibt. Früher (s. Abschn. 2.5.5) wurde bereits auf die Fluktuationen der Glasstruktur hingewiesen. Hier kann ergänzt werden, daß bei Gläsern des Systems K_2O-SiO_2 mit steigendem K_2O-Gehalt die Rayleigh-Streuung abnimmt, um ab etwa 25 Mol-% K_2O konstant zu bleiben, was gut mit einer bei tiefen Temperaturen liegenden Mischungslücke erklärt werden kann. Es besteht auch ein Zusammenhang mit der fiktiven Temperatur. Diese und weitere Abhängigkeiten werden in einem Übersichtsartikel von Schroeder [849] erläutert. Sie sind besonders wichtig geworden bei der Entwicklung von glasigen Wellenleitern (s. Abschn. 3.4.2.7).

Mehrere weitere Übersichtsartikel über die Wechselwirkung zwischen Glas und elektromagnetischer Strahlung sind im Band 12 des Werks von Tomozawa und Doremus [982] enthalten.

3.4.2.1 Meßmethoden

Läßt man einen Lichtstrahl der Intensität I_0 durch ein Glas fallen, dann tritt eine Intensitätsabnahme auf I ein, die durch das Lambert-Beersche Gesetz erfaßt wird:

$$I/I_0 = 10^{-\varepsilon c d} \quad \text{oder} \quad \log(I_0/I) = \varepsilon\,c\,d\,.$$

Mit einer Schichtdicke d des Glases in cm und einer Konzentration c der absorbierenden Komponente in Mol pro Liter Glas ergibt sich der molare dekadische Extinktionskoeffizient ε in l/(mol cm), der für eine bestimmte Wellenlänge einen konstanten Wert hat. Das Verhältnis I/I_0 wird als Durchlässigkeit D bezeichnet und meist in Prozenten angegeben.

Zur Aufnahme des Spektrums eines Glases muß das Licht einer Strahlungsquelle (Glühlampen verschiedener Bauart, Nernststift usw.) spektral zerlegt werden, was durch Prismen (Quarz, NaCl usw.) oder Gitter erfolgen kann. Das Verhältnis I/I_0 wird photographisch, mit Photozellen, Thermoelementen oder ähnlichen Einrichtungen gemessen. Bei zahlreichen handelsüblichen Spektralphotometern wird sofort die Durchlässigkeit in Abhängigkeit von der Wellenlänge bzw. -zahl registriert.

In der Praxis wird die Farbe eines Glases nicht nach seinem Spektrum beurteilt, sondern jede Farbe wird durch drei Farbmeßzahlen gekennzeichnet. Die Anwendung dieses auf Young-Helmholtz zurückgehenden Systems wurde von der Internationalen Beleuchtungskommission genormt. Merker [610] geht darauf kurz ein im Zusammenhang mit seinen Ausführungen über den Farbstich von Gläsern. Letzterer ist eine geringe, aber ungewollte Färbung, die meist durch Verunreinigungen hervorgerufen wird. Bei den üblichen Silicatgläsern sind es vor allem geringe Eisengehalte, die sich bereits ab 0,02 Gew.-% Fe_2O_3 bemerkbar machen. Noch stärker wirken sich geringe Chromitgehalte in den Rohstoffen aus; schon 0,001 Gew.-% Cr_2O_3 im Glas erzeugt einen grünen Farbstich.

Der bei Gläsern im allgemeinen interessante spektrale Bereich erstreckt sich vom nahen Ultraviolett über den sichtbaren Bereich bis zum nahen Infrarot. Wegen der verschiedenen Absorptionsmechanismen sollen die einzelnen Gebiete getrennt behandelt werden.

Die UV-Durchlässigkeit wird oft durch die sog. Absorptionskante gekennzeichnet. Man ist übereingekommen, darunter die Wellenlänge zu verstehen, bei der eine 5 mm dicke Glasprobe gerade noch eine reine Durchlässigkeit von 10 oder 50 % hat. Wenn im folgenden nichts anderes genannt wird, dann entsprechen die erwähnten Absorptionskanten der ersteren Festlegung mit 10 %.

Neben der Lichtspektroskopie werden noch weitere Methoden eingesetzt, vor allem dann, wenn erstere Methode nicht oder nur schwierig angewandt werden kann oder wenn Methoden vorliegen, die spezifische Erkenntnisse ermöglichen. Der erstere Fall liegt vor bei der Untersuchung von Schmelzen, bei denen sich nach Freude und Rüssel [275] die Voltametrie bewährt hat bei der Bestimmung von polyvalenten Ionen. Der andere Fall betrifft vor allem die Mößbauerspektroskopie, die sich zur Untersuchung der Wertigkeit und Koordination des Eisens in Gläsern sehr bewährt hat, wie auch einer Übersicht von Dyar [218] zu entnehmen ist.

3.4.2.2 Durchlässigkeit im ultravioletten Bereich

Eingangs wurde bereits ausgeführt, daß die Absorption von Licht im ultravioletten Bereich durch seine Wechselwirkung mit den Sauerstoffionen des Glases bedingt ist. Diese tritt um so leichter ein, je schwächer die O^{2-}-Ionen gebunden sind. Das Kieselglas mit seinen fest gebundenen Brückensauerstoffen hat deshalb eine sehr gute UV-Durchlässigkeit, wie Kurve *1* in Bild 108 zeigt. Die Einführung von Netzwerkwandlern bedingt die Ausbildung von Trennstellen mit einfach gebundenen O^{2-}-Ionen. Diese sind leichter anregbar, so daß schon Absorption bei Licht geringerer Energie eintritt, d.h. die Absorptionskante verschiebt sich in das längerwellige Gebiet und liegt nach Kurve *3* des Bildes 108 für ein $Na_2O \cdot 3\,SiO_2$-Glas bei 210 nm. Die Absorption der Gläser ist in diesem Bereich so stark, daß man sich fast ausschließlich mit der Angabe der Absorptionskante begnügt.

Reines B_2O_3-Glas besitzt ebenfalls gute UV-Durchlässigkeit mit einer Absorptionskante bei 170 nm. Mit steigendem Alkaligehalt tritt nur ein Wechsel der Koordinationszahl des Bors von 3 nach 4 ohne Bildung von Trennstellensauerstoffen ein, weshalb sich die UV-Durchlässigkeit zunächst wenig ändert, um ab etwa 15 Mol-% Na_2O sich stärker ins Längerwellige zu verschieben. Systematische Messungen von Izumitani und Hirota [448] an Gläsern der Zusammensetzung $10\,BaO \cdot 5\,R_{m/n}O \cdot 85\,B_{2/3}O$ haben ergeben, daß mit steigendem Radius der R-Ionen die Absorptions-

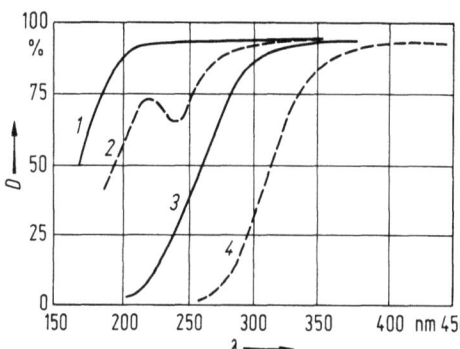

Bild 108. UV-Durchlässigkeit verschiedener Gläser (Schichtdicke 1 cm). *1*: SiO_2-Glas, sehr rein; *2*: SiO_2-Glas, normal; *3*: $Na_2O \cdot 3\,SiO_2$-Glas, sehr rein; *4*: $Na_2O \cdot 3\,SiO_2$-Glas, normal

kante sich nach längeren Wellen verschiebt, wenn R aus den ersten drei Hauptgruppen des Periodensystems stammt. R-Ionen aus der vierten bis sechsten Hauptgruppe zeigen ein gegenläufiges Verhalten.

Obige Betrachtungen gelten nur für reine Gläser ohne Verunreinigung an färbenden Elementen. Im nächsten Abschnitt werden diese Färbungen behandelt werden. Hier sei vorweggenommen, daß einige dieser Elemente auch im UV-Gebiet eine sehr starke Absorptionsbande haben, die sich obigen Erscheinungen überlagern kann. Dazu gehört besonders das dreiwertige Fe^{3+}-Ion, das deshalb bei der Herstellung von UV-durchlässigen Gläsern sorgfältig ausgeschlossen werden muß. Schon wenige ppm Eisen, die in allen normal erschmolzenen Gläsern vorhanden sind, verschieben die Absorptionskante beträchtlich, wie auch die Kurven *2* und *4* des Bildes 108 zeigen. Manchmal genügt reduzierendes Schmelzen, um das Eisen in die zweiwertige Form des Fe^{2+}-Ions zu bringen, das im UV-Gebiet weniger stört. Doch treten bei zu starker Reduktion manchmal andere Banden im UV-Gebiet auf, die im Kieselglas bei 240 nm liegen (Kurve *2* des Bildes 108). In diesem Bereich beträgt der Extinktionskoeffizient des Fe^{3+} das Sechsfache von dem des Fe^{2+}, was den Einfluß der Ofenatmosphäre erklärt. Auf die Absorptionskante ist der Einfluß jedoch gering. Sie kann bei sehr reinem $Na_2O \cdot 3 SiO_2$-Glas mit nur 1 ppm Fe bei 195 nm liegen. Einen Überblick über die UV-Durchlässigkeit von Silicatgläsern gibt Sigel [888]. Von Messungen an anderen Glassystemen sind besonders die von Kordes und Wörster [501] an Phosphatgläsern erwähnenswert. Sie bauen in ihrer Deutung die Ansichten von Stevels [920] weiter aus, wonach der Bindungszustand der Sauerstoffe wesentlich für die UV-Durchlässigkeit ist, was auch hier eingangs angeführt wurde.

3.4.2.3 Durchlässigkeit im sichtbaren Bereich

Normalerweise sind Gläser mit den üblichen Netzwerkwandlern (Alkalien und Erdalkalien) im sichtbaren Bereich des Spektrums völlig farblos. Das ändert sich, wenn die Gläser gleichzeitig Elemente der Nebengruppenreihen enthalten. Am wichtigsten sind dabei die Nebengruppenelemente der vierten Reihe: Cu, Ti, V, Cr, Mn, Fe, Co und Ni. Bei diesen Elementen treten Elektronensprünge, d.h. Absorptionen, schon unter Einwirkung von Licht geringerer Energie ein, so daß im sichtbaren Bereich Färbungen auftreten. Die zu beobachtende Farbe hängt zunächst einmal von der Elektronenanordnung, also von der Art des Elements ab. Dann wird sie aber auch von der Umgebung beeinflußt, die in den üblichen Gläsern immer als aus Sauerstoffionen bestehend angenommen werden kann. Da die färbenden Ionen in wäßrigen Lösungen ebenfalls von Sauerstoff koordiniert sind, meist allerdings in Form von H_2O-Molekülen oder OH^--Ionen, besteht eine sehr enge Verwandtschaft zwischen den Farben in wäßrigen Lösungen und in Gläsern. Neben der Möglichkeit des Wertigkeitswechsels ist in Gläsern noch die des Koordinationswechsels vorhanden, was sich ebenfalls auf die Farbe auswirkt. Das Bestreben der Glasforschung geht deshalb dahin, aus der Farbe oder anderen Eigenschaften auf die Koordination um das Farbion zu schließen. Zahlreiche Messungen sind dazu ausgeführt worden, zu denen mit der Ligandenfeldtheorie eine theoretische Untermauerung gekommen ist. Ihre Anwendung auf Gläser hat Bates [61] ausführlich beschrieben.

Mit den Farben in Gläsern beschäftigten sich Weyl [1057] und Bamford [43] in Monographien, sowie Sigel [889] in einer Übersicht. Die folgenden Ausführungen

218   3 Eigenschaften des Glases

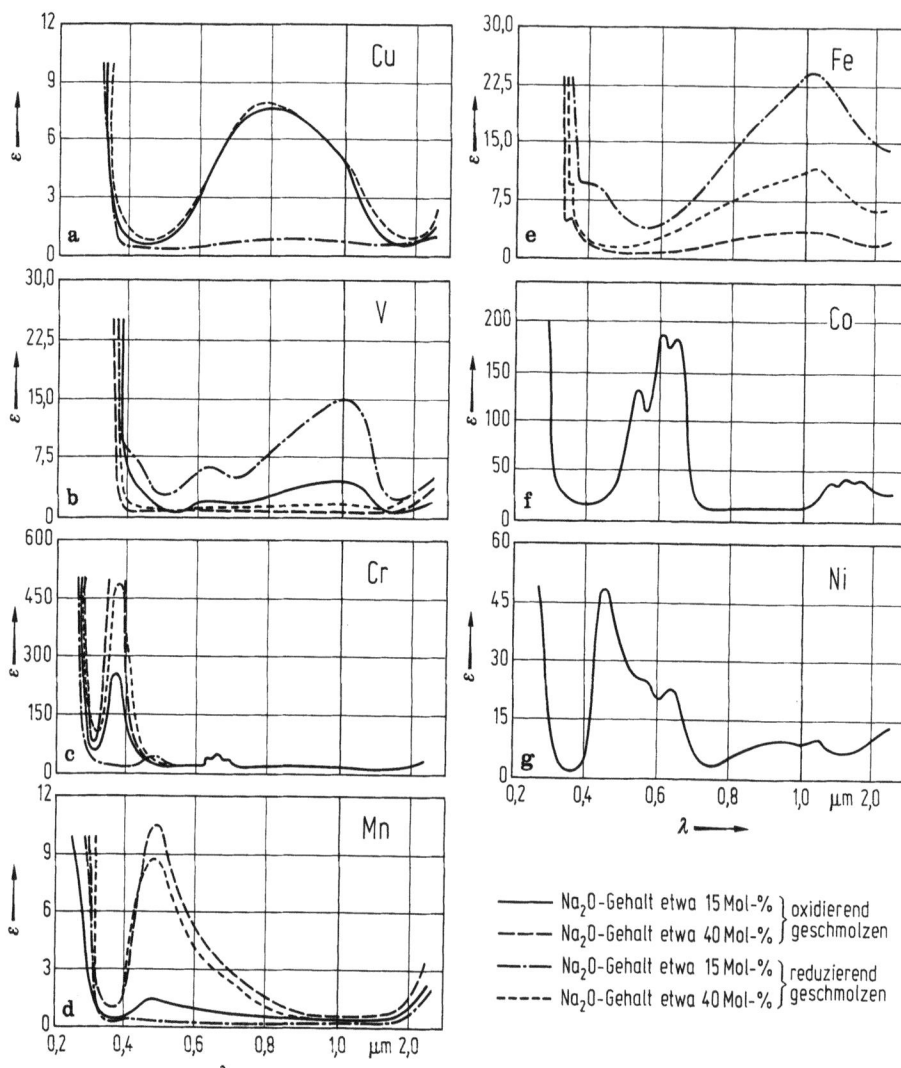

Bild 109a–g. Spektren einiger Nebengruppenelemente in Natriumsilicatgläsern nach Bamford [41, 42] (ε = molarer dekadischer Extinktionskoeffizient in l/(mol cm))

bauen vor allem auf den systematischen Untersuchungen von Bamford [41, 42] auf. Die einzelnen Spektren des Bildes 109 wurden von Bamford nach der Ligandenfeldtheorie ausgewertet, die aus der Art des Spektrums Rückschlüsse auf die Wertigkeit und die Koordinationszahl des Farbkations zuläßt. Ganz allgemein ergab sich dabei, daß mit steigender Basizität des Glases die höhere Wertigkeitsstufe begünstigt wird. Die wichtigsten *Farbkationen* sind:

Kupfer:
Das zweiwertige Cu^{2+}-Ion färbt als $[Cu^{II}O_6]$ schwach blau. Der kurzwellige Anstieg der Spektren in Bild 109a ist nach Vlasova u. M. [1021] bedingt durch geringe Anteile

an [Cu^{II}O$_4$]-Koordinationen, die schwach gelblich färben. Letztere Koordinationen können auch als verzerrte Oktaeder aufgefaßt werden, wobei das Ausmaß der Verzerrung nach Lee und Brückner [539] abhängig ist von den Bindungsverhältnissen im Glas, also von dessen Zusammensetzung.

Titan:
Geringe Mengen an TiO$_2$ in Gläsern ergeben keine Farbe. Bei größeren Mengen kann man jedoch leicht durch Reduktion [Ti^{III}O$_6$] erhalten, das violett färbt. Diese Farbe kann auch ins Braune umschlagen.

Vanadium:
Vanadium ist ein Element mit vielen leicht zugänglichen Wertigkeiten, so daß zahlreiche Farbänderungen beobachtet werden. Mit steigendem Alkaligehalt schlägt die Farbe von grün nach farblos um, was durch die Oxidation der [V^{III}O$_6$]-Gruppe zur [V^{V}O$_4$]-Gruppe hervorgerufen wird. Daneben tritt aber auch noch das vierwertige Vanadium auf, das für die intensive Bande bei 1 µm verantwortlich ist.

Chrom:
Ein wichtiges Farbelement stellt in der Glasindustrie das Chrom dar, dessen Bande bei 650 nm zu einem klaren Grün führt, wofür die [Cr^{III}O$_6$]-Koordination verantwortlich ist. Oxidation führt zum [Cr^{VI}O$_4$] mit einer sehr intensiven Bande bei 365 nm, die eine gelbe Farbe bedingt. Diese Oxidation wird durch steigende Basizität des Glases begünstigt. So steigt nach Brow [105] in den binären Na$_2$O–SiO$_2$-Gläsern nach Schmelzen in Luft bei 1 400 °C der Cr^{VI}-Anteil von etwa 25 % beim Glas mit 20 Mol-% Na$_2$O auf etwa 50 % an, wenn dieser Gehalt 33 Mol-% beträgt. Daneben werden auch die Wertigkeiten 2+ und 5+ für das Chromion im Glas diskutiert.

Mangan:
Normalerweise liegt in Gläsern die praktisch farblose [Mn^{II}O$_6$]-Gruppe vor, jedoch zeigen alkalireiche Gläser durch die [Mn^{III}O$_6$]-Gruppe eine violette Farbe.

Eisen:
Die Färbung von Gläsern durch Eisen ist nicht nur die wichtigste, sondern erwies sich zugleich in ihrer Deutung am schwierigsten. Das ist auch dadurch bedingt, daß das Eisen nicht nur zwei- und dreiwertig auftreten kann, sondern daß für beide Wertigkeiten die Koordinationszahlen 4 und 6 möglich sind, wobei zusätzlich zu beachten ist, daß der sich einstellende Zustand von der Basizität, der Art des Glases und der Konzentration an Eisen abhängen kann. Es ist deshalb nicht verwunderlich, daß man unterschiedliche Angaben in der Literatur findet.

Die starke UV-Absorption in Bild 109e ist auf das Fe^{3+}-Ion zurückzuführen. Das Maximum der betreffenden Absorptionsbande liegt bei 230 nm und hat dort $\varepsilon \approx 3\,000\,\text{l}/(\text{mol cm})$. Der Ausläufer dieser sehr starken Bande in das Sichtbare bedingt die gelbe Farbe. Dabei haben Mößbauermessungen ergeben, daß in den üblichen Gläsern [Fe^{III}O$_4$]-Gruppen auftreten, wobei sich das Fe^{3+}-Ion ähnlich wie das Al^{3+}-Ion verhält. Aber auch [Fe^{III}O$_6$]-Gruppen werden angenommen. Fenstermacher [254] und Montenero u. M. [623] schließen dies vor allem aus optischen Messungen, während Wang und Chen [1041] auch EXAFS-Untersuchungen heranziehen. Der Anteil des Fe^{III} in oktaedrischer Koordination ist stark von der Glaszusammensetzung abhängig. Er nimmt zu mit steigenden Fe-Gehalten im Glas und ist in den Phosphatgläsern begünstigt.

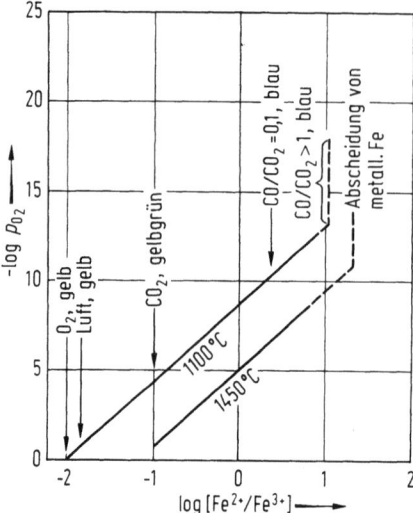

Bild 110. Abhängigkeit des $Fe^{2+}:Fe^{3+}$-Verhältnisses vom O_2-Partialdruck in $Na_2O \cdot 2\,SiO_2$-Schmelzen nach Johnston [461]

Bei reduzierendem Schmelzen entsteht Fe^{2+}, das in Form der $[Fe^{II}O_6]$-Gruppe zu einer Absorptionsbande im nahen Infrarot bei 1,1 µm führt, deren Ausläufer in das sichtbare Gebiet das Glas blau färben. Da im Sichtbaren $\varepsilon_{Fe^{2+}} > \varepsilon_{Fe^{3+}}$ ist, ist bei gleichem Eisengehalt die Intensität der Färbung nach reduzierendem Schmelzen stärker als nach oxidierendem Schmelzen. Außerdem kann das in Gläsern schwer lösliche und deshalb kolloidale Eisenoxid Fe_3O_4 auftreten, das dem Glas einen Grauton verleiht.

Die eben genannte Abhängigkeit von der Ofenatmosphäre, d.h. vom Sauerstoffpartialdruck, wurde an $Na_2O \cdot 2SiO_2$-Schmelzen mit einem Gesamteisengehalt von etwa 2 Gew.-% von Johnston [461] untersucht, wobei eine Reaktion nach

$$2O^{2-} + 4Fe^{3+} \rightleftarrows 4Fe^{2+} + O_2 \tag{75}$$

bestätigt wurde. Danach ist $\log p_{O_2}$ proportional $\log([Fe^{2+}]/[Fe^{3+}])$, wie Bild 110 für 1 100 und 1 450 °C auch zeigt. In diese Bilder wurden die Farben für verschiedene Atmosphären nach dem Schmelzen bei 1 100 °C eingetragen. In Luft wird eine gelbe Färbung erhalten, und $\log([Fe^{2+}]/[Fe^{3+}]) \approx -1,8$, d.h. nur etwa 1,5 % des Eisens sind in der zweiwertigen Stufe. Mit steigender Temperatur wird die geringere Wertigkeit begünstigt. Bei 1 450 °C beträgt $\log([Fe^{2+}]/[Fe^{3+}]) \approx -1,0$, d.h. etwa 9 % des Eisens sind in der zweiwertigen Stufe. Erreicht die Reduktion über 90 %, scheidet sich metallisches Eisen ab, und das $Fe^{2+}:Fe^{3+}$-Verhältnis wird unabhängig vom Sauerstoffpartialdruck, der dann allerdings sehr gering ist.

Wendet man auf Gl. (75) das Massenwirkungsgesetz an, dann müßte mit steigender O^{2-}-Konzentration, d.h. mit steigender Basizität, die zweiwertige Stufe des Eisens begünstigt werden. Das widerspricht aber den Erfahrungen, weshalb von Johnston [462] die Einführung von entsprechend konzentrationsabhängigen Aktivitätskoeffizienten vorgeschlagen wird. Man findet zwar einen Zusammenhang mit den nach anderen Methoden bestimmten Aktivitätskoeffizienten der Alkalioxide, anschaulicher ist es jedoch, wie schon im Abschn. 2.3.4 vermerkt wurde, wenn man nach

$$4Fe^{2+} + O_2 + 14O^{2-} \rightleftarrows 4[Fe^{III}O_4]^{5-}$$

die Bildung der anionischen Fe^{3+}-Koordination berücksichtigt, wodurch die Abhängigkeit von der Basizität sofort erkannt werden kann. Letztere Gleichung ist der von Goldman [318] angegebenen Gleichung $Fe^{2+} + \frac{1}{4} O_2 + \frac{3}{2} O^{2-} = FeO_2^-$ vorzuziehen, da sie besser auf den strukturellen Einbau eingeht.

Kobalt:
Wie Bild 109f zeigt, hat Kobalt die stärkste Farbwirkung in Gläsern. Die $[Co^{II}O_4]$-Gruppe erzeugt durch die Tripelbande bei 600 nm eine intensiv blaue Farbe. In Boratgläsern mit geringen Alkaligehalten findet eine Aufweitung durch die starken umgebenden Felder zu $[Co^{II}O_6]$ statt, wodurch eine rosa Farbe entsteht. In Gläsern mit sehr hohen Alkaligehalten gelingt es nach Dietzel und Coenen [182], dreiwertiges Co^{3+} zu erhalten, das als $[Co^{III}O_4]$ das Glas grün färbt.

Nickel:
Das Spektrum in Bild 109g zeigt das Vorliegen mehrerer Banden, die durch $[Ni^{II}O_4]$- und $[Ni^{II}O_6]$-Gruppen hervorgerufen werden, die das Glas graubraun erscheinen lassen. Ähnlich wie beim Kobalt, jedoch leichter, läßt sich die Koordination durch die Zusammensetzung beeinflussen. So haben Gläser mit starken Feldern, z.B. Li_2O-haltige Gläser, durch mehr $[Ni^{II}O_6]$-Gruppen eine gelbe Farbe, während im umgekehrten Fall, z.B. bei K_2O-haltigen Gläsern, durch mehr $[Ni^{II}O_4]$-Gruppen eine blaue Farbe entsteht.

Neben den bisher behandelten Farbkationen spielen auch *Farbanionen* eine wichtige Rolle. Bei der Glasschmelze wird manchmal Na_2SO_4 in das Gemenge eingeführt, das durch gleichzeitige Zugabe von Kohle während der Schmelze reduziert wird. Während das einfache S^{2-}-Anion nicht färbt, führt das Polysulfidanion S_n^{2-} in Gegenwart von Eisen zu einer gelben bis braunen Farbe, dem sog. *Kohlegelb*.

Den Färbungen durch Farbionen stehen die Färbungen durch *Kolloide* gegenüber. Die berühmteste dieser Färbungen ist wohl das *Goldrubin*. Dabei werden dem Glas geringe Mengen an Goldsalzen zum Gemenge zugesetzt. In der Schmelze befindet sich dann das Au^+-Ion. Beimengen von nichtfärbenden Oxiden, die leicht ihre Wertigkeit ändern, z.B. As_2O_3, führt beim Abkühlen zu einer Oxidation dieser Oxide (z.B. zu As_2O_5), wodurch das Au^+-Ion zum metallischen Au^0 reduziert wird und sich in der noch zähflüssigen Schmelze zu kolloidalen Teilchen zusammenlagert. Farben nach demselben Prinzip sind das *Kupferrubin* und das *Silbergelb*.

Weitere praktisch wichtige Kolloidfarben, die sich ganz allgemein beim Abkühlen der Glasschmelze oder beim anschließenden Tempern ausbilden, sind *Cadmiumgelb* (Farbträger CdS), *Selenrubin* (CdSe), alle möglichen Zwischenfarben durch Mischkristallbildung Cd(S, Se) und *Selenrosa* (Se allein).

Aus der Behandlung der Farben ergeben sich einige interessante Zusammenhänge mit der Praxis. Es wurde bereits gesagt, daß die Eisenfärbung für die Praxis am wichtigsten ist, weil in den Rohstoffen das Eisen den größten Teil der Verunreinigungen ausmacht. Es wurde bereits erwähnt, daß die Intensität der Färbung des Fe^{3+}-Ions viel geringer als die des Fe^{2+}-Ions ist. Deshalb wird nach Möglichkeit oxidierend geschmolzen, da der dann vorhandene Gelbstich nicht so stark wie der viel intensivere Blaustich ist. Zu diesem Zweck wurde früher dem Gemenge öfters MnO_2 zugesetzt, das das Fe^{2+}-Ion zum Fe^{3+}-Ion aufoxidierte. Daher stammt der Name Glasmacherseife für das MnO_2. Diese *chemische Entfärbung* kann man auch mit anderen Stoffen erzielen, z.B. mit CeO_2. Man hat in diesen Gläsern dann mindestens zwei Ionen R_1 und R_2 vorliegen, die relativ leicht ihre Wertigkeiten ändern können und ein Reduktions-Oxidations-Paar, ein Redox-System bilden. Wenn R_1 in den Wertigkeiten $+p$ und $+(p+x)$ und R_2 in den Wertigkeiten $+q$ und $+(q+y)$ auftreten kann, dann gilt die allgemeine Redox-Gleichung

$$y\ R_1^{p+} + x\ R_2^{(q+y)+} \rightleftarrows y\ R_1^{(p+x)+} + x\ R_2^{q+}. \qquad (76)$$

Für die zuletzt genannte chemische Entfärbung ergibt sich also

$$Fe^{2+} + Ce^{4+} \rightleftarrows Fe^{3+} + Ce^{3+}.$$

Das jeweilige Oxidationspotential bestimmt, welche Seite der Gl. (76) begünstigt ist. So wird in Silicatgläsern Fe^{2+} durch Mn^{3+} und Mn^{2+} durch Cr^{6+} oxidiert. Diese Reihenfolge ist aber von der Glaszusammensetzung abhängig. So liegt nach Lee und Brückner [538] das Mn/Cr-Gleichgewicht in Boratgläsern auf der anderen Seite. Bei der praktischen Glasschmelze muß man beachten, daß nach Bassine u. M. [60] auch die zugesetzten Carbonate und Sulfate in das Gleichgewicht eingreifen können.

Daneben gibt es noch die *physikalische Entfärbung*, bei der man dem Glas eine Substanz zusetzt, die in der Komplementärfarbe absorbiert, so daß sich beide Farben kompensieren. Für diese Zwecke haben sich CoO, NiO und Nd_2O_3 bewährt.

Die meisten Gläser sind bei normaler Verwendung dem Sonnenlicht und damit einer UV-Bestrahlung ausgesetzt, die im Glas Reaktionen hervorrufen kann, was man mit *Solarisation* bezeichnet. Diese Erscheinungen sind besonders im Zusammenhang mit der Einwirkung von noch energiereicheren Strahlen (Röntgen- und γ-Strahlen) untersucht worden. Als Beispiel sei die Wirkung des Sonnenlichts auf manganhaltige Gläser besprochen, die zu einer den oben beschriebenen Erscheinungen rückläufigen Reaktion führt, wobei das violett färbende Mn^{3+}-Ion entsteht. Das ist der Grund, warum alte Gläser oft einen violetten Stich haben, der also erst im Lauf der Jahrhunderte entstanden ist. Gläser, die gleichzeitig Ce^{3+}- und Au^+-Ionen enthalten, reagieren unter dem Einfluß von Bestrahlung zu Ce^{4+}-Ionen und metallischem Au^0, so daß man auf diese Weise in diesen Gläsern Bilder erzeugen kann. Die praktische Anwendung dieser Möglichkeit bei den photosensitiven Gläsern wurde bereits in Abschn. 2.4.3.3 erwähnt.

3.4.2.4 Durchlässigkeit im infraroten Bereich

Bild 109 zeigte bereits, daß einige Farbionen Absorptionsbanden im nahen Infrarot haben, deren wichtigste die des Fe^{2+}-Ions bei 1,1 μm ist. Dieser Absorptionsbande kommt in der praktischen Glasschmelze von eisenhaltigen Gläsern wegen der damit verbundenen Absorption und Emission der Wärmestrahlung große Bedeutung zu. Ist ein Glas frei von diesen Farbionen, dann ist es in normaler Schichtdicke von einigen Millimetern optisch leer bis etwas oberhalb 2,5 μm. Von da ab treten deutliche Banden auf, deren genaue Lage und Intensität von der Zusammensetzung abhängt. So zeigt Bild 111, daß das Kieselglas eine scharfe Bande bei 2,73 μm hat, während das Kalk-Natronglas neben einer Bande bei 2,85 μm eine solche bei 3,5 μm aufweist. Diese Banden werden durch das in diesen Gläsern *gelöste Wasser* hervorgerufen, dessen

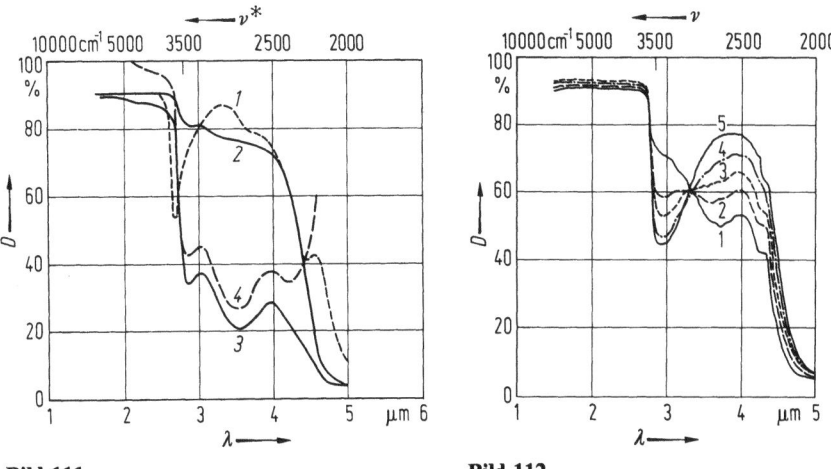

Bild 111. IR-Durchlässigkeit D einiger Silicatgläser (Schichtdicke 1 mm). *1*: SiO_2-Glas; *2*: $Na_2O-CaO-SiO_2$-Glas (16−10−74 Gew.-%), geringer OH-Gehalt; *3*: Glas der Kurve 2, aber hoher OH-Gehalt; *4*: Differenzspektrum der Gläser *2* und *3*

Bild 112. IR-Durchlässigkeit D von $Na_2O-Al_2O_3-SiO_2$-Gläsern

| Gläser: | SiO_2 | Na_2O | Al_2O_3 | d |
	(Mol-%)			(mm)
1:	80	20	0	1,08
2:	70	20	10	1,05
3:	68	20	12	1,15
4:	65	20	15	1,07
5:	60	20	20	1,03

struktureller Einbau im Abschn. 2.6.1.7 beschrieben und in Bild 64 schematisch dargestellt wurde.

Systematische Untersuchungen [834] ergaben, daß die Bande um 2,8 µm den freien OH-Gruppen zugeordnet werden muß. Im Kieselglas tritt nur diese eine OH-Bande auf. In dem Maß, wie durch Einführung von Netzwerkwandlern Trennstellensauerstoffe hervorgerufen werden, bilden die OH-Gruppen zu diesen Wasserstoffbrückenbindungen aus, wodurch die längerwellige Bande um 3,5 µm entsteht. Bei höheren Alkaligehalten können in der Glasstruktur auch leichter bewegliche $[SiO_4]$-Tetraeder vorliegen, die durch sehr starke Wasserstoffbrückenbindungen gebunden werden, was die Bande bei 4,25 µm zur Folge hat. Das Verhältnis dieser Banden muß danach von der Zusammensetzung des Glases abhängen. Ersetzt man in einem Na_2O-SiO_2-Glas das SiO_2 durch Al_2O_3, so nimmt durch die Ausbildung der $[AlO_4]$-Tetraeder die Zahl der Trennstellensauerstoffe ab, was eine Abnahme der Bande bei 3,5 µm zugunsten der bei 2,8 µm bewirkt, wie Bild 112 zeigt. Wenn das molare Verhältnis $Na_2O:Al_2O_3 = 1$ erreicht ist, sind keine Trennstellensauerstoffe mehr vorhanden, und die Bande bei 3,5 µm ist verschwunden.

Etwa ab 4,5 μm sind normale Gläser in Schichtdicken von einigen Millimetern für die IR-Strahlung vollkommen undurchlässig. Für diese starke Absorption sind *Si—O-Schwingungen* verantwortlich. Nur bei Schichtdicken von einigen Mikrometern kann man die einzelnen Banden erkennen. Zusammenfassende Darstellungen haben u.a. Condrate [151] und Neuroth [661] gegeben. Sie zeigen die Möglichkeiten auf, aus IR-Messungen Rückschlüsse auf die Glasstruktur zu ziehen. Wesentliche Fortschritte sind durch die verbesserte Technik der Messung von Ramanspektren erzielt worden, wie u.a. von Konijnendijk und Stevels [498] beschrieben wird.

Die Lage der Banden wird u.a. von den schwingenden Massen bestimmt, und die Banden liegen bei um so längeren Wellen, je größer die Massen sind. Man ist deshalb durch Einführen von schwereren Ionen zu Gläsern gekommen, die im infraroten Bereich bis über 10 μm durchlässig sind, wovon das As_2S_3-Glas am meisten bekannt ist. Es gibt auch Versuche, infrarotdurchlässige nichtsilicatische Gläser auf Oxidbasis (mit TeO_2, GeO_2 usw.) herzustellen. Eine Übersicht findet man z.B. bei Dumbaugh [213].

3.4.2.5 Abhängigkeit von der Temperatur

Der Einfluß der Temperatur beruht auf verschiedenen Mechanismen. Als erster davon soll die Veränderung der Form der Absorptionsbande erwähnt werden, was meist zu einer Verschiebung in den längerwelligen Bereich führt. Das hat bei den Gläsern, deren UV-Grenze durch den Fe_2O_3-Gehalt bestimmt wird, zur Folge, daß mit steigender Temperatur auch diese Absorptionskante mehr in das Sichtbare kommt, diese Gläser also gelber werden. Es gilt dies aber auch für die Absorptionskante von gelben oder roten Signalgläsern. Werner und Wedding [1054] berichten, daß bei einem roten Glas beim Erhitzen auf 400 °C eine Verschiebung von 580 auf 630 nm eintrat.

Ein anderer Einfluß hängt von der Polarisierbarkeit der O^{2-}-Ionen ab. Sind in den Gläsern Farbionen vorhanden, die mehrere Koordinationsmöglichkeiten haben, so ist die geringere Koordinationszahl dann begünstigt, wenn leichter polarisierbare O^{2-}-Ionen zur Verfügung stehen. Das ist bei Erhöhung der Basizität der Fall, aber auch eine Temperaturerhöhung vergrößert die Polarisierbarkeit der O^{2-}-Ionen und begünstigt damit den Übergang zur geringeren Koordinationszahl. Es wurde bereits erwähnt, daß kobalthaltige Natriumsilicatgläser die $[CoO_4]$-Gruppe enthalten und blau sind, während im B_2O_3-Glas die $[CoO_6]$-Gruppe vorliegt, die das Glas rosa färbt. In Borosilicatgläsern treten dann beide Gruppen auf, so daß diese violett erscheinen. Erhitzt man ein derartiges Glas, tritt der erwähnte Koordinationswechsel $[CoO_6] \rightarrow [CoO_4]$ ein, und die Farbe schlägt von violett nach blau um.

Weiterhin macht sich auch bei Gläsern bemerkbar, daß mit steigender Temperatur die geringeren Wertigkeiten stabiler werden. Das zeigt bei eisenoxidhaltigen Natriumsilicatschmelzen sehr deutlich Bild 110. Beim Übergang von 1 100 auf 1 450 °C erhöht sich $\log([Fe^{2+}]/[Fe^{3+}])$ um 0,8. Diese Beobachtung ist bedingt durch die Temperaturabhängigkeit der entsprechenden thermodynamischen Daten. Das gilt natürlich auch für die Redoxgleichgewichte, wo Paul [686] zeigen konnte, daß Tempern bei verschiedenen Temperaturen zu unterschiedlichen Farben führt.

Im nahen Infrarot wird schließlich noch ein anderer Mechanismus wirksam. Es wurde oben erwähnt, daß die in diesem Bereich auftretenden Banden bei 2,8 und 3,5 μm durch freie OH-Gruppen bzw. OH-Gruppen mit Wasserstoffbrücken erzeugt werden. Mit steigender Temperatur findet eine Aufspaltung dieser Wasserstoffbrücken zugunsten freier OH-Gruppen statt [834], was die experimentellen Befunde mehrerer Autoren erklärt, wonach mit steigender Temperatur die Bande bei 2,8 µm ansteigt, aber die bei 3,5 µm abnimmt.

3.4.2.6 Abhängigkeit von der Vorgeschichte

Geht der im voranstehenden Abschnitt beschriebene Koordinationswechsel mit steigender Temperatur im Transformationsbereich vor sich, ist es möglich, durch *Abschrecken* den Zustand der höheren Temperatur einzufrieren. Nach Weyl [1057] gelingt das bei nickelhaltigen Natriumsilicatgläsern, die bei Zimmertemperatur wegen des gleichzeitigen Vorliegens von $[NiO_4]$- und $[NiO_6]$-Gruppen grau aussehen. Bei erhöhter Temperatur liegen nur noch $[NiO_4]$-Gruppen vor, und das abgeschreckte Glas hat eine violette Färbung.

Stärker zu beachten sind jedoch die Einflüsse, die in der Änderung der Wertigkeiten mit der Temperatur liegen. Hier beobachtet man die Erscheinung, daß bei den eisenoxidhaltigen Gläsern beim Abkühlen fast immer die Verhältnisse bei hohen Temperaturen erhalten bleiben, wobei auffallend ist, daß die Wertigkeiten vorwiegend durch die Bedingungen während des Einschmelzens bestimmt werden, während die Ofenatmosphäre nur einen geringen Einfluß ausübt. Daraus muß man folgern, daß der Stoffaustausch zwischen Glasschmelze und Ofenatmosphäre nur sehr langsam stattfindet. Wenn jedoch daneben noch ein weiteres Redoxpaar anwesend ist, dann werden während der Abkühlung deutliche Änderungen und damit Abhängigkeiten von der Vorgeschichte beobachtet.

Auch bei den Spektren kann sich eine *Entmischung* auswirken, vor allem dann, wenn die Farbionen in einer der flüssigen Phasen angereichert werden und dort sich die Basizität gegenüber dem Ausgangsglas ändert. Bei einer Anreicherung der Farbionen können diese aber auch in eine verstärkte gegenseitige Wechselwirkung treten und damit die Farbwirkung beeinflussen.

3.4.2.7 Besondere Entwicklungen

Die großen Variationsmöglichkeiten in den Glaszusammensetzungen haben dem Glas nicht nur in der Optik ein breites Anwendungsgebiet erschlossen, sondern sie wurden auch für weitere Zwecke genutzt. Einige davon sollen hier beschrieben werden, weitere Entwicklungen bahnen sich an, wie J. F. Kreidl und N. J. Kreidl [509] in einer Übersicht eindrucksvoll darstellen.

Auf die *Lichtempfindlichkeit* einiger Gläser war bereits am Ende des Abschn. 3.4.2.3 hingewiesen worden, wobei jedoch die dort erwähnte Solarisation irreversibel ist. Eine andere Entwicklung begann mit der Entdeckung von Cohen und Smith [146], daß Gläser mit geringen Gehalten an zweiwertigem Europium unter dem Einfluß von z.B. Sonnenbestrahlung dreiwertiges Europium bilden, wobei gleichzeitig Leerstellen entstehen, die das Glas amethystfarben färben. Nach Beendigung der Bestrahlung verläuft die Reaktion rückläufig, so daß das Glas nach kurzer Zeit wieder farblos ist. Man nennt solche Gläser, die bei Belichtung dunkel werden, danach aber wieder aufhellen (phototrope oder) *photochrome Gläser*. Die weitere Entwicklung der eben genannten Beobachtung führte aber nicht zu Gläsern für einen praktischen Einsatz.

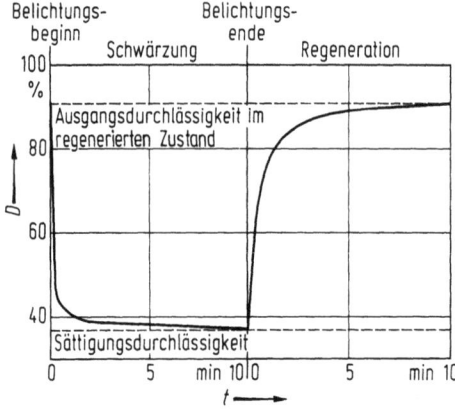

Bild 113. Änderung der Lichtdurchlässigkeit D eines photochromen Glases bei 545 nm nach Gliemeroth und Mader [314] (Glasdicke 2 mm, Anregung durch Xenonlicht)

Das wurde erst erreicht, als sich Armistead und Stookey [33] einem anderen System zuwandten und photochrome Gläser durch einen Zusatz von etwa 0,5 Gew.-% Silberhalogenid (AgHal) herstellten. Schon bald hat Smith [906] eine Übersicht vorgelegt. Später hat sich dann besonders Araujo [29] mit diesem Thema befaßt.

Wichtig bei der Herstellung der photochromen Gläser ist ein Zustand, bei dem das zunächst in der Glasschmelze gelöste AgHal in den Bereich der Übersättigung kommt, was man entweder mit Glaszusammensetzungen erreichen kann, die eine starke Temperaturabhängigkeit für die Löslichkeit der Silberhalogenide aufweisen oder die derart beim Tempern entmischen, daß sich das AgHal vorzugsweise in einer der Phasen befindet. Diese Bereiche sollen Durchmesser von 10 bis 30 nm haben. Durch Bestrahlung mit Licht höherer Energie findet wie in der normalen photographischen Emulsion eine Dissoziation in Ag^0 und Hal^0 statt, nur daß im Gegensatz zur normalen Photographie die beiden Komponenten sich räumlich nicht weit entfernen können. Das sich bildende metallische Ag^0 färbt das Glas grau. Gleichzeitig anwesende Cu^+-Ionen fördern diesen Prozeß, indem sie den Ladungsausgleich des Silbers nach $Ag^+ + Cu^+ \rightarrow Ag^0 + Cu^{2+}$ ermöglichen. Nach Beendigung der Bestrahlung tritt durch die übliche thermische Bewegung eine Rekombination zu farblosem AgHal ein. In Bild 113 ist dieser Verlauf an einem Beispiel dargestellt. Die Kinetik ist im wesentlichen bekannt. Die Schwärzung wird durch eine Photolyse bestimmt, während die Aufhellung von den Versuchsbedingungen abhängt und durch dem jeweiligen System angepaßte Diffusionsmodelle erklärbar wird. Im allgemeinen fördert steigende Temperatur die Aufhellung.

Eine weitere Entwicklung ist der Einsatz von Gläsern als *Laser* (Light-Amplification by Stimulated Emission of Radiation). Dabei werden bei Festkörperlasern paramagnetische Ionen mit einer Lichtquelle auf ein höheres Energieniveau gehoben, der Laser wird „aufgepumpt". Es kann dann Entleerung stattfinden, wobei eine scharf gebündelte, kohärente Fluoreszenzstrahlung sehr hoher Intensität entsteht. Der klassische Festkörperlaser ist der Cr^{3+}-dotierte Rubinkristall. Bald hat man aber gefunden, daß sich auch Gläser dafür einsetzen lassen, wobei zuerst von Snitzer [907] Nd^{3+}-haltiges Bariumkronglas vorgeschlagen wurde. (Snitzer [908] hat später auch einen Überblick gegeben.) Nd^{3+} hat sich gut bewährt; es ruft eine Emission bei 1,06 µm hervor. Die genaue Wellenlänge und Linienbreite hängt von der Zusammensetzung des Grundglases ab, wofür auch Gläser auf Phosphat- und Fluoridbasis in Frage kommen.

Bisher wurden zur Erzielung bestimmter Eigenschaften den Grundgläsern spezielle Komponenten zugegeben. Letztere waren entscheidend für die gewünschten Eigenschaften, während das Grundglas meist nur untergeordnete Bedeutung hatte. Im letzten Beispiel ist es gerade umgekehrt; denn hier werden die einzigartigen optischen Eigenschaften der Grundgläser genützt, insbesondere die große Lichtdurchlässigkeit reiner Gläser. Zieht man aus einem solchen Glas Fasern, dann kann man diese Fasern als *Wellenleiter* zur Nachrichtenübermittlung verwenden. Übersichten dazu stammen u.a. von Beales und Day [64], Klein [494], Maurer [592] und Schultz [851].

Solche Fasern sind nur dann wirtschaftlich einsetzbar, wenn sie eine hohe Durchlässigkeit haben. Es hat sich eingebürgert, diese Durchlässigkeit durch das Dämpfungsmaß dB/km zu kennzeichnen (dB = Dezibel), worin die Dämpfung in Bel den dekadischen Logarithmus des Verhältnisses von Eingangs- zu Ausgangsintensität darstellt, also $\log I_0/I$ = Dämpfung in Bel. Wenn z.B. am Ende einer 1 km langen Glasfaser noch 1 % der Anfangsintensität vorhanden ist, dann beträgt die Dämpfung $\log I_0/0,01\, I_0 = 2$ Bel/km = 20 dB/km. Entsprechend ergibt sich bei einer Faser sehr guter Durchlässigkeit mit noch 90 % der Anfangsintensität nach 1 km eine Dämpfung von 0,46 dB/km, und 0,20 dB/km Dämpfung bedeuten, daß eine solche Faser nach 1 km noch 95,5 % der Anfangsintensität aufweist, also nur 4,5 % Verlust zeigt.

Die eben genannten Werte, die experimentell bereits erreicht worden sind, erfordern erhebliche Anstrengungen bei der Herstellung. Es machen sich dabei Absorptions- und Streuverluste bemerkbar. Erstere werden vor allem verursacht durch Verunreinigungen, wobei wegen des Einsatzes von Lasern besonders die Absorption im längerwelligen Bereich interessiert. Es hat sich gezeigt, daß besonders kritisch Spuren von Cu^{2+} und Fe^{2+} sind; denn schon etwa 0,01 ppm bewirken einen Verlust von 10 dB/km. Weiterhin können sich die Ausläufer der benachbarten UV- und IR-

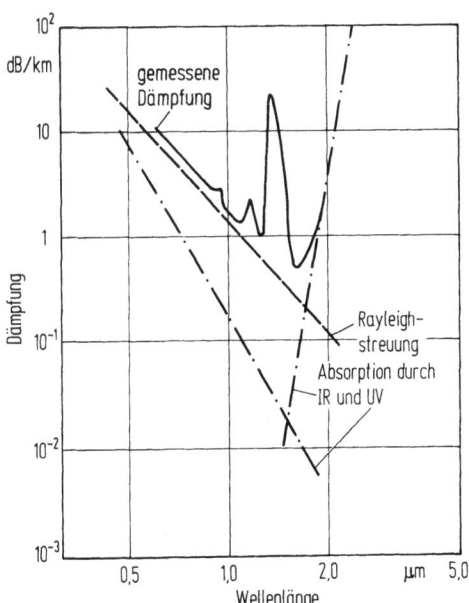

Bild 114. Schematische Darstellung des Vergleichs der gemessenen Dämpfung von Kieselglas mit den theoretisch berechneten Anteilen an den Dämpfungsverlusten

Banden bemerkbar machen, wie Bild 114 zeigt. Man kann in diesem Bild an der Meßkurve erkennen, daß ausgeprägte Banden im interessierenden Bereich auftreten, die Oberschwingungen der OH-Gruppen darstellen und die stark stören, d.h. zu den Verunreinigungen, die vermieden werden müssen, gehören nicht nur die Nebengruppenelemente, sondern auch das gelöste Wasser.

Hat man ein Glas, das frei von diesen Verunreinigungen ist, dann sind noch Streuverluste durch Inhomogenitäten zu beachten. Bei einem vollkommen homogenen Glas werden schließlich die verbleibenden Verluste durch die Fluktuationen in der Glasstruktur (s. Abschn. 2.5.5) hervorgerufen. Es ist besonders die Rayleigh-Streuung, die sich hier bemerkbar macht. Da sie stärker als die Absorption durch die UV-Ausläufer ist, bestimmt sie die theoretischen Verluste im kurzwelligen Bereich, wie auch Bild 114 zeigt. Ihre Intensität nimmt mit λ^4 ab, wird also schnell geringer. Daraus folgt, daß mit steigender Wellenlänge die Lichtdurchlässigkeit des Glases besser wird, bis sie schließlich durch die Absorption der IR-Ausläufer wieder abnimmt. Es entsteht so ein ausgesprochenes Durchlässigkeitsfenster, das nach Bild 114 beim Kieselglas bei etwa 1,7 µm und 0,2 dB/km liegt. Will man dieses Fenster weiter öffnen, dann ist der erfolgreichste Weg, nach Gläsern zu suchen, deren IR-Absorption weiter im längerwelligen Bereich liegt. Hier schafft schon die Einführung von schweren Kationen einen gewissen Fortschritt, denn beim GeO_2-Glas liegen die theoretischen Werte bei 2,4 µm und 0,06 dB/km. Theoretisch läßt sich mit den Fluoridgläsern ein weiterer Fortschritt erzielen, doch sind dabei die Herstellungsprobleme noch größer als bei den Oxidgläsern.

Beim Einsatz zur optischen Nachrichtenübermittlung muß man dafür sorgen, daß ein eingegebener Lichtstrahl in der Faser durch häufige Reflexion nicht zu stark gedämpft wird. Man erreicht das durch eine geringere Brechzahl der Faser im äußeren Teil, wobei der Übergang der Brechzahlen stetig sein und ein vorgegebenes Profil haben muß. Dazu muß natürlich die Zusammensetzung geändert werden. Dies geschieht durch Niederschlag der gewünschten Oxide aus Mischungen entsprechender dampfförmiger Verbindungen (CVD-Prozeß = Chemical Vapour Deposition), wobei durch kontinuierliche Änderung der Dampfzusammensetzung das gewünschte Profil für eine Gradientenfaser entsteht. Aufdampfen auf einen Stab erfordert geringere, Eindampfen in ein Rohr höhere Brechzahlen. Beide werden dann zu Fasern ausgezogen, meist zu Durchmessern um 100 µm. Zur Herstellung solcher Gradientenfasern, für die auch die Abkürzung GRIN (Gradient Index) verwendet wird, gibt es auch andere Verfahren, z.B. die kontrollierte Auslaugung bestimmter Komponenten des Glases.

3.5 Mechanische Eigenschaften

Zu den Eigenschaften des Glases, denen sich die Forschung besonders widmet und bei denen bemerkenswerte Fortschritte erzielt wurden, gehören die mechanischen Eigenschaften mit dem Schwerpunkt der Festigkeit des Glases. Es gibt darüber eine große Zahl an Untersuchungen und Veröffentlichungen. In einer Bibliographie der Internationalen Glaskommission [1133] sind 665 frühere, bis 1965 erschienene Arbeiten zitiert, und bald danach hat Bartenev [51] den Stand der Kenntnisse in einer

Monographie zusammengestellt. Mehrere neuere Handbuchartikel über einschlägige Teilgebiete sind im Band 5 „Elasticity and Strength in Glasses" der von Uhlmann und Kreidl [1004] herausgegebenen Buchreihe zu finden, auf die an den entsprechenden Stellen verwiesen werden wird zusammen mit weiteren Übersichtsartikeln.

Im folgenden Kapitel werden zuerst die elastischen Eigenschaften behandelt, um dann auf die Festigkeit des Glases unter verschiedenen Gesichtspunkten einzugehen. Den Abschluß bildet nach einer Besprechung der Spannungen und der Kühlung die Härte des Glases.

3.5.1 Elastische Eigenschaften

Ein fester Körper erleidet durch eine deformierende Kraft eine Verformung. Geht diese Verformung nach Aufheben der Kraft vollkommen zurück, wird der Körper als ideal elastisch bezeichnet. Das Hookesche Gesetz sagt aus, daß die Verformung oder Deformation D proportional der angelegten Spannung S ist:

$$S = M\,D\,.$$

Die in dieser Gleichung auftretende Proportionalitätskonstante M wird allgemein als Modul bezeichnet. Je nach Art der Verformung gibt es verschiedene Moduln. Ihre Werte sind von der Zusammensetzung abhängig, die Moduln stellen daher Materialkonstanten dar.

Durch eine Zugspannung entsteht eine Dehnung, die durch den Dehnungsmodul (oder Elastizitätsmodul) E gekennzeichnet wird. Eine Schubspannung führt zu einem Scherungsvorgang. Der entsprechende Modul G hat viele Bezeichnungen erhalten: Schub-, Scherungs-, Gleit-, Drillungs- oder Torsionsmodul. Schließlich führt ein allseitiger Druck zu einer Kompression mit dem Kompressionsmodul K. Bei der Dehnung tritt in der dazu senkrechten Richtung eine Querkontraktion ein. Beträgt die relative Dehnung $\Delta l/l$ und die relative Querkontraktion $\Delta d/d$, dann wird das Verhältnis

$$(\Delta d/d) : (\Delta l/l) = \mu \tag{77}$$

als Poissonsche Zahl μ bezeichnet. Über die Poissonsche Zahl sind obige drei Moduln durch folgende Gleichung miteinander verbunden:

$$E = 2(1+\mu)\,G = 3(1-2\mu)\,K\,. \tag{78}$$

Ernsberger [237] hat die elastischen Eigenschaften von Gläsern zusammenfassend behandelt.

3.5.1.1 Meßmethoden

Für die Bestimmung der elastischen Konstanten kann auf ausführliche Darstellungen in vielen Physikbüchern hingewiesen werden, so daß es hier genügt, auf nur einige Methoden kurz einzugehen. Vorweg sei gesagt, daß die obigen Gleichungen die gegenseitige Berechnung der Konstanten ermöglichen. Bei den Meßmethoden ist zwischen statischen und dynamischen Verfahren zu unterscheiden.

Die einfachste Methode zur Bestimmung des *Dehnungsmoduls* ergibt sich aus seiner Definition. Legt man an einen Stab der Länge l und des Querschnitts q eine Kraft P an, dann ergibt sich aus der Verlängerung Δl

$$E = \frac{l}{\Delta l} \cdot \frac{P}{q}.$$

Die schwierigste Bestimmung ist die der Länge, wobei man mit interferometrischen Anordnungen die größte Genauigkeit erzielen kann. Zahlreich sind die Varianten der Biegungsmessungen, bei denen Stäbe einseitig eingeklemmt oder beidseitig aufgelegt und dann belastet werden. Die Auswertung richtet sich nach der Form der Stäbe. So gilt für einen einseitig eingeklemmten runden Stab der Länge l mit dem Radius r bei einer Durchbiegung h:

$$E = \frac{4}{3\pi} \cdot \frac{l^3}{h\,r^4} \cdot P.$$

In den dynamischen Verfahren kann man die Dehnungs- oder Biegungsschwingungen von Stäben im hörbaren oder Ultraschallfrequenzbereich zur Bestimmung von E verwenden. Das erstere Verfahren hat den Vorteil, daß es unabhängig von der Form des Querschnitts ist. In beiden Verfahren ist die Bestimmung der Tonhöhe n und der Art der Schwingung (Grundschwingung oder Oberschwingungen) nötig. Für einen im Grundton schwingenden (nur ein Schwingungsknoten in der Mitte des Stabes) Stab der Länge l und der Dichte ϱ ergibt sich bei der Dehnungsschwingung

$$E = 4\,\varrho\,n^2\,l^2.$$

Greift am freien Ende eines einseitig eingespannten runden Stabes mit der Länge l und dem Radius r ein Drehmoment M an, dann ergibt sich aus der Verdrehung α (im Bogenmaß) der *Schubmodul* G zu

$$G = 2\,l\,M/(\pi\,\alpha\,r^4).$$

Bei dünneren Stäben oder Fasern bedient man sich einer dynamischen Methode, indem man an das untere Ende der oben eingespannten Probe eine Masse mit einem Trägheitsmoment J hängt, das groß gegenüber dem der Probe ist. Beträgt die Schwingungsdauer dieser Masse t, dann gilt

$$G = 8\,\pi\,l\,J/(r^4\,t^2).$$

Die absolute Methode zur Bestimmung des *Kompressionsmoduls*, bei der man die Verkürzung eines Stabes unter allseitigem Druck mißt, ist recht schwierig. Etwas einfacher sind relative Methoden, in denen man die zu untersuchende Probe mit dem Verhalten von bekannten Stoffen vergleicht. Wesentlich eleganter ist die dynamische Methode, bei der man sich vorzugsweise des Ultraschalls bedient. Ist dessen Fortpflanzungsgeschwindigkeit u, dann kommt man bei Kenntnis der Dichte ϱ sofort zum Kompressionsmodul K nach

$$K = u^2\,\varrho.$$

Meist wird mit der Kompressibilität κ, dem reziproken Kompressionsmodul gearbeitet.

Zur Bestimmung der *Poissonschen Zahl* kann man neben dem direkten Verfahren (nach der Definitionsgleichung (77) Messung der Längsdehnung und der Querkontraktion) die Methode der Biegung einer ebenen Platte heranziehen. Dabei tritt eine sattelförmige Wölbung der Oberfläche ein, die nach Auflegen einer ebenen Platte an Interferenzstreifen in Gestalt von Hyperbeln zu erkennen ist. Beträgt der Winkel zwischen den Asymptoten dieser Hyperbeln 2α, dann ist

$$\mu = \tan^2 \alpha.$$

Letztere Methode ist verwandt mit dem Vorschlag von Sinha [899], eine solche sattelförmige Verformung bei der Biegebelastung eines Glasstreifens mittels der Lasertechnik auszumessen und zur Bestimmung der elastischen Konstanten zu verwenden. Wenn auch die Genauigkeit nicht sehr hoch ist, so erlaubt diese Methode jedoch ein einfaches Messen auch bei höheren Temperaturen.

Die elastischen Konstanten werden in unterschiedlichen Einheiten angegeben. Im folgenden wird für E, G und K die Einheit kbar gewählt. Umrechnungen in andere Einheiten können erfolgen nach

$$1 \text{ kbar} = 0,1 \text{ GPa} = 0,1 \text{ GN/m}^2 = 10^8 \text{ N/m}^2 \ (\approx 10^3 \text{ kp/cm}^2 \approx 14\,000 \text{ psi}).$$

3.5.1.2 Abhängigkeit von der Zusammensetzung

Schon die ersten Messungen haben ergeben, daß bei Gläsern unter normalen Bedingungen das Hookesche Gesetz erfüllt ist, d.h. Glas ist bei Zimmertemperatur ein elastischer Körper, kann also durch einen *Dehnungsmodul* gekennzeichnet werden. Dieser ist nach obiger Definitionsgleichung um so größer, je geringer die Verlängerung bei einer bestimmten angelegten Zugspannung ist. Das wird der Fall sein, wenn die Glasstruktur starr ist, also möglichst wenig Trennstellensauerstoffe enthält. Für das *Kieselglas* ist deshalb ein hoher Dehnungsmodul zu erwarten. Nach Messungen von Deeg [167] liegt er bei 720 kbar. Die Einführung von *Alkalioxid* ruft eine Schwächung der Struktur durch die Bildung von Trennstellensauerstoffen hervor. Wirklich ergibt sich eine Abnahme des Dehnungsmoduls mit steigendem Na_2O-Gehalt, wie Bild 115 nach Messungen von Deeg [167] zeigt. Bei gleichem Alkaligehalt hängt die Festigkeit der Struktur von der Feldstärke des Kations ab. Sie ist im binären K_2O-SiO_2-Glas niedriger als im entsprechenden Na_2O-SiO_2-Glas, weshalb die Dehnungsmoduln in den K_2O-SiO_2-Gläsern geringer sind, wie ebenfalls in Bild 115 zu erkennen ist. Das Li^+-Ion hat demgegenüber eine höhere Feldstärke, was nach Messungen von Kozlovskaya [504] sogar dazu führt, daß der Dehnungsmodul mit zunehmendem Li_2O-Gehalt schwach ansteigt. Nach DeGuire und Brown [169] ist dieser Anstieg noch ausgeprägter. Ähnliche Erscheinungen werden auch beobachtet, wenn man *Kationen mit noch höherer Feldstärke* einführt, z.B. Calcium. Infolge ihrer größeren Polarisierbarkeit verhalten sich die Nebengruppenelemente in ihrer Wirkung auf den Dehnungsmodul ähnlich wie die Alkalien, so daß der Einfluß von ZnO mit dem von Na_2O und der von PbO mit dem von K_2O vergleichbar ist. Schließlich wirken sich Zusätze von Al_2O_3 oder B_2O_3 zu Alkalisilicatgläsern erhöhend auf den Dehnungsmodul aus, da die Zahl der Trennstellensauerstoffe verringert wird. So steigt z.B. im System $25Na_2O \cdot xAl_2O_3 \cdot (75-x)SiO_2$ nach Livshits u. M. [552] der Dehnungsmodul von 590 kbar bei $x=0$ auf 740 kbar bei $x=25$ an.

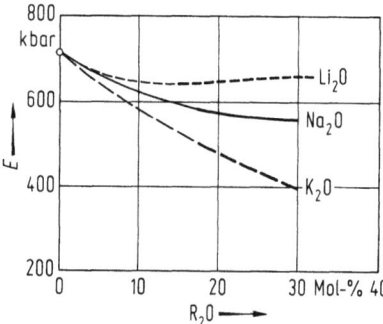

Bild 115. Dehnungsmodul E binärer Alkalisilicatgläser bei Zimmertemperatur nach verschiedenen Autoren

Die relativ offene Struktur des B_2O_3-*Glases* läßt dessen geringen Dehnungsmodul von nur 175 kbar gut verstehen. Mit steigendem Na_2O-Gehalt der binären *Boratgläser* wird die Struktur starrer, und der Dehnungsmodul steigt an, wobei dieser Anstieg sehr ausgeprägt ist und nach Takahashi u. M. [944] den Maximalwert von etwa 600 kbar dann erreicht, wenn die Anzahl an B-Ionen in der Koordinationszahl 4 ihr Maximum aufweist. Letzteres gilt auch für Alkaliborosilicatgläser. Das entsprechende Verhalten findet man auch bei den Gläsern der Systeme R_2O-GeO_2, wie Osaka u. M. [677] bestätigen konnten, indem der Dehnungsmodul von 430 kbar beim reinen GeO_2-Glas bis auf 730 kbar beim binären Glas mit etwa 17 Mol-% Na_2O ansteigt.

Die Untersuchungen über den *Schubmodul* sind nicht so zahlreich wie über die anderen elastischen Konstanten. Die Abhängigkeit von der Zusammensetzung läßt sich ähnlich wie beim Dehnungsmodul diskutieren, nur daß die Werte geringer sind. Nach Gl. (78) betragen die Werte für G nur knapp die Hälfte von E, d.h. für die meisten Gläser liegt der Schubmodul im Bereich von 200 bis 400 kbar.

Die *Kompressibilität* $\varkappa$ (= reziproker Kompressionsmodul) ist die elastische Eigenschaft von Gläsern, die sich aus der Glasstruktur am leichtesten ableiten läßt. Das Kieselglas besitzt eine offenere Struktur mit vielen Hohlräumen, die eine große Kompressibilität erwarten lassen. Die Meßwerte verschiedener Autoren liegen für das Kieselglas um $2{,}7 \cdot 10^{-6}$ bar^{-1}. Führt man in das Kieselglas andere Oxide ein, dann werden zunächst die Hohlräume durch die betreffenden Kationen besetzt, was zu einer Abnahme der Kompressibilität, also zu einer Zunahme des Kompresssionsmoduls führen müßte. Deshalb ist im System Li_2O-SiO_2 eine deutliche Abnahme der Kompressibilität zu beobachten, wie Bild 116 nach Messungen von Weir und Shartsis [1051] zeigt. Diese Überlegung gilt allerdings nur für den Fall, daß die Kationen als starr angesehen werden können. In dem Maß, wie die Kationen selbst deformierbar werden, also mit zunehmendem Ionenradius, steigt die Kompressibilität an (s. Bild 116). Noch deutlicher zeigen sich diese beiden Einflüsse in den binären $R_2O-B_2O_3$-Systemen, die ebenfalls von Weir und Shartsis untersucht wurden (s. Bild 117). Bei geringen Alkaligehalten ist die Kompressibilität groß, da viele Hohlräume vorhanden sind. Sie werden von den großen K^+-Ionen am schnellsten ausgefüllt, so daß die Kompressibilität in der Reihe Li–Na–K abnimmt. Bei höheren Alkaligehalten wird dann die Deformierbarkeit der Kationen ausschlaggebend, so daß eine Umkehr in dieser Reihenfolge eintritt und das $K_2O-B_2O_3$-Glas am leichtesten zu komprimieren ist.

Aus Gl. (77) kann man ableiten, daß die *Poissonsche Zahl* μ zwischen 0 und 0,5 liegen muß. Eine geringe Poissonsche Zahl sagt, daß bei einer bestimmten Längendeh-

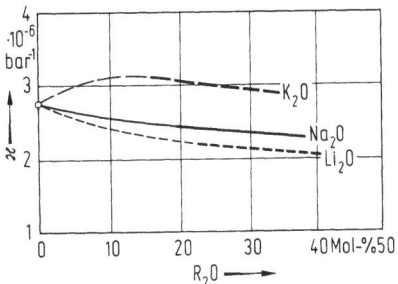

Bild 116. Kompressibilität $\varkappa$ binärer Alkalisilicatgläser bei 21 °C und 10 kbar

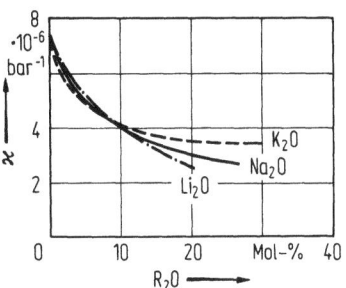

Bild 117. Kompressibilität $\varkappa$ binärer Alkaliboratgläser bei 21 °C, extrapoliert auf 1 bar

nung nur eine geringe Querkontraktion stattfindet. Das wird man vor allem bei einer starren Struktur erwarten, weshalb das Kieselglas mit $\mu=0{,}17$ eine sehr niedrige Poissonsche Zahl hat. Mit steigendem Gehalt vor allem an großen Ionen steigt μ an und kann Werte bis fast 0,30 erreichen. Bei den üblichen Kalk-Natrongläsern liegt μ nahe 0,22.

3.5.1.3 Berechnung aus der Zusammensetzung

Die eben diskutierten Abhängigkeiten der elastischen Konstanten von der Zusammensetzung lassen erwarten, daß es möglich ist, eine Berechnung der Werte aus der Zusammensetzung durchzuführen. Es waren auch hier Winkelmann und Schott [1082], die empirisch diesen Weg beschritten. Sie mußten aber feststellen, daß die Größe der Faktoren E_i in der Gleichung

$$E=\sum E_i p_i \qquad (79)$$

noch mehr von der Zusammensetzung abhängt als bei den anderen von ihnen berechneten Eigenschaften. Sie gaben deshalb dafür drei Reihen von Faktoren an, die in Tabelle 31 enthalten sind. Diese Tabelle enthält auch noch die Faktoren μ_i derselben Autoren zur analogen Berechnung der Poissonschen Zahlen. Später hat Kozlovskaya [504] neue Faktoren E_i und auch G_i (zur analogen Berechnung des Schubmoduls) vorgeschlagen, die sich auf p in Mol-% beziehen. Sie wurden dann von Appen u. M. [28] weiter verbessert. Die starke Abhängigkeit von der Zusammensetzung wird bei dem Berechnungsvorschlag von Phillips [710] dadurch berücksichtigt, daß nur die Faktoren für SiO_2, Al_2O_3 und CaO mit 7,3, 12,1 bzw. 12,6 kbar/Mol-% als konstant angenommen werden, während die Faktoren für die anderen Komponenten variabel sind und aus Diagrammen abgelesen werden müssen. Deshalb wurden sie nicht mit in Tabelle 31 aufgenommen. Williams und Scott [1080] haben letztere Faktoren für alkalifreie Gläser erweitert, wobei interessant ist, daß ZrO_2 den hohen konstanten Faktor von 19,6 kbar/Mol-% hat, der noch vom Faktor für BeO übertroffen werden kann. Letzterer ist wieder abhängig von der Zusammensetzung, indem er mit steigendem BeO-Gehalt abnimmt. Für die ersten Anteile geht E_i mit über 30 ein.

Die elastischen Eigenschaften sind aber auch einer *absoluten Berechnung* zugänglich, wenn man die Abhängigkeit des Dehnungsmoduls von der Packungsdichte der

Tabelle 31. Faktoren zur Berechnung der elastischen Konstanten von Gläsern aus der Zusammensetzung

Autor	Winkelmann u. Schott [1082]				Appen u. M. bzw. [28]	Kozlovskaya [504]	Makishima u. Mackenzie [573, 574]	
zur Berechnung von	E (kbar)			$\mu \cdot 100$	E (kbar)	G (kbar)	E (kbar), K' (kbar), μ	
nach Gl.	(79)			(79)	(79)	(79)	(81) bis (84)	
p in	Gew.-%			Gew.-%	Mol-%	Mol-%	Mol-%	
Oxid	a	b	c		d	d	V_i	U_i (kJ/cm³)
Li₂O	—	—	—	—	8,0 (10,5)	3,0 (4,0)	8,0	80,4
Na₂O	6,1	10,0	7,0	0,431	5,95 (4,7)	1,75 (1,5)	11,2	37,3
K₂O	4,0	7,0	3,0	0,3969	4,1 (−1,0)	1,1 (−0,5)	18,8	23,4
BeO	—	—	—	—	10,9	4,6	7,0	125,6
MgO	—	4,0	3,0	0,250	9,2	3,8	7,6	83,7
CaO	7,0	7,0	—	0,4163	11,15	4,95	9,4	64,9
SrO	—	—	—	—	9,65	4,5	10,5	48,6
BaO	—	7,0	3,0	0,356	6,25	1,75	13,1	40,6
B₂O₃	—	6,0	2,5	0,2840	1,0 … 18,0	0,0 … 7,5	20,8	77,8
Al₂O₃	18,0	15,0	13,0	0,175	11,4	4,95	21,4	134,0
SiO₂	7,0	7,0	7,0	0,1533	6,5 … 7,1	2,7 … 3,0	14,0	64,5
TiO₂	—	—	—	—	17,1	6,95	14,6	86,7
ZrO₂	—	—	—	—	—	—	15,1	97,1
P₂O₅	—	—	7,0	0,2147	—	—	34,8	62,8
As₂O₅	4,0	4,0	4,0	0,250	—	—	36,2	54,8
Sb₂O₃	—	—	—	0,2772	—	—	—	—
ZnO	5,2	10,0	—	0,346	6,0	2,9	7,9	41,5
CdO	—	—	—	—	5,7	2,75	9,2	31,8
PbO	4,6	—	5,5	0,276	4,3	1,45	11,7	17,6
MnO	—	—	—	—	12,88	5,0	—	—
Fe₂O₃	—	—	—	—	5,21	1,9	—	—
CoO	—	—	—	—	8,52	3,64	—	—
NiO	—	—	—	—	6,12	2,6	—	—

^a Für Silicatgläser ohne MgO, BaO, B₂O₃ und P₂O₅.
^b Für Borosilicatgläser ohne PbO.
^c Für sonstige Borosilicat-, Borat- und Phosphatgläser.
^d E, G_{R_2O}: Die Werte in Klammern gelten für die binären R₂O-SiO₂-Gläser.

E, $G_{B_2O_3}$: Mit $\psi = (\Sigma p_{R_2O} + \Sigma p_{RO} - p_{Al_2O_3})/p_{B_2O_3}$, ergeben sich folgende Faktoren:
Für $\psi \geq 2$ gilt $E_{B_2O_3} = 18$ und $G_{B_2O_3} = 7{,}5$,
für $2 \geq \psi \geq 1$ gilt $E_{B_2O_3} = 12 + 3\,\psi$ und $G_{B_2O_3} = 4{,}5 + 1{,}5\,\psi$
für $1 \geq \psi \geq 0$ gilt $E_{B_2O_3} = 1 + 14\,\psi$ und $G_{B_2O_3} = 6\,\psi$

E, G_{SiO_2}: $E_{SiO_2} = 5{,}3 + 0{,}018 \cdot p_{SiO_2}$ und $G_{SiO_2} = 2{,}1 + 0{,}009 \cdot p_{SiO_2}$ für $100 \geq p_{SiO_2} \geq 67$,
$E_{SiO_2} = 6{,}5$ und $G_{SiO_2} = 2{,}7$ für $p_{SiO_2} \leq 67$.

3.5 Mechanische Eigenschaften

Ionen V_t und der Dissoziationsenergie U (bezogen auf das Einheitsvolumen) betrachtet. Dies haben Makishima und Mackenzie [573] getan, wobei sie für Einkomponentengläser die Beziehung

$$E = 2V_t U \tag{80}$$

erhalten haben. Für Mehrkomponentengläser muß man über die Komponenten summieren. Die Packungsdichte V_t ergibt sich zu

$$V_t = \varrho \sum V_i p_i / \sum M_i p_i \tag{81}$$

mit ϱ = Dichte des Glases, p_i = Anteile in Mol-%, M_i = Molgewichte und V_i = entsprechende, in Tabelle 31 enthaltene Faktoren, die aus den Ionenradien berechnet wurden.

Aus den Gln. (80) und (81) erhält man

$$E = 0{,}2 V_t \sum U_i p_i = 0{,}2 \varrho \sum V_i p_i \sum U_i p_i / \sum M_i p_i , \tag{82}$$

wonach sich E in kbar ergibt, wenn die neuen Faktoren U_i in kJ/cm³ (s. Tabelle 31) eingesetzt werden.

Makishima und Mackenzie [574] haben dann diese Methode noch erweitert zur Berechnung des Kompressionsmoduls K nach

$$K = V_t^2 \sum U_i p_i = 1/\varkappa . \tag{83}$$

Aus den Gln. (82) und (83) ergibt sich mit Gl. (78)

$$\mu = 0{,}5 - 0{,}139/V_t . \tag{84}$$

Auch für den Schubmodul läßt sich eine entsprechende Gleichung angeben.

Da schon die Meßwerte stark streuen, ist es nicht überraschend, daß mit obigen Faktoren keine große Genauigkeit erreicht werden kann. Tabelle 32 bringt eine Gegenüberstellung von berechneten und experimentellen Werten.

Auffallend ist der hohe Meßwert für den Dehnungsmodul des Glases Nr. 3 in Tabelle 32. Da, wie im nächsten Abschnitt gezeigt werden wird, ein direkter

Tabelle 32. Vergleich zwischen experimentellen und berechneten elastischen Konstanten von drei Gläsern

Glas Nr.	1		2		3	
	E-Modul (kbar)	Poissonsche Zahl μ	E-Modul (kbar)	Poissonsche Zahl μ	E-Modul (kbar)	Poissonsche Zahl μ
experimentell	818	0,224	555	0,228	1368	0,267
berechnet nach						
Winkelmann u. Schott	–	–	585	0,222	–	–
Appen u. Kozlovskaya	852	0,260	611	0,247	869	0,194
Makishima u. Mackenzie	733	0,257	576	0,239	1134	0,279

Glaszusammensetzungen in Mol-%:
1: 62,5 SiO_2 – 17,5 Na_2O – 20,0 TiO_2
2: 76,8 SiO_2 – 0,9 Na_2O – 8,7 K_2O – 13,6 PbO
3: 40,7 SiO_2 – 7,2 Al_2O_3 – 26,7 MgO – 25,4 BeO

Zusammenhang zwischen Festigkeit und Dehnungsmodul besteht, hat man vielfach nach Gläsern mit hohem Dehnungsmodul gesucht. Man kann anhand der Faktoren und der dazu führenden Überlegungen von Makishima und Mackenzie folgern, daß dafür Komponenten wichtig sind, die eine hohe Dissoziationsenergie und hohe Packungsdichte bei kleinem Molgewicht haben. Am günstigsten sind die Oxide der Kationen mit mittleren Feldstärken. Ein dem Glas Nr. 3 ähnliches Glas hat nach Angaben von Williams und Scott [1080] sogar einen Dehnungsmodul von 1 450 kbar.

3.5.1.4 Verdichtung

Definitionsgemäß sind elastische Verformungen reversibel. Setzt man jedoch ein Glas einem sehr hohen Druck aus, dann findet man nach der Entlastung eine Erhöhung der Dichte. Diese Verdichtung kann erst durch Tempern bei Temperaturen in der Nähe der Transformationstemperatur wieder rückgängig gemacht werden, wie Bridgman und Simon [98] beobachtet haben. Bei Drücken von 200 kbar steigt die Dichte des Kieselglases um fast 8 % an. Cohen und Roy [147] fanden denselben Anstieg der Dichte des Kieselglases schon bei 55 kbar, während sie bei höheren Drücken, z.B. bei 150 kbar, etwa die doppelte Erhöhung der Dichte feststellten. Mackenzie [568] konnte zeigen, daß diese Unterschiede apparativ bedingt sind. Wenn während der Kompression Scherkräfte auftreten können, dann wird die Verdichtung gefördert. Damit ergibt sich gleich ein Hinweis auf den dabei wirkenden Mechanismus. Das Glas ist durch eine lockere Struktur gekennzeichnet. Unter Einwirkung eines äußeren Druckes lagern sich einzelne kleinere Struktureinheiten so um, daß eine bessere Raumerfüllung mit einer höheren Dichte entsteht. Dies ist nach Seifert u. M. [859] begleitet von einer Abnahme des mittleren Si−O−Si-Winkels, wie ramanspektroskopische Untersuchungen ergaben. Versuche an Gläsern sehr unterschiedlicher Zusammensetzung haben Cohen und Roy [148] zu der Annahme geführt, daß ein Grenzwert der Verdichtung dann erreicht wird, wenn die Raumerfüllung etwa 52 Vol.% erreicht. (Dieser Wert etwa stellt sich auch ein, wenn man Tetraedermodelle statistisch ungeordnet möglichst dicht packt.) Da der Ausgangszustand je nach Glasstruktur unterschiedlich ist, beobachtet man auch unterschiedliche Verdichtungsgrade.

Diese Deutung ist recht einleuchtend, jedoch kaum verträglich mit später erfolgten Messungen von Uhlmann [1000], der bei den Alkalisilicatgläsern je nach eingesetztem Druck eine andere Abhängigkeit der Verdichtung vom Alkalikation fand. Die Zunahme der Verdichtung mit steigender Temperatur und steigendem Druck ist verständlich, es deutet sich jedoch kein Übergang in einen Grenzwert an. Bei 400 °C beträgt beim $1Cs_2O \cdot 9SiO_2$-Glas die Verdichtung bei 30 kbar Druck 14 % und bei 45 kbar 22 %. Am auffallendsten ist aber die Abhängigkeit von der Glaszusammensetzung. Sowohl im System $Na_2O - SiO_2$ als auch im System $K_2O - SiO_2$ steigt z.B. bei 200 °C und 30 kbar die Verdichtung von 2,2 % beim reinen Kieselglas bis zu einem Maximum von 6,5 % bei 10 Mol-% R_2O an, um dann wieder deutlich abzufallen. Nach Uhlmann wirken hier zwei Effekte gegeneinander. Zunächst wird durch steigenden Alkaligehalt die Beweglichkeit erhöht, wodurch die Verdichtung größer wird. Dem tritt ein gegenläufiger Effekt entgegen, der noch nicht genau bekannt ist, aber wahrscheinlich strukturell bedingt ist, indem bei höheren Alkaligehalten kompaktere, weniger bewegliche Strukturen vorhanden sind. Damit wird hier den kinetischen Effekten bei der Verdichtung ein wesentlicher Einfluß zugeschrieben. Zur Klärung müßten weitere Messungen, u.a. der Zeitabhängigkeit, erfolgen.

3.5.1.5 Abhängigkeit von der Temperatur

Mit steigender Temperatur werden die Bindekräfte im Glas schwächer, woraus sich eine Abnahme des Dehnungsmoduls und des Schubmoduls ableitet, die auch von vielen Autoren gemessen wurde. Bild 118 zeigt das am Beispiel eines Kalk-Natronglases. Der Dehnungsmodul wurde bis oberhalb der Transformationstemperatur gemessen, weshalb Bild 118 seinen starken Abfall in diesem Bereich sehr deutlich erkennen läßt. Spinner [911] hat gleichzeitig Dehnungs- und Schubmodul mit steigender Temperatur gemessen. Die daraus berechneten Poissonschen Zahlen zeigen eine Zunahme mit steigender Temperatur (s. Bild 119), was auf eine Annäherung der Glasstruktur an den flüssigen Zustand zurückgeführt werden kann; denn wenn das Volumen bei einer Verformung konstant bleibt, erreicht μ den maximalen Wert von 0,5.

Die Größe des Abfalls des Dehnungsmoduls mit steigender Temperatur hängt von der Glaszusammensetzung ab, indem mit steigenden SiO_2-Gehalten der Abfall geringer wird, um beim reinen Kieselglas sogar in einen Anstieg von 9 % bei 900 °C umzuschlagen, wie Galyand und Primenko [289] mitteilen. Letztere Autoren machen auch die interessante Beobachtung, daß bei binären $R_2O - SiO_2$-Gläsern die Abnahme des E-Moduls in der Reihe $K_2O - Na_2O - Li_2O$ immer stärker wird. Al_2O_3-Gehalte vermindern diesen Effekt erheblich. Ein positiver Temperaturkoeffizient der elastischen Moduln ist die Ausnahme; sie kann nach Coenen [145] auf thermodynamische Effekte zurückgeführt werden.

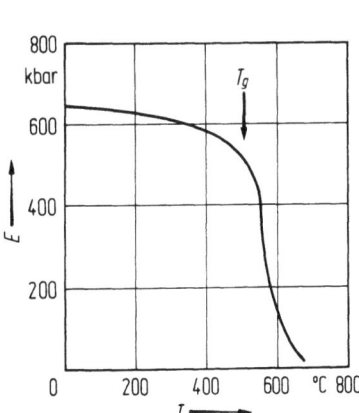

Bild 118. Temperaturabhängigkeit des Dehnungsmoduls E eines Kalk-Natronglases nach McGraw [601]

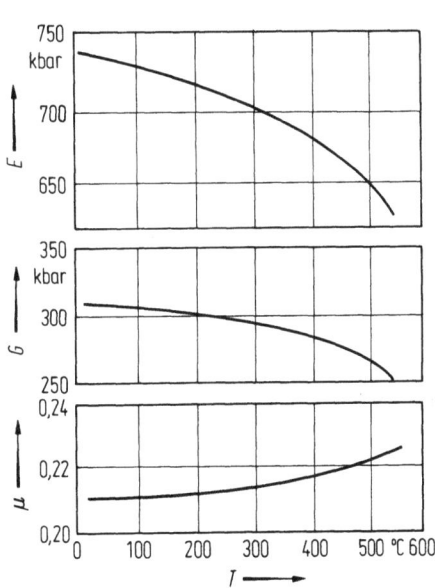

Bild 119. Temperaturabhängigkeit der elastischen Konstanten E, G und μ eines Borosilicatglases nach Spinner [911]

3.5.1.6 Abhängigkeit von der Vorgeschichte

Rein elastisches Verhalten setzt voraus, daß der ursprüngliche Ausgangszustand nach Aufheben der angelegten Kraft sofort wieder hergestellt wird. Es hat sich aber gezeigt, daß die Gleichgewichtseinstellung häufig eine bestimmte Zeit benötigt, also eine *elastische Nachwirkung* vorhanden ist. Manchmal bleibt auch eine Restverformung zurück, was sich insbesondere bei der Verdichtung (s. Abschn. 3.5.1.4) gezeigt hat. Damit hängen die elastischen Eigenschaften von der Zeit ab, und die entsprechenden Eigenschaften des Glases werden von ihrer Vorgeschichte beeinflußt. Da der Dehnungsmodul im allgemeinen mit steigender Temperatur abnimmt, ist leicht verständlich, daß *schnell abgekühlte Gläser* einen geringeren Dehnungsmodul aufweisen. So konnte Stong [928] zeigen, daß der Dehnungsmodul eines normal gekühlten Kalk-Natronglases von 745 auf 715 kbar absinkt, wenn man das Glas schnell abkühlt. Tempert man es dagegen einige Stunden knapp unterhalb der Transformationstemperatur, dann beobachtet man anschließend einen Anstieg des Dehnungsmoduls auf 760 kbar. Ähnliche Effekte haben auch Halleck u. M. [367] an anderen Gläsern beobachtet.

Ein Einfluß der Vorgeschichte ist auch dann zu erwarten, wenn während der Vorbehandlung eine *Entmischung* eintritt. Shaw und Uhlmann [873] haben untersucht, welche Abweichungen dadurch theoretisch zu erwarten sind. Die Effekte sind gering, so daß verständlich ist, daß an Silicatgläsern nur kleine Änderungen des Dehnungsmoduls gefunden wurden, die bei einem Natriumsilicatglas nach Pye u. M. [743] etwa 2 % und bei einem Kalk-Natronsilicatglas nach Tille u. M. [967] etwa 5 % betrugen.

Die nicht rein elastischen Anteile einer Verformung sind die Ursache dafür, daß bei periodischen Beanspruchungen eine Schwingungsdämpfung eintritt. Diese *innere Dämpfung* oder innere Reibung wird durch die Verlustzahl η gekennzeichnet, die sich aus dem logarithmischen Dekrement ϑ der Schwingungen einer Resonanzkurve ergibt nach $\eta = \vartheta/\pi$. Zahlreiche derartige Messungen wurden an Gläsern durchgeführt, seit sich gezeigt hatte, daß die innere Dämpfung in Abhängigkeit von der Temperatur einige Maxima erkennen läßt, die Aussagen über Platzwechselvorgänge in Gläsern und damit über die Struktur von Gläsern ermöglichen. Diese Erscheinungen hängen eng mit den *akustischen Eigenschaften* von Gläsern zusammen. Die Methode der Messung der inneren Dämpfung ist oft zu Strukturaussagen herangezogen worden, insbesondere über den Mischalkalieffekt, z.B. von Coenen [139], Shelby und Day [879] und van Gemert u. M. [307]. Dabei spielt auch das gelöste Wasser eine Rolle, worauf auch Zdaniewski u. M. [1121] in einem Überblick hinweisen.

3.5.2 Festigkeit

Für den Gebrauch des Glases ist seine Bruchfestigkeit sehr wichtig. Seit langem versucht man daher die sprichwörtliche Bruchanfälligkeit in ihren Ursachen besser zu erfassen, um noch gezielter festere Gläser herstellen zu können. Seit etwa 1960 begann man, die Vorgänge beim Bruch mit der *Bruchmechanik* zu deuten. Kerkhof [483] hat den Stand der Kenntnisse bis 1970 über die Bruchvorgänge in einem Buch zusammengefaßt, und Bradd u. M. [91] sowie Kurkjian [519] haben die Vorträge von entsprechenden Fachtagungen herausgegeben. Daneben liegen zusammenfassende Artikel vor, die meist auch weitere Festigkeitsprobleme umfassen, u.a. von Charles [129], Chermant u. M. [135], Doremus [200], Ernsberger [236], Evans [240], Freiman [273], Hillig [403], Holloway [413], LaCourse [522], Lawn [529] und Wiederhorn [1067].

In diesem Abschnitt werden die Meßmethoden erst am Ende behandelt, da es sinnvoll und notwendig ist, zuvor die vielen Einflußmöglichkeiten kennenzulernen. Dafür soll zunächst die theoretische Festigkeit der praktischen Festigkeit gegenübergestellt werden, um dann auf die Bruchvorgänge einzugehen. Letztere führen unmittelbar zur Erscheinung der Ermüdung und lassen auch den Einfluß der Vorgeschichte und der Meßbedingungen besser verstehen. Die Oberflächenfehler spielen eine große Rolle; sie vorwiegend muß man berücksichtigen, wenn man die Festigkeit verbessern will. Im Gegensatz zu anderen Eigenschaften werden erst anschließend die Abhängigkeit von der Zusammensetzung und die Meßmethoden erörtert. Schließlich sind noch auftretende Spannungen zu betrachten und die verschiedenen Eigenschaften, die man unter dem Begriff der Härte versteht.

Es ist angebracht, vor den folgenden Abschnitten auf die Einheiten hinzuweisen. Früher wurden die Festigkeiten σ meist in kp/cm^2 oder kp/mm^2 angegeben, während die international vereinbarte SI-Einheit N/m^2 bzw. Pa ist. Die dabei geltenden Umrechnungen auf der Basis 1 kp = 9,807 N $\approx$ 10 N sind in Abschn. 3.5.1.1 angegeben.

Da unten oft die Oberflächenenergie γ benötigt wird, sei auch die Umrechnung dieser Einheiten angeführt:

$$1 \text{ erg/cm}^2 = 1 \text{ dyn/cm} = 10^{-3} \text{ J/m}^2 = 1 \text{ mN/m}.$$

3.5.2.1 Theoretische Festigkeit

Die Festigkeit eines Glases wird durch die Stärke der Bindungen zwischen den einzelnen Komponenten bestimmt. Das gilt jedoch nur, wenn keine Fehler anderer Art vorliegen, weshalb man die wie eben festgelegte Festigkeit als theoretische Festigkeit bezeichnet. Sie ist auf mehrere Arten zu berechnen. Meist wird die Arbeit betrachtet, die erforderlich ist, um die beim Bruch entstehende neue Oberfläche zu schaffen. Nimmt man einen ebenen Spannungszustand an, führt dies entsprechend der Griffithschen Gleichung

$$\sigma = \sqrt{4 E \gamma / \pi l}, \tag{85}$$

zur theoretischen Festigkeit $\sigma_{\text{theor.}}$, wenn man in Gl. (85) die Rißlänge durch den atomaren Abstand a ersetzt:

$$\sigma_{\text{theor.}} = \sqrt{4 E \gamma / \pi a}.$$

Darin ist E = Dehnungsmodul und γ = freie Oberflächenenergie.

Setzt man in obige Gleichung für Silicatgläser mittlere Werte ein: $E = 7 \cdot 10^{10}$ N/m^2, $\gamma = 0,3$ N/m und $a = 1,6 \cdot 10^{-10}$ m, dann erhält man $\sigma_{\text{theor.}} \approx 1,3 \cdot 10^{10}$ N/m^2. Andere Abschätzungen liegen ebenfalls in dieser Größenordnung.

Überschlagsmäßig kann man sagen, daß die theoretische Festigkeit von Gläsern etwa 1/10 ihres Dehnungsmoduls beträgt. Eine etwas andere Ableitung führt Bartenev und Sanditov [53] zur Beziehung $\sigma_{\text{theor.}} = (1 - 2\mu) E / [6(1 + \mu)]$ mit μ = Poissonsche

Zahl. Nimmt man als Mittelwert für $\mu = 0,2$ an, dann folgt $\sigma_{\text{theor.}} = E/12$, also ein etwas geringerer Wert als oben.

3.5.2.2 Praktische Festigkeit

Die wirklich gemessenen Festigkeiten von Gläsern liegen meist um mehrere Größenordnungen unter der theoretischen Festigkeit. Man findet im allgemeinen Angaben für Zug- oder Biegefestigkeiten, die man den theoretischen Festigkeiten gegenüberstellen muß, im Bereich von $5 \cdot 10^7$ bis $20 \cdot 10^7$ N/m². Unter besonderen Meßbedingungen wird aber auch über höhere experimentelle Werte berichtet, z.B. von Anderegg [16], der beim Kieselglas bis zu $2,46 \cdot 10^{10}$ N/m² fand, und von Hasegawa u. M. [381], die bei einem Natriumborosilicatglas $1,06 \cdot 10^{10}$ N/m² messen, während sie dafür eine Festigkeit von $1,20 \cdot 10^{10}$ N/m² berechnet hatten.

Unter den zahlreichen Messungen fanden besonders die Festigkeiten von *Glasfasern* Interesse. Schon Griffith [339] hat beobachtet, daß bei Abnahme des Durchmessers von Glasfäden von 1 mm bis auf 3 µm eine Zunahme der Festigkeit von 170 auf 3400 MN/m² erfolgt. Das wurde in der Folgezeit oft bestätigt, wofür die in Bild 120 von Rexer [767] gefundene Abhängigkeit typisch ist. Es stellte sich später jedoch heraus, daß unter sorgfältigen Versuchsbedingungen die Festigkeit von Glasfasern unabhängig vom Durchmessr gleich hoch ist. Ein struktureller Einfluß kann aber nach Pähler und Brückner [681] dann eintreten, wenn einige Herstellungsparameter entsprechend gewählt werden. Man muß bedenken, daß bei der Glasfaserherstellung eine sehr schnelle Abkühlung erfolgt und dadurch eine offenere Struktur eingefroren wird, die mechanisch schwächer ist und bei hohen Ziehkräften bzw. Ziehgeschwindigkeiten zur Bildung innerer Schwachstellen neigt. Hohe Festigkeiten erreicht man daher bei geringer Ziehgeschwindigkeit bzw. geringen Massenströmen. Weiterhin ergibt sich ein Maximum der Festigkeit bei einer bestimmten Viskosität der Glasschmelze, das beim E-Glas bei $\log \eta = 2,8$ liegt.

Bei der Diskussion über obigen Durchmessereffekt wurde auch die Frage angeschnitten, welche Rolle die kleinere Oberfläche mit abnehmendem Radius bzw. ganz allgemein die *Probengröße* bei Festigkeitsmessungen spielt. Versuche von Anderegg [16] z.B. ergaben, daß die Festigkeit von Glasfasern konstanter Dicke mit zunehmender Länge abnimmt. Entsprechende Zunahmen der Festigkeit mit abnehmenden Probenmaßen sind auch vom Flachglas bekannt. Auch weist die gegenüber der Biegefestigkeit geringere Zugfestigkeit darauf hin, daß die gemessene Festigkeit in engem Zusammenhang mit der beanspruchten Oberfläche steht.

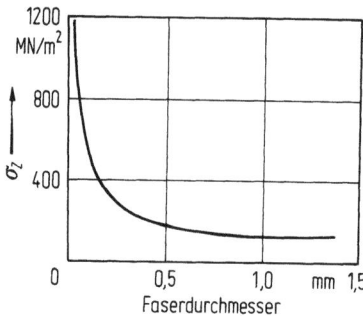

Bild 120. Zugfestigkeit σ_Z von Glasfasern in Abhängigkeit vom Durchmesser

Es ist daher anzunehmen, daß es vor allem *Oberflächenfehler* sind, die für die geringe Festigkeit des normalen Glases verantwortlich sind. Durch Beseitigung dieser Fehler kann man die Festigkeit erhöhen, was man in der Praxis schon lange durch die Feuerpolitur erreicht. Abätzen mit Flußsäure führt zu demselben Ziel, da man dabei diese Fehler abträgt.

Auf solche Fehler weisen auch andere Messungen hin. So fand Thomas [964], daß aus demselben Glas hergestellte Stäbe (Durchmesser 1,3 mm) eine um 35 % geringere mittlere Zugfestigkeit hatten als Fasern (Durchmesser 3 bis 50 µm), daß aber die jeweils gemessenen Höchstfestigkeiten gleich waren. Die Messungen stehen in Zusammenhang mit den Beobachtungen von Bartenev [50], der zahlreiche Versuche zur Festigkeit des Glases gemacht hat. Dabei hat er immer wieder gefunden, daß handelsübliche Glasfasern keine einfache Festigkeitsverteilung zeigen, sondern daß man deutlich erkennbar drei Maxima feststellt, wie sie auch Kurve *2* in Bild 121 zeigt. Sehr sorgfältig hergestellte und gemessene Fasern weisen nur das höchste Maximum (Kurve *1*), getemperte nur das tiefste Maximum (Kurve *3*) auf. Interessant ist weiterhin, daß die handelsüblichen Fasern eine ausgeprägte Längenabhängigkeit zeigen, indem nur 3 mm kurze Fasern nur das Maximum wie bei Kurve *1* zeigen. Mit zunehmender Länge der Fasern tritt dieses Maximum zurück, um zunächst das mittlere, dann das tiefste Maximum auszubilden, das bei einer Faserlänge von 400 mm allein noch gemessen wird. Nach Bartenev haben die „fehlerfreien" Glasfasern (Kurve *1* des Bildes 121) eine verfestigte Oberflächenschicht mit einer Dicke von 10 nm. Die Festigkeit solcher Fasern ist auch nicht von der Länge abhängig. Das bei den handelsüblichen Glasfasern auftretende Häufigkeitsmaximum bei 2 000 MN/m² wird auf ultrafeine Verletzungen der Oberfläche zurückgeführt (Oberflächenfehler 2. Ordnung). Wahrscheinlich werden sie bei der Formgebung entstehen. Das dritte Maximum bei 900 MN/m² soll durch kleinste Mikrorisse und Submikrorisse (Oberflächenfehler 1. Ordnung) verursacht werden. Sie werden erst bei größerer Meßlänge merkbar.

Von fehlerfreien Oberflächen ihrer Kieselglasfasern gehen auch Kurkjian u. M. [521] aus. Die unterschiedlichen Festigkeitswerte der einzelnen Fasern sind vorwiegend auf Unterschiede im Durchmesser zurückzuführen. Abnehmende Festigkeiten im Laufe der Zeit von $6 \cdot 10^9$ auf $2,5 \cdot 10^9$ N/m² können durch die Bildung einer gewissen Oberflächenrauhigkeit infolge *Korrosionserscheinungen* verursacht werden. Aber auch

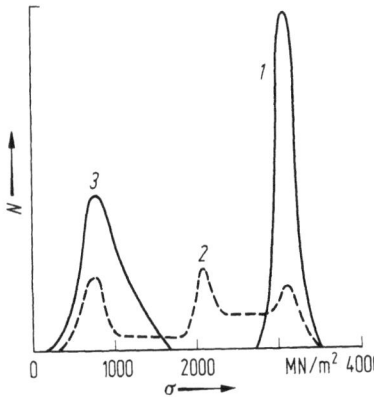

Bild 121. Häufigkeitsverteilung *N* der Zugfestigkeit σ von Aluminoborosilicat-Glasfasern (Durchmesser = 10 µm) mit verschiedenen Oberflächenfehlern nach Bartenev [50]. *1*: fehlerlose Glasfasern; *2*: handelsübliche Glasfasern; *3*: getemperte Glasfasern

schon geringe Staubanteile in der Atmosphäre können nach Maurer [591] zu Festigkeitseinbußen führen.

Vergleichsweise massive Oberflächenschäden entstehen beim *Aufprall kleiner Partikel* auf Glas. Nach Wiederhorn u. M. [1070] ist der dadurch eintretende Festigkeitsverlust im wesentlichen abhängig vom Impuls, mit dem die Teilchen auf die Glasoberfläche auftreffen. Ähnliches beobachten Dannheim u. M. [160], über deren Untersuchung des Einflusses der Vorspannung im Abschn. 3.5.2.8 berichtet werden wird.

Der Einfluß von Korrosionserscheinungen wurde oben bereits angedeutet. Im Abschn. 3.5.2.4 wird näher auf die Umgebungseinflüsse und die damit verbundene Zeitabhängigkeit der Glasfestigkeit eingegangen werden, die auch mit dem Begriff der *Ermüdung* bezeichnet wird. Hier seien nur noch die Untersuchungen von Norville und Minor [668] an 20 Jahre alten Fensterglasscheiben erwähnt. Sie ergaben deutlich, daß die Außenseiten eine geringere Festigkeit aufwiesen als die Innenseiten. Noch höhere Festigkeiten hatten die inneren Oberflächen von Isolierverglasungen.

Es bleibt aber immer noch die Frage offen, warum in den Fällen, wo Oberflächenfehler ausgeschlossen werden können, nur eine maximale Festigkeit von etwa $0{,}4 \cdot 10^{10}$ N/m^2 gemessen wird, während die theoretische Festigkeit bei 1 bis $3 \cdot 10^{10}$ N/m^2 liegen soll. Diese Diskrepanz wurde von mehreren Autoren untersucht, ohne daß bis jetzt eine befriedigende Lösung gefunden wurde. Rawson [760] macht dafür die an *Inhomogenitäten im atomaren Bereich* auftretenden Spannungen verantwortlich, was man vielleicht mit der Entmischungstendenz oder Schwarmbildung in einigen Gläsern in Beziehung setzen kann. In Gläsern mit echter Phasentrennung hat Vogel [1023] dicht neben den Entmischungsbereichen kleine Risse gefunden, die er mit den Griffithschen Rissen in Zusammenhang bringt. In normalen Gläsern ist nicht mit dieser Erscheinung zu rechnen. In diesen besteht aber die Möglichkeit von thermischen Bewegungen im atomaren Bereich, deren Berechnung von Hillig [403] versucht wird, um darin die Ursache der geringeren praktischen Festigkeit des Glases zu finden. Es wird auch diskutiert, ob solche Fluktuationen in der Glasoberfläche zu Vertiefungen führen, die im Sinne der Bruchmechanik (s. nächster Abschnitt) als Kerbe wirken können. Abschließend bringt Bild 122 einen schematischen Überblick über die Festigkeit von Glas.

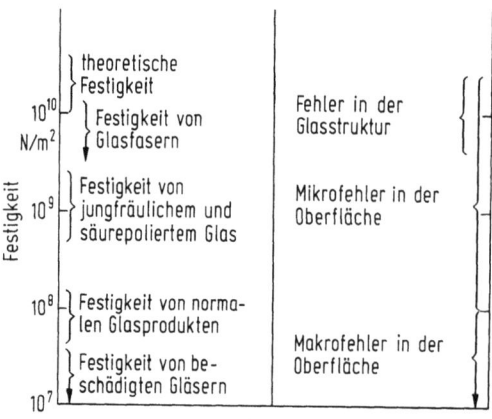

Bild 122. Festigkeit von Glas und Ursachen der Festigkeitserniedrigung nach Kruithof und Zijlstra [511]

Zur Beurteilung einer Glasoberfläche ist natürlich ein Prüfverfahren zum *Nachweis von Oberflächenfehlern* äußerst wichtig. Die feinsten Oberflächenfehler sind mikroskopisch oder auch elektronenmikroskopisch nicht zu erfassen. Man ist deshalb darauf angewiesen, die Fehler zu vergrößern oder zu kleinen sichtbaren Rissen anzuregen. Das kann nach Andrade und Tsien [18] durch Aufdampfen von Natriumdampf, nach Adams und McMillan [8] durch Aufdampfen von Gold oder nach Acloque u. M. [4] durch Ionenaustausch geschehen. Ernsberger [233] verfolgte letztere Methode weiter, indem er das Glas 15 min bei 250 °C in eine $LiNO_3 - KNO_3$-Schmelze tauchte. Die in der Oberfläche durch den Ionenaustausch $Na^+ - Li^+$ entstehenden Zugspannungen lassen von jeder Fehlstelle einen Riß ausgehen und machen sie dadurch auszählbar. Auf normalem Flachglas zählte er etwa 50 000 Fehlstellen pro cm^2. Weitere Untersuchungen von Ernsberger ergaben, daß die Fehlstellen durch mechanische Verletzungen oder Oberflächenentglasungen verursacht sein können. Während eine reine Oberfläche gegenüber Entglasungen beständig ist, geben schon geringe Verunreinigungen dazu Anlaß. Sehr empfindlich ist auch die von Rauschenbach [753] vorgestellte Methode, Edelgasionen zu implantieren. Nachfolgende Wärmebehandlung führt zur Bildung feiner Bläschen, die feinste Defekte in der Glasoberfläche erkennen lassen. Defektdichten bis 10^{11} cm^{-2} sind so nachweisbar.

Zur Beurteilung größerer Fehler eignet sich sehr gut das Rasterelektronenmikroskop. Varner und Oel [1014] haben damit den Zusammenhang zwischen bestimmten Fehlern und der Festigkeit herstellen können und auch die Wirkung der HF-Ätzung beurteilt. Mit letzterer Methode und ständig parallel durchgeführten Festigkeitsmessungen konnten Pavelchek und Doremus [689] zeigen, daß die beim Anrauhen mit SiC-Papier entstehenden Risse, die die Festigkeit bestimmen, eine Tiefe von 6 µm haben.

3.5.2.3 Vorgänge beim Bruch – Bruchmechanik

Zum Verständnis der bisher beschriebenen und weiterer Beobachtungen über die Festigkeit von Glas ist es notwendig, die Vorgänge beim Bruch von Glas zu betrachten. Dazu weist die Bruchmechanik den Weg. Ihre Entwicklung ist insbesondere mit den Namen Inglis, Griffith und Irwin verknüpft. Es ist dabei üblich, das Verhalten eines einzelnen Risses in einem linearelastischen, homogenen und isotropen Kontinuum zu betrachten. (Man spricht deshalb auch von der „linearelastischen Bruchmechanik" und von der „Kerbspannungslehre", weil solche Risse auch als Kerben bezeichnet werden.)

Die sich einstellenden Spannungsfelder sind meist recht kompliziert. Sie lassen sich durch Überlagerung von drei einfachen Beanspruchungsarten, sog. Modi, darstellen: die einfache Rißöffnung (Modus I), die Längsscherung (Modus II) und die Querscherung (Modus III). Meist wird nur nach Modus I gerechnet und dies durch den Index I gekennzeichnet.

Geht man von einer langen, ebenen Platte mit der Breite b aus, die einen seitlichen Riß mit der Tiefe a hat und legt längs der Platte, also senkrecht zum Riß eine Zugspannung σ_0 an, dann stellt sich bei einem spitz auslaufenden Riß in direkter Verlängerung im Abstand r eine Spannung σ_r ein:

$$\sigma_r = 2\sigma_0 \sqrt{a/r}. \tag{86}$$

In Gl. (86) muß auf der rechten Seite noch ein Faktor stehen, wenn die Bedingung $a \ll b$ nicht erfüllt ist.

Gleichung (86) zeigt an, daß in der Rißspitze eine wesentlich höhere Spannung als σ_0 herrscht. Nimmt man zur Abschätzung r in der Größenordnung der Atomabstände an, also $r = 2 \cdot 10^{-10}$ m, und betrachtet eine feine Kerbe mit $a = 2$ µm, dann wird $\sigma_r = 200 \, \sigma_0$. Erreicht man dabei die Eigenfestigkeit, dann muß Bruch einsetzen.

Es ist vertretbar weiterhin anzunehmen, daß für ein bestimmtes Glas sowohl der für den Bruch entscheidende Abstand r als auch die dabei auftretende Spannung σ_r einen bestimmten Wert haben. Dann ist aber in Gl. (86) auch das Produkt $\sigma_0 \sqrt{a}$ konstant oder σ_0 ist umgekehrt proportional der Wurzel der Rißlänge, was experimentell bestätigt wird.

Dieser Zusammenhang hat dazu beigetragen, den *Spannungsintensitätsfaktor* (stress-intensity factor) K_I zu definieren nach

$$K_I = \sigma \sqrt{\pi a}, \tag{87}$$

der also eine echte Materialkenngröße darstellt. (Die Einheit von K ist 1 MN/m$^{3/2}$ = 1 MPa m$^{1/2}$.) In Gl. (87) wird jetzt anstelle σ_0 der Einfachheit halber nur noch σ geschrieben, da im folgenden unter σ immer die außen angelegte Spannung verstanden werden soll.

Wird bei einem Versuch die Spannung σ so hoch, daß der Bruch eintritt, dann bezeichnet man den zu dieser kritischen Spannung σ_C gehörenden K_I-Wert nach

$$K_{IC} = \sigma_C \sqrt{\pi a}$$

als *kritischen Spannungsintensitätsfaktor*.

Aus der Energiebilanz ergibt sich dann die *spezifische Bruchenergie G* für den ebenen Spannungszustand zu

$$G_I = K_I^2 / E. \tag{88}$$

Wird der kritische Wert der Spannung überschritten, dann erfolgt die instabile Rißausbreitung mit obigem K_{IC}-Wert und einem analogen G_{IC}-Wert, der dann die kritische spezifische Bruchenergie oder *Rißverlängerungskraft* darstellt.

Bei einem ideal spröden Material muß $G = 2\gamma$ (mit γ = Oberflächenenergie) sein, woraus sich dann mit den Gln. (88) und (87) sofort

$$\sigma = \sqrt{2 E \gamma / (\pi a)} \tag{89}$$

ergibt, das Gl. (85) entspricht, nur mit $a = l/2$.

Eigentlich führt diese Gleichung zu einem labilen Gleichgewicht; denn wenn $2\gamma > \sigma^2 \pi a / E$ ist, dann müßte sich der Riß schließen und bei $2\gamma < \sigma^2 \pi a / E$ müßte er sich öffnen. In Wirklichkeit wird aber eine Bruchenergie festgestellt, die wesentlich höher als beim idealen Verhalten liegt. Die Gründe dafür sind im einzelnen noch nicht genau bekannt, aber es ist anzunehmen, daß während des Bruches noch Energiebeiträge für plastische Verformungen an der Bruchspitze aufgewandt werden müssen, worauf besonders Marsh [579] hingewiesen hat. Weiterhin werden irreversible chemische Reaktionen eintreten; denn sonst sollten bei Zurücknahme der Spannung die Brüche wieder ausheilen, was nach Wiederhorn und Townsend [1071] nur teilweise geschieht. Bei weiteren entsprechenden Versuchen fanden Stavrinidis und Holloway [917], daß

Tabelle 33. Bruchmechanische Daten einiger Gläser nach Wiederhorn [1065]

Glas	Dehnungs-modul E (GN/m^2)	Bruchenergie γ (N/m) bei (K)			K_{IC}-Faktor ($MN/m^{3/2}$) bei (K)		
		77	196	300	77	196	300
Kiesel-	72,1	4,56	4,83	4,37	0,811	0,839	0,794
96%-Kiesel-	65,9	4,17	4,60	3,96	0,741	0,779	0,722
Aluminosilicat-	89,1	5,21	–	4,65	0,963	–	0,910
Borosilicat-	63,7	4,70	–	4,63	0,774	–	0,768
Kalk-Natronsilicat-	73,4	4,55	4,48	3,87	0,820	0,812	0,754
Alkalisilicat-	65,3	4,11	–	3,52	0,734	–	0,680

das Schließen von Rissen eintritt, wenn die Entlastung einen bestimmten Wert erreicht. Das Öffnen und Schließen ist mehrfach wiederholbar, aber nicht ideal reversibel.

Wenn man nun das Bruchverhalten beurteilen will, dann ist es wichtig, die Größe G_I, d.h. die spezifische Bruchenergie zu kennen. Dazu eignet sich direkt ein Versuch, bei dem man die Spannung σ mißt, die nötig ist, um bei einer vorgegebenen Kerbe der Tiefe a zum Bruch zu kommen. Solche Versuche hat u.a. Wiederhorn [1065] durchgeführt, wobei er, wie meist üblich, als Bruchenergie den nach Gl. (89) berechneten Wert für γ bezeichnet. Nach Tabelle 33 ergeben sich Bruchenergien, die um mehr als eine Größenordnung höher liegen als die aus den Oberflächenspannungen (s. Abschn. 3.7) abzuschätzenden Oberflächenenergien. Weiterhin erkennt man, daß sowohl die γ-Werte als auch die K_{IC}-Werte proportional mit dem Dehnungsmodul ansteigen (mit Ausnahme des Borosilicatglases). Damit ergibt sich erneut, daß unter sonst gleichen Bedingungen (a = const) die Festigkeit direkt dem Dehnungsmodul proportional ist.

Eine weitere Möglichkeit bietet die Auswertung der Bruchspiegel, wie es vor allem von Kerkhof [483] beschrieben wird. In Bild 123 erkennt man, daß vom Bruchbeginn (rechts) ausgehend zunächst ein Bereich mit einer glatten Bruchfläche erscheint. Dieser Bereich entspricht dem Weg des anlaufenden Bruches. Erst wenn der Bruch mit hoher Geschwindigkeit weiterläuft, rauht der Bruchspiegel auf. Der Abstand a bis zu dieser Grenze ist proportional $1/\sigma^2$ oder das Produkt $\sigma^2 \cdot a$ ist konstant. Diese *Bruchspiegelkonstante* erlaubt die Berechnung der Bruchenergie.

Bei Untersuchungen über die Bruchgeschwindigkeit v_B von Gläsern stellten Schardin und Struth [821] fest, daß nach dem langsamen Anlaufen v_B einen konstanten, für jedes Glas typischen maximalen Endwert erreicht. Diese maximale *Bruchgeschwindigkeit* $v_{B,max}$ liegt bei normalen Flachgläsern bei 1 500 m/s und beim Kieselglas bei 2 200 m/s. $v_{B,max}$ ist auch der Berechnung zugänglich. Aus der Elastizitätstheorie ergibt sich

$$v_{B,max} = 0{,}38\sqrt{E/\varrho},$$

und Kerkhof [482] leitete aus der Molekulartheorie ab

$$v_{B,max} = 2\sqrt{\gamma/(\varrho\, \bar{r}_0)},$$

worin $\bar{r}_0$ den mittleren Ionenabstand darstellt. Für ein Spiegelglas mit den Werten $E = 7{,}4 \cdot 10^{10}$ N/m², $\varrho = 2\,520$ kg/m³, $\gamma = 0{,}305$ N/m und $\bar{r}_0 = 2{,}0 \cdot 10^{-10}$ m ergeben sich

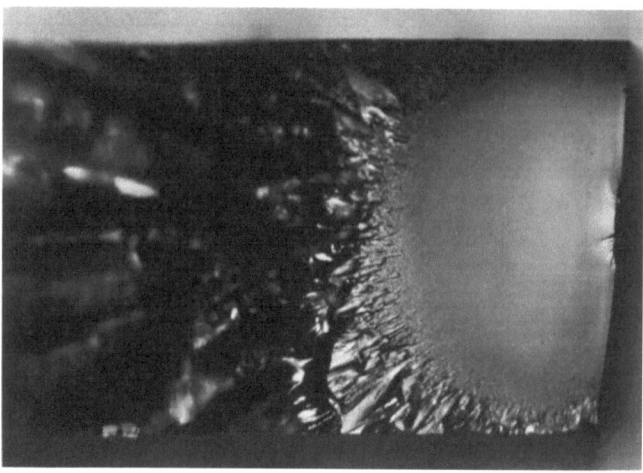

Bild 123. Bruchfläche einer Flachglasplatte mit Bruchspiegel, feiner und grober Rauhigkeit sowie Bruchgabelung nach Kerkhof (Dicke der Platte 6,2 mm)

2059 mit der ersten bzw. 1556 m/s mit der zweiten Beziehung, wobei letzterer Wert sehr gut mit dem experimentellen Wert von 1520 m/s übereinstimmt.

Weitere Untersuchungen haben ergeben, daß es auch möglich ist, langsamere Bruchgeschwindigkeiten zu messen, wobei sich für jedes Glas bestimmte, vom jeweiligen K_I-Wert abhängige v_B-Werte einstellen. Da diese Geschwindigkeiten auch von der Temperatur beeinflußt werden, bezeichnet man solche Vorgänge als *thermischen Bruch* mit einer *unterkritischen Bruchgeschwindigkeit*. Dem steht der athermische Bruch mit der kritischen, temperaturunabhängigen maximalen Bruchgeschwindigkeit gegenüber. Wiederhorn [1066] hat darüber zusammenfassend berichtet.

Bei den Messungen unterkritischer v_B-Werte wurde ein starker *Einfluß der Umgebung* festgestellt, weshalb Wiederhorn u. M. [1072] Messungen im Vakuum durchführten. Dabei wurde gefunden, daß $\log v_B$ direkt proportional K_I ist, wobei $\log v_B$ mit steigendem K_I steil ansteigt. Weiterhin erhöht steigende Temperatur die Bruchgeschwindigkeit, woraus sich eine Aktivierungsenergie in der Größenordnung von 500 kJ/mol ergibt. Für den Mechanismus kann man daraus nur folgern, daß eine Alkalidiffusion oder viskoses Fließen an der Bruchspitze nicht entscheidend sein können, aber der eigentliche Prozeß ist noch nicht aufgeklärt. Zu berücksichtigen ist dabei, daß unter diesen Bedingungen bei einigen Gläsern eine unterkritische Bruchgeschwindigkeit nicht gemessen werden konnte, sondern es trat beim Erreichen der kritischen Spannung gleich spontaner Bruch ein. Es handelte sich dabei um das Kieselglas und ein Borosilicatglas, die sich beide dadurch auszeichnen, daß sie kleine Wärmedehnung und andere T- und p-Abhängigkeiten der elastischen Konstanten als die meisten anderen Gläser zeigen. Dadurch wird möglicherweise die Spannung in der Bruchspitze verringert, während bei den normalen Gläsern eine Vergrößerung der Spannung das Weiterlaufen des Bruches gewährleistet.

Der bereits erwähnte Umgebungseinfluß ist nach den Messungen von Wiederhorn [1064] in Bild 124 dargestellt. Man erkennt deutlich den Einfluß der Feuchtigkeit. Auch von anderen Autoren wurde später bestätigt, daß dabei H_2O-Moleküle die

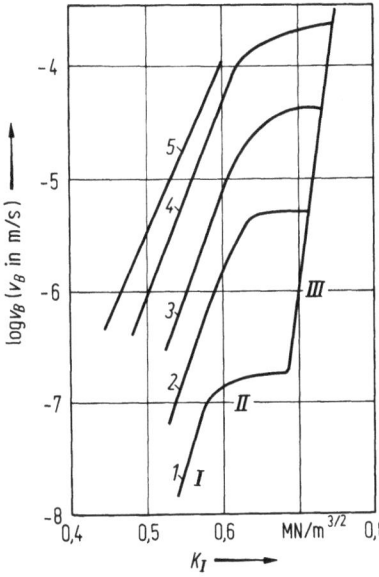

Bild 124. Abhängigkeit der Bruchgeschwindigkeit v_B von Kalk-Natronglas von der Umgebung nach Wiederhorn [1064]. *1*: 0,017 % relative Feuchte; *2*: 1,0 % relative Feuchte; *3*: 10 % relative Feuchte; *4*: 100 % relative Feuchte; *5*: flüssiges H_2O

Effekte bewirken. In Bild 124 sind drei Bereiche erkennbar. Bei geringer Spannung (Bereich I) steigt $\log v_B \sim K_I$ und außerdem ist $\log v_B \sim \log r.F.$ (relative Feuchte). Im anschließenden Bereich II wird v_B unabhängig von der Spannung, aber die Abhängigkeit von der Feuchtigkeit bleibt erhalten. Schließlich hört bei hoher Spannung im Bereich III der Feuchtigkeitseinfluß auf, und es gilt nur noch $\log v_B \sim K_I$. Der Bereich III entspricht dem Verhalten im Vakuum, wie er im vorangegangenen Absatz geschildert wurde.

Es liegt auf der Hand, dieses Verhalten mit der Reaktion von H_2O an der Bruchspitze zu erklären. Die Bruchgeschwindigkeit wird dabei im Bereich I durch die Reaktionsgeschwindigkeit mit H_2O bestimmt, während im Bereich II die Geschwindigkeit des Transports des H_2O zur Bruchspitze bestimmend wird. Im Bereich III ist schließlich die Bruchgeschwindigkeit so hoch, daß das H_2O nicht mehr schnell genug zur Bruchspitze gelangen kann. Quantitativ erfassen lassen sich diese Vorgänge durch die *Spannungskorrosionstheorie* von Charles und Hillig [128, 404], wonach angenommen wird, daß unter dem Einfluß der erhöhten Spannung an der Bruchspitze eine beschleunigte Reaktion eintritt. Wiederhorn [1064] gelang damit eine gute Deutung seiner Experimente. Es treten jedoch Schwierigkeiten bei der Deutung solcher Messungen in wäßrigen Lösungen auf. Freiman u. M. [274] nehmen deshalb an, daß für den Rißfortschritt die Reaktion mit dem Netzwerk an der Rißspitze bestimmend ist, wobei nach Michalske und Freiman [612] immer dann mit solchen Reaktionen zu rechnen ist, wenn die auftreffenden Moleküle bei der Adsorption an den verspannten Bindungen des Netzwerks dissoziieren. Neben Wasser wirkt ähnlich Ammoniak. In abnehmender Intensität reagieren Hydrazin und Formamid. Es bedarf weiterer Untersuchungen, zumal die Form der Kerbspitze noch umstritten ist. Doremus [200] fordert nach thermodynamischen Betrachtungen einen endlichen Radius r, der mindestens $r_{min} = 32\, a/\pi \approx 10\, a$ betragen soll (mit a = Atomabstand). Dagegen meinen Lawn u. M. [532], daß der Kerbradius mit $r = 0,14$ nm im Bereich der Atomabstände liegen würde, d.h. als Radius physikalisch keinen Sinn habe, sondern anzeige, daß ein enger Schlitz vorliegt, der mit nichtlinearen Sprüngen atomarer Dimension sich erweitert. Es ist Wagner und Ullner [1037] zuzustimmen, daß wahrscheinlich mehrere Vorgänge in komplexer Weise zusammenwirken werden.

3.5.2.4 Ermüdung – Lebensdauer

Das Vorhandensein eines unterkritischen Rißwachstums hat die wichtige Folge, daß bei einer vorhandenen Spannung mit einer Rißverlängerung zu rechnen ist. Erreicht im Laufe der Zeit ein Riß die für die Spannung kritische Länge, dann tritt spontaner Bruch ein. Der Gegenstand bricht also erst nach einer gewissen Belastungszeit. Solche verzögerten Erscheinungen bezeichnet man auch als Ermüdung (fatigue). Man kann sie statisch, dynamisch oder zyklisch messen und betrachten und auf bruchmechanische Daten zurückführen. Eine zusammenfassende Darstellung kann man bei Wiederhorn [1068] finden. Deutungen gehen meist auf die oben erwähnten Ansichten von Charles und Hillig über die Spannungskorrosion zurück, wonach an der unter erhöhter Spannung stehenden Rißspitze die Reaktionen beschleunigt sind. Nimmt man an, daß dort durch das H_2O das Glas aufgelöst wird, dann verlängert sich der Riß, bis er wie oben die für einen Bruch kritische Länge erreicht hat. Doremus [199] zeigt demgegenüber auf, daß durch das H_2O die Rißspitze schärfer wird, was bei kleinerem Krümmungsradius ebenfalls zu einer Festigkeitserniedrigung führt. Schließlich sei noch erwähnt, daß nach Oka u. M. [673] in Gegenwart von H_2O und anderen entsprechenden Substanzen sich die Oberflächenenergie des Glases erniedrigt, was auch zu einem früheren Bruch führen kann.

Aus den Betrachtungen über die Bruchgeschwindigkeit im vorangegangenen Abschnitt kann man für die Ermüdung bereits folgern:
a) Die Ermüdung tritt nur in Gegenwart von H_2O auf, d.h. z.B. nicht im Vakuum.
b) Die Ermüdung tritt nicht bei sehr tiefen Temperaturen auf, weil dann die Reaktionsgeschwindigkeiten zu gering sind.
c) Steigende Temperatur verstärkt die Ermüdung.
d) Die Ermüdung ist unabhängig von der Rißgröße.

Es soll jedoch erwähnt werden, daß auch beim wirklichen Bruch mit zeitabhängigen Einflüssen zu rechnen ist, nur ist dort der Effekt nicht so ausgeprägt. Neben der Spannungskorrosion kommen noch Massentransport und viskoelastisches Verhalten als weitere Einflußgrößen in Betracht.

Von Mould und Southwick [632] wurden umfassende experimentelle Untersuchungen zur Ermüdung durchgeführt, indem diese vorher kontrolliert angerauhte Objektträger aus Kalk-Natronglas unter verschiedenen Bedingungen gemessen haben. Sie fanden dabei, daß nach dem Normieren der Festigkeit σ auf die Festigkeit σ_N bei der Temperatur des flüssigen N_2 (77 K) sowie der Zeit t auf die Zeit $t_{0,5}$, bei der $\sigma = 0,5 \sigma_N$ ist, beim Auftragen von σ/σ_N über $\log(t/t_{0,5})$ alle Meßpunkte auf einer Kurve liegen, der *universellen Ermüdungskurve* (universal fatigue curve). Sie stellt in Bild 125 die gestrichelte Kurve *1* dar. Diese Kurve sagt aus, daß bei Verzehnfachung der Meßzeit die Festigkeit um etwa 7 % des σ_N-Wertes abnimmt.

Diese universellen Ermüdungskurven zeigen, daß der Mechanismus der Ermüdung einheitlich ist, wenn auch die Geschwindigkeit der Ermüdung von den Versuchsbedingungen abhängt.

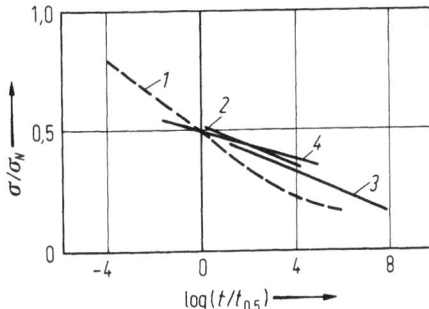

Bild 125. Universelle Ermüdungskurven. *1*: angerauhtes Kalk-Natronglas nach Mould und Southwick [632]; *2*: E-Glasfaser; *3*: Kieselglasfaser; *4*: säuregeätztes Kalk-Natronglas nach Ritter und Sherburne [781]

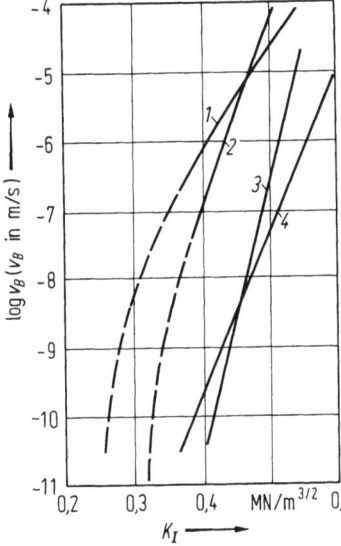

Bild 126. Bruchgeschwindigkeit v_B verschiedener Gläser in Wasser bei 25 °C nach Wiederhorn und Bolz [1069]. *1*: Kalk-Natronglas; *2*: Borosilicatglas; *3*: Aluminosilicatglas; *4*: Kieselglas

Bild 125 enthält noch weitere, von Ritter und Sherburne [781] angegebene Ermüdungskurven. Sie zeigen eine deutlich andere Steigung, woraus man folgern muß, daß der Mechanismus sich geändert hat. Besonders interessant ist der Vergleich der Kurven *1* und *4*, die beide Kalk-Natronglas darstellen, nur daß das Glas der Kurve *1* angerauht, das der Kurve *4* frisch säuregeätzt war. Letzteres Glas zeigt eine geringere Ermüdungsempfindlichkeit, wahrscheinlich dadurch bedingt, daß der Rißvorgang in einer relativ fehlerfreien Oberfläche etwas anders als bei den tiefen Rissen der angerauhten Oberfläche sein wird. Man hat mehrfach versucht, die Ermüdungskurven mit einer Gleichung zu erfassen. Dabei werden u.a. die Ansätze $\log t = a + b \cdot \log \sigma$, $\log t = a' + b'/\sigma$ und $\log t = a'' + b''/\sigma^2$ diskutiert.

Es besteht aber noch die Frage, ob mit Ermüdungserscheinungen auch bei geringen Spannungen zu rechnen ist. Dazu muß man sich die Bruchgeschwindigkeiten bei kleinen Spannungen ansehen, wie sie z.B. von Wiederhorn und Bolz [1069] gemessen und in Bild 126 dargestellt wurden. Es zeigt sich dort, daß die normalen $\log v_B$–K_I-Kurven bei K_I-Werten $< 0{,}3$ MN/m$^{3/2}$ beginnen abzuweichen, um dann fast spannungsunabhängig zu werden, d.h. es tritt bei diesen Gläsern eine *Ermüdungsgrenze* auf, die man im allgemeinen bei 20 % der kritischen Bruchspannung annimmt. v_B-Werte bei

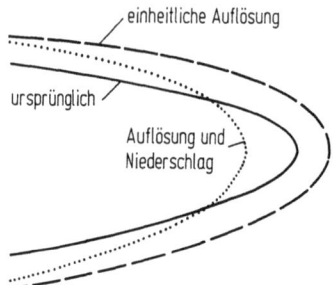

Bild 127. Schematische Darstellung des Verhaltens von Kerbspitzen in Gegenwart von H$_2$O nach Bando u. M. [44]

geringen Spannungen sind schwierig zu messen. Wilkins und Dutton [1077] schlagen daher eine aufgrund der Statistik verbesserte Bestimmungsmöglichkeit vor und kommen ebenfalls zu einer Ermüdungsgrenze bei etwa 20 %. Diese Grenze ist aber nach Gehrke u. M. [306] variabel und kann bei Gläsern mit geringer chemischer Beständigkeit bis zu 50 % der kritischen Bruchspannung gehen. Als Ursache dafür wird vor allem die Bildung von Korrosionsschichten angenommen.

Die Reaktion mit H$_2$O kann beim Glas noch zu einem entgegengesetzt wirkenden Effekt führen, nämlich dann, wenn dadurch ein Riß so korrodiert wird, daß sein Radius an der Kerbspitze vergrößert wird. Das entspricht einer Verkürzung des Risses und wirkt daher festigkeitserhöhend. Man bezeichnet diese Erscheinung mit *Alterung*, und man wird besonders beim spannungsfreien Lagern damit rechnen müssen. Sie erklärt die Beobachtung, daß man Glas sofort nach dem Anritzen leichter brechen kann als nach dem Verstreichen einer gewissen Zeit. Als weitere Deutungsmöglichkeit ist nach Bando u. M. [44] damit zu rechnen, daß der Mechanismus des Abstumpfens der Kerbspitze außer durch Auflösung auch durch einen Niederschlag von Reaktionsprodukten bestimmt wird, denn Versuche in mit SiO$_2$ gesättigter Lösung haben eine schnellere Alterung als in reinem Wasser ergeben. Die Skizze des Bildes 127 zeigt schematisch die sich ergebenden Kerbspitzen. Schließlich sei noch die Beobachtung erwähnt, daß man die Festigkeit von beschädigten Gläsern durch Tempern nahe T_g um 20 bis 30 % erhöhen kann. Nach Hirao und Tomozawa [408] ist das ebenfalls auf ein Abstumpfen der Kerbspitzen zurückzuführen, bedingt durch viskoses Fließen, was durch den H$_2$O-Dampf in der Atmosphäre gefördert wird.

Es ist von praktischem Interesse zu wissen, wie stark sich die Ermüdung auf das Verhalten eines Werkstücks auswirkt, d.h. ob und gegebenenfalls nach welcher Zeit unter den vorgegebenen Bedingungen (Spannung und Umgebung) mit einem Bruch zu rechnen ist.

Für eine quantitative Behandlung kann man von Gl. (87) ausgehen und diese nach der Zeit differenzieren unter der Annahme, daß die angelegte Spannung σ_a konstant bleibt:

$$\frac{dK_I}{dt} = \frac{\sqrt{\pi}\sigma_a}{2\sqrt{a}} \cdot \frac{da}{dt} = \frac{\pi\sigma_a^2}{2K_I} \cdot v_B \quad \text{mit} \quad v_B = \frac{da}{dt}. \tag{90}$$

Für die Bruchgeschwindigkeiten v_B hat sich nach den Meßergebnissen (z. B in den Bildern 124 und 126) der empirische Ansatz

$$v_B = A K_I^n \quad \text{oder} \quad \log v_B = \log A + n \log K_I \tag{91}$$

bewährt. Die Konstante n, die die Steilheit der Geraden beschreibt, liegt beim Kalk-Natronglas im Bereich I bei 20 bis 30 und im Bereich III bei 80. Die Konstante $\log A$ hat im Bereich I Werte von $-0,5$ bis $+0,5$ und im Bereich III um $+7$. Letztere Werte wurden berechnet mit v_B in m/s und K_I in MN/m$^{3/2}$. (Beim Vergleich mit Literaturwerten ist auf die Einheit von A zu achten. Hier lautet sie $(MN)^{-n} \cdot m^{(1+1,5n)} \cdot s^{-1}$.)

Die Zeit t_F, bei der der Bruch (oder Fehler) eintritt, also die *Lebensdauer*, erhält man durch Auflösen von Gl. (90) nach dt und Integration über K_I/v_B von K_{Ia} (Wert bei Beginn der Beanspruchung) bis K_{IC}. Die Abhängigkeit von K_I von v_B ist durch Gl. (91) mit den beiden Konstanten n und A gegeben. Das führt dann mit σ_{IC} = Festigkeit in inerter Umgebung zur Beziehung

$$t_F = \frac{2\,\sigma_{IC}^{(n-2)}\,\sigma_a^{-n}}{\pi\,(n-2)\,A\,K_{IC}^{(n-2)}}. \tag{92}$$

Gleichung (92) sei an einem Beispiel erläutert. Die üblichen Kalk-Natrongläser haben K_{IC}-Werte von 0,75 MN/m$^{3/2}$. In Anlehnung an Bild 124 seien die Bedingungen für 10 bzw. 100% r. F. herausgegriffen (Kurve *3* bzw. *4*). Für diese gilt etwa $n = 25$ bzw. 22 und $A = 2,8$ bzw. 4,0. Nimmt man die geringe Kerbtiefe von 10 nm an, dann ergibt sich nach Gl. (87) eine kritische Festigkeit von $\sigma_{IC} = 4230$ MN/m$^{3/2}$. Gefragt sei nach der Lebensdauer bei ständiger Beanspruchung mit einem Drittel der kritischen Festigkeit, also mit $\sigma_a = 1410$ MN/m$^{3/2}$. Setzt man diese Werte in Gl. (92) ein, dann beträgt die Lebensdauer in einer Umgebung von 10 % r. F. 4 Tage, aber in 100 % r. F. nur 75 min.

Eine verläßliche Lebensdaueraussage setzt relativ genaue Werte von K_{IC} und σ_{IC} voraus, denn wegen der hohen Potenzen von n in Gl. (92) machen sich geringe Abweichungen schon stark bemerkbar. So hat Roach [784] darauf hingewiesen, daß die inerten kritischen Festigkeiten von der Bestimmungsart abhängig sind; die Werte in flüssigem Stickstoff sind etwa 9 % höher als bei schneller Belastung. Für verschiedene Belastungsarten gibt es unterschiedliche Formeln; Kerkhof u. M. [487] geben einige Beispiele an. Weiterhin muß man bedenken, daß die vorhandenen Kerben oder Risse keine einheitliche Größe haben, daß aber der tiefste Riß die Festigkeit begrenzt. Man versucht dies zu berücksichtigen durch Einbeziehung der Statistik, wie Jakus u. M. [451] beschreiben. Dabei wird oft die Weibull-Statistik bevorzugt, was aber nach Doremus [201] nicht immer nötig oder gerechtfertigt ist.

Lebensdauervorhersagen bzw. -garantien lassen sich mit einer Vorprüfung (*proof testing*) erreichen, wie Ritter u. M. [782] an mehreren Beispielen ausführen. Grundlage dazu ist eine gezielte Vorbeanspruchung mit einer Spannung σ_p, die höher liegt als die spätere Arbeitsspannung σ_a. Es werden dabei alle die Werkstücke zu Bruch gehen, für die $\sigma_p \cdot \sqrt{\pi a_p} \geq K_{IC}$ gilt. Die verbleibenden Stücke haben nur noch Risse mit $a < a_p$. Es gilt also $\sigma_p \cdot \sqrt{\pi a} < K_{IC}$. Da nun $\sigma_a < \sigma_p$ sein sollte und $\sigma_a \cdot \sqrt{\pi a} = K_{Ia}$ ist, gilt

$$\frac{\sigma_p}{\sigma_a} < \frac{K_{IC}}{K_{Ia}} \quad \text{bzw.} \quad \frac{1}{K_{Ia}} > \frac{1}{K_{IC}} \cdot \frac{\sigma_p}{\sigma_a}.$$

Mit $\sigma_p = \sigma_{IC}$ erhält dann die Gl. (92) die neue Form

$$t_F > \frac{2\,\sigma_p^{(n-2)}\,\sigma_a^{-n}}{\pi\,(n-2)\,A\,K_{IC}^{(n-2)}}.$$

Diese Beziehung kann man verwenden, um $(\log t, \log \sigma_a)$-Diagramme zu zeichnen und daraus abzulesen, wie hoch σ_p sein muß, damit eine gewünschte Lebensdauer gesichert ist. Ritter u. M. [782] haben diese Methode zusammengefaßt, und Kamigaito und Kamiya [466] zeigen, wie man ein fortgesetztes Rißwachstum beim Entlasten der Probe berücksichtigen kann.

3.5.2.5 Abhängigkeit von der Temperatur

Wegen der Abhängigkeit des Dehnungsmoduls von der Temperatur ist auch eine Temperaturabhängigkeit der Festigkeit zu erwarten derart, daß mit steigender Temperatur entsprechend der Abnahme des Dehnungsmoduls auch eine solche der Festigkeit eintritt. Das wurde auch wiederholt experimentell festgestellt, meist jedoch weit ausgeprägter als der Temperaturabhängigkeit des Dehnungsmoduls entsprechend. Die Ursache dafür kann in der mit steigender Temperatur wesentlich beschleunigten Spannungskorrosion gesehen werden. Es sind aber auch Versuche bekannt, daß durch Behandlung bei hohen Temperaturen ($>100\,°C$) die Festigkeit ansteigt, nämlich dann, wenn dadurch vorhandenes H_2O entfernt wird. Meist wird dieser Einfluß aber überdeckt durch beim Erhitzen eintretende Oberflächenbeschädigungen. Außerdem beobachteten Ritter u. M. [783], daß die Temperaturabhängigkeit der Ermüdung abhängig ist von der Art der Oberflächenbeschädigungen.

Mit der *Festigkeit von Glasschmelzen* hat sich zunächst Coenen [144] befaßt. Man kann sie messen, wenn man die Beanspruchungsgeschwindigkeit entsprechend hoch wählt. Die notwendige Grenzgeschwindigkeit ist umgekehrt proportional der Viskosität. Aus der Betrachtung der Vorgänge bei der Bildung von Hohlräumen in einer Schmelze und von neuen Oberflächen sowie unter Zusammenfassung von konstanten bzw. fast konstanten Größen kommt Coenen zur Beziehung

$$\sigma(\text{in MN/m}^2) \approx 27 \cdot 10^3 \cdot \sqrt{\gamma^3/T}$$

mit der Oberflächenspannung γ in N/m und der Temperatur T in K. Eine Kalk-Natronglasschmelze hat danach mit $\gamma = 0{,}330$ N/m bei $800\,°C$ eine Festigkeit von $156\,\text{MN/m}^2$, was ein beachtlicher Wert ist. Intensiver hat sich Brückner [110] des mechanischen Verhaltens von Glasschmelzen angenommen, besonders im Hinblick auf die *Heißbiegefestigkeit*. Diese ist üblicherweise bis T_g konstant, um darüber stark anzusteigen und 100 K oberhalb T_g etwa doppelte Werte zu erreichen. Die Ursache dafür liegt im Ausheilen von Fehlern, Abbau von Spannungsspitzen und Abstumpfen von Kerbspitzen, wobei möglich werdende Fließprozesse eine wesentliche Rolle spielen.

3.5.2.6 Abhängigkeit von der Zusammensetzung

Es liegen nur sehr wenige systematische Messungen von Festigkeitswerten vor, was sicher auch in der Schwierigkeit solcher Messungen begründet ist. So muß man auf Gehlhoff und Thomas [304] zurückgreifen, die nicht nur die Zusammensetzung, sondern auch die Art der Festigkeit variiert haben. Bild 128 kann man zunächst entnehmen, daß sowohl die Zugfestigkeiten σ_Z als auch die Biegefestigkeiten σ_B vergleichsweise geringe Werte zeigen, d.h. daß hier Proben mit relativ großem Fehler eingesetzt wurden. Die Aussagefähigkeit dieser Messungen ist daher begrenzt. Man

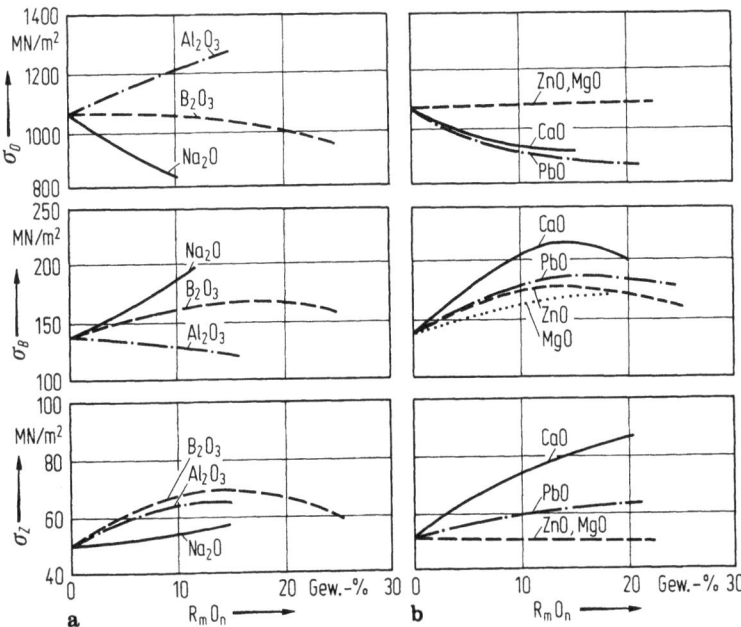

Bild 128a,b. Änderung der Druck- (σ_D), Biege- (σ_B) und Zugfestigkeit (σ_Z) eines Na_2O-SiO_2-Glases (20–80 Gew.-%) beim gewichtsmäßigen Ersatz von SiO_2 durch andere Oxide nach Gehlhoff und Thomas [304]

erkennt jedoch deutlich, daß die σ_B-Werte höher als die σ_Z-Werte liegen, bedingt durch die wesentlich kleinere beanspruchte Zone beim Biegeversuch im Vergleich zum Zugversuch. Im Gegensatz dazu sind die Druckfestigkeiten σ_D wesentlich höher. Glas, auch ohne besondere Vorsicht behandelt, verhält sich also Druckbeanspruchungen gegenüber sehr gut, während bei Zugbeanspruchung der Zustand der Oberfläche entscheidend wird.

Im allgemeinen wird man erwarten, daß die Festigkeit des Glases, und darunter wird meistens und auch hier die Zugfestigkeit verstanden, mit zunehmender Bindefestigkeit der Glasstruktur ansteigt. Diese Annahme findet man in Bild 128 nur angedeutet bestätigt, vor allem beim Einfluß von B_2O_3 und CaO. Unerwarteterweise erhöht nach Bild 128a ein steigender Na_2O-Gehalt die Festigkeit, was später auch Kennedy u. M. [481] bestätigten, die feststellten, daß die Zugfestigkeiten von binären Na_2O-SiO_2-Gläsern vom $Na_2O \cdot 5SiO_2$-Glas mit 2 100 MN/m² ansteigen bis 2 900 MN/m² beim $Na_2O \cdot 2SiO_2$-Glas. Wurden für diese Versuche angerauhte Probestäbe verwendet, dann betrug der Anstieg 360 bis 580 MN/m², wie die Biegefestigkeiten, gemessen in flüssigem N_2, in Bild 129 zeigen. Eine Erklärung dafür ist vorläufig nicht möglich, es sei denn, man nimmt mit steigendem Alkaligehalt einen starken Anstieg der Bruchenergie an, wie sich durch die ebenfalls ansteigenden K_{IC}-Werte im oberen Teil des Bildes 129 andeutet.

Die Zugfestigkeit von B_2O_3-Glas beträgt unter sehr sorgfältigen Bedingungen nur 1 200 MN/m² und ist damit etwa um den Faktor 10 geringer als beim Kieselglas. Dies kann man auf die nur dreifache Verknüpfung des B_2O_3-Netzwerks zurückführen.

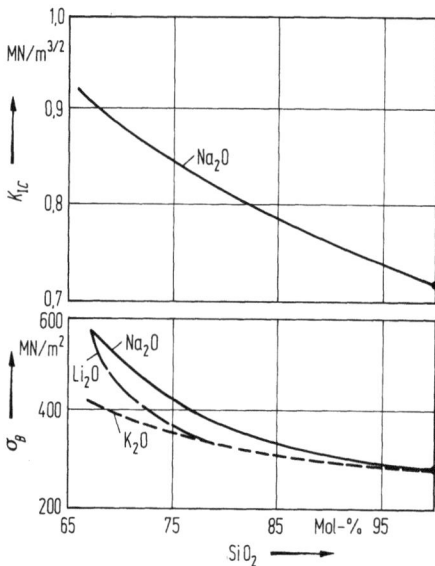

Bild 129. Biegefestigkeiten σ_B und K_{IC}-Werte von binären $R_2O - SiO_2$-Gläsern nach Kennedy u. M. [481]

Entsprechend steigen die Festigkeiten mit steigendem Na_2O-Gehalt an, weil sich dann stärker vernetzte $[BO_4]$-Gruppen bilden. Nach Pesina u. M. [698] ergibt sich für $Na_2O \cdot 2B_2O_3$-Glasfasern eine Festigkeit von 3 000 MN/m².

Die eben erwähnten sorgfältigen Meßbedingungen beim B_2O_3-Glas betreffen vor allem die relative Feuchte. Den hohen obigen Wert finden Hasegawa u. M. [383] nur bei relativen Feuchten $\leq 0,4\%$. Darüber fällt die Festigkeit durch Spannungskorrosion deutlich ab, um bei 7 % r. F. nur noch 600 MN/m² zu betragen.

Weitere Messungen von K_{IC}-Werten haben Vernaz u. M. [1018] an mehreren binären und ternären Gläsern durchgeführt. Es läßt sich davon bisher keine einheitliche Tendenz ableiten. Erwähnt sei aber noch, daß nach Cheng und Fan [134] in binären $R_2O - SiO_2$-Gläsern geringe Wassergehalte die K_{IC}-Werte deutlich ansteigen lassen, z.B. von 1,2 auf 1,8 MN/m$^{3/2}$ bei einem Natriumsilicatglas mit 0,035 Mol-% H_2O.

Bild 128 läßt erkennen, daß in kleinen Bereichen eine lineare Abhängigkeit von der Zusammensetzung besteht. Damit ergibt sich auch hier die Möglichkeit einer *Berechnung* mit Faktoren — die wiederum von Winkelmann und Schott angegeben wurden — nach dem schon mehrfach erwähnten einfachen Ansatz

$$\sigma = \frac{1}{100} \Sigma \sigma_i p_i. \tag{93}$$

Tabelle 34 bringt derartige Werte. Solche Berechnungen sind hier aber noch größeren Vorbehalten als bei den anderen Eigenschaften ausgesetzt, da die Festigkeiten von Gläsern sehr stark von ihrer Vorgeschichte abhängen. Für ein Glas der Zusammensetzung (in Gew.-%) $18Na_2O$, $10CaO$ und $72SiO_2$ haben Gehlhoff und Thomas [304] eine Zugfestigkeit von 75 und eine Druckfestigkeit von 910 MN/m² gemessen, während sich mit den Faktoren die Werte 88 bzw. 909 MN/m² errechnen lassen.

Tabelle 34. Faktoren zur Berechnung der Zug- und Druckfestigkeiten von Gläsern aus der Zusammensetzung in Gew.-% nach Gl. (93)

Oxid	Zugfestigkeit (MN/m^2)	Druckfestigkeit (MN/m^2)
Na$_2$O	20	20
K$_2$O	10	50
MgO	10	1100
CaO	200	200
BaO	50	50
B$_2$O$_3$	65	900
Al$_2$O$_3$	50	1000
SiO$_2$	90	1230
P$_2$O$_5$	75	760
As$_2$O$_5$	30	1000
ZnO	150	600
PbO	25	480

3.5.2.7 Abhängigkeit von der Vorgeschichte

Die direkten Einflüsse der Vorgeschichte auf die Festigkeitseigenschaften des massiven Glases, also als Materialeigenschaften, sind gering. Es gibt Hinweise, daß die *Schmelzvergangenheit* sich bemerkbar macht. Es ist verständlich, daß eine unzureichende Homogenisierung die Festigkeit erniedrigt, wie es Hsich [422] beschreibt. Von den Schmelzbedingungen hängen auch *Entmischungserscheinungen* ab, die möglicherweise die von Sproull und Rindone [912] gefundenen unterschiedlichen Festigkeitswerte erklären. Es wurde früher bereits erwähnt, daß durch Entmischung im Glas erzeugte Risse die Festigkeit erniedrigen, aber auch ohne Risse ist mit Einflüssen auf die Festigkeit zu rechnen, die je nach dem sich ausbildenden Gefüge unterschiedlich sein können, d.h. auch zu einer Erhöhung der Festigkeit führen können, wie Xie und Brückner [1093] an Gläsern des Systems Na$_2$O – CaO – SiO$_2$ zeigen. Das macht sich auch bei den K_{IC}-Werten bemerkbar, die z.B. im System PbO – B$_2$O$_3$ von Miyata und Jinno [619] gemessen wurden.

Ein möglicher Einfluß durch die *Kühlung* wurde auch schon erwähnt. Die zu beobachtende Festigkeitssteigerung wird von Hirao und Tomozawa [408] auf ein Abstumpfen der Kerbspitzen zurückgeführt.

Die Vorgeschichte macht sich aber meist viel stärker durch ihren Einfluß auf *Veränderungen der Oberfläche* und der darin liegenden Risse und Kerben bemerkbar bzw. sie erzeugt solche Fehlstellen. Die Grundlagen dazu wurden bei der Besprechung der Ermüdung (s. Abschn. 3.5.2.4) behandelt. Damit in unmittelbarem Zusammenhang stehen die vielfältigen Wechselwirkungen von Glasoberflächen mit der Umgebung, auf die hier nur pauschal verwiesen werden kann.

3.5.2.8 Verbesserung der Festigkeit

Die oben beschriebenen Erscheinungen zeigen die Wege auf, die Festigkeit von Glasgegenständen zu verbessern. Es bestehen dazu zahlreiche Möglichkeiten, weshalb in der Literatur viele Methoden vorgeschlagen und beschrieben wurden, zusammengefaßt z.B. bei Gardon [295]. Sie haben das Ziel, die Oberflächenfehler zu beseitigen, zu verhindern oder ihre Wirkung zu verringern.

Zunächst ist an den *Schutz der frischen Oberfläche* zu denken, da obige Ausführungen gezeigt haben, daß eine jungfräuliche Oberfläche eine hohe Festigkeit besitzt. Auf diesem Weg ist man aber nicht sehr weit gekommen. Das gilt auch für die Methoden, vorhandene Oberflächenfehler durch Abätzen zu beseitigen; denn die so hergestellten Oberflächen zeigen die gleiche Empfindlichkeit wie die frisch hergestellter Gläser; die Wirkung ist daher nicht von Dauer. Man kann zur *Beseitigung der Oberflächenfehler* neben Flußsäure auch alkalische Lösungen verwenden, die bei SiO_2-reichen Gläsern eine bessere Wirkung als HF zeigen können. Selbst eine hydrothermale Behandlung kann nach Ryabov u. M. [796] die Festigkeit bis auf das Sechsfache erhöhen. Ebenfalls unter hydrothermalen Bedingungen, aber mit an SiO_2 gesättigten Lösungen arbeiten Bershtein u. M. [74], wobei die Festigkeiten von angerauhtem Kieselglas von zunächst 100 bis 200 MN/m² bis auf 300 bis 400 MN/m² ansteigen. Diese Wirkung wird dadurch erreicht, daß sich eine OH-reiche Oberflächenschicht bildet, die leichter beweglich ist und damit Fehler ausheilen kann. Bershtein u. M. [73] sprechen von einer „plastifizierten" Oberfläche, die die Ursache dafür ist, daß eine solche Behandlung auch schützend für spätere Beschädigungen wirkt.

Meist verfährt man jedoch indirekt, indem man versucht, die dem Glas gefährlich werdenden Zugspannungen in der Oberfläche zu mildern. Zu diesem Zweck versetzt man die Glasoberfläche von vornherein unter *Druckspannungen*. Man bezeichnet diesen Vorgang oft auch mit dem Begriff *Härtung*. Ein Bruch tritt dann erst ein, wenn eine Beanspruchung mindestens die Höhe der Druckspannungen erreicht hat. Nach Mohr u. M. [621] gilt dies auch für die Ermüdung. Der Festigkeitszuwachs kann sogar nach Dannheim u. M. [160] über die Höhe der Druckspannung hinausgehen, denn vorhandene Druckspannungen beeinflussen den Bruchvorgang, indem sie die Rißausbildung behindern.

Schon seit langem bekannt ist die Möglichkeit des Abschreckens von Glasgegenständen, die *thermische Härtung*. Dabei kühlt zunächst die Oberfläche ab und wird fest, während sich im Innern noch flüssiges Glas befindet. Beim weiteren Abkühlen auf eine einheitliche Temperatur für den ganzen Gegenstand ist dann die Temperaturdifferenz innen größer als außen, d.h. das Innere würde sich mehr zusammenziehen, wenn es nicht daran durch die bereits feste Oberfläche gehindert würde. Es kommt dadurch unter Zugspannung, während sich an der Oberfläche eine Druckspannung ausbildet. Man kann auf diese Weise die Festigkeit bis auf das Vierfache erhöhen. Gardon [294] berichtet zusammenfassend über diese Methode.

Ein anderer Weg der Festigkeitserhöhung besteht darin, daß man dafür sorgt, daß das Glas der Oberfläche einen *geringeren Ausdehnungskoeffizienten* hat. Zu diesem Zweck hat Otto Schott bereits 1892 vorgeschlagen, eine Art Überfangglas herzustellen, bei der das äußere Glas einen geringeren α-Wert hat. Man kann einen solchen Überzug auch mit der Sol-Gel-Methode herstellen, wie es Fabes u. M. [248] beschreiben. Geringere Ausdehnungskoeffizienten haben nach Abschn. 3.2 Gläser mit niedrigeren

Alkaligehalten. Bei einem vorgegebenen Glas muß man also eine Verarmung der Glasoberfläche an Alkali erreichen. Das geschieht z.B. beim Schwefeln während des Kühlens.

Bei letzterer Methode spielt der Ionenaustausch der Na^+-Ionen des Glases gegen H^+-Ionen aus der Atmosphäre eine wichtige Rolle. Diese Ionenaustauschprozesse bilden die Grundlage für einige weitere Verfahren, die man danach auch als *chemische Härtung* bezeichnet; sie wurde von Bartholomew und Garfinkel [58] zusammenfassend dargestellt.

Das eben erwähnte Schwefeln setzt voraus, daß die an Alkali verarmte Schicht die ihrer Zusammensetzung entsprechenden Eigenschaften entwickeln kann, d.h. es ist notwendig, oberhalb T_g zu arbeiten. Ein Ionenaustausch bedeutet, daß die Anzahl der daran teilnehmenden Ionen konstant bleibt. Man kann daher daran denken, auch andere Paare zu verwenden. Betrachtet man in Tabelle 22 die auf Mol-% bezogenen Faktoren, dann findet man z.B., daß auch der Ersatz von Na^+ durch Li^+ zu einer Erniedrigung von α führen muß. Wirklich wurde durch Hood und Stookey [415] vorgeschlagen, durch Behandeln von natriumhaltigem Glas in einer Lithiumsalzschmelze die Festigkeit zu erhöhen. Eine andere von Stookey u. M. [930] beschriebene Methode verwendet ebenfalls den Ionenaustausch $Na^+ - Li^+$ und führt dabei den Prozeß so, daß in der Oberfläche eine allgemein nicht sichtbare Entglasung an Lithiumaluminiumsilicaten stattfindet. Diese Silicate haben einen sehr geringen Ausdehnungskoeffizienten, wodurch die Oberfläche unter hohe Druckspannungen gesetzt wird. Es gelang so, bei normalen Glasgegenständen Festigkeiten bis zu 800 MN/m^2 zu erreichen.

Die zuletzt beschriebenen Verfahren haben für die Praxis den Nachteil, daß oberhalb T_g leicht eine Deformation der Glasgegenstände eintreten kann. Es wurde deshalb nach Verfahren gesucht, eine chemische Härtung unterhalb T_g zu erreichen. Nach Untersuchungen von Kistler [492] und von Acloque und Tochon [5] ist das möglich, wenn man ein im Glas vorhandenes kleines Ion gegen ein größeres Ion austauscht. Durch den größeren Platzbedarf des letzteren entstehen dann in der Oberfläche ebenfalls Druckspannungen. Man kann das z.B. erreichen, wenn man ein Kalk-Natriumglas in eine KNO_3-Schmelze taucht. Dieser Prozeß ist sowohl wissenschaftlich als auch praktisch von großer Bedeutung, weshalb zahlreiche Untersuchungen durchgeführt wurden. Dabei hat sich gezeigt, daß Interdiffusionsvorgänge den Prozeß bestimmen, wobei Al_2O_3-Gehalte des Glases die Diffusion der Alkalien erleichtern. Zum Erreichen eines großen Umsatzes darf man jedoch nicht zu nahe an die Transformationstemperatur herangehen, weil dann durch Relaxationsprozesse die Druckspannungen wieder abgebaut werden, was man schon 100 K unterhalb T_g beobachten kann, wie auch von Sane und Cooper [807] berichtet wird. Auch hier besteht eine Abhängigkeit von der Vorgeschichte derart, daß nach Zheleztsov und Yanbeeva [1129] bei zuvor abgeschreckten Gläsern der Ionenaustausch infolge der lockereren Struktur der Gläser deutlich schneller vonstatten geht. Im allgemeinen strebt man Austauschtiefen zwischen 10 und 100 μm an. Man kann Druckspannungen in der Oberfläche bis nahe 1 000 MN/m^2 erreichen. Eine derartige Spannung ist also zuerst zu überwinden, ehe in der Oberfläche Zugspannungen auftreten können. Nach Olcott [674] wird durch eine solche Behandlung eine Verbiegung von Glas möglich. Ein entsprechend behandelter Glasstreifen von 2 mm Dicke läßt sich zu einem Ring mit einem Radius von etwa 1 m biegen, wobei dieser Vorgang beliebig oft wiederholbar ist.

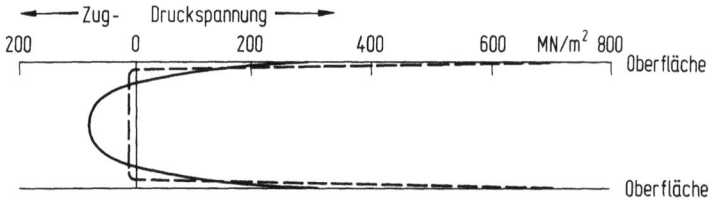

Bild 130. Spannungsprofile bei Glasplatten nach Abschrecken (durchgezogene Kurve) und nach Ionenaustausch (gestrichelte Kurve) nach Olcott [674]

Der Grund liegt in der in Bild 130 skizzierten Spannungsverteilung, die nach chemischer Härtung in der Oberfläche sehr hohe Druckspannungen zeigt, die aber rasch abfallen und im Innern zu nur geringen Zugspannungen führen. Beim Biegeversuch entstehen daher dort nicht gefährliche hohe Zugspannungen, wie es bei den thermisch gehärteten Proben der Fall sein kann.

3.5.2.9 Meßmethoden

Festigkeitsmessungen sind in den Ingenieurwissenschaften weit verbreitet, weshalb auf die dort reichlich vorhandene Literatur verwiesen werden kann. Typisch für das Glas ist aber, daß in den meisten Fällen die erhaltenen Werte nicht das Material, sondern den Zustand der Oberfläche beschreiben. Außerdem besteht ein Einfluß der Umgebung und der Meßzeit (Ermüdung). Zu Vergleichszwecken hat es sich daher bewährt, den Zustand der Oberfläche durch gezieltes Anrauhen zu vereinheitlichen und durch Messen bei der Temperatur des flüssigen N_2 Ermüdungseffekte auszuschalten. Zur Auswertung muß man sich der Statistik bedienen, wie es z.B. Wiederhorn u. M. [1073] beschreiben.

Am einfachsten sind die beiden Methoden der Belastung von Probekörpern unter kontinuierlich steigendem Zug oder Druck, bis der Bruch eintritt. Die entsprechende Zug- oder Druckfestigkeit ergibt sich aus der beim Bruch gerade vorliegenden Last, dividiert durch den Querschnitt des Probekörpers. Beim Zugversuch ist die Einspannung der beiden Enden nicht einfach, weshalb oft die *Biegefestigkeit* bestimmt wird, wozu längliche Probekörper mit kreisförmigem oder rechteckigem Querschnitt auf zwei Schneiden vom Abstand l aufgelegt und auf der Gegenseite einfach (Drei-Punkt-Methode) oder durch zwei Schneiden (mit Abstand $<l$; Vier-Punkt-Methode) kontinuierlich belastet werden. Zur Vermeidung des Einflusses der Berandung hat sich zur Bestimmung der Biegefestigkeit von plattenförmigen Proben der *Doppelring-Biegeversuch* nach DIN 52 292 [1148] bewährt, bei dem die Platte auf einen kreisförmigen Stützring aufgelegt und über einen Lastring belastet wird. Dabei hat die Innenfläche ein hinreichend gleichmäßiges Zugspannungsfeld. Neben diesen Methoden besteht auch die Möglichkeit, die Torsion bis zum Bruch durchzuführen. *Glasfasern* kann man zu einer Schlinge formen und beide Enden bis zum Bruch auseinanderziehen, aber auch die Biegung einer Faser zwischen zwei Platten ist einfach durchzuführen und ergibt nach France u. M. [264] gute Werte. Matthewson u. M. [585] weisen jedoch darauf hin, daß solche Messungen kaum geeignet sind, die Zugfestigkeit von optischen Glasfasern vorauszusagen, da letztere um mehrere

Größenordnungen länger sind. Es ist wahrscheinlich, daß man beim Biegeversuch mit einem kleinen Zugspannungsbereich eine andere Festigkeitsverteilung ermittelt als es dem Verhalten einer sehr langen Glasfaser entspricht.

Es gibt mehrere weitere Varianten, die Festigkeitswerte von *Flachglas* zu ermitteln. Eine für die Praxis wichtige Größe ist die *Schlagfestigkeit*, die mit fallender Kugel oder mit Hilfe von Pendeln ermittelt wird. Bei *Hohlgläsern* ist daneben die *Innendruckfestigkeit* wichtig. Diese und andere in den Betrieben und Laboratorien eingesetzten Methoden wurden von der Internationalen Glaskommission zusammengestellt [1137].

Die Zugfestigkeit in kleinen Bereichen ist auch durch den *Kugeleindruckversuch* zu bestimmen, da nach der Hertzschen Theorie am Berührungskreis Kugel-Glas maximale Zugspannungen auftreten. Hat dieser Kreis den Radius r, dann ergibt sich diese Festigkeit σ_r mit der Poissonschen Zahl μ und der Last P zu

$$\sigma_r = \frac{1-2\mu}{2\pi} \cdot \frac{P}{r^2}.$$

Eindruckversuche mit dem Vickersdiamanten können nach Evans und Charles [241] dazu dienen, mit den gemessenen Werten der Härte, des Eindruckradius und der Länge der sich bildenden Risse die K_{IC}-Werte zu berechnen. Die dabei sich abspielenden Vorgänge hat Lawn [530] behandelt. Es sind besonders die radialen Risse beim *Vickerseindruck*, die einer bruchmechanischen Behandlung zugänglich sind. Daraus folgt, daß sich kontrollierte Vickerseindrücke eignen als Ausgangszustand für weitere bruchmechanische Untersuchungen. Eine Beschreibung der allgemein üblichen K_{IC}-Bestimmung haben Champomier und Métras [127] und Kerkhof und Richter [486] gegeben. Auch das Ermüdungsverhalten läßt sich verläßlich bestimmen, wie eine Gemeinschaftsuntersuchung im Rahmen der Internationalen Glaskommission ergeben hat, über die Ritter u. M. [780] berichtet haben.

Schließlich geben Beobachtungen der Bruchfläche wertvolle Aussagen, was von Fréchette [272] als *Fraktologie* bezeichnet wird. Besonders Kerkhof [485] hat auf diesem Gebiet viel gearbeitet und auch zusammengefaßt.

3.5.3 Spannungen

Mechanische Belastungen erzeugen in Gläsern Spannungen, die sich durch das Auftreten der Doppelbrechung erkennen lassen. Ganz allgemein zeigt das Vorliegen einer Doppelbrechung im Glas Spannungen an, die neben den mechanischen Beanspruchungen noch andere Ursachen haben können und anschließend gemeinsam behandelt werden sollen. Wegen der Meßmethode sei auf die Bestimmung der Doppelbrechung bei der Besprechung der Lichtbrechung (s. Abschn. 3.4.1.1) und der Wärmedehnung (s. Abschn. 3.2.1) hingewiesen. In DIN 52 314 [1151] ist die Bestimmung des spannungsoptischen Koeffizienten und in DIN 52 327 [1155] die der Spannungen in Glas-Glas- bzw. in Glas-Metall-Verschmelzungen beschrieben. Zu letzteren Spannungen hat Varshneya [1015] eine Übersicht mit Grundlagen und Meßmethoden vorgelegt, während in der Übersicht von Kerkhof [484] die Verfahren zur Untersuchung von Spannungen ganz allgemein behandelt werden.

3.5.3.1 Doppelbrechung

Setzt man einen Glasstab durch Druck unter eine *mechanische Spannung*, so ändert sich die Lichtbrechung parallel und senkrecht zur Spannungsrichtung in unterschiedlichem Maße, so daß der Glasstab doppelbrechend wird. Untersuchungen verschiedener Autoren haben ergeben, daß die Doppelbrechung D proportional der angelegten Spannung S ist:

$$D = C\,S.$$

Die Proportionalitätskonstante C wird darin als *spannungsoptischer Koeffizient* (oder auch photoelastische oder Brewstersche Konstante) bezeichnet. Da man die Doppelbrechung meist in nm/cm mißt und die Spannung früher oft in kp/cm² angegeben wurde, hatte sich als Einheit 1 (nm/cm):(cm²/kp) = 1 Brewster eingeführt. Die Umrechnung auf die internationalen SI-Einheiten führt mit $1\,\text{kp/cm}^2 = 1{,}02 \cdot 10^5\,\text{N/m}^2 \approx 0{,}1\,\text{N/mm}^2$ zu

$$1\,\text{Brewster} \approx 1\,\frac{\text{nm}}{\text{cm}} \cdot \frac{\text{mm}^2}{0{,}1\,\text{N}} = 10^{-6}\,\text{mm}^2/\text{N},$$

die jetzt nach DIN 52 314 [1151] übliche Einheit des spannungsoptischen Koeffizienten.

Nach obiger Gleichung nimmt die Doppelbrechung proportional der angelegten Druckspannung zu. Bei einem Druck von 10 MN/m² beträgt die Doppelbrechung von Kalk-Natrongläsern etwa 260 nm/cm, d.h. der spannungsoptische Koeffizient

$$C = D/S = 2{,}6 \cdot 10^{-6}\,\text{mm}^2/\text{N} \approx 2{,}6\,\text{Brewster}.$$

Mit diesem Wert kann man weiterhin berechnen, daß eine Doppelbrechung von 100 nm/cm einer Spannung von fast 4 MN/m² entspricht. Da die Zugfestigkeit der Gläser ungefähr 50 MN/m² beträgt, liegt diese Doppelbrechung bei etwa einem Zehntel der Zugfestigkeit, was als Sicherheitsgrenze betrachtet werden muß. Doppelbrechungen von mehr als 100 nm/cm mahnen deshalb bei der Verwendung solcher Gläser zur Vorsicht.

Solange man sich in dem Temperaturbereich befindet, in dem das Glas vollkommen elastisch ist, bleibt die beobachtete Doppelbrechung bei angelegter Last konstant und verschwindet nach Aufhebung der Last. Befindet man sich jedoch im viskoelastischen Bereich, dann verbleibt nach dem Entlasten oft eine optische Anisotropie, die auch als *anomale Doppelbrechung* bezeichnet wird und von Takamori und Tomozawa [946] beschrieben wurde. Sie ist abhängig von der Glasstruktur und im Glas eventuell vorhandenen Mikroheterogenitäten. Über die Verhältnisse bei höheren Temperaturen wird unten berichtet werden. Zu beachten ist aber auch, daß entsprechend der Brechzahl auch der spannungsoptische Koeffizient von der Wellenlänge abhängig ist, indem er nach Sinha [900] für Kalk-Natronglas vom Flachglastyp von $C = 2{,}38 \cdot 10^{-6}\,\text{mm}^2/\text{N}$ bei 589,3 nm (n_D-Linie) auf $2{,}34 \cdot 10^{-6}\,\text{mm}^2/\text{N}$ bei 789 nm absinkt. Der Abfall beim Kieselglas (mit etwa $3{,}60 \cdot 10^{-6}\,\text{mm}^2/\text{N}$ bei der n_D-Linie) ist noch stärker.

Schon frühzeitig wurde erkannt, daß eine *Abhängigkeit von der Zusammensetzung* für den spannungsoptischen Koeffizienten besteht. Besonders deutlich nimmt er ab, wenn der PbO-Gehalt der Gläser ansteigt, so daß sogar negative Werte auftreten können. Von Weyl [1058] stammt die Deutung, daß durch die Einwirkung z.B. einer

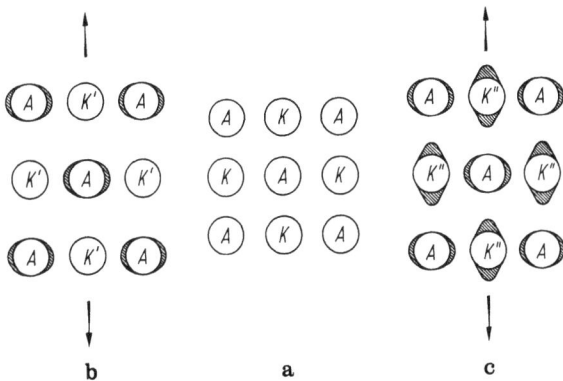

Bild 131a–c. Schematische Darstellung der Wirkung einer Zugspannung auf Gläser mit normal polarisierbaren Anionen (A) und gering (K') und stark (K'') polarisierbaren Kationen nach Weyl [1058]. **a** Zustand vor Anlegen der Zugspannung; **b** und **c** Zustand nach Anlegen der Zugspannung

einachsigen Zugspannung die Abstände parallel zu dieser Spannung zunehmen. Die Folge davon ist, daß sich die leicht polarisierbaren Ionen, in normalen Gläsern die Sauerstoff-Anionen, in senkrechter Richtung dazu deformieren, wie die Bilder 131a und b schematisch zeigen. Das bedingt unterschiedliche Brechzahlen parallel und senkrecht zur Spannungsrichtung, also eine Doppelbrechung. Wenn sich aber in einem Glas auch leicht polarisierbare Kationen befinden, dann bewirkt die Deformation der Anionen eine Deformation dieser Kationen parallel zur Spannungsrichtung (Bild 131c). Je nach der Konzentration dieser Kationen nimmt die Doppelbrechung ab und kann sogar negative Werte annehmen. Tashiro [952] hat dieses Verhalten näher untersucht und bestätigt, daß bei Gläsern aus dem binären System $PbO-SiO_2$ der spannungsoptische Koeffizient bei der Zusammensetzung $PbO \cdot 1{,}67\ SiO_2$ null und bei höheren PbO-Gehalten negativ wird. Dieses Verhalten ist bereits seit 1902 bekannt. Nach seinem Entdecker bezeichnet man das Glas mit 0 Brewster auch als Pockels-Glas. Erniedrigend auf den spannungsoptischen Koeffizienten wirken auch die leicht polarisierbaren Ionen Sr^{2+} und Ba^{2+}, wobei die Wirkung mit wachsendem Ionenradius ansteigt. Bei den Alkalien beobachtet man nach Bild 132 ebenfalls eine Abnahme des spannungsoptischen Koeffizienten mit steigendem Alkaligehalt, die beim B_2O_3-Glas besonders stark ist, weil das B_2O_3-Glas allein den sehr hohen C-Wert von $11 \cdot 10^{-6}\ mm^2/N$ aufweist.

Die spannungsoptischen Koeffizienten werden oft zur Berechnung der bei höheren Temperaturen auftretenden Spannungen verwendet. Voraussetzung dazu ist die Kenntnis der *Temperaturabhängigkeit* des spannungsoptischen Koeffizienten, was manchmal übersehen wird. Messungen von van Zee und Noritake [1122] an einem Tafelglas haben einen schwachen, aber deutlichen Anstieg mit der Temperatur festgestellt, wie Bild 133 zeigt. Zwischen Zimmertemperatur und Transformationstemperatur bei 550 °C beträgt der Anstieg etwa 7 %, kann daher in den meisten Fällen vernachlässigt werden. Ähnliche Werte mißt Fontana [259], der sich dabei einer ASTM-Methode [1144] bedient. Manns und Brückner [577] beobachten bei entsprechenden Messungen, daß im Einfrierbereich eine Zeitabhängigkeit derart eintritt, daß die spannungsoptischen Koeffizienten ansteigen.

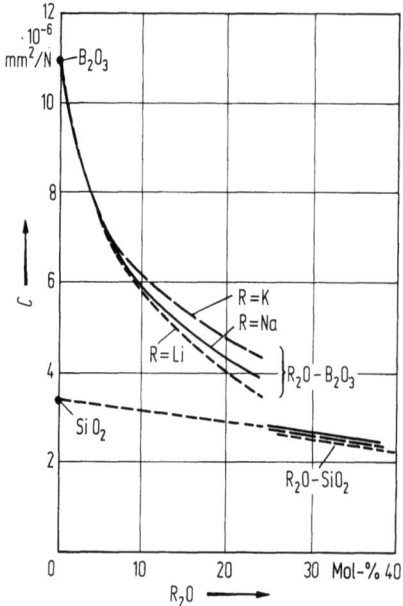

Bild 132. Spannungsoptischer Koeffizient C von binären Alkaliborat- und Alkalisilicatgläsern nach Matusita u. M. [588, 589]

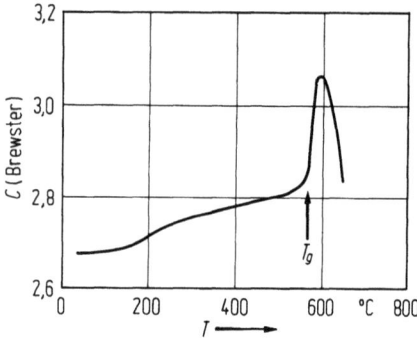

Bild 133. Temperaturabhängigkeit des spannungsoptischen Koeffizienten C eines handelsüblichen Tafelglases nach van Zee und Noritake [1122]

Bringt man einen Glasstab schnell auf eine höhere oder tiefere Temperatur, dann nimmt die Glasoberfläche diese Temperatur an, während das Glasinnere noch auf der ursprünglichen Temperatur verharrt. Dabei dehnt sich oder schrumpft die Oberfläche infolge der thermischen Ausdehnung oder Kontraktion, was *thermische Spannungen* hervorruft. Da die Ausdehnung oder Kontraktion um so größer ist, je höher der Ausdehnungskoeffizient ist, steigen bei gleicher Temperaturdifferenz ΔT die Spannungen S mit dem Ausdehnungskoeffizienten α nach

$$S = \alpha \, \Delta T \, E / [2(1-\mu)], \tag{94}$$

was eine Doppelbrechung D von

$$D = C \, \alpha \, \Delta T \, E / [2(1-\mu)] \tag{95}$$

bedingt.

3.5 Mechanische Eigenschaften

In diesen Gleichungen stellt E den Dehnungsmodul und μ die Poissonsche Zahl dar. Die Art, in der die Poissonsche Zahl in diesen Gleichungen auftritt, ist von der geometrischen Form der Probe abhängig. Die Gln. (94) und (95) gelten nur für lange Glasstäbe. Bei Hohlzylindern oder Hohlkugeln z.B. fällt der Faktor 2 im Nenner weg. Eine Gegenüberstellung für verschiedene Formen ist bei Kingery [491] zu finden. Löst man obige Gleichungen nach ΔT auf, erhält man die Temperaturdifferenz, die man einem Glas bei vorgegebener maximaler Spannung zumuten kann, d.h. man gewinnt eine Aussage über die *Temperaturwechselbeständigkeit*:

$$\Delta T = 2S(1-\mu)/(\alpha E). \tag{96}$$

Mit den Werten für ein normales Hohlglas ergibt sich

$$\Delta T = 2 \cdot 50 \cdot 0{,}75/(9 \cdot 10^{-6} \cdot 0{,}7 \cdot 10^{5}) \approx 120 \, \text{K}.$$

Bei dem in DIN 52 313 [1150] beschriebenen Prüfverfahren wird eine Anzahl gleichartiger Proben durchgewärmt und anschließend in kaltem Wasser abgeschreckt. Nach Aussortieren der gerissenen oder gesprungenen Proben wird die Temperatur zum Durchwärmen jeweils stufenweise um 5 K ($\Delta T < 100$ K) bzw. 10 K ($\Delta T \geq 100$ K) gesteigert, bis alle Proben erste Anrisse gezeigt haben. Die Auswertung erfolgt statistisch.

Gleichung (96) gilt nur bei schnellem Wärmeübergang. Bei langsamem Übergang wird die Temperaturwechselbeständigkeit außerdem noch proportional der Wärmeleitfähigkeit des Glases. Darüber hinaus wird eine Abhängigkeit von der Probengröße, vor allem aber von der Probenform eintreten, so daß zur Prüfung jeweils besondere Vorschriften nötig sind. Oft wird dabei in Wasser abgeschreckt, wodurch die Spannungskorrosion einen Einfluß gewinnen kann. Hasselman u. M. [385] haben gezeigt, daß man unter Anwendung der Kenntnisse über die Bruchmechanik und damit über die Bruchgeschwindigkeiten und Ermüdungsvorgänge die experimentellen Ergebnisse gut erfassen kann. Es hat sich dabei ergeben, daß dem Ermüdungsverhalten eine große Bedeutung zukommt, wie u.a. Singh u. M. [898] zeigen. Kamiya und Kamigaito [469] berücksichtigen darüber hinaus eine zusätzliche mechanische Belastung.

Die durch den Temperaturwechsel erzeugte Spannung oder Doppelbrechung nimmt in dem Maße ab, wie sich die Temperatur im Glas ausgleicht. Man hat es also mit temporären oder vorübergehenden Spannungen zu tun.

Bisher wurden nur die Verhältnisse bei Gläsern unterhalb der Transformationstemperatur betrachtet. Andere Erscheinungen treten auf, wenn man von einem Glas *oberhalb der Transformationstemperatur* ausgeht. Kühlt man jetzt schnell ab, dann wird zunächst die Glasoberfläche fest, während das Innere noch schmelzflüssig ist. Bei weiterer *Abkühlung* hat das im Innern befindliche Glas das Bestreben, sich stärker zusammenzuziehen als die Glasoberfläche, da es von einer höheren Temperatur kommt. Dem setzt aber die starre Glasoberfläche einen Widerstand entgegen. Das Glas im Innern gerät dadurch unter Zugspannung, während die Glasoberfläche unter *Druckspannung* steht. Ist das Glas einheitlich bei Zimmertemperatur angelangt, tritt keine Änderung der Spannungen mehr ein. Man kann sie beseitigen, indem man das Glas erneut bis zu einer so hohen Temperatur erhitzt, daß sich die Spannungen ausgleichen können und dann anschließend so langsam abkühlt, daß keine Spannungen mehr entstehen. Das ist aber nichts anderes als das Kühlen, auf das weiter unten (s. Abschn. 3.5.3.2) eingegangen werden wird.

Manchmal sind Druckspannungen in der Oberfläche erwünscht (s. Abschn. 3.5.2.8). Man kann sie bewußt erzeugen, indem man das heiße Glas z.B. mit kalter Luft anbläst.

Eben wurden die Verhältnisse bei konstantem Ausdehnungskoeffizienten jedoch unterschiedlicher Temperatur betrachtet. Spannungen treten aber auch bei konstanten Temperaturen auf, wenn zwei fest miteinander verbundene Gläser verschiedene Ausdehnungskoeffizienten haben, was vor allem bei *Verschmelzungen* der Fall sein kann. In Bild 134 sind diese Verhältnisse dargestellt. Zur Verschmelzung müssen zwei Gläser erst über ihren Erweichungspunkt erhitzt werden. Beim Abkühlen wird zunächst bei T_{g1} das Glas *1* fest, während das Glas *2* noch so weich ist, daß es sich bei weiterer Abkühlung den Dimensionen des Glases *1* anpassen kann. Das ist aber bei T_{g2}, der Transformationstemperatur des Glases *2*, beendet. Von dieser Temperatur ab ziehen sich die Gläser bei weiterer Abkühlung unterschiedlich zusammen, d.h. es entstehen Spannungen, die um so größer sind, je größer die Differenz der Ausdehnungskoeffizienten ist. Zur Berechnung der Spannung oder Doppelbrechung sind die Gln. (94) und (95) analog anwendbar, nur daß jetzt α in $\Delta\alpha$ übergeht und daß ΔT die Temperaturdifferenz zwischen T_{g2} und der Raumtemperatur darstellt:

$$S = \frac{\Delta\alpha \, \Delta T \, E}{2(1-\mu)} \quad \text{bzw.} \quad D = \frac{C \, \Delta\alpha \, \Delta T \, E}{2(1-\mu)}.$$

Und damit erhält man Gl. (56) im Abschn. 3.2.1, die dort zur Messung von $\Delta\alpha$ diente. Dort ist auch die Empfindlichkeit vermerkt. Hier sei nur erwähnt, daß bei Kalk-Natrongläsern ein Unterschied $\Delta\alpha$ von $0{,}1 \cdot 10^{-6} \, \text{K}^{-1}$ eine Doppelbrechung von etwa 70 nm/cm ergibt, die in einem Wirtschaftsglas noch zulässig ist. Für optische Gläser werden aber oft weit höhere Anforderungen gestellt.

Spannungen durch unterschiedliche Ausdehnungskoeffizienten treten nicht nur bei Verschmelzungen auf, sondern können manchmal auch bei einem einheitlichen

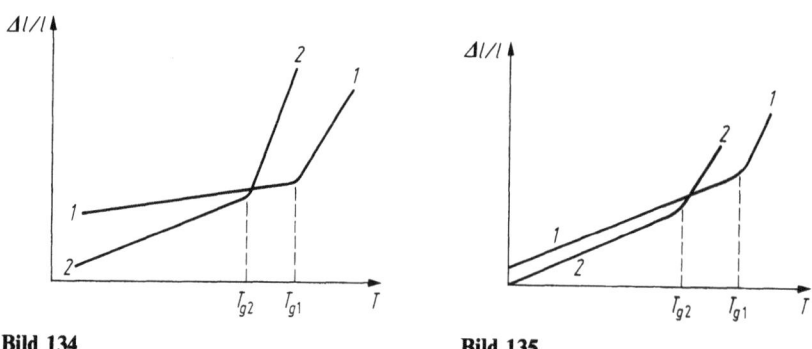

Bild 134 **Bild 135**

Bild 134. Schematische Darstellung des Entstehens von Spannungen beim Zusammenschmelzen von zwei Gläsern mit unterschiedlichen Ausdehnungskoeffizienten

Bild 135. Schematische Darstellung des Entstehens von Spannungen beim Zusammenschmelzen von zwei Gläsern mit gleichen Ausdehnungskoeffizienten aber unterschiedlichen Transformationstemperaturen

Glasstück beobachtet werden. Das kann eintreten, wenn sich in diesem Glas *Bereiche mit anderer Zusammensetzung*, also anderem Ausdehnungskoeffizienten befinden, z.B. Schlieren. Häufig verarmt die Glasoberfläche an Alkali, was eine Herabsetzung des Ausdehnungskoeffizienten zur Folge hat. Da das Glas mit dem geringeren Ausdehnungskoeffizienten Druckspannungen aufweist, steht die Oberfläche unter Druckspannung. Diesen Effekt macht man sich in der Praxis zunutze; denn die Druckfestigkeit des Glases ist wesentlich höher als seine Zugfestigkeit.

Alle diese Effekte bleiben bei einer bestimmten Temperatur unverändert, weshalb man diese durch unterschiedliche Ausdehnungskoeffizienten hervorgerufenen Spannungen als bleibend oder *permanent* bezeichnet. Sie lassen sich auch nicht beseitigen, wenn man die Gläser sehr sorgfältig kühlt.

Eine erst verhältnismäßig spät erkannte Ursache für das Entstehen von Spannungen liegt dann vor, wenn Gläser mit gleichem Ausdehnungskoeffizienten unterschiedliche Transformationstemperaturen haben. Das wird nicht oft beobachtet, da im allgemeinen eine Erniedrigung des Ausdehnungskoeffizienten von einer Erhöhung der Transformationstemperatur begleitet ist (und umgekehrt), doch liegt dieser Fall bei Gläsern gleicher oxidischer Zusammensetzung aber unterschiedlichen Wassergehalts vor [611]. Das Zusammenschmelzen zweier solcher Gläser kann zu Spannungen bis zu 5 MN/m² führen. Der Grund ist darin zu suchen, daß das Festwerden der Gläser bereits beim Abweichen vom steilen Ast der Ausdehnungskurve erfolgt, wie Bild 135 schematisch zeigt. Diese Spannungen müßten dann die Besonderheit haben, daß sie bis zu tiefen Temperaturen nahezu konstant bleiben.

3.5.3.2 Abhängigkeit von der Zeit – Kühlung

In den beiden vorangegangenen Abschnitten wurde auf den Unterschied zwischen bleibenden und vorübergehenden Spannungen hingewiesen, die zwischen verschiedenen Gläsern auftreten können. Im folgenden sollen nur solche Spannungen betrachtet werden, die innerhalb eines Glases durch mechanische oder thermische Behandlung entstanden sind. In jedem Fall zeigen diese Spannungen unterschiedliche Zustände der Glasstruktur an. Wenn man ein solches Glas erhitzt, dann muß man in den Bereich kommen, in dem die Teilchen der Glasstruktur beweglich werden. Es wird dann eine Umlagerung stattfinden mit dem Ziel, den Zwangszustand der Spannung aufzuheben. Man wird deshalb erwarten, daß ein Zusammenhang mit der Viskosität des Glases besteht, d.h. daß sich die Geschwindigkeit der Abnahme der Spannung mit steigender Temperatur vergrößert.

Es ist einleuchtend, daß diese Erscheinung große praktische Bedeutung für die Kühlung hat; denn das Ziel der Glasherstellung ist in der Regel ein spannungsfreies Glas. Deshalb wurden schon frühzeitig entsprechende Messungen durchgeführt. Eine Meßreihe von van Zee und Noritake [1122] zeigt Bild 136. Das Glas wurde einer mechanischen Belastung unterworfen und die Abnahme des Gangunterschieds bei konstanter Temperatur verfolgt.

Das Abklingen der Spannung S müßte der von Maxwell aufgestellten Gleichung

$$-dS/dt = A\,S \quad \text{oder} \quad S = S_0 \exp(-A\,t) \tag{97}$$

folgen, worin A die Kühlkonstante darstellt. Mit dieser Gleichung lassen sich aber die Meßergebnisse nicht wiedergeben. Van Zee und Noritake [1122] haben darum eine

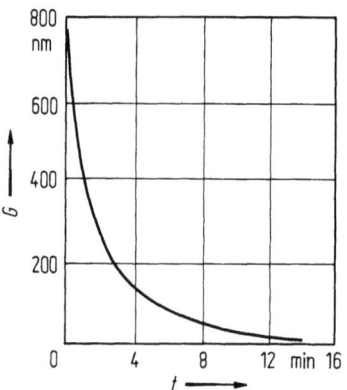
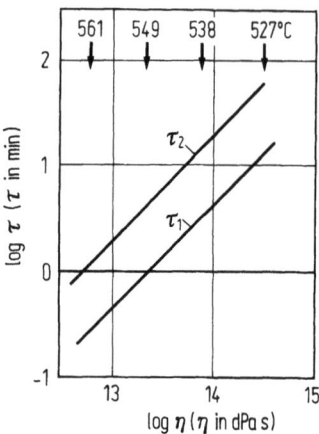

Bild 136. Abnahme des Gangunterschieds G eines belasteten handelsüblichen Flachglases ($T_g = 555\,°C$, $d = 0{,}95\,cm$) bei 549 °C nach van Zee und Noritake [1122]

Bild 137. Temperaturabhängigkeit der Relaxationszeit τ der Kühlung eines handelsüblichen Flachglases nach van Zee und Noritake [1122]

weitere Gleichung vorgeschlagen, die sich durch Summation von zwei Maxwellschen Gleichungen ergibt:

$$S = C_1 \exp(-t/\tau_1) + C_2 \exp(-t/\tau_2) + C_3.$$

Es treten zwei Relaxationszeiten $\tau\,(= 1/A$ in Gl. (97)) auf, deren Größe von der jeweiligen Temperatur abhängt, wie Bild 137 für ein handelsübliches Flachglas zeigt. In dieser Abbildung ist zugleich die Abhängigkeit von der Viskosität dargestellt. Man kann daraus entnehmen, daß die Relaxationszeiten proportional der Viskosität sind, worauf schon früher hingewiesen wurde. Bei der Transformationstemperatur betragen sie etwa 0,5 und 1,2 min.

Andere Autoren führen die Abweichungen von der Maxwellschen Gleichung auf die Zeitabhängigkeit der Viskosität in diesem Temperaturbereich zurück, was früher (s. Abschn. 2.4.1.2) bei der Behandlung der Viskosität erwähnt wurde. So schlagen DeBast und Gilard [165] folgende Relaxationsfunktion vor:

$$S = S_0 \exp(-A\,t)^B.$$

In dieser Gleichung ist B für alle Temperaturen konstant und hat für ein normales Kalk-Natronglas etwa den Wert 0,5, während sich die Temperaturabhängigkeit von A aus dem Zusammenhang mit der Viskosität nach $A = K\,E/\eta$ ergibt (mit $E =$ Dehnungsmodul und $K =$ Konstante $= 340$, wenn man E in N/m^2 und η in dPa s einführt). Die von DeBast und Gilard erhaltenen Meßkurven ließen sich quantitativ durch eine Viskositätsänderung während der Versuche erklären. Daneben werden weitere *Relaxationsmechanismen* diskutiert. Mazurin [595] hat sie zusammengestellt und Bartenev und Scheglova [54] diskutierten solche bei hohen Temperaturen. Es spricht vieles dafür, daß man mit einem Spektrum der Relaxationszeiten zu rechnen hat. Einen atomistischen Zugang zur Spannungsrelaxation sucht Gräfe [332] durch Betrachtungen von Platzwechselvorgängen.

Mit dem bisher behandelten Stoff liegen alle wesentlichen Grundlagen für die Beschreibung der *Kühlung* vor. Sie wird ausführlicher von Narayanaswamy [649] behandelt. Wie oben angedeutet, muß man einen bereits fertigen Glasgegenstand mit Spannungen so weit erhitzen, bis die Viskosität des Glases so gering ist, daß sich Strukturänderungen und damit der Abbau der Spannungen in kurzer Zeit vollziehen können. Die entsprechende Temperatur wird *obere Kühl- oder Entspannungstemperatur* genannt. Sie liegt bei der Transformationstemperatur. Die folgende Abkühlung muß so langsam ausgeführt werden, daß zwischen der Oberfläche und dem Inneren keine wesentlichen Temperaturunterschiede auftreten können. Diese langsame Kühlung muß so weit eingehalten werden, bis nachfolgendes schnelles Abkühlen keine Spannungen hinterläßt. Die entsprechende Temperatur wird mit *unterer Kühl- oder Entspannungstemperatur* bezeichnet. Bei ihr liegt die Viskosität des Glases so, daß bei längerem Halten der Temperatur Spannungen gerade noch verschwinden. Die Geschwindigkeit der weiteren Abkühlung unterhalb dieser Temperatur ist durch die Temperaturwechselbeständigkeit begrenzt.

Der oberen und unteren Kühltemperatur entsprechen im englischen Sprachgebrauch die Begriffe *annealing point* und *strain point* [1140, 1142]. Die Entspannungszeiten betragen dabei etwa 15 min bzw. 4 h, während die Viskositäten der Gläser bei $\log \eta = 13$ bzw. 14,5 liegen.

Als Beispiel seien die Werte für das Jenaer Thermometerglas 16^{III} genannt. Früher war bereits angegeben worden, daß bei diesem Glas $T_g = 550\,°C$ beträgt, was der oberen Entspannungstemperatur entspricht. Aus der dort ebenfalls angegebenen Viskositätsgleichung kann man berechnen, daß die untere Entspannungstemperatur (bei $\log \eta = 14,5$) $530\,°C$ beträgt. Der Temperaturunterschied ist hier 20 K. Meist dehnt man aus Sicherheitsgründen diesen Temperaturbereich etwas weiter aus.

3.5.4 Härte

In der Glastechnologie hat der Begriff der Härte mehrere Bedeutungen. Bei der Besprechung des Ausdehnungskoeffizienten (s. Abschn. 3.2.4) wurde bereits erwähnt, daß Gläser mit geringem Ausdehnungskoeffizienten als hart bezeichnet werden. Hier interessiert aber nicht diese Härte, sondern diejenige, die die Festigkeit des Glases gegenüber einer konzentrierten mechanischen Belastung kennzeichnet. Man bezeichnet sie als *Mikrohärte*. Diese soll hier vor allem behandelt werden, ehe abschließend noch auf die *Schleifhärte* eingegangen werden wird.

3.5.4.1 Verformungsmechanismen

Drückt eine große Last auf ein Glas, was am einfachsten durch das Aufdrücken einer feinen Spitze zu erreichen ist, dann tritt zunächst eine *elastische*, dann eine *plastische Verformung* des Glases ein, bis bei höheren Belastungen Risse erscheinen. Es hinterbleibt nach dem Versuch ein Eindruck, aus dessen Größe sich Aussagen über die Mikrohärte machen lassen. Dabei war das Auftreten des plastischen Fließens, beschrieben zunächst von Marsh [579] und Peter [699], überraschend, denn die entsprechenden Fließmechanismen bei den sonstigen Festkörpern sind an bestimmte Kristallstrukturen gebunden, die eben beim ungeordneten Netzwerk nicht vorliegen.

Die bei Gläsern sich abspielenden Vorgänge sind noch nicht bekannt. Auffallend ist, daß beim Kieselglas diese Mikroplastizität — weil Punktbelastung nötig — nicht oder kaum beobachtet wird, wie auch Hagan und Van der Zwaag [357] feststellen. Letztere Autoren zeigen auch, daß die „plastischen" Eigenschaften mit steigendem Gehalt an Netzwerkwandlern zunehmen und daß die bei höherer Belastung auftretenden Risse das Aussehen von Fließlinien zeigen. Man kann danach vermuten, daß diese bleibenden Verformungen durch Bewegungen in Bereichen mit einem erhöhten Gehalt an Trennstellen ablaufen. Diese Bereiche können schon als Mikroheterogenitäten vorhanden sein oder vielleicht erst entstehen. Letzteres würde mit dem Deutungsvorschlag von Douglas [204] vereinbar sein, der aus theoretischen Erwägungen folgert, daß bei hohen Scherkräften das Glas beim Fließen nicht mehr Newtonsches Verhalten zeigt, sondern daß eine *Viskositätserniedrigung* mit steigender Belastung eintritt. Dabei kann es dann zur plastischen Verformung kommen. Hohe Belastungen liegen bei der Härteprüfung mit einem Diamanten an dessen Spitze vor. Der Diamant dringt so weit in das Glas ein, bis die Kraft durch die wachsende Auflagefläche um so viel abgenommen hat, daß die Viskosität nicht mehr genügend erniedrigt wird. Damit muß ein Zusammenhang zwischen der Mikrohärte und der Viskosität eines Glases derart bestehen, daß mit steigender Viskosität des Glases eine zunehmende Härte beobachtet wird. Dies war bereits empirisch gefunden worden und wurde später von Eversteijn u. M. [243] erneut bestätigt (s.u.). Damit läßt sich nach diesen Ansichten die Härte als der Anlaßwert für das plastische Fließen des Glases bezeichnen, vorausgesetzt daß dafür Sorge getragen wurde, daß keine Risse beim Aufdruck eingetreten sind.

Die eben erwähnten *Risse* treten ab einer bestimmten Belastung auf. Lawn [530] hat die Bildung der verschiedenen Rißsysteme beschrieben, wobei er besonders die radialen Risse beim Vickerseindruck erörtert, die einer bruchmechanischen Behandlung zugänglich sind. Daraus folgt, daß kontrolliert hergestellte Eindrücke sich eignen für weitere bruchmechanische Untersuchungen und Aussagen, wie z.B. zur Bestimmung von K_{IC} und der damit zusammenhängenden Eigenschaften (s. Abschn. 3.5.2.9). Man muß nach Lawn u. M. [531] dabei berücksichtigen, daß die Bildung von Rissen dieser Größe auch von der Feuchtigkeit der Umgebung abhängt und daß selbst im Glas als OH-Gruppen gelöstes Wasser die Rißlängen vergrößern kann, wie Schnapp und Witzke [832] beim Kieselglas fanden, weil durch die OH-Gruppen die Bindefestigkeit der Glasstruktur erniedrigt wird. Wird allerdings der Wassergehalt sehr hoch, wie bei den durch Hydrothermalbehandlung erhaltenen wasserreichen Natriumsilicatgläsern von Takata u. M. [947], dann verhindert der Spannungsabbau durch erleichtertes plastisches Fließen die Rißbildung.

Bisher wurden nur die Eindrücke nach Entlasten betrachtet. Es findet aber während der Entlastung eine erhebliche *Rückverformung* statt, die in der Tiefe um 50 % liegt. Man muß daher während des Eindrucks auch mit einem Anteil an elastischer Verformung rechnen. Schließlich machte Ernsberger [234] darauf aufmerksam, daß auch eine *Verdichtung* eintritt, die wie die plastische Verformung ebenfalls bleibend ist. Für einen Anteil beider Verformungsarten sprechen die Versuche des anschließenden Temperns von Mikroeindrücken durch Bartenew u. M. [52]. Kleine Eindrücke heilen dabei vollkommen aus, können also keinen Anteil an plastischer Verformung gehabt haben. Bei großen Eindrücken findet zwar auch eine Verkleinerung statt, aber der Eindruck hebt sich beim Tempern aus der Oberfläche, und es bleiben danach erhabene Ränder zurück.

3.5.4.2 Meßmethoden

Die bekannteste Meßmethode ist das gegenseitige Ritzen von Stoffen, worauf sich die *Härteskala von Mohs* aufbaut. Glas bekommt dabei etwa eine Härte 6, jedoch ist diese Methode viel zu ungenau und zu unsicher; denn es ist lange bekannt, daß alle Gläser gegeneinander ritzbar sind. Die *Ritzhärte* wird trotzdem zur Kennzeichnung von Gläsern verwendet, jedoch benutzt man eine Diamantspitze mit bestimmter Form, Belastung und Geschwindigkeit und vermißt die Ritzspur in Tiefe und Breite.

Von den zahlreichen weiteren vorgeschlagenen Methoden haben sich vor allem die Bestimmungen der *Eindruckhärten* (Mikrohärten) mit dem Vickers- oder dem Knoopdiamanten eingeführt; letztere Methode wurde auch genormt [1143, 1157]. Ersterer Diamant ist eine gleichseitige Pyramide mit einem Spitzenwinkel von 136°, während die Knooppyramide länglich ausgebildet ist mit Winkeln von 172,5° und 130° an der Spitze. Die Mikrohärten HV oder HK ergeben sich durch Ausmessen der Diagonalen d (beim Knoopdiamanten der langen Diagonale) in Abhängigkeit von der Last zu

$$HV = 0{,}1855\, P/d^2 \quad \text{oder} \quad HK = 1{,}4233\, P/d^2. \tag{98}$$

Wenn dabei die Last P in N und die Diagonale in mm eingesetzt wird, erhält man die Mikrohärte in $10^7\, N/m^2$, was den früheren Angaben in der Literatur in kp/mm^2 entspricht.

Es hat sich nun gezeigt, daß die so bestimmten Mikrohärten nicht unabhängig von der Belastung P sind, sondern meist mit sinkender Last ansteigen. Das macht sich besonders beim flacheren Knoopdiamanten bemerkbar. Man hat versucht, sich empirisch zu helfen, wobei man unter der Annahme, daß während des Entlastens der Eindruck um den Weg c zurückfedert, zu der neuen Gleichung

$$HK_{korr.} = 1{,}4233\, P/(d+c)^2$$

kommt, die sich gut bewährt hat. Es konnte dann mit Kranich [508] experimentell bestätigt werden, daß der *Rückfederungswert* c wirklich lastunabhängig ist und daß die so ermittelten Härtewerte unabhängig von den Versuchsbedingungen sind und damit echte Materialwerte darstellen. Es muß noch erwähnt werden, daß die Rückfederung c zwar unabhängig von der Last ist, aber mit zunehmender Feuchtigkeit während der Messung und mit zunehmender Belastungszeit geringer wird. Insofern sind die nicht korrigierten, direkt nach Gl. (98) bestimmten Mikrohärten von den Versuchsbedingungen abhängig. Hirao und Tomozawa [409] finden eine ganz ähnliche Abhängigkeit der Knoophärten vom Wassergehalt der Umgebung. Sie können parallel dazu nachweisen, daß Wasser während der Messung in die Oberfläche des Glases eindringt, weshalb sie die Deutung übernehmen, daß die unterschiedlichen Meßwerte durch die dadurch eintretende Erniedrigung der Oberflächenenergie des Glases verursacht werden.

3.5.4.3 Abhängigkeit von der Zusammensetzung

Nach der von Douglas [204] gegebenen Deutung der Mikrohärte kann man in Analogie zur Viskosität voraussagen, daß die Alkalien die Härte erniedrigen werden. Zur Deutung des Einflusses der anderen Kationen wird man die *Tieftemperaturviskosi-*

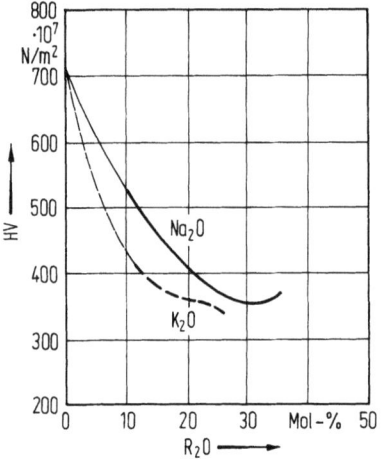

Bild 138. Vickershärte HV binärer Alkalisilicatgläser nach Ainsworth [10]

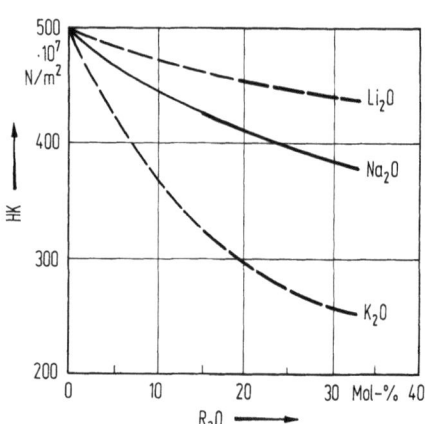

Bild 139. Knoophärte HK binärer Alkalisilicatgläser nach Kennedy u. M. [481]

tät heranziehen müssen, die eine Erhöhung bei der Einführung von u.a. CaO, MgO, ZnO, Al_2O_3 oder B_2O_3 erfährt, während PbO eine Erniedrigung hervorruft. Das wurde im wesentlichen durch die von Ainsworth [10] an systematisch variierten Gläsern durchgeführten Vickershärte-Messungen bestätigt. Bild 138 zeigt davon den Einfluß der Alkalien, die die Mikrohärte des Kieselglases von $710 \cdot 10^7$ N/m² stark abfallen lassen. In Bild 139 sind dazu spätere Messungen der Knoophärte gegenübergestellt. Daraus zeigt sich die große Streubreite solcher Messungen aus verschiedenen Laboratorien.

Man kann die Einflüsse der verschiedenen Komponenten noch weiter diskutieren, wenn man wie Petzold u. M. [703] die *Polarisierbarkeit* der Kationen berücksichtigt. Eine schöne Bestätigung der Douglasschen Anschauungen konnten Eversteijn u. M. [243] durch ihre Messungen an binären $Na_2O-B_2O_3$-Gläsern erbringen. Durch die wachsende Vernetzung der Struktur dieser Gläser mit steigendem Na_2O-Gehalt muß eine Zunahme der Härte eintreten, wie es auch Bild 140a zeigt. Schreckt man solche Gläser von hohen Temperaturen ab, dann wird der Zustand einer höheren Temperatur eingefroren, der einer offeneren Struktur entspricht, so daß die Härte abnimmt. Auch das läßt sich aus Bild 140a ablesen. Den gekühlten Gläsern wurde deshalb eine hohe Viskosität oder die Transformationstemperatur zugeordnet, während die abgeschreckten Gläser durch eine geringere Viskosität oder die Erweichungstemperatur gekennzeichnet wurden. Die Gegenüberstellung dieser Werte in Bild 140b und der Härtewerte in Bild 140a zeigt die gute Übereinstimmung.

Zu den weiteren interessanten Abhängigkeiten gehört die Erniedrigung der Mikrohärte durch gelöstes Wasser. Sakka u. M. [804] fanden, daß die Vickershärte eines Kalk-Natronsilicatglases von $480 \cdot 10^7$ N/m² mit 0,009 Gew.-% H_2O auf 440 $\cdot 10^7$ N/m² mit 0,085 Gew.-% H_2O absank. Ähnlich verhielt sich ein Alkali-Bleisilicatglas. Es ist bemerkenswert, daß durch diese Wassergehalte bei beiden Gläsern die Tieftemperaturviskosität um den Faktor 10 erniedrigt wurde. Bei noch höheren Wassergehalten, wie sie von Takata u. M. [947] durch Hydrothermalbehandlung

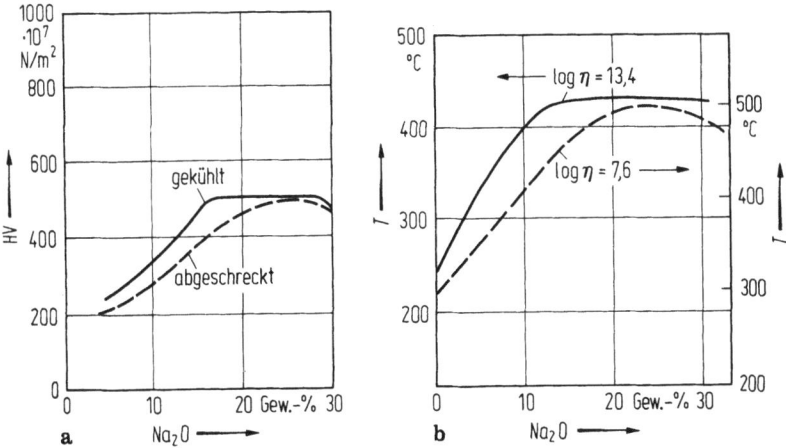

Bild 140. a Vickershärte HV binärer Natriumboratgläser mit unterschiedlicher Vorbehandlung nach Eversteijn u. M. [243]; **b** Temperaturen gleicher Viskosität binärer Natriumboratgläser nach Eversteijn u. M. [243]

erzielt wurden, nehmen die Mikrohärten weiter ab, aber nicht mehr so stark, wahrscheinlich deshalb, weil dann ein Teil des Wassers im Glas als H_2O-Molekül vorliegt.

Wegen der relativ einfachen Messung der Mikrohärte war man bemüht, Zusammenhänge mit anderen Eigenschaften des Glases zu finden. Kerkhof und Schinker [488] nehmen an, daß die Mikrohärte in erster Näherung proportional einer Fließspannung sei, die wiederum proportional der *molekularen Festigkeit* sei, so daß sich ergibt

$$H \sim v_l \sqrt{\varrho \, \gamma / \bar{r}}, \tag{99}$$

was sich bestätigen ließ. (Darin ist v_l = Geschwindigkeit longitudinaler Wellen, ϱ = Dichte, γ = Oberflächenenergie und $\bar{r}$ = mittlerer Atomabstand.)

Theoretische Überlegungen führen Bartenev und Sanditov [53] zu einem Gleichsetzen der von ihnen abgeleiteten theoretischen Festigkeit von Gläsern (s. Abschn. 3.5.2.1) mit der Mikrohärte H, also zur Beziehung $H = (1-2\mu)E/[6(1+\mu)]$. Mit den üblichen Werten für die Poissonsche Zahl μ beträgt danach die Mikrohärte etwa 6 bis 10 % des Dehnungsmoduls E.

Yamane und Mackenzie [1097] führen ihre Betrachtungen auf *mechanische Vorgänge* im Zusammenhang mit der Glasstruktur zurück. Dabei wird die Mikrohärte als Widerstand gegen elastische und plastische Verformung sowie gegen Verdichtung angesehen, was schließlich zu der Beziehung

$$H \approx 19 \sqrt{\alpha \, G \, K}$$

führt mit α = Ausdehnungskoeffizient und G bzw. K = Schub- bzw. Kompressionsmodul. Yamane und Mackenzie ersetzen noch mit Hilfe eines Kennwerts für das Volumen der Ionen G und K durch E, womit dann eine Gleichung vorliegt, die zur *direkten Berechnung* der Mikrohärte geeignet ist. Wegen der vielen dabei nötigen Rechengänge muß jedoch auf die Originalarbeit verwiesen werden.

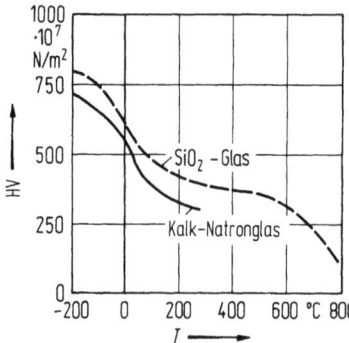

Bild 141. Temperaturabhängigkeit der Vickershärte HV von Gläsern nach Westbrook [1056]

3.5.4.4 Abhängigkeit von der Temperatur

Mit steigender Temperatur nimmt die Bindefestigkeit und auch die Viskosität ab. Beide Betrachtungsweisen ergeben damit eine Abnahme der Härte mit steigender Temperatur, die auch oft gemessen wurde. Bild 141 zeigt solche Meßwerte von Westbrook [1056] für das Kieselglas und für ein Kalk-Natronglas.

3.5.4.5 Abhängigkeit von der Vorgeschichte

Die oben erwähnten Untersuchungen von Eversteijn u. M. [243] an $Na_2O-B_2O_3$-Gläsern haben gezeigt, daß *abgeschreckte Gläser* eine geringere Festigkeit besitzen. Das stimmt auch damit überein, daß mit steigender Temperatur eine Abnahme der Härte eintritt. Ein eingefrorener Zustand höherer Temperatur muß daher eine geringere Härte haben. An vorgespanntem Tafelglas haben Hara und Kerkhof [379] auch eine um etwa 4 % geringere Vickers- und Ritzhärte als beim entspannten Glas gemessen. Wenn man allerdings vorgespannte Gläser herstellt, die in der Oberfläche eine starke Druckspannung besitzen, kann das zu einer Erhöhung der Härte führen, wie von anderen Autoren berichtet wird. Hier muß man jedoch prüfen, ob die Erhöhung der Härte nicht durch eine Vergrößerung der Rückfederung durch die in der Oberfläche befindlichen *Druckspannungen* bedingt ist. Dann wird, wenn man nur Gl. (98) zur Auswertung verwendet, die Diagonale d kleiner und entsprechend H größer. An chemisch gehärteten Gläsern konnte mit Kranich [508] gezeigt werden, daß der wirkliche Eindruck durch diese Härtung bzw. durch die dadurch bewirkte Druckspannung nicht geändert wird, wohl aber die Rückfederung sich verstärkt.

Auf den *Einfluß der Umgebung* bei der Messung wurde bereits im Abschn. 3.5.4.2 hingewiesen. In der eben erwähnten Arbeit mit Kranich wurde gezeigt, daß die Knoophärte, wenn man direkt unter Last mißt oder rechnerisch die Rückfederung berücksichtigt, unabhängig von Belastungszeit und Umgebung ist, vorausgesetzt natürlich, daß bei langen Belastungszeiten nicht durch Erschütterungen eine Vergrößerung des Eindrucks stattfindet. In Gegenwart von Feuchtigkeit wird im Laufe der Zeit die Rückfederung geringer, d.h. die nach Entlasten gemessenen Eindrücke werden größer und die nach Gl. (98) berechneten Mikrohärten werden geringer. Durch diese Effekte ist zumindest ein Teil der Beobachtungen von Gunasekera und Holloway [346] zu deuten, die — allerdings mit Vickersdiamanten arbeitend — deutlich eine

Abnahme der HV-Werte mit zunehmender Belastungszeit fanden, wobei diese Abnahmen in trockenen Medien wesentlich geringer als in Luft oder Wasser waren.

3.5.4.6 Schleifhärte

Es liegt nahe, die Schleifhärte oder Schleifbarkeit eines Glases mit seiner Mikrohärte in Beziehung zu setzen. Das ist vielfach geschehen, doch sind die Ergebnisse sehr widersprechend. Das ist darauf zurückzuführen, daß einmal bei der Schleifhärte eines Glases auch seine Sprödigkeit eine Rolle spielt und daß sich zum anderen bei der Messung der Schleifhärte die Art der Versuchsdurchführung stark auf die Ergebnisse auswirkt. Man kommt jedoch nach Kerkhof und Schinker [488] zu einer Abhängigkeit des Gewichtsabriebs A_G von anderen Eigenschaften, wenn man den Zusammenhang mit der Oberflächenenergie γ und der maximalen Bruchgeschwindigkeit v_B berücksichtigt (mit $\bar{r}$ = mittlerer Atomabstand):

$$A_G \sim \bar{r} \varrho/\gamma \sim 1/v_B^2. \tag{100}$$

Die Meßwerte erfüllen obige Proportionalität befriedigend, noch besser jedoch nach $A_G \sim 1/v_B^3$, wofür aber noch keine physikalische Deutung gegeben werden kann. Verwendet man Gl. (99), dann wird aus Gl. (100):

$$A_G \sim (v_l \varrho/H)^2.$$

Aus letzterer Beziehung folgt immerhin eine Abhängigkeit zwischen Abrieb bzw. Schleifhärte und Mikrohärte, die jedoch wegen der weiteren Größen unübersichtlich ist. Aus Gl. (100) kann man unter Berücksichtigung der im Abschn. 3.5.2.3 genannten Beziehung $v_B \sim \sqrt{E}$ noch erkennen, daß $A_G \sim 1/E$ bzw. die Schleifhärte proportional dem Dehnungsmodul ist. Empirisch haben Kryukova und Eremina [512] gefunden, daß näherungsweise die relative Schleifhärte dem Gehalt an Netzwerkbildnern (Si, B, Al) proportional ist. Für die *Verschleißprüfung* gibt es die genormten Reibrad- und Sandrieselverfahren [1158, 1159].

Schließlich soll noch die *Ritzhärte* erwähnt werden. Zieht man eine feine Spitze über eine Glasoberfläche, dann hinterbleibt eine Ritzspur, die bei sorgfältiger

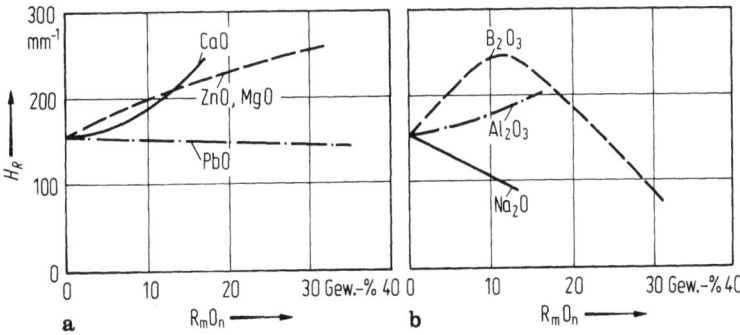

Bild 142a,b. Änderung der Ritzhärte H_R eines Na_2O-SiO_2-Glases (20–80 Gew.-%) beim gewichtsmäßigen Ersatz von SiO_2 durch andere Oxide nach Gehlhoff und Thomas [304] (H_R bestimmt als reziproke Strichbreite bei Belastung eines Diamantkegels von 90° mit 20 g)

Versuchsdurchführung ebenfalls durch die plastische Verformung des Glases während des Ritzens entsteht. Es gelingt, am Rande der Ritzfurche erhöhte Wälle nachzuweisen. Damit kann man wieder Analogien zur Viskosität herstellen und voraussagen, daß Alkalien die Ritzhärte erniedrigen werden, während Netzwerkbildner und andere Komponenten, die T_g erhöhen, auch die Ritzhärte erhöhen. Das wurde auch experimentell von Gehlhoff und Thomas [304] bei Ritzhärte-Messungen in Abhängigkeit von der Zusammensetzung gefunden, wie die Bilder 142a und b zeigen.

3.6 Elektrische Eigenschaften

Zu den vielseitigen Anwendungsgebieten des Glases gehört auch die Elektrotechnik. Meist sind die elektrischen Eigenschaften des Glases bei normalen Temperaturen ausschlaggebend, während z.B. für die elektrische Glasschmelze die bei höheren Temperaturen wichtig sind.

Es gibt mehrere zusammenfassende Darstellungen der elektrischen Eigenschaften des Glases, von denen nur die von Stevels [922], Hench und Schaake [393] und Owen [678], sowie eine Bibliographie der Internationalen Glaskommission für die Jahre 1967 bis 1976 [1138] erwähnt seien. Einige Übersichten über Teilaspekte werden an den betreffenden Stellen genannt werden.

3.6.1 Elektrische Leitfähigkeit

Eine Substanz ist elektrisch leitend, wenn in ihr bewegliche freie Elektronen oder Ionen den Stromtransport ermöglichen. Diese Eigenschaft wird durch die *spezifische elektrische Leitfähigkeit* $\varkappa$ (manchmal werden dafür auch die Symbole σ oder λ verwendet) gekennzeichnet, die die Leitfähigkeit eines zylindrischen Körpers mit einem Querschnitt von 1 cm² und einer Länge von 1 cm darstellt. Der Kehrwert von $\varkappa$ ist der *spezifische elektrische Widerstand* ϱ. Die Einheit von ϱ ist Ω cm, die von $\varkappa$ ist S/cm = Ω^{-1} cm^{-1} (mit Ω = Ohm und S = $1/\Omega$ = Siemens). Bei den internationalen SI-Einheiten wird die Länge auf 1 m bezogen, so daß sich die Werte jeweils um den Faktor 100 bzw. 0,01 unterscheiden.

Die Struktur der Gläser besteht aus einem Netzwerk, in das die Netzwerkwandlerkationen eingelagert sind. Da diese — vor allem die Alkaliionen — vorwiegend ionisch im Netzwerk gebunden sind, haben sie eine gewisse Beweglichkeit, so daß Gläser eine geringe elektrische Leitfähigkeit besitzen.

3.6.1.1 Meßmethoden

Die Meßmethoden lassen sich einmal nach Gleich- und Wechselstrommethoden, zum anderen nach Tief- und Hochtemperaturmethoden untergliedern.

Zur Messung bei *tiefen Temperaturen*, d.h. an festen Gläsern, verwendet man meist stab- oder scheibenförmige Proben, deren Endflächen metallisiert werden. Es ist auch möglich, Platindrähte an beiden Enden einzuschmelzen. Die so vorbereiteten Proben

3.6 Elektrische Eigenschaften 275

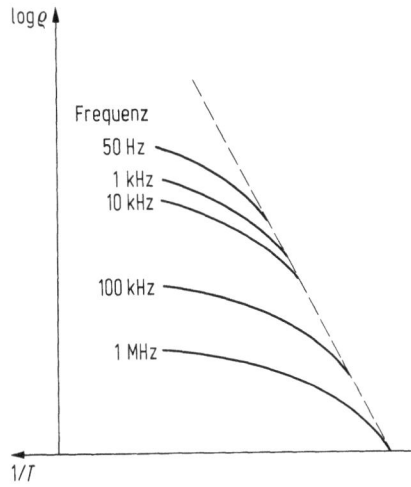

Bild 143. Abhängigkeit des spezifischen elektrischen Durchgangswiderstands ϱ von Gläsern von der Temperatur und der Meßfrequenz

können direkt der Messung zugeführt werden, die bei der *Gleichstrommethode* auf viele Arten geschehen kann, auch mit handelsüblichen Geräten.

Da im Glas eine elektrolytische Stromleitung vorliegt, ist mit Polarisationserscheinungen zu rechnen. Mit *Wechselstrommethoden* kann man die Polarisation verhindern, doch haben diese Methoden neben dem im allgemeinen größeren apparativen Aufwand noch den Nachteil, daß sich bei tieferen Temperaturen die dielektrischen Verluste auf die Messung auswirken. Eine schematische Darstellung dieser Verhältnisse zeigt Bild 143 nach DIN 52 326 [1154]. In dieser Norm wird die Bestimmung des spezifischen elektrischen Durchgangswiderstands beschrieben, der das „innere" Isoliervermögen der betreffenden Gläser kennzeichnet.

Alle Widerstandsmessungen an festen Gläsern werden bei Temperaturen bis zu 100 °C dadurch erschwert, daß die elektrische Leitfähigkeit des massiven Glases hinter der *Oberflächenleitfähigkeit* zurücktritt, die durch Reaktionen der Atmosphärenfeuchtigkeit mit der Glasoberfläche bedingt ist. Sie ist damit von der Glaszusammensetzung abhängig und macht sich besonders bei alkalireichen Gläsern bemerkbar. Zahlreiche Forscher haben dieses Problem schon frühzeitig bearbeitet, wobei die Abhängigkeit der Oberflächenleitfähigkeit von der relativen Luftfeuchtigkeit untersucht wurde. Dabei wurde festgestellt, daß die Oberflächenleitfähigkeit von Kalk-Natrongläsern durch steigende Luftfeuchtigkeit um bis zu sieben Zehnerpotenzen zunehmen kann. Untersuchungen an stärker ausgelaugten Gläsern von Boksay u. M. [85] haben diese Beobachtungen im Prinzip bestätigt, jedoch in Einzelheiten variiert oder ergänzt. Besonders bemerkenswert ist der Befund, daß die oberflächlichen ausgelaugten Schichten ein ausgeprägtes Maximum des elektrischen Widerstands am Ort des Übergangs in das noch nicht ausgelaugte Glas zeigen. Nach Tomozawa und Takata [983] liegt die Ursache dafür in einer Art Mischalkalieffekt (s. nächster Abschnitt) wasserhaltiger Natriumsilicatgläser, denn sie fanden, daß steigender Wassergehalt den elektrischen Widerstand zunächst um fast vier Zehnerpotenzen erhöht, bis er nach Überschreiten des Molverhältnisses $H_2O:Na_2O > 0,6$ wieder abfällt. Diese Verhältnisse liegen aber gerade an obigem Übergang vor (s. Abschn. 3.8.3).

Aus diesen wenigen Hinweisen kann man entnehmen, daß Leitfähigkeitsmessungen an Glaskörpern bei Zimmertemperatur nur unter Einhaltung einer absolut trockenen Atmosphäre oder besser im Vakuum gelingen können. Zuvor muß die Glasoberfläche von der an ihr haftenden Wasserschicht befreit werden, wozu bei normalen Gläsern Temperaturen von über 400 °C nötig sind.

Für die Kennzeichnung der Gläser in bezug auf ihre elektrische Leitfähigkeit haben Gehlhoff und Thomas [304] die Temperatur vorgeschlagen, bei der ihre spezifische elektrische Leitfähigkeit $\varkappa = 100 \cdot 10^{-10}$ S/cm beträgt, die sie als $T_{\varkappa 100}$-Wert bezeichnen (mit T in °C; es ist jetzt üblich, dafür die Bezeichnung t_{k100} zu verwenden). Da bei allen Gläsern die elektrische Leitfähigkeit mit steigender Temperatur zunimmt, wie noch näher gezeigt werden wird, entspricht ein hoher t_{k100}-Wert bei einer bestimmten Vergleichstemperatur einer geringen Leitfähigkeit oder einem hohen Widerstand. Normale Kalk-Natrongläser haben einen t_{k100}-Wert von 150 bis 200 °C.

Für Leitfähigkeitsmessungen bei *hohen Temperaturen* werden die für Lösungen ausgearbeiteten Methoden angewendet, wobei als Tiegel- und Elektrodenmaterial vor allem Platin, bei noch höheren Temperaturen Molybdän und Wolfram Verwendung finden. Da bei diesen Bedingungen die Polarisationserscheinungen sehr stark werden, können nur noch Wechselstrommethoden angewendet werden. Die Meßanordnungsmöglichkeiten sind sehr vielseitig. Die bekanntesten wurden von Kingery [491] zusammengestellt. Eine verbesserte und dazu noch schnelle Methode beschreiben Boulos u. M. [90].

3.6.1.2 Abhängigkeit von der Zusammensetzung

Wenn man annimmt, daß ein Ion sich in einer Potentialmulde befindet, die von einer im Abstand a befindlichen anderen Potentialmulde durch einen Potentialberg der Höhe Q getrennt ist, dann ergibt sich aus den Sprungwahrscheinlichkeiten in einem elektrischen Feld E folgender Ausdruck für die spezifische elektrische Leitfähigkeit

$$\varkappa = \frac{a^2 z^2 e^2 v N}{2 k T} \exp\left(-\frac{Q + E/2}{k T}\right), \tag{101}$$

worin z = Ladung des Ions, e = Elementarladung, v = Schwingungsfrequenz des Ions, N = Anzahl der wanderungsfähigen Ionen pro cm³ und k = Boltzmannsche Konstante. Damit gehen sehr viele Parameter in die Leitfähigkeit ein, weshalb Abhängigkeiten von der Zusammensetzung nur in groben Zügen erkannt werden können.

Ganz allgemein kann man sagen, daß die elektrische Leitfähigkeit direkt proportional sowohl der Zahl der Ladungsträger als auch deren Beweglichkeit ist. Für letztere ist nicht nur deren Wertigkeit und Größe maßgebend, sondern auch die Struktur des Netzwerks, die sich auch mit der Konzentration an Ladungsträgern ändert, d.h. es kann nicht mit einer einfachen Proportionalität zwischen Konzentration und Leitfähigkeit gerechnet werden, sondern im allgemeinen steigt $\varkappa$ wesentlich stärker an als die Konzentration. Letzteres ist auch damit erklärbar, daß nicht alle Ionen der betreffenden Art zum Ladungstransport beitragen. Dieses nehmen auch Ravaine und Souquet [757] an, die die Zahl der beweglichen Kationen aus Dissoziationsgleichgewichten des „Elektrolyten" R_2O im „Lösungsmittel" SiO_2 berechnen, wobei sie finden, daß die $\varkappa$-Werte proportional den betreffenden Aktivitäten sind. Das entspricht der Theorie der schwachen Elektrolyte in wäßrigen Lösungen. (Ist die Dissoziation vollständig, d.h. tragen alle entsprechenden Kationen zum Ladungstransport bei, dann verhält sich das

Glas wie ein starker Elektrolyt.) Tomozawa u. M. [981] haben gezeigt, daß diese Theorie der schwachen Elektrolyte in bestimmten Bereichen experimentell bestätigt werden kann, während Ingram u. M. [434] die Anwendbarkeit auf weitere Probleme untersuchen. Ravaine [755] stellt die Regel auf, daß die elektrische Leitfähigkeit um so größer ist, je kleiner die Differenz der Elektronegativitäten von Netzwerkwandler und Anion ist, d.h. beim Übergang von den Oxid- zu den Sulfidgläsern steigt $\varkappa$ an (s. Abschn. 3.6.1.6).

Eine einfachere Abhängigkeit der elektrischen Leitfähigkeit von anderen Größen liegt in der Nernst-Einsteinschen Beziehung

$$\varkappa = D \frac{z^2 e^2 N}{kT} \tag{102}$$

vor, worin D den Selbstdiffusionskoeffizienten des Ladungsträgers darstellt. Es gibt mehrere Untersuchungen zur Überprüfung von Gl. (102), wobei sich herausstellte, daß nur in Ausnahmefällen die gemessene der berechneten Leitfähigkeit entsprach. Im allgemeinen ist $\varkappa_{exp.} < \varkappa_{ber.}$, was man auch in der Form $\varkappa_{exp.} = f \cdot \varkappa_{ber.}$ schreiben kann, worin f den Korrelationsfaktor darstellt. Aus $f < 1$ kann man schließen, daß bei der Diffusion jeder Schritt vom vorangegangenen abhängt. Erneute Untersuchungen an einem $Na_2O \cdot 3\,SiO_2$-Glas bei 300 °C durch Engel und Tomozawa [230] ergaben einen f-Wert von 0,5, während Zhabrev u. M. [1124] $f \approx 0,4$ fanden. Im allgemeinen werden f-Werte von 0,2 bis 0,9 gemessen mit Schwergewicht bei 0,5. Wenn auch nähere Aussagen über den Korrelationsfaktor f noch schwierig sind, so gibt doch die Nernst-Einsteinsche Beziehung der Gl. (102) ein wertvolles Hilfsmittel zum Verständnis der elektrischen Leitfähigkeit, zumal auch schon viele Daten über die Selbstdiffusion in Gläsern vorliegen, die u.a. von Frischat [278] zusammengestellt wurden. Aus Diffusionsdaten ist bekannt, daß die Alkaliionen meist die höchsten D-Werte haben, d.h. sie bestimmen im allgemeinen die elektrische Leitfähigkeit.

Ist ein Glas frei von Netzwerkwandlern, dann muß es eine sehr geringe Leitfähigkeit besitzen. Das gilt z.B. für das *Kieselglas*, dessen Leitfähigkeit allerdings mit Schwankungen um mehrere Größenordnungen angegeben wird. Owen und Douglas [679] sind dieser Erscheinung nachgegangen und haben einen Zusammenhang mit geringen Verunreinigungen, vor allem an Na_2O, wahrscheinlich machen können. So hat bei 300 °C ein Kieselglas mit nur 0,04 ppm Na einen Widerstand von etwa 10^{13} Ωcm, während ein Na-Gehalt von 20 ppm bereits einen Abfall des Widerstands auf etwa $5 \cdot 10^9$ Ω cm bewirkt (s. Bild 144). Diese Angaben zeigen, wie empfindlich sich geringe Verunreinigungen auf die elektrische Leitfähigkeit auswirken können.

Auch für reines B_2O_3-*Glas* müßte man einen sehr hohen Widerstand erwarten, aber wie beim Kieselglas wird die Ermittlung des wahren Wertes auf große Schwierigkeiten stoßen. Immerhin zeigt das von Schtschukarew und Müller [850] gemessene B_2O_3-Glas mit 0,01 Mol-% Na_2O bei 300 °C den recht hohen Widerstand von $9 \cdot 10^{13}$ Ω cm (s. Bild 144).

Beim Übergang zu den binären *Natriumsilicatgläsern* nimmt die Zahl der Ladungsträger zu, was sich in Bild 144 durch die weitere Abnahme des Widerstands bemerkbar macht. Nach dem steilen Abfall des Widerstands mit den ersten geringen Na_2O-Gehalten ist der folgende Abfall dann etwa proportional dem Alkaligehalt, wobei man jedoch bedenken muß, daß in Bild 144 der Widerstand im logarithmischen

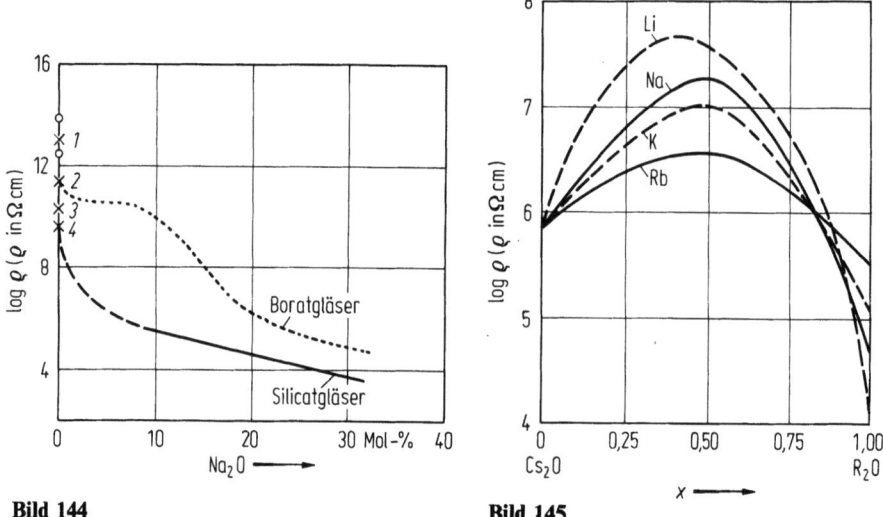

Bild 144. Spezifischer elektrischer Widerstand ϱ binärer Natriumsilicat- und Natriumboratgläser bei 300 °C nach verschiedenen Autoren (Na-Gehalte (in ppm) der hochkieselsäurehaltigen Gläser: *1*: 0,04, *2*: 0,6, *3*: 4, *4*: 20)

Bild 145. Spezifischer elektrischer Widerstand ϱ bei 350 °C von $0,15(Cs, R)_2O \cdot 0,85 SiO_2$-Gläsern nach Hakim und Uhlmann [363] (x = Molenbruch $R_2O:(R_2O+Cs_2O)$)

Maßstab aufgetragen worden ist, d.h. die wirkliche Widerstandsabnahme ist wesentlich höher als die Zunahme der Alkaliionen.

Betrachtet man die anderen *Alkalisilicatgläser*, dann stellt man zwei Effekte auf die Leitfähigkeit fest: die Stärke der Bindung der Ionen im Netzwerk und ihre Größe. So ist zwar das K^+-Ion schwächer gebunden, setzt aber wegen seines größeren Radius der Wanderung einen stärkeren Widerstand entgegen, während es beim Li^+-Ion umgekehrt ist. Das hat zur Folge, daß die Unterschiede des elektrischen Widerstands bei gleichen Gehalten gering werden. Meist steigt ϱ in der Reihe Li–Na–K gering an.

Kompliziert werden die Verhältnisse, wenn in einem Glas mehrere Alkaliarten gleichzeitig vorliegen, also bei den *Mischalkaligläsern*. Es wurde bereits im Abschn. 2.6.1.2 bei der Behandlung der Glasstrukturen darauf hingewiesen, daß es zu diesem Problem zahlreiche Messungen und Deutungsvorschläge gibt, die gegenübergestellt wurden. Bild 145 bringt als Beispiel Messungen von Hakim und Uhlmann [363], die beim $0,15 Cs_2O \cdot 0,85 SiO_2$-Glas schrittweise das Cs_2O gegen die anderen Alkalioxide ersetzt haben. Man sieht das außergewöhnliche Verhalten der Ausbildung ausgeprägter Maxima des Widerstands, was z.B. dazu führt, daß der Widerstand des reinen Li_2O-SiO_2-Glases durch teilweisen Cs_2O-Ersatz um mehr als drei Zehnerpotenzen erhöht wird. Andere Autoren geben bei anderen Systemen noch größere Effekte an. Die Lage des Maximums ist abhängig von der Zusammensetzung, liegt aber meist nahe dem R_2O-Molenbruch 0,5. Es ist um so mehr ausgeprägt, je größer der Unterschied der Ionenradien der Alkaliionen ist. Auch in Alkalisilicatgläsern gelöstes Wasser erhöht nach Tomozawa und Takata [983] den Widerstand, der bei etwa 3 Gew.-% Wasser ein ausgeprägtes Maximum erreicht. Man kann daraus folgern, daß

Protonen ebenfalls einen *Mischalkalieffekt* bewirken. Mit steigender Temperatur erniedrigt sich der Effekt, andere Komponenten beeinflussen ihn. Er tritt auch in anderen Glassystemen, z.B. in den Systemen $R_2O-B_2O_3$ auf, wo er nach Jain u. M. [450] mit steigender Temperatur ebenfalls geringer wird. Durch Hinzufügen eines dritten Alkaliions kann man ihn nach Mazurin [593] noch weiter verstärken, so daß Maxima beobachtet wurden, bei denen der Widerstand sechs Zehnerpotenzen höher liegt als in einem der Gläser mit nur einer Alkaliart. Da andere Eigenschaften von Mischalkaligläsern nur geringere oder keine solchen Effekte zeigen, versteht man manchmal unter dem Begriff des Mischalkalieffekts direkt diese Erhöhung des Widerstands. Ein weiterer Gesichtspunkt ergibt sich aus der Beobachtung von Hayward [388], wonach in Gläsern des Systems $R_2O-Al_2O_3-SiO_2$ der Mischalkalieffekt völlig unterbleibt, wenn das Atomverhältnis R:Al = 1 und der R_2O-Gehalt $\leq$ 10 Mol-% beträgt. Erst bei höheren R_2O-Gehalten deutet sich ein schwacher Effekt an, der jedoch auf Anteile an Al in KZ 6 zurückgeführt wird. Daraus folgt, daß beim Mischalkalieffekt auch die Wechselwirkung mit den Trennstellensauerstoffen eine Rolle spielen muß, worauf früher ebenfalls schon hingewiesen wurde.

Der Ersatz von SiO_2 in Natriumsilicatgläsern durch *andere Komponenten* ist in den Bildern 146a und b nach Messungen von Fulda [282] dargestellt. CaO verfestigt die Struktur und führt deshalb zu einem starken Anstieg des elektrischen Widerstands. ZnO und PbO lockern zwar das Netzwerk auf, haben aber wegen ihrer Größe nur geringe Wanderungsmöglichkeiten, so daß sich beim ZnO der Widerstand kaum ändert, während beim PbO sogar eine Erhöhung eintritt. Daß nicht allein die Bindefestigkeit maßgebend ist, zeigt die MgO-Kurve; denn der geringere Einfluß des Mg^{2+}-Ions als der des Ca^{2+}-Ions beruht darauf, daß das Mg^{2+}-Ion eine Neigung zur Netzwerkbildnerposition hat. Außerdem ist auch bei diesen Komponenten mit einer

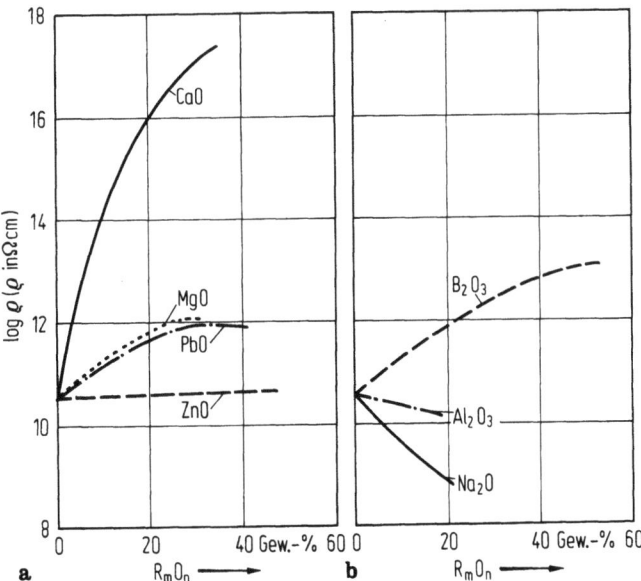

Bild 146a,b. Änderung des spezifischen elektrischen Widerstands ϱ bei 25 °C eines Na_2O-SiO_2-Glases (15–85 Gew.-%) beim gewichtsmäßigen Ersatz von SiO_2 durch andere Oxide

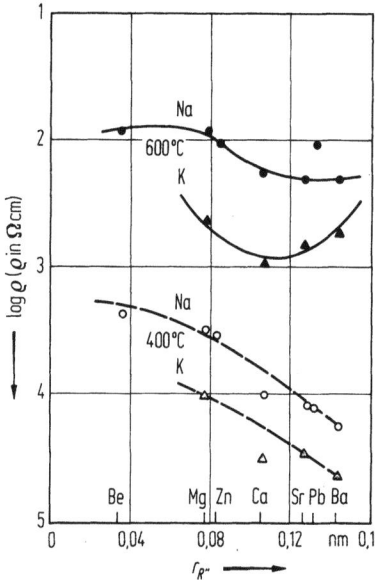

Bild 147. Elektrischer Widerstand ϱ von $2R_2'O \cdot R''O \cdot 7SiO_2$-Gläsern in Abhängigkeit vom Ionenradius $r_{R''}$ des Erdalkaliions R'' nach Wakabayashi u. M. [1039]

gegenseitigen Beeinflussung zu rechnen, so daß die Zusammenhänge verwischt werden, aber die geometrischen Faktoren scheinen vorzuherrschen, wie Bild 147 nach Messungen von Wakabayashi u. M. [1039] an Alkali-Erdalkali-Silicatgläsern bei 400 °C, also unterhalb T_g, zeigt, denn mit steigendem Ionenradius des Erdalkaliions ist deutlich eine Zunahme des Widerstands erkennbar.

Es ist bekannt, daß B_2O_3 die Struktur verfestigt. Da es aber als Netzwerkbildner in die Glasstruktur eintritt, werden keine für die Wanderung der Na^+-Ionen wesentlichen Hohlräume versperrt; der Anstieg des Widerstands in Bild 146b ist deshalb nicht so stark. Einen entsprechenden Verlauf zeigt die B_2O_3-Kurve für 350 °C im Bild 148. Die Höhe des Widerstands in *Borosilicatgläsern* wird wesentlich durch die Menge und Art des ladungstransportierenden Kations bestimmt. Dies sind meistens die Alkaliionen, auch in den alkaliarmen Borosilicatgläsern. Ein Mischalkalieffekt ist dann nicht mehr vorhanden, wie z.B. Messungen von Nikulin u. M. [664] zeigen, nach denen beim Glas (in Mol-%) 80,7 SiO_2, 17,4 B_2O_3 und 1,9 K_2O beim Ersatz von K_2O durch Na_2O der elektrische Widerstand abnimmt.

Der Ersatz von SiO_2 durch Al_2O_3 führt nach Bild 146b im Gegensatz zum Einfluß von B_2O_3 zu einer geringen Abnahme des Widerstands. Dies deutet sich auch in Bild 148 an. Aber Yoldas [1101] berichtet, daß die ersten Al_2O_3-Anteile den elektrischen Widerstand erhöhen, was auch von Hunold und Brückner [432] gemessen wird. Als Deutung wird dafür der Einbau des Al-Ions in der Koordinationszahl 6 als $[AlO_6]$-Gruppe angenommen, wie bereits im Abschn. 2.6.1.4 erwähnt wurde. Dadurch wird das Netzwerk kontrahiert, was die Beweglichkeit der Alkaliionen behindert. Bei steigenden Al_2O_3-Gehalten wird diese Koordination abgebaut, der Widerstand nimmt ab, um beim Erreichen des Molverhältnisses $Al_2O_3:R_2O=1$ wieder wegen des erneuten Auftretens von $[AlO_6]$-Koordinationen anzusteigen.

Einen Vergleich des Einflusses der Netzwerkbildner bringt Tabelle 35. Gan u. M. [292] führen die Unterschiede auf die unterschiedlichen Volumina der entsprechenden Tetraeder im Netzwerk zurück.

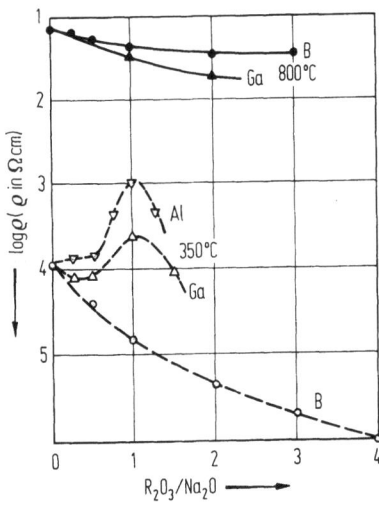

Bild 148. Elektrischer Widerstand ϱ von $2Na_2O \cdot xR_2O_3 \cdot (8-x)SiO_2$-Gläsern nach Wakabayashi u. M. [1040]

Tabelle 35. Einfluß verschiedener Netzwerkbildner R_mO_n in $15 Na_2O \cdot 15 BaO \cdot 10 R_mO_n \cdot 60 SiO_2$-Gläsern auf den spezifischen elektrischen Widerstand ρ, die Permittivitätszahl ε und den dielektrischen Verlustfaktor $\tan \delta$ (gemessen bei 1 kHz) nach Gan u. M. [292]

R_mO_n	$\log \rho$ (ρ in Ω cm) für 100 °C	ε 20 °C	$\tan \delta \cdot 10^4$ −30 °C
SiO_2	11,4	8,4	31
B_2O_3	12,5	8,6	27
Al_2O_3	11,2	9,0	46
Ga_2O_3	11,7	9,1	36
GeO_2	12,1	8,8	36
TeO_2	11,8	8,9	32
Nb_2O_5	11,1	10,8	51

Die Widerstände der binären *Natriumboratgläser* zeigt nach Messungen von Schtschukarew und Müller [850] ebenfalls Bild 144. Analog den Natriumsilicatgläsern nimmt der Widerstand mit steigendem Na_2O-Gehalt ab, da die Zahl der Ladungsträger wächst. Auch in diesem System bewirken die ersten geringen Alkaligehalte eine sehr ausgeprägte Abnahme des Widerstands, während der weitere Abfall langsamer erfolgt. Der Verlauf der Kurve zeigt allerdings einige Unregelmäßigkeiten, deren Deutung noch umstritten ist. Übrigens tritt auch bei den Alkaliboraten ein ausgeprägter Mischalkalieffekt in der elektrischen Leitfähigkeit auf, der z.B. beim $0,35Na_2O \cdot B_2O_3 - 0,35Li_2O \cdot B_2O_3$-System nach Jain u. M. [450] zu einem Anstieg des Widerstands um über zwei Zehnerpotenzen bei 200 °C führt. Auch wenn das Ag-Ion anstelle des Na-Ions eingeführt wird, tritt ein Mischalkalieffekt auf, der nach Han u. M. [376] allerdings viel schwächer ist. Man kann daraus folgern, daß unterschiedliche Massen nur wenig zum Mischalkalieffekt beitragen. Ähnliches ist den Messungen von Sakka u. M. [802] zu entnehmen, die in den Systemen $Na_2O-Tl_2O-B_2O_3$ und $Ag_2O-Tl_2O-B_2O_3$ ebenfalls nur schwache Mischalkalieffekte finden.

Einen den Alkaliboratgläsern sehr ähnlichen Kurvenverlauf zeigen die binären *Natriumgermanatgläser* nach Evstropiev und Ivanov [244]; er muß also durch den mehrfachen Koordinationswechsel der Borsäureanomalie bedingt sein, der auch bei den Germanatgläsern vorhanden ist. Dabei werden sich drei Erscheinungen überlagern: Verringerung des Widerstands durch die ersten geringen Alkaligehalte – Verfestigung der Struktur bei weiterem Alkalizusatz durch Bildung einer höheren Koordinationszahl, die einer weiteren Verringerung des Widerstands entgegenwirkt – Lockerung der Struktur bei höheren Alkaligehalten durch Abbau der Koordinationszahl und Bildung von Trennstellen, verbunden mit einem Abfall des Widerstands.

Interessant ist der höhere Widerstand der Boratgläser gegenüber den Silicatgläsern bei gleichem Alkaligehalt. Die Ursache dürfte darin zu suchen sein, daß die Einführung von Alkalioxid in die Silicatgläser zu Trennstellen führt, während bei den Boratgläsern zunächst nur Brückensauerstoffe vorhanden sind.

Der Einbau von *Anionen* lockert die Struktur auf, was sich in einer Erniedrigung des Widerstands bemerkbar machen müßte. Während sich *OH-Gruppen* im Kieselglas nach Owen und Douglas [679] nicht auf den Widerstand auswirken, berichten Milnes und Isard [614], daß der Widerstand von Bleisilicatgläsern um etwa den Faktor 10 sinkt, wenn sie in Wasserdampf statt in trockenem Sauerstoff erschmolzen wurden. Martinsen und McGee [581] haben bei Na_2O-SiO_2-Gläsern darüber hinaus festgestellt, daß steigender Wassergehalt der Gläser auch die Aktivierungsenergie des elektrischen Widerstands erniedrigt. Noch nicht geklärt ist die Art des Ladungstransports. Sowohl Müller und Forkel [637] aufgrund von Messungen an Silicatgläsern mit sehr geringen Alkaligehalten als auch Naraev u. M. [647] aufgrund der Bestimmung von Transportzahlen an Natriummetaphosphat kommen zur Ansicht, daß sich OH-Ionen am Ladungstransport beteiligen können. Das wird dadurch in Frage gestellt, daß Takata u. M. [948] an $Na_2O \cdot 3 SiO_2$-Gläsern mit hohen Wassergehalten bei 3 bis 4 Gew.-% H_2O ein ausgeprägtes Minimum der elektrischen Leitfähigkeit finden, das für einen Mischalkalieffekt unter Beteiligung der Protonen spricht.

Würden sich OH-Ionen am Ladungstransport beteiligen, dann würde man dies auch bei *F-haltigen Gläsern* erwarten. Mazurin und Molchanova [596] beobachteten aber gerade das Gegenteil, was möglicherweise durch die Bildung von Fluoridkristalliten im Glas und damit durch eine Abnahme der Ladungsträger bedingt ist. In $Na_2O-NaF-B_2O_3$-Gläsern ist nach Nikitin und Pronkin [663] jedoch mit F-Ionen als Ladungsträgern zu rechnen. Das stimmt mit Untersuchungen von Merker [609] überein, der *Anionenleitfähigkeit* in $2PbO \cdot SiO_2$-Gläsern fand, wenn er PbO durch verschiedene Bleihalogenide ersetzte. Letzterer Befund wurde von Schultz und Splann-Mizzoni [853] bestätigt. Der Vergleich der verschiedenen Halogenide ergab, daß ein F^--haltiges Bleisilicatglas einen spezifischen elektrischen Widerstand von $\varrho = 2 \cdot 10^7 \Omega$ cm hat, der mit steigendem Ionenradius der Halogenidionen anstieg, um bei J^--haltigem Glas unter sonst gleichen Bedingungen $1 \cdot 10^{10} \Omega$ cm zu erreichen. F-Ionenleitfähigkeit wird von Ravaine u. M. [756] auch bei Fluoridgläsern angenommen.

Anionen können sich aber auch auf die elektrische Leitfähigkeit auswirken, ohne sich selbst am Ladungstransport zu beteiligen, indem sie die Glasstruktur beeinflussen. Das zeigen die Untersuchungen von Jain u. M. [450] an $0,035R_2X_2 \cdot 0,315R_2O \cdot B_2O_3$-Gläsern mit R = Na oder Li und X = F, Cl oder Br. Die F-haltigen Gläser haben gegenüber den halogenfreien Gläsern eine geringere Leitfähigkeit, verursacht durch eine festere Einbindung der Alkaliionen in der Glasstruktur. Dagegen wird durch die Einführung von Cl- oder Br-Ionen die Leitfähigkeit erhöht, bedingt durch eine schwächere Einbindung und eine offenere Struktur. Letzteres entspricht der bereits erwähnten Ansicht von Ravaine [755] über den Anstieg der Leitfähigkeit beim Übergang von den Oxid- zu den Sulfidgläsern.

3.6.1.3 Abhängigkeit von der Temperatur — Verhalten von Glasschmelzen

Die eingangs des vorangegangenen Abschnitts geschilderten Gedanken über den Mechanismus der elektrischen Leitfähigkeit führten zur Gl. (101), in der bereits die Temperaturabhängigkeit in der Form

$$\ln \varkappa = A - E_\varkappa / (R\,T) \tag{103}$$

enthalten ist, wobei $E_\varkappa$ die Aktivierungsenergie der elektrischen Leitfähigkeit darstellt und die Größe A temperaturabhängig anzunehmen ist. Messungen von Syed u. M. [938] haben jedoch ergeben, daß A zumindest bei Alkalialuminosilicatgläsern temperaturunabhängig ist.

Gleichung (103) ist eng verwandt mit der bekannten, schon 1908 abgeleiteten Rasch-Hinrichsen-Gleichung

$$\log \varkappa = A' - B/T, \tag{104}$$

worin A' und B Stoffwerte der Gläser darstellen, aber B für viele Gläser Werte um 4400 K (mit T in K) zeigt. Gleichung (104) hat sich in vielen Fällen bewährt, d.h. man erhält beim Auftragen von $\log \varkappa$ gegen $1/T$ eine Gerade.

Es gibt daneben noch weitere Vorschläge, die sowohl empirisch als auch theoretisch gewonnen wurden. Oft wird dabei davon ausgegangen, daß die Beweglichkeit eines Kations durch ein Netzwerk wesentlich durch die vorhandenen Leerstellen und damit vom freien Volumen bestimmt wird. Mit einem entsprechenden Ansatz gelang es Šašek und Meissnerova [815], die elektrische Leitfähigkeit von festem Glas und der Glasschmelze gemeinsam darzustellen. Üblicherweise wird beim Übergang vom Glas in die Schmelze bei T_g die Beweglichkeit erleichtert, wodurch die elektrische Leitfähigkeit größer wird und in der $\log \varkappa - 1/T$-Darstellung ein Knick auftritt. Im allgemeinen führen diese und andere Überlegungen zu Gleichungen der Art der Gl. (103).

Die Temperaturabhängigkeit wird wesentlich durch die Aktivierungsenergie bestimmt. Bei den üblichen Gläsern liegt sie in der Größenordnung von 80 kJ/mol. Ihre Abhängigkeit von der Glaszusammensetzung ist oft diskutiert worden. Wenn man annimmt, daß die Aktivierungsenergie durch die Überwindung der Potentialberge bestimmt wird, dann wird man für die größeren K^+-Ionen eine höhere Aktivierungsenergie als für die Na^+-Ionen erwarten, was auch wirklich experimentell gemessen wurde. Wenn allerdings die Gehalte an Netzwerkwandlern so hoch werden, daß eine nennenswerte Aufweitung der Glasstruktur durch die größeren K^+-Ionen eintritt, wie es bei der Dichte besprochen wurde (s. Abschn. 3.3.2), dann können die K^+-Ionen leichter wandern und haben deshalb eine geringere Aktivierungsenergie; es tritt also eine Umkehr der Reihenfolge ein. Das zeigt, daß die Verhältnisse nicht nur von dem betreffenden Ion, sondern von der gesamten Glaszusammensetzung bestimmt werden.

Anderson und Stuart [17] entwerfen ein modifiziertes Bild vom Leitfähigkeitsmechanismus, indem sie davon ausgehen, daß sich die wandernden Ionen durch kleinere Durchlässe zwischen benachbarten Hohlräumen zwängen müssen, was eine Energie E_z

$$E_z = 4\pi G r_D (r - r_D)^2$$

benötigt, wobei G = Schubmodul des Glases, r_D = Radius des Durchlasses und r = Radius des wandernden Ions ist. Hakim und Uhlmann [364] haben diese Gleichung mit der Diffusion von Gasen durch Kieselglas überprüft und gut bestätigt gefunden, wenn man die rechte Seite noch mit einem Faktor multipliziert, der die Form der Hohlräume kennzeichnet und beim Kieselglas 0,4 ist. Nach Addition eines weiteren Terms, der die Energie für den Sprung in den nächsten Hohlraum beinhaltet, kommt man zu einem Ausdruck, der unter plausiblen Annahmen die Aktivierungsenergie der elektrischen Leitfähigkeit gut wiedergibt.

Es wurde bereits im vorangegangenen Abschnitt erwähnt, daß die Angaben über die elektrische Leitfähigkeit des SiO_2-*Glases* stark streuen. Das gilt entsprechend für die Temperaturabhängigkeit. Man kann aber sagen, daß auch noch bei hohen Temperaturen das Kieselglas ein guter Isolator ist; denn z.B. bei 1 000 °C beträgt der spezifische elektrische Widerstand $\varrho \approx 10^6\,\Omega$ cm. Messungen an B_2O_3-*Schmelzen* zeigen ähnliche Streuungen. Zum Vergleich sei angeführt, daß ebenfalls bei 1 000 °C $\varrho \approx 10^4\,\Omega$ cm beträgt.

Es wurden bereits öfters Messungen bei *höheren Temperaturen* erwähnt, bei denen die festen Gläser in Schmelzen übergegangen sind. An Glasschmelzen sind mehrere Untersuchungen durchgeführt worden, die u.a. das Ziel hatten, nähere Aussagen über die Struktur der Schmelze machen zu können. Da darüber hinaus die elektrische Leitfähigkeit von Glasschmelzen von praktischem Interesse ist, soll hier im Abschnitt über die Temperaturabhängigkeit auch der Einfluß der Glaszusammensetzung besprochen werden.

Bild 149 bringt Messungen an binären *Alkalisilicatschmelzen*. Der starke Abfall des Widerstands mit steigendem Alkaligehalt ist auf die zunehmende Zahl an Ladungsträgern und deren Einfluß auf die Viskosität zu erklären. Bei hohen Alkaligehalten führt das größte Alkaliion zum höchsten Widerstand, während bei geringeren Gehalten die Verhältnisse sich umkehren können, weil dann auch der Einfluß der Bindefestigkeit zum Tragen kommen kann. Man muß jedoch sagen, daß man beim Vergleich solcher Messungen vorsichtig sein muß, da oft große Streuungen auftreten. Bei der Diskussion des Bildes 147 wurde bereits darauf hingewiesen, daß durch die Zugabe von *Erdalkalioxiden* der elektrische Widerstand unterhalb T_g vor allem durch den Ionenradius des Erdalkaliions bestimmt wird. Dieser Einfluß wird bei 600 °C, also oberhalb T_g, nach Wakabayashi u. M. [1039] von einem gegenläufigen Einfluß überlagert, wonach mit steigender Differenz der Radien des Alkali- und Erdalkaliions die Widerstände zunehmen. Auch bei der Einführung von *dreiwertigen Kationen* sind nach Bild 148 die Einflüsse unterhalb und oberhalb T_g unterschiedlich, indem bei 800 °C die Zugabe von R_2O_3 den elektrischen Widerstand kontinuierlich ansteigen läßt, was auch für Al_2O_3 gilt.

Den elektrischen Widerstand der binären *Alkaliboratschmelzen* zeigt Bild 150 nach Messungen von Shartsis u. M. [868], in dem die Widerstände bei unterschiedlicher Art des Alkalis im Rahmen der Meßgenauigkeit zusammenfallen, wie es ähnlich schon bei den Viskositäten (s. Abschn. 3.1.2) beobachtet wurde. Nach einem starken Abfall mit

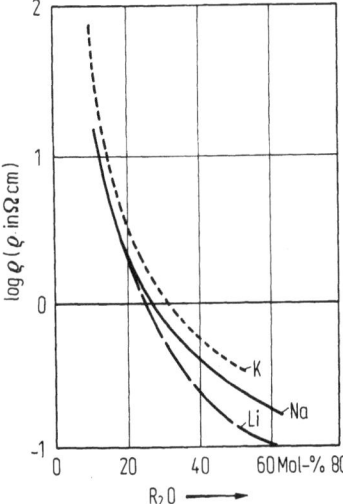
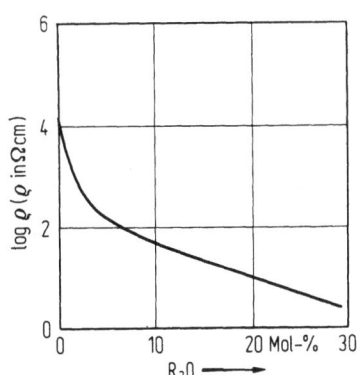

Bild 149. Spezifischer elektrischer Widerstand ϱ von binären R_2O-SiO_2-Schmelzen bei 1 400 °C nach Tickle [965]

Bild 150. Spezifischer elektrischer Widerstand ϱ binärer Alkaliboratschmelzen bei 900 °C nach Shartsis u. M. [868]

den ersten Alkaligehalten ist die Abnahme durch weiteren Alkalizusatz praktisch linear. Ein derartig steiler Abfall des elektrischen Widerstands ist auch bei den binären Alkalisilicatschmelzen zu erkennen, wenn man versucht, die Kurven der Bilder 149 und 150 in Einklang zu bringen. Der einheitliche Mechanismus der elektrischen Leitfähigkeit äußert sich ebenfalls darin, daß die Aktivierungsenergien für alle Schmelzen nahezu gleich sind.

3.6.1.4 Berechnung aus der Zusammensetzung

Bei der Kompliziertheit der Abhängigkeit der elektrischen Leitfähigkeit von der Zusammensetzung ist es verständlich, daß deren Berechnung aus der Zusammensetzung auf Schwierigkeiten stoßen muß. Es gibt daher nur wenige empirische Ansätze, die darüber hinaus meist recht umständlich sind. Mazurin [593] schlägt folgende Gleichung für den spezifischen elektrischen Widerstand bei 300 °C vor:

$$\log \varrho_{300} = 0{,}08(75-p_{R_2O}) + 0{,}05(38-p_{R_2O}) \cdot p_{K_2O}/p_{R_2O}$$
$$+ 6{,}4[0{,}25 - (p_{K_2O}/p_{R_2O} - 0{,}5)^2] + 0{,}018(p_{MgO}+p_{ZnO})$$
$$+ 1{,}37 \cdot 10^{-4}(30-p_{R_2O})^2 \cdot (p_{CaO}+p_{BaO}+p_{PbO}) \quad (105)$$
$$+ 0{,}05 p_{CaO} + 0{,}08(p_{BaO}+p_{PbO}) - 0{,}05 p_{Al_2O_3}$$
$$+ 1{,}67 \cdot 10^{-4}(30-p_{R_2O})^2 \cdot p_{B_2O_3} + 0{,}04 p_{B_2O_3} + 0{,}015 p_{RO}.$$

In dieser Gl. (105) stellen die p_i die jeweiligen Gehalte in Mol-% dar, wobei p_{R_2O} die Summe $p_{Na_2O} + p_{K_2O}$ ist. Der letzte Summand mit p_{RO} (= Summe aller zweiwertigen Oxide) ist nur anzuwenden, wenn mindestens zwei verschiedene RO anwesend sind,

Tabelle 36. Faktoren σ_i zur Berechnung der elektrischen Leitfähigkeit (in S/cm) von Kalk-Natronsilicatglasschmelzen bei verschiedenen Temperaturen

Oxid	σ_i für T (in °C)		
	1200	1320	1400
SiO_2	−0,413	−0,576	−0,701
Al_2O_3	−0,654	−0,908	−1,10
Fe_2O_3	−0,311	−0,439	−0,537
MgO	−0,168	−0,100	−0,019
CaO	−0,243	−0,088	−0,087
Na_2O	+3,61	+4,93	+5,92
K_2O	−0,582	−0,458	−0,282

wobei jedes mindestens 1 Mol-% betragen muß. Gl. (105) gilt für Gläser mit $12 \leq p_{R_2O} \leq 30$ Mol-%, ohne Li_2O und $0 \leq p_{RO} \leq 20$ Mol-%, jedoch bis 28 Mol-%, wenn nur CaO und/oder BaO anwesend sind. $p_{Al_2O_3}$ und $p_{B_2O_3}$ können bis 10 Mol-% vorhanden sein, sonstige Oxide bis 0,5 Mol-%.

Für andere Temperaturen T (in K) gilt die Beziehung (mit ϱ in Ω cm)

$$\log \varrho_T = -\log A + 573 (\log \varrho_{300} + \log A)/T, \quad (106)$$

worin

$$\log A = 0{,}03(30 + p_{R_2O}) + 0{,}22 p_{R_2O} \cdot [0{,}25 - (p_{K_2O}/p_{R_2O} - 0{,}5)^2]$$
$$+ 0{,}03(p_{BaO} + p_{PbO}) - 0{,}01 p_{Al_2O_3}.$$

Einfacher ist die Berechnung der elektrischen Leitfähigkeit für Kalk-Natronsilicatglasschmelzen nach Šašek und Knotek [812] mit der auch bei anderen Eigenschaften verwendeten Summenformel

$$\sigma = \Sigma \sigma_i p_i / 100, \quad (107)$$

worin p_i die Oxidanteile in Gew.-% darstellen und σ_i die entsprechenden Faktoren sind, die für drei ausgewählte Temperaturen in Tabelle 36 aufgeführt sind. Šašek hat mit Tu [817] auch Berechnungsmöglichkeiten von Bleiglasschmelzen aufgezeigt.

3.6.1.5 Abhängigkeit von der Vorgeschichte

Da die elektrische Leitfähigkeit mit steigender Temperatur zunimmt, hat ein von hohen Temperaturen abgeschrecktes Glas eine größere elektrische Leitfähigkeit. Je besser die *Kühlung* eines Glases erfolgt, um so größer wird sein elektrischer Widerstand. Kaneko und Isard [470] fanden außerdem, daß gleichzeitig die Aktivierungsenergie des Widerstands ansteigt. Man kann das durch die Verdichtung der Glasstruktur beim Kühlen erklären, wodurch die Potentialberge zwischen den Mulden erhöht werden. Boesch und Moynihan [81] ordnen der Zeitabhängigkeit der elektrischen Leitfähigkeit eine Relaxationszeit zu, die, ähnlich wie bei anderen zeitabhängigen Eigenschaften, eine Verteilungskurve aufweist, die von der Vorgeschichte abhängt.

Es ist zu erwarten, daß sich auch eine *Entmischung* auf die elektrischen Eigenschaften auswirken wird. Dabei ist zu bedenken, daß es unterschiedliche Entmischungsgefüge gibt, und es ist anzunehmen, daß diese sich bemerkbar machen werden. So wird sich der Widerstand erhöhen, wenn die leitende Phase sich als isolierte Tröpfchen ausscheidet und umgekehrt. Ein anderes Verhalten wird wieder ein spinodales Durchdringungsgefüge zeigen, wobei hier es noch stark darauf ankommt, ob die einzelnen Stränge immer gleiche Durchmesser haben oder Verjüngungen zeigen; denn letztere werden den Widerstand stark erhöhen. Diese Vielfalt spiegelt sich auch in Messungen von Mazurin u. M. [598] wider, die am gleichen $5Na_2O \cdot 95SiO_2$-Glas je nach Vorbehandlung sowohl Erhöhung als auch Erniedrigung des elektrischen Widerstands fanden mit Differenzen von insgesamt 10^5 Ω cm. Bei einem Borosilicatglas der Zusammensetzung (in Mol-%) $10Na_2O$, $30B_2O_3$ und $60SiO_2$ nahm nach Miyata [618] durch Tempern bei 710 °C die elektrische Leitfähigkeit (gemessen bei 300 °C) von ursprünglich 4,4 auf $5,3 \cdot 10^{-8}$ S/cm nach 16stündigem Tempern zu, bedingt durch die sich bildende an Alkaliborat angereicherte Matrix.

3.6.1.6 Gläser mit besonderen elektrischen Eigenschaften

Im Hinblick auf die elektrische Leitfähigkeit sind vor allem drei Bereiche zu beachten: 1. Gläser mit sehr geringer Leitfähigkeit, also sehr hoher Isolationswirkung, 2. Gläser mit sehr hoher ionischer Leitfähigkeit bei möglichst geringer elektronischer Leitfähigkeit und 3. Gläser mit elektronischer Leitfähigkeit, d.h. halbleitende Gläser.

Der sehr *hohe elektrische Widerstand* der üblichen Gläser ist allgemein bekannt; er ist die Voraussetzung für den vielseitigen Einsatz von Glas als Isolator. Will man diese Eigenschaft noch weiter verbessern, dann muß man den Gehalt an Netzwerkwandlern, besonders an Alkalien, möglichst gering halten und beim Grenzfall des Kieselglases Verunreinigungen vermeiden. Muß man aus bestimmten Gründen mit Netzwerkwandlern arbeiten, dann sollte man solche wählen, die in der Glasstruktur nur eine geringe Beweglichkeit haben, also möglichst fest gebunden und groß sind, und beim Erschmelzen zu einer dichten Glasstruktur führen. Man kann auch den Mischalkalieffekt nutzen (s. Abschn. 3.6.1.2).

Gläser mit *hoher ionischer Leitfähigkeit* erhält man, wenn man die eben genannten Gesichtspunkte im gegenteiligen Sinn anwendet, also leicht wanderungsfähige Netzwerkwandler einsetzt, die in der Regel einen kleinen Ionenradius haben, und dies in möglichst hohen Gehalten. Darüber hinaus sollte man eine Glaszusammensetzung wählen, die zu einer offenen Glasstruktur führt. Letzteres ist erreichbar, wenn man Sauerstoffionen durch Sulfidionen ersetzt. Die Zahl der Ladungsträger ist auch durch Einführen löslicher Salze zu erhöhen. Auf diese Weise kommt man zu Gläsern mit elektrischen Leitfähigkeiten bis über 10^{-3} S/cm, die als *superionenleitende Gläser* bezeichnet werden. Im englischen Sprachgebrauch findet man den Ausdruck *fast ionic conducting glasses* und davon abgeleitet FIC-Gläser. Die Vorgänge beim Ionentransport wurden von Tuller u. M. [992] untersucht, wobei sich herausstellte, daß ein einfaches Diffusionsmodell zur Erklärung nicht ausreicht und daß strukturelle Einflüsse zu beachten sind. Solche Gläser werden vor allem als feste Elektrolyte für Feststoffbatterien entwickelt, wo eine ionische Leitfähigkeit von mindestens 10^{-5} S/cm erwartet wird bei sehr geringer elektronischer Leitfähigkeit. Für diesen Einsatz haben sie außerdem die Vorteile, daß sie isotrop und leicht formbar sind und die Zusammensetzung meist sehr variabel ist. Den Einsatz von Na-haltigen Gläsern für die Na/S-Batterie beschreibt z.B. Herczog [398], während Gabano [284] einen Überblick über Li-haltige Gläser für Batterien auf Li-Basis gibt.

Es ist bekannt, daß man den Alkaligehalt von Gläsern nicht beliebig erhöhen kann, weil dann beim Abkühlen die Schmelze sofort kristallisiert (s. Abschn. 2.4.4). Einen Ausweg bieten die Abschreckmethoden. So konnten Yoshiyagawa und Tomozawa [1104] an einem binären Li_2O-SiO_2-Glas mit 62 Mol-% Li_2O eine Leitfähigkeit bei Raumtemperatur von fast 10^{-5} S/cm erreichen. (Das schnelle Abschrecken erhöht gegenüber dem gekühlten Glas die elektrische Leitfähigkeit etwa um den Faktor 3.) Auch andere Li-haltige Gläser mit Superionenleitung wurden gefunden; Kulkarni u. M. [514] geben einen Überblick. Hervorgehoben sei die hohe Leitfähigkeit von etwa 10^{-5} S/cm bei Raumtemperatur von glasigem $LiNbO_3$ und $LiTaO_3$, die durch Abschrecken von Glass u. M. [313] erhalten wurden. Die Arbeitsgruppe um Nassau u. M. [651] erhielt durch die gleiche Technik verschiedene Gläser der Zusammensetzung Li_5RO_4 mit R = Al, Ga bzw. Bi, die bei 223 °C Leitfähigkeiten $\log \sigma$ von $-2,8$, $-3,1$ bzw. $-2,4$ zeigten. Die Herstellung von superionenleitenden Gläsern ist auch über den Gelprozeß möglich, wie Boilot und Colomban [83] beschreiben, die ein Glas der Zusammensetzung $Li_2O \cdot 3ZrO_2 \cdot 4SiO_2 \cdot 2P_2O_5$ herstellten mit $\sigma = 8 \cdot 10^{-4}$ S/cm bei Raumtemperatur. (Sie bezeichnen dies als LISIGLAS = lithium superionic glass. Man findet auch damit verwandte Abkürzungen, z.B. NASICON = sodium superionic conductor.)

Noch höhere elektrische Leitfähigkeiten werden bei Ag^+-haltigen Gläsern beobachtet. Das ist schwer zu deuten; denn der Ionenradius des Ag^+-Ions ist wesentlich größer als der des Li^+-Ions. Minami [616] nimmt deshalb an, daß die unterschiedliche Elektronenkonfiguration beider Ionen dafür verantwortlich ist. Vergleicht man die entsprechenden glasigen Metaphosphate, die sich für diese Zwecke besonders eignen, dann erhält man elektrische Leitfähigkeiten σ (in S/cm) bei Raumtemperatur für glasiges $LiPO_3$ von $\log \sigma = -8,7$ (nach Ravaine [755]) und für glasiges $AgPO_3$ von $\log \sigma = -6,6$ (nach Baud und Besse [63]).

Höhere Leitfähigkeiten erreicht man, wie oben bereits erwähnt, durch einen höheren Gehalt an Ladungsträgern. Dabei hat sich die Zugabe von Salzen, besonders Halogeniden und Chalcogeniden bewährt, wobei die Löslichkeit dieser Salze in den betreffenden Glasschmelzen um so größer ist, je größer die betreffenden Anionen sind. Das zeigt z.B. die Reihe der Gläser $7LiPO_3 \cdot 3LiX$ mit X = Cl, Br bzw. J mit Leitfähigkeiten nach Ravaine [755] von $\log \sigma = -7,0$, $-6,5$ bzw. $-5,5$. Mit Silberphosphatgläsern werden entsprechende Effekte erreicht. So erzielen Lazzari u. M. [533] mit der Kombination Orthophosphat-Jodid $\log \sigma = -1,7$. Auch Sulfide erhöhen σ beträchtlich, z.B. erhöht nach Baud und Besse [63] der Zusatz von 20 Mol-% Ag_2S zu $AgPO_3$ die elektrische Leitfähigkeit um den Faktor 40. Neben den Phosphaten können auch andere Oxogläser eingesetzt werden, z.B. mit den Zentralkationen B, Al, Ga, Nb, Ta, Bi, S, Mo oder W.

Es wurde schon erwähnt, daß der Einbau des Sulfidions anstelle des Sauerstoffions in die Glasstruktur die elektrische Leitfähigkeit beträchtlich ansteigen läßt. Dies zeigt Tabelle 37 eindrucksvoll. Nach Ravaine [755] bindet das Sulfidion als Trennstellenanion die beweglichen Kationen nicht so stark wie die Sauerstoffionen. Tabelle 37 zeigt auch, daß die Art des Netzwerkbildners eine wichtige Rolle spielt. Schließlich gibt sich wieder der bereits oben erwähnte Effekt der hohen Leitfähigkeit der Ag-haltigen Gläser zu erkennen.

3.6 Elektrische Eigenschaften

Tabelle 37. Einfluß der Zusammensetzung und des Ersatzes von O durch S auf die elektrische Leitfähigkeit σ (in S/cm bei 100 °C) von binären Gläsern mit jeweils 50 Mol-% Netzwerkwandleroxid oder -sulfid nach Ribes u. M. [768]

Zusammensetzung	log σ
$Na_2O \cdot SiO_2$	−4,6
$Na_2O \cdot GeO_2$	−5,3
$Na_2O \cdot P_2O_5$	−7,5
$Ag_2O \cdot P_2O_5$	−4,6
$Na_2S \cdot SiS_2$	−3,5
$Na_2S \cdot GeS_2$	−4,6
$Na_2S \cdot P_2S_5$	−5,4
$Ag_2S \cdot P_2S_5$	−3,7

Bei den bisher behandelten Gläsern waren es die Kationen, die wanderten und die Leitung vermittelten. Bei den Fluoridgläsern kann ebenfalls Superionenleitung erreicht werden, wobei dies durch wandernde Fluorionen, also durch Anionenleitung bewirkt wird.

Gläser mit noch höheren elektrischen Leitfähigkeiten erhält man, wenn es durch geeignete Zusammensetzung und Herstellung gelingt, eine *elektronische Leitfähigkeit* zu erreichen, also *halbleitende Gläser* zu erzeugen. Ein Weg dazu besteht in der Einführung hoher Gehalte an Elementen, die in mehreren Wertigkeiten auftreten können, z.B. Fe und Mn in Silicat- und Boratgläsern oder V in Phosphatgläsern. Dazu kommen oft weitere Elemente wie z.B. Ti, Co, Mo oder W. Eine andere Gruppe der halbleitenden Gläser stellen die Chalcogenidgläser dar, auf die unten eingegangen werden wird.

Einen Vergleich der elektrischen Widerstände einiger Gläser bringt Bild 151. Man erkennt, daß ganz erhebliche Unterschiede auftreten können, die dadurch bedingt sind, daß bei den Gläsern mit den Nebengruppenelementen diese in verschiedenen Wertigkeiten vorliegen, z.B. Vanadium sowohl als V^{5+}- als auch als V^{4+}-Ion. Die elektronische Leitfähigkeit ergibt sich durch den leichten Übertritt eines Elektrons vom V^{4+}-Ion zu einem benachbarten V^{5+}-Ion. Man kann im Vergleich zu anderen Festkörpern das V^{5+}-Ion als Elektronenleerstelle auffassen. Entscheidend für die Höhe der Leitfähigkeit ist nicht nur die Konzentration dieser Ionen, sondern auch das Verhältnis der Wertigkeiten. Dieses wird durch die Glaszusammensetzung, aber noch stärker durch den Sauerstoffpartialdruck beim Schmelzen bestimmt. Die Eigenschaften solcher halbleitender Gläser sind daher in ganz besonderem Maße von der *Vorgeschichte* abhängig. Wenn sie während des Einsatzes auf höhere Temperaturen kommen, besteht die Möglichkeit, daß sich die Wertigkeit und damit auch die Eigenschaften ändern. Solche Zeiteffekte sind also auch zu beachten. Man entnimmt Bild 151 außerdem, daß die Aktivierungsenergie der elektrischen Leitfähigkeit, die bei den üblichen Silicatgläsern um 80 kJ/mol liegt, bei den halbleitenden oxidischen Gläsern wesentlich geringer ist (Größenordnung 10 kJ/mol).

Über das interessante Gebiet der halbleitenden Gläser gibt es mehrere zusammenfassende Darstellungen, u.a. von Mackenzie [569], Owen und Spear [680] und Mott [630], während Adler [9] auch aufzeigt, daß noch viele Fragen zu beantworten sind,

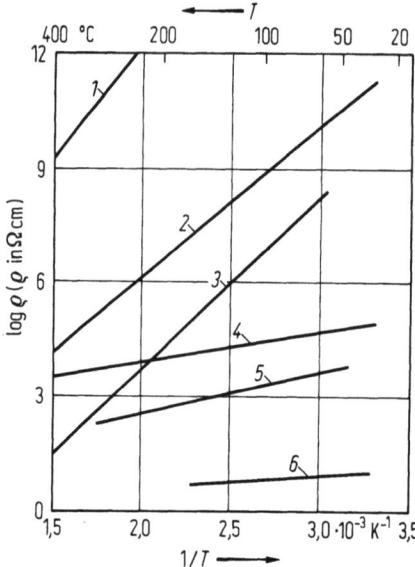

Bild 151. Spezifischer elektrischer Widerstand ϱ von Gläsern. *1*: Kieselglas; *2*: Kalk-Natronsilicatglas; *3*: AsSeTe-Glas; *4*: Silicatglas mit 18 Mol-% ($Fe_3O_4 + MnO$); *5*: Vanadiumphosphatglas; *6*: Boratglas mit 45 Mol-% ($Fe_3O_4 + MnO$)

ehe man die Eigenschaften und das Verhalten der halbleitenden Gläser voll verstehen wird. Diese Unsicherheiten mögen dazu beigetragen haben, daß der praktische Einsatz doch nicht so schnell und weitreichend erfolgt ist, wie es zunächst vermutet wurde. Doch ein Vorteil gegenüber den kristallinen Halbleitern soll hier erwähnt werden, nämlich daß die Eigenschaften der glasigen Halbleiter weniger empfindlich gegenüber Verunreinigungen sind. Die Ursache dafür scheint mit dem wesentlich höheren elektrischen Widerstand der glasigen gegenüber den kristallinen Halbleitern zusammenzuhängen.

Ein Grund für die zahlreichen Untersuchungen über halbleitende Gläser lag in einigen interessanten Eigenschaften der *Chalcogenidgläser*. Deren Existenz ist schon seit längerem bekannt, jedoch wurde ihnen erst mehr Aufmerksamkeit zugewandt, als man erkannte, daß auch sie halbleitende Eigenschaften haben. Diese Gläser bauen sich vor allem auf den Elementen der 6. Gruppe, d.h. S, Se und Te, allein oder mit denen der 5. Gruppe, d.h. P, As, Sb und Bi auf, manchmal auch noch mit weiteren Gehalten z.B. von Tl, Ge oder Halogenen. Ihre Schmelztemperaturen liegen niedrig, teilweise bis unter 100 °C. Sie sind jedoch meist recht korrosionsempfindlich. In Bild 151 zeigt die Kurve *3* ein solches Glas. Bemerkenswert ist, daß die Chalcogenidgläser meist wieder eine höhere Aktivierungsenergie haben. Zur Deutung der Leitfähigkeit wird angenommen, daß in der Glasstruktur Defekte besonderer Art vorhanden sind, in deren Nachbarschaft Paare von positiven und negativen Zentren vorliegen, die mit den Elektronen gekoppelt sind.

Eine große Untersuchungswelle setzte ein, als in den 60er Jahren das außergewöhnliche *Schaltverhalten* dieser halbleitenden Gläser bekannt wurde. Geht man von dem normalen hochohmigen Zustand aus und legt eine Spannung an, dann schaltet das Glas beim Überschreiten eines kritischen Strom-Spannungs-Wertepaares plötzlich in einen niederohmigen Zustand, der beständig ist und erst wieder in den hochohmigen Zustand zurückschaltet, wenn man zwischendurch ein anderes kritisches Wertepaar überschritten hat. Diese Vorgänge sind reversibel. Man spricht von einem Speicher-

oder Gedächtnis (memory)-Effekt. Daneben wird bei dünnen Elementen noch eine andere Erscheinung beobachtet. Wieder ausgehend vom hochohmigen Ausgangszustand findet bei Überschreiten eines kritischen Wertepaares die Schaltung in einen niederohmigen Zustand statt, bei dem die Restspannung nahezu konstant bleibt. Das Element bleibt niederohmig, solange ein bestimmter Haltestrom nicht unterschritten wird. Ist das der Fall, dann findet sofort Zurückschaltung in den hochohmigen Ausgangszustand, den Aus (off)-Zustand statt. (Der andere Zustand wird mit Ein (on) bezeichnet.) Auch dieses Umschaltvermögen ist reversibel und kann mit hoher Frequenz ablaufen.

Zur Deutung dieser Effekte werden sowohl elektronische als auch thermische Modelle verwendet. Man denkt dabei an spezielle Bindungszustände der Elektronen bzw. an Änderungen des Gefüges durch teilweise Kristallisation oder teilweises Schmelzen. Das genauere Verständnis erfordert eine tiefere Beschäftigung mit den Grundlagen der Halbleitung.

Bei den bisher besprochenen Gläsern gehörte die Halbleitung zum Volumen. Es ist aber auch möglich, nur der *Oberfläche* eine höhere Leitfähigkeit zu vermitteln, indem man dort für die Gegenwart von entsprechenden Elementen sorgt. Zwei Wege geht man dazu vor allem. Einmal verwendet man ein Glas mit einem Oxid, das leicht reduzierbar ist und führt eine gezielte Reduktion durch, die die der Oberfläche nahen Kationen zum Metall reduziert. Dafür eignen sich z.B. Bleigläser. Ein anderer Weg geht vom üblichen Glas aus, bringt dann erst ein entsprechendes Kation durch Ionenaustausch in die Oberflächenpartien und reduziert ebenfalls. Hierzu eignen sich Kalk-Natrongläser nach Ionenaustausch in $AgNO_3$-Schmelzen.

Nicht unmittelbar zu diesem Abschnitt gehörend, aber doch verwandt, sind die *magnetischen Gläser*, die hier nur kurz erwähnt werden können. Man findet sie vor allem in der Gruppe der Gläser mit hohen Gehalten an Übergangselementen oder seltenen Erden, auch bei entsprechenden Fluoridgläsern, besonders aber bei den metallischen Gläsern. Näheres bringt die Monographie von Moorjani und Coey [626].

3.6.2 Dielektrische Eigenschaften

Bringt man zwischen die Platten eines Kondensators ein Dielektrikum, dann erhöht sich seine Kapazität C gegenüber der im Vakuum gemessenen Kapazität C_v auf

$$C = \varepsilon\, C_v .$$

In dieser Gleichung wird der Proportionalitätsfaktor ε als *Permittivitätszahl* ε_r bezeichnet. (ε_r wurde früher meist Dielektrizitätskonstante oder -zahl genannt. Im folgenden wird hier nur noch die vereinfachte Form ε verwendet werden.) Die Ursache dieses Effekts liegt darin, daß unter der Einwirkung eines elektrischen Feldes Verschiebungen von Ladungen eintreten. Bei einem Ion kann die Elektronenhülle deformiert werden, oder es können ganze Ionen sich in ihrer Lage verschieben oder völlig andere Positionen einnehmen. Die erstere Möglichkeit ist um so ausgeprägter, je größer die Polarisierbarkeit des betreffenden Ions ist. Damit besteht ein Zusammenhang mit der Brechzahl, für die ein entsprechender Effekt ausschlaggebend ist. Für sehr hohe Frequenzen gilt die Maxwellsche Beziehung

$$\varepsilon = n^2,$$

die allerdings für Gläser nicht ganz erfüllt ist. So beträgt die Permittivitätszahl von Kieselglas etwa 4, während $n^2 = 2,2$ ist.

Beim Einbringen eines Glases zwischen die Platten eines Kondensators wird nicht nur die Kapazität erhöht, sondern es findet auch eine Verschiebung des Phasenwinkels zwischen Strom und Spannung statt. Bei einem Vakuumkondensator beträgt diese Verschiebung $\pi/2$ oder 90°. Durch das Glas wird beim Stromdurchgang etwas elektrische Energie verbraucht, die *dielektrischen Verluste*. Sie machen sich dadurch bemerkbar, daß der Phasenwinkel um den kleinen Winkel δ kleiner als 90° wird. Das quantitative Maß für diesen Energieverbrauch ist der Tangens dieses Winkels $\tan \delta$, der auch als *Verlustfaktor* bezeichnet wird und gleich dem Verhältnis von Wirk- zu Blindleistung ist.

3.6.2.1 Meßmethoden

Der Weg zur Messung der Permittivitätszahl ergibt sich unmittelbar aus der Definition. Bei geeigneter Wahl der Form des Kondensators kann man seine Vakuumkapazität berechnen, so daß sich mit einer Kapazitätsmessung sofort die gesuchte Permittivitätszahl ergibt. Führt man eine Vergleichsmessung gegenüber einem bekannten Luftkondensator in einer Meßbrücke durch, kann man gleichzeitig den Verlustfaktor $\tan \delta$ bestimmen. Dasselbe ist auch bei den Meßmethoden möglich, bei denen man die Kapazität aus der Resonanzfrequenz oder der Dämpfung eines Schwingkreises ermittelt. Wegen der vielfältigen Möglichkeiten der Schaltungen muß auf die einschlägigen Fachbücher verwiesen werden. Hier sei nur noch erwähnt, daß dabei besonders auf die Verwendung geeigneter Elektroden geachtet werden muß.

3.6.2.2 Abhängigkeit von der Temperatur und der Frequenz

Wegen der teilweise sehr deutlichen Abhängigkeit der dielektrischen Eigenschaften ist es empfehlenswert, vor der Diskussion der Abhängigkeit von der Zusammensetzung die von der Temperatur und der Frequenz zu betrachten.

Zwar macht sich eine Temperaturerhöhung auf die Polarisierbarkeit der Ionen nur wenig bemerkbar, doch tritt eine Erhöhung der Beweglichkeit der Kationen ein, die zu einem Anstieg der Permittivitätszahl führt, wie Bild 152 zeigt.

Dieses Bild läßt gleichzeitig auch die Abhängigkeit von ε von der Meßfrequenz erkennen. Die Kationen können den Bewegungen des Feldes nur bei verhältnismäßig geringen Frequenzen folgen, weshalb dieser Anteil bei hohen Frequenzen geringer wird, also die Permittivitätszahl mit steigender Frequenz abfällt.

Mit den dielektrischen Verlusten hat sich besonders Stevels [919, 921] beschäftigt. Aus der schematischen Darstellung des Bildes 153 erkennt man, daß sich die Gesamtverluste aus vier Einzelverlusten zusammensetzen:

a) Unter dem Einfluß des Feldes können sich die Netzwerkwandler durch das Netzwerk bewegen und erzeugen dabei die *Leitungsverluste*. Mit sinkender

3.6 Elektrische Eigenschaften 293

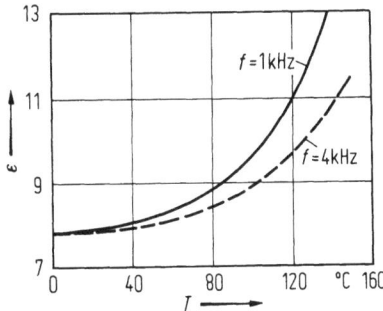

Bild 152. Abhängigkeit der Permittivitätszahl ε eines $Na_2O-CaO-SiO_2$-Glases (16–10–74 Gew.-%) von der Temperatur und der Frequenz nach Moore und de Silva [624]

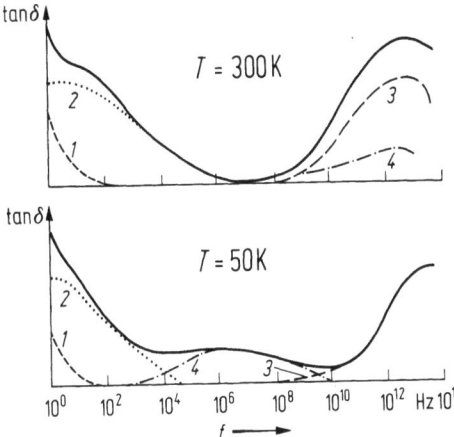

Bild 153. Schematische Darstellung der Abhängigkeit des dielektrischen Verlusts tan δ eines Glases von der Frequenz und der Temperatur nach Stevels [921]. *1*: Leitungsverluste; *2*: Relaxationsverluste; *3*: Resonanzverluste; *4*: Deformationsverluste; durchgezogene Kurve: Gesamtverluste

Temperatur und steigender Frequenz werden die Bewegungsmöglichkeiten geringer, die Leitungsverluste nehmen also ab (Kurve *1* in Bild 153).

b) Die Ionen können dem Feld in nur kleinen Bewegungen folgen, indem sie nur über den nächsten Potentialberg springen. Diese *Relaxationsverluste* treten besonders im Bereich niedrigerer Frequenzen auf (Kurve *2* in Bild 153). Higgins u. M. [401] konnten beim $Na_2O \cdot 3SiO_2$-Glas nachweisen, daß die Aktivierungsenergie, die mittlere Relaxationszeit und die Relaxationszeitverteilung dieser Verluste gleich sind den entsprechenden Werten der mechanischen Relaxation, woraus auf einen einheitlichen Prozeß, die Ionendiffusion, geschlossen werden muß, was u.a. auch von Doi [194], Dyre [219] und Stevels [925] vertreten wird.

c) Wenn die Frequenzen hohe Werte annehmen, dann kann der Fall eintreten, daß Resonanz mit der Eigenschwingung der Ionen eintritt, wodurch die *Resonanzverluste* entstehen. Schwerere Ionen schwingen langsamer, zeigen also Resonanz bei tieferen Frequenzen (Kurve *3* in Bild 153).

d) Schließlich hat auch das Netzwerk die Möglichkeit, in einzelnen Teilen in Schwingung zu kommen, wodurch die *Deformationsverluste* entstehen, die vor allem das Verhalten bei tiefen Temperaturen beeinflussen (Kurve *4* in Bild 153).

Eine ausführlichere Darstellung des dielektrischen Verhaltens von Gläsern, insbesondere der dielektrischen Relaxation, findet man in dem Handbuchartikel von Tomozawa [976].

294   3 Eigenschaften des Glases

3.6.2.3 Abhängigkeit von der Zusammensetzung

Über die Polarisierbarkeit und die Bewegungsmöglichkeiten der Ionen ergibt sich die Abhängigkeit der *Permittivitätszahl* von der Zusammensetzung der Gläser. In Gläsern ist das Sauerstoffion das am leichtesten polarisierbare Ion. Die Einführung von Netzwerkwandlern wird durch Bildung der leichter polarisierbaren Trennstellensauerstoffe die Permittivitätszahl erhöhen. Bild 154 zeigt das am Beispiel der binären *Alkalisilicatgläser*. Mit abnehmender Feldstärke der Netzwerkwandler werden die Trennstellensauerstoffe weniger stark gebunden, bei gleichem Alkaligehalt steigen daher die Permittivitätszahlen in der Reihe Li−Na−K an.

Die Einführung *anderer Komponenten* wirkt sich auf die Permittivitätszahl ganz entsprechend aus. Auch bei den Erdalkalien steigt sie mit abnehmender Feldstärke der Kationen an. Bei den Nebengruppenelementen macht sich darüber hinaus deren eigene Polarisierbarkeit bemerkbar, so daß man durch Einführung von z.B. PbO Gläser mit Permittivitätszahlen bis über 10 erhalten kann. Für die binären Alkaliboratgläser ergibt sich ein ähnlicher Verlauf wie für die Alkalisilicatgläser.

Den Einfluß der Zusammensetzung auf die *dielektrischen Verluste* kann man nach der Aufschlüsselung im vorangegangenen Abschnitt diskutieren. In jedem Fall wird das *Kieselglas* durch geringe dielektrische Verluste ausgezeichnet sein; denn es hat keine leicht beweglichen Ionen und ein starres Netzwerk. Der dielektrische Verlust tan δ beträgt bei einer Frequenz von 1 kHz $5 \cdot 10^{-4}$. Erniedrigt man die Temperatur, dann sinkt tan δ ab und kann Werte unter $0{,}1 \cdot 10^{-4}$ bei 150 K erreichen. Mit weiter sinkender Temperatur zeigt tan δ bei 30 K ein Maximum, bedingt durch Deformationsverluste des Netzwerks, um dann schwach abzufallen oder weiter anzusteigen (bis $1{,}5 \cdot 10^{-4}$ bei 1,5 K). Dabei liegen die dielektrischen Verluste nach Mahle und McCammon [572] um so höher, je mehr OH-Gruppen im Kieselglas gelöst sind, d.h. durch diese werden diese Verluste verursacht. Den Einfluß des gelösten Wassers deuten Gutenev und Mikhailov [350] durch ein Springen von Protonen zwischen benachbarten Sauerstoffatomen.

Bei geringen Frequenzen macht sich besonders die Beweglichkeit der *Alkalien* bemerkbar, so daß bei derselben Frequenz von 1 kHz der dielektrische Verlust eines $Na_2O \cdot 5SiO_2$-Glases nach Rinehart und Bonino [777] über $1\,000 \cdot 10^{-4}$ beträgt. Man

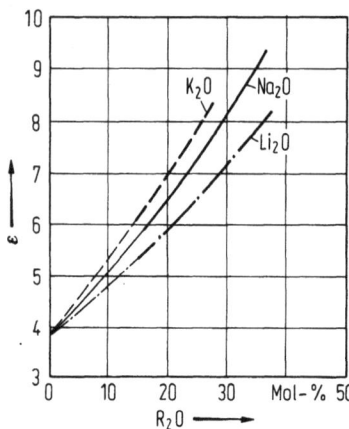

Bild 154. Permittivitätszahl ε binärer Alkalisilicatgläser bei $4{,}5 \cdot 10^8$ Hz und Zimmertemperatur nach Appen und Bresker [26]

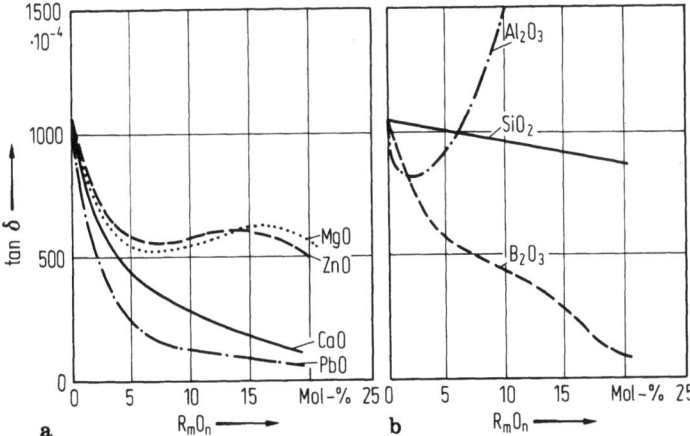

Bild 155a,b. Änderung des dielektrischen Verlusts tan δ bei 1 kHz eines Na_2O-SiO_2-Glases (Molverhältnis $Na_2O:SiO_2 = 1:5$) beim Zusatz weiterer Oxide nach Rinehart und Bonino [777]

sieht diesen Wert als Ausgangspunkt der Kurven in den Bildern 155a und b. Die Abnahme des Alkaligehalts (durch Zugabe von SiO_2) oder die Verfestigung des Netzwerks durch Zugabe von B_2O_3 und CaO führen zu einem starken Abfall der dielektrischen Verluste. Auffallend ist hier erneut die Kurve beim Zusatz von Al_2O_3. Ein analoger Kurvenverlauf wurde bereits bei der elektrischen Leitfähigkeit ähnlicher Gläser beobachtet (s. Abschn. 3.6.1.2). Von Moore und de Silva [624] wird er durch die Ausbildung größerer Sauerstoffringe beim Eintritt des Al^{3+}-Ions als Netzwerkbildner gedeutet. Die Na^+-Ionen erhalten dadurch eine größere Bewegungsmöglichkeit, was tan δ erhöht. Da eine derartige Aufweitung erst bei höheren Al_2O_3-Gehalten stattfinden kann, wirken die ersten Al_2O_3-Gehalte entsprechend den anderen Oxiden erniedrigend auf tan δ ein. Ähnliche Effekte erklären auch die ZnO-Kurve in Bild 155a, da das Zn^{2+}-Ion ebenfalls die Möglichkeit hat, als Netzwerkbildner aufzutreten. Da dies jedoch nur teilweise geschieht, ist der Anstieg von tan δ nicht so stark und führt zur Ausbildung des Maximums. Auch in diesem Fall verhält sich MgO ähnlich wie ZnO, was an dem fast identischen Kurvenverlauf in Bild 155a zu erkennen ist. Es besteht auch ein Einfluß der Netzwerkbildner, wie die bereits früher angeführte Tabelle 35 zeigt. Er ist allerdings nicht besonders groß und wird von Gan u. M. [292] auf geometrische Effekte zurückgeführt.

3.6.2.4 Berechnung aus der Zusammensetzung

Die Art der Abhängigkeit der dielektrischen Eigenschaften von Gläsern legt eine Berechnung aus der Zusammensetzung nahe. Appen und Bresker [26] haben Faktoren angegeben, mit denen sich die Permittivitätszahlen ε nach

$$\varepsilon = \frac{1}{100}\Sigma \varepsilon_i p_i \tag{108}$$

berechnen lassen mit p_i in Mol-%. Sie sind in Tabelle 38 angeführt.

Tabelle 38. Faktoren zur Berechnung der Permittivitätszahlen (für $4{,}5 \cdot 10^8$ Hz) von Gläsern aus der Zusammensetzung in Mol-% nach Gl. (108)

Oxid	Faktor
Li_2O	14,0 (15,0)[a]
Na_2O	17,6 (17,6)[a]
K_2O	16,0 (20,3)[a]
BeO	13,8
MgO	15,4
CaO	17,4
SrO	18,0
BaO	20,5
B_2O_3	3 … 8[b]
Al_2O_3	9,2
SiO_2	3,8
TiO_2	25,5
ZnO	14,4
CdO	17,2
PbO	22,0
MnO	13,8
FeO	16,0
CoO	15,2
NiO	13,4

[a] Die Werte in den Klammern gelten für die binären R_2O–SiO_2-Gläser.
[b] Der Faktor von B_2O_3 ist von der Glaszusammensetzung abhängig.

Zur Berechnung von $\tan \delta$ (für 20 °C und $1{,}5 \cdot 10^6$ Hz) hat Stevels [919] halbempirisch eine Gleichung abgeleitet:

$$\tan \delta = 0{,}0698\,(n\,S/\varepsilon)\,(1 - 3{,}9\,m/\gamma), \tag{109}$$

worin

n = Zahl der Mole Na^+-Ionen
m = Zahl der Mole schwere Ionen } pro 100 g Glas
γ = Zahl der Mole O^{2-}-Ionen
S = Zahl der O^{2-}-Ionen pro Zahl der Netzwerkbildner und
ε = Permittivitätszahl.

Es wird dabei angenommen, daß $\tan \delta$ proportional der Menge an Na^+-Ionen und dem ihnen zur Verfügung stehenden Volumen ist, das durch die schweren Ionen beeinträchtigt wird. Weiterhin ist $\tan \delta$ umgekehrt proportional der Permittivitätszahl. Für das Glas (in Gew.-%) 3,9 Na_2O, 6,5 K_2O, 35,3 PbO und 54,3 SiO_2 wurde mit $S = 2{,}32$, $n = 0{,}126$, $m = 0{,}298$, $\varepsilon = 7{,}96$ und $\gamma = 2{,}097$ rechnerisch $\tan \delta = 11{,}0 \cdot 10^{-4}$, experimentell $\tan \delta = 11{,}5 \cdot 10^{-4}$ bestimmt.

Die Gl. (109) bewährt sich gut für $\tan \delta > 10 \cdot 10^{-4}$. Sie erklärt auch die starke Abnahme von $\tan \delta$ bei Zugabe von PbO in Bild 155a, da dadurch nicht nur der Wert der hinteren Klammer in Gl. (109) erniedrigt wird, sondern auch eine Erhöhung der Permittivitätszahl erfolgt, wie man aus Tabelle 38 entnehmen kann.

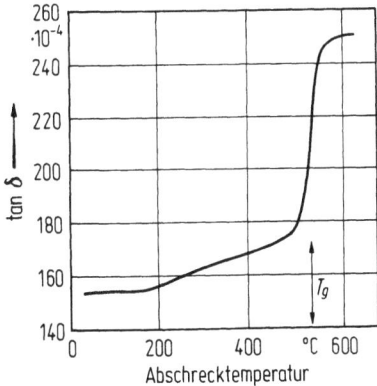

Bild 156. Dielektrischer Verlust tan δ eines handelsüblichen Flachglases bei Zimmertemperatur und 1 kHz nach dem Abschrecken von verschiedenen Temperaturen nach Rinehart [776]

Gläser mit niedrigen dielektrischen Verlusten dürfen also nur geringe Mengen leicht beweglicher Netzwerkwandler enthalten. Höhere Anteile an größeren Ionen sind günstig, vor allem, wenn sie die Permittivitätszahl erhöhen.

3.6.2.5 Abhängigkeit von der Vorgeschichte

Im Frequenzbereich von 1 kHz wird im allgemeinen ein Anstieg der dielektrischen Verluste mit der Temperatur beobachtet. Wird ein Glas von hoher Temperatur *abgeschreckt*, dann ist eine Abhängigkeit von der Vorgeschichte des Glases, also ein höherer Verlust zu erwarten. Entsprechende Versuche hat Rinehart [776] durchgeführt, indem er ein handelsübliches Flachglas von verschiedenen Temperaturen abschreckte. Die bei Zimmertemperatur gemessenen dielektrischen Verluste zeigt Bild 156. Man erkennt deutlich, daß beim Abschrecken von oberhalb T_g die Verluste sehr hoch, von unterhalb T_g wesentlich kleiner sind. An diesen Messungen ist bemerkenswert, daß auch noch eine Abhängigkeit von einer Abschrecktemperatur unterhalb T_g besteht, die man bei analogen Versuchen mit der Dichte oder Lichtbrechung experimentell nicht findet. Das Glas ist daher in bezug auf seine dielektrischen Eigenschaften auch noch von seiner Vorgeschichte unterhalb T_g abhängig.

Bei der empfindlichen Reaktion des Verlustwinkels auf Änderungen im Netzwerk macht sich natürlich auch eine *Entmischung* bemerkbar, wobei der Effekt von der Art des Glases und der folgenden Behandlung abhängt. Dadurch wird das jeweilige Gefüge bestimmt, das für die sich einstellenden dielektrischen Verluste wichtig ist, wie auch die Untersuchungen von Miyata [618] an einem Natriumborosilicatglas zeigen.

3.7 Oberflächenspannung

Die Oberflächenspannung von Gläsern spielt während der Glasschmelze und in mehreren Fertigungsstadien eine wichtige Rolle, wie auch Hrma [421] an einigen Beispielen aufzeigt. Ein Teilchen im Innern eines Körpers wird durch alle benachbarten Teilchen angezogen, so daß die daraus resultierende Kraft Null wird. Befindet sich dagegen ein Teilchen an der Oberfläche, dann fehlen die Anziehungskräfte auf einer

Seite, und es resultiert eine Kraft in Richtung Inneres. Um ein Teilchen aus dem Innern an die Oberfläche zu bringen, muß eine bestimmte Arbeit aufgebracht werden. Körper mit einer großen Oberfläche haben deshalb eine größere Energie und das Bestreben, einen Zustand geringerer Energie einzunehmen, indem sie die Oberfläche verringern. Flüssigkeiten nehmen deswegen nach Möglichkeit Kugelgestalt an, da bei dieser Form das Verhältnis Oberfläche:Volumen am geringsten ist.

Die Vergrößerung einer Oberfläche setzt den Transport von Teilchen aus dem Innern an die Oberfläche voraus, erfordert also einen Energieaufwand. Die Energie, die nötig ist, eine neue Oberfläche von 1 m² zu bilden, wird als spezifische *freie Oberflächenenergie* bezeichnet. Ihre Einheit ist J/m^2. Im allgemeinen ist dafür die Bezeichnung *Oberflächenspannung* σ (gemessen in N/m) gebräuchlicher. (In früheren Arbeiten findet man die Werte in erg/cm^2 bzw. in dyn/cm angegeben. Die Umrechnung hat nach $1\ erg/cm^2 = 1\ dyn/cm = 10^{-3}\ J/m^2 = 10^{-3}\ N/m = 1\ mN/m$ zu erfolgen.) Betrachtungen besonders im Hinblick auf die Oberfläche von festen Gläsern befinden sich im Abschn. 2.5.7. Da es sich dort oft um Grenzflächenspannungen handelt, wurde das dafür meist übliche Zeichen γ gewählt. Die Einheiten von γ und σ sind aber dieselben.

Die Abnahme der Oberflächenenergie kann nicht nur physikalisch durch Änderung der Gestalt der Oberfläche erfolgen, sondern es kann auch ein chemischer Einfluß auftreten, indem sich in der Oberfläche die Teilchen ansammeln, die mit den geringsten Kräften nach dem Innern zu gebunden werden. Hier liegt der Ansatzpunkt, wie später die Abhängigkeit der Oberflächenspannung von der Zusammensetzung zu diskutieren sein wird.

3.7.1 Meßmethoden

Die Bestimmung der Oberflächenspannung von Festkörpern bereitet erhebliche Schwierigkeiten. Da beim Glas besonders die Oberflächenspannung der Schmelzen interessiert, sollen nur einige wichtige Methoden für Schmelzen erwähnt werden.

Zur Bestimmung der Oberflächenspannung von Glasschmelzen eignen sich alle die Methoden für normale Flüssigkeiten, die es erlauben, bei den hohen Meßtemperaturen die benötigten Meßwerte zu erhalten. Recht einfach ist die *Tropfengewichtmethode*, bei der man aus einem unten scharf geschliffenen Platinrohr mit dem Radius r die Schmelze austropfen läßt. Beträgt das Gewicht des Tropfens G, dann ist

$$\sigma = G/(\Phi r),$$

worin im Idealfall die Größe $\Phi = 2\pi$ beträgt. Da aber die Tropfen stets kleiner sind, muß man für Φ geringere Werte einsetzen, die von den Meßbedingungen abhängen und aus Tabellen abzulesen sind. Für genauere Messungen ist nach Rao und Subramanian [751] auch die Viskosität der Schmelze zu berücksichtigen.

Für Schmelzen geringer Viskosität hat sich die *Blasendruckmethode* gut bewährt, bei der in die Schmelze ein Platinrohr mit dem Radius r taucht, durch das man Luft einbläst. Am Ende des Platinrohres bildet sich eine Luftblase, die mit steigendem Druck immer größer wird und dann abreißt, wenn sie denselben Radius wie das Platinrohr erreicht hat. Beträgt der dazu benötigte Druck p, die Eintauchtiefe des Platinrohres l und die Dichte des Glases ϱ, dann erhält man mit der Erdbeschleunigung g

$$\sigma = r(p - g\,l\,\varrho)/2.$$

Die Auflösung dieser Gleichung nach ϱ führt zu einer Methode, bei bekannter Oberflächenspannung die Dichte zu bestimmen, wie früher (s. Abschn. 3.3.1) bereits erwähnt wurde.

Bei höheren Viskositäten wird oft die *Fadenmethode* verwendet, bei der ein Glasfaden der Länge L in einem Ofen hängt. Auf ihn wirken zwei Effekte: einmal will er sich infolge seines eigenen Gewichts ausdehnen, was von der Viskosität η abhängen wird; zum anderen versucht die Oberflächenspannung σ den Faden in die Kugelgestalt zu formen, was eine Verkürzung des Fadens bedeutet. Wondratschek [1085] hat diese Methode durchgerechnet und unter Berücksichtigung einer zusätzlichen Kraft K am Ende des Fadens die Verlängerung E nach der Zeit t erhalten zu

$$E = \frac{t}{3\eta}\left(\frac{KL}{\pi r^2} + \frac{L^2 \varrho}{2} - \frac{\sigma L}{r}\right).$$

Bei geeigneter Versuchsdurchführung gestattet also diese Methode, Oberflächenspannung und Viskosität gleichzeitig zu bestimmen. Führt man den Versuch so, daß sich die Fadenlänge nicht ändert, also $E = 0$ wird, dann vereinfacht sich die Gleichung zu

$$\sigma = K/(\pi r) + L \varrho r/2.$$

Erhitzt man den Glasfaden nur an einer Stelle, dann wird auch noch $L = 0$, und ohne zusätzliche Belastung stellt K die Kraft dar, mit der der Faden von der Erhitzungsstelle abwärts unter seinem eigenen Gewicht nach unten gezogen wird. Wenn diese Länge l beträgt, dann ist $K = \pi r^2 l \varrho g$ und

$$\sigma = r l \varrho g.$$

Eine praktische Ausführung dieser auf Berggren zurückgehenden Methode stammt von Dietzel [176], bei der der Glasfaden durch eine Platindrahtschlinge erhitzt wird, die so lange nach oben oder unten verschoben wird, bis keine Änderung des unteren Endes des Glasfadens mehr eintritt.

3.7.2 Abhängigkeit von der Zusammensetzung

Nach dem oben erläuterten Mechanismus der Oberflächenspannung wird sie für eine Substanz um so geringer sein, je geringer die gegenseitigen Anziehungskräfte sind. Die Alkalien werden deshalb einen kleineren Beitrag zur Oberflächenspannung liefern, der um so mehr abnimmt, je größer ihre Polarisierbarkeit, also ihr Ionenradius ist. Demnach müßte reines *Kieselglas* mit dem Kation Si^{4+} eine sehr hohe Oberflächenspannung haben, wenn sich nicht jetzt die Anionenbildung bemerkbar machen würde. In der Oberfläche werden deshalb keine Si^{4+}-Ionen vorliegen, sondern Sauerstoffionen der mehr oder weniger vollständigen [SiO_4]-Tetraeder. Die größere Polarisierbarkeit der O^{2-}-Ionen bestimmt dann die Oberflächenspannung. Nach Parikh [682] beträgt sie bei 1 200 °C 280 mN/m.

Im Gegensatz zum Kieselglas liegt beim *B_2O_3-Glas* mit der [BO_3]-Gruppe ein ebener Grundbaustein vor, dessen Kräfte senkrecht zu seiner Ebene gering sind. Die [BO_3]-Gruppen werden sich deshalb parallel zur Oberfläche anordnen, so daß eine B_2O_3-Schmelze mit etwa 80 mN/m bei 900 °C eine sehr geringe Oberflächenspannung

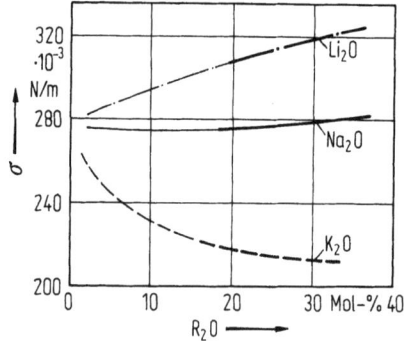

Bild 157. Oberflächenspannung σ binärer Alkalisilicatschmelzen bei 1 300 °C nach Shartsis und Spinner [869]

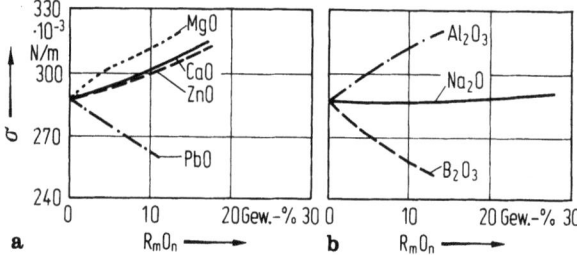

Bild 158a,b. Änderung der Oberflächenspannung σ bei 1 400 °C einer Na_2O-SiO_2-Schmelze (20–80 Gew.-%) beim gewichtsmäßigen Ersatz von SiO_2 durch andere Oxide

hat. Dagegen zeigen reine *Al_2O_3-Schmelzen* die erwartete hohe Oberflächenspannung, die bei 2 100 °C nach Anisimov u. M. [21] 570 mN/m beträgt und durch SiO_2-Zugaben stark erniedrigt wird.

In den binären *Natriumsilicatschmelzen* werden in der Oberfläche neben den $[SiO_4]$-Tetraedern noch Na^+-Ionen vorliegen. Wie Bild 157 zeigt, tritt bei 1 300 °C mit steigendem Na_2O-Gehalt fast keine Änderung der Oberflächenspannung dieser Schmelzen ein, d.h. die Wirkung der $[SiO_4]$-Tetraeder entspricht etwa der der Na^+-Ionen. Geht man bei konstantem *Alkaligehalt* zu den K_2O-SiO_2-Schmelzen über, dann muß die Oberflächenspannung wegen der größeren Polarisierbarkeit der K^+-Ionen abnehmen, während die starreren Li^+-Ionen eine Erhöhung bewirken, wie Bild 157 bestätigt.

Der Einfluß *weiterer Kationen* kann entsprechend gedeutet werden und ergibt eine Zunahme der Oberflächenspannung mit steigendem MgO-, CaO-, ZnO- oder Al_2O_3-Gehalt. Demgegenüber bedingt die Einführung von PbO wegen der großen Polarisierbarkeit des Pb^{2+}-Ions eine starke Erniedrigung der Oberflächenspannung, die in den binären PbO – Borat- und PbO – Silicatsystemen von Shartsis u. M. [871] untersucht wurde. Auch die Zugabe von B_2O_3 wird zu einer Erniedrigung von σ führen, da dann trotz der im Innern vorliegenden Koordinationszahl 4 in der Oberfläche mit $[BO_3]$-Gruppen zu rechnen ist. Das zeigen die Bilder 158a und b, in denen wie bei den anderen Eigenschaften SiO_2 gewichtsanteilig gegen andere Oxide ausgetauscht wurde.

Die Oberflächenspannung in den binären *Alkaliboratsystemen* wird durch die in der Oberfläche befindlichen $[BO_3]$-Gruppen beherrscht. Bei geringeren Alkaligehalten wird es nur solchen Kationen gelingen, ebenfalls an die Oberfläche zu kommen, die

3.7 Oberflächenspannung   301

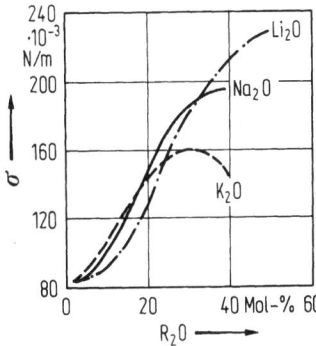

Bild 159. Oberflächenspannung σ binärer Alkaliboratschmelzen bei 900 °C nach Shartsis und Capps [866]

leicht polarisierbar sind. Da die Alkalien einen höheren Beitrag zur Oberflächenspannung liefern, findet ein Anstieg statt, der in den $K_2O-B_2O_3$-Systemen zunächst stärker als in den anderen Systemen ist (s. Bild 159). Bei höheren Alkaligehalten, wenn die Schmelze aufgelockert ist, ändert sich die Reihenfolge, und es liegt dasselbe Bild wie bei den Silicatsystemen vor.

Der Verlauf der Kurven in Bild 159 zeigt beim Übergang von den K_2O- zu den $Li_2O-B_2O_3$-Schmelzen eine zunehmende Tendenz zur S-Form. Sie ist bedingt durch eine Verarmung der Oberfläche an den betreffenden Kationen bei geringen Gehalten. Man kann das als Vorstufe der Entmischung, eine Entmischungstendenz auffassen, die sich aus diesen Kurven bestimmen läßt.

Der Einfluß der *Anionen* ist unterschiedlich. Während bisher keine wesentliche Änderung der Oberflächenspannung durch gelöstes Wasser gefunden wurde, berichten Budov u. M. [117], daß F^--Anionen bei Tafelglas einen deutlichen Effekt ausüben, indem bei 800 °C die ersten F-Gehalte (bis 1 Gew.-%) die Oberflächenspannung um 7 mN/m erniedrigen. Bei höheren F-Gehalten (um 5 Gew.-%) beträgt dann die Erniedrigung nur noch 3 mN/m pro Gew.-% F. Man kann dies darauf zurückführen, daß das einwertige F^--Ion nur geringe Abschirmung nach außen benötigt und sich deshalb in der Oberfläche anreichern wird. So hat auch eine reine *BeF_2-Schmelze* nach Yajima u. M. [1096] bei 800 °C die nur geringe Oberflächenspannung von 200 mN/m.

Von den anderen Anionen kommt besonders der Wirkung des *Sulfatgehalts* der Gläser eine große Bedeutung zu. Nach Dietzel und Wegner [185] ist diese Bedeutung auf eine starke Erniedrigung der Oberflächenspannung durch die $[SO_4]^{2-}$-Ionen zurückzuführen. Sie fanden nach der Fadenmethode bei 850 °C an einem sulfatfreien Glas der Zusammensetzung (in Gew.-%) 75 SiO_2, 20 Na_2O und 5 CaO eine Oberflächenspannung von 309 mN/m, während dasselbe Glas mit 1 % SO_3 eine solche von nur 266 mN/m hatte. In derselben Arbeit berichten diese Autoren aber auch, daß nach der Blasendruckmethode bei 1 200 °C ein SO_3-Gehalt von 0,44 % praktisch keinen Einfluß auf die Oberflächenspannung ausübt, was mit Messungen von Merker [607] und Akhtar und Cable [11] bei hohen Temperaturen übereinstimmt. Dabei besteht ein deutlicher Einfluß der Grundglaszusammensetzung; denn letztere Autoren fanden bei einem binären Natriumsilicatglas bei 1 350 °C sogar eine Erhöhung der Oberflächenspannung um 10 mN/m bei einem SO_3-Gehalt von 0,1 Gew.-% im Glas. Mit sinkender Temperatur neigen sulfathaltige Gläser ab etwa 0,4 Gew.-% SO_3 zur Entmischung, was als Grund für die dann eintretende starke Erniedrigung der Oberflächenspannung anzusehen ist.

Neben der Glaszusammensetzung übt die *umgebende Atmosphäre* großen Einfluß auf die Meßergebnisse aus, der sich besonders bei tiefen Temperaturen, also bei der Fadenmethode, bemerkbar macht. Messungen von Parikh [682] bei 550 °C erbrachten für ein einfaches Kalk-Natronglas im Vakuum eine Oberflächenspannung von 315 mN/m. Jede Art von Atmosphäre erniedrigte diesen Wert, wobei die Abnahme proportional dem Dipolmoment der Gase war. Besonders stark war die Abnahme in wasserdampfhaltiger Atmosphäre, z.B. bis auf 205 mN/m bei einem Wasserdampfdruck von 21 mbar. Aus der Abnahme der Oberflächenspannung mit der Wurzel des Wasserdampfdruckes kann man schließen, daß sich das adsorbierte H_2O in zwei OH-Gruppen aufspaltet. Kitazawa u. M. [493] messen an Floatglas bei 660 °C einen geringeren Einfluß des Wasserdampfs in der Atmosphäre, nämlich nur einen Abfall von 285 auf 272 mN/m beim Übergang von getrocknetem N_2 auf N_2 mit p_{H_2O} = 29 mbar. Möglicherweise macht sich schon der Temperatureinfluß bemerkbar, denn da mit steigender Temperatur jede Adsorption geringer wird, wird gleichlaufend der Einfluß der Atmosphäre kleiner. So beträgt nach Dietzel und Wegner [185] bei 850 °C der Unterschied bei Messungen in getrockneter und in gewöhnlicher Luft nur 5 mN/m, während er bei noch höheren Temperaturen ganz verschwindet.

3.7.3 Berechnung aus der Zusammensetzung

Wenn die Konzentration der Komponenten im Innern und auf der Oberfläche des Glases dieselbe ist, dann muß eine Berechnung der Oberflächenspannung aus der Zusammensetzung möglich sein. Das Bestreben einer Schmelze, die Oberflächenspannung zu erniedrigen, führt jedoch in manchen Fällen zur Anreicherung einzelner Komponenten in der Oberfläche. Aber auch dann ist noch eine Berechnung möglich, falls die Verteilung stets gleich ist. Leider ist das nicht immer der Fall, weshalb Appen [23, 24] z.B. für K_2O, PbO und B_2O_3 keine Faktoren angibt und die entsprechenden Faktoren von Dietzel [173] und Lyon [560] nur für einen begrenzten Bereich gültig sind. Die in Tabelle 39 angeführten Faktoren gelten zur Berechnung der Oberflächenspannung nach der einfachen Gleichung

$$\sigma = \frac{1}{100} \Sigma \sigma_i p_i. \tag{110}$$

Šašek und Houser [811] haben für Tafelgläser folgende Berechnungsgleichungen für verschiedene Temperaturen angegeben:

$$\sigma_{1\,200\,°C} = 489{,}2 - 12{,}5\,p_{Na_2O} - 33{,}0\,p_{K_2O} + 2{,}75\,p_{MgO}$$
$$+ 2{,}33\,p_{CaO} + 1{,}4\,p_{Al_2O_3} + 3{,}33\,p_{Fe_2O_3} \quad \text{und}$$

$$\sigma_{1\,400\,°C} = 371{,}0 - 6{,}0\,p_{Na_2O} - 20{,}0\,p_{K_2O} + 4{,}0\,p_{MgO}$$
$$- 1{,}33\,p_{CaO} + 1{,}6\,p_{Al_2O_3} - 8{,}89\,p_{Fe_2O_3}.$$

Darin stellen die p_i die jeweiligen Anteile in Gew.-% dar; der SiO_2-Anteil geht in die Konstanten ein.

Als Berechnungsbeispiel sei ein Glas der Zusammensetzung (in Mol.-%) 73 SiO_2, 2 Al_2O_3, 12,5 CaO und 12,5 Na_2O gewählt, für das Akhtar und Cable [11] bei 1300 °C

Tabelle 39. Faktoren zur Berechnung der Oberflächenspannung in mN/m von Glasschmelzen aus der Zusammensetzung nach Gl. (110)

Autor	Dietzel [173]	Lyon [560]	Appen [23, 24]
p in für	Gew.-% 900 °C	Gew.-% 1200 °C	Mol-% 1300 °C
Oxid	a	b	c
Li_2O	460	–	450
Na_2O	150	127	295
K_2O	10	(0)	*
BeO	–	–	390
MgO	660	577	520
CaO	480	492	510
SrO	–	–	490
BaO	370	(370)	470
B_2O_3	80	23	*
Al_2O_3	620	598	580
SiO_2	340	325	290
TiO_2	300	–	250
ZrO_2	410	–	350
P_2O_5	–	–	*
As_2O_3	–	–	*
Sb_2O_3	–	–	*
ZnO	470	–	450
CdO	–	–	430
SnO_2	–	–	350
PbO	120	–	*
V_2O_5	−610	–	–
CrO_3	−590	–	–
MnO	450	–	390
Fe_2O_3	450	(450)	490
CoO	450	–	430
NiO	450	–	400

a Für je 100 K höhere Temperatur sind am Ergebnis 4 mN/m abzuziehen.
b Die Faktoren gelten nur für Gläser mit SiO_2 : $Na_2O > 3{,}25$. Die eingeklammerten Faktoren sind nur Anhaltswerte.
c Die Faktoren für die mit * gezeichneten Oxide hängen sehr stark von der Zusammensetzung ab. Sie sind klein und können auch negative Werte annehmen.

eine Oberflächenspannung von 360 mN/m messen. Aus Tabelle 39 und obigen Gleichungen ergeben sich

nach Dietzel	für 900 °C 341 mN/m,
nach Lyon	für 1 200 °C 328 mN/m,
nach Appen	für 1 300 °C 324 mN/m,
nach Šašek u. M.	für 1 200 °C 361 mN/m,
	für 1 400 °C 284 mN/m.

304   3 Eigenschaften des Glases

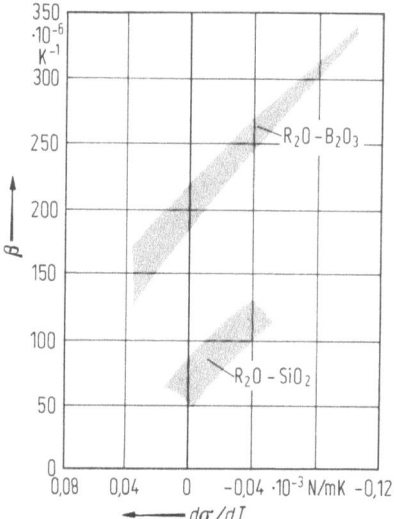

Bild 160. Zusammenhang zwischen Temperaturkoeffizient der Oberflächenspannung $d\sigma/dT$ und Volumenausdehnungskoeffizient β bei binären Alkalisilicat- und Alkaliboratschmelzen nach Shartsis u. M. [866, 869]

Man erkennt daran die großen Streuungen, die noch deutlicher werden, wenn die Zusammensetzungen komplizierter werden. Den Angaben von Šašek und Houser ist mit Vorsicht zu begegnen, da diese experimentell einen ungewöhnlich hohen Temperatureinfluß messen.

3.7.4 Abhängigkeit von der Temperatur

Mit steigender Temperatur werden die Bindungen schwächer, was eine Abnahme der Oberflächenspannung bewirkt, d.h. $d\sigma/dT$ ist negativ. Die meisten handelsüblichen Gläser zeigen auch diesen Verlauf, wobei im allgemeinen eine Temperaturerhöhung um 100 K die Oberflächenspannung um 4 bis 10 mN/m erniedrigt.

Die mit steigender Temperatur schwächer werdenden Bindungen bewirken auch die Volumendehnung. Es ist deshalb ein Zusammenhang zwischen dem kubischen Ausdehnungskoeffizienten β und der Temperaturabhängigkeit der Oberflächenspannung $d\sigma/dT$ dahingehend zu erwarten, daß mit wachsendem β die $d\sigma/dT$-Werte abnehmen. Nach Bild 160 ist das wirklich der Fall. Da früher (s. Abschn. 3.3.2) gezeigt wurde, daß in den Boratschmelzen die Ausdehnung mit fallendem Alkaligehalt abnimmt, nähert sich $d\sigma/dT$ dem Wert Null, um bei geringen Alkaligehalten positive Werte anzunehmen, d.h. die Oberflächenspannung wird dann also mit steigender Temperatur größer. Bei reinen B_2O_3-Schmelzen ist das auch der Fall, indem im Bereich um 1000 °C $d\sigma/dT \approx 0{,}04$ mN/(m K) beträgt. Mit zunehmender Temperatur wird die Beweglichkeit der Komponenten der Schmelze größer, so daß die Orientierung der $[BO_3]$-Gruppen in der Oberfläche gestört wird. Diese Orientierung bedingte aber die geringe Oberflächenspannung der B_2O_3-Schmelze, weshalb deren Störung bei höheren Temperaturen den Anstieg der Oberflächenspannung erklärt.

Diese Deutung gilt ganz allgemein für Schmelzen, deren Oberflächenspannung durch die Anreicherung einer bestimmten Komponente in der Oberfläche stark erniedrigt ist. So kann nach Messungen von Shartsis u. M. [871] in PbO-haltigen Schmelzen $d\sigma/dT$ bis zu $+0{,}06\,\text{mN}/(\text{m K})$ betragen.

Aus Bild 160 ist zu entnehmen, daß auch in den binären Alkalisilicatschmelzen mit positiven Temperaturkoeffizienten der Oberflächenspannung zu rechnen ist, wenn die Ausdehnung gering ist, also bei niedrigen Alkaligehalten. Eine Extrapolation auf das Kieselglas mit seiner kleinen Ausdehnung würde ebenfalls wie beim B_2O_3-Glas zu einem positiven $d\sigma/dT$-Wert führen. Das ergibt sich auch, wenn man den von Kingery [490] bei 1 800 °C mit 307 mN/m gemessenen Wert mit dem oben genannten Wert von 280 mN/m bei 1 200 °C vergleicht.

3.8 Chemische Beständigkeit

Neben der im Abschn. 3.4.2 beschriebenen Lichtdurchlässigkeit ist das Glas u.a. durch seine große Beständigkeit gegenüber fast allen Chemikalien bei üblichen Temperaturen ausgezeichnet. Ohne diese Eigenschaft wäre die große Anwendungsbreite des Glases undenkbar. Von den bekannteren Reagenzien ist es nur die *Flußsäure*, die einen sofort merkbaren Angriff auf das Glas ausübt, indem sie die Hauptkomponente des Glases in Lösung bringt nach:

$$SiO_2 + 6\,HF \rightarrow H_2[SiF_6] + 2\,H_2O\,.$$

In der Praxis ist jedoch der HF-Angriff etwas komplizierter, vor allem dadurch bedingt, daß sich Reaktionsprodukte auf der Oberfläche ablagern und damit den weiteren Verlauf des Ätzens beeinflussen können. Es hängt von den Versuchsbedingungen und der Glaszusammensetzung ab, ob man ein Blank- oder ein Mattätzen erreicht. Suire [935] hat die wesentlichen Vorgänge dabei gegenübergestellt. Unter störungsfreien Versuchsbedingungen liegt die Auflösungsgeschwindigkeit von Kieselglas in 49%iger HF nach Liang und Readey [547] bei Raumtemperatur bei $3 \cdot 10^{-4}\,\text{g}/(\text{cm}^2\,\text{min})$. Stärker verdünnte HF-Lösungen ergeben geringere Werte, während steigende Temperaturen sie erhöhen mit einer Aktivierungsenergie von etwa 30 kJ/mol. Letztere Werte wurden auch bei Versuchen mit Quarz gefunden, wobei allerdings die Auflösungsgeschwindigkeiten im Mittel nur halb so hoch wie beim Kieselglas lagen.

Das Verhalten von Glas gegenüber *Wasser* und *wäßrigen Lösungen* hat sich als sehr vielschichtig erwiesen. Es ist übrigens interessant, daß die chemische Beständigkeit von Glas eine wichtige Rolle in der Geschichte der Naturwissenschaften gespielt hat, wie Mellor [606] und später Newton [662] anschaulich schildern. So berichtete 1666 Boyle, daß beim Destillieren von Wasser in einem Glasgefäß ein weißes Pulver entsteht und daß man die Destillation sehr oft wiederholen kann „ohne daß die Flüssigkeit müde würde, die weiße Erde herzugeben". Boyle folgerte daraus, daß „Wasser beinahe vollständig in Erde übergeführt werden könnte", was als Beweis dafür angesehen wurde, daß die vier Grundelemente Feuer, Wasser, Luft und Erde ineinander überführbar sind. Erst reichlich 100 Jahre später konnten Lavoisier und kurz danach Scheele nachweisen, daß die so entstandene Erde dem Gewichtsverlust des Glasgefäßes entsprach, womit den Naturwissenschaftlern erstmals bewußt wurde, daß Glas nicht unempfindlich gegenüber Wasser ist.

Die trotzdem meist beobachtete Beständigkeit von Gläsern gegenüber wäßrigen Lösungen ist nur scheinbar; denn ganz allgemein ist Glas gegenüber wäßrigen Lösungen nicht stabil, so daß in jedem Fall Reaktionen eintreten. Meistens sind aber die *Reaktionsgeschwindigkeiten* so gering, daß sich die Gläser praktisch resistent erweisen. Dies beweist nicht nur das Aussehen der mehrere tausend Jahre alten ägyptischen und römischen Gläser in den Museen, sondern vor allem der Zustand von natürlichen Gläsern wie Obsidianen, Perliten oder Tektiten, die um Größenordnungen älter sein können. Untersuchungen von deren Verhalten, z.B. durch White [1063], werden als Analogon herangezogen, um das Langzeitverhalten von bestimmten Glastypen (s. Abschn. 3.8.9.5) besser beurteilen zu können, was allerdings seine Grenzen hat, wie Ewing und Jercinovic [246] aufzeigen.

Bei der Erforschung der chemischen Beständigkeit von Gläsern hat sich zunehmend herausgestellt, daß die Vorgänge sehr vielschichtig sind [839].

Im Rahmen des zur Verfügung stehenden Raumes kann im folgenden nur auf die wesentlichen Punkte eingegangen werden. Ausführlichere Angaben findet man z.B. in den Monographien von Holland [412], Besborodow [76] und Clark u. M. [137] sowie in Übersichtsartikeln von Doremus [198], Tiesler [966] und Ernsberger [239]. Eine Bibliographie der Internationalen Glaskommission [1136] zitiert fast 1 000 Arbeiten, die sich bis 1972 mit Fragen der chemischen Beständigkeit von Glas befassen.

3.8.1 Grundlegende Reaktionen

Unter der chemischen Beständigkeit von Glas versteht man in der Regel das Verhalten von Glas gegenüber Wasser und wäßrigen Lösungen. Obwohl dieses Verhalten, wie oben schon vermerkt, nicht einfach darzustellen ist, kann man es in erster Näherung auf die beiden Grundreaktionen der *Auflösung* und der *Auslaugung* zurückführen.

Es ist bekannt, daß alle SiO_2-Modifikationen, also auch Kieselglas, eine zwar geringe, aber doch meßbare Löslichkeit in Wasser besitzen, d.h. durch H_2O wird das Si–O-Netzwerk aufgespalten, was man schematisch wie folgt darstellen kann:

$$\equiv Si-O-Si\equiv + H_2O \rightarrow \ \equiv Si-OH + HO-Si\equiv .$$

Wenn alle vier Bindungen eines $[SiO_4]$-Tetraeders nach diesem Schema reagiert haben, dann liegt formal die lösliche monomere Kieselsäure $Si(OH)_4$ vor.

Entsprechend kann man die bekannte Erscheinung deuten, daß sich Silicatgläser in alkalischen Lösungen leichter auflösen:

$$\equiv Si-O-Si\equiv + OH^- \rightarrow \ \equiv Si-OH + {}^-O-Si\equiv .$$

Letztere Gruppe kann in Gegenwart von H_2O weiter reagieren nach

$$\equiv Si-O^- + H_2O \rightarrow \ \equiv Si-OH + OH^-,$$

was zeigt, daß die OH^--Ionen als Katalysator wirken können.

Durch diese Reaktionen wird das Netzwerk aufgelöst, das Glas wird abgetragen. Im Gegensatz dazu bleibt das Netzwerk unverändert, wenn Silicatgläser in Kontakt kommen mit Protonen H^+, also in sauren Lösungen, wie folgendes Schema mit einem Natriumsilicatglas zeigt:

$$\equiv Si-O^-Na^+_{(g)} + H^+_{(l)} \rightleftarrows \ \equiv Si-OH_{(g)} + Na^+_{(l)}.$$

Es findet dabei ein *Ionenaustauschprozeß* statt des Netzwerkwandlerkations Na^+ im Glas (g) gegen das H^+-Ion der Lösung (l), wobei im Glas Si—OH-Gruppen entstehen und die Lösung an H^+ verarmt, d.h. der pH-Wert steigt an.

Diese einfachen Reaktionen lassen bereits einige wichtige weitere Einflüsse erkennen. So wurde eingangs gesagt, daß die Löslichkeit von SiO_2 in H_2O gering ist. Wenn nun die Korrosionslösung nicht erneuert wird, dann steigt darin die SiO_2-Konzentration ständig an. Wenn sie schließlich die Sättigungskonzentration erreicht, kommt die Auflösung theoretisch zum Stillstand. (Später wird dies noch genauer ausgeführt werden.) Dies tritt um so eher ein, je größer das Verhältnis Glasoberfläche S zu Lösungsvolumen V ist. Entsprechende Versuche haben u.a. Buckwalter u. M. [116] durchgeführt, die dabei auch fanden, daß rauhe Oberflächen schneller korrodieren als nach ihrer Oberflächenvergrößerung zu erwarten wäre.

Wenn das Netzwerk in Lösung geht, dann werden auch alle anderen Glasbestandteile beweglich. Gelegentlich liegen Bedingungen vor, daß sich mit diesen Komponenten schwerlösliche Verbindungen bilden, die sich auf der verbleibenden Glasoberfläche ablagern können und, wenn sie dabei ein dichtes Gefüge ausbilden, eine Schutzschicht darstellen können.

3.8.2 Meßmethoden

Die im vorangegangenen Abschnitt geschilderten Vorgänge lassen erkennen, daß viele Parameter berücksichtigt werden müssen und welche Messungen notwendig sind, um ein bestimmtes Experiment vollständig zu erfassen und zu beschreiben. Es sind dies vor dem Experiment die Charakterisierung des Glases (Zusammensetzung, Homogenität, Vorgeschichte, z.B. Art der Kühlung, Zustand und Vorbehandlung der Oberfläche, Größe der Oberfläche, Temperatur) und der Lösung (Zusammensetzung, auch an Spurenelementen, Volumen, Temperatur, Fließgeschwindigkeit). Nach dem Experiment sind in Abhängigkeit von der Zeit zu bestimmen beim Glas: Zustand und Zusammensetzung der Glasoberfläche in Abhängigkeit von der Tiefe (Konzentrationsprofile), Menge und Art des eingedrungenen Wassers, besonders in der Gelschicht (s. nächster Abschnitt), Gewichtsabnahme des Grundglases, Gewichtszunahmen durch Reaktionsprodukte, deren Menge, Art und Gefüge. In der Lösung ist nach allen Glaskomponenten zu suchen sowie sind eventuelle Kondensate genau zu bestimmen.

Das erfordert eine empfindliche Analytik, vor allem bei der *Untersuchung der Glasoberfläche*. Viele dieser Methoden wurden bereits im Abschn. 2.5.2 genannt; hier seien deshalb nur einige Anwendungsbeispiele genannt. Ehret u. M. [221] stellen von korrodierten Proben Ultramikrotomdünnschnitte her und untersuchen diese dann mit dem analytischen Elektronenmikroskop. Hench und Clark [391] bedienen sich besonders der IR-Reflexionsspektroskopie, die u.a. auch von Belyustin u. M. [69] eingesetzt wird, während Isard u. M. [441] auf die Auswertung solcher Spektren eingehen. In zunehmendem Maße werden zur Oberflächenanalyse SIMS, z.B. von Smets und Lommen [903], und ESCA, z.B. von Kawaguchi u. M. [474] eingesetzt, was Probleme beim Sputtern zur Herstellung der Tiefenprofile machen kann. Dagegen arbeiten die Kernreaktionsmethoden zerstörungsfrei, wie sie von Lanford u. M. [526] beschrieben werden.

Letztere Methode hat darüber hinaus den Vorteil, daß sie das Wasserstoffatom erkennen und messen läßt, allerdings ohne Unterscheidung des Bindungszustandes. Ähnliches gilt im Prinzip für die SIMS-Methode, die dazu zwar theoretisch in der Lage sein sollte, aber die experimentellen Schwierigkeiten sind sehr groß. Dagegen hat sich zur Bestimmung des Wassergehalts in ausgelaugten Glasoberflächen und der Art seines Einbaus die IR-Methode sehr bewährt, vor allem wenn man als Proben Glasfolien verwendet und dann im Durchlicht mißt, wie zusammen mit Helmreich und Bakardjiev [845] beschrieben wurde. Grundlage dafür sind die OH-Valenzschwingung bei 3500 cm^{-1} ($\approx 2{,}85$ μm Wellenlänge) und die H$_2$O-Deformationsschwingung bei 1600 cm^{-1} ($\approx 6{,}2$ μm). Während erstere Bande sowohl bei der Si–OH-Gruppe als auch beim H$_2$O-Molekül auftritt, ist letztere Bande charakteristisch für das Vorhandensein von H$_2$O-Molekülen. Leider wird sie sehr oft von der Eigenabsorption des Glases überdeckt. Dann kann man sich mit den Kombinationsschwingungsbanden helfen. Unter Berücksichtigung der Si–OH-Deformationsbande bei 1000 cm^{-1} ($=10$ μm) ergibt sich für die Si–OH-Bande $3500+1000=4500$ cm^{-1} ($\approx 2{,}20$ μm) und für das H$_2$O-Molekül $3500+1600=5100$ cm^{-1} ($\approx 1{,}95$ μm), d.h., das nahe Infrarot läßt eindeutig zwischen dem Vorliegen von Si–OH-Gruppen oder H$_2$O-Molekülen unterscheiden. Man muß jedoch berücksichtigen, daß die Intensitäten letzterer Banden sehr viel geringer als die der Grundschwingungen sind.

Es muß auch erwähnt werden, daß eine Relativbewegung zwischen Glasprobe und Lösung das Ergebnis erheblich beeinflussen kann, nämlich immer dann, wenn sich bei Ruhe des Systems Anreicherungen nahe der Oberfläche bilden, die die Auflösungsgeschwindigkeit ändern. Die Bewegung kann eine höhere Auflösungsgeschwindigkeit ergeben, wenn dadurch Sättigungen aufgehoben werden, wie es Molchanov [622] oder Houser und White [419] beschreiben, oder die Korrosion verringern, wenn nach Isard und Priestley [440] eine pH-Wert-Erhöhung vermieden wird.

Für den praktischen Gebrauch, vor allem für betriebliche Vergleichszwecke, sind obige Meßmethoden meist zu aufwendig. Die *genormten Prüfmethoden* lehnen sich mehr an die Praxis an und versuchen, sich den unterschiedlichen Reaktionsmechanismen anzupassen. Das ist nicht immer eindeutig möglich, was bei der Auswertung zu beachten ist. Außerdem muß man bei der Prüfung unterscheiden, ob man den Zustand der vorliegenden Oberfläche oder eine für die Zusammensetzung typische Eigenschaft messen will. Durch geeignete Behandlung eines Glasgegenstandes während des Formens und vor allem während des Kühlens kann sich die Zusammensetzung der Oberfläche sehr stark von der des Glasinneren unterscheiden. So berichten Gebhardt u. M. [302], daß die Na$_2$O-Gehalte auf der Oberfläche einer Floatglas-Platte um fast 1 Gew.-% gegenüber dem Inneren verarmt sind, während die SiO$_2$-Gehalte sich gegenläufig verhalten. Das hat zur Folge, daß die Wasserbeständigkeit der Plattenoberfläche, geprüft entsprechend der Norm, wesentlich besser ist als die Werte der Prüfung mit dem Glasgrieß, der das Verhalten des Inneren kennzeichnet, also das Verhalten des Werkstoffs, während eine Oberflächenprüfung das Verhalten des Werkstücks wiedergibt.

Bei der genormten Bestimmung der *Säurebeständigkeit* [1147] wird die Oberfläche im Anlieferungszustand untersucht, indem Glasgegenstände mit etwa 300 cm^2 Oberfläche 6 h lang in 6 N HCl gekocht werden. Der halbe Gewichtsverlust in mg pro dm^2 dient zur Festlegung der Säureklasse (s. Tabelle 40). Man kann nach dieser Methode

Tabelle 40. Festlegung der Klassen für die chemische Beständigkeit von Glas

DIN 12 116			DIN 52 322			DIN 12 111		
Säure-klasse	Bezeichnung	Halber Oberflächen-gewichts-verlust nach 6 Stunden mg/dm²	Laugen-klasse	Merkmal	Oberflächen-gewichts-verlust nach 3 Stunden mg/dm²	Hydro-lytische Klasse	Säure-verbrauch an 0,01 N HCl ml	Basenäqui-valent als Na₂O µg/g
1	säure-beständig	0 bis 0,7	1	schwach laugen-löslich	0 bis 75	1	bis 0,1	bis 31
2	schwach säure-löslich	über 0,7 bis 1,5	2	mäßig laugen-löslich	über 75 bis 175	2	über 0,1 bis 0,2	über 31 bis 62
3	mäßig säure-löslich	über 1,5 bis 15	3	stark laugen-löslich	über 175	3	über 0,2 bis 0,85	über 62 bis 264
4	stark säure-löslich	über 15				4	über 0,85 bis 2,0	über 264 bis 620
						5	über 2,0 bis 3,5	über 620 bis 1085

auch das Glas als Werkstoff prüfen, wenn vor der Messung die ursprüngliche Oberfläche abgeätzt wird.

Bei der genormten Bestimmung der *Laugenbeständigkeit* [1152] wird ebenfalls die Oberfläche untersucht, wobei wegen der größeren Effekte eine Oberfläche von 10 bis 15 cm² ausreicht. In einem Silbergefäß werden die Proben am Rückfluß 3 h in einer $NaOH-Na_2CO_3$-Lösung gekocht, deren Gesamtalkalität 1 N beträgt. Wiederum dient der Gewichtsverlust pro dm² als Maß für die Einordnung des Glases (s. Tabelle 40).

Gegenüber diesen beiden Normen prüft eine weitere Norm [1146] die *Wasserbeständigkeit* des Glasinnern nach dem sog. Grieß-Titrationsverfahren. Dazu werden 2 g eines Glasgrießes der Korngröße 0,315 bis 0,500 mm 60 min lang bei 98 °C in 50 ml dest. H_2O erhitzt und anschließend von der überstehenden Lösung 25 ml mit 0,01 N HCl gegen Methylrot titriert. Der Säureverbrauch kennzeichnet die hydrolytische Klasse (s. Tabelle 40), aus dem sich leicht die Basenabgabe berechnen läßt.

Es wurde bereits erwähnt, daß die hier geschilderten Methoden den Bedingungen der Praxis angeglichen sind, was besonders für die Säuren- und Laugenlöslichkeit gilt. Zum Verfahren der Bestimmung der Wasserlöslichkeit sind einige Bedenken angebracht, auf die vor allem Wiegel [1074] hingewiesen hat; denn er konnte nachweisen, daß geringe Metallspuren die Ergebnisse beeinflussen können. Spuren von Kupfer, Zink, Zinn oder Aluminium erniedrigen die Werte, während Spuren von Nickel sich erhöhend auswirken können. Auch die Salze dieser Metalle wirken ähnlich. Weitere Untersuchungen von Wiegel [1075] erbrachten, daß die Basenabgabe ebenfalls durch Neutralsalzlösungen verändert wird. So wird die Basenabgabe von technischen Kalk-Natrongläsern der dritten und vierten hydrolytischen Klasse in 1 N Lösungen von Kalium- oder Natriumchlorid zum Teil erheblich erhöht, während noch höhere Salzkonzentrationen die Basenabgabe wieder absinken lassen. Bei Borosilicatgläsern wurden je nach Glassorte höhere oder geringere Werte gefunden. Für genauere Untersuchungen muß man diese Einflüsse ausschalten. Auch muß darauf geachtet werden, daß beim Wasserangriff keine Alkalianreicherung im Wasser stattfindet.

Neben den oben angeführten drei deutschen Normen gibt es noch weitere deutsche, ausländische und internationale Normen zur chemischen Beständigkeit von Glas, die den entsprechenden Handbüchern zu entnehmen sind.

3.8.3 Meßergebnisse

Vor einer näheren Diskussion der möglichen Mechanismen ist es notwendig, sich mit den bekannten experimentellen Fakten vertraut zu machen. Dabei muß man berücksichtigen, daß die Meßergebnisse von vielen Parametern abhängen und daß es einer sorgfältigen Prüfung bedarf, wenn man das Verhalten eines bestimmten Glastyps mit dem eines anderen Typs vergleichen will. Die folgenden Erörterungen werden sich vorwiegend auf Kalk-Natronsilicatgläser beziehen, aber auch andere Glastypen berühren. Auf das chemische Verhalten letzterer Gläser wird später im Abschn. 3.8.5 noch eingegangen werden.

Es wäre naheliegend, zunächst die Reaktionen zwischen Glas und reinem Wasser zu betrachten. Doch sind gerade in diesem Fall die Verhältnisse etwas komplizierter, weshalb mit dem Verhalten von Glas gegenüber *sauren wäßrigen Lösungen* begonnen werden soll. Diese sind gekennzeichnet durch die Anwesenheit von H^+- bzw. H_3O^+-Ionen. Das Glas seinerseits besteht aus einem $Si-O$-Netzwerk, in dessen Hohlräumen sich die Ionen der Netzwerkwandler befinden, bei einem Kalk-Natronglas z.B. die Na^+- und die Ca^{2+}-Ionen. Die Reaktionen zwischen dem H^+-Ion und dem „sauren" Netzwerk können zunächst vernachlässigt werden, da die einzelnen Bestandteile so fest in das Netzwerk eingebaut sind, daß für sie praktisch keine Wanderungsmöglichkeiten bestehen. Dagegen verfügen die Netzwerkwandler über eine gewisse Bewegungsfreiheit, indem sie von Hohlraum zu Hohlraum wandern und auch in die umgebende Lösung treten können, wenn ein Hohlraum dieser gerade benachbart liegt. Allerdings muß bei dieser Diffusion immer die Bedingung der Elektroneutralität auf kleinstem Raum erfüllt bleiben. Das kann im Innern des Glases durch Nach- oder Gegenwandern von Kationen erfolgen, während an der Grenzfläche Glas-Lösung an die Stelle des Netzwerkwandlers das H^+-Ion treten kann. Es tritt also ein *Ionenaustausch* ein, bei dem das Glas vorzugsweise an Alkalien verarmt, weshalb man auch von *Auslaugung* spricht.

Die quantitative Verfolgung dieses Ionenaustauschs durch viele Autoren hat übereinstimmend ergeben, daß die beim Säureangriff in Lösung gehenden Alkaligehalte *proportional der Wurzel der Zeit* sind. Die Untersuchung des Konzentrationsprofils von Na in der ausgelaugten Glasoberfläche mit Helmreich und Bakardjiev [845] ergab den in Bild 161 dargestellten, unerwarteten Verlauf, der aber auch von anderen Autoren gefunden wurde, z.B. von Belyustin [67]. Direkt hinter der äußeren Grenzfläche zur Lösung hat sich eine Zone gebildet mit einem nahezu konstanten Na_2O-Gehalt, bis in einer steilen Übergangszone die Zusammensetzung des Ausgangsglases erreicht wird. Dieser Steilanstieg wandert mit $\sqrt{t}$ in das Glas hinein. In der Literatur wird die Ansicht vertreten, daß die äußeren Na_2O-Gehalte durch Na^+-Ionen gebildet werden, die so fest in das Netzwerk eingeschlossen sind, daß sie sich nicht bewegen können. Dem steht der Versuch entgegen [839], eine Folie vollkommen durchzulaugen. Nach dem Zusammentreffen beider Auslaugungsfronten sinkt die Na_2O-Konzentration in der ganzen Folie auf praktisch Null ab, d.h. alle Na^+-Ionen sind beweglich. Sie können verantwortlich sein für die hohe Oberflächenleitfähigkeit von Gläsern (s. Abschn. 3.6.1.1). Das Ausmaß der Na-Auslaugung ist im pH-Bereich von 1 bis 7 unabhängig [841] oder nur gering abhängig [161] vom pH-Wert.

Bild 161 läßt auf eine besondere Schicht auf einem ausgelaugten Glas schließen. Man kann sie einer *Gelschicht* gleichsetzen, denn die IR-spektroskopischen Messungen haben ergeben [845], daß spiegelbildlich zum Na_2O-Gehalt in dieser Gelschicht sich Wasser befindet. Die quantitative Auswertung ergab, daß die Menge dieses Wassers größer ist als entsprechend dem einfachen Ionenaustausch H^+ gegen Na^+, nämlich daß pro Proton H^+ noch etwa 0,45 H_2O-Moleküle mit in das Glas gewandert sind. Diese Menge an mitwandernden H_2O-Molekülen ist von der Glaszusammensetzung abhängig und ist um so größer, je mehr Hohlräume die Glasstruktur aufweist. Sie kann auch $H_2O:H^+ = 1$ betragen, was dem H_3O^+-Ion entspricht, doch ist das nicht die Regel. Außerdem wurde festgestellt, daß nennenswerte Mengen der sich zunächst bildenden $\equiv Si-OH$ zu $\equiv Si-O-Si\equiv$-Brücken und H_2O-Molekülen kondensieren, d.h. in der ausgelaugten Schicht befinden sich vorzugsweise H_2O-Moleküle. Ähnliches haben auch Zhdanov und Koromaldi [1128] gefunden, die darüber hinaus bei binären Alkalisilicatgläsern beobachteten, daß die Zahl der mitwandernden H_2O-Moleküle vom Li- zum K-Glas zunimmt, aber mit steigendem R_2O-Gehalt abnimmt.

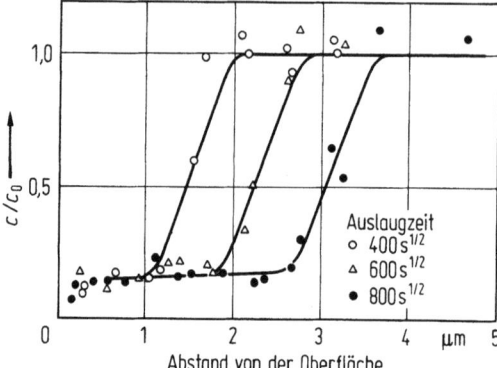

Bild 161. Na$_2$O-Konzentrationsprofile (in relativen Na$_2$O-Konzentrationen c/c_0) eines Na$_2$O–CaO–SiO$_2$-Glases (20–6–74 Mol-%) nach Auslaugung in 0,1 N HCl bei 60 °C

Die eben erwähnte *Kondensation von Si–OH-Gruppen* kann in dem beobachteten Ausmaß nur dann eintreten, wenn eine erhebliche *Umordnung des Netzwerks* in der Gelschicht stattfindet. Daß dies wirklich der Fall ist und sogar bis zur Phasentrennung führt, haben Röntgenkleinwinkelaufnahmen von Tomozawa und Capella [980] und elektronenmikroskopische Untersuchungen von Bunker u. M. [120] bewiesen. Weitere Beweise ergaben Versuche mit Isotopen (s. folgendes). Aber auch hier hängt das Verhalten von der Glaszusammensetzung ab, indem nach Doremus u. M. [203] solche Gelschichten bei den beständigeren Gläsern, z.B. mit Al$_2$O$_3$-Gehalten, nicht auftreten. Leicht verständlich ist aber, daß auch andere Eigenschaften der Gelschichten sich von denen des Ausgangsglases unterscheiden, was zur Bildung von Rissen führen kann, besonders wenn der Wassergehalt der Gelschicht geändert wird.

Der Angriff von *alkalischen Lösungen* führt, wie im Abschn. 3.8.1 bereits kurz erwähnt, zum Aufbrechen der Si–O–Si-Bindungen, wobei unter geeigneten Bedingungen niedermolekulare, lösliche Kieselsäureanionen entstehen können. Das ist aber gleichbedeutend mit einer vollkommenen *Auflösung* des Glases. Hier liegt eine echte chemische Reaktion vor, auf die die entsprechenden Gesetze anwendbar sind, was u.a. heißt, daß die Löslichkeit des Glases mit steigendem pH-Wert stärker wird. Gleichzeitig ergibt sich ein einfaches Zeitgesetz, indem die gelöste Glasmenge *linear mit der Zeit* ansteigt. Beeinflußt werden solche Ergebnisse, wenn in der Lösung oder/und im Glas Komponenten vorhanden sind, die im alkalischen Bereich schwerlösliche Verbindungen bilden können. Das ist nach Oka und Tomozawa [672] in Gegenwart von Erdalkalien sowie von Zn und Al der Fall, wobei besonders Ca und Be den alkalischen Angriff auf Kieselglas verringern. Es ist anzunehmen, daß sich dabei dichte *Schutzschichten* auf der Glasoberfläche bilden, z.B. Calciumsilicathydrate (oft als CSH-Phasen bezeichnet).

Betrachtet man jetzt den Angriff von *reinem Wasser*, dann ist der einleitende Vorgang zunächst der Ionenaustausch Alkaliion–H$^+$-Ion. Das hat eine Abnahme an H$^+$-Ionen im Wasser zur Folge, das dadurch alkalisch wird und eine Spaltung des Netzwerks, also Auflösung des Glases bewirkt. Der Wasserangriff stellt damit einen kombinierten Mechanismus dar, wobei das Vorherrschen des einen oder des anderen Grenzfalles von der Glaszusammensetzung und von der Temperatur abhängt. Man kann allgemein sagen, daß bei kurzen Zeiten und tiefen Temperaturen der Ionenaustausch vorherrscht, ehe dann die Netzwerkauflösung maßgebend wird. Das wurde mehrfach experimentell bestätigt. Die z.B. von Gottardi u. M. [330] gemessenen Na-Konzentrationsprofile an handelsüblichen Flachgläsern ähneln denen nach saurer Auslaugung, zeigen aber auch charakteristische Unterschiede in Abhängigkeit vom Herstellungsprozeß, wobei sich ergab, daß die Zinnbadseite des Floatglases am widerstandsfähigsten war.

Diese kurze Übersicht, die die Grundlagen des Abschn. 3.8.1 etwas vertieft, soll durch drei weitere experimentelle Befunde verbreitert werden, nämlich durch die Einflüsse von Fremdsalzen oder von organischen Komponenten in den Lösungen und durch Ergebnisse aus Versuchen mit Isotopen.

Es wurde bereits oben erwähnt, daß nach den Versuchen von Wiegel [1074, 1075] *Fremdsalze* und *Metallspuren* die Wasserbeständigkeit von Gläsern deutlich beeinflussen können. Das uneinheitliche Bild über den Einfluß von Metallspuren, das Wiegel feststellte, bestätigte sich bei neueren Messungen, die vor allem das Langzeitverhalten von Borosilicatgläsern betreffen, die für die Endlagerung von radioaktivem Material vorgesehen sind (s. Abschn. 3.8.9.5). Buckwalter und Pederson [115] stellen eine langsamere Korrosion in Pb- und Al-Behältern fest, geringe Wirkung durch Sn und keine Wirkung durch Cu und Ti. Barkatt u. M. [47] finden, daß auch rostfreier Stahl die Korrosion des Glases hemmt, während Bart u. M. [49] beim Stahl den gegenteiligen Effekt beobachten. Hier bedarf es noch weiterer Untersuchungen, um die Vorgänge besser verstehen zu können. Das gilt ähnlich für den Salzeinfluß, der zu einer erheblichen Beschleunigung der Auflösung führen kann. So wurde bei einem Kalk-Natronsilicatglas gefunden [841], daß bei 80 °C nach 100 h der Gewichtsverlust in den 1molaren Lösungen von LiCl, NaCl bzw. KCl 102, 189 bzw. 431 µg/cm^2 beträgt, während er sich in reinem H$_2$O nur auf 7 µg/cm^2 beläuft. Die Ursache liegt im wesentlichen in der erhöhten Auflösungsgeschwindigkeit des Si−O−Si-Netzwerks, wenn auch mit einem Ionenaustausch des Na$^+$-Ions des Glases mit den Kationen der Lösung zu rechnen ist, wie ihn Ivanovskaya u. M. [445] beobachten. Dunken und Doremus [216] führen die beschleunigte Auflösung des Netzwerks auf eine „Maskierung" der Silicatanionen in der Lösung zurück, was eine Erhöhung der effektiven Löslichkeit zur Folge hat.

Eine Erhöhung der Löslichkeit von Silicium wird auch durch einige *organische Verbindungen* bewirkt, verursacht meist durch die Bildung von Komplexen, vor allem durch OH-gruppenhaltige Verbindungen, nach Ernsberger [232] z.B. mit Brenzkatechin zu $[Si(C_6H_4O_2)_3]^{2-}$, einem Komplex, in dem durch die organischen Liganden am Si die Koordinationszahl 6 stabilisiert ist. Ähnlich wirken Pyrogallol, Gallussäure und Tannin und nach Bacon und Raggon [38] auch Citrate, Gluconate, Oxalate, Tartrate und Malonate. Darauf ist beim chemischen Arbeiten bei der Auswahl des Puffersystems zu achten. So erhöht sich nach Mogensen [620] die Auslaugung von Mineralglasfasern beim pH 4 mit Citratpuffer um den Faktor 30 gegenüber dem Phthalatpuffer. Auch durch das Reagenz EDTA (Ethyldiamintetraessigsäure) wird die Glasauflösung stark gefördert, wobei die Ursache dafür in der Komplexbildung mit einigen mehrwertigen Kationen liegt, vor allem mit Ca^{2+} und Pb^{2+}. Nach Paul und Youssefi [687] wirken auch Zuckerlösungen korrosionsfördernd, Ethylalkohol in der Regel nicht, wie überhaupt Gläser reinen organischen Flüssigkeiten gegenüber beständig sind. Zu erwähnen ist aber noch in diesem Zusammenhang, daß man auch Glasschäden durch Mikroorganismen beobachtet, die sich besonders an historischen Kirchenfenstern störend bemerkbar machen, wie Perez y Jorba u. M. [696]

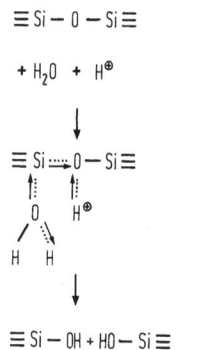

Bild 162. Schematische Darstellung der Wirkung des Protons bei der hydrolytischen Spaltung einer Si–O–Si-Bindung nach Pederson [692]

beschreiben. Diese Angriffe sind auf organische Ausscheidungsprodukte dieser Mikroorganismen zurückzuführen.

Weitere interessante Ergebnisse wurden durch den Einsatz von *Isotopen* erhalten, wofür sich die schweren Isotope von Wasserstoff, das Deuterium D, und von Sauerstoff, ^{18}O und ^{17}O, anbieten. Bei der Auslaugung verschiedener Gläser in 0,1 N DCl in D_2O wurde die Beobachtung gemacht [837], daß die ausgelaugten Alkali- oder Bleimengen im Mittel etwa 25 % tiefer liegen als in 0,1 N HCl unter sonst denselben Versuchsbedingungen. Über einen ganz ähnlichen Befund bei der Auslaugung von $Na_2O \cdot 3SiO_2$-Glas in H_2O bzw. D_2O berichtet Pederson [692]. Daraus folgt, daß nicht das Na^+-Ion die Geschwindigkeit der Auslaugung bestimmt, sondern ein Vorgang, an dem das Wasserstoffatom beteiligt ist. Pederson hat dafür die in Bild 162 skizzierte Reaktionsfolge vorgeschlagen. Als geschwindigkeitsbestimmender Schritt ist danach das Aufbrechen einer O–H-Bindung im H_2O-Molekül anzusehen. Erst als Folge davon vermag ein Na^+-Ion zu wandern. Mit obiger Anschauung stimmt der Befund überein [838], daß die in Lösung gehenden SiO_2-Gehalte in DCl deutlich geringer sind als in HCl.

Bei solchen Versuchen wurde auch beobachtet [845], daß das in den Gelschichten vorhandene schwere Wasser D_2O sehr schnell mit dem H_2O in der umgebenden Luft austauscht, woraus folgt, daß das in der Gelschicht enthaltene Wasser eine hohe Beweglichkeit besitzt. Ähnliche Ergebnisse erhielten Pederson u. M. [693] bei ihren Auslaugversuchen mit $D_2^{18}O$ und March und Rauch [578] mit $H_2^{18}O$. Zuvor hatten schon Baer u. M. [39] über ähnliche Versuche berichtet, die ergaben, daß die ausgetauschte ^{18}O-Menge nicht allein erklärbar ist durch das mit einwandernde Wasser, sondern daß die gesamte Gelschicht am Austausch beteiligt ist durch ständigen Umbau der Struktur. Das wurde von Bunker [118] durch Versuche mit $H_2^{17}O$ bestätigt, der erneut zeigen konnte, daß dieser Strukturumbau schließlich zu einer Phasentrennung in der Gelschicht führt.

Bisher wurden die Verhältnisse im System Glas-Flüssigkeit betrachtet. Von großer praktischer Bedeutung ist auch das System Glas-Gas, das mit normaler Luft als Gas zur Erscheinung der *Verwitterung* führt. In der Luft befindet sich Wasserdampf, der von der Glasoberfläche zunächst absorbiert wird. Die dann an der Oberfläche befindlichen H_2O-Moleküle haben prinzipiell dieselben Reaktionsmöglichkeiten wie im System Glas-flüssiges Wasser, nur daß normalerweise die auf dem Glas befindliche Wasserhaut nur wenige Moleküllagen dick ist, so daß die Umsätze vernachlässigbar klein sind. Anders wird es aber, wenn die Luftfeuchtigkeit nahe dem Taupunkt liegt oder sich sogar kleine Wassermengen auf dem Glas kondensieren. Dann können die oben beschriebenen Reaktionen deutlicher hervortreten. Wenn sich dann die äußeren Bedingungen in Richtung geringerer Luftfeuchtigkeit ändern, z.B. durch Temperaturerhöhung, verdampft Wasser von der Oberfläche, wodurch sich die Alkalität rasch verstärkt und es zum starken Angriff auf die Oberfläche kommt. Die Oberfläche kann dann irisierend oder auch matt werden.

Die zuletzt geschilderten Verhältnisse spielen in der Praxis vor allem beim Transport von Glas eine wichtige Rolle. Die Erscheinungen an dem *Wetter* ausgesetzten Fensterscheiben sind durchaus nicht so gefährlich; denn während des Regens wird die an Alkali angereicherte Schicht abgespült, so daß eigentlich nur der reine Ionenaustausch übrig bleibt, der aber eine Verbesserung der Oberfläche mit der Zeit bedeutet. Godron [315] hat die Bedeutung dieser Erscheinungen für Baugläser zusammengefaßt. Sie gewinnen zunehmende Beachtung durch die starken Verwitterungsschäden an einigen historischen Kirchenfenstern, worauf auch Newton [662] in seiner Übersicht eingeht. Betroffen sind vor allem Gläser mit hohen Gehalten an K_2O und CaO, die nicht nur eine geringe chemische Beständigkeit haben, sondern in SO_2-haltiger Atmosphäre auch zur Krustenbildung neigen. Diese Krusten, meist aus Gips $CaSO_4 \cdot 2H_2O$ oder Syngenit $K_2SO_4 \cdot CaSO_4 \cdot H_2O$, sind porös und halten das Wasser zurück, wodurch die Korrosion sich fortsetzt. Verwandt damit ist die Erscheinung der sog. *kranken Gläser*, die meist aus dem 17./18. Jh. stammen und hohe K_2O- aber geringe CaO-Gehalte aufweisen. Sie bilden relativ rasch tiefe Gelschichten aus, die dann reißen, wodurch sich die Oberfläche trübt.

Zur Prüfung der *Verwitterungsbeständigkeit* hat Mylius [643] vorgeschlagen, die zu untersuchenden Gläser 7 d bei 18 °C wassergesättigter Luft auszusetzen. Die Probe wird dann in eine ätherische Jodeosinlösung getaucht, wobei sich mit den auf der Glasoberfläche befindlichen Na^+-Ionen das rote, in Äther unlösliche Natriumjodeosin bildet, das in wäßriger Lösung kolorimetriert werden kann. Je nach der Menge Jodeosin hat Mylius eine Einteilung der „Verwitterungsalkalität" gegeben, die sich von Klasse 1 mit 0 bis 5 mg Jodeosin pro m^2 Glasoberfläche bis zur Klasse 5 mit über 40 mg Jodeosin pro m^2 erstreckt. Mylius schlägt außerdem vor, die Messung an Bruchflächen durchzuführen, die aber ganz andere Werte liefern können. Da außerdem beim Arbeiten in direkter Sättigung immer die Gefahr der Kondensation besteht, hat Löffler [553] die Methode dahingehend abgewandelt, daß die ursprüngliche, unberührte Oberfläche bei 30 °C über einer gesättigten KCl-Lösung gemessen wird, was einer relativen Feuchtigkeit von 84,2 % entspricht. Man kann nach bestimmten Zeiten die Gläser abwaschen und das löslich gewordene Alkali titrieren oder visuell feststellen, ob eine Erblindung eingetreten ist. Da letztere Methode recht ungenau und auch zeitraubend ist, empfiehlt sich die Alkalibestimmung, zumal die Titrationswerte um so höher liegen, je geringer die Dauer bis zur Ausbildung des ersten Erblindungshauches ist. Bei schlechten Gläsern beträgt diese Zeit 2 bis 3 d mit einem Titrationswert von etwa 50 mg Na_2O (+ CaO + MgO) pro m^2 Glasoberfläche, während sehr gute Gläser erst nach 10 d zu erblinden beginnen und weniger als 15 mg Na_2O pro m^2 freigeben. Es ist nur sehr begrenzt möglich, die Ergebnisse von Auslaugversuchen auf das Verwitterungsverhalten zu übertragen, da zwar die Grundprozesse sich gleichen, aber viele Schritte doch deutlich unterschiedlich sind. Das haben auch vergleichende Untersuchungen von Isard und Patel [439] ergeben.

3.8.4 Mechanismen

Die im vorangegangenen Abschnitt angeführten Meßergebnisse geben einige Hinweise, welche Mechanismen die chemische Beständigkeit von Glas bestimmen können und welche Vorgänge auszuschließen sind. Zu letzteren gehört die Beobachtung, daß der *Ionenaustausch* bei der Auslaugung z.B. bei Na_2O-haltigen Gläsern nicht direkt im Verhältnis $Na^+:H_3O^+ = 1$ erfolgt, sondern daß man dafür ein variables Verhältnis $Na^+:H^+ \cdot xH_2O$ annehmen muß. Die Größe von x wird durch die Glasstruktur, d.h. die Glaszusammensetzung bestimmt und richtet sich nach dem Hohlraumvolumen im Netzwerk. Hier besteht ein enger Zusammenhang mit dem von Zhdanov [1126] angenommenen Leerstellenmechanismus der Glasauslaugung.

Die *verschiedenen Erscheinungsformen* des Glasangriffs haben Hench und Clark [391] in fünf Typen gegliedert:

Typ I zeigt nur eine sehr dünne Hydratationsschicht auf der Glasoberfläche.
Typ II hat darunter eine an Alkalien verarmte Schicht.
Typ III weist mehrfache Reaktionsschichten auf der Glasoberfläche auf.
Typ IV ist nach einer Auflösung entstanden mit noch merkbarer Auslaugung.
Typ V zeigt nur Auflösung, die so schnell ist, daß sich keine Auslaugung ausbilden kann.

Zur ersten Orientierung bewährt sich diese Gliederung.

Der Versuch der physikalisch-mathematischen Behandlung geht vom experimentellen Befund der Wurzel-Zeit-Abhängigkeit der ausgelaugten Mengen aus. Die Experimente haben aber auch gezeigt, daß man dies nicht durch einen einfachen *Diffusionsansatz* beschreiben kann, denn die Auslaugung, die zunächst betrachtet werden soll, ist 1. ein Ionenaustauschprozeß, bei dem 2. das eine wandernde Teilchen durch eine Reaktion ausscheidet ($\equiv Si - ONa + H^+ \rightarrow \equiv Si - OH + Na^+$) und 3. die Matrix verändert wird.

Trotzdem kann man zu Übersichtszwecken für die gesamte Alkaliabgabe Q den Ansatz $Q = a\sqrt{t}$ wählen (mit a = const). Douglas und El-Shamy [207] haben daneben die Netzwerkauflösung nach einem linearen Zeitgesetz berücksichtigt: $Q = a\sqrt{t} + bt$. Dieser einfache Ansatz wurde später mehrfach verbessert, wobei Hlaváč und Matej [410] einen einfachen Diffusionsansatz wählen, bei dem aber sich die Grenzfläche entsprechend der Netzwerkauflösung verschiebt. Ebenfalls von der Alkalidiffusion aus betrachten Boksay u. M. [84] den Auslaugprozeß. Unter plausiblen Annahmen über die Netzwerkauflösung können sie einfache Konzentrationsprofile nach dem Wasserangriff deuten.

Die grundsätzlichen Bedenken beim Übergang von den einfachen zu den *Interdiffusionsgleichungen* bleiben natürlich bestehen. Man kann aber eine bessere Angleichung an die Meßwerte erreichen, wie es Doremus [197, 198] gezeigt hat. Für Na_2O-haltige Gläser wird der beste Angleich erzielt mit $D_{Na^+}:D_{H^+} \approx 1\,000:1$, d.h. es ergibt sich formal, daß die Diffusion des Protons langsamer als die des Na^+-Ions ist. Belyustin und Shults [68] haben den Interdiffusionsansatz erweitert durch Einbeziehen der elektrochemischen Potentiale bzw. Aktivitäten. Will man einfacher vorgehen, dann kann man für die ausgelaugten Mengen den *Potenzansatz* $Q = k \cdot t^\alpha$ wählen. Schäfer und Schaeffer [819] fanden bei Auslaugversuchen an $R_2O - RO - SiO_2$-Gläsern in 0,01 N HCl bei 30 °C α-Werte von 0,45 bis 0,9. Für die Auslaugung schlagen sie ein Modell vor mit einer Gelschicht, in der sich eine kanalförmige wasserreiche Phase gebildet hat, die für den Transport der Ionen verantwortlich ist.

3.8 Chemische Beständigkeit

Ein von Smets und Lommen [904, 905] gemachter weiterer Vorschlag sei kurz erwähnt, nämlich daß der geschwindigkeitsbestimmende Schritt bei der Auslaugung die Reaktion $\equiv$Si$-$O$^-$Na$^+$ + H$_2$O $\to$ $\equiv$Si$-$OH + Na$^+$OH$^-$ sei und daß neben Na$^+$-Ionen auch OH$^-$-Ionen nach außen diffundieren. Dieser Mechanismus ist jedoch unwahrscheinlich, wie auch Doremus [202] und Ernsberger [239] feststellen.

Die bisher angeführten Modelle gingen von der Annahme aus, daß die Zusammensetzung der angreifenden Lösung konstant bleibt, indem ihr Volumen im Vergleich zur Größe der Glasoberfläche groß ist oder sie ständig erneuert wird. Bei den meisten praktischen Fällen liegen diese idealen Verhältnisse aber nicht vor. Das hat dann zur Folge, daß in der Regel der pH-Wert ansteigt und die Konzentration der in Lösung gehenden Komponenten immer größer wird. Durch die *Änderung des pH-Werts* kann sich der Mechanismus ändern, durch den *Anstieg der Konzentrationen* wird die treibende Kraft der Auflösung geringer, bis schließlich beim Erreichen der Sättigung der Angriff aufhören sollte.

Entsprechende Versuche hat Grambow [333] an Borosilicatgläsern durchgeführt, die für die Endlagerung von radioaktiven Abfällen vorgesehen sind, weshalb bei diesen Gläsern das *Langzeitverhalten* von besonderem Interesse ist. Es werden Fälle diskutiert, bei denen solche Gläser in Kontakt mit einer begrenzten Wassermenge kommen. Die Versuche ergaben, daß mit fortschreitender Zeit die Auflösungsgeschwindigkeit geringer wird, und es war möglich, die Experimente mit der Hydrolyse und Kondensation von Si$-$O$-$Si-Bindungen zu deuten. Aus diesen und anderen Versuchen konnte Grambow [334] eine allgemeine Gleichung für die Geschwindigkeit der Auflösung solcher Gläser ableiten, wobei neben der Kinetik auch die Thermodynamik herangezogen wurde, um das Löslichkeitsverhalten möglicher Verbindungen zu berücksichtigen. Letzteres reicht nach Jantzen und Plodnic [456] bereits aus, um aus Kurzzeitprüfungen auf das Langzeitverhalten zu schließen. Eine kinetische Lösung letzterer Frage stammt von Conradt u. M. [152]. Sie bezieht sich auf die noch relativ unbeeinflußte anfängliche Korrosionsgeschwindigkeit r_0. Damit läßt sich die Langzeit-Korrosionsgeschwindigkeit r_∞ berechnen nach

$$r_\infty = (1-B)r_0(1-\exp[A_\infty/(R\,T)]),$$

worin B = Anteil der Oberflächenlagen, die durch Readsorptionsprozesse blockiert sind (mit $0 < B < 1$), A_∞ = Restaffinität, bedingt durch die Differenz der freien Enthalpien von Glas und Kristall und R = Gaskonstante. Für das Beispiel mit $B = 0$, $A_\infty = 1\,000$ J/(mol K) und $T = 150\,°$C erhält man $r_\infty \approx 0,15\,r_0$. Die Durchsicht vieler experimenteller Ergebnisse zeigte, daß das Verhältnis $r_\infty : r_0$ bei 0,02 bis 0,18 liegt, d.h. bedingt durch die höhere freie Enthalpie des Glaszustandes ist auch bei Sättigung der Korrosionslösung noch mit einer Auflösungsgeschwindigkeit zu rechnen, die in der Größenordnung von 10 % der anfänglichen Geschwindigkeit liegt. Ein Stillstand der Korrosion tritt nicht ein.

Die Erarbeitung von Beziehungen, die das chemische Verhalten von Gläsern genauer und allgemeiner darstellen, ist noch im Gange. Dabei deutet sich der Trend an, die Vorgänge entsprechend den verschiedenen Bereichen der korrodierten Oberfläche zu unterteilen. Der langsamste Mechanismus, der die Gesamtgeschwindigkeit bestimmt, wird in zunehmendem Maße in den Vorgängen in der Übergangszone Gelschicht-Ausgangsglas gesucht.

3.8.5 Abhängigkeit von der Zusammensetzung

Eingangs dieses Abschnitts seien in den Tabellen 41 und 42 einige Analysenwerte von El-Shamy und Ahmed [228] angeführt. Die Untersuchungen wurden jeweils mit 5 g Glaspulver (Körnung −0,500/+0,315 mm) in 100 ml Lösung durchgeführt.

Das *Kieselglas* mit seinem geschlossenen Netzwerk aus Si−O−Si-Brücken hat eine hervorragende Säure- und Wasserbeständigkeit, was auch die Werte der Tabelle 41 bestätigen. In alkalischen Lösungen, etwa ab pH 10, tritt eine nennenswerte Korrosion ein. Man kann die Alkalibeständigkeit des Kieselglases wesentlich verbessern, wenn man einen Teil der Brückensauerstoffe durch Stickstoff ersetzt. Nach Kamiya u. M. [467] erhöht sich diese Beständigkeit auf das Doppelte, wenn man etwa 4 Gew.-% N einführt. Dies wird verursacht durch die dreifache Verknüpfung des Netzwerks durch N anstelle der nur zweifachen durch O (s. Abschn. 2.6.1.7).

Geht man zu den binären R_2O-SiO_2-*Gläsern* über, dann findet man dort wanderungsfähige Alkaliionen, und infolgedessen steigt die Säurelöslichkeit an. Der Anstieg wird aber nicht linear mit dem Alkaligehalt verlaufen; denn für die

Tabelle 41. Nach Beständigkeitsversuchen (1 h bei 100 °C) in den Lösungen analysierte Oxide in μg pro g Glas nach El-Shamy und Ahmed [228] (s. Tabelle 42)

Oxid	0,1 N HCl				H_2O				0,1 N NaOH		
	Glas				Glas				Glas		
	S	CNS	P	E	S	CNS	P	E	S	CNS	P
SiO_2	Sp.	18,6	12,1	334	0,5	399	32,0	78	16800	20320	19080
B_2O_3	−	−	13,8	409	−	−	12,7	12	−	−	18
Al_2O_3	−	8,0	1,2	732	−	Sp.	Sp.	15	−	11	2
Na_2O	−	312,0	19,7	−	−	288	8,2	−	−	21[a]	−
K_2O	−	8,0	−	25	−	10	−	5	−	−	−
CaO	−	137,0	−	875	−	Sp.	−	10	−	Sp.	−
MgO	−	12,0	−	87	−	Sp.	−	8	−	−	−

Sp.: Spuren
[a] gemessen in 0,1 N KOH

Tabelle 42. Zusammensetzung der in Tabelle 41 untersuchten Gläser in Gew.-%

Oxid	Glas			
	Kieselglas (S)	Kalk-Natron-silicatglas (CNS)	Pyrexglas (P)	E-Glas (E)
SiO_2	100	72,3	81,2	54,4
B_2O_3	−	−	12,4	7,6
Al_2O_3	−	1,9	2,1	14,6
Na_2O	−	14,0	4,1	−
K_2O	−	0,6	−	0,5
CaO	−	9,3	−	19,1
MgO	−	1,5	−	3,2
BaO	−	0,2	−	−

Beweglichkeit der Alkaliionen ist auch die Struktur des Netzwerks maßgebend, das mit wachsendem Alkaligehalt immer mehr aufgelockert wird. Dadurch wird der Angriff immer mehr verstärkt. Messungen von Dubrovo und Shmidt [210] an binären Na_2O-SiO_2-Gläsern mit 0,1 N HCl ergaben, daß ab 25 Mol-% Na_2O die Auslaugung von Na_2O deutlich ansteigt. Diese Autoren konnten auch feststellen, daß die Ergebnisse mit 0,01 N, 0,1 N oder 1 N HCl praktisch gleich waren. Außerdem fanden sie, daß bis etwa 30 Mol-% Na_2O im Glas nahezu kein SiO_2 in Lösung geht, jedoch ab etwa 35 Mol-% Na_2O. Bei so hohen Alkaligehalten ist das Netzwerk schon so weit aufgelockert, daß diese Erscheinung verständlich wird. Die Auslaugung von Alkali mit Säuren kann man so weit treiben, daß man schließlich reine Kieselsäure vorliegen hat, die dann natürlich wasserhaltig ist.

Die Geschwindigkeit der Auslaugung hängt nicht nur von der Menge des Netzwerkwandlers, sondern auch von seiner Art ab. So ist das Li^+-Ion in der Glasstruktur fester, das K^+-Ion dagegen schwächer als das Na^+-Ion gebunden, was zur Folge hat, daß die Auslaugung von Li_2O-haltigen Gläsern geringer, die von K_2O-haltigen Gläsern stärker ist. Das Verhalten von Mischalkaligläsern des Systems $Na_2O-K_2O-SiO_2$ gegenüber 2 N HCl haben Yastrebova und Antonova [1098] untersucht und dabei mit steigendem K_2O-Gehalt ein scharfes Minimum der Auslaugung bei nur kleinen K_2O-Gehalten gefunden. Dies ist bedingt durch eine geringere Na^+-Abgabe, während die K^+-Abgabe stetig ansteigt. Daraus wird deutlich, daß die chemische Beständigkeit sich nicht einfach mit den kinetischen Daten erklären läßt, die man aus den entsprechenden Diffusionskoeffizienten ableiten kann. Die Ursache liegt in der starken Mitwirkung der Protonen bei der Auslaugung. Das bestätigen auch die Untersuchungen von Gottardi u. M. [331] mit der Kernreaktionsmethode an ausgelaugten Mischalkaligläsern, die ergeben haben, daß um so mehr Wasser in der Gelschicht vorhanden ist, je größer das Alkaliion war.

Zu den *erdalkalihaltigen Silicatgläsern* kommt man, wenn man z.B. in einem Na_2O-SiO_2-Glas Teile des SiO_2 durch CaO ersetzt. Dadurch wird die Glasstruktur verfestigt, was zu einer Abnahme der Na^+-Auslaugung führt, während die Ca^{2+}-Ionen so fest in der Glasstruktur gebunden sind, daß ihre Auslaugung gegenüber der des Na^+-Ions vernachlässigt werden kann. Letzteres gilt jedoch nur bis etwa 10 Mol-% CaO. Man erkennt die günstige Wirkung des CaO-Gehalts deutlich in Bild 163a an der starken Abnahme des Gewichtsverlusts. In Abhängigkeit von der restlichen Glaszusammensetzung wird bei höheren CaO-Gehalten, meist ab 15 Mol-% CaO, eine zunehmende Ca^{2+}-Auslaugung beobachtet. In Tabelle 41 kann man erkennen, daß bei dem dort untersuchten Kalk-Natronglas durch verdünnte HCl bereits nennenswerte Ca-Mengen ausgelaugt werden.

Steigender pH-Wert fördert die Netzwerkauflösung, weshalb in Tabelle 41 die in Lösung gegangenen SiO_2-Gehalte und in Bild 163c die Gewichtsverluste stark ansteigen. Auffallend aber ist, daß in Tabelle 41 in der Auslauglösung nur Spuren an Ca gefunden wurden, was erklärbar ist durch die Bildung schwer löslicher Ca-haltiger Verbindungen.

Der alkalische Angriff ist nach Tabelle 41 noch wesentlich stärker, aber auch dabei wirken sich nach Bild 163b zunehmende CaO-Gehalte günstig aus. Der alkalische Angriff nimmt nicht nur mit steigendem pH-Wert zu, sondern ist daneben auch stark abhängig von der Art des alkalischen Mediums. Ishikawa u. M. [442] finden bei Hydroxiden einen Einfluß der Größe und des Aktivitätskoeffizienten des Kations und

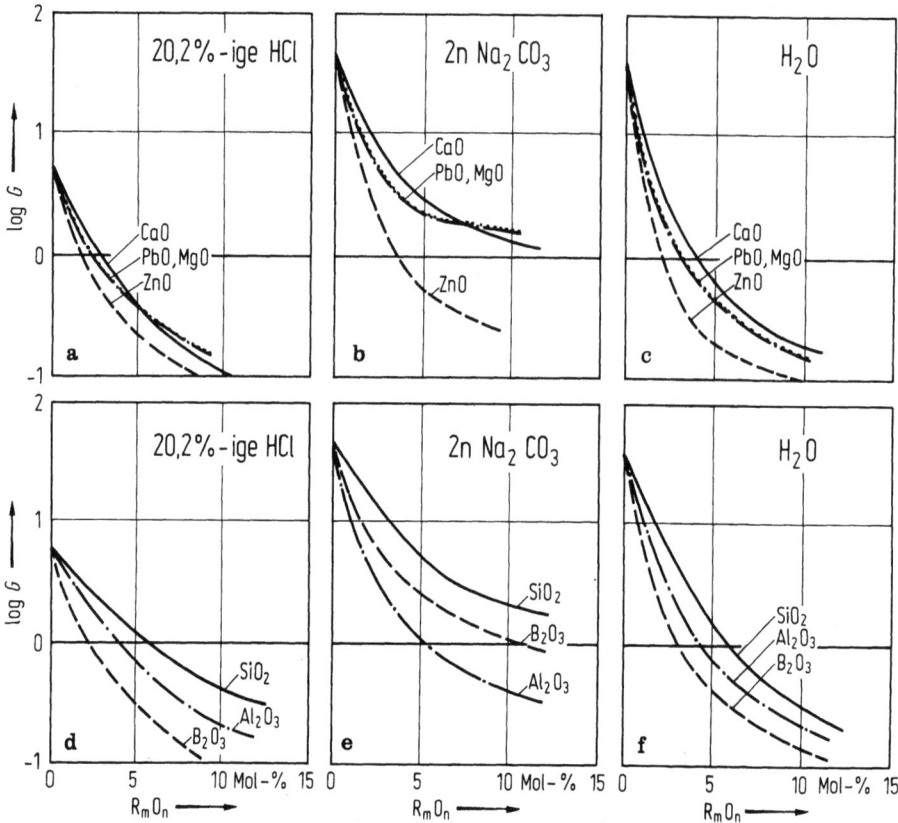

Bild 163a–f. Änderung der Gewichtsverluste G (in %) eines $Na_2O–SiO_2$-Glases (25–75 Mol-%) beim molmäßigen Ersatz von Na_2O durch andere Oxide nach dem 1stündigen Kochen von 10 g Glasgrieß (Korngröße 0,5 bis 1 mm) in 500 ml verschiedener Lösungen nach Dimbleby und Turner [187]

von dessen Adsorptionsfähigkeit auf der Glasoberfläche. Dadurch wird die Zunahme des Angriffs in folgender Reihe der Hydroxide erklärbar: Ca, $N(CH_3)_4$, Li, Na, K, Rb, NH_4, Sr und Ba. Die geringe Wirkung des $Ca(OH)_2$ beruht wieder auf der Bildung eines Schutzfilms, wahrscheinlich aus CSH-Phasen.

Andere Glaskomponenten vom Typ RO, also die weiteren Erdalkalioxide sowie ZnO und PbO, haben auf die Glasstruktur eine ähnliche Wirkung wie CaO, weshalb ihr Einfluß auf die chemische Beständigkeit im wesentlichen dem des CaO entspricht. Das zeigt deutlich Bild 163. Es bestehen allerdings graduelle Unterschiede, die nach Pyare u. M. [740] dadurch erklärbar werden, daß die Wasserbeständigkeit um so größer ist, je größer die Bindungsstärke des R^{2+}-Ions mit dem Trennstellensauerstoff ist. Die Wasserbeständigkeit steigt daher in der Reihe Zn, Mg, Ca, Pb, Sr, Ba an. Eine entsprechende Rangfolge finden Isard und Müller [438] an Gläsern, die daneben noch Al_2O_3 enthalten.

Übrigens zeigen $R_2O–RO–SiO_2$-Gläser auch einen Mischalkalieffekt, der nach Wu u. M. [1091] ähnlich dem bei der elektrischen Leitfähigkeit ist, d.h. Mischalkaligläser haben eine bessere chemische Beständigkeit. Nach Gao u. M. [293] tritt bei

$22Na_2O \cdot (10-x)CaO \cdot xMgO \cdot 68SiO_2$-Gläsern ein geringer Mischerdalkalieffekt in gleicher Richtung auf.

Ein positiver Einfluß auf die chemische Beständigkeit ist auch durch die Einführung von Al_2O_3 aufgrund des Einbaus von Al als Netzwerkbildner zu erwarten. Das zeigt auch Bild 163. Die strukturellen Einflüsse des Glases hat Zhdanov [1127] diskutiert, während Smets und Lommen [904] bei der Untersuchung der ausgelaugten Schicht mit SIMS deutliche Änderungen im Na-Konzentrationsprofil von $20Na_2O \cdot xAl_2O_3 \cdot (80-x)SiO_2$-Gläsern mit steigendem x finden. Das weist auf Änderungen in der Gelschicht und damit auch im Mechanismus hin, was auch von Wassick u. M. [1046] vertreten wird. Letztere Autoren kommen zu dem Schluß, daß durch die Al-Gehalte die Phasentrennung der Gelschicht verhindert wird, was zu einer starken Verbesserung der chemischen Beständigkeit dieser Gläser führt. Dies stützt auch die Hypothese von Doremus [202], wonach man die Gläser in solche mit guter und solche mit mäßiger chemischer Beständigkeit einteilen kann, wobei letztere eine entmischte Gelschicht bei der Auslaugung ausbilden.

Nach Einführung von höheren Al_2O_3-Gehalten wird die chemische Beständigkeit wieder schlechter, insbesondere wenn das Verhältnis $Al_2O_3:Na_2O > 1$ wird. Es sinkt dann vor allem die Säurebeständigkeit, wie das Beispiel des E-Glases in Tabelle 41 zeigt.

Das E-Glas weist nach Tabelle 42 einen gewissen B_2O_3-*Gehalt* auf, von dem seit langem bekannt ist, daß er sich günstig auf die chemische Beständigkeit von Gläsern auswirken kann, z.B. bei den Duran- oder Pyrexgläsern. Dies zeigt auch Bild 163. Die Vorgänge bei der Auslaugung von $Na_2O-B_2O_3-SiO_2$-Gläsern haben Bunker u. M. [121] ausführlich untersucht. Auch bei diesem Glassystem wird gefunden, daß kein unmittelbarer Zusammenhang mit der Na-Diffusion im Ausgangsglas besteht, sondern die Hydrolyse des Netzwerks die Kinetik bestimmt. Da das Netzwerk dann am vollständigsten ist, wenn alles B in der Koordinationszahl 4 vorliegt, beobachtet man bei solchen Zusammensetzungen ein Maximum der chemischen Beständigkeit. Allerdings haben Borosilicatgläser eine relativ geringe Säurebeständigkeit, bedingt durch die geringe Hydrolysebeständigkeit der Si–O–B-Gruppe.

Von den vielen weiteren Möglichkeiten haben besonders die *vierwertigen Oxide* vom Typ RO_2 Interesse als Glaskomponenten gefunden wegen ihres seit langem bekannten günstigen Einflusses auf die Alkalibeständigkeit von Gläsern. Dieses Interesse ist vor allem angeregt worden durch die Suche nach Ersatzfasern für Asbest zur Verwendung mit Zement (s. Abschn. 3.8.9.3). Dabei hat sich herausgestellt, daß in dieser Beziehung der Einsatz von ZrO_2 am günstigsten ist. Aus der großen Zahl von Untersuchungen ist auffallend, daß nach Takagi u. M. [940] in Gläsern vom Typ $41Na_2O \cdot 5ZrO_2 \cdot 54SiO_2$ die Korrosion vom sauren bis in den alkalischen Bereich linear von der Zeit abhängt. Verständlich wird dies durch die Bildung von in diesem pH-Bereich schwer löslichem Zirconiumhydroxid bzw. hydratisiertem ZrO_2. Diese Schicht muß für eine Schutzwirkung dicht sein. Es gibt Hinweise, daß der Ca-Gehalt der umgebenden Lösung einen Einfluß hat, denn Koshizaki [502] fand unter sonst gleichen Bedingungen bei einem Glas der Zusammensetzung (in Mol-%) 64,5 SiO_2, 10,7 ZrO_2, 4,5 CaO und 20,3 Na_2O, daß die Korrosion bei pH = 12,6 um so geringer war, je höher der Ca^{2+}-Gehalt der Lösung eingestellt wurde.

Von den weiteren Glastypen hat die chemische Beständigkeit der *Fluoridgläser* (s. Abschn. 2.6.2.1) wegen ihres Einsatzes als Nachrichtenfaser Interesse. Im Vergleich zu den Silicatgläsern liegt sie etwa drei Größenordnungen geringer. Ein wesentlicher Unterschied ist auch, daß beim Lagern in H_2O der pH-Wert absinkt. Näheres kann man z.B. in den Veröffentlichungen von Tregoat u. M. [991] und Simmons [890] finden.

3.8.6 Berechnung aus der Zusammensetzung

Bei der Komplexität der chemischen Beständigkeit ist es kaum möglich, aus der Zusammensetzung eines Glases durch Berechnung sein Verhalten zu erkennen. Wenn überhaupt, dann kann dies nur bei genau vorgeschriebener Methode und in einem engen Zusammensetzungsbereich gelten. Šašek und Meissnerová [814] haben dies versucht für Gläser vom Tafelglastyp. Mit x in Gew.-% ergibt sich die chemische Beständigkeit B in mg Na_2O pro 50 ml Lösung nach einem Verfahren, was der oben angeführten Wasserbeständigkeit von 2 g Glasgrieß praktisch entspricht, zu

$$B = -0{,}998 + 0{,}1347 x_{Na_2O} + 0{,}164 x_{K_2O} - 0{,}023 x_{MgO}$$
$$- 0{,}0213 x_{CaO} - 0{,}0992 x_{Al_2O_3} - 0{,}0018 x_{Fe_2O_3}.$$

Danach hat ein Glas der Zusammensetzung (in Gew.-%) 16,0 Na_2O, 0,5 K_2O, 2,5 MgO, 8,5 CaO, 3,0 Al_2O_3, 0,05 Fe_2O_3 und 69,45 SiO_2 eine berechnete Alkaliabgabe von 0,70 mg Na_2O pro 50 ml, während experimentell 0,67 mg Na_2O pro 50 ml gefunden wurden.

Daneben gibt es *thermodynamisch* abgeleitete Ansätze zur Vorhersage oder *Berechnung* der chemischen Beständigkeit von Gläsern. Paul [684] unterteilt dabei die Glaszusammensetzung in Metasilicate und restliches SiO_2 und verwendet die dafür bekannten thermodynamischen Daten der entsprechenden kristallinen Verbindungen, um deren Reaktionen mit H_2O berechnen zu können. Das wirft natürlich einige Probleme auf, vor allem die Fragen der Einflüsse des Glaszustandes, der gegenseitigen Mischung der Silicate und der Kinetik. Es ist deshalb nicht zu erwarten, daß die Methode genaue Aussagen zuläßt, aber sie hat sich z.T. bewährt, um Tendenzen anzuzeigen. Man hat auch versucht, die chemische Beständigkeit von optischen Gläsern zu berechnen; Schmidt [829] berichtet über solche Modellierungen.

3.8.7 Abhängigkeit von der Temperatur

Der Angriff A von wäßrigen Lösungen ist ein kinetischer Vorgang, dessen Temperaturabhängigkeit sich demnach durch die Gleichung

$$A = K \exp[-E_{Ch}/(RT)] \quad \text{oder} \quad \log A = K' - E_{Ch}/(4{,}57\, T)$$

darstellen läßt, worin K und K' Konstanten und E_{Ch} die Aktivierungsenergie des Prozesses ist. Zahlreiche Versuche haben diese Gleichungen bestätigt und zu Angaben über die Größe der Aktivierungsenergie geführt, die bei sehr vielen Gläsern in recht engen Grenzen um 80 kJ/mol liegt und damit der Aktivierungsenergie der Na^+-Diffusion entspricht. Bei Untersuchungen an systematisch variierten Gläsern wurden zwar Unterschiede in diesen Werten gefunden, doch sind sie zu klein, um daraus weitere Folgerungen ziehen zu können. Eine Aktivierungsenergie von 80 kJ/mol bedeutet aber, daß im Bereich von 0 bis 100 °C bei Erhöhung der Temperatur um 20 K der Angriff um etwa den Faktor 10 steigt. Bei Zimmertemperatur durchaus stabile Gläser können bei 100 °C schon erhebliche Schäden davontragen.

Oft interessiert auch die Frage der hydrolytischen *Beständigkeit* von Gläsern *oberhalb 100 °C*. Dann ist es notwendig, im Autoklaven zu arbeiten. Die Auflösung des Glases geht dabei naturgemäß wesentlich schneller voran und ist außer von der Temperatur noch abhängig vom pH-Wert und von der Art der Lösung. Für ein Borosilicatglas der Zusammensetzung (in Gew.-%) 77 SiO_2, 11 B_2O_3, 6 R_2O, 5 Al_2O_3 und 1 RO fand Peters [700] bei 175 °C, daß 1 mm Glas abgetragen wird
- in H_2O (pH≈7) in 384 Tagen,
- in NaOH-Lösung (pH=10) in 163 Tagen,
- in Phosphat-Lösung (pH≈8) in 103 Tagen,
- in einer Mischlösung (mit OH, CO_3 und PO_4; pH=10) in 75 Tagen und
- in reiner Na_2CO_3-Lösung (pH=10) in 41 Tagen.

Es ergibt sich dabei eine Aktivierungsenergie von etwa 25 kJ/mol. Noch höhere Temperaturen (bis 600 °C) setzen Bershtein u. M. [72] ein zur Untersuchung des Verhaltens von Kieselglas unter hydrothermalen Bedingungen. Die Vorgänge dabei werden einerseits beeinflußt durch die stark ansteigende Löslichkeit von SiO_2 in Wasser unter diesen Bedingungen und andererseits durch das Eindringen von Wasser in die Glasstruktur.

3.8.8 Abhängigkeit von der Vorgeschichte

Wenn bei der Bestimmung der chemischen Beständigkeit nur die Oberfläche des Glases untersucht wird, dann gehen in diese Messungen alle die Vorgänge ein, die einen Einfluß auf die Oberfläche haben können. Dabei ist vor allem an *Verdampfungsprozesse* zu denken, die zwar oft nur die äußerste Oberfläche betreffen, was aber dann gerade gemessen wird. Es können dadurch erhebliche Unterschiede auftreten, wobei nicht nur die Temperatur und Zeit bei diesen Vorgängen eine Rolle spielen, sondern auch die dabei herrschende Atmosphäre. Insbesondere H_2O-Dampf in der Ofenatmosphäre verbessert die chemische Beständigkeit stark, was auf der Förderung der Na_2O-Verdampfung aus der Glasoberfläche durch den H_2O-Dampf beruht.

Früher wurde gezeigt, daß *abgeschreckte Gläser* eine geringere Dichte haben. Das könnte Anlaß für eine verringerte chemische Beständigkeit sein, wenn nicht gleichzeitig in der Oberfläche Druckspannungen entstehen, die dem entgegenwirken können. Wirklich sind die Meßergebnisse unterschiedlich, wobei diese Unterschiede von Glaszusammensetzung und Vorgeschichte abhängen. Rothermel [791] kann keinen Unterschied in der Wasserbeständigkeit von gekühlten und nicht gekühlten Kalk-Natrongläsern feststellen, während Andryukhina [19] sowohl erhöhte als auch verringerte Wasserbeständigkeit beobachtet.

Setzt man Glasoberflächen durch Ionenaustausch Na^+ gegen K^+ unter *Druckspannungen*, dann verringert sich nach Rothermel [790] die Auslaugbarkeit, aber nach Hähnert und Kruschke [355] werden fast durchweg höhere Auslaugwerte festgestellt. Vergleicht man jedoch diese Werte mit den Werten von erschmolzenen Gläsern gleicher Zusammensetzung, dann liegen letztere Werte noch wesentlich höher. Dies erklärt sich aus der leichten Auslaugbarkeit des K^+-Ions.

Die Vorgeschichte hat meist dann einen wichtigen Einfluß, wenn eine *Entmischung* eintreten kann. Hier ist es interessant, daß bereits 1926 Turner und Winks [996] bei ihren Untersuchungen zum Einfluß des B_2O_3 fanden, daß Gläser des Systems $Na_2O-B_2O_3-SiO_2$, wenn sie bestimmte Mindestgehalte an Na_2O und B_2O_3 aufweisen, eine extrem geringe Säurebeständigkeit derart besaßen, daß fast alles außer dem SiO_2 in Lösung ging. Dieser damals als überraschend dargestellte Befund läßt sich jetzt einfach durch die in diesem System mögliche Entmischung erklären, wobei ein Durchdringungsgefüge entsteht, so daß beide Phasen kontinuierlich sind und diese Art der Auslaugung erlauben (s. Abschn. 2.3.3). Bei den Natriumborosilicatgläsern enthält die eine Phase fast die gesamten Anteile an Na_2O und B_2O_3 und nur wenig SiO_2. Sie ist deshalb leicht löslich, was man sich nutzbar macht im sog. Vycor-Prozeß, indem man mit einer HCl-Lösung die $Na_2O-B_2O_3$-Phase herauslöst und das verbleibende hochporöse Gerüst zusammensintert zu einem fast reinen Kieselglas, dem Vycor-Glas. Aber auch bei Kalk-Natrongläsern zeigen sich entsprechende Effekte, nach Wang und Zhou [1042] sogar bei der Verwitterung. Führt die Entmischung zu einer kontinuierlichen SiO_2-reichen Phase, dann wird die Wetterbeständigkeit verbessert, entstehen aber SiO_2-reiche Tröpfchen, dann tritt eine Verschlechterung ein.

3.8.9 Gläser mit besonderen chemischen Eigenschaften

Die ausgezeichneten Eigenschaften des Glases haben ihm auch weite Anwendungsbereiche erschlossen, bei denen in bezug auf die chemischen Eigenschaften besondere Anforderungen gestellt werden. Einige kennzeichnende Beispiele seien im folgenden besprochen.

3.8.9.1 Glaselektroden

Es wurde oben gezeigt, daß bei der Berührung mit wäßrigen Lösungen an Glasoberflächen Ionenaustauschvorgänge eintreten. In der Glasoberfläche ist dann eine bestimmte, von der vorher vorhandenen Alkalimenge abhängige H^+-Ionenkonzentration c_g vorhanden. Gegenüber der Lösung mit der H^+-Ionenkonzentration c_l besteht eine Konzentrationskette, die nach der Nernstschen Gleichung eine elektromotorische Kraft E von

$$E = \frac{RT}{nF} \cdot \ln \frac{c_l}{c_g}$$

liefert. Liegt eine Glasmembran vor, auf deren beiden Seiten sich Lösungen mit verschiedenen H^+-Ionenkonzentrationen $c_{l,1}$ und $c_{l,2}$ befinden, dann ergibt das Gesamtsystem

$$E = \frac{RT}{nF} \cdot \ln \frac{c_{l,1}}{c_g} + \frac{RT}{nF} \cdot \ln \frac{c_g}{c_{l,2}} = \frac{RT}{nF} \cdot \ln \frac{c_{l,1}}{c_{l,2}},$$

da im Idealfall die H^+-Ionenkonzentrationen c_g auf beiden Seiten der Membran gleich sind.

3.8 Chemische Beständigkeit   325

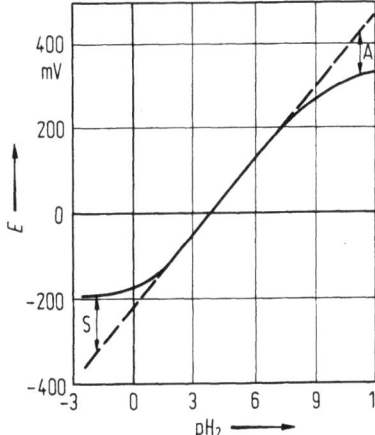

Bild 164. H$^+$-Funktion des Mac-Innes-Glases nach Gl. (111) mit pH$_1$ = 4 (A = Alkalifehler, S = Säurefehler)

Mit dem pH-Wert als negativem dekadischen Logarithmus der H$^+$-Ionenkonzentration und mit $R = 8{,}315$ J/(mol K), $n = 1$ und $F = 96\,500$ C beträgt für $T = 293$ K

$$E = 58{,}1 \cdot (\mathrm{pH}_2 - \mathrm{pH}_1) \text{ mV}. \tag{111}$$

Glasmembranen, oder aus diesen in geeigneter Form hergestellte Glaselektroden erlauben daher, Differenzen von pH-Werten zu messen. Bei bekanntem pH-Wert auf der einen Seite der Membran ergibt sich sofort der pH-Wert einer zu untersuchenden Lösung auf der anderen Seite.

Gleichung (111) ist jedoch nur unter besonderen Bedingungen erfüllt. Sie setzt voraus, daß sich die H$^+$-Ionenkonzentration in der Glasoberfläche, die *H$^+$-Funktion* des Glases, genügend schnell einstellt, d.h. es wird dazu ein Glas mit nicht zu großer chemischer Beständigkeit benötigt. Seit langem hat sich dazu das sog. Mac-Innes-Glas mit der Zusammensetzung (in Gew.-%) 72 SiO$_2$, 22 Na$_2$O und 6 CaO bewährt, wie Bild 164 im mittleren Teil der Kurve zeigt.

Weiterhin fordert die Gleichung, daß auf beiden Seiten in der Glasoberfläche die gleiche H$^+$-Ionenkonzentration vorliegt, was wiederum voraussetzt, daß die Zusammensetzungen in den beiden Oberflächen gleich sind. Ist diese Bedingung nicht erfüllt, tritt das sog. *Asymmetriepotential* auf, das als additive Konstante in Gl. (111) eingeht.

Für das Mac-Innes-Glas gilt Gl. (111) exakt nur im pH-Bereich von 2 bis 8. Im stärker alkalischen Gebiet findet wie oben besprochen eine langsame Auflösung des gesamten Glasnetzwerks statt, was ein Messen mit dieser Glaselektrode unmöglich macht. Aber auch schon im schwach alkalischen Gebiet tritt ein Abweichen von der Idealkurve des Bildes 164 auf, was durch einen Rücktausch der H$^+$-Ionen in der Glasoberfläche gegen die Na$^+$-Ionen der Lösung bedingt ist und was als *Alkalifehler* der Glaselektrode bezeichnet wird. Enthält dagegen die Lösung K$^+$-Ionen, so tritt dieser Fehler nicht ein, da die großen K$^+$-Ionen aus räumlichen Gründen nicht an die Stellen treten können, die vor der ersten Wasserbehandlung der Glaselektrode durch Na$^+$-Ionen besetzt waren. Gläser mit geringem Alkalifehler auch gegenüber Na$^+$-ionenhaltigen Lösungen erhält man daher, wenn diese als Alkalien Li$^+$-Ionen enthalten. Sie sind auf der Basis Li$_2$O–BaO–SiO$_2$ aufgebaut und enthalten weitere Zusätze, die die Leitfähigkeit des Glases erhöhen.

Bei geringen pH-Werten, also bei hohen H^+-Ionenkonzentrationen in der Lösung, wandern weitere H^+-Ionen in die Glasoberfläche ein, wodurch der *Säurefehler* entsteht (s. Bild 164). Dieser Fehler kann verringert werden, indem man ein chemisch widerstandsfähiges Glas für den Aufbau der Glaselektrode verwendet, also Gläser mit Al_2O_3- oder B_2O_3-Gehalten heranzieht.

Bei letzteren Gläsern ist der Ionenaustausch in der Glasoberfläche gering, so daß sie den Nachteil haben, daß sich durch den Rücktausch der Alkalifehler schon früher bemerkbar macht. Da bald ein restloser Austausch eingetreten ist, spricht ein solches Glas auf weiter steigenden pH-Wert nicht mehr an. Dann liegt aber der Fall vor, daß in der Glasoberfläche eine konstante Na^+-Ionenkonzentration vorhanden ist, die damit die Möglichkeit eröffnet, ganz analog zur pH-Messung mit einer Glaselektrode Na^+-Ionenkonzentrationen zu messen. Eine solche Glaselektrode zeigt dann eine *Na^+-Funktion*. Dieses Prinzip wurde weiter ausgearbeitet, und es sind Glaselektroden im Handel mit verschiedenen Alkali- und auch Erdalkalifunktionen.

Über die Theorie der Glaselektrode, deren Kinetik und deren Einsatzmöglichkeiten gibt es viele Publikationen mit näheren Angaben, z.B. von Baucke [62], Eisenman [223], Isard [437], Johannson u. M. [459], Schwabe und Suschke [854] und Shultz u. M. [884].

3.8.9.2 Flußsäurebeständige Gläser

Unter den bekannten Säuren zeichnet sich die Flußsäure wegen ihres Lösungsvermögens von normalen Gläsern aus. Die Ursache liegt in dem bereits erwähnten Angriff auf das $Si-O$-Netzwerk. Gläser, die dieses Bauelement nicht enthalten, müßten demnach auch gegenüber Flußsäure beständig sein. Auf der Suche nach solchen Gläsern ist man auf Gläser auf Aluminiumphosphatbasis gestoßen. Im allgemeinen enthalten flußsäurebeständige Gläser etwa 75 Gew.-% P_2O_5 und 20 Gew.-% Al_2O_3 mit Zusätzen an ZnO, PbO oder BeO.

3.8.9.3 Alkalibeständige Gläser

Die Alkalibeständigkeit wurde bereits früher angesprochen (Abschn. 3.8.5). Im Vergleich zur Wasser- oder Säurebeständigkeit ist sie gering, was den Einsatz von Glasfasern zur *Verstärkung von Zement* lange Zeit verhindert hat; denn im Zement tritt ein pH-Wert von etwa 12,5 auf. Da kunststoffummantelte Glasfasern nicht den erwünschten Erfolg brachten, konzentrierte sich die Entwicklung auf die Suche nach besser alkalibeständigen Gläsern. Dabei konnte man auf die bereits 1926 von Dimbleby und Turner [187] gemachte Beobachtung zurückgreifen, daß sich Gläser auf der Grundlage des Systems $Na_2O-ZrO_2-SiO_2$ am besten gegenüber alkalischen Lösungen verhielten. Entsprechendes kann man auch aus den oben erwähnten Versuchen über die Wasserlöslichkeit von $Na_2O-RO_n-SiO_2$-Gläsern entnehmen, bei denen sich ZrO_2 jeweils als am wirkungsvollsten erwiesen hat.

Die Entwicklung, über die Proctor [733] zusammenfassend berichtet, führte daher zur Herstellung von ZrO_2-haltigen Glasfasern, von denen das Produkt mit dem Handelsnamen Cem-FIL am bekanntesten geworden ist. In den Patentschriften werden dafür als Zusammensetzung die Bereiche (in Gew.-%) 50 bis 75 SiO_2, 5 bis 30 ZrO_2, <20 Al_2O_3, 0 bis 20 RO und 0 bis 25 R_2O angegeben; die Analysen weisen meist 16 Gew.-% ZrO_2 aus. Es gibt viele weitere Patente, in denen die Glaszusammensetzung verbessert oder variiert werden soll. Als wirksame Oxide anstelle des ZrO_2 werden dabei vor allem TiO_2, SnO_2, La_2O_3, Cr_2O_3, Fe_2O_3, MnO oder ZnO genannt.

Die glasfaserverstärkten Zemente haben sich in der Praxis schon bewährt. In zunehmendem Maße findet man dafür die Abkürzung GRC (= glass-fiber-reinforced cement). Eine Literaturübersicht geben Keusch u. M. [489]. Untersuchungen von West und Majumdar [1055] haben gezeigt, daß Cem-FIL-Fasern nach 10jährigem Lagern in Zement noch die halbe Ausgangsfestigkeit aufweisen. Kurzzeitprüfungen der Tauglichkeit von Glasfasern für den Einsatz zur Zementverstärkung werfen wegen der komplexen Verhältnisse in der Zementmatrix viele Probleme auf, wie auch Wihsmann u. M. [1076] bei einem Vergleich finden. Danach muß man die Gleichung von Plško u. M. [712] zur Berechnung der Alkalibeständigkeit aus der Zusammensetzung sehr vorsichtig anwenden. Eine interessante praktische Anwendung der Sol-Gel-Methode soll diesen Abschnitt beschließen: Guglielmi und Maddalena [345] schützen E-Glasfasern mit einem SiO_2-ZrO_2-Überzug (80:20 Gew.-%), der sich gut bewährt haben soll.

3.8.9.4 Gläser für Natriumdampf-Lampen

Wegen ihrer Durchsichtigkeit sind Gläser das ideale Mantelmaterial für die verschiedensten Arten von Lampen. Gegenüber den in den Lampen befindlichen Substanzen haben sie eine gute chemische Beständigkeit. Eine Ausnahme bilden die Natriumdampf-Lampen, bei denen das Glas durch den Natriumdampf wegen der Reduktionsmöglichkeit des SiO_2-Netzwerks angegriffen wird. Nach Lau und McMillan [528] ist die Si—O-Bindung mit einem Trennstellensauerstoff stabiler als mit einem Brückensauerstoff. Bei der Betrachtung weiterer üblicher Glaskomponenten fanden Elyard und Rawson [229], daß der Angriff von Natriumdampf auf Gläser um so geringer ist, je höher die Bildungswärmen der das Glas aufbauenden Oxide sind. Gegen Natriumdampf beständige Gläser sollten deshalb als Netzwerkbildner vor allem B_2O_3 und Al_2O_3 enthalten. Das ist auch bei den in zahlreichen Patenten vorgeschlagenen Gläsern der Fall. Solche Gläser enthalten daneben oft noch P_2O_5, MgO und CaO und sind manchmal auch ganz frei an SiO_2, indem sie auf der Glasbildungsneigung im System $CaO-Al_2O_3$ aufbauen.

3.8.9.5 Gläser zum Lagern von radioaktivem Abfall

Die gute chemische Beständigkeit vieler Gläser, insbesondere die eindrucksvollen Beispiele der natürlichen Gläser, sowie die Möglichkeit, nahezu alle Elemente des Periodensystems in Gläser einzubauen, hat dazu geführt, radioaktiven Abfall als Glasbestandteile einzuschmelzen, um diese Blöcke dann an geologisch geeigneten Orten endzulagern. Solche Gläser werden oft als HLW-Gläser bezeichnet (nach *h*igh-*l*evel-*w*aste). Die Art und Menge der radioaktiven Elemente hängt von den davorliegenden Prozessen ab, aber das Verhalten von ^{137}Cs und ^{90}Sr ist in der Regel von besonderem Interesse. Gewünscht wird eine Vorhersage für die nächsten 10^3 bis 10^4 Jahre; danach sind die Hauptaktivitäten deutlich abgeklungen.

Die wichtigsten Grundlagen zur Behandlung dieses Themas sind in den vorangegangenen Abschn. 3.8.3 bis 3.8.5 angeschnitten worden. Hinzu kommen für die Praxis weitere Probleme, nämlich die Auswahl einer geeigneten Grundglaszusammensetzung, die leicht, d.h. bei tiefen Temperaturen schmelzbar sein muß, um Verdampfungen zu vermeiden, die auch ungewöhnliche Komponenten ohne Entmischung zu lösen vermag, die entglasungsfest ist, um bei der sehr langwierigen Abkühlung (zur Vermeidung von Spannungen und Rissen) nicht zu kristallisieren und die schließlich eine hohe Lagerungsbeständigkeit aufweist. Es gibt zu diesem Thema viele Veröffentlichungen; stellvertretend sei nur die Arbeit von Bunker [119] genannt, der besonders auf die Bedeutung der Gelschicht eingeht.

Zur Vorhersage bedarf es entsprechender Versuche und Modelle. Die natürlichen Gläser bieten sich zur Analogie an, aber Analogien sind, wie bereits früher erwähnt, nach Ewing und Jercinovic [246] nur mit Vorbehalten möglich, wenn auch Malow u. M. [576] gezeigt haben, daß sich Basaltgläser dafür in gewissen Grenzen eignen. Entsprechendes gilt bei der Anwendung der verschiedenen Mechanismen (Abschn. 3.8.4), worauf u.a. Macedo u. M. [566] hinweisen.

Dabei sei daran erinnert, daß bei begrenztem Lösungsvolumen auch nach Erreichen der *Sättigung an Reaktionsprodukten* die Korrosion fortschreitet, allerdings nur mit einer Geschwindigkeit, die eine Größenordnung geringer ist als anfänglich. Die Sättigungswerte lassen sich aus thermodynamischen Daten berechnen; Grambow [333] hat die Wege dazu gezeigt. Eine wichtige Rolle spielt dabei das Verhältnis Glasoberfläche:Lösungsvolumen, wie z.B. Shade und Strachnan [863] bemerken.

Es bestand die Hoffnung und die Absicht, die Glaszusammensetzung so einzustellen, daß sich auf der Glasoberfläche eine dichte *Reaktionsschicht* ausbildet, die als Schutzfilm die weitere Korrosion zum Stillstand kommen läßt. Einige Versuche waren nach Lutze u. M. [558] ermutigend, doch stellte sich dann heraus, daß unter anderen Verhältnissen die sich dann bildenden Reaktionsschichten keine Schutzwirkung haben. Dies zeigten Versuche von Conradt u. M. [153] mit einem Borosilicatglas in einer sog. *Q*-Lösung. Letztere stellt eine quinäre Lösung mit den Komponenten Na^+, K^+, Mg^{2+}, Cl^- und SO_4^{2-} dar. Sie simuliert eine gesättigte Salzlösung, wenn Wasser in einen Salzstock eindringt. Man rechnet dann mit Temperaturen bis zu 200 °C und Drücken bis zu 130 bar. Ein nennenswerter Druckeinfluß auf die Korrosion wurde nicht gefunden, aber natürlich ist ein Temperatureinfluß vorhanden mit etwa 70 kJ/mol für die Aktivierungsenergie. Bei 200 °C wurde eine Geschwindigkeit der Auflösung der Glasoberfläche nach längerer Zeit von 20 nm/d gefunden, d.h. in 100 Jahren werden unter diesen Bedingungen 0,7 mm Glas abgetragen.

Viele Arbeiten, die sich mit diesem Problem befassen, findet man in Fachzeitschriften wie z.B. Journal of Nuclear Materials, Nuclear Technology oder Nuclear and Chemical Waste Management sowie in Sonderbänden der Material Research Society mit den Berichten von einschlägigen Tagungen.

3.8.9.6 Gläser mit eingestellter Auflösungsgeschwindigkeit

Während es bisher immer das Ziel war, möglichst korrosionsfeste Gläser zu erhalten, gibt es bestimmte Fälle, in denen man sich die nicht vollständige Stabilität zunutze machen kann. Grundlage dafür ist, daß einmal das Auflösungsverhalten in weiten Bereichen bekannt ist und beherrscht wird, und daß zum anderen auch hier der Vorteil des Glases genutzt werden kann, die Zusammensetzung nahezu beliebig zu variieren.

Im folgenden seien drei Beispiele angeführt, die mit diesem Konzept direkt oder indirekt in Zusammenhang stehen.

Viele Vorgänge in der Natur werden durch *Spurenelemente* beherrscht, die aber nicht immer in der notwendigen Menge vorliegen. Es ist meist recht schwierig, diese oft geringe Menge richtig zu dosieren, da es auch Fälle gibt, bei denen ein Überangebot schädlich wirkt. Hier können Gläser eingesetzt werden, wenn die Umgebung in der Lage ist, mit dem Glas zu reagieren, d.h. wenn Wasser zugegen ist. Die Abgabe eines bestimmten Elements kann dann kontrolliert werden durch Auswahl der Grundglaszusammensetzung, des Gehaltes des betreffenden Elements im Glas und der Größe der Oberfläche des Glases.

Es gibt insbesondere viele Patente, die aufgrund obiger Überlegungen den Einsatz von entsprechenden Gläsern als *Düngemittel* vorschlagen. Darüber hinaus wird über Anwendungsfälle berichtet, das biologische Gleichgewicht in Gewässern zu sichern, wenn es auch vom Gehalt an Spurenelementen abhängt.

Das nächste Beispiel greift das Problem der achtlos weggeworfenen Flaschen auf. Einen Vorschlag für die *Selbstzersetzung* solcher Flaschen unterbreiten Bartholomew u. M. [59], indem sie für wäßrige Füllungen vorgesehene Flaschen vor dem Füllen bei höherer Temperatur, z.B. bei 300 °C, mit Wasserdampf behandeln. Dabei entsteht eine hydratisierte Gelschicht, die je nach Versuchsbedingungen 5 bis 35 Gew.-% H_2O enthält und noch ausreichend chemisch resistent ist. Nach dem Entleeren trocknet die Gelschicht, es entstehen Spannungen und Risse, die, wenn die Hydratschicht um 1 mm dick war, zum Zerbröseln des gesamten Glases führen.

Das Verschwinden restlicher glasiger Teilchen soll im letzten Beispiel angesprochen werden. Dabei handelt es sich um die *Bioverträglichkeit* von Glas, die unter einem allgemeinen Gesichtspunkt hervorragend ist, denn einerseits ist die Auflösungsgeschwindigkeit gering und andererseits enthalten die Massengläser keine gefährlichen Komponenten. Der übliche Kontakt ist also unbedenklich.

Andere Gesichtspunkte sind aber zu beachten, wenn Glas in den Körper gelangt, was z.B. der Fall ist durch das Einatmen, wenn sich in der Luft sehr feine glasige Partikel befinden, die atemgängig sind, also kleiner als etwa 1 µm sind. Zur Untersuchung dieses Verhaltens wurden mit Conradt [843] Versuche mit silicatischen Fasern unterschiedlichen Typs durchgeführt, indem sie einer strömenden Flüssigkeit ausgesetzt wurden, die die Lungenflüssigkeit simulieren sollte. Im Eluat wurden die gelösten SiO_2-Mengen analysiert und daraus die Auflösungsgeschwindigkeiten berechnet. Für alle untersuchten künstlich hergestellten Glas- und Mineralfasern ergaben sich Werte von 0,2 bis 3,5 nm/d. (Asbestfasern zeigten wesentlich geringere Auflösungsgeschwindigkeiten.) Nimmt man Fasern mit 1 µm Durchmesser an, dann betragen die Verweilzeiten bis zur vollständigen Auflösung 0,4 bis 6,5 Jahre.

Diese relativ schnelle Auflösung, auch von Gläsern, die im üblichen Sinn eine hohe chemische Beständigkeit haben, ist auf die organischen Bestandteile der Versuchslösung zurückzuführen, die auch im Körper vorhanden sind, so daß eine Übertragbarkeit der Ergebnisse anzunehmen ist. Dem Glas ist damit eine weitere gute Eigenschaft zuzuschreiben, nämlich daß es danach eine gute Bioverträglichkeit aufweist. Natürlich gilt dies in dieser Form nur für die üblichen silicatischen Gläser.

3.9 Thermische Eigenschaften

Die Glasherstellung ist ein sehr wärmeintensiver Prozeß, so daß die thermischen Eigenschaften eine große Rolle spielen. Darüber hinaus ist für die Aufklärung der Natur des Glases besonders die Kenntnis der spezifischen Wärme sehr wichtig, die in diesem Abschnitt zusammen mit dem Wärmetransport behandelt werden soll.

3.9.1 Spezifische Wärme

Im Rahmen der thermodynamischen Betrachtungen im Abschn. 2.5.1 wurden bereits die Grundlagen der spezifischen Wärme behandelt. In der Anwendung bedient man sich immer der spezifischen Wärme bei konstantem Druck. Bezieht man sich dabei auf 1 g, wird dafür das kleine Zeichen c_p geschrieben. Dessen Produkt mit dem Molgewicht M stellt die Molwärme $C_p = c_p M$ dar.

In den früher angeführten Gln. (40) und (41) ist der Zusammenhang mit der Enthalpie bzw. dem Wärmeinhalt H angegeben. Bei der Temperaturabhängigkeit muß man beachten, ob man die spezifische Wärme bei einer bestimmten Temperatur betrachtet, die „wahre" spezifische Wärme c_p, oder die mittlere spezifische Wärme $\overline{c_p}$, wie sie sich meist bei der experimentellen Bestimmung ergibt. Erfolgt diese zwischen T_1 und T_2, dann gilt

$$\overline{c_p} = \frac{1}{T_2 - T_1} \int_{T_1}^{T_2} c_p \, dT = \frac{\Delta H_{T_1}^{T_2}}{\Delta T}.$$

Diese Gleichung zeigt die Möglichkeit, aus der mittleren spezifischen Wärme $\overline{c_p}$ die „wahre" spezifische Wärme c_p zu bestimmen.

3.9.1.1 Meßmethoden

Am häufigsten wird zur Bestimmung der spezifischen Wärme die *Mischungsmethode* angewendet. Man erhitzt die Probe vom Gewicht m auf T_a und läßt sie dann schnell in ein Flüssigkeitskalorimeter fallen. Beträgt der Temperaturanstieg ΔT und die Endtemperatur des Kalorimeters T_e, dann ist

$$\overline{c_p} = \frac{\Delta T \, W}{m(T_a - T_e)},$$

worin W den Wasserwert des Kalorimeters darstellt. Bei genaueren Messungen ist an ΔT die Regnault-Pfaundlersche Korrektur anzubringen. Es sind viele Variationen dieser Methode möglich, wobei besonders auf das *Metallkalorimeter* hingewiesen sei, bei dem die Probe anstatt in eine Flüssigkeit in einen Metallblock fällt.

Eine Möglichkeit, die wahre spezifische Wärme zu bestimmen, besteht darin, die in einem Kalorimeter befindliche Probe mit einer bestimmten Menge elektrischer Energie aufzuheizen und die Temperaturzunahme zu bestimmen. Aus beiden Werten kann man leicht die spezifische Wärme berechnen.

3.9.1.2 Abhängigkeit von der Temperatur

Vor der Behandlung des Einflusses der Zusammensetzung empfiehlt es sich, die Temperaturabhängigkeit zu betrachten. Die Grundlagen dafür sind bereits im Abschn. 2.5.1 geschildert worden. Es sei hier nur kurz wiederholt, daß am absoluten Nullpunkt die C_p-Werte Null betragen. Sie steigen dann an, um bei allen Substanzen den Wert

$$C_p \approx n \cdot 3R \approx n \cdot 26 \, \text{J}/(\text{mol K}) \tag{112}$$

zu erreichen. Darin ist R = Gaskonstante und n die Zahl der Atome in der Verbindung, also $n=3$ beim SiO_2.

Der in Gl. (112) angeführte Grenzwert wird bei um so tieferer Temperatur erreicht, je schwerer die in der Verbindung enthaltenen Elemente sind. Bild 52 zeigte, daß dies beim SiO_2-Glas erst bei 1 000 °C eintritt, dagegen beim As_2S_3-Glas schon bei 200 °C. Das gilt auch für andere Zusammensetzungen, wie Messungen der Temperaturabhängigkeit z.B. an Na_2O-SiO_2-Gläsern und -Schmelzen von Yageman und Matveev [1095], an weiteren binären Silicatschmelzen von Richet und Bottinga [771] und an handelsüblichen Gläsern von Coenen [143] zeigen.

3.9.1.3 Abhängigkeit von der Zusammensetzung

Die Ausführungen des vorstehenden Abschnitts weisen sofort darauf hin, in welcher Weise sich die Glaszusammensetzung auf die spezifische Wärme auswirkt. Zunächst sollte man dazu auf die Molwärme übergehen. Unterhalb T_g wird dann diese Molwärme mit steigendem mittlerem Molgewicht zunehmen. Dies kann man deutlich in der letzten Spalte der Tabelle 43 erkennen. Wenn man jedoch die Spalte der spezifischen Wärmen c_p betrachtet, dann kehrt sich durch den Einfluß des Molgewichts die Reihenfolge bei den binären Gläsern um. Gläser mit Komponenten mit noch höherem Atomgewicht haben deshalb noch geringere spezifische Wärmen. So hat z.B. ein Glas der Zusammensetzung (in Gew.-%) 40 SiO_2, 10 K_2O und 50 PbO eine mittlere spezifische Wärme (20 bis 100 °C) von etwa 0,50 J/(g K) (aber eine Molwärme von 72,5 J/(mol K)).

Gewichtsmäßige Darstellungen der spezifischen Wärme verwischen daher den Zusammenhang. Trotzdem wurde in Anlehnung an die Darstellung der anderen Eigenschaften in den Bildern 165a und b der Einfluß von Na_2O, MgO, CaO, ZnO, PbO, Al_2O_3 und B_2O_3 auf ein Natronsilicatglas dargestellt. Über Ergebnisse von kalorimetrischen Messungen an Boratgläsern berichten z.B. Shults u. M. [885].

Tabelle 43. Mittlere spezifische Wärmen und Molwärmen einiger Gläser (20 bis 100 °C)

Zusammensetzung (Mol-%)				$\bar{c}_p$	$\overline{M}$	$\overline{C}_p$
SiO_2	Li_2O	Na_2O	K_2O	J/(g K)	g/mol	J/(mol K)
100	–	–	–	0,76	60,0	45,5
75	25	–	–	1,00	52,5	52,5
75	–	25	–	0,87	60,5	52,7
75	–	–	25	0,79	68,5	54,2

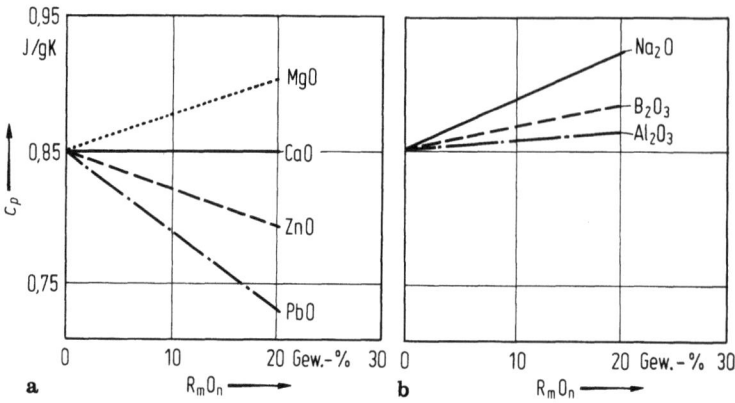

Bild 165a,b. Änderung der mittleren spezifischen Wärme $\overline{c_p}$ (20–100 °C) eines Na_2O–SiO_2-Glases (20–80 Gew.-%) beim gewichtsmäßigen Ersatz von SiO_2 durch andere Oxide (berechnet nach den Faktoren der Tabelle 44)

3.9.1.4 Berechnung aus der Zusammensetzung

Die verhältnismäßig klaren Einflüsse der einzelnen Komponenten auf die spezifische Wärme lassen eine Berechnung aus den Komponenten aussichtsreich erscheinen. Allerdings sind die exakten Gleichungen zu kompliziert. Wenn man sich außerdem auf Gew.-% bezieht, gehen noch weitere Zusammenhänge verloren, so daß man sich mit Näherungsgleichungen begnügen muß. Empirisch hat Winkelmann [1081] zuerst auf die Berechnungsmöglichkeiten nach

$$\overline{c_p} = \sum \overline{c_{p,i}} p_i \tag{113}$$

hingewiesen. Die Faktoren $\overline{c_{p,i}}$ enthält Tabelle 44. Die mit diesen Faktoren erhaltenen Werte stellen die mittleren spezifischen Wärmen für 16 bis 100 °C dar.

Es muß auch hier erwähnt werden, daß alle in Tabelle 44 angegebenen Faktoren von den Autoren für c_p in cal/(g K) abgeleitet wurden. Diese Faktoren wurden beibehalten. Man erhält c_p in J/(g K) durch Multiplikation des Ergebnisses mit 4,187.

Man kann von obiger einfachen Beziehung der Gl. (113) keine sehr große Genauigkeit erwarten. Letzteres ist eher der Fall oberhalb T_g, wo der Temperatureinfluß zu vernachlässigen ist. Gudovich und Primenko [343] haben deshalb für diesen Temperaturbereich neue Faktoren vorgeschlagen, die nach Gl. (113) zur wahren spezifischen Wärme oberhalb T_g führen. Allgemeiner ist eine Beziehung von Sharp und Ginther [865], die es erlaubt, mit jeweils zwei Faktoren die mittleren spezifischen Wärmen von 0 bis 1 300 °C zu berechnen nach

$$\overline{c_{p,0-T}} = \frac{T \sum a_i p_i + \sum c_i p_i}{0{,}00146\,T + 1}. \tag{114}$$

Tabelle 44 enthält diese Faktoren ebenfalls, die von Moore und Sharp in einer späteren Arbeit [625] verbessert wurden. Sie erlauben natürlich auch die Berechnung der Enthalpien nach

$$\Delta H_0^T = \overline{c_{p,0-T}}\,T = \frac{T^2 \sum a_i p_i + T \sum c_i p_i}{0{,}00146\,T + 1} \tag{115}$$

3.9 Thermische Eigenschaften

Tabelle 44. Faktoren zur Berechnung der spezifischen Wärmen von Gläsern aus der Zusammensetzung in Gew.-% (c_p ergibt sich danach in cal/(g K); durch Multiplikation mit 4,187 erhält man c_p in J/(g K))

Autor	Winkelmann [1081]	Sharp u. M. [625, 865]		Schwiete u. Ziegler [855]			
Zur Ber. von bei nach Gl.	$\overline{c_p}$ 16–100 °C (113)	$\overline{c_p}$ 0–T °C (114)	c_p T °C (116)	c_p T K (117)			
Faktor	$\overline{c_{pj}} \cdot 10^6$	$a_i \cdot 10^8$	$c_i \cdot 10^6$	$a_i \cdot 10^5$	$b_i \cdot 10^{10}$	d_i	$e_i \cdot 10^4$
Li$_2$O	5497	–	–	–	–	–	–
Na$_2$O	2674	829	2229	394	6260	179,0	18 292
K$_2$O	1860	445	1756	270	934	81,7	10 871
MgO	2439	514	2142	308	459	83,0	12 014
CaO	1903	410	1709	216	2290	53,4	8 445
BaO	673	–	–	–	–	–	–
B$_2$O$_3$	2272	598	1935	–	–	–	–
Al$_2$O$_3$	2074	453	1765	270	937	81,7	10 886
SiO$_2$	1913	468	1657	223	3060	57,4	8 841
P$_2$O$_5$	1902	–	–	–	–	–	–
SO$_3$	–	830	1890	–	–	–	–
ZnO	1248	–	–	–	–	–	–
PbO	512	13	490	–	–	–	–
Mn$_3$O$_4$[a]	–	294	1498	150	2370	9,68	5 048
Fe$_2$O$_3$[a]	–	380	1449	146	5390	19,3	5 488

[a] Anwendbar nur bis 600 °C.

oder der wahren spezifischen Wärmen nach

$$c_{p,T} = \frac{0{,}00146 T^2 \sum a_i p_i + 2T \sum a_i p_i + \sum c_i p_i}{(0{,}00146 T + 1)^2} . \quad (116)$$

In die Gln. (114) bis (116) ist die Temperatur in °C einzusetzen.

Für die etwas umständliche Gleichung zur Berechnung von ΔH_0^T haben Schwiete und Ziegler [855] eigene Faktoren zur Berechnung vorgeschlagen nach

$$\Delta H_{298}^T = T \sum a_i p_i + T^2 \sum b_i p_i + \frac{\sum d_i p_i}{T} - \sum e_i p_i$$

die nun ebenfalls sofort die wahren spezifischen Wärmen ergeben nach

$$c_{p,T} = \sum a_i p_i + 2T \sum b_i p_i - \frac{\sum d_i p_i}{T^2} . \quad (117)$$

Auch diese Faktoren, die sich jetzt auf T in K beziehen, sind in Tabelle 44 enthalten.

Der Berechnung nach Gl. (117) verwandt ist der Ansatz von Richet [770], der anhand von jeweils vier Faktoren die Molwärmen bis etwa 900 °C berechnen läßt nach

$$C_p = \frac{1}{100}\left(\sum a_i p_i + T \sum b_i p_i + \frac{\sum c_i p_i}{T^2} + \frac{\sum d_i p_i}{T^{1/2}} \right). \quad (118)$$

Tabelle 45. Faktoren zur Berechnung der Molwärmen von Gläsern aus der Zusammensetzung in Mol-% nach Gl. (118) (C_p ergibt sich danach in J/(mol K))

Oxid	a_i	$10^3 b_i$	$10^{-5} c_i$	d_i	Gültigkeits-bereich K
Na_2O	70,884	26,110	− 3,5820	0	270 ... 1170
K_2O	84,323	0,731	− 8,2980	0	270 ... 1190
MgO	46,704	11,220	−13,280	0	270 ... 1080
CaO	39,159	18,650	− 1,5230	0	270 ... 1130
Al_2O_3	175,491	− 5,839	−13,470	−1370,0	270 ... 1190
SiO_2	127,200	−10,777	4,3127	−1463,9	270 ... 1600
TiO_2	64,111	22,590	−23,020	0	300 ... 800
FeO	31,770	38,515	− 0,012	0	300 ... 800
Fe_2O_3	135,250	12,311	−39,098	0	300 ... 800

Tabelle 46. Vergleich zwischen experimentellen und berechneten spezifischen Wärmen (J/(g K)) an einem Wirtschaftsglas

Temperatur	exp. nach	berechnet nach				
	Hartmann [380]	Winkelmann [1081]	Sharp [625, 865]		Schwiete [855]	Richet [770]
	$\bar{c}_p$	$\bar{c}_p$	$\bar{c}_p$	c_p	c_p	c_p
20 ... 100	0,846	0,846	0,825			
100				0,913	0,921	0,898
20 ... 400	1,013	−	1,005			
400				1,18	1,16	1,11
20 ... 700	1,11	−	1,105			
700				1,29	1,28	1,21
20 ... 1000	1,17	−	1,17			
1000				1,35	1,38	−
20 ... 1300	1,23	−	1,22			
1300				1,38	1,47	−

Darin sind die p_i in Mol-% und die Temperaturen in K einzusetzen; die Faktoren a_i bis d_i bringt Tabelle 45.

Tabelle 46 bringt anschließend einige Beispiele für ein von Hartmann und Brand [380] gemessenes Wirtschaftsglas der Zusammensetzung (in Gew.-%) 75,2 SiO_2, 1,6 Al_2O_3, 8,4 CaO, 0,6 K_2O und 14,2 Na_2O. Der Vergleich zeigt, daß bei $\bar{c}_p$ recht gute Übereinstimmung zwischen den experimentellen und berechneten Werten besteht, daß aber die Werte der wahren spezifischen Wärmen recht unterschiedlich liegen.

3.9.1.5 Abhängigkeit von der Vorgeschichte

Da mit steigender Temperatur der Wärmeinhalt der Gläser zunimmt, werden abgeschreckte Gläser einen höheren Wärmeinhalt als gekühlte Gläser haben. Tempert man im Transformationsbereich bei konstanter Temperatur, dann nimmt der

Wärmeinhalt ab, wenn die fiktive Temperatur des Glases höher lag und umgekehrt. Der große Einfluß der Abkühl- bzw. Aufheizgeschwindigkeit auf die spezifischen Wärmen wurde bereits früher in Bild 53 am Beispiel des B_2O_3 gezeigt und erläutert. Chen und Kurkjian [133] haben dies durch weitere Messungen erhärtet. Oberhalb T_g ist allerdings kein Einfluß der thermischen Vorgeschichte mehr zu erwarten und auch nicht zu messen, worauf auch Richet und Bottinga [772] hinweisen.

3.9.2 Wärmetransport

Der Transport von Wärme kann in Gläsern durch Wärmeleitung und Wärmestrahlung erfolgen. Bei tiefen Temperaturen herrscht der erste, bei hohen Temperaturen der zweite Vorgang vor. Nach folgender Definitionsgleichung

$$dQ/dt = -\lambda\, F\, dT/dx$$

ist die Wärmeleitfähigkeit λ die Wärmemenge dQ, die in der Zeit dt senkrecht durch die Fläche F bei einem dort herrschenden Temperaturgefälle dT/dx fließt. Ihre Einheit ist daher W/(m K) ($=$ J/(s m K)). Manchmal findet man im Schrifttum andere Einheiten, in früheren Arbeiten vor allem die Kalorie. Es gelten dafür folgende Umrechnungen:

$$1 \text{W}/(\text{m K}) = 0{,}01\ \text{W}/(\text{cm K}),$$
$$= 0{,}002388\ \text{cal}/(\text{s cm K}),$$
$$= 0{,}8598\ \text{kcal}/(\text{h m K}).$$

Bei Messungen erhält man meist eine gesamte, *effektive Wärmeleitfähigkeit* λ_{eff}, die sich aus den Beiträgen der *reinen Wärmeleitfähigkeit* λ_l und der *Wärmestrahlung* λ_{st} zusammensetzt nach $\lambda_{\text{eff}} = \lambda_l + \lambda_{st}$. Oft wird λ_{eff} vereinfachend als Wärmeleitfähigkeit bezeichnet.

Die Wärmeübertragung in Festkörpern kann man mit der in Gasen vergleichen, wo sie durch den gegenseitigen Stoß der Moleküle erfolgt und

$$\lambda_{\text{gas}} = \frac{1}{3} c\, v\, l$$

beträgt mit $c=$ spezifische Wärme pro Volumeneinheit, $v=$ Geschwindigkeit der Moleküle und $l=$ deren mittlere freie Weglänge. In Festkörpern sind die Teilchen nicht frei, führen aber Gitterschwingungen aus, die, da sie anharmonisch sind, Wärme in Form von Gitterwellen übertragen können. Wenn man in Analogie zu den Photonen bei den elektromagnetischen Wellen diese Gitterwellen als Phononen auffaßt, dann ergibt sich analog für die *reine Wärmeleitfähigkeit*

$$\lambda_l = \frac{1}{3} c\, v_p\, l_p, \tag{119}$$

worin jetzt $v_p=$ Geschwindigkeit der Phononen und $l_p=$ deren mittlere freie Weglänge ist.

Demgegenüber beträgt die *Strahlungsleitfähigkeit*

$$\lambda_{st} = \frac{16}{3}\sigma\, n^2\, T^3\, l_{st}, \tag{120}$$

worin $\sigma =$ Stefan-Boltzmannsche Konstante, $n =$ Brechzahl und $l_{st} =$ mittlere freie Weglänge, jetzt der Photonen. Letzterer Wert ist mit dem Absorptionskoeffizienten verbunden. n und l_{st} gelten für die Wellenlängen der jeweiligen Temperaturstrahlung, die im infraroten Gebiet liegt.

3.9.2.1 Meßmethoden

Das gleichzeitige Vorliegen zweier Einflüsse gestaltet die Messung einer der beiden Größen allein recht schwierig. Meistens wird die Größe λ_{eff} gemessen. Beim *Einplattenverfahren* wird die plattenförmige Probe einseitig beheizt, während sich auf der anderen Seite ein Kühlkörper befindet. Aus der Temperaturdifferenz zwischen den beiden Oberflächen des Prüfkörpers läßt sich die Wärmeleitfähigkeit berechnen. Analog arbeitet das *Zweiplattenverfahren*, bei dem die Heizung zwischen zwei Prüfplatten eingebaut wird. Beim Hohlzylinderverfahren befindet sich die zu prüfende Substanz zwischen zwei konzentrischen Rohren, und die Wärme fließt radial von innen nach außen. Die wichtigsten Methoden zur Messung der Wärmeleitfähigkeit von Gläsern und Glasschmelzen wurden von einem Ausschuß der Internationalen Glaskommission [1139] zusammengestellt. Wenn man die IR-Spektren bei den entsprechenden Temperaturen kennt, kann man von der effektiven Wärmeleitfähigkeit den Strahlenanteil abziehen und die reine Wärmeleitfähigkeit erhalten, wie es z.B. Kunc und Lallemand [517] vorschlagen.

3.9.2.2 Abhängigkeit von der Temperatur

Anhand der Gln. (119) und (120) lassen sich die wichtigsten Einflüsse erkennen. Bei sehr tiefen Temperaturen geht sowohl λ_{st} (wegen T) als auch λ_l gegen Null, letzteres wegen der Proportionalität mit der spezifischen Wärme c. Diese Größe bestimmt auch

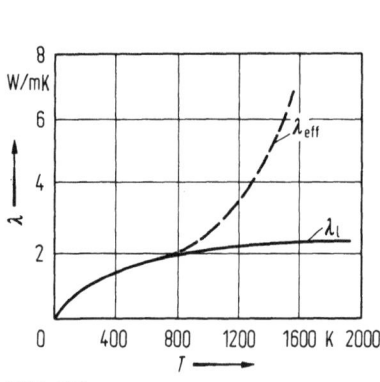

Bild 166

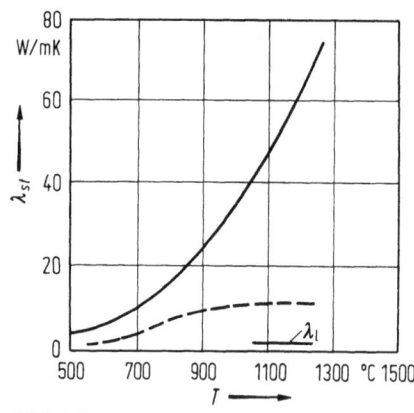

Bild 167

Bild 166. Temperaturabhängigkeit der Wärmeleitfähigkeit λ des SiO_2-Glases. λ_l: reine Wärmeleitfähigkeit; λ_{eff}: gesamter Wärmetransport

Bild 167. Berechnete Strahlungsleitfähigkeit λ_{st} eines Wirtschaftsglases (———) und eines Grünglases (– – –) nach Genzel [308]. (λ_l zeigt die Größe der reinen Wärmeleitfähigkeit bei tieferen Temperaturen)

3.9 Thermische Eigenschaften 337

den ersten Anstieg, wird aber dann praktisch konstant. Demgegenüber sind die Einflüsse von v_p und l_p gering. Bei sehr tiefer Temperatur erreicht zwar die mittlere freie Weglänge l_p Größenordnungen um 1 μm, sinkt jedoch mit steigender Temperatur schnell ab, um bereits bei Raumtemperatur nahezu konstante Werte unter 1 nm zu erreichen. Damit wird insgesamt der Anteil der *reinen Wärmeleitung* ab etwa 500 K fast konstant. Große Änderungen findet man in der Nähe des absoluten Nullpunktes, was auch wegen der damit verbundenen theoretischen Überlegungen zu mehreren Untersuchungen geführt hat und bereits im Abschn. 2.5.1 erwähnt wurde.

Die starke Temperaturabhängigkeit der *Strahlungsleitfähigkeit* λ_{st} ergibt sich vor allem aus der T^3-Proportionalität. Das hat zur Folge, daß sie ab etwa 700 K bestimmend wird, wie Bild 166 am Beispiel des Kieselglases zeigt. Die anderen Größen erlauben die direkte Berechnung von λ_{st}, wenn, wie bereits oben angeführt, das Spektrum im entsprechenden Wellenlängenbereich für die jeweiligen Temperaturen bekannt ist. Dies zeigt Bild 167 für zwei handelsübliche Gläser nach Genzel [308]. Es läßt erkennen, daß oberhalb 1 300 K der Anteil der reinen Wärmeleitfähigkeit kaum noch ins Gewicht fällt.

3.9.2.3 Abhängigkeit von der Zusammensetzung

Der Einfluß der Zusammensetzung muß ebenfalls getrennt nach Wärme- und Strahlungsleitfähigkeit betrachtet werden. Bei *hohen Temperaturen* wird der Wärmetransport durch die Strahlung und damit durch die optischen Eigenschaften im nahen Infrarot bestimmt. Das zeigt auch Bild 167, wo das Grünglas wegen der durch das zweiwertige Eisen hervorgerufenen Bande bei 1,1 μm eine wesentlich geringere Strahlungsleitfähigkeit hat.

Bei *tiefen Temperaturen* herrscht die reine Wärmeleitfähigkeit vor, deren Abhängigkeit von der Zusammensetzung man anschaulich über die Bindefestigkeit diskutieren kann; denn die Wärmeleitfähigkeit wird um so besser sein, je fester die Bindungen sind. Deshalb ist bei der Einführung von Alkalien eine Erniedrigung der Wärmeleitfähigkeit zu erwarten, was auch allgemein der Fall ist. Ein Mischalkalieffekt wird nach Terai u. M. [960] nicht beobachtet, übrigens auch nicht bei der spezifischen Wärme, aber es macht sich eine Schwächung der Struktur beim Ersatz von Na_2O durch K_2O

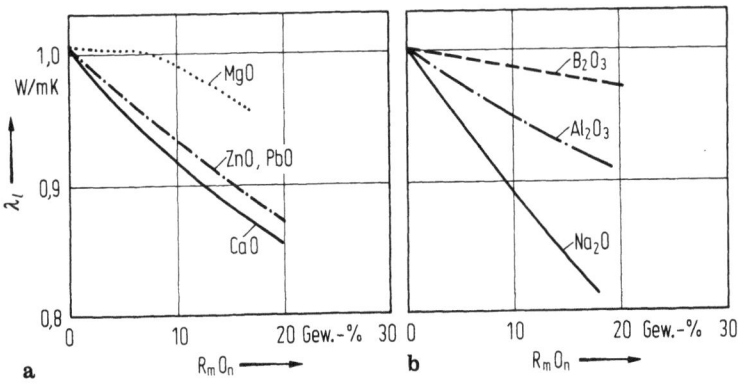

Bild 168a,b. Änderung der Wärmeleitfähigkeit λ_l bei 0 °C eines Na_2O-SiO_2-Glases (18–82 Gew.-%) beim gewichtsmäßigen Ersatz von SiO_2 durch andere Oxide nach Russ [795]

oder von CaO durch BaO in einer Erniedrigung von λ bemerkbar. Die Bilder 168a und b verdeutlichen den Einfluß des Ersatzes von SiO_2 durch andere Oxide.

3.9.2.4 Berechnung aus der Zusammensetzung

Die Abhängigkeit der Wärmeleitfähigkeit von der Bindefestigkeit muß eine Berechnung aus der Zusammensetzung ermöglichen. Dieser Weg wurde schon frühzeitig beschritten, wie in den früheren Ausgaben dieses Buches gezeigt wurde. Ratcliffe [752] hat sich dann des einfachen additiven Ansatzes

$$\lambda = 10^{-3} \sum \lambda_i p_i \qquad (121)$$

bedient. Die Faktoren λ_i für die einzelnen Oxide wurden von Ammar u. M. [15] überarbeitet und ergänzt; sie sind in Tabelle 47 angeführt. Dort findet man auch die analog von Primenko [732] abgeleiteten Faktoren.

Zum Vergleich sei angeführt, daß für ein Kalk-Natronsilicatglas der Zusammensetzung (in Gew.-%) 72 SiO_2, 15 Na_2O, 11 CaO und 2 Al_2O_3 bei 30 °C eine Wärmeleitfähigkeit von 1,05 W/(m K) gemessen wurde. Mit den Faktoren von Ammar u. M. [15] errechnet man für diese Temperatur 1,06 W/(m K), mit denen von Primenko [732] 1,02 W/(m K) bei 0 °C (und 1,46 W/(m K) bei 300 °C).

Überschlagsmäßig kann man nach Ratcliffe [752] die Wärmeleitfähigkeit aus der Dichte ϱ eines Glases nach

$$\lambda = a/\varrho + b$$

berechnen. Für die Temperaturen von 0 und 100 °C gelten dabei für die Konstanten a und b die Wertepaare 2,09 und 0,17 sowie 2,30 und 0,21. Für obiges Kalk-Natronsilicatglas ergibt sich danach mit einer berechneten Dichte von 2,458 g/cm³ eine

Tabelle 47. Faktoren zur Berechnung der Wärmeleitfähigkeit von Gläsern in W/(m K) aus der Zusammensetzung in Gew.-% nach Gl. (121)

Oxid	Ammar u. M [15] 30 °C	Primenko [732] 0 °C	300 °C	600 °C
Li_2O	− 9,29	−	−	−
Na_2O	− 4,79	− 5,17	7,86	18,83
K_2O	2,17	2,17	6,16	13,89
MgO	21,73	23,42	16,73	18,36
CaO	13,06	12,37	8,72	8,19
SrO	8,63	−	−	−
BaO	2,89	1,86	4,42	10,07
B_2O_3	8,216	11,96	10,56	8,37
Al_2O_3	13,61	12,98	7,35	4,07
SiO_2	13,33	12,99	17,15	21,59
TiO_2	−31,38	13,53	15,64	18,01
ZnO	8,00	7,93	0,44	−11,87
PbO	2,68	2,97	4,12	9,23

Wärmeleitfähigkeit von 1,02 W/(m K) bei 0 °C, was sich sehr gut dem experimentellen Wert anpaßt.

Es wurde bereits oben erwähnt, daß man bei Kenntnis der Spektren auch die Strahlungsleitfähigkeit berechnen kann. Blažek u. M. [79] haben diese Methode bei einigen Gläsern vom Tafelglastyp angewandt und dabei gefunden, daß es im Bereich dieser Zusammensetzungen möglich ist, mit entsprechenden Faktoren die Strahlungsleitfähigkeit aus der Zusammensetzung zu berechnen.

Literaturverzeichnis

1 Abe, T.: Borosilicate glasses. J. Am. Ceram. Soc. 35 (1952) 284–299
2 Abe, Y.; Arahori, T.; Naruse, A.: Crystallization of $Ca(PO_3)_2$ glass below the glass transition temperature. J. Am. Ceram. Soc. 59 (1976) 487–490
3 Ackerman, D. A.; u.a.: Low-temperature thermal expansion of disordered solids. Phys. Rev. B 29 (1984) 966–975
4 Acloque, P.; Le Clerc, P.; Ehrmann, P.: Etude des couches polies au moyen d'echanges ioniques superficiels. In: Compte rendu du colloque U.S.C.V. sur la nature des surfaces vitreuses polies. Charleroi: Union Scientifique Continentale du Verre 1960, 43–63
5 Acloque, P.; Tochon, J.: Mesure de la résistance mécanique du verre après renforcement. In: Symposium sur la résistance mécanique du verre et les moyens de l'améliorer. Charleroi: Union Scientifique Continentale du Verre 1962, 687–704
6 Acocella, J.; Tomozawa, M.; Watson, E.B.: The nature of dissolved water in sodium silicate glasses and its effect on various properties. J. Non-Cryst. Solids 65 (1984) 355–372
7 Adam, G.; Gibbs, J.H.: On the temperature dependence of cooperative relaxation properties in glass-forming liquids. J. Chem. Phys. 43 (1965) 139–146
8 Adams, R.; McMillan, P.W.: The decoration of surface flaws in glass. J. Mater. Sci. 12 (1977) 2544–2546
9 Adler, D.: Semiconducting glasses. J. Non-Cryst. Solids 73 (1985) 205–214
10 Ainsworth, L.: The diamond pyramid hardness of glass in relation to the strength and structure of glass. J. Soc. Glass Technol. 38 (1954) 479–547
11 Akhtar, S.; Cable, M.: Some effects of atmosphere and minor constituents on the surface tension of glass melts. Glass Technol. 9 (1968) 145–151
12 Aksay, I.A.; Pask, J.A.; Davis, R.F.: Densities of $SiO_2-Al_2O_3$ melts. J. Am. Ceram. Soc. 62 (1979) 332–336
13 Alekseeva, Z.D.; u.a.: Refining the liquid-phase separation dome in the $Na_2O-B_2O_3-SiO_2$ system. Sov. J. Glass Phys. Chem. 3 (1977) 106–112
14 Alper, A.M. (Ed.): Phase diagrams. Materials science and technology. New York, London: Academic Press 1970 bis 1978
15 Ammar, M.M.; u.a.: Thermal conductivity of silicate and borate glasses. J. Am. Ceram. Soc. 66 (1983) C76–C77
16 Anderegg, F.O.: Strength of glass fibre. Ind. Eng. Chem. 31 (1939) 290–298
17 Anderson, O.L.; Stuart, D.A.: Calculation of activation energy of ionic conductivity in silica glasses by classical methods. J. Am. Ceram. Soc. 37 (1954) 573–580
18 Andrade, E.N. da C.; Tsien, L.C.: On surface cracks in glasses. Proc. Roy. Soc. A 159 (1937) 346–354
19 Andryukhina, T.D.: Relationship between chemical resistance of glass and cooling rate. Glass Ceram. 23 (1966) 576–578
20 Angell, C.A.: Oxide glasses in light of the „ideal glass" concept. J. Am. Ceram. Soc. 51 (1968) 117–134
21 Anisimov, Y.S.; Grits, E.F.; Mitin, B.S.: Surface tension and density of melts of the systems $Al_2O_3-SiO_2$ and $Al_2O_3-Cr_2O_3$. Inorg. Mater. 13 (1977) 1168–1170
22 Appen, A.A.: Berechnung der optischen Eigenschaften, der Dichte und des Ausdehnungskoeffizienten von Silikatgläsern aus ihrer Zusammensetzung. Ber. Akad. Wiss. UdSSR 69 (1949) 841–844
23 Appen, A.A.: Versuch zur Klassifizierung von Komponenten nach ihrem Einfluß auf die Oberflächenspannung von Silikatschmelzen. Silikattechnik 5 (1954) 11–12

24 Appen, A.A.: Some „anomalies" in the properties of glass. Travaux du IVe congrès international du verre, Paris 1956, 36—40
25 Appen, A.A.: Chemie des Glases. 2. Aufl. Leningrad: Verlag Chemie 1974
26 Appen, A.A.; Bresker, R.I.: Abhängigkeit der Dielektrizitätskonstante und des Verlustwinkels von Silikatgläsern von ihrer Zusammensetzung. J. Tech. Phys. USSR 22 (1952) 946—954
27 Appen, A.A.; Galakhov, F. Ya.: Nonuniformities in glass and the basic principles of its structure. Sov. J. Glass Phys. Chem. 3 (1977) 377—384
28 Appen, A.A.; Kozlovskaya, E.I.; Fu—Si, H.: Untersuchung der elastischen und akustischen Eigenschaften von Silikatgläsern. J. Angew. Chem. UdSSR 34 (1961) 975—981
29 Araujo, R.J.: Photochromic glass. In: [982], Vol. 12, 91—122
30 Araujo, R.J.: A statistical mechanical model for chemical disorder in interacting systems: application to phase separation in alkali silicates, alkaline earth silicates and alkaline earth aluminosilicates. J. Non-Cryst. Solids 55 (1983) 257—267
31 Araujo, R.J.: Statistical mechanics of chemical disorder: application to alkali borate glasses. J. Non-Cryst. Solids 58 (1983) 201—208
32 Araujo, R.J.: Theoretical prediction of the effect of silica on the formation of BO_4 tetrahedra. J. Non-Cryst. Solids 81 (1986) 251—254
33 Armistead, W.H.; Stookey, S.D.: Photochromic silicate glasses sensitized by silver halides. Science 144 (1964) 150—154
34 Aslanova, M.S.; Chernov, V.A.; Kulakov, L.F.: Investigation of the viscosity and crystallization of quartz glasses with alloying aluminum oxide admixtures. Glass Ceram. 31 (1974) 409—411
35 Avrami, M.: Kinetics of phase change. J. Chem. Phys. 7 (1939) 1103—1112; 8 (1940) 212—224; 9 (1941) 177—184
36 Bach, H.: Oberflächen- und Dünnschichtanalysen an Glasoberflächen und Oberflächenbelägen. Glastech. Ber. 56 (1983) 1—18, 29—46, 55—62
37 Bach, H.; Baucke, F.G.K.: Investigation of glasses using surface profiling by spectrochemical analysis of sputter-induced radiation. J. Am. Ceram. Soc. 65 (1982) 527—539
38 Bacon, F.R.; Raggon, F.C.: Promotion of attack on glass and silica by citrate and other anions in neutral solution. J. Am. Ceram. Soc. 42 (1959) 199—205
39 Baer, D.R.; Pederson, L.R.; McVay, G.L.: Glass reactivity in aqueous solutions. J. Vac. Sci. Tech. A2 (1984) 738—743
40 Baldwin, C.M.; Almeida, R.M.; Mackenzie, J.D.: Halide glasses. J. Non-Cryst. Solids 43 (1981) 309—344
41 Bamford, C.R.: A study of the magnetic properties of iron in relation to its colouring action in glass. Phys. Chem. Glasses 1 (1960) 159—169; 2 (1961) 163—168; 3 (1962) 54—57
42 Bamford, C.R.: The application of the ligand field theory to coloured glasses. Phys. Chem. Glasses 3 (1962) 189—202
43 Bamford, C.R.: Colour generation and control in glass. Amsterdam, Oxford, New York: Elsevier Scientific 1977
44 Bando, Y.; Ito, S.; Tomozawa, M.: Direct observation of crack tip geometry of SiO_2 glass by high-resolution electron microscopy. J. Am. Ceram. Soc. 67 (1984) C36—C37
45 Bansal, N.P.; Doremus, R.H.: Handbook of glass properties. Orlando, etc.: Academic Press 1986
46 Baranovskii, V.I.; u.a.: Method of quantum-chemical calculation for the structural units of alkali silicate and aluminosilicate glasses. Inorg. Mater. 10 (1974) 1769—1771
47 Barkatt, A.; u.a.: Effects of metals and metal oxides on the leaching of nuclear waste glasses. Mat. Res. Soc. Symp. Proc. 26 (1984) 689—696
48 Barrau, B.; u.a.: Glass formation, structure, and ionic conduction in the Na_2S-GeS_2 system. J. Non-Cryst. Solids 37 (1980) 1—14
49 Bart, G.; u.a.: Borosilicate glass corrosion in the presence of steel corrosion products. Mat. Res. Soc. Symp. Proc. 84 (1987) 459—470
50 Bartenev, G.M.: The structure and strength of glass fibers. J. Non-Cryst. Solids 1 (1968) 69—90
51 Bartenev, G.M.: The structure and mechanical properties of inorganic glasses. Groningen: Wolters-Nordhoff Publ. 1970
52 Bartenev, G.M.; Rasumowskaja, I.W.; Sanditow, D.S.: Untersuchung der Deformierbarkeit anorganischer Gläser mittels der Mikroeindruckmethode. Silikattechnik 20 (1969) 89—93

53 Bartenev, G.M.; Sanditov, D.S.: The strength and some mechanical and thermal characteristics of high-strength glasses. J. Non-Cryst. Solids 48 (1982) 405–421
54 Bartenev, G.M.; Scheglova, N.N.: High-temperature relaxation mechanisms in inorganic glasses. J. Non-Cryst. Solids 37 (1980) 285–298
55 Bartenev, G.M.; u.a.: Molekularkinetische Prozesse in Schmelzen anorganischer Gläser im Transformationsbereich. Silikattechnik 23 (1972) 155–159
56 Bartholomew, R.F.: Water in glass. In: [982], Vol. 22, 75–127
57 Bartholomew, R.F.: High-water containing glasses. J. Non-Cryst. Solids 56 (1983) 331–342
58 Bartholomew, R.F.; Garfinkel, H.N.: Chemical strengthening of glass. In: [1004], Vol. 5, 217–270
59 Bartholomew, R.F.; u.a.: Degradable glass suitable for containers. US Pat. 3, 811, 853 (1974)
60 Bassine, J.F.; u.a.: Redox buffering by sulphate and carbonate during the melting of reduced soda-lime-silica glasses. Glass Technol. 28 (1987) 50–56
61 Bates, T.: Ligand field theory and absorption spectra of transitionmetal ions in glasses. In: Modern aspects of the vitreous state. Mackenzie, J.D. (Ed.). London: Butterworths 1962, Vol. 2, 195–254
62 Baucke, F.G.K.: The glass electrode – applied electrochemistry of glass surfaces. J. Non-Cryst. Solids 73 (1985) 215–231
63 Baud, G.; Besse, J.-P.: Superionic conducting glasses: glass formation and conductivity in the system $Ag_2S-AgPO_3$. J. Am. Ceram. Soc. 64 (1981) 242–244
64 Beales, K.J.; Day, C.R.: A review of glass fibres for optical communications. Phys. Chem. Glasses 21 (1980) 5–21
65 Beall, G.H.; Duke, D.A.: Glass-ceramic technology. In: [1004], Vol. 1, 403–445
66 Beck, H.; Güntherodt, H.-J. (Ed.): Glassy metals I+II. Berlin, Heidelberg, New York: Springer 1981+1983
67 Belyustin, A.A.: Concentration distribution of ions in the surface layers of alkali silicate glasses treated with aqueous solutions. Sov. J. Glass Phys. Chem. 7 (1981) 169–188
68 Belyustin, A.A.; Shults, M.M.: Interdiffusion of cations and the accompanying processes in the surface layers of alkali silicate treated with aqueous solutions. Sov. J. Glass Phys. Chem. 9 (1983) 1–24
69 Belyustin, A.A.; u.a.: Study of the surface layers of a glass by IR-reflection spectroscopy. Sov. J. Glass Phys. Chem. 12 (1986) 382–387
70 Berjoan, R.; Coutures, J.-P.: Solubilité de CO_2 dans les liquides du système binaire Na_2O-SiO_2. Rev. Int. Hautes Temp. Refract. 20 (1983) 115–127
71 Bernheim, P.; Chaklader, A.C.D.: Viscosities of phase-separated glasses. J. Non-Cryst. Solids 5 (1971) 328–350
72 Bershtein, V.A.; Emel'yanov, Yu.A.; Stepanov, V.A.: Hydrolytic depolymerization of the surface layers of vitreous silicas. Sov. J. Glass Phys. Chem. 4 (1978) 475–482
73 Bershtein, V.A.; Emel'yanov, Yu.A.; Stepanov, V.A.: Effect of the structural mobility of the surface layer on the strength of alkali silicate glasses. Sov. J. Glass Phys. Chem. 9 (1983) 53–60
74 Bershtein, V.A.; u.a.: Reducing the susceptibility to mechanical damage of high-strength glass. Sov. Phys. Dokl. 18 (1974) 730–732
75 Besborodov, M.A.: Glassy systems and the problem of glass structure. In: [720], Vol. 2, 46–49
76 Besborodov, M.A.: Chemische Beständigkeit der Silicatgläser (Orig. russ.). Minsk: Verlag Wissenschaft und Technik 1972
77 Bicerano, J.; Ovshinsky, S.R.: Chemical bond approach to glass structure. J. Non-Cryst. Solids 75 (1985) 169–176
78 Bihuniak, P.P.; Calabrese, A.; Erwin, E.M.: Effect of trace impurity levels on the viscosity of vitreous silica. J. Am. Ceram. Soc. 66 (1983) C134–C135
79 Blažek, A.; u.a.: Strahlungswärmeleitfähigkeit von Glas – Einfluß der Glaszusammensetzung auf seine Wärmedurchlässigkeit. Glastech. Ber. 49 (1976) 75–81
80 Bockris, J.O'M.; White, J.L.; Mackenzie, J.D.: Physicochemical measurements at high temperatures. London: Butterworths 1959
81 Boesch, L.P.; Moynihan, C.T.: Effect of thermal history on conductivity and electrical relaxation in alkali silicate glasses. J. Non-Cryst. Solids 17 (1975) 44–60

82 Boesch, L.P.; Napolitano, A.; Macedo, P.B.: Spectrum of volume relaxation times in B_2O_3. J. Am. Ceram. Soc. 53 (1970) 148–153
83 Boilot, J.P.; Colomban, Ph.: Sodium and lithium superionic gels and glasses. J. Mater. Sci. Lett. 4 (1985) 22–24
84 Boksay, Z.; Bouquet, G.; Dobos, S.: The kinetics of the formation of leached layers on glass surfaces. Phys. Chem. Glasses 9 (1968) 69–71
85 Boksay, Z.; Varga, M.; Wikby, A.: Surface conductivity of leached glass. J. Non-Cryst. Solids 17 (1975) 349–358
86 Bolgov, A.T.; Chernyshov, A.V.: Dilatometric studies of binary alkali silicate glasses in the low-temperature region. Sov. J. Glass Phys. Chem. 8 (1982) 460–462
87 Bondi, A.: Organic glasses (Molecular glasses). In: [1004], Vol. 1, 339–363
88 Bonetti, G.; Salvagno, L.: Utilizzazione di un metodo matematico-statistico per il calcolo dell'indice di refrazione dei vetri „sonoro superiore" in funzione della loro composizione chimica. Riv. Stn. Sper. Vetro 13 (1983) 99–108
89 Boulos, E.N.; Kreidl, N.J.: Water in glass: a review. J. Canad. Ceram. Soc. 41 (1972) 83–90
90 Boulos, E.N.; Smith, J.W.; Moynihan, C.T.: Rapid and accurate measurements of electrical resistivity on glass melts. Glastech. Ber. 56K (1983) 509–514
91 Bradt, R.C.; u.a. (Ed.): Fracture mechanics of ceramics. New York, London: Plenum Press, Vol. 1 (1974) bis Vol. 8 (1986)
92 Bragina, G.I.; Anfilogov, V.N.: Phase relationships in the Na_2O-SiO_2-NaF and Na_2O-SiO_2-NaCl vitreous systems. Sov. J. Glass Phys. Chem. 3 (1977) 441–444
93 Braginskii, K.I.: Calculation of the viscosity of glass as a function of temperature. Glass Ceram. 30 (1973) 451–454
94 Brawer, S.: The low temperature properties of vitreous silica. Phys. Chem. Glasses 16 (1975) 2–12
95 Brawer, St.: Relaxation in viscous liquids and glasses. Columbus (Ohio): Am. Ceram. Soc. 1985
96 Bray, P.J.: Nuclear magnetic resonance studies of glass structure. J. Non-Cryst. Solids 73 (1985) 19–45
97 Bray, P.J.; O'Keefe, J.G.: Nuclear magnetic resonance investigations of the structure of alkali borate glasses. Phys. Chem. Glasses 4 (1963) 37–46
98 Bridgman, P.W.; Simon, I.: Effect of very high pressure on glass. J. Appl. Phys. 24 (1953) 405–413
99 Brinker, C.J.; Clark, D.E.; Ulrich, D.R. (Ed.): Better ceramics through chemistry. Mat. Res. Soc. Symp. Proc. 32 (1984); 73 (1986)
100 Brinker, C.J.; Drotning, W.D.; Scherer, G.W.: A comparison between the densification kinetics of colloidal and polymeric silica gels. Mat. Res. Soc. Symp. Proc. 32 (1984) 25–32
101 Brinker, C.J.; Haaland, D.M.: Oxynitride glass formation from gels. J. Am. Ceram. Soc. 66 (1983) 758–765
102 Brinker, C.J.; Scherer, G.W.: Sol→gel→glass: I. Gelation and gel structure. J. Non-Cryst. Solids 70 (1985) 301–322
103 Brinker, C.J.; u.a.: Sol-gel transition in simple silicates. J. Non-Cryst. Solids 48 (1982) 47–64; 63 (1984) 45–59
104 Brinker, C.J.; u.a.: Relationships between sol to gel and gel to glass conversions: structure of gels during densification. In: [395], 37–51
105 Brow, R.K.: Oxidation states of chromium dissolved in glass determined by X-ray photoelectron spectroscopy. J. Am. Ceram. Soc. 70 (1987) C129–C131
106 Brückner, R.: Charakteristische physikalische Eigenschaften der oxydischen Hauptglasbildner und ihre Beziehung zur Struktur der Gläser. Glastech. Ber. 37 (1964) 413–425, 459–475, 500–505, 536–548
107 Brückner, R.: Properties and structure of vitreous silica. J. Non-Cryst. Solids 5 (1970) 123–175, 177–216
108 Brückner, R. (Hrsg.): Nahordnungsfelder in Gläsern. Fachausschußber. Dtsch. Glastech. Ges. 70 (1974)
109 Brückner, R.: Viskosität und Nahordnung in Gläsern. In: [108], 4–27
110 Brückner, R.: Response and structure of glass melts under extreme forming processes. J. Non-Cryst. Solids 73 (1985) 421–449

111 Brückner, R.; Chun, H.-U.; Goretzki, H.: Photoelectron spectroscopy (ESCA) on alkali silicate- and soda aluminosilicate glasses. Glastech. Ber. 51 (1978) 1−7
112 Brückner, R.; Demharter, G.: Systematische Untersuchungen über die Anwendbarkeit von Penetrationsviskosimetern. Glastech. Ber. 48 (1975) 12−18
113 Brückner, R.; Käs, H.H.: Induzierte Orientierungsdoppelbrechung und struktureller Aufbau von Glasschmelzen. Glastech. Ber. 38 (1965) 473−487
114 Brückner, R.; Stockhorst, H.: Influence of mechanical and thermal prehistory on the structure of glass fibers. J. Phys. 46, Suppl. 12, Coll. C8 (1985) 527−531
115 Buckwalter, C.Q.; Pederson, L.R.: Inhibition of nuclear waste glass leaching by chemisorption. J. Am. Ceram. Soc. 65 (1982) 431−436
116 Buckwalter, C.Q.; Pederson, L. R.; McVay, G.L.: The effects of surface area to solution volume ratio and surface roughness on glass leaching. J. Non-Cryst. Solids 49 (1982) 397−412
117 Budov, V.M.; Kruchinin, Yu. D.; Solinov, F.G.: The effect of fluorine additions and substitution of potassium oxide for sodium oxide on the surface tension of sheet glass during forming. Glass Ceram. 22 (1965) 660−662
118 Bunker, B.C.: Solution chemistry of silicate and borate materials. Mat. Res. Soc. Symp. Proc. 73 (1986) 49−56
119 Bunker, B.C.: Waste glass leaching: chemistry and kinetics. Mat. Res. Soc. Symp. Proc. 84 (1987) 493−507
120 Bunker, B.C.; Headley, T.J.; Douglas, S.C.: Gel structures in leached alkali silicate glass. Mat. Res. Soc. Symp. Proc. 32 (1984) 41−46
121 Bunker, B.C.; u.a.: The effect of molecular structure on borosilicate glass leaching. J. Non-Cryst. Solids 87 (1986) 226−253
122 Burnett, D.G.; Douglas, R.W.: Liquid-liquid phase separation in the soda-lime-silica system. Phys. Chem. Glasses 11 (1970) 125−135
123 Cahn, J.W.: The later stages of spinodal decomposition and the beginnings of particle coarsening. Acta Metall. 14 (1966) 1685−1692
124 Cahn, J.W.: The metastable liquidus and its effect on the crystallization of glass. J. Am. Ceram. Soc. 52 (1969) 118−121
125 Cahn, R.W.: Metallic glasses − some current issues. J. Phys. 43, Suppl. 12, Coll. C9 (1982) 55−66
126 Cahn, J.W.: Charles R.J.: The initial stages of phase separation in glasses. Phys. Chem. Glasses 6 (1965) 181−191
127 Champomier, F.; Métras, J.-C.: Détermination du diagramme (K_1, V) pour les verres sodocalciques. Verres Refract. 33 (1979) 858−863
128 Charles, R.J.: Static fatigue of glass. J. Appl. Phys. 29 (1958) 1549−1560
129 Charles, R.J.: A review of glass strength. In: Progress in ceramic science. Burke, J.E. (Ed.). Oxford, etc.: Pergamon 1961, Vol. 1, 1−38
130 Charles, R.J.: Activities in Li_2O-, Na_2O-, and K_2O-SiO_2 solutions. J. Am. Ceram. Soc. 50 (1967) 631−641
131 Charles, R.J.; Wagstaff, F.E.: Metastable immiscibility in the $B_2O_3-SiO_2$ system. J. Am. Ceram. Soc. 51 (1968) 16−20
132 Chaudhari, P.; Turnbull, D.: Structure and properties of metallic glasses. Science 199 (1978) 11−21
133 Chen, H.S.; Kurkjian, C.R.: Sub-sub-T_g enthalpy relaxation in a B_2O_3 glass. J. Am. Ceram. Soc. 66 (1983) 613−619
134 Cheng, J.-J.; Fan, M.-X.: The effect of fluorine ions and hydroxyl groups on some properties of silicate glasses. In: 14. Int. Congr. Glass, Indian Ceram. Soc., Calcutta, 1986, Vol. 2, 225−232
135 Chermant, J.L.; Osterstock, F.; Vadam, G.: Utilisation de la mécanique de la rupture dans le cas des matériaux fragiles. Verres Refract. 33 (1979) 843−857
136 Chowdhury, M. R.; Dore, J.C.; Montague, D.G.: Neutron diffraction studies and CRN model of amorphous ice. J. Phys. Chem. 87 (1983) 4037−4039
137 Clark, D.E.; Pantano, C.G.; Hench, L.L.: Corrosion of glass. New York: Books for the industry and the glass industry 1979

138 Clavaguera, N.; Clavaguera-Mora, M.T.; Onrubia, J.: Thermodynamic predictions of the formation of chalcogenide glasses. J. Mater. Sci. 20 (1985) 3917–3925
139 Coenen, M.: Mechanische Relaxation von Silikatgläsern eutektischer Zusammensetzung. Z. Elektrochem. 65 (1961) 903–908
140 Coenen, M.: Dichtemessungen an Boratgläsern. Glastech. Ber. 35 (1962) 14–21
141 Coenen, M.: Dichte von „Schlierengläsern" bei hohen Temperaturen. Glastech. Ber. 39 (1966) 81–89
142 Coenen, M.: Sprung im Ausdehnungskoeffizienten und Leerstellenkonzentration bei T_g von glasigen Systemen. Glastech. Ber. 50 (1977) 74–78
143 Coenen, M.: Spezifische Wärme von Schmelzen und Gläsern. Glastech. Ber. 50 (1977) 115–120
144 Coenen, M.: Festigkeit von Glasschmelzen. Glastech. Ber. 51 (1978) 17–20
145 Coenen, M.: Positiver Temperaturkoeffizient des Elastizitätsmoduls von Gläsern. Glastech. Ber. 56 (1983) 188–195
146 Cohen, A.J.; Smith, H.L.: Variable transmission silicate glasses sensitive to sunlight. Science 137 (1962) 981
147 Cohen, H.M.; Roy, R.: Effects of ultrahigh pressures on glass. J. Am. Ceram. Soc. 44 (1961) 523–524
148 Cohen, H.M.; Roy, R.: Densification of glass at very high pressure. Phys. Chem. Glasses 6 (1965) 149–161
149 Cohen, M.H.; Turnbull, D.: Molecular transport in liquids and glasses. J. Chem. Phys. 31 (1959) 1164–1169
150 Cohen, M.H.; Turnbull, D.: Composition requirements for glass formation in metallic and ionic systems. Nature 189 (1961) 131–132
151 Condrate, R.A.: The infrared and Raman spectra of glasses. In: [744], 101–135
152 Conradt, R.; Roggendorf, H.; Scholze, H.: A contribution to the modelling of the corrosion process for HLW glasses. Mat. Res. Soc. Symp. Proc. 44 (1985) 155–162
153 Conradt, R.; Roggendorf, H.; Scholze, H.: Investigation on the role of surface layers in HLW glass leaching. Mat. Res. Soc. Symp. Proc. 50 (1985) 203–210
154 Cook, H.E.; Hilliard, J.E.: Simple method of estimating the chemical spinodal. Trans. AIME 233 (1965) 142–146
155 Cooper, A.R.: W.H. Zachariasen – the melody lingers on. J. Non-Cryst. Solids 49 (1982) 1–17
156 Cooper, A.R.; u.a.: Some aspects of the thermal history of lunar glass. J. Am. Ceram. Soc. 55 (1972) 260–264
157 Cormia, R.L.; Mackenzie, J.D.; Turnbull, D.: Viscous flow and melt allotropy of phosphorus pentoxide. J. Appl. Phys. 34 (1963) 2245–2248
158 Craievich, A.F.: On the structure of glassy carbon. Mater. Res. Bull. 11 (1976) 1249–1256
159 Csaki, P.; Dietzel, A.: Elektrochemische Messung des Sauerstoffpartialdruckes in Glasschmelzen. Untersuchungen von Oxydationsgleichgewichten. Glastech. Ber. 18 (1940) 33–45, 65–69
160 Dannheim, H.; Oel, H.J.; Prechtl, W.: Einfluß der Vorspannung auf die Oberflächendefektentstehung bei thermisch vorgespannten Flachgläsern. Glastech. Ber. 54 (1981) 312–318
161 Das, C.R.: Diffusion-controlled attack of glass surfaces by aqueous solutions. J. Am. Ceram. Soc. 63 (1980) 160–165
162 Davies, H.A.: The formation of metallic glasses. Phys. Chem. Glasses 17 (1976) 159–173
163 Day, D.E. (Ed.): Glass surfaces. J. Non-Cryst. Solids 19 (1975)
164 Day, D.E.: Mixed alkali glasses – their properties and uses. J. Non-Cryst. Solids 21 (1976) 343–372
165 DeBast, J.; Gilard, P.: Variation of the viscosity of glass and the relaxation of stresses during stabilization. Phys. Chem. Glasses 4 (1963) 117–128
166 Decottignies, M.; Phalippou, J.; Zarzycki, J.: Synthesis of glasses by hot-pressing of gels. J. Mater. Sci. 13 (1978) 2605–2618
167 Deeg, E.: Zusammenhang zwischen Feinbau und mechanisch akustischen Eigenschaften einfacher Silikatgläser. Glastech. Ber. 31 (1958) 1–9, 85–93, 124–132, 229–240
168 Deeg, E.; Bach, H.: Glasstrukturuntersuchungen mit Hilfe der Beugung von Elektronenstrahlung. Fachausschußber. Dtsch. Glastech. Ges. 68 (1973) 69–84

169 DeGuire, M.R.; Brown, S.D.: Dependence of Young's modulus on volume and structure in alkali silicate and alkali aluminosilicate glasses. J. Am. Ceram. Soc. 67 (1984) 270–273
170 Dell, W.J.; Bray, P.J.; Xiao, S.Z.: ^{11}B NMR studies and structural modeling of $Na_2O-B_2O_3-SiO_2$ glasses of high soda content. J. Non-Cryst. Solids 58 (1983) 1–16
171 Dietzel, A.: Die Kristallisationsgeschwindigkeit der technischen Natron-Kalk-Silikatgläser. Sprechsaal 62 (1929) 506–509, 524–525, 543–544, 562–568, 584–585, 603–604, 619–621, 638–639, 657–660
172 Dietzel, A.: Die Kationenfeldstärken und ihre Beziehungen zu Entglasungsvorgängen, zur Verbindungsbildung und zu den Schmelzpunkten von Silikaten. Z. Elektrochem. 48 (1942) 9–23
173 Dietzel, A.: Praktische Bedeutung von Berechnung der Oberflächenspannung von Gläsern, Glasuren und Emails. Sprechsaal 75 (1942) 82–85
174 Dietzel, A.: Deutung auffälliger Ausdehnungserscheinungen an Kieselglas und Sondergläsern. Naturwiss. 31 (1943) 22–23
175 Dietzel, A.: Glasstruktur und Glaseigenschaften. Glastech. Ber. 22 (1948) 41–50, 81–86, 212–224
176 Dietzel, A.: Beobachtungen an chromroten Glasuren. Ber. Dtsch. Keram. Ges. 26 (1949) 12–21
177 Dietzel, A.: Zusammenhang zwischen Phasendiagramm, Reaktionsverlauf und Struktur von Schmelzen. Glastech. Ber. 40 (1967) 378–381
178 Dietzel, A.: On the so-called mixed alkali effect. Phys. Chem. Glasses 24 (1983) 172–180
179 Dietzel, A.: Das 100 Jahre alte Thermometerproblem und der Mischalkalieffekt. Glastech. Ber. 56 (1983) 291–293
180 Dietzel, A.; Brückner, R.: Aufbau eines Absolutviskosimeters für hohe Temperaturen und Messung der Zähigkeit geschmolzener Borsäure für Eichzwecke. Glastech. Ber. 28 (1955) 455–467
181 Dietzel, A.; Brückner, R.: Ein Fixpunkt der Zähigkeit im Verarbeitungsbereich der Gläser. Schnellbestimmung des Viskositäts-Temperatur-Verlaufes. Glastech. Ber. 30 (1957) 73–79
182 Dietzel, A.; Coenen, M.: Über dreiwertiges Kobalt in Gläsern hohen Alkaligehaltes. Glastech. Ber. 34 (1961) 49–56
183 Dietzel, A.; Flörke, O.W.: Gleichgewichtszustände in flüssigem Glas. Glastech. Ber. 28 (1955) 423–426
184 Dietzel, A.; Poegel, H.J.: Über die Glasbildung im System Kaliumnitrat-Calciumnitrat. Atti III. Congr. intern. Vetro, Venedig, 1953, 219–243
185 Dietzel, A.; Wegner, E.: Wirkung von Schwefelverbindungen auf die Oberflächenspannung von Emails. Mitt. Ver. dtsch. Emailfachl. 2 (1954) 13–14
186 Dietzel, A.; Wickert, H.: Der Verlauf der Glasigkeit im System Na_2O-SiO_2. Glastech. Ber. 29 (1956) 1–4
187 Dimbleby, V.; Turner, W.E.S.: The relationship between chemical composition and the resistance of glasses to the action of chemical reagents. J. Soc. Glass Technol. 10 (1926) 304–358
188 Dingwell, D.B.; Scarfe, C.M.; Cronin, D.J.: The effect of fluorine on viscosities in the system $Na_2O-Al_2O_3-SiO_2$: implications for phonolites, trachytes and rhyolites. Am. Mineral. 70 (1985) 80–87
189 Dislich, H.: Darstellung von Mehrkomponentengläsern ohne Durchlaufen der Schmelzphase. Glastech. Ber. 44 (1971) 1–8
190 Dislich, H.: Glassy and crystalline systems from gels: chemical basis and technical application. J. Non-Cryst. Solids 57 (1983) 371–388
191 Dislich, H.: Sol-gel 1984→2004 (?). J. Non-Cryst. Solids 73 (1985) 599–612
192 Doenitz, F.-D.; u.a.: Messung der Gleichstromleitfähigkeit zum Nachweis von Keimbildungs- und Kristallisationseffekten in alkalifreien Glaskeramiken. Silikattechnik 35 (1984) 299–302
193 Doi, K.: On a model structure for amorphous solids – a working approach to the structure of a perfect amorphous solid. J. Non-Cryst. Solids 68 (1984) 17–32
194 Doi, A.: The relaxation time in oxide glass. J. Mater. Sci. Lett. 5 (1986) 635–637
195 Donth, E.: The size of cooperatively rearranging regions at the glass transition. J. Non-Cryst. Solids 53 (1982) 325–330

196 Doremus, R.H.: Glass science. New York, etc.: Wiley 1973
197 Doremus, R.H.: Interdiffusion of hydrogen and alkali ions in a glass surface. J. Non-Cryst. Solids 19 (1975) 137−144
198 Doremus, R.H.: Chemical durability of glass. In: [982], Vol. 17, 41−69
199 Doremus, R.H.: Fatigue in soda-lime silica glass: influence of surface treatment. J. Mater. Sci. 15 (1980) 2959−2964
200 Doremus, R.H.: Fracture and fatigue of glass. In: [982], Vol. 22, 169−239
201 Doremus, R.H.: Fracture statistics: a comparison of the normal, Weibull, and type I extreme value distributions. J. Appl. Phys. 54 (1983) 193−198
202 Doremus, R.H.: Diffusion-controlled reaction of water with glass. J. Non-Cryst. Solids 55 (1983) 143−147
203 Doremus, R.H.; u.a.: Reaction of water with glass: influence of a transformed surface layer. J. Mater. Sci. 18 (1983) 612−622
204 Douglas, R.W.: Some comments on indentation tests on glass. J. Soc. Glass Technol. 42 (1958) 145−157
205 Douglas, R.W.: The rheology of glassy materials − a general survey. In: Amorphous materials. Douglas, R.W.; Ellis, B. (Ed.). London, etc.: Wiley-Interscience 1972, 3−22
206 Douglas, R.W.: A general review of relaxation processes. J. Non-Cryst. Solids 14 (1974) 1−12
207 Douglas, R.W.; El-Shamy, T.M.M.: Reactions of glasses with aqueous solutions. J. Am. Ceram. Soc. 50 (1967) 1−8
208 Dübgen, R.; Popp, G.: Glasartiger Kohlenstoff Sigradur − ein Werkstoff für Chemie und Technik. Z. Werkstofftech. 15 (1984) 331−338
209 Dubois, J.M.: Positional (dis)order and compositional (non-)homogeneity in metallic glasses. J. Phys. 46, Suppl. 12, Coll. C8 (1985) 335−341
210 Dubrovo, S.K.; Shmidt, Yu.A.: Reactions of vitreous silicates and alumino-silicates with aqueous solutions. Soviet res. in glass and ceram. Glass, glazes and enamels (1949−1955). 141−149. Consultants Bur./Chem. coll. Nr. 2
211 Duffy, J.A.: The refractivity and optical basicity of glass. J. Non-Cryst. Solids 86 (1986) 149−160
212 Duffy, J.A.; Ingram, M.D.: An interpretation of glass chemistry in terms of the optical basicity concept. J. Non-Cryst. Solids 21 (1976) 373−410
213 Dumbaugh, W.H.: Infrared transmitting glasses. Optical Eng. 24 (1985) 257−262
214 Dunken, H.H. (Hrsg.): Physikalische Chemie der Glasoberfläche. Jena: Friedrich-Schiller-Universität 1981 und 1984
215 Dunken, H.H.: Glass surfaces. In: [982], Vol. 22, 1−74
216 Dunken, H.H.; Doremus, R.H.: Short time reactions of a $Na_2O-CaO-SiO_2$ glass with water and salt solutions. J. Non-Cryst. Solids 92 (1987) 61−72
217 Dupree, R.; Holland, D.; Williams, D.S.: The structure of binary alkali silicate glasses. J. Non-Cryst. Solids 81 (1986) 185−200
218 Dyar, M.D.: A review of Mössbauer data on inorganic glasses: the effects of composition on iron valency and coordination. Am. Mineral 70 (1985) 304−316
219 Dyre, J.C.: On the mechanism of glass ionic conductivity. J. Non-Cryst. Solids 88 (1986) 271−280
220 Egami, T.; Waseda, Y.: Atomic size effect on the formability of metallic glasses. J. Non-Cryst. Solids 64 (1984) 113−134
221 Ehret, G.; Crovisier, J.L.; Eberhart, J.P.: A new method for studying leached glasses: analytical electron microscopy on ultramicrotomic thin sections. J. Non-Cryst. Solids 86 (1986) 72−79
222 Ehrt, D.; u.a.: Fluoroaluminatgläser. Z. Chem. 22 (1982) 315−316; 23 (1983) 37−38, 111−112
223 Eisenman, G. (Ed.): Glass electrodes for hydrogen and other cations. New York: Marcel Dekker 1967
224 Eitel, W.: Silicate science. Vol 2: Glasses, enamels, slags. Vol. 7: Glass science. New York, London: Academic Press 1965 bzw. 1976
225 Eitel, W.; Pirani, M.; Scheel, K.: Glastechnische Tabellen. Berlin: Springer 1932

226 Eliezer, N.; u.a.: Vapor pressure measurements, thermodynamic parameters, and phase diagram for the system potassium oxide − silicon oxide at high temperatures. J. Phys. Chem. 82 (1978) 1021−1026
227 Elliott, St.R.; Rao, C.N.R.; Thomas, J.M.: Die Chemie des nicht-kristallinen Zustands. Angew. Chem. 98 (1986) 31−46
228 El-Shamy, T.M.; Ahmed, A.A.: Corrosion of some common silicate glasses by aqueous solutions. Proc. 11. Int. Congr. Glass, Prague, 1977, Vol. 3, 181−195
229 Elyard, C.A.; Rawson, H.: The resistance of glasses of simple composition to attack by sodium vapor at elevated temperatures. In: Advances in glass technology. New York: Plenum Press 1962. 270−286
230 Engel, J.R.; Tomozawa, M.: Nernst-Einstein relation in sodium silicate glass. J. Am. Ceram. Soc. 58 (1975) 183−185
231 Epel'baum, M.B.: Partial volume of structural components in alkali-silicate glasses and melts. Sov. J. Glass Phys. Chem. 4 (1978) 55−61
232 Ernsberger, F.M.: Attack of glass by chelating agents. J. Am. Ceram. Soc. 42 (1959) 373−375
233 Ernsberger, F.M.: A study of the origin and frequency of occurence of Griffith microcracks on glass surfaces. In: Advances in glass technology. New York: Plenum Press 1962. 511−524
234 Ernsberger, F.M.: Role of densification in deformation of glasses under point loading. J. Am. Ceram. Soc. 51 (1968) 545−547
235 Ernsberger, F.M.: Properties of glass surfaces. Ann. Rev. Mater. Sci. 2 (1972) 529−572
236 Ernsberger, F.M.: Mechanical properties of glass. J. Non-Cryst. Solids 25 (1977) 295−321
237 Ernsberger, F.M.: Elastic properties of glasses. In: [1004], Vol. 5, 1−19
238 Ernsberger, F.M.: The nonconformist ion. J. Am. Ceram. Soc. 66 (1983) 747−750
239 Ernsberger, F.M.: Current theories of glass durability. 14. Int. Congr. Glass. Indian Ceram. Soc., Calcutta, 1986, Vol. 2, 319−326
240 Evans, A.G.: Fracture mechanics determinations. In: [91], 17−48
241 Evans, A.G.; Charles, E.A.: Fracture toughness determinations by indentation. J. Am. Ceram. Soc. 59 (1976) 371−372
242 Eversteijn, F.C.; Stevels, J.M.; Waterman, H.I.: The density, refractive index and specific refraction of vitreous boron oxide and of sodium borate glasses as functions of compositions, methods of preparation, and rate of cooling. Phys. Chem. Glasses 1 (1960) 123−133
243 Eversteijn, F.C.; Stevels, J.M.; Waterman, H.I.: The diamond pyramid hardness of sodium borate glasses as a function of their composition and heat treatment. Phys. Chem. Glasses 1 (1960) 134−136
244 Evstropiev, K.S.; Ivanov, A.O.: Physikalisch-chemische Eigenschaften von Germaniumgläsern. In: Advances in glass technology, Vol. 2. New York: Plenum Press 1963, 79−85
245 Evstropiev, K.S.; Porai-Koshits, E.A.: Discussion on the modern state of the crystallite hypothesis of glass structure. J. Non-Cryst. Solids 11 (1972) 170−172
246 Ewing, R.C.; Jercinovic, M.J.: Natural analogues: their application to the prediction of the long-term behavior of nuclear waste forms. Mat. Res. Soc. Symp. Proc. 84 (1987) 67−83
247 Faber, K.T.; Rindone, G.E.: Small angle x-ray scattering and transmission electron microscopy studies of phase separated soda-lime-silica glasses containing water. Phys. Chem. Glasses 21 (1980) 171−177
248 Fabes, B.D.; u.a.: Strengthening of silica glass by gel-derived coatings. J. Non-Cryst. Solids 82 (1986) 349−355
249 Fanderlik, I.: Optical properties of glass. Amsterdam, etc.: Elsevier 1983
250 Fanderlik, I.; Skrivan, M.: Utilisation de la méthode mathematico-statistique des expériences planifiées pour suivre la variation des propriétés physiques des verres de cristal au plomb en fonction de leur composition. Verres Refract. 26 (1972) 19−23
251 Fang, C.-Y.; Uhlmann, D.R.: The process of crystal melting. II. Melting kinetics of sodium disilicate. J. Non-Cryst. Solids 64 (1984) 225−228
252 Fang, C.-Y.; Yinnon, H.; Uhlmann, D.R.: A kinetic treatment of glass formation. VIII: Critical cooling rates for Na_2O-SiO_2 and K_2O-SiO_2 glasses. J. Non-Cryst. Solids 57 (1983) 465−471
253 Feltz, A.; u.a.: Über Glasbildung und Eigenschaften von Chalkogenidsystemen. Z. anorg. allg. Chem. 396 (1973) 103−107 und viele Fortsetzungen in verschiedenen Zeitschriften

254 Fenstermacher, J.E.: Optical absorption due to tetrahedral and octahedral ferric iron in silicate glasses. J. Non-Cryst. Solids 38/39 (1980) 239−244
255 Filipovich, V.N.: Theory of the electrical conductivity of two-alkali silicate glasses and the mixed-alkali effect. Sov. J. Glass Phys. Chem. 6 (1980) 245−257
256 Flörke, O.W.: Strukturanomalien bei Tridymit und Cristobalit. Ber. Dtsch. Keram. Ges. 32 (1955) 369−381
257 Flood, H.; Knapp, W.J.: Acid-base equilibria in the system $PbO-SiO_2$. J. Am. Ceram. Soc. 46 (1963) 61−65
258 Förland, T.; Grjotheim, K.: Application of the activity concept in the physical chemistry of slags. Metall. Trans. B 9B (1978) 45−49
259 Fontana, E.H.: Stress-optical coefficients for glasses in their annealing range. Am. Ceram. Soc. Bull. 64 (1985) 1456−1458
260 Fontana, E.H.; Plummer, W.A.: A study of viscosity-temperature relationships in the GeO_2 and SiO_2 systems. Phys. Chem. Glasses 7 (1966) 139−146
261 Fontana, E.H.; Plummer, W.A.: A viscosity-temperature relation for glass. J. Am. Ceram. Soc. 62 (1979) 367−369
262 Ford, N.; McMillan, P.W.: Integral antireflection films for glasses: a review. Glass Technol. 26 (1985) 104−107
263 Fox, P.G.: Modern methods of surface analysis in glass technology. Glass Technol. 22 (1981) 67−78
264 France, P.W.; u.a.: Liquid nitrogen strengths of coated optical glass fibres. J. Mater. Sci. 15 (1980) 825−830
265 Franz, H.: Solubility of water vapor in alkali borate melts. J. Am. Ceram. Soc. 49 (1966) 473−477
266 Franz, H.: Oxygen ion activity and reaction equilibria in glass melts. J. Canad. Ceram. Soc. 38 (1969) 89−93
267 Franz, H.: Effect of water content on density, refractive index, and transformation temperature of alkali borate glasses. Mater. Sci. Res. 12 (1978) 567−575
268 Franz, H.: Glass surface improvements by chemical reactions and thin film deposition. Glastech. Ber. 60 (1987) 182−186
269 Franz, H.; Kelen, T.: Erkenntnisse über die Struktur von Alkalisilicatgläsern und -schmelzen aus dem Einbau der OH-Gruppen. Glastech. Ber. 40 (1967) 141−148
270 Franz, H.; Scholze, H.: Die Löslichkeit von H_2O-Dampf in Glasschmelzen verschiedener Basizität. Glastech. Ber. 36 (1963) 347−356
271 Fratello, V.J.; Hays, J.F.; Turnbull, D.: Dependence of growth rate of quartz in fused silica on pressure and impurity content. J. Appl. Phys. 51 (1980) 4718−4728
272 Fréchette, V.D.: The fractology of glass. In: [744], 433−450
273 Freiman, S.W.: Fracture mechanics of glass. In: [1004], Vol 5, 21−78
274 Freiman, S.W.; White, G.S.; Fuller, E.R.: Environmentally enhanced crack growth in soda-lime glass. J. Am. Ceram. Soc. 68 (1985) 108−112
275 Freude, E.; Rüssel, Ch.: Voltametric methods for determining polyvalent ions in glass melts. Glastech. Ber. 60 (1987) 202−204
276 Frey, Th.; Schaeffer, H.A.; Baucke, F.G.K.: Entwicklung einer Sonde zur Messung des Sauerstoffpartialdrucks in Glasschmelzen. Glastech. Ber. 53 (1980) 116−123
277 Frischat, G.H. (Ed.): The physics of non-crystalline solids. Aedermannsdorf: Trans Tech Publications 1977
278 Frischat, G.H.: Selbstdiffusion in Gläsern. Glastech. Ber. 52 (1979) 143−154
279 Frischat, G.H.; Sebastian, K.: Leach resistance of nitrogen-containing $Na_2O-CaO-SiO_2$ glasses. J. Am. Ceram. Soc. 68 (1985) C305−C307
280 Frohberg, M.G.; Caune, E.; Kapoor, M.L.: Messung der Aktivität der Sauerstoffionen in den flüssigen Systemen Na_2O-SiO_2 und K_2O-SiO_2. Arch. Eisenhüttenwesen 44 (1973) 585−588
281 Fulcher, G.S.: Analysis of recent measurements of the viscosity of glasses. J. Am. Ceram. Soc. 8 (1925) 339−355, 789−794
282 Fulda, M.: Über das elektrische Leitvermögen der Gläser. Sprechsaal 60 (1927) 769−772, 789−791, 810−813, 831−833, 853−855

283 Furukawa, T.; White, W.B.: Raman spectroscopic investigation of sodium borosilicate glass structure. J. Mater. Sci. 16 (1981) 2689–2700

284 Gabano, J.P.: Applications of glasses in all solid state batteries. A review. In: [1090], 457–480

285 Galakhov, F.Ya.; Varshal, B.G.: Causes of phase separation in simple silicate systems. In: [720], Vol. 8, 7–11

286 Galakhov, F.Ya.; Vavilonova, V.T.: Liquid-phase separation in three-component borosilicate systems. Sov. J. Glass Phys. Chem. 11 (1985) 159–164

287 Galakhov, F.Ya.; u.a.: Regions of metastable liquid-liquid phase separation in the $K_2O(Rb_2O, Cs_2O) - B_2O_3 - SiO_2$ systems. Sov. J. Glass Phys. Chem. 7 (1981) 30–33

288 Galakhov, F.Ya.; u.a.: Mutual effect of liquid-phase separation and crystallization in the $Al_2O_3 - SiO_2$ system. Sov. J. Glass Phys. Chem. 8 (1982) 186–191

289 Galyant, V.I.; Primenko, V.I.: Effect of metal oxides on temperature changes in the elastic modulus of silicate glasses. Glass Ceram. USSR 35 (1978) 14–15

290 Gan, F.: Neue Systeme zur Berechnung von physikalischen Eigenschaften von oxidischen anorganischen Gläsern (Orig. russ.). Scientia Sinica 17 (1974) 533–551

291 Gan, F.: The calculation of physical properties and design of chemical composition of inorganic glasses. Shanghai: Shanghai Press for Science and Technology 1981

292 Gan, F.; Lin, F.; Gu, D.: Physical properties of glasses containing several glass-forming oxides. J. Non-Cryst. Solids 80 (1986) 468–473

293 Gao, M.; u.a.: Mixed alkaline earth effect on water durability of $22\,Na_2O \cdot 68\,SiO_2 \cdot (10-x)\,CaO \cdot xRO$ glasses. 14. Int. Congr. Glass, Indian Ceram. Soc., Calcutta 1986, Vol. 2, 357–362

294 Gardon, R.: Thermal tempering of glass. In: [1004], Vol. 5, 145–216

295 Gardon, R.: Strong glass. J. Non-Cryst. Solids 73 (1985) 233–246

296 Garofalini, S.H.; Conover, S.: Comparison between bulk and surface self-diffusion constants of Si and O in vitreous silica. J. Non-Cryst. Solids 74 (1985) 171–176

297 Garofalini, S.H.; Levine, S.M.: Differences in surface behavior of alkali ions in $Li_2O \cdot 3\,SiO_2$ and $Na_2O \cdot 3\,SiO_2$ glasses. J. Am. Ceram. Soc. 68 (1985) 376–379

298 Gaskell, P.H. (Ed.): The structure of non-crystalline materials. London: Taylor & Francis 1977

299 Gaskell, P.H.: The structure of amorphous solids – a perspective view. J. Phys. 46, Suppl. 12, Coll. C8 (1985) 3–20

300 Gaskell, P.H.: What do we need to know about the structure of amorphous metals? In: [1090], 54–71

301 Gaskell, P.H.; Tarrant, I.D.: Refinement of a random network model for vitreous silicon dioxide. Philos. Mag. B42 (1980) 265–286

302 Gebhardt, F.; u.a.: Wasserbeständigkeit von Kalk-Natronsilicatgläsern. Vergleichende Untersuchungen an Glasgrieß und Glasplatten. Glastech. Ber. 54 (1981) 257–264

303 Gehlhoff, G.; Thomas, M.: In: Lehrbuch der technischen Physik, Band 3. Leipzig: J.A. Barth 1924, 376

304 Gehlhoff, G.; Thomas, M.: Die physikalischen Eigenschaften der Gläser in Abhängigkeit von der Zusammensetzung. Z. tech. Physik 6 (1925) 544–554; 7 (1926) 105–126, 260–278

305 Gehman, L.P.; Shackelford, J.F.: A gas probe analysis of the $K_2O - SiO_2$ glass system. 14. Int. Congr. Glass, Indian Ceram. Soc., Calcutta, 1986, Vol. 3, 319–326

306 Gehrke, E.; Hähnert, M.; Ullner, Ch.: Strength and fatigue of some binary and ternary silicate glasses. J. Non-Cryst. Solids 80 (1986) 269–276

307 van Gemert, W.J.Th.; van Ass, H.M.J.M.; Stevels, J.M.: Internal friction and dielectric losses of mixed alkali borate glasses. J. Non-Cryst. Solids 16 (1974) 281–293

308 Genzel, L.: Zur Berechnung der Strahlungsleitfähigkeit der Gläser. Glastech. Ber. 26 (1953) 69–71

309 Gerber, Th.; Himmel, B.: The structure of silica glass. J. Non-Cryst. Solids 83 (1986) 324–334

310 Gervais, F.; u.a.: Infrared reflectivity spectroscopy of silicate glasses. J. Non-Cryst. Solids 89 (1987) 384–401

311 Gibbs, J.H.: Nature of the glass transition and the vitreous state. In: Modern aspects of the vitreous state, Vol. 1, Mackenzie, J.D. (Ed.). London: Butterworths 1960, 152–187

312 Gies, H.; Liebau, F.; Gerke, H.: „Dodecasile" – eine neue Reihe polytyper Einschlußverbindungen von SiO_2. Angew. Chem. 94 (1982) 214–215
313 Glass, A.M.; Nassau, K.; Negran, T.J.: Ionic conductivity of quenched alkali niobate and tantalate glasses. J. Appl. Phys. 49 (1978) 4808–4811
314 Gliemeroth, G.; Mader, K.-H.: Phototropes Glas. Angew. Chem. 82 (1970) 421–433
315 Godron, Y.: Bibliographie raisonnée de l'attaque, par les agents atmosphériques, des verres utilisés dans le bâtiment. Verres Refract. 30 (1976) 495–518, 635–650
316 Götz, J.; Hoebbel, D.; Wieker, W.: On the constitution of silicate groupings in binary lead silicate glasses. J. Non-Cryst. Solids 22 (1976) 391–398
317 Gol'denberg, G.L.; u.a.: Hydrogen function and the criteria of reversibility of a platinum-hydrogen electrode in alkali silicate and alkali borate melts. Sov. J. Glass Phys. Chem. 7 (1981) 298–302
318 Goldman, D.S.: Oxidation equilibrium of iron in borosilicate glass. J. Am. Ceram. Soc. 66 (1983) 205–209
319 Goldman, D.S.: Redox and sulfur solubility in glass melts. In: Gas bubbles in glass. Schaeffer, H.A. (Ed.). Charleroi: Int. Comm. Glass 1985, 74–91
320 Goldman, D.S.: Evaluation of the ratios of bridging and nonbridging oxygens in simple silicate glasses by electron spectroscopy for chemical analysis. Phys. Chem. Glasses 27 (1986) 128–133
321 Goldschmidt, V.M.: Geochemische Verteilungsgesetze der Elemente. VIII. Untersuchungen über Bau und Eigenschaften von Kristallen. Skrifter Norske Videnskaps Akad. (Oslo), I. Math.-naturwiss. Kl. 1926, Nr. 8, S. 7
322 Golubkov, V.V.; Vasilevskaya, T.N.; Porai-Koshits, E.A.: SAXS study of the structure of glasses containing no modifying oxides. J. Non-Cryst. Solids 38/39 (1980) 99–104
323 Gonzalez-Oliver, C.J.R.; Johnson, P.S.; James, P.F.: Influence of water content on the rates of crystal nucleation and growth in lithia-silica and soda-lime-silica glasses. J. Mater. Sci. 14 (1979) 1159–1169
324 Goodman, C.H.L.: The structure of silica glass and its surface. Phys. Chem. Glasses 27 (1986) 27–31
325 Goodman, C.H.L.: A new way of looking at glass. Glass Technol. 28 (1987) 19–29
326 Gorbachev, V.V.; u.a.: An x-ray spectral study of the state of magnesium ions in sodium magnesium and sodium calcium magnesium silicate glasses. Sov. J. Glass Phys. Chem. 9 (1983) 447–452
327 Gossink, R.G.; Stein, H.N.; Stevels, J.M.: Propriétés des molybdates et tungstates vitreux et fondus. Silic. Ind. 35 (1970) 245–252
328 Gottardi, V. (Ed.): Glasses and glass ceramics from gels. Proceedings of the first international workshop. J. Non-Cryst. Solids 48 (1982) No. 1
329 Gottardi, V.: Glasses of the same composition but different properties. J. Non-Cryst. Solids 49 (1982) 461–469
330 Gottardi, V.; u.a.: On the extraction kinetics of sodium by water on different flat glasses. Verres Refract. 35 (1981) 298–301
331 Gottardi, V.; u.a.: Near-surface compositional changes in leached simple and mixed alkali glasses. 14. Int. Congr. Glass, Indian Ceram. Soc., Calcutta, 1986, Vol. 2, 341–348
332 Gräfe, W.: Beschreibung der Spannungsrelaxation in Glas durch Platzwechselvorgänge. Glastech. Ber. 57 (1984) 264–268
333 Grambow, B.: Influence of saturation on the leaching of borosilicate nuclear waste glasses. Glastech. Ber. 56K (1983) 566–571
334 Grambow, B.: A general rate equation for nuclear waste glass corrosion. Mat. Res. Soc. Symp. Proc. 44 (1985) 15–27
335 Grantscharova, E.; Avramov, I.; Gutzow, I.: Die thermodynamischen Parameter und die Löslichkeitskurve von glasartigen Substanzen. Naturwissenschaften 73 (1986) 95–96
336 Greaves, G.N.: EXAFS and the structure of glass. J. Non-Cryst. Solids 71 (1985) 203–217
337 Greenough, R.D.; Dentschuk, P.; Palmer, S.B.: Thermal expansion of lead silicate glasses. J. Mater. Sci. 16 (1981) 599–603
338 Greneche, J.M.; Teillet, J.; Coey, J.M.D.: A random structure of corner-sharing octahedra. J. Non-Cryst. Solids 83 (1986) 27–34

339 Griffith, A.A.: The phenomena of rupture and flow in solids. Trans. Roy. Soc. A 221 (1920) 163–198
340 Griscom, D.L.: Borate glass structure. Mater. Sci. Res. 12 (1978) 11–149
341 Griscom, D.L.: Electron spin resonance in glasses. J. Non-Cryst. Solids 40 (1980) 211–272
342 Griscom, D.L.: Defect structure of glasses. J. Non-Cryst. Solids 73 (1985) 51–77
343 Gudovich, O.D.; Primenko, V.I.: Calculation of the thermal capacity of silicate glasses and melts. Sov. J. Glass Phys. Chem. 11 (1985) 206–211
344 Güntherodt, H.-J.: Metallische Gläser. Metall 33 (1979) 723–726
345 Guglielmi, M.; Maddalena, A.: Coating of glass fibres for cement composites by the sol-gel method. J. Mater. Sci. Lett. 4 (1985) 123–124
346 Gunasekera, S.P.; Holloway, D.G.: Effect of loading time and environment on the identation hardness of glass. Phys. Chem. Glasses 14 (1973) 45–52
347 Gupta, P.K.: The random-pair model of four-coordinated borons in alkali-borate glasses. 14. Int. Congr. Glass, Indian Ceram. Soc., Calcutta, 1986, Vol. 1, 1–10
348 Gupta, P.K.; Lui, M.L.; Bray, P.J.: Boron coordination in rapidly cooled and in annealed aluminum borosilicate glass fibers. J. Am. Ceram. Soc. 68 (1985) C82
349 Gurman, S.J.: EXAFS studies in materials science. J. Mater. Sci. 17 (1982) 1541–1570
350 Gutenev, M.S.; Mikhailov, M.D.: A proton model of the dielectric losses in glass. Sov. J. Glass Phys. Chem. 9 (1983) 457–461
351 Gutzow, I.: Über die Nullpunktsentropie des Glaszustandes. Z. phys. Chem. 221 (1962) 153–176
352 Gutzow, I.; Konstantinov, I.; Kaishew, R.: Thermodynamics of crystallization from undercooled melts and glasses: model statistical treatment. Mitt. Akad. Wiss. Bulgarien, Comm. Dept. Chem. 5 (1972) 433–448
353 Haasen, P.: Metallic glasses. J. Non-Cryst. Solids 56 (1983) 191–199
354 Hägg, G.: The vitreous state. J. Chem. Phys. 3 (1935) 42–49
355 Hähnert, M.; Kruschke, D.: Die chemische Beständigkeit verfestigter Gläser. Silikattechnik 33 (1982) 233–236
356 Hähnert, M.; u.a.: Oberflächeneigenschaften chemisch vorgespannter Gläser. Sprechsaal 118 (1985) 441–448
357 Hagan, J.T.; Van der Zwaag, S.: Plastic processes in a range of soda-lime-silica glasses. J. Non-Cryst. Solids 64 (1984) 249–268
358 Hager, I.; Hähnert, M.; Hinz, W.: Beitrag zur Phasentrennung in Gläsern der Systeme $Na_2O-SiO_2-B_2O_3$ und $Na_2O-SiO_2-Al_2O_3$. Silikattechnik 18 (1967) 360
359 Haggerty, J.S.; Cooper, A.R.; Heasley, J.H.: Heat capacity of three inorganic glasses and supercooled liquids. Phys. Chem. Glasses 9 (1968) 47–51
360 Hagy, H.E.: Rheological behavior of glass. In: [744], 343–371
361 Hagy, H.E.: High precision photoelastic and ultrasonic techniques for determining absolute and differential thermal expansion of titania-silica glasses. Appl. Optics 12 (1973) 1440–1446
362 Hagy, H.E.: The trident seal – a rapid and accurate expansion differential test. J. Am. Ceram. Soc. 62 (1979) 60–62
363 Hakim, R.M.; Uhlmann, D.R.: On the mixed alkali effect in glasses. Phys. Chem. Glasses 8 (1967) 174–177
364 Hakim, R.M.; Uhlmann, D.R.: Electrical conductivity of alkali silicate glasses. Phys. Chem. Glasses 12 (1971) 132–138
365 Hallas, E.; Schnabel, B.; Hähnert, M.: Möglichkeiten der Strukturuntersuchung an Gläsern mit Hilfe der ^{27}Al-festkörperhochauflösenden kernmagnetischen Resonanz. Silikattechnik 37 (1986) 279–282
366 Hallbrucker, A.; Mayer, E.: Calorimetric study of the vitrified liquid water to cubic ice phase transition. J. Phys. Chem. 91 (1987) 503–505
367 Halleck, P.M.; Pacalo, R.E.; Graham, E.K.: The effects of annealing and aluminum substitution on the elastic behavior of alkali silicate glasses. J. Non-Cryst. Solids 86 (1986) 190–203
368 Haller, W.: Rearrangement kinetics of the liquid-liquid immiscible microphase in alkali borosilicate melts. J. Chem. Phys. 42 (1965) 686–693

369 Haller, W.; Blackburn, D.H.; Simmons, J.H.: Miscibility gaps in alkali-silicate binaries — Data and thermodynamic interpretation. J. Am. Ceram. Soc. 57 (1974) 120–126
370 Haller, W.; u.a.: Metastable immiscibility surface in the system $Na_2O-B_2O_3-SiO_2$. J. Am. Ceram. Soc. 53 (1970) 34–39
371 Hammel, J.J.: Experimental evidence for spinodal decomposition in glasses of the $Na_2O \cdot SiO_2$ system. VII. Congr. Int. Verre, Bruxelles, 1965, Compt. rend. I, 36, 1–5
372 Hammel, J.J.: Direct measurements of homogeneous nucleation rates in a glass-forming system. J. Chem. Phys. 46 (1967) 2234–2244
373 Hammel, J.J.: Nucleation in glass — a review. In: [392], 1–9
374 Hammond, C.R.; Norman, S.R.: Silica based binary glass systems — refractive index behaviour and composition in optical fibers. Opt. Quantum Electronics 9 (1977) 399–409
375 Hampshire, S.; Drew, R.A.L.; Jack, K.H.: Oxynitride glasses. Phys. Chem. Glasses 26 (1985) 182–186
376 Han, Y.H.; Kreidl, N.J.; Day, D.E.: Alkali diffusion and electrical conductivity in sodium borate glasses. J. Non-Cryst. Solids 30 (1979) 241–252
377 Hanada, T.; Soga, N.; Kunugi, M.: Glass formation and structure of Na_2S-SiO_2 and $Na_2S-B_2O_3$ glasses. J. Non-Cryst. Solids 21 (1976) 65–72
378 Hanson, C.D.; Egami, T.: Distribution of Cs^+ ions in single and mixed alkali silicate glasses from energy dispersive x-ray diffraction. J. Non-Cryst. Solids 87 (1986) 171–184
379 Hara, M.; Kerkhof, F.: Die Vickers-Härte von vorgespanntem Tafelglas. Rep. Asahi Glass Comp. Res. Lab. 12 (1962) 99–104
380 Hartmann, H.; Brand, H.: Zur Kenntnis der mittleren spezifischen Wärme einiger technisch wichtiger Glassorten. Glastech. Ber. 26 (1953) 29–33
381 Hasegawa, H.; Nishihama, K.; Imaoka, M.: Quick loading strength of $Na_2O-B_2O_3-SiO_2$ glass fibers. J. Non-Cryst. Solids 7 (1972) 93–102
382 Hasegawa, H.; Sone, M.; Imaoka, M.: An x-ray diffraction study of the structure of vitreous antimony oxide. Phys. Chem. Glasses 19 (1978) 28–33
383 Hasegawa, H.; u.a.: Tensile strength of boric oxide glass in vacuum and at very low humidities. J. Non-Cryst. Solids 69 (1984) 49–58
384 Hasegawa, Y.: Effect of replacing SiO_2 by ZnO on the physical properties of aluminosilicate glasses. Glastech. Ber. 59 (1986) 189–192
385 Hasselman, D.P.H.; u.a.: Failure prediction of the thermal fatigue resistance of a glass. J. Mater. Sci. 11 (1976) 458–464
386 Hayashi, T.; Saito, H.: Preparation of $CaO-SiO_2$ glasses by the gel method. J. Mater. Sci. 15 (1980) 1971–1977
387 Hayashi, T.; Tien, T.Y.: Formation and crystallization of oxynitride glasses in the system Si, Al, Mg/O, N. J. Ceram. Soc. Japan 94 (1986) 44–52
388 Hayward, P.J.: The mixed alkali effect in aluminosilicate glasses. Phys. Chem. Glasses 17 (1976) 54–61
389 Hench, L.L.: Characterization of glass corrosion and durability. J. Non-Cryst. Solids 19 (1975) 27–39
390 Hench, L.L.: Use of drying control chemical additives (DCCAs) in controlling sol-gel processing. In: [395], 52–64
391 Hench, L.L.; Clark, D.E.: Physical chemistry of glass surfaces. J. Non-Cryst. Solids 28 (1978) 83–105
392 Hench, L.L.; Freiman, S.W. (Ed.): Advances in nucleation and crystallization in glasses. Columbus (Ohio): Am. Ceram. Soc. 1971
393 Hench, L.L.; Schaake, H.F.: Electrical properties of glass. In: [744], 583–659
394 Hench, L.L.; Ulrich, D.R. (Ed.): Ultrastructure processing of ceramics, glasses, and composites. New York, etc.: Wiley 1984
395 Hench, L.L.; Ulrich, D.R. (Ed.): Science of ceramic chemical processing. New York, etc.: Wiley 1986
396 Hendrickson, J.R.; Bray, P.J.: A theory for the mixed alkali effect in glass. Phys. Chem. Glasses 13 (1972) 43–49, 107–115
397 Hense, C.R.: The Christiansen filter — A centennial retrospective review. Glastech. Ber. 60 (1987) 89–111, 140–160

398 Herczog, A.: Sodium ion conducting glasses for the sodium-sulfur battery. J. Electrochem. Soc. 132 (1985) 1539–1545
399 Herms, G.; Derno, M.; Steil, H.: X-ray evidence for the existence of diborate groups in sodium-borate glass. J. Non-Cryst. Solids 88 (1986) 381–387
400 Hetherington, G.; Jack, K.H.; Kennedy, J.C.: The viscosity of vitreous silica. Phys. Chem. Glasses 5 (1964) 130–136
401 Higgins, T.J.; Macedo, P.B.; Volterra, V.: Mechanical and ionic relaxation in $Na_2O \cdot 3 SiO_2$ glass. J. Am. Ceram. Soc. 55 (1972) 488–491
402 Hillenbrand, H.-G.; Hornbogen, E.; Metallische Gläser – Werkstoffgruppe der Zukunft? Z. Werkstofftech. 13 (1982) 407–415
403 Hillig, W.B.: Sources of weakness and the ultimate strength of brittle amorphous solids. In: Modern aspects of the vitreous state. Mackenzie, J.D. (Ed.). London: Butterworths 1962, Vol. 2, 152–194
404 Hillig, W.B.; Charles, R.J.: Surfaces, stress-dependent surface reactions and strength. In: High strength materials. Zackay, V.F. (Ed.). New York: Wiley 1965, 682–705
405 Hintenlang, D.E.; Bray, P.J.: NMR studies of B_2S_3-based glasses. J. Non-Cryst. Solids 69 (1985) 243–248
406 Hinz, W.: Silikate. Grundlagen der Silikatwissenschaft und Silikattechnik. Berlin: VEB Verlag für Bauwesen 1970
407 Hinz, W.: Nucleation and crystal growth. J. Non-Cryst. Solids 25 (1977) 217–260
408 Hirao, K.; Tomozawa, M.: Kinetics of crack tip blunting of glasses. J. Am. Ceram. Soc. 70 (1987) 43–48
409 Hirao, K.; Tomozawa, M.: Microhardness of SiO_2 glass in various environments. J. Am. Ceram. Soc. 70 (1987) 497–502
410 Hlaváč, J.; Matej, J.: Mechanismus und Kinetik der Zersetzung von Silicatgläsern durch wäßrige Lösungen. Silikáty 7 (1963) 261–269; 10 (1966) 235–245; 11 (1967) 3–16
411 Hoebbel, D.; u.a.: Determination of silicate anion constitution in glassy and crystalline lead silicates using an improved TMS technique. J. Non-Cryst. Solids 69 (1984) 149–159
412 Holland, L.: The properties of glass surfaces. London: Chapman & Hall 1964
413 Holloway, D.G.: The fracture behaviour of glass. Glass Technol. 27 (1986) 120–133
414 Holmquist, S.: Oxygen ion activity and the solubility of sulfur trioxide in sodium silicate melts. J. Am. Ceram. Soc. 49 (1966) 467–473
415 Hood, H.P.; Stookey, S.D.: Method of making a glass article of high mechanical strength and article made thereby. US Pat. 2,779,136 (1957)
416 Hopper, R.W.: Interaction of flow and phase separation – Kinetics, structure, rheology. J. Non-Cryst. Solids 73 (1985) 135–150
417 Hormadaly, J.: Empirical methods for estimating the linear coefficient of expansion of oxide glasses from their composition. J. Non-Cryst. Solids 79 (1986) 311–324
418 Hosemann, R.; u.a.: Structural model of vitreous silica based on microparacrystal principles. J. Non-Cryst. Solids 83 (1986) 223–234
419 Houser, C.A.; White, W.B.: Effect of fluid flow on the hydration of a sodium-calcium-silicate glass. Mater. Lett. 4 (1986) 397–400
420 Howie, A.: High resolution electron microscopy of amorphous thin films. J. Non-Cryst. Solids 31 (1978) 41–55
421 Hrma, P.: Effects of surface forces in glass technology (a review). Glass Technol. 23 (1982) 151–155
422 Hsich, H.S.-Y.: Glass workability study and correlation of melting history, microstructure, apparent liquidus temperature, and mechanical strength. J. Mater. Sci. 14 (1979) 2581–2588
423 Hu, H.; Ma, F.; Mackenzie, J.D.: New halide glasses – bromide glasses based on $ZnBr_2$. J. Non-Cryst. Solids 55 (1983) 169–172
424 Hu, H.; Mackenzie, J.D.: New chloride glasses in the $NaCl-KCl-ThCl_4$ system. J. Non-Cryst. Solids 51 (1982) 269–272
425 Huang, W.; Ray, C.S.; Day, D.E.: Dependence of the critical cooling rate for lithium-silicate glass on nucleating agents. J. Non-Cryst. Solids 86 (1986) 204–212
426 Huang, Y.Y.; Sarkar, A.; Schultz, P.C.: Relationship between composition, density and refractive index for germania silica glasses. J. Non-Cryst. Solids 27 (1978) 29–37

427 Huang, Z.J.; u.a.: Effect of water on the crystallization of Li_2O-SiO_2 glasses and gels. J. Ceram. Soc. Japan 91 (1983) 215−221
428 Huggins, M.L.: The structure of glasses. J. Am. Ceram. Soc. 38 (1955) 172−175
429 Huggins, M.L.: The structon theory, applied to borate glasses. J. Ceram. Soc. Japan 80 (1972) 473−480
430 Huggins, M.L.; Stevels, J.M.: Comparison of two equations for calculation of densities of glasses from their compositions. J. Am. Ceram. Soc. 37 (1954) 474−479
431 Huggins, M.L.; Sun, K.-H.: Calculation of density and optical constants of a glass from its composition in weight percentage. J. Am. Ceram. Soc. 26 (1943) 4−11
432 Hunold, K.; Brückner, R.: Physikalische Eigenschaften und struktureller Feinbau von Natrium-Alumosilicatgläsern und -schmelzen. Glastech. Ber. 53 (1980) 149−161
433 Imaoka, M.; Hasegawa, H.; Yasui, I.: X-ray diffraction analysis on the structure of the glasses in the system $PbO-SiO_2$. J. Non-Cryst. Solids 85 (1986) 393−412
434 Ingram, M.D.; Moynihan, C.T.; Lesikar, A.V.: Ionic conductivity and the weak electrolyte theory of glass. J. Non-Cryst. Solids 38/39 (1980) 371−376
435 International Commission on Glass: Dictionary of glass-making − Dictionnaire de verrerie − Glas-Fachwörterbuch. Amsterdam, Oxford, New York: Elsevier Scientific 1983
436 Isard, J.O.: The mixed alkali effect in glass. J. Non-Cryst. Solids 1 (1969) 235−261
437 Isard, J.O.: The origin of electric potential in the ion exchange theory of the glass electrode. Phys. Chem. Glasses 17 (1976) 1−6
438 Isard, J.O.; Müller, W.: Influence of alkaline earth ions on the corrosion of glasses. Phys. Chem. Glasses 27 (1986) 55−58
439 Isard, J.O.; Patel, A.R.: A comparison between weathering and water leaching tests on glasses of simple composition. Glass Technol. 22 (1981) 247−250
440 Isard, J.O.; Priestley, D.: The effect of flow rate in chemical durability tests. Phys. Chem. Glasses 26 (1985) 221−222
441 Isard, J.O.; Priestley, D.; Müller, W.: Zur Auswertung von Infrarotreflexionsspektren ausgelaugter Glasoberflächen. Silikattechnik 37 (1986) 405−409
442 Ishikawa, T.; u.a.: Corrosion of $Na_2O-CaO-SiO_2$ glass by alkaline solutions. J. Ceram. Soc. Japan 87 (1979) 57−63
443 Itoh, H.; u.a.: Electromotive-force measurements of molten oxide mixtures. Part 8. Thermodynamic properties of $Na_2O-B_2O_3$ melts. J. Chem. Soc., Far. Trans I 80 (1984) 473−487
444 Ivanov, A.O.; Evstropiev, K.S.: Die Struktur einfacher Germanatgläser. Ber. Akad. Wiss. UdSSR 145 (1962) 797−800
445 Ivanovskaya, I.S.; u.a.: Interdiffusion of ions and the chemical processes in leached layers of sodium aluminosilicate glasses. Sov. J. Glass Phys. Chem. 12 (1986) 23−30
446 Iwamoto, N.: Structure of slag (VII). Indicators to define basicity of slag. Trans. JWRI 7 (1978) 113−125
447 Iwamoto, N.; Makino, Y.; Kasahara, S.: Correlation between refraction basicity and theoretical optical basicity. J. Non-Cryst. Solids 68 (1984) 379−397
448 Izumitani, T.; Hirota, S.: Absorption and dispersion of optical glass intrinsic absorption of glass in vacuum ultraviolet region. Wiss. Z. Friedr.-Schiller-Univ. Jena, Math.-Nat. R. 32 (1983) 227−237
449 Jäckle, J.: On the glass transition and the residual entropy of glasses. Philos. Mag. B44 (1981) 533−545
450 Jain, H.; Downing, H.L.; Peterson, N.L.: The mixed alkali effect in lithium-sodium borate glasses. J. Non-Cryst. Solids 64 (1984) 335−349
451 Jakus, K.; Coyne, D.C.; Ritter, J.E.: Analysis of fatigue data for lifetime predictions for ceramic materials. J. Mater. Sci. 13 (1978) 2071−2080
452 James, P.F.: Kinetics of crystal nucleation in lithium silicate glasses. Phys. Chem. Glasses 15 (1974) 95−105
453 James, P.F.: Nucleation in glass-forming systems − a review. In: Nucleation and crystallization in glasses. Simmons, J.H.; Uhlmann, D.R.; Beall, G.H. (Ed.). Columbus (Ohio): Am. Ceram. Soc. 1982, 1−48
454 James, P.F.: Kinetics of crystal nucleation in silicate glasses. J. Non-Cryst. Solids 73 (1985) 517−540

455 Jantzen, C.M.F.; Herman, H.: Spinodal decomposition – Phase diagram representation and occurrence. In: [14], Vol. 5, 127–184
456 Jantzen, C.M.F.; Plodinec, M.J.: Thermodynamic model of natural, medieval and nuclear waste glass durability. J. Non-Cryst. Solids 67 (1984) 207–223
457 Jebsen-Marwedel, H.; Brückner, R. (Hrsg.): Glastechnische Fabrikationsfehler, 3. Aufl. Berlin, Heidelberg, New York: Springer 1980
458 Jeddeloh, G.: The redox equilibrium in silicate melts. Phys. Chem. Glasses 25 (1984) 163–164
459 Johansson, G.; Karlberg, B.; Wikby, A.: The hydrogen-ion selective glass electrode. Talanta 22 (1975) 953–966
460 Johnson, P.A.V.; Wright, A.C.; Sinclair, R.N.: A neutron diffraction investigation of the structure of vitreous boron trioxide. J. Non-Cryst. Solids 50 (1982) 281–311
461 Johnston, W.D.: Oxidation-reduction equilibria in iron-containing glass. J. Am. Ceram. Soc. 47 (1964) 198–201
462 Johnston, W.D.: Formulation of oxidation-reduction reactions in glass melts. J. Am. Ceram. Soc. 49 (1966) 513–514
463 Jones, G.O.: Glass, 2nd ed. London: Chapmann & Hall 1971
464 Joseph, I.; Pye, L.D.: Nucleation studies in lithium disilicate glass. 14. Int. Congr. Glass, Indian Ceram. Soc., Calcutta, 1986, Vol. 1, 358–365
465 Kaller, A.: Charakteristik mechanisch polierter Glasoberflächen in Abhängigkeit von der Vorbehandlung und Polierart. Silikattechnik 31 (1980) 208–214
466 Kamigaito, O.; Kamiya, N.: A study of proof testing: unloading time expressed in the term of an „equivalent service time". J. Ceram. Soc. Japan 95 (1987) 667–671
467 Kamiya, K.; Ohya, M.; Yoko, T.: Nitrogen-containing SiO_2 glass fibers prepared by ammonolysis of gels made from silicon alkoxides. J. Non-Cryst. Solids 83 (1986) 208–222
468 Kamiya, K.; u.a.: X-ray diffraction study of Na_2O-GeO_2 melts. J. Non-Cryst. Solids 79 (1986) 285–294
469 Kamiya, N.; Kamigaito, O.: Thermal fatigue life of ceramics under mechanical load. J. Mater. Sci. 17 (1982) 3149–3157
470 Kaneko, H.; Isard, J.O.: The effect of structural changes in the transformation range on the electrical conductivity of glass. Phys. Chem. Glasses 9 (1968) 84–90
471 Kanno, H.: A simple derivation of the empirical rule $T_G/T_M = 2/3$. J. Non-Cryst. Solids 44 (1981) 409–413
472 Kapoor, M.L.; Frohberg, M.G.: Thermodynamic properties of the system $PbO-B_2O_3$. Canad. Met. Quart. 12 (1973) 137–146
473 Kauzmann, W.: The nature of the glassy state and the behavior of liquids at low temperatures. Chem. Rev. 43 (1948) 219–256
474 Kawaguchi, M.; u.a.: Fundamental study on corrosion behavior of silicate glasses in water by ESCA: J. Ceram. Soc. Japan 89 (1981) 525–532
475 Kawaguchi, T.; u.a.: Structural changes of monolithic silica gel during the gel-to-glass transition. J. Non-Cryst. Solids 82 (1986) 50–56
476 Kawamoto, Y.: Estimated immiscibility isotherms of the $Li_2O-Al_2O_3-SiO_2$ system. J. Mater. Sci. 20 (1985) 2695–2701
477 Kawamoto, Y.; Horisaka, T.; Tomozawa, M.: Absence of phase separation in the system $B_2O_3-SiO_2$. Glastech. Ber. 56K (1983) 782–787
478 Kawamoto, Y.; Tomozawa, M.: Prediction of immiscibility boundaries of the systems K_2O-SiO_2, $K_2O-Li_2O-SiO_2$, $K_2O-Na_2O-SiO_2$, and $K_2O-BaO-SiO_2$. J. Am. Ceram. Soc. 64 (1981) 289–292
479 Kawamoto, Y.; Tomozawa, M.: Prediction of immiscibility boundaries of ternary silicate glasses. Phys. Chem. Glasses 22 (1981) 11–16
480 Kelton, K.F.; Greer, A.L.: Transient nucleation effects in glass formation. J. Non-Cryst. Solids 79 (1986) 295–309
481 Kennedy, C.R.; Bradt, R.C.; Rindone, G.E.: The strength of binary alkali silicate glasses. Phys. Chem. Glasses 21 (1980) 99–105
482 Kerkhof, F.: Maximale Bruchgeschwindigkeit und spezifische Oberflächenenergie. Naturwiss. 50 (1963) 565–566
483 Kerkhof, F.: Bruchvorgänge in Gläsern. Frankfurt/Main: Dtsch. Glastech. Ges. 1970

484 Kerkhof, F.: Verfahren zur Untersuchung von Spannungen. In: [457], 106–116
485 Kerkhof, F.: Bruchentstehung und Bruchausbreitung im Glas. In: [457], 523–587
486 Kerkhof, F.; Richter, H.G.: Bruchmechanik von Glas und Keramik. Sprechsaal 120 (1987) 430–437, 659–667
487 Kerkhof, F.; Richter, H.G.; Stahn, D.: Festigkeit von Glas – Zur Abhängigkeit von Belastungsdauer und -verlauf. Glastech. Ber. 54 (1981) 265–277
488 Kerkhof, F.; Schinker, M.: Zusammenhang zwischen Abrieb, Mikroeindruckhärte und Bruchhöchstgeschwindigkeit bei verschiedenen optischen Gläsern. Glastech. Ber. 45 (1972) 228–233
489 Keusch, S.; Frenzel, H.; Wiedemann, G.: Verstärkung von Zement mit Glasfaserstoffen – Eine Literaturübersicht. Silikattechnik 31 (1980) 196–200
490 Kingery, W.D.: Surface tension of some liquid oxides and their temperature coefficients. J. Am. Ceram. Soc. 42 (1959) 6–10
491 Kingery, W.D.: Property measurements at high temperatures. New York: Wiley und London: Chapman & Hall, 1959
492 Kistler, S.S.: Stresses in glass produced by nonuniform exchange of monovalent ions. J. Am. Ceram. Soc. 45 (1962) 59–68
493 Kitazawa, K.; Kishi, A.; Fueki, K.: Influence of atmospheric water on surface viscosity of some silicate glasses. J. Ceram. Soc. Japan 88 (1980) 741–746
494 Klein, R.M.: Optical fiber waveguides. In: [1004], Vol. 2, 285–339
495 Klein, R.M.; Onorato, P.I.K.: Optical basicity of ternary glass systems. Phys. Chem. Glasses 21 (1980) 199–203
496 Klement, W.; Willens, R.H.; Duwez, P.: Noncrystalline structure in solidified gold-silicon alloys. Nature 187 (1960) 869–870
497 Knapp, W.J.; van Vorst, W.D.: Activities and structure of some melts in the system $Na_2SiO_3 – Na_2Si_2O_5$. J. Am. Ceram. Soc. 42 (1959) 559–562
498 Konijnendijk, W.L.; Stevels, J.M.: Raman scattering measurements of silicate glasses and compounds. J. Non-Cryst. Solids 21 (1976) 447–453
499 Konijnendijk, W.L.; Stevels, J.M.: Structure of borate and borosilicate glasses by Raman spectroscopy. Mater. Sci. Res. 12 (1978) 259–279
500 Konnert, J.H.; D'Antonio, P.; Karle, J.: Comparison of radial distribution function for silica glass with those for various bonding topologies: use of correlation function. J. Non-Cryst. Solids 53 (1982) 135–141
501 Kordes, E.; Wörster, E.: Einfluß der Zusammensetzung und des Feinbaus auf die Ultraviolett-Durchlässigkeit binärer Silicat-, Borat- und Phosphatgläser. Glastech. Ber. 32 (1959) 267–276
502 Koshizaki, N.: Influence of calcium ion on the initial alkali corrosion process of zirconia-containing glass. J. Ceram. Soc. Japan 95 (1987) 364–370
503 Koverda, V.P.; Bogdanov, N.M.; Skripov, V.P.: Self-sustaining crystallization of amorphous layers of water and heavy water. J. Non-Cryst. Solids 57 (1983) 203–212
504 Kozlovskaya, E.I.: Effect of composition on the elastic properties of glasses. In: [720], Vol. 2, 299–301
505 Kracek, F.C.: The system sodium oxide – silica. J. Phys. Chem. 34 (1930) 1583–1598
506 Kracek, F.C.: Phase equilibrium in the system $Na_2SiO_3 – Li_2SiO_3 – SiO_2$. J. Am. Chem. Soc. 61 (1939) 2863–2877
507 Krämer, F.; Müller-Warmuth, W.; Dutz, H.: Magnetische Kernresonanzuntersuchungen an Gläsern im Transformationsbereich. Glastech. Ber. 46 (1973) 191–195
508 Kranich, J.F.; Scholze, H.: Einfluß verschiedener Meßbedingungen auf die Knoop-Mikrohärte von Gläsern. Glastech. Ber. 49 (1976) 135–143
509 Kreidl, F.C.; Kreidl, N.J.: Glass in a decade of light. Glastech. Ber. 60 (1987) 83–88
510 Krogh-Moe, J.: The structure of vitreous and liquid boron oxide. J. Non-Cryst. Solids 1 (1969) 269–284
511 Kruithof, A.M.; Zijlstra, A.L.: Different breaking strength phenomena of glass objects. Glastech. Ber. 32K (1959) III/1–6
512 Kryukova, S.V.; Eremina, N.I.: Influence of optical glass composition on the relative grinding hardness value. Sov. J. Opt. Technol. 50 (1983) 239–241

513 Kühne, K.; Skatulla, W.: Physikalische und chemische Untersuchungen an Gläsern des ternären Systems $SiO_2-B_2O_3-Na_2O$ im Bereich der Gläser vom Vycor-Typ. Silikattechnik 10 (1959) 105–119

514 Kulkarni, A.R.; Maiti, H.S.; Paul, A.: Fast ion conducting lithium glass — review. Bull. Mater. Sci. 6 (1984) 201–221

515 Kumar, B.; Rindone, G.E.: Phase separation in a soda-lime-silica glass as affected by silica purity. Phys. Chem. Glasses 20 (1979) 148–149

516 Kumm, K.-A.; Scholze, H.: Die Kristallisationsgeschwindigkeit von Schlackenschmelzen im System $CaO-Al_2O_3-SiO_2$. Tonind.-Ztg. 93 (1969) 332–337, 360–363

517 Kunc, Th.; Lallemand, M.: Transferts thermiques dans les verres à haute température. Glastech. Ber. 58 (1985) 224–231, 259–271

518 Kurkjian, C.R.: Mössbauer spectroscopy in inorganic glasses. J. Non-Cryst. Solids 3 (1970) 157–194

519 Kurkjian, C.R. (Ed.): NATO conference Series, 6, Materials Science, Vol. 11: Strength of inorganic glass. New York: Plenum 1985

520 Kurkjian, C.R.; Douglas, R.W.: The viscosity of glasses in the system Na_2O-GeO_2. Phys. Chem. Glasses 1 (1960) 19–25

521 Kurkjian, C.R.; Krause, J.T.; Paek, U.C.: Tensile strength characteristics of „perfect" silica fibers. J. Phys. 43, Suppl. 12, Coll. C9 (1982) 585–586

522 La Course, W.C.: The strength of glass. In: [744], 451–512

523 Lakatos, T.; Johansson, L.-G.; Simmingsköld, B.: Viscosity temperature relations in the glass system $SiO_2-Al_2O_3-Na_2O-K_2O-CaO-MgO$ in the composition range of technical glasses. Glass Technol. 13 (1972) 88–95

524 Lakatos, T.; Johansson, L.-G.; Simmingsköld, B.: Investigations on viscosity-temperature relations in the lead crystal system containing 24–30 % PbO. Glastek. Tidskr. 32 (1977) 31–35; 33 (1978) 55–59; 34 (1979) 9–10

525 Lakatos, T.; Johansson, L.-G.; Simmingsköld, B.: Viscosity-temperature relations in glasses composed of $SiO_2-Al_2O_3-Na_2O-PbO-B_2O_3-CaO-ZnO-Li_2O$. Glastek. Tidskr. 34 (1979) 61–65

526 Lanford, W.A.; u.a.: Hydration of soda-lime glass. J. Non-Cryst. Solids 33 (1979) 249–266

527 Lapp, J.C.; Shelby, J.E.: The mixed alkali effect in sodium and potassium galliosilicate glasses. J. Non-Cryst. Solids 86 (1986) 350–360

528 Lau, J.; McMillan, P.W.: Interaction of sodium with simple glasses. J. Mater. Sci. 17 (1982) 2715–2726; 19 (1984) 881–889

529 Lawn, B.R.: Physics of fracture. J. Am. Ceram. Soc. 66 (1983) 83–91

530 Lawn, B.R.: The indentation crack as a model surface flaw. In: [91], Vol. 5, 1–25

531 Lawn, B.R.; Dabbs, T.P.; Fairbanks, C.J.: Kinetics of shear-activated indentation crack initiation in soda-lime glass. J. Mater. Sci. 18 (1983) 2785–2797

532 Lawn, B.R.; Jakus, K.; Gonzalez, A.C.: Sharp vs blunt crack hypotheses in the strength of glass: a critical study using indentation flaws. J. Am. Ceram. Soc. 68 (1985) 25–34

533 Lazzari, M.; Scrosati, B.; Vincent, C.A.: Solid electrolytes with a glass-like structure. J. Am. Ceram. Soc. 61 (1978) 451–455

534 Leadbetter, A.J.: The thermal properties of glasses at low temperatures. Phys. Chem. Glasses 9 (1968) 1–13

535 Lebedev, A.A.: Über Polymorphismus und das Kühlen von Glas. Arb. Staatl. opt. Inst. Leningrad 2 (1921) Nr. 10

536 Lebedev, A.A.: Die Struktur von Gläsern nach den Daten der Röntgenstrukturanalyse und Untersuchungen der optischen Eigenschaften. Bull. Acad. Sci. USSR, Ser. Phys. 4 (1940) 584–587

537 Ledererova, V.; Smrček, A.; Ryšavý, J.: Faktoren zur Berechnung von Eigenschaften von Kalk-Natrongläsern (Orig. tschech.). Sklář Keram. 36 (1986) 304–308

538 Lee, J.-H.; Brückner, R.: Zum Redoxgleichgewicht Chrom–Mangan in Silicat- und Boratgläsern. Glastech. Ber. 57 (1984) 7–11

539 Lee, J.-H.; Brückner, R.: Optische und magnetische Eigenschaften Cu^{1+}- und Cu^{2+}-haltiger Alkaliborat-, -germanat- und -silicatgläser mit Bezug auf die Borsäure- und Germanatanomalie. Glastech. Ber. 57 (1984) 30–43

540 Leko, V.K.: Viscosity of vitreous silica. Sov. J. Glass Phys. Chem. 5 (1979) 228–247

541 Leko, V.K.; Komarova, L.A.: Influence of water vapor on the crystallization of quartz glass. Inorg. Mater. 11 (1975) 1753–1756
542 Leko, V.K.; u.a.: The effect of impurity alkali oxides, hydroxyl groups, Al_2O_3, and Ga_2O_3 on the viscosity of vitreous silica. Sov. J. Glass Phys. Chem. 3 (1977) 204–210
543 Lenhart, A.; Schaeffer, H.A.: Elektrochemische Messung der Sauerstoffaktivität in Glasschmelzen. Glastech. Ber. 58 (1985) 139–147
544 Lersmacher, B.; Lydtin, H.; Knippenberg, W.F.: Glasartiger Kohlenstoff. Chem.-Ing.-Tech. 42 (1970) 659–669
545 Levin, E.M.: Liquid immiscibility in oxide systems. In: [14], Vol. 3, 143–236
546 Levin, E.M.; Cleek, G.W.: Shape of liquid immiscibility volume in the system barium oxide – boric oxide – silica, J. Am. Ceram. Soc. 41 (1958) 175–179
547 Liang, D.-T.; Readey, D.W.: Dissolution kinetics of crystalline and amorphous silica in hydrofluoric-hydrochloric acid mixtures. J. Am. Ceram. Soc. 70 (1987) 570–577
548 Liebau, F.: Structural chemistry of silicates. Berlin: Springer 1985
549 Lillie, H.R.: Viscosity-time-temperature relations in glass at annealing temperatures. J. Am. Ceram. Soc. 16 (1933) 619–631
550 Lisenenko, A.A.: Correlation between the thermal expansion of glasses and the coordination of the modifying ions. Sov. J. Glass Phys. Chem. 12 (1986) 105–111
551 Littleton, J.T.: A method for measuring the softening temperature of glasses. J. Am. Ceram. Soc. 10 (1927) 259–263
552 Livshits, V.Ya.; u.a.: Acoustic and elastic properties of glasses in the $Na_2O-Al_2O_3-SiO_2$ system. Sov. J. Glass Phys. Chem. 8 (1982) 463–468
553 Löffler, J.: Prüfung von Tafelglas auf Klimaempfindlichkeit. Glastech. Ber. 29 (1956) 131–137
554 Loehman, R.E.: Preparation and properties of oxynitride glasses. J. Non-Cryst. Solids 56 (1983) 123–134
555 Low, M.J.D.: Penta- and hexacoordinated silicon sites on silica surfaces. J. Phys. Chem. 85 (1981) 3543–3545
556 Luborsky, F.E. (Ed.): Amorphous metallic alloys. London, Boston: Butterworths 1983
557 Lucas, J.: Halide glasses. J. Non-Cryst. Solids 80 (1986) 83–91
558 Lutze, W.; u.a.: Surface layer formation on a nuclear waste glass. Mat. Res. Soc. Symp. Proc. 15 (1983) 37–45
559 Lux, H.: „Säuren" und „Basen" im Schmelzfluß: die Bestimmung der Sauerstoffionen-Konzentration. Z. Elektrochem. 45 (1939) 303–309
560 Lyon, K.C.: Calculation of surface tensions of glasses. J. Am. Ceram. Soc. 27 (1944) 186–189
561 MacDowell, J.F.; Beall, G.H.: Immiscibility and crystallization in $Al_2O_3-SiO_2$ glasses. J. Am. Ceram. Soc. 52 (1969) 17–25
562 Macedo, P.B.: Viscoelasticity of glasses. In: Wachtman, J.B. (Ed.): Mechanical and thermal properties of ceramics. Washington: National Bureau of Standards 1969, 169–188
563 Macedo, P.B.; Litovitz, T.A.: On the relative roles of free volume and activation energy in the viscocity of liquids. J. Chem. Phys. 42 (1965) 245–256
564 Macedo, P.B.; Napolitano, A.: Inadequacies of viscosity theories for B_2O_3. J. Chem. Phys. 49 (1968) 1887–1895
565 Macedo, P.B.; u.a.: Viscoelastic relaxation in B_2O_3. Mater. Sci. Res. 12 (1978) 463–476
566 Macedo, P.B.; u.a.: Long-term release rates of borosilicate glass waste forms. Nucl. Technol. 73 (1986) no. 2, 199–209
567 MacFarlane, D.R.; Angell, C.A.: Nonexistent glass transition for amorphous solid water. J. Phys. Chem. 88 (1984) 759–762
568 Mackenzie, J.D.: High-pressure effects on oxide glasses. J. Am. Ceram. Soc. 46 (1963) 461–476; 47 (1964) 76–80
569 Mackenzie, J.D.: Electronic conduction in non-crystalline solids. J. Non-Cryst. Solids 2 (1970) 16–26
570 Mackenzie, J.D.: Glasses from melts and glasses from gels, a comparison. J. Non-Cryst. Solids 48 (1982) 1–10
571 Mackenzie, J.D.: Unusual non-crystalline solids from gels in 2004. J. Non-Cryst. Solids 73 (1985) 631–637

572 Mahle, S.H.; McCammon, R.D.: The dielectric loss of fused silica at low temperatures. Phys. Chem. Glasses 10 (1969) 222–225
573 Makishima, A.; Mackenzie, J.D.: Direct calculation of Young's modulus of glass. J. Non-Cryst. Solids 12 (1973) 35–45
574 Makishima, A.; Mackenzie, J.D.: Calculation of bulk modulus, shear modulus and Poisson's ratio of glass. J. Non-Cryst. Solids 17 (1975) 147–157
575 Makishima, A.; Mackenzie, J.D.: Calculation of thermal expansion coefficient of glasses. J. Non-Cryst. Solids 22 (1976) 305–313
576 Malow, G.; Lutze, W.; Ewing, R.C.: Alteration effects and leach rates of basaltic glasses: implications for the long-term stability of nuclear waste form borosilicate glasses. J. Non-Cryst. Solids 67 (1984) 305–321
577 Manns, P.; Brückner, R.: Spannungsoptisches Verhalten einiger Silicatgläser im viskoelastischen Bereich. Glastech. Ber. 54 (1981) 319–331
578 March, P.; Rauch, F.: Hydration of soda-lime glasses studied by ion-induced nuclear reactions. Nucl. Instr. Meth. Phys. Res. B15 (1986) 516–519
579 Marsh, D.M.: Plastic flow and fracture of glass. Proc. Roy. Soc. 282 A (1964) 33–43
580 Martin, S.W.; Angell, C.A.: On the glass transition and viscosity of P_2O_5. J. Phys. Chem. 90 (1986) 6736–6740
581 Martinsen, W.E.; McGee, T.D.: Effect of water content on electrical resistivity of Na_2O-SiO_2 glasses. J. Am. Ceram. Soc. 54 (1971) 175–176
582 Masson, C.R.: Anionic constitution of glass-forming melts. J. Non-Cryst. Solids 25 (1977) 3–41
583 Matecki, M.; Poulain, M.; Poulain, M.: Cadmium halide glasses. Mater. Res. Bull. 17 (1982) 1275–1281; 18 (1983) 631–636
584 Matson, D.W.; Sharma, S.K.; Philpotts, J.A.: The structure of high-silica alkali-silicate glasses. A Raman spectroscopic investigation. J. Non-Cryst. Solids 58 (1983) 323–352
585 Matthewson, M.J.; Kurkjian, C.R.; Gulati, S.T.: Strength measurement of optical fibers by bending. J. Am. Ceram. Soc. 69 (1986) 815–821
586 Matusita, K.; Takayama, S.; Sakka, S.: Electrical conductivities of mixed cation glasses. J. Non-Cryst. Solids 40 (1980) 149–158
587 Matusita, K.; Tashiro, M.: Rate of homogeneous nucleation in alkali disilicate glasses. J. Non-Cryst. Solids 11 (1973) 471–484
588 Matusita, K.; u.a.: Photoelastic effects in silicate glasses. J. Am. Ceram. Soc. 67 (1984) 700–704
589 Matusita, K.; u.a.: Compositional trends in photoelastic constants of borate glasses. J. Am. Ceram. Soc. 67 (1984) 261–265
590 Matveev, M.A.; Matveev, G.M.; Frenkel, B.N.: Calculation and control of electrical, optical and thermal properties of glass. Holon (Israel): Ordentlich Publ. 1975
591 Maurer, R.D.: Effect of dust on glass fiber strength. Appl. Phys. Lett. 30 (1977) 82–84
592 Maurer, R.D.: Optical properties of fiber optics materials. J. Non-Cryst. Solids 47 (1982) 135–146
593 Mazurin, O.V.: Glass in a direct electric field. In: Structure of glass, Vol. 4: Electrical properties and structure of glass. Mazurin, O.V. (Ed.). New York: Consultants Bureau 1965, 5–55
594 Mazurin, O.V.: Glass relaxation. J. Non-Cryst. Solids 87 (1986) 392–407
595 Mazurin, O.V.: Mechanical relaxation in inorganic glasses. In: [1004], Vol. 3, 119–179
596 Mazurin, O.V.; Molchanova, E.V.: Effects of fluorine added to glass batches on the electrical conductance. Trudy Leningrad. Tekhnol. Inst. im Lensoveta 1955, 48–52
597 Mazurin, O.V.; Porai-Koshits, E.A. (Ed.): Phase separation in glass. Amsterdam, etc.: North-Holland 1984
598 Mazurin, O.V.; Roskowa, G.P.; Tschitsjakowa, E.B.: Einfluß der Wärmebehandlung auf die elektrischen Eigenschaften entmischter Natriumsilikatgläser. Silikattechnik 24 (1973) 39–45
599 Mazurin, O.V.; Startsev, Yu. K.; Potselueva, L.N.: Calculation of the time taken by a highly viscous liquid to reach a state of metastable equilibrium. Sov. J. Glass Phys. Chem. 4 (1978) 590–597

600 Mazurin, O.V.; Streltsina, M.V.; Shvaiko-Shvaikovskaya, T.P.: Handbook of glass data. Part A: Silica glass and binary silicate glasses. Part B: Single-component and binary non-silicate oxide glasses. Amsterdam, Oxford, New York: Elsevier 1983; 1985
601 McGraw, D.A.: A method for determining Young's modulus of glass at elevated temperatures. J. Am. Ceram. Soc. 35 (1952) 22−27
602 McMillan, P.: Structural studies of silicate glasses and melts − applications and limitations of Raman spectroscopy. Am. Mineral. 69 (1984) 622−644
603 McMillan, P.W.: Glass-ceramics, 2nd ed. London, New York: Academic Press 1979
604 Meerlender, G.: Viskositäts-Temperatur-Verhalten des Standardglases I der DGG. Glastech. Ber. 47 (1974) 1−3
605 Meiling, G.S.; Uhlmann, D.R.: Crystallisation and melting kinetics of sodium disilicate. Phys. Chem. Glasses 8 (1967) 62−68
606 Mellor, J.W.: Die Beständigkeit von keramischen Fritten, Glasuren, Gläsern und Emails bei der Verwendung. Sprechsaal 69 (1936) 613−616, 629−633, 641−643, 658−661, 673−676, 687−690, 703−705, 719−722
607 Merker, L.: Der Einfluß von Sulfat in Natron-Kalk-Gläsern auf einige physikalische Eigenschaften. Glastech. Ber. 32 (1959) 75−76
608 Merker, L.: Eine einfache Methode zur Dichtebestimmung von Glasschmelzen bei hohen Temperaturen. Glastech. Ber. 32 (1959) 501−503
609 Merker, L.: Zum Verhalten von Halogeniden in Bleigläsern. Vortrag bei der 37. Glastechnischen Tagung am 22. 5. 63 in Münster
610 Merker, L.: Farbstich des Glases. In: [457], 387−400
611 Merker, L.; Scholze, H.: Der Einfluß des Wassergehaltes von Silikatgläsern auf ihr Transformations- und Erweichungsverhalten. Glastech. Ber. 35 (1962) 37−43
612 Michalske, T.A.; Freiman, S.W.: A molecular mechanism for stress corrosion in vitreous silica. J. Am. Ceram. Soc. 66 (1983) 284−288
613 Mills, J.J.; Pincus, A.G.: A high shear rate, high temperature rheometer for molten glass. Phys. Chem. Glasses 11 (1970) 99−105
614 Milnes, G.C.; Isard, J.O.: The mechanism of electrical conduction in lead silicate glasses and its dependence on „water" content. Phys. Chem. Glasses 3 (1962) 157−162
615 Milovanov, A.P.; Moiseev, V.V.; Portnyagin, V.I.: Contemporary methods of surface analysis in the study of glass. Sov. J. Glass Phys. Chem. 11 (1985) 1−19
616 Minami, T.: Fast ion conducting glasses. J. Non-Cryst. Solids 73 (1985) 273−284
617 Miyake, M.; u.a.: Structural analysis of molten B_2O_3. J. Chem. Soc., Far. Trans. 1, 80 (1984) 1925−1931
618 Miyata, N.: Propriétés électriques d'un verre de borosilicate de sodium présentant une séparation de phases. Verres Refract. 33 (1979) 13−25
619 Miyata, N.; Jinno, H.: Strength and fracture surface energy of phase-separated glasses. J. Mater. Sci. 16 (1981) 2205−2217
620 Mogensen, G.: The durability of mineral fibers in various buffer solutions. Riv. Stn. Sper. Vetro 14 (1984) No. 5, 135−138
621 Mohr, R.K.; El-Bayoumi, O.H.; Ingel, R.P.: Static fatigue in glass optical fibers having surface compression. Am. Ceram. Soc. Bull. 59 (1980) 1145−1146, 1150
622 Molchanov, V.S.: Effect of agitation of the destructive solution on the measurement of the alkali resistance of silicate glasses. Sov. J. Glass Phys. Chem. 5 (1979) 672−674
623 Montenero, A.; u.a.: Iron-soda-silica glasses: preparation, properties, structure. J. Non-Cryst. Solids 84 (1986) 45−60
624 Moore, H.; de Silva, R.C.: A study of the electrical properties of alkali-lime-silica glasses, some containing boric oxide or alumina, in relation to glass structure. J. Soc. Glass Technol. 36 (1952) 5−55
625 Moore, J.; Sharp, D.E.: Note on calculation of effect of temperature and composition on specific heat of glass. J. Am. Ceram. Soc. 41 (1958) 461−463
626 Moorjani, K.; Coey, J.M.D.: Magnetic glasses. Amsterdam: Elsevier 1984
627 Morey, G.W.: The properties of glass, 2nd ed. New York: Reinhold 1954
628 Moriya, T.: The theoretical consideration on the fundamental properties of glass by the conception of microphase theory. Bull. Tokyo Inst. Technol. 66 (1965) 29−79

629 Moriya, Y.; Warrington, D.H.; Douglas, R.W.: A study of metastable liquid-liquid immiscibility in some binary and ternary alkali silicate glasses. Phys. Chem. Glasses 8 (1967) 19–25
630 Mott, N.F.: Some new developments in the physics of non-crystalline solids. In: [277], 3–17
631 Mott, N.F.: The origin of some ideas on non-crystalline materials. J. Non-Cryst. Solids 28 (1978) 147–158
632 Mould, R.E.; Southwick, R.D.: Strength and static fatigue of abraded glass under controlled ambient conditions. J. Am. Ceram. Soc. 42 (1959) 542–547, 582–592; 43 (1960) 160–167; 44 (1961) 481–491
633 Moynihan, C.T.; Lesikar, A.V.: Weak-electrolyte models for the mixed-alkali effect in glass. J. Am. Ceram. Soc. 64 (1981) 40–46
634 Moynihan, C.T.; u.a.: Dependence of the fictive temperature of glass on cooling rate. J. Am. Ceram. Soc. 59 (1976) 12–16
635 Müller, G.: Glass formation in beryllate-systems. J. Non-Cryst. Solids 7 (1972) 433–434
636 Müller, G.: Oberflächengesteuerte Kristallisation von Glas — ein Weg zur Herstellung neuer Werkstoffe. Fortschr. Miner. 58 (1980) 68–78
637 Müller, W.; Forkel, K.: Ladungstransport in „alkalifreien" Silicatgläsern. Z. Chem. 22 (1982) 45–46
638 Müller-Warmuth, W.; Eckert, H.: Nuclear magnetic resonance and Mössbauer spectroscopy of glasses. Phys. Rep. 88 (1982) 91–149
639 Mukherjee, S.P.: Homogeneity of gels and gel-derived glasses. J. Non-Cryst. Solids 63 (1984) 35–43
640 Mulfinger, H.-O.: Physical and chemical solubility of nitrogen in glass melts. J. Am. Ceram. Soc. 49 (1966) 462–467
641 Murch, G.E. (Ed.): Halide glasses. Aedermannsdorf: Trans Tech Publications 1985
642 Muschick, W.: Density titration — A simple method for the determination of density variations in glasses. Glastech. Ber. 60 (1987) 174–176
643 Mylius, F.: Thüringer Glas. Glastech. Ber. 1 (1923) 33–43
644 Mysen, B.O.; Virgo, D.: Interaction between fluorine and silica in quenched melts on the joins $SiO_2 - AlF_3$ and $SiO_2 - NaF$ determined by Raman spectroscopy. Phys. Chem. Miner. 12 (1985) 77–85
645 Mysen, B.O.; Virgo, D.: Structure and properties of fluorine-bearing aluminosilicate melts: the system $Na_2O - Al_2O_3 - SiO_2 - F$ at 1 atm. Contr. Miner. Petrol. 91 (1985) 205–220
646 Mysen, B.O.; Virgo, D.; Seifert, F.A.: The structure of silicate melts: Implications for chemical and physical properties of natural magma. Rev. Geophys. Space Phys. 20 (1982) 353–383
647 Naraev, V.N.; Evstrop'ev, K.K.; Pronkin, A.A.: Nature of the electrical conductivity of glassy sodium metaphosphate. Sov. J. Glass Phys. Chem. 9 (1983) 70–75
648 Narayanaswamy, O.S.: A model of structural relaxation in glass. J. Am. Ceram. Soc. 54 (1971) 491–498
649 Narayanaswamy, O.S.: Annealing of glass. In: [1004], Vol. 3, 275–318
650 Nassau, K.: Rapidly quenched glasses. J. Non-Cryst. Solids 42 (1980) 423–431
651 Nassau, K.; Grasso, M.; Glass, A.M.: Quenched glasses in the systems of Li_2O with Al_2O_3, Ga_2O_3 and Bi_2O_3. J. Non-Cryst. Solids 34 (1979) 425–436
652 Nassau, K.; Wang, Ch.A.; Grasso, M.: Quenched metastable glassy and crystalline phases in the system lithium-sodium-potassium metaniobate-tantalate. J. Am. Ceram. Soc. 62 (1979) 503–510
653 Nassau, K.; u.a.: Quenched Li-containing multiple sulfate glasses. J. Non-Cryst. Solids 46 (1981) 45–58
654 Navarro, J.M.F.: El vidrio. Madrid: Instituto de Ceramica y Vidrio 1985
655 Navrotsky, A.; u.a.: The tetrahedral framework in glasses and melts — Inferences from molecular orbital calculations and implications for structure, thermodynamics, and physical properties. Phys. Chem. Miner. 11 (1985) 284–298
656 Neilson, G.F.; Weinberg, M.C.: Crystallization of $Na_2O - SiO_2$ gel and glass. J. Non-Cryst. Solids 63 (1984) 365–374
657 Neilson, G.F.; Weinberg, M.C.; Smith, G.L.: Effect of OH content on phase separation behavior of soda-silica glasses. J. Non-Cryst. Solids 82 (1986) 137–142

658 Nemilov, S.V.: Viscosity and structure of binary germanate glasses in the softening range. J. Appl. Chem. USSR 43 (1970) 2644–2651
659 Nemilov, S.V.: Valence configurational theory and its experimental basis for viscous flow in supercooled glass-forming liquids. Sov. J. Glass Phys. Chem. 4 (1978) 113–129
660 Nemilov, S.V.: Thermodynamic functions of nonequilibrium disordered systems at absolute zero and the nature of the glassy state. Sov. J. Glass Phys. Chem. 8 (1982) 7–18
661 Neuroth, N.: Aussagen der Spektroskopie im nahen und mittleren Infrarot zur Glasstruktur. In: [108], 141–187
662 Newton, R.G.: The durability of glass – a review. Glass Technol. 26 (1985) 21–38
663 Nikitin, A.V.; Pronkin, A.A.: The nature of the conductivity in $Na_2O - NaF - B_2O_3$ glasses. Sov. J. Glass Phys. Chem. 3 (1977) 270–271
664 Nikulin, V.Kh.; u.a.: Dependence of the electrical resistivity of low-alkali borosilicate glasses on their composition. Sov. J. Glass Phys. Chem. 12 (1986) 19–23
665 Noda, T.; Inagaki, M.; Yamada, S.: Glass-like carbons. J. Non-Cryst. Solids 1 (1969) 285–302
666 Nogami, M.: Glass preparation of the $ZrO_2 - SiO_2$ system by the sol-gel process from metal alkoxides. J. Non-Cryst. Solids 69 (1985) 415–423
667 Nogami, M.; Moriya, Y.: Glass formation of the $SiO_2 - B_2O_3$ system by the gel process from metal alkoxides. J. Non-Cryst. Solids 48 (1982) 359–366
668 Norville, H.S.; Minor, J.E.: Strength of weathered window glass. Am. Ceram. Soc. Bull. 64 (1985) 1467–1470
669 Novopashin, A.A.; Seregin, N.N.: Calculation of the thermal-expansion coefficient of silicate glasses from their structure-energy characteristics. Sov. J. Glass Phys. Chem. 5 (1979) 389–395
670 Oel, H.J.: Das Verhalten der Zähigkeit von technischen Gläsern zwischen 10^9 und 10^{14} Poise. Glastech. Ber. 35 (1962) 56–60
671 Ohlberg, S.M.; Hammel, J.J.: Formation and structure of phase separated soda-lime-silica glass. VII. Congr. Int. Verre. Bruxelles, 1965, Compt. rend. I, 32, 1–9
672 Oka, Y.; Tomozawa, M.: Effect of alkaline earth ion as an inhibition to alkaline attack on silica glass. J. Non-Cryst. Solids 42 (1980) 535–544
673 Oka, Y.; Wahl, J.M.; Tomozawa, M.: Effect of surface energy on the mechanical strength of a high-silica glass. J. Am. Ceram. Soc. 64 (1981) 456–460
674 Olcott, J.S.: Chemical strengthening of glass. Science 140 (1963) 1189–1193
675 Onodera, N.; Suga, H.; Seki, S.: Glass transition in amorphous precipitates. J. Non-Cryst. Solids 1 (1969) 331–334
676 Osaka, A.; Ariyoshi, K.; Takahashi, K.: Network structure of alkali germanosilicate glasses. J. Non-Cryst. Solids 83 (1986) 335–343
677 Osaka, A.; Takahashi, K.; Ariyoshi, K.: The elastic constant and molar volume of sodium and potassium germanate glasses and the germanate anomaly. J. Non-Cryst. Solids 70 (1985) 243–252
678 Owen, A.E.: The electrical properties of glasses. J. Non-Cryst. Solids 25 (1977) 372–423
679 Owen, A.E.; Douglas, R.W.: The electrical properties of vitreous silica. J. Soc. Glass Technol. 43 (1959) 159–178
680 Owen, A.E.; Spear, W.E.: Electronic properties and localised states in amorphous semiconductors. Phys. Chem. Glasses 17 (1976) 174–192
681 Pähler, G.; Brückner, R.: Festigkeit von Glasfasern als Funktion der Herstellungsparameter. Glastech. Ber. 54 (1981) 52–64
682 Parikh, N.M.: Effect of atmosphere on surface tension of glass. J. Am. Ceram. Soc. 41 (1958) 18–22
683 Partridge, G.: A review of surface crystallisation in vitreous systems. Glass Technol. 28 (1987) 9–18
684 Paul, A.: Chemical durability of glasses; a thermodynamic approach. J. Mater. Sci. 12 (1977) 2246–2268
685 Paul, A.: Chemistry of glasses. London: Chapman & Hall 1982
686 Paul, A.: Effect of thermal stabilization on redox equilibria and colour of glass. J. Non-Cryst. Solids 71 (1985) 269–278

687 Paul, A.; Youssefi, A.: Influence of complexing agents and nature of buffer solution on the chemical durability of glass. Glass Technol. 19 (1978) 162–170
688 Pauling, L.: The nature of silicon-oxygen bonds. Am. Mineral 65 (1980) 321–323
689 Pavelchek, E.K.; Doremus, R.H.: Fracture strength of soda-lime glass after etching. J. Mater. Sci. 9 (1974) 1803–1808
690 Pearce, M.L.: Solubility of carbon dioxide and variation of oxygen ion activity in soda-silica melts. J. Am. Ceram. Soc. 47 (1964) 342–347
691 Pearson, A.D.: Sulphide, selenide and telluride glasses. In: Modern aspects of the vitreous state. Mackenzie, J.D. (Ed.). London: Butterworths 1964, Vol. 3, 29–58
692 Pederson, L.R.: Comparison of sodium leaching rates from a $Na_2O \cdot 3\ SiO_2$ glass in H_2O and D_2O. Phys. Chem. Glasses 28 (1987) 17–21
693 Pederson, L.R.; u.a.: Reaction of soda lime silicate glass in isotopically labelled water. J. Non-Cryst. Solids 86 (1986) 369–380
694 Perander, M.; Karlsson, K.H.: Acidity and ionic structure of molten alkali silicates. J. Non-Cryst. Solids 80 (1986) 387–392
695 Perez, J.; Duperray, B.; Lefevre, D.: Viscoelastic behaviour of an oxide glass near the glass transition temperature. J. Non-Cryst. Solids 44 (1981) 113–136
696 Perez y Jorba, M.; u.a.: Deterioration of stained glass by atmospheric corrosion and microorganisms. J. Mater. Sci. 15 (1980) 1640–1647
697 Permyakova, T.V.; Sheshukova, G.E.; Moiseev, V.V.: Cation interdiffusion and the degree of nonidealness of a glass. Sov. J. Glass Phys. Chem. 4 (1978) 613–618
698 Pesina, T.I.; u.a.: Strength and structure of glasses in the $Na_2O - B_2O_3$ system. Sov. J. Glass Phys. Chem. 7 (1981) 54–58
699 Peter, K.W.: Densification and flow phenomena of glass in indentation experiments. J. Non-Cryst. Solids 5 (1970) 103–115
700 Peters, A.: Über das chemische Verhalten eines Borosilicatglases gegenüber alkalischen Lösungen bei Temperaturen über 150 °C. Glastech. Ber. 50 (1977) 276–280
701 Peterson, G.E.; Kurkjian, C.R.; Carnevale, A.: Random structure models and spin resonance in glass. Phys. Chem. Glasss 15 (1974) 52–58; 17 (1976) 88–93
702 Petrovskii, G.T.; Abdrashitova, E.I.: Structural and physicochemical features of fluoroberyllate glasses. Sov. J. Glass Phys. Chem. 9 (1983) 267–281
703 Petzold, A.; Wihsmann, F.G.; v. Kamptz, H.: Die Mikroeindruckhärte einiger Silikatgläser und ihre atomistische Deutung. Glastech. Ber. 34 (1961) 56–71
704 Petzoldt, J.; Schilling, K.: Glaskeramiken, eine Gruppe neuer Werkstoffe mit außergewöhnlichen Eigenschaften. Fortschr. Miner. 49 (1972) 146–153
705 Peychès, I.: Qu'est-ce que le verre? Verres Refract. 25 (1971) 168–175
706 Phalippou, J.; Prassas, M.; Zarzycki, J.: Étude comparative des hydrogels et des gels organométalliques en vue d'obtenir des verres. Verres Refract. 35 (1981) 975–982
707 Phalippou, J.; Prassas, M.; Zarzycki, J.: Crystallization of gels and glasses made from hot-pressed gels. J. Non-Cryst. Solids 48 (1982) 17–30
708 Phalippou, J.; Woignier, T.; Zarzycki, J.: Behavior of monolithic silica aerogels at temperatures above 1000 °C. In: [395], 70–87
709 Philipp, G.; Schmidt, H.: New materials for contact lenses prepared from Si- and Ti-alkoxides by the sol-gel process. J. Non-Cryst. Solids 63 (1984) 283–292
710 Phillips, C.J.: Calculation of Young's modulus of elasticity from composition of simple and complex silicate glasses. Glass Technol. 5 (1964) 216–223
711 Phillips, W.A. (Ed.): Amorphous solids. Low-temperature properties. Berlin, Heidelberg, New York: Springer 1981
712 Plško, A.; Lichvár, P.; Šimurka, P.: Alkali-resistant glasses with a low content of zirconia. (Orig. tschech.) Silikáty 31 (1987) 255–267
713 Plumat, E.R.: New sulfide and selenide glasses: preparation, structure, and properties. J. Am. Ceram. Soc. 51 (1968) 499–507
714 Plumat, E.R.: Surface and bulk nucleation and phase separation in some vitreous systems. Silic. Ind. 38 (1973) 97–105
715 Poch, W.: Vollständige Entwässerung einer B_2O_3-Schmelze und einige Eigenschaftswerte des daraus erhaltenen Glases. Glastech. Ber. 37 (1964) 533–535

716 Polukhin, V.N.: A review of glass-forming systems used for the synthesis of various types of optical glasses. Sov. J. Glass Phys. Chem. 6 (1980) 421–429
717 Polukhin, V.N.: Role of germanium dioxide in glass melting and its properties in the glassy state. Sov. J. Glass Phys. Chem. 8 (1982) 249–253
718 Polukhin, V.N.: Composition dependence of the specific dispersion and refraction of borate, silicate, and germanate glasses. Sov. J. Glass Phys. Chem. 9 (1983) 75–81
719 Popov, A.I.: The amorphous and vitreous states of a solid. Inorg. Mater. 17 (1981) 1044–1048
720 Porai-Koshits, E.A. (Ed.): The structure of glass, Vol. 1–8. New York: Consultants Bureau 1958–1973
721 Porai-Koshits, E.A.: Diffraction methods for the study of glassy substances. In: [720], Vol. 2, 9–16
722 Porai-Koshits, E.A.: The structure of glass. J. Non-Cryst. Solids 25 (1977) 87–128
723 Porai-Koshits, E.A.: Strukture of glass: the struggle of ideas and prospects. J. Non-Cryst. Solids 73 (1985) 79–89
724 Porai-Koshits, E.A.; Averjanov, V.I.: Primary and secondary phase separation of sodium silicate glasses. J. Non-Cryst. Solids 1 (1968) 29–38
725 Porai-Koshits, E.A.; Golubkov, V.V.; Titov, A.P.: On the fluctuation structure of vitreous boron oxide and two-component alkali borate glasses. Mater. Sci. Res. 12 (1978) 183–199
726 Porai-Koshits, E.A.; u.a.: On the structure of one phase glasses. In: IX. Congr. Int. Verre. Paris: Institut du Verre 1971, 391–403
727 Porai-Koshits, E.A.; u.a.: The microstructure of some glasses and melts. J. Non-Cryst. Solids 49 (1982) 143–156
728 Poulain, M.: Halide glasses. J. Non-Cryst. Solids 56 (1983) 1–14
729 Poulain, M.; u.a.: Verres fluorés au tétrafluorure de zirconium. Propriétés optiques d'un verre dopé au Nd^{3+}. Mater. Res. Bull. 10 (1975) 243–246
730 Prassas, M.; Phalippou, J.; Zarzycki, J.: Synthesis of monolithic silica gels by hypercritical solvent evacuation. J. Mater. Sci. 19 (1984) 1656–1665
731 Prianishnikov, V.P.: Chemical bonds, sizes of atoms and ions in silicate glass and mechanism of glass formation. In: X. Int. Congr. Glass. The Ceramic Society of Japan 1974, Vol. 13, 141–145
732 Primenko, V.I.: Theoretical method of determining the temperature dependence of the thermal conductivity of glasses. Glass Ceram. 37 (1980) 240–242
733 Proctor, B.A.: Alkali resistant glass fibres for reinforcement of cement. In: [1090], 555–573
734 Prod'homme, L.: A new approach to the thermal change in the refractive index of glasses. Phys. Chem. Glasses 1 (1960) 119–122
735 Prod'homme, L.: La diffusion Rayleigh et Brillouin dans les verres minéraux. Verres Refract. 28 (1974) 3–15
736 Prod'homme, M.: Étude de la viscosité apparente d'un verre crown au cours de la stabilisation. Verres Refract. 22 (1968) 614–619
737 Pryde, J.A.; Jones, G.O.: Properties of vitreous water. Nature 170 (1952) 685–688
738 Pulker, H.K.: Thin films science and technology. Vol. 6: Coatings on glass. Amsterdam, etc.: Elsevier 1984
739 Puyané, R.; James, P.F.; Rawson, H.: Preparation of silica and soda-silica glasses by the sol-gel process. J. Non-Cryst. Solids 41 (1980) 105–115
740 Pyare, R.; Srivastava, M.R.C.; Nath, P.: Durability of $Na_2O-RO-SiO_2$ glasses in water. J. Mater. Sci. 17 (1982) 2932–2938
741 Pye, L.D.; Fréchette, V.D.; Kreidl, N.J. (Ed.).: Borate glasses – structure, properties, applications. Mater. Sci. Res. 12 (1978)
742 Pye, L.D.; Knox, J.S.: Extended glass-transition range. J. Am. Ceram. Soc. 56 (1973) 103–104
743 Pye, L.D.; Ploetz, L.; Manfredo, L.: Physical properties of phase separated soda-silica glasses. J. Non-Cryst. Solids 14 (1974) 310–321
744 Pye, L.D.; Stevens, H.J.: La Course, W.C. (Ed.): Introduction to glass science. New York, London: Plenum 1972
745 Rabinovich, E.M.: Lead in glasses. J. Mater. Sci. 11 (1976) 925–948

746 Rabinovich, E.M.: On the structural role of fluorine in silicate glasses. Phys. Chem. Glasses 24 (1983) 54–56
747 Rabinovich, E.M.: Preparation of glass by sintering. J. Mater. Sci. 20 (1985) 4259–4297
748 Rabinovich, E.M.; Ish-Shalom, M.; Kisilev, A.: Metastable liquid immiscibility and vycor-type glass in phosphate-silicate systems. J. Mater. Sci. 15 (1980) 2027–2045
749 Rabukhin, A.I.: Calculation of the density and refractive index of alkali germanate glasses. Sov. J. Glass Phys. Chem. 12 (1986) 314–319
750 Rada, M.; Šašek, L.: The effect of substitution of boria with zinc oxide on the change in properties of glasses in the system $SiO_2 - Al_2O_3 - B_2O_3 - ZnO - CaO - K_2O - Na_2O$. (Orig. tschech.) Sb. Vys. Sk. Chem.-Technol. Praze, Chem. Technol. Silik. L12 (1984) 97–122
751 Rao, P.R.; Subramanian, N.: Effect of viscosity in the determination of surface tension by the drop-weight method. J. Sci. Ind. Res. 18B (1959) 402–404
752 Ratcliffe, E.H.: A survey of most probable values for the thermal conductivities of glasses between about −150 and 100 °C, including new data on twentytwo glasses and a working formula for the calculation of conductivity from composition. Glass. Technol. 4 (1963) 113–128
753 Rauschenbach, B.: Dekoration von Defekten an Glasoberflächen. Silikattechnik 32 (1981) 137–139
754 Rauschenbach, B.: Segregation an Silikatglasoberflächen. Silikattechnik 34 (1983) 299–302
755 Ravaine, D.: Ionic transport properties in glasses. J. Non-Cryst. Solids 73 (1985) 287–303
756 Ravaine, D.; Perera, G.; Poulain, M.: Anionic conductivity in fluoride glasses. Solid State Ionics 9–10 (Pt. 1) (1983) 631–637
757 Ravaine, D.; Souquet, J.L.: A thermodynamic approach to ionic conductivity in oxide glasses. Phys. Chem. Glasses 18 (1977) 27–31; 19 (1978) 115–120
758 Ravaine, D.; Souquet, J.L.; Roth, M.: The suitability of small-angle neutron scattering for the study of $SiO_2 - M_2O$ glasses outside the immiscibility gap. J. Non-Cryst. Solids 27 (1978) 147–151
759 Ravaine, D.; u.a.: A new family of organically modified silicates prepared from gels. J. Non-Cryst. Solids 82 (1986) 210–219
760 Rawson, H.: Internal stresses caused by disorder in vitreous materials. Nature 171 (1953) 169
761 Rawson, H.: The relationship between liquidus temperature, bond strength and glass formation. Travaux du IVe congrès international du verre, Paris 1956, 62–69
762 Rawson, H.: Inorganic glass-forming systems. London, New York: Academic Press 1967
763 Rawson, H.: Glass science and technology. Vol. 3: Properties and applications of glass. Amsterdam, Oxford, New York: Elsevier Scientific 1980
764 Rego, D.N.; Sigworth, G.K.; Philbrook, W.O.: Thermodynamic study of $Na_2O - SiO_2$ melts at 1300 and 1400 °C. Metall. Trans. B 16B (1985) 313–323
765 Rekhson, S.M.: Memory effects in glass transition. J. Non-Cryst. Solids 84 (1986) 68–85
766 Rekhson, S.M.: Viscoelasticity of glass. In: [1004], Vol. 3, 1–117
767 Rexer, M.: Festigkeit gespannter Glasstäbe. Z. Tech. Phys. 20 (1939) 4–13
768 Ribes, M.; u.a.: Synthèse, structure et conduction ionique de nouveaux verres à base de sulfures. Rev. Chim. Minér. 16 (1979) 339–348
769 Richardson, E.D.; Webb, L.E.: Oxygen in molten lead and thermodynamics of lead oxide-silica melts. Bull. Inst. Mining Met. 584 (1955) 529–564
770 Richet, P.: Heat capacity of silicate glasses. Chem. Geol. 62 (1987) 111–124
771 Richet, P.; Bottinga, Y.: Heat capacity of aluminum-free liquid silicates. Geochim. Cosmochim. Acta 49 (1985) 471–486
772 Richet, P.; Bottinga, Y.: Thermochemical properties of silicate glasses and liquids: A review. Rev. Geophys. 24 (1986) 1–25
773 Rice, S.A.: Sceats, M.G.: A random network model for water. J. Phys. Chem. 85 (1981) 1108–1119
774 Riebling, E.F.: Structural relationships between the liquid and glass states for binary and ternary oxide systems; a density study. Rev. Int. Hautes Temp. Refract. 4 (1967) 65–76

775 Rindone, G.E.; Olix, W.F.; Kumar, B.: Glass microstructure formation — a defect related process. Wiss. Z. Friedr.-Schiller-Univ. Jena, Math.-Nat. R. 32 (1983) 439–446
776 Rinehart, D.W.: Dielectric loss and the states of glass. J. Am. Ceram. Soc. 41 (1958) 470–475
777 Rinehart, D.W.; Bonino, J.J.: Dielectric losses of some simple ternary silicate glasses. J. Am. Ceram. Soc. 42 (1959) 107–112
778 Risbud, S.H.: STEM and EELS analysis of multiphase microstructures in oxide and non-oxide glasses. J. Non-Cryst. Solids 49 (1982) 241–251
779 Ritland, H.N.: Density phenomena in the transformation range of a borosilicate crown glass. J. Am. Ceram. Soc. 37 (1954) 370–378
780 Ritter, J.E.; Service, T.H.; Guillemet, G.: Strength and fatigue parameters for soda-lime glass. Glass Technol. 26 (1985) 273–278
781 Ritter, J.E.; Sherburne, C.L.: Dynamic and static fatigue of silicate glasses. J. Am. Ceram. Soc. 54 (1971) 601–605
782 Ritter, J.E.; u.a.: Proof testing of ceramics. J. Mater. Sci. 15 (1980) 2275–2295
783 Ritter, J.E.; u.a.: Dynamic fatigue of soda-lime glass as a function of temperature. Phys. Chem. Glasses 27 (1986) 65–70
784 Roach, D.H.: Comparison of the liquid-nitrogen strength and the high-stressing-rate strength of soda-lime glass. J. Am. Ceram. Soc. 69 (1986) C168–C169
785 Robertson, J.: Atomic defects in glasses. Phys. Chem. Glasses 23 (1982) 1–17
786 Robinson, H.A.: On the structure of vitreous SiO_2. J. Phys. Chem. Solids 26 (1965) 209–222
787 Rodriguez Cuartas, R.: Calculo teorico de propiedades del vidrio: viscosidad, parametros termicos y parametros de desvitrificacion. Ceram. Vidrio 23 (1984) 105–111
788 Roskova, G.P.; Tsekhomskaya, T.S.: Liquid-phase separation phenomena in the development of glasses and materials with specified properties. Sov. J. Glass Phys. Chem. 7 (1981) 345–363
789 Rostowsky, A.P.: Das binäre System Kaliumnitrat-Calciumnitrat. Z. fiz.-chim. Obscht. 62 (1930) 2055–2059
790 Rothermel, D.L.: Effect of stress on durability of ion-exchanged surfaces. J. Am. Ceram. Soc. 50 (1967) 574–577
791 Rothermel, D.L.: Durability of annealed and unannealed soda-lime glass powders. J. Am. Ceram. Soc. 54 (1971) 218
792 Roy, R.: Gel route to homogeneous glass preparation. J. Am. Ceram. Soc. 52 (1969) 344; 54 (1971) 639–640
793 Roy, R.: Classification of non-crystalline solids. J. Non-Cryst. Solids 3 (1970) 33–40
794 Roy, R.: Alternative to the random network structure for glass: Nonuniformity as a general condition. In: [392], 51–60
795 Russ, A.: Die Wärmeleitfähigkeit von Gläsern in Abhängigkeit von der chemischen Zusammensetzung. Sprechsaal 61 (1928) 887–891, 907–913
796 Ryabov, V.A.; Semenov, N.I.; Paplauskas, A.B.: Strengthening of glass by the dynamic hydrothermal methods. Glass Technol. 13 (1972) 168–170
797 Sakka, S.: Preparation, structure and characteristics of amorphous materials. Res. Rep. Fac. Eng. Mie Univ. 4 (1979) 85–115
798 Sakka, S.: Gel method for making glass. In: [982], Vol. 22, 129–167
799 Sakka, S.: Oxynitride glasses. Ann. Rev. Mater. Sci. 16 (1986) 29–46
800 Sakka, S. (Ed.): Glasses and glass ceramics from gels. Proceedings of the fourth international workshop. J. Non-Cryst. Solids 100 (1988)
801 Sakka, S.; Mackenzie, J.D.: Relation between apparent glass transition temperature and liquidus temperature for inorganic glasses. J. Non-Cryst. Solids 6 (1971) 145–162
802 Sakka, S.; Matusita, K.; Kamiya, K.: Electrical conduction in mixed-cation glasses of the $Na_2O-Tl_2O-B_2O_3$ and $Ag_2O-Tl_2O-B_2O_3$ systems. Phys. Chem. Glasses 20 (1979) 25–30
803 Sakka, S.; Matusita, K.; Kamiya, K.: Mixed alkali effects in phosphate glasses. Res. Rep. Fac. Eng. Mie Univ. 5 (1980) 69–84

804 Sakka, S.; u.a.: Effects of small amounts of water on the viscosity, glass transition temperature and Vickers hardness of silicate glasses. J. Ceram. Soc. Japan 89 (1981) 577−584

805 Sanditov, D.S.; Damdinov, D.G.: Volume of fluctuation microcavities, activation volume of viscous flow, and the molar volume of alkali silicate glasses. Sov. J. Glass Phys. Chem. 6 (1980) 208−215

806 Sanditov, D.S.; Mantatov, V.V.: Connection between the thermal-expansion coefficients of glass melts and the glasses obtained from them. Sov. J. Glass Phys. Chem. 10 (1984) 29−33

807 Sane, A.Y.; Cooper, A.R.: Stress buildup and relaxation during ion exchange strengthening of glass. J. Am. Ceram. Soc. 70 (1987) 86−89

808 Šašek, L.: The viscosity of silicate glass melts. Silikáty 21 (1977) 291−305

809 Šašek, L.: The density of hollow and flat glass. (Orig. tschech.). Sb. Vys. Sk. Chem.-Technol. Praze, Chem. Technol. Silik. L9 (1982) 47−77

810 Šašek, L.; Bartuška, M.; Van Thong, V.: Utilization of mathematico-statistical methods in silicate research. 2. Determination of mathematical relations for the calculation of crystallization properties from chemical composition of sheet and container glass (Orig. tschech.). Silikaty 17 (1973) 207−217

811 Šašek, L.; Houser, M.: Application of mathematico-statistical methods in silicate research. 3. Determination of mathematical relations for computing the temperature dependence of surface tension and chemical composition in the field of sheet and container glass (Orig. tschech.). Sb. Vys. Sk. Chem.-Technol. Praze, Chem. Technol. Silik. L5 (1974) 49−84

812 Šašek, L.; Knotek, M.: Determination of factors for the calculation of electric conductivity of silicate glass melts (Orig. tschech.). Sb. Vys. Sk. Chem.-Technol. Praze, Chem. Technol. Silik. L13 (1985) 91−106

813 Šašek, L.; Lisý, A.: The structure and properties of silicate melts. (Orig. tschech.). Sb. Vys. Sk. Chem.-Technol. Praze, Chem. Technol. Silik. L2 (1972) 165−254

814 Šašek, L.; Meissnerová, H.: Application of mathematical-statistical methods in silicate research. 4. Determination of mathematical relations for computing chemical resistance and composition in the field of sheet and container glass (Orig. tschech.). Sb. Vys. Sk. Chem.-Technol. Praze, Chem. Technol. Silik. L5 (1974) 85−109

815 Šašek, L.; Meissnerová, H.: Electrical conductivity of silicate glasses and melts. Silikáty 25 (1981) 21−34

816 Šašek, L.; Meissnerová, H.; Kovandová, J.: Application of mathematical-statistical methods in silicate research. 6. Determination of mathematical relations for the calculation of the temperature dependence of viscosity in the range of $\eta = 10^{7.65} - 10^{14}$ and $\eta = 10^2 - 10^{14}$ dPa s from chemical composition of the glass (Orig. tschech.). Sb. Vys. Sk. Chem.-Technol. Praze, Chem. Technol. Silik. L7 (1977) 149−218

817 Šašek, L.; Tu, N.V.: Electrical conductivity of glasses of the system $SiO_2 - PbO - BaO - K_2O - Na_2O$ (Orig. tschech.). Silikáty 27 (1983) 199−213

818 Šašek, L.; Tu, N.V.: Viscosity of glasses in the system $SiO_2 - PbO - BaO - K_2O - Na_2O$. Silikáty 28 (1984) 7−26

819 Schäfer, J.; Schaeffer, H.A.: Leaching of alkali silicate glasses − formation of hydrated layers, surface- and diffusion-controlled kinetics. Riv. Stn. Sper. Vetro 14 (1984) No. 5, 79−82

820 Schaeffer, H.A.; u.a.: Oxidation state of equilibrated and non-equilibrated glass melts. J. Non-Cryst. Solids 49 (1982) 179−188

821 Schardin, H.; Struth. W.: Neuere Ergebnisse der Funkenkinematographie. Z. Tech. Phys. 18 (1937) 474−477

822 Scherer, G.W.: Use of the Adam-Gibbs equation in the analysis of structural relaxation. J. Am. Ceram. Soc. 67 (1984) 504−511

823 Scherer, G.W.: Volume relaxation far from equilibrium. J. Am. Ceram. Soc. 69 (1986) 374−381

824 Scherer, G.W.: Relaxation in glass and composites. New York: Wiley 1986

825 Scherer, G.W.: Structural evolution of sol-gel glasses. J. Ceram. Soc. Japan 95 (1987) 21−44

826 Scherer, G.W.; Brinker, C.J.; Roth, E.P.: Sol→gel→glass: III. Viscous sintering. J. Non-Cryst. Solids 72 (1985) 369−389

827 Scherer, G.W.; Schultz, P.C.: Unusual methods of producing glasses. In: [1004], Vol. 1, 49–103
828 Schmidt, G.: Optisches Glas – Eigenschaften und Applikation. Silikattechnik 35 (1984) 337–340
829 Schmidt, G.: Ergebnisse der Modellierung der chemischen Beständigkeit optischer Gläser und Realwerte der Gläser. Silikattechnik 37 (1986) 156–160
830 Schmidt, H.; Scholze, H.: Mechanisms and kinetics of the hydrolysis and condensation of alkoxides. In: [1090], 263–280
831 Schnapp, J.D.; Petzold, A.; Busch, H.: Mathematische Beziehungen zwischen der Zusammensetzung und einigen Eigenschaften im Glassystem $SiO_2-B_2O_3-Al_2O_3-MgO-Na_2O-K_2O$. Glastech. Ber. 53 (1980) 16–25
832 Schnapp, J.D.; Witzke, H.-D.: Einfluß strukturell eingebauten Wassers auf das Rißwachstum beim Kugeleindruck in Kieselglas. Silikattechnik 37 (1986) 401–403
833 Schneider, E.; Stebbins, J.F.; Pines, A.: Speciation and local structure in alkali and alkaline earth silicate glasses: constraints from ^{29}Si NMR spectroscopy. J. Non-Cryst. Solids 89 (1987) 371–383
834 Scholze, H.: Der Einbau des Wassers in Gläsern. Glastech. Ber. 32 (1959) 81–88, 142–152, 278–281, 314–320, 381–386
835 Scholze, H.: Deutung des unterschiedlichen Einflusses des Wassergehaltes auf Lichtbrechung und Dichte von Gläsern verschiedener Zusammensetzung. Glas-Email-Keramo-Technik 19 (1968) 389–390
836 Scholze, H.: Gases in glass. In: Eighth international congress on glass. Sheffield: Society of Glass Technology 1969, 69–83
837 Scholze, H.: An interesting effect in the leaching of glasses. Glass Technol. 16 (1975) 76
838 Scholze, H.: Evidence of control of dissolution rates of glasses by H^+ mobility. J. Am. Ceram. Soc. 60 (1977) 186
839 Scholze, H.: Chemical durability of glasses. J. Non-Cryst. Solids 52 (1982) 91–103
840 Scholze, H. (Ed.): Glasses and glass ceramics from gels. Proceedings of the second international workshop. J. Non-Cryst. Solids 63 (1984) Nos. 1, 2
841 Scholze, H.: Bedeutung der ausgelaugten Schicht für die chemische Beständigkeit: Untersuchungen an einem Kalk-Natronsilicatglas. Glastech. Ber. 58 (1985) 116–124
842 Scholze, H.: New possibilities for variation of glass structure. J. Non-Cryst. Solids 73 (1985) 669–680
843 Scholze, H.; Conradt, R.: An in vitro study of the chemical durability of siliceous fibres. Ann. Occup. Hyg. 31 (1987) 683–692
844 Scholze, H.; Franz, H.; Merker, L.: Der Einbau des Wassers in Gläsern. VI. Der Einfluß des Wassers auf einige Glaseigenschaften, insbesondere auf Dichte und Lichtbrechung. Glastech. Ber. 32 (1959) 421–426
845 Scholze, H.; Helmreich, D.; Bakardjiev, I.: Untersuchungen über das Verhalten von Kalk-Natrongläsern in verdünnten Säuren. Glastech. Ber. 48 (1975) 237–247
846 Scholze, H.; Strehlow, P.: Eigenschaften und Strukturen von ORMOSILen, einer neuen Gruppe glasartiger Werkstoffe. Wiss. Z. Friedr.-Schiller-Univ. Jena, Math.-Nat. R. 36 (1987) 753–762
847 Schreiber, H.D.: Redox processes in glass-forming melts. J. Non-Cryst. Solids 84 (1986) 129–141
848 Schrimpf, C.; Frischat, G.H.: Stickstoffhaltige $Na_2O-CaO-SiO_2$-Gläser. Glastech. Ber. 57 (1984) 97–111
849 Schröder, J.: Light scattering of glass. In: [982], Vol. 12, 157–222
850 Schtschukarew, S.A.; Müller, R.L.: Untersuchung der elektrischen Leitfähigkeit von Gläsern – System $B_2O_3-Na_2O$. Z. phys. Chem. 150A (1930) 439–475
851 Schultz, P.C.: Recent advances in optical fiber materials. Wiss. Z. Friedr.-Schiller-Univ. Jena, Math.-Nat. R. 32 (1983) 215–226
852 Schultz, P.C.; Smyth, H.T.: Ultra-low-expansion glasses and their structure in the SiO_2-TiO_2-system. In: Amorphous materials. Douglas, R.W.; Ellis, B. (Ed.). London, etc.: Wiley Interscience 1972, 453–461
853 Schultz, P.C.; Splann-Mizzoni, M.: Anionic conductivity in halogen-containing lead silicate glasses. J. Am. Ceram. Soc. 56 (1973) 65–68

854 Schwabe, K.; Suschke, H.D.: Theorie der Glaselektrode. Angew. Chem. 76 (1964) 39–49
855 Schwiete, H.E.; Ziegler, G.: Beitrag zur spezifischen Wärme der Gläser. Glastech. Ber. 28 (1955) 137–146
856 Secrist, D.R.; Mackenzie, J.D.: Identification of uncommon noncrystalline solids as glasses. J. Am. Ceram. Soc. 48 (1965) 487–491
857 Seifert, F.A.; Mysen, B.O.; Virgo, D.: Structural similarity of glasses and melts relevant to petrological processes. Geochim. Cosmochim. Acta 45 (1981) 1879–1884
858 Seifert, F.A.; Mysen, B.O.; Virgo, D.: Three-dimensional network structure of quenched melts (glass) in the systems $SiO_2-NaAlO_2$, $SiO_2-CaAl_2O_4$ and $SiO_2-MgAl_2O_4$. Am. Mineral. 67 (1982) 696–717
859 Seifert, F.A.; Mysen, B.O.; Virgo, D.: Raman study of densified vitreous silica. Phys. Chem. Glasses 24 (1983) 141–145
860 Seward, T.P.; Uhlmann, D.R.; Turnbull, D.: Phase separation in the system $BaO-SiO_2$. J. Am. Ceram. Soc. 51 (1968) 278–285
861 Shackelford, J.F.: Triangle rafts – extended Zachariasen schematics for structure modeling. J. Non-Cryst. Solids 49 (1982) 19–28
862 Shackelford, J.F.; Brown, B.D.: A gas-probe analysis of structure in silicate glasses. J. Am. Ceram. Soc. 63 (1980) 562–565
863 Shade, J.W.; Strachan, D.M.: Effect of high surface area to solution volume ratios on waste glass leaching. Am. Ceram. Soc. Bull. 65 (1986) 1568–1573
864 Sharma, S.K.; Simons, B.; Mammone, J.F.: Relationship between density, refractive index and structure of B_2O_3 glasses at low and high pressures. J. Non-Cryst. Solids 42 (1980) 607–618
865 Sharp, D.E.; Ginther, L.B.: Effect of composition and temperature on the specific heat of glass. J. Am. Ceram. Soc. 34 (1951) 260–271
866 Shartsis, L.; Capps, W.: Surface tension of molten alkali borates. J. Am. Ceram. Soc. 35 (1952) 169–172
867 Shartsis, L.; Capps, W.; Spinner, S.: Density and expansivity of alkali borates and density characteristics of some other binary glasses. J. Am. Ceram. Soc. 36 (1953) 35–43
868 Shartsis, L.; Capps, W.; Spinner, S.: Viscosity and electrical resistivity of molten alkali borates. J. Am. Ceram. Soc. 36 (1953) 319–326
869 Shartsis, L.; Spinner, S.: Surface tension of molten alkali silicates. J. Res. Nat. Bur. Stand. 46 (1951) 385–390
870 Shartsis, L.; Spinner, S.; Capps, W.: Density, expansivity, and viscosity of molten alkali silicates. J. Am. Ceram. Soc. 35 (1952) 155–160
871 Shartsis, L.; Spinner, S.; Smock, A.W.: Surface tension of compositions in the systems $PbO-B_2O_3$ and $PbO-SiO_2$. J. Am. Ceram. Soc. 31 (1948) 23–27
872 Shaw, R.R.; Uhlmann, D.R.: Subliquidus immiscibility in binary alkali borates. J. Am. Ceram. Soc. 51 (1968) 377–382
873 Shaw, R.R.; Uhlmann, D.R.: Effect of phase separation on the properties of simple glasses. J. Non-Cryst. Solids 1 (1969) 474–498; 5 (1971) 237–263
874 Shelby, J.E.: Viscosity and thermal expansion of alkali germanate glasses J. Am. Ceram. Soc. 57 (1974) 436–439
875 Shelby, J.E.: Thermal expansion of mixed-alkali silicate glasses. J. Appl. Phys. 47 (1976) 4489–4496
876 Shelby, J.E.: Viscosity and thermal expansion of lithium aluminosilicate glasses. J. Appl. Phys. 49 (1978) 5885–5891
877 Shelby, J.E.: Characterization of glass microstructure by physical property measurements. J. Non-Cryst. Solids 49 (1982) 287–298
878 Shelby, J.E.: Property/morphology relations in alkali silicate glasses. J. Am. Ceram. Soc. 66 (1983) 754–757
879 Shelby, J.E.; Day, D.E.: Mechanical relaxations in mixed-alkali silicate glasses. J. Am. Ceram. Soc. 52 (1969) 169–174; 53 (1970) 182–187
880 Sheybany, H.-A.: De la structure des verres alcalino-silicates mixtes. Verres Refract. 2 (1948) 127–145, 229–242, 363–375
881 Shults, M.M.: Some thermodynamic aspects of phase-separation phenomena. In: [720], Vol. 8, 23–27

882 Shults, M.M.: Acid-base concept applied to oxide melts and glasses and Mendeleev's theory of the glassy state. Sov. J. Glass Phys. Chem. 10 (1984) 67–75
883 Shults, M.M.: Thermodynamics of the melts, glasses and crystals of alkali metal borates and silicates. 14. Int. Congr. Glass, Indian Ceram. Soc., Calcutta, 1986, Vol. 2, 249–256
884 Shults, M.M.; u.a.: Interaction of glasses with solutions and melts; structure of the surface layers and kinetics of glass electrodes. Proc. 11. Int. Congr. Glass, Prague, 1977, Vol. 3, 197–218
885 Shults, M.M.; u.a.: A calorimetric study of alkali borate glasses. Sov. J. Glass Phys. Chem. 11 (1985) 299–305
886 Shutilov, V.A.; Abezgauz, B.S.: Physical properties of vitreous silica. Sov. J. Glass Phys. Chem. 11 (1985) 83–96
887 Shutilov, V.A.; Abezgauz, B.S.: Structural features and some models of the structure of vitreous silica. Sov. J. Glass Phys. Chem. 11 (1985) 143–155
888 Sigel, G.H.: Ultraviolet spectra of silicate glasses: a review of some experimental evidence. J. Non-Cryst. Solids. 13 (1974) 372–398
889 Sigel, G.H.: Optical absorption of glasses. In: [982], Vol. 12, 5–89
890 Simmons, C.J.: Chemical durability of fluoride glasses. J. Am. Ceram. Soc. 69 (1986) 661–669; 70 (1987) 295–300, 654–661
891 Simmons, J.H.: Refractive index and density changes in a phase-separated borosilicate glass. J. Non-Cryst. Solids 24 (1977) 77–88
892 Simmons, J.H.; Mohr, R.K.; Montrose, C.J.: Non-Newtonian viscous flow in glass. J. Appl. Phys. 53 (1982) 4075–4080
893 Simmons, J.H.; Uhlmann, D.R.; Beall, G.H. (Ed.): Nucleation and crystallization in glasses. Columbus (Ohio): Am. Ceram. Soc. 1982
894 Simon, F.: Fünfundzwanzig Jahre Nernstscher Wärmesatz. Ergeb. exakt. Naturwiss. 9 (1930) 222–274
895 Simon, K.: Calculation of glass density from its composition. Hung. J. Ind. Chem. 11 (1983) 283–290
896 Simpson, W.; Myers, D.D.: The redox number concept and its use by the glass technologist. Glass Technol. 19 (1978) 82–85
897 Sinclair, R.N.; Wright, A.C.; Johnson, P.A.V.: Neutron scattering from vitreous silica. J. Non-Cryst. Solids 57 (1983) 447–464; 58 (1983) 109–130
898 Singh, J.P.; Niihara, K.; Hasselman, D.P.H.: Analysis of thermal fatigue behaviour of brittle structural materials. J. Mater. Sci. 16 (1981) 2789–2797
899 Sinha, N.K.: Laser-target technique for determination of elastic constants of glass over a wide temperature range. J. Mater. Sci. 12 (1977) 557–562
900 Sinha, N.K.: Normalised dispersion of birefringence of quartz and stress optical coefficient of fused silica and plate glass. Phys. Chem. Glasses 19 (1978) 69–77
901 Smekal, A.: Über die Natur der glasbildenden Stoffe. Glastech. Ber. 22 (1949) 278–289
902 Smets, B.M.J.; Krol, D.M.: Group III ions in sodium silicate glass. Phys. Chem. Glasses 25 (1984) 113–125
903 Smets, B.M.J.; Lommen, T.P.A.: SIMS and XPS investigation of the leaching of glasses. Verres Refract. 35 (1981) 84–90
904 Smets, B.M.J.; Lommen, T.P.A.: The leaching of sodium aluminosilicate glasses studied by secondary ion mass spectrometry. Phys. Chem. Glasses 23 (1982) 83–87
905 Smets, B.M.J.; Lommen, T.P.A.: The role of molecular water in the leaching of glass. Phys. Chem. Glasses 24 (1983) 35–36
906 Smith, G.P.: Photochromic glasses: Properties and applications. J. Mater. Sci. 2 (1967) 139–152
907 Snitzer, E.: Optical maser action of Nd^{3+} in a barium crownglass. Phys. Rev. Lett. 7 (1961) 444–446
908 Snitzer, E.: Lasers and glass technology. Am. Ceram. Soc. Bull 53 (1973) 516–525
909 Sommer, F.: Homogeneous equilibria in liquid alloys and glass formation. Ber. Bunsenges. Phys. Chem. 87 (1983) 749–756
910 Soules, T.F.: A molecular dynamic calculation of the structure of sodium silicate glasses. J. Chem. Phys. 71 (1979) 4570–4578

911 Spinner, S.: Elastic moduli of glasses at elevated temperatures by a dynamic method. J. Am. Ceram. Soc. 39 (1956) 113–118
912 Sproull, J.F.; Rindone, G.E.: Effect of melting history on the mechanical properties of glass. J. Am. Ceram. Soc. 57 (1974) 160–164; 58 (1975) 35–37
913 Stachel, D.; Schöpe, A.; Götz, W.: Zusammenhänge zwischen athermalen Eigenschaften und Glaszusammensetzung. Silikattechnik 35 (1984) 172–175
914 Stanworth, J.E.: The viscosity and nature of glass. J. Soc. Glass Technol. 32 (1948) 20–31
915 Stanworth, J.E.: The ionic structure of glass. J. Soc. Glass Technol. 32 (1948) 366–372
916 Stanworth, J.E.: Glass formation from melts of nonmetallic compounds of the type A_xB_y. Phys. Chem. Glasses 20 (1979) 116–118
917 Stavrinidis, B.; Holloway, D.G.: Crack healing in glass. Phys. Chem. Glasses 24 (1983) 19–25
918 Stevels, J.M.: The physical properties of glasses. Recueil Trav. chim. Pays-Bas 60 (1941) 85–86; 62 (1943) 17–27; J. Soc. Glass Technol. 30 (1946) 173–197, 303–309
919 Stevels, J.M.: Progress in the theory of the physical properties of glass. New York, Amsterdam, London, Brüssel: Elsevier 1948
920 Stevels, J.M.: Les propriétés optiques du verre en rapport avec sa structure. Verres Refract. 2 (1948) 4–14
921 Stevels, J.M.: Dielektrische Verluste des Glases. Glastech. Ber. 26 (1953) 227–231
922 Stevels, J.M.: The electrical properties of glass. In: Flügge, S. (Hrsg.): Handbuch der Physik, Bd. XX. Berlin, Göttingen, Heidelberg: Springer 1957, 350–391
923 Stevels, J.M.: Neue Erkenntnisse über die Struktur des Glases. Philips' tech. Rdsch. 22 (1960/61) 337–349
924 Stevels, J.M.: Repeatability number, Deborah number and critical cooling rates as characteristic parameters of the vitreous state. J. Non-Cryst. Solids 6 (1971) 307–321
925 Stevels, J.M.: Relaxation phenomena in glass. J. Phys. 46, Suppl. 12, Coll. C8 (1985) 613–616
926 Stevens, H.J.: Phase separation of simple glasses. In: [744], 197–235
927 Stishov, S.M.; Popova, S.V.: New dense polymorphic modification of silica. Geochem. USSR 1961, 837–839
928 Stong, G.E.: The modulus of elasticity of glass. J. Am. Ceram. Soc. 20 (1937) 16–22
929 Stookey, S.D.: Catalyzed crystallization of glass in theory and practice. Glastech. Ber. 32 K (1959) V/1–8
930 Stookey, S.D.; u.a.: Ultra-high strength glasses by ion exchange and surface crystallization. In: Advances in Glass Technology. New York: Plenum 1962, 397–411
931 Strnad, Z.: Glass-ceramic materials. Amsterdam, etc.: Elsevier 1986
932 Strnad, Z.; McMillan, P.W.: Metastable two-liquid tie lines in the soda-lime-silica system. Phys. Chem. Glasses 24 (1983) 57–64
933 Sturm, K.G.: Zur Temperaturabhängigkeit der Viskosität von Flüssigkeiten. Glastech. Ber. 53 (1980) 63–76
934 Suga, H.; Seki, S.: Thermodynamic investigation on glassy states of pure simple compounds. J. Non-Cryst. Solids. 16 (1974) 171–194
935 Suire, J.: Réactions entre le verre et l'acide fluorhydrique. Silic. Ind. 36 (1971) 73–79, 101–104
936 Sun, K.-H.: Fundamental condition of glass formation. J. Am. Ceram. Soc. 30 (1947) 277–281
937 Suzuki, K.; Misawa, M.; Kobayashi, Y.: What difference exists in the structure of SiO_2 and GeO_2 between melt-quenched bulk glass and sputter-deposited amorphous film. J. Phys. 46, Suppl. 12, Coll. C8 (1985) 617–621
938 Syed, R.; Gavin, D.L.; Moynihan, C.T.: Functional form of the Arrhenius equation for electrical conductivity of glass. J. Am. Ceram. Soc. 65 (1982) C129–C130
939 Tait, J.C.; Mandolesi, D.L.; Rummens, H.E.C.: Viscosity of melts in the sodium borosilicate system. Phys. Chem. Glasses 25 (1984) 100–104; 28 (1987) 155
940 Takagi, H.; Kokubo, T.; Tashiro, M.: In situ observation of corrosion of ZrO_2-containing silicate glass by aqueous solutions with various pH. J. Ceram. Soc. Japan 89 (1981) 244–251

941 Takahashi, K.; Mochida, N.; Yoshida, Y.: Properties and structure of silicate glasses containing tetravalent cations. J. Ceram. Soc. Japan 85 (1977) 330–340
942 Takahashi, K.; Osaka, A.; Ariyoshi, K.: Sizes of the voids and of the alkali ions in a high-cristobalite type network structure. J. Non-Cryst. Solids 69 (1984) 135–143
943 Takahashi, K.; Osaka, A.; Furuno, R.: Network structure of sodium and potassium borosilicate glass systems. J. Non-Cryst. Solids 55 (1983) 15–26
944 Takahashi, K.; Osaka, A.; Furuno, R.: The elastic properties of the glasses in the system $R_2O-B_2O_3-SiO_2$ (R=Na and K) and $Na_2O-B_2O_3$. J. Ceram. Soc. Japan 91 (1983) 199–205
945 Takahashi, K.; Yoshio, T.: Thermochemical investigations of glasses: O–R bond energy in alkali silicates (R_2O-SiO_2). J. Ceram. Soc. Japan 78 (1970) 329–337
946 Takamori, T.; Tomozawa, M.: Anomalous birefringence in oxide glasses. In: [982], Vol. 12, 123–155
947 Takata, M.; Tomozawa, M.; Watson, E.B.: Effect of water content on mechanical properties of Na_2O-SiO_2 glasses. J. Am. Ceram. Soc. 65 (1982) C156–C157
948 Takata, M.; u.a.: Effect of water content on the electrical conductivity of $Na_2O \cdot 3 SiO_2$ glass. J. Am. Ceram. Soc. 64 (1981) 719–724
949 Takayama, S.: Amorphous structures and their formation and stability. J. Mater. Sci. 11 (1976) 164–185
950 Tammann, G.: Der Glaszustand. Leipzig: L. Voß 1933.
951 Tammann, G.; Hesse, W.: Die Abhängigkeit der Viskosität von der Temperatur bei unterkühlten Flüssigkeiten. Z. anorg. allg. Chem. 156 (1926) 245–257
952 Tashiro, M.: The effects of the polarisation of the constituent ions on the photoelastic birefringence of the glass. J. Soc. Glass Technol. 40 (1956) 353–362
953 Tatsumisago, M.; Minami, T.; Tanaka, M.: Glass formation by rapid quenching in lithium silicates containing large amounts of Li_2O. J. Ceram. Soc. Japan 93 (1985) 581–584
954 Tatsumisago, M.; u.a.: Preparation of rapidly quenched glasses in pseudobinary systems composed of lithium ortho-oxosalts. J. Am. Ceram. Soc. 66 (1983) C210–C211
955 Taylor, P.; Campbell, A.B.; Owen, D.G.: Liquid immiscibility in the system $X_2O-MO-B_2O_3-SiO_2$ (X=Na, K; M=Mg, Ca, Ba) and $Na_2O-MgO-BaO-B_2O_3-SiO_2$. J. Am. Ceram. Soc. 66 (1983) 347–351
956 Taylor, P.; DeVaal, S.D.; Owen, D.G.: Effects of zirconia, scandia, and other trivalent metal oxides on liquid immiscibility in sodium borosilicate glasses. Am. Ceram. Soc. Bull. 65 (1986) 1513–1517
957 Taylor, T.D.; Rindone, G.E.: Properties of soda aluminosilicate glasses: V, Low-temperature viscosities. J. Am. Ceram. Soc. 53 (1970) 692–695
958 Temkin, M.: Mixtures of fused salts as ionic solutions. Acta Physicochim. USSR 20 (1945) 411–420
959 Tenhover, M.; u.a.: Chemical bonding and the atomic structure of Si_xSe_{1-x} glasses. Phys. Rev. B: Condens. Matter 28 (1983) 4608–4614
960 Terai, R.; Hori, M.; Yamanaka, H.: Thermal conductivity of mixed-alkali glasses. Am. Ceram. Soc. Bull. 58 (1979) 1125–1126
961 Thakur, R.L.; de Sarkar, B.K.; Basak, G.C.: Bibliography on glass-ceramics (1961–1970). Calcutta: Central Glass Ceram. Res. Inst. 1974
962 Thilo, E.; Wieker, Ch.; Wieker, W.: Über Gläser aus Alkali- und Erdalkalinitraten. Silikattechnik 15 (1964) 109–111
963 Thomas, S.B.; Parks, G.S.: Studies on glass: VI, Some specific heat data on boron trioxide. J. Phys. Chem. 35 (1931) 2091–2102
964 Thomas, W.F.: An investigation of the strength of borosilicate glass in the form of fibres and rods. Glass Technol. 12 (1971) 42–44
965 Tickle, R.E.: The electrical conductance of molten alkali silicates. Phys. Chem. Glasses 8 (1967) 101–124
966 Tiesler, H.: Zum chemischen Verhalten der Oberfläche glasiger Silicate gegenüber wäßrigen Medien. Glastech. Ber. 54 (1981) 136–143, 369–381
967 Tille, U.; Frischat, G.H.; Leers, K.-J.: Elastische Konstanten von homogenen und entmischten Gläsern des Systems $Na_2O-CaO-SiO_2$. Glastech. Ber. 51 (1978) 8–16

968 Tilton, L.W.: Non crystal ionic model for silica glass. J. Res. Nat. Bur. Stand. 59 (1957) 139–154
969 Tilton, L.W.: Structural and thermal expansions in alkali silicate binary glasses. J. Am. Ceram. Soc. 43 (1960) 9–17
970 Tilton, L.W.: Relation of vitron theory to 2-layer-liquid immiscibility in binary silicate and borate glass melts. J. Res. Nat. Bur. Stand. 77 A (1973) 259–272
971 Titov, A.P.; Golubkov, V.V.; Porai-Koshits, E.A.: Structure of melts in the sodium borate system. Sov. J. Glass. Phys. Chem. 7 (1981) 371–378
972 Told, F.: Systematik und Analyse der optischen Gläser hinsichtlich Brechungsvermögen und Dichte. Glastech. Ber. 33 (1960) 303–304
973 Tomandl, G.: Mößbauereffekt an Gläsern. In: [108], 252–280
974 Tomandl, G.; Schaeffer, H.A.: Relation between the mixed alkali effect and the electrical conductivity of ion-exchanged glasses. In: [277], 480–485
975 Tomandl, G.; Schaeffer, H.A.: The mixed-alkali effect – a permanent challenge. J. Non-Cryst. Solids 73 (1985) 179–196
976 Tomozawa, M.: Dielectric characteristics of glass. In: [982], Vol. 12, 283–345
977 Tomozawa, M.: Phase separation in glass. In: [982], Vol. 17, 71–113
978 Tomozawa, M.: Water in glass. J. Non-Cryst. Solids 73 (1985) 197–204
979 Tomozawa, M.: Immiscibility of glass forming systems. J. Non-Cryst. Solids 84 (1986) 142–150
980 Tomozawa, M.; Capella, S.: Microstructure in hydrated silicate glasses. J. Am. Ceram. Soc. 66 (1983) C24–C25
981 Tomozawa, M.; Cordaro, J.F.; Singh, M.: Applicability of weak electrolyte theory to glasses. J. Non-Cryst. Solids 40 (1980) 189–196
982 Tomozawa, M.; Doremus, R.H. (Ed.): Treatise on materials science and technology. Vol. 12, 17, 22 (Glass). New York, San Francisco, London: Academic Press 1977, 1979, 1982
983 Tomozawa, M.; Takata, M.: Electrical resistivity of glass surface reacted with water. J. Non-Cryst. Solids 45 (1981) 141–144
984 Tomozawa, M.; Yoshiyagawa, M.: A.C. electric characteristic of mixed alkali glasses. Glastech. Ber. 56 K (1983) 939–944
985 Tool, A.Q.: Relation between inelastic deformability and thermal expansion of glass in its annealing range. J. Am. Ceram. Soc. 29 (1946) 240–253
986 Tool, A.Q.: Effect of heat-treatment on the density and constitution of high-silica glasses of the borosilicate type. J. Am. Ceram. Soc. 31 (1948) 177–186
987 Toschev, S.; Gutzow, I.: Nichtstationäre Keimbildung: Theorie und Experiment. Kristall u. Technik 7 (1972) 43–73
988 Tran, T.L.: Study of phase separation and devitrification products in glasses of the binary system Na_2O-SiO_2. Glass Technol. 6 (1965) 161–165
989 Tran, T.L.; Brungs, M.P.: Applications of oxygen electrodes in glass melts. Phys. Chem. Glasses 21 (1980) 133–140, 178–188
990 Trap, H.J.L.; Stevels, J.M.: Physical properties of invert glasses. Glastech. Ber. 32 K (1959) VI/31–52
991 Tregoat, D.; Fonteneau, G.; Lucas, J.: Aqueous corrosion of a HMFG. Mater. Sci. Forum 5 (1985) 335–338
992 Tuller, H.L.; Button, D.P.; Uhlmann, D.R.: Fast ion transport in oxide glasses. J. Non-Cryst. Solids 40 (1980) 93–118
993 Turkdogan, E.T.: Physicochemical properties of molten slags and glasses. London: The Metals Society 1983
994 Turnbull, D.: Formation of crystal nuclei in liquid metals. J. Appl. Phys. 21 (1950) 1022–1028
995 Turnbull, D.: Thermodynamics and kinetics of formation of the glass state and initial devitrification. In: Physics of non-crystalline solids. Prins, J.A. (Ed.). Amsterdam: North-Holland 1965, 41–56
996 Turner, W.E.S.; Winks, F.: The influence of boric oxide on the properties of chemical and heat-resisting glasses. J. Soc. Glass Technol. 10 (1926) 102–113
997 Twiggs, S.W.; u.a.: Glass transition temperatures at rapid heating rates. J. Am. Ceram. Soc. 68 (1985) C58–C59

998 Ubbelohde, A.R.: Melting and crystal structure. Oxford: University Press 1965
999 Uhlmann, D.R.: Crystal growth in glass-forming systems − a review. In: [392], 91−115
1000 Uhlmann, D.R.: Densification of alkali silicate glasses at high pressure. J. Non-Cryst. Solids 13 (1973/74) 89−99
1001 Uhlmann, D.R.: Polymer glasses and oxide glasses. J. Non-Cryst. Solids 42 (1980) 119−142
1002 Uhlmann, D.R.: Microstructure of glasses: does it really matter? J. Non-Cryst. Solids 49 (1982) 439−460
1003 Uhlmann, D.R.: Nucleation and crystallization in glass-forming systems. In: [1090], 1−20
1004 Uhlmann, D.R.; Kreidl, N.J. (Ed.): Glass: Science and technology. Vol. 1 (1983): Glass-forming systems. Vol. 2 (1984): Processing. Vol. 3 (1986): Viscosity and relaxation. Vol. 5 (1980): Elasticity and strength in glasses. New York, London: Academic Press
1005 Uhlmann, D.R.; Yinnon, H.: The formation of glasses. In: [1004], Vol. 1, 1−47
1006 Uhlmann, D.R.; u.a.: Kinetic processes in sol-gel processing. In: [395], 173−183
1007 Urnes, S.: Structure of molten alkali silicates. Trans. Brit. Ceram. Soc. 60 (1961) 85−95
1008 Urnes, S.: Studies of the sodium distribution in sodium silicate glasses by the chemical difference method. Phys. Chem. Glasses 10 (1969) 69−71
1009 Urnes, S.; Andresen, A.F.; Herstad, O.: Neutron diffraction studies of silicate glasses. J. Non-Cryst. Solids 29 (1978) 1−14
1010 Uva, P.: Chlorine and glass. Riv. Stn. Sper. Vetro 16 (1986) 71−81
1011 Vaivad, Ya.A.; Sedmalis, U. Ya.: Molar volume, refraction, and the structure of sodium silicophosphate glasses. Sov. J. Glass Phys. Chem. 9 (1983) 378−382
1012 Vander Sande, J.B.; Freed, R.L.: Metallic glasses. In: [1004], Vol. 1, 365−402
1013 Vargin, V.V.; Krasotkina, N.I.: Thermische Ausdehnung von Na_2O-SiO_2-Gläsern mit F. Ber. Akad. Wiss. UdSSR 108 (1956) 1133
1014 Varner, J.R.; Oel, H.J.: Surface defects: their origin. characterization and effects on strength. J. Non-Cryst. Solids 19 (1975) 321−333
1015 Varshneya, A.K.: Stresses in glass-to-metal seals. In: [982], Vol. 22, 241−306
1016 Varshneya, A.K.; Busbey, R.F.; Soules, T.F.: Comparison of $AlPO_4$ and SiO_2 glass structures using molecular dynamics. J. Non-Cryst. Solids 69 (1985) 381−385
1017 Vasilevskaya, T.N.; Golubkov, V.V.; Porai-Koshits, E.A.: Liquid-phase separation and the submicrononuniform structure of glasses in the $B_2O_3-SiO_2$ system. Sov. J. Glass Phys. Chem. 6 (1980) 38−45
1018 Vernaz, E.; Larche, F.; Zarzycki, J.: Fracture toughness − composition relationship in some binary and ternary glass systems. J. Non-Cryst. Solids 37 (1980) 359−365
1019 Verweij, H.; Buster, J.H.J.M.; Remmers, G.F.: Refractive index and density of Li-, Na- und K-germanosilicate glasses. J. Mater. Sci. 14 (1979) 931−940
1020 Videau, J.J.; Portier, J.: Fluoride glasses. In: Inorganic solid fluorides. Hagenmuller, P. (Ed.). Orlando: Academic Press 1985, 309−329
1021 Vlasova, N.I.; Demkina, L.I.; Karaseva, V.I.: Absorption indices of copper in glasses. Sov. J. Glass Phys. Chem. 10 (1984) 213−216
1022 Vogel, H.: Das Temperaturabhängigkeitsgesetz der Viskosität von Flüssigkeiten. Physik. Z. 22 (1921) 645−646
1023 Vogel, W.: Zur mechanischen Festigkeit des Glases. Z. Chemie 4 (1964) 190−192
1024 Vogel, W.: Phase separation in glass. J. Non-Cryst. Solids 25 (1977) 172−214
1025 Vogel, W.: Glaschemie, 2. Aufl. Leipzig: VEB Deutscher Verlag für Grundstoffindustrie 1983
1026 Vogel, W.: Möglichkeiten und Grenzen der Entwicklung optischer Gläser von Otto Schott bis zur Gegenwart. Wiss. Z. Friedr.-Schiller-Univ. Jena, Math.-Nat. R. 32 (1983) 495−508
1027 Vogel, W.; Byhan, H.-G.: Zur Struktur binärer Lithiumsilikatgläser. Silikattechnik 15 (1964) 212−218, 239−244
1028 Vogel, W.; Gerth, K.: Über Modellsilikatgläser und ihre Konstitution. Glastech. Ber. 31 (1958) 15−28
1029 Vogel, W.; Höland, W.: Zur Entwicklung von Bioglaskeramiken für die Medizin. Angew. Chem. 99 (1987) 541−558
1030 Vogel, W.; Schmidt, W.; Horn, L.: Neue Ergebnisse und Erkenntnisse zur Phasentrennung im Glase. In: IX. Congr. Int. Verre. Paris: Institut du Verre 1971, 425−450

1031 Vogel, W.; u.a.: Untersuchungen an Telluritgläsern. Silikattechnik 25 (1974) 205–209
1032 Vogel, W.; u.a.: Electron-microscopical studies of glass. J. Non-Cryst. Solids 49 (1982) 221–240
1033 Voldán, J.: Vergleich der Entmischungsgebiete in den $R_2O-B_2O_3-SiO_2$-Systemen. Proc. 11. Int. Congr. Glass, Prague, 1977, Vol. 2, 57–67
1034 Volf, M.B.: Chemical approach to glass. Amsterdam: Elsevier 1984
1035 Volterra, V.; Cooper, A.R.: Numerical calculation of induction times for crystallization of glasses. J. Non-Cryst. Solids 74 (1985) 85–95
1036 Wagner, C.N.J.; Johnson, W.L. (Ed.): Liquid and amorphous metals V.J. Non-Cryst. Solids 61&62 (1984)
1037 Wagner, G.; Ullner, Ch.: Einfluß molekularer Eigenschaften flüssiger Umgebungsmedien auf die mechanische Festigkeit silikatischer Gläser. Silikattechnik 37 (1986) 167–171
1038 Wagstaff, F.E.: Crystallization and melting kinetics of cristobalite. J. Am. Ceram. Soc. 52 (1969) 650–654
1039 Wakabayashi, H.; Terai, R.; Watanabe, H.: Alkali ion mobility in mixed cation glasses. J. Ceram. Soc. Japan 94 (1986) 677–682, 948–953
1040 Wakabayashi, H.; Terai, R.; Yamanaka, H.: Effect of trivalent oxide on electrical conductivity in alkali-silicate glasses. J. Ceram. Soc. Japan 93 (1985) 13–19, 209–216
1041 Wang, C.M.; Chen, H.: Mixed coordination of Fe^{3+} and its dependence on the iron content in sodium disilicate glasses. Phys. Chem. Glasses 28 (1987) 39–47
1042 Wang, Ch.; Zhou, L.: Effect of phase separation on weathering of soda-lime-silica glasses. J. Non-Cryst. Solids 80 (1986) 360–370
1043 Warren, B.E.: Summary of work on atomic arrangement in glass. J. Am. Ceram. Soc. 24 (1941) 256–261
1044 Warren, B.E.; Pincus, A.G.: Atomic considerations of immiscibility in glass systems. J. Am. Ceram. Soc. 23 (1940) 301–304
1045 Waseda, Y.; Suito, H.: The structure of molten alkali metal silicates. Trans. Iron Steel Inst. Japan 17 (1977) 82–91
1046 Wassick, T.A.; u.a.: Hydration of soda-lime silicate glass, effect of alumina. J. Non-Cryst. Solids 54 (1983) 139–151
1047 Waxler, R.M.; Cleek, G.W.: The effect of temperature and pressure on the refractive index of some oxide glasses. J. Res. Nat. Bur. Stand. 77 A (1973) 755–763
1048 Weeks, R.A.: The uses of electron and nuclear magnetic resonance and nuclear resonance fluorescence in studies of glass. In: [744], 137–171
1049 Weeks, R.A.: The structure of glass: past, present, and prescient. J. Non-Cryst. Solids 73 (1985) 103–112
1050 Weinberg, M.C.: Are gel-derived glasses different from ordinary glasses? Mat. Res. Soc. Symp. Proc. 73 (1986) 431–441
1051 Weir, Ch.E.; Shartsis, L.: Compressibility of binary alkali borate and silicate glasses at high pressures. J. Am. Ceram. Soc. 38 (1955) 299–306
1052 Weiss, A.; Weiss, A.: Zur Kenntnis der faserigen Siliziumdioxydmodifikation. Z. anorg. allg. Chem. 276 (1954) 95–112
1053 Weiss, W.: A rapid torsion method of measuring the viscosity of silica glasses up to 2200 °C. J. Am. Ceram. Soc. 67 (1984) 213–222
1054 Werner, A.J.; Wedding, B.: Temperature-induced color changes in signal glasses. Silikat- J. 14 (1975) 267–271
1055 West, J.M.; Majumdar, A.J.: Strength of glass fibres in cement environments. J. Mater. Sci. Lett. 1 (1982) 214–216
1056 Westbrook, J.H.: Hardness-temperature characteristics of some simple glasses. Phys. Chem. Glasses 1 (1960) 32–36
1057 Weyl, W.A.: Coloured glasses. Sheffield: Soc. Glass Techn. 1951. Neudruck: London: Dawson's of Pall Mall 1959
1058 Weyl, W.A.: Einige Gedanken über den Aufbau des Glases. Glastech. Ber. 30 (1957) 269–282
1059 Weyl, W.A.; Marboe, E.Ch.: Formation of amorphous solids and characterization of their structures by energy profiles. J. Soc. Glass Technol. 43 (1959) 191–210

1060 Weyl, W.A.; Marboe, E.Ch.: Conditions of glass formation among simple compounds. Glass Ind. 41 (1960) 429–433, 463–464, 487–491, 526–527, 549–553, 590, 620–627, 658–659, 687–695, 715; 42 (1961) 23–25, 28, 49, 76–81, 106, 123–128, 168, 194–200, 221

1061 Weyl, W.A.; Marboe, E.Ch.: The constitution of glasses. A dynamic interpretation. 2 Vol. New York, London: Interscience 1962–1967

1062 Whetton, N.L.; Hall, C.R.: An extended range penetration viscometer. Glass Technol. 28 (1987) 91–93

1063 White, A.F.: Weathering characteristics of natural glass and influences on associated water chemistry. J. Non-Cryst. Solids 67 (1984) 225–244

1064 Wiederhorn, S.M.: Influence of water on crack propagation in soda-lime glass. J. Am. Ceram. Soc. 50 (1967) 407–414

1065 Wiederhorn, S.M.: Fracture surface energy of glass. J. Am. Ceram. Soc. 52 (1969) 99–105

1066 Wiederhorn, S.M.: Subcritical crack growth in ceramics. In: [91], 613–646

1067 Wiederhorn, S.M.: Strength of glass – a fracture mechanics approach. In: X. Int. Congr. Glass. Ceram. Soc. Japan 1974, Vol. 11, 1–15

1068 Wiederhorn, S.M.: Crack growth as an interpretation of static fatigue. J. Non-Cryst. Solids 19 (1975) 169–181

1069 Wiederhorn, S.M.; Bolz, L.H.: Stress corrosion and static fatigue of glass. J. Am. Ceram. Soc. 53 (1970) 543–548

1070 Wiederhorn, S.M.; Lawn, B.R.; Marshall, D.B.: Strength degradation of glass impacted with sharp particles. J. Am. Ceram. Soc. 62 (1979) 66–74

1071 Wiederhorn, S.M.; Townsend, P.R.: Crack healing in glass. J. Am. Ceram. Soc. 53 (1970) 486–489

1072 Wiederhorn, S.M.; u.a.: Fracture of glass in vacuum. J. Am. Ceram. Soc. 57 (1974) 336–341

1073 Wiederhorn, S.M.; u.a.: An error analysis of failure prediction techniques derived from fracture mechanics. J. Am. Ceram. Soc. 59 (1976) 403–411

1074 Wiegel, E.: Über die Beeinflussung der Heißauslaugung von Silikatgläsern durch Metallspuren. Glastech. Ber. 34 (1961) 259–268

1075 Wiegel, E.: Über die Angreifbarkeit von technischen Natron-Kalk-Gläsern durch Neutralsalzlösungen bei verschiedener Temperatur und verschiedener Wasserstoffionenkonzentration. Glastech. Ber. 42 (1969) 277–284

1076 Wihsmann, F.G.; u.a.: Vergleich verschiedener alkalischer Medien zur Testung der Zementresistenz von Gläsern. Silikattechnik 38 (1987) 66–68

1077 Wilkins, B.J.S.; Dutton, R.: Static fatigue limit with particular reference to glass. J. Am. Ceram. Soc. 59 (1976) 108–112

1078 Williams, E.; Angell, C.A.: Pressure dependence of the glass transition temperature in ionic liquids and solutions. Evidence against free volume theories. J. Phys. Chem. 81 (1977) 232–237

1079 Williams, M.L.; Landel, R.F.; Ferry, J.D.: The temperature dependence of relaxation mechanisms in amorphous polymers and other glass-forming liquids. J. Am. Chem. Soc. 77 (1955) 3701–3707

1080 Williams, M.L.; Scott, G.E.: Young's modulus of alkali-free glass. Glass Technol. 11 (1970) 76–79

1081 Winkelmann, A.: Über die spezifischen Wärmen verschieden zusammengesetzter Gläser. Ann. Physik 49 (1893) 401–420

1082 Winkelmann, A.: Schott, O.: Über die Elastizität und über die Zug- und Druckfestigkeit verschiedener neuer Gläser in ihrer Abhängigkeit von der chemischen Zusammensetzung. Ann. Physik 51 (1894) 697

1083 Winkelmann, A.: Schott, O.: Über thermische Widerstandskoeffizienten verschiedener Gläser in ihrer Abhängigkeit von der chemischen Zusammensetzung. Ann. Physik 51 (1894) 730–746

1084 Witzke, H.-D.: Zur Homogenität und Strukturdiskussion von Vorordnungsbereichen in Kieselgläsern. Silikattechnik 36 (1985) 5–8

1085 Wondratschek, H.: Ein Verfahren zur gleichzeitigen Bestimmung von Zähigkeit und Oberflächenspannung an Gläsern bei relativ niedrigen Temperaturen. Glastech. Ber. 32 (1959) 276–278
1086 Wondratschek, H. (Hrsg.): Röntgen-, Elektronen- und Neutronenbeugung an Gläsern. Fachausschußber. Dtsch. Glastech. Ges. 68 (1973)
1087 Wong, J.; Angell, C.A.: Glass – Structure by spectroscopy. New York, Basel: Marcel Dekker 1976
1088 Wright, A.C.; Leadbetter, A.J.: Diffraction studies of glass structure. Phys. Chem. Glasses 17 (1976) 122–145
1089 Wright, A.C.; u.a.: Neutron amorphography. J. Non-Cryst. Solids 49 (1982) 63–102
1090 Wright, A.F.; Dupuy, J. (Ed.): Glass ... current issues. Dordrecht, Boston, Lancaster: Martinus Nijhoff 1985
1091 Wu, Z.; u.a.: Study of the mixed alkali effect on chemical durability of alkali silicate glasses. J. Non-Cryst. Solids 84 (1986) 468–476
1092 Wusirika, R.R.: Oxidation behavior of oxynitride glasses. J. Am. Ceram. Soc. 68 (1985) C294–C297
1093 Xie, Y.; Brückner, R.: Entmischungsverhalten von Gläsern des Systems $Na_2O-CaO-SiO_2$ und ihre mechanischen Eigenschaften. Glastech. Ber. 57 (1984) 255–263
1094 Xiujian, Z.; Kokubo, T.; Sakka, S.: Mixed-alkali effect in fluorozirconate glasses. J. Mater. Sci. Lett. 6 (1987) 143–144
1095 Yageman, V.D.; Matveev, G.M.: Thermal capacity of glasses in the $SiO_2-Na_2O \cdot 2\,SiO_2$ system. Sov. J. Glass Phys. Chem. 8 (1982) 168–175
1096 Yajima, K.; u.a.: Surface tension of lithium fluoride and beryllium fluoride binary melt. J. Phys. Chem. 86 (1982) 4193–4196
1097 Yamane, M.; Mackenzie, J.D.: Vicker's hardness of glass. J. Non-Cryst. Solids 15 (1974) 153–164
1098 Yastrebova, L.S.; Antonova, N.I.: Nature of the two alkali effect in silicate glass. Inorg. Mater. 3 (1967) 327–332
1099 Yasui, I.; Hasegawa, H.; Imaoka, M.: X-ray diffraction study of the structure of silicate glasses. Phys. Chem. Glasses 24 (1983) 65–78
1100 Yinnon, H.; Uhlmann, D.R.: Applications of thermoanalytical techniques to the study of crystallization kinetics in glass-forming liquids. J. Non-Cryst. Solids 54 (1983) 253–275
1101 Yoldas, B.E.: The nature of the coexistence of four- and six-co-ordinated Al^{3+} in glass. Phys. Chem. Glasses 12 (1971) 28–32
1102 Yoldas, B.E.: Modification of polymer-gel structures. J. Non-Cryst. Solids 63 (1984) 145–154
1103 Yoshimaru, K.; u.a.: Glass forming region and Ti^{4+} co-ordination number in R_2O-TiO_2 (R = Rb, K, Na) and $BaO-TiO_2$ binary glasses. J. Ceram. Soc. Japan 92 (1984) 481–486
1104 Yoshiyagawa, M.; Tomozawa, M.: Electrical properties of rapidly quenched lithium-silicate glasses. J. Phys. 43, Suppl. 12, Coll. C9 (1982) 411–414
1105 Young, J.C.; Finn, A.N.: Effect of composition and other factors on specific refraction and dispersion of glasses. J. Res. Nat. Bur. Stand. 25 (1940) 759–782
1106 Yun, Y.H.; Bray, P.J.: Nuclear magnetic resonance studies of the glasses in the system $Na_2O-B_2O_3-SiO_2$. J. Non-Cryst. Solids 27 (1978) 363–380
1107 Zachariasen, W.H.: The atomic arrangement in glass. J. Am. Chem. Soc. 54 (1932) 3841–3851
1108 Zachariasen, W.H.: Die Struktur der Gläser. Glastech. Ber. 11 (1933) 120–123
1109 Zakis, Yu.R.: A generalized model of the mixed alkali effect and its analogs. Sov. J. Glass Phys. Chem. 10 (1984) 439–444
1110 Zarzycki, J.: Etude du réseau vitreux par diffraction des rayons X aux températures élevées. Travaux du IVe congrès international du verre, Paris 1956, 323–330
1111 Zarzycki, J.: The „middle-range order" in glasses. In: X. Int. Congr. Glass. Ceram. Soc. Japan 1974, Vol. 12, 28–39
1112 Zarzycki, J.: La surface des verres. Verres Refract. 35 (1981) 21–30
1113 Zarzycki, J.: Gel→glass transformation. J. Non-Cryst. Solids 48 (1982) 105–116
1114 Zarzycki, J.: Glass structure. J. Non-Cryst. Solids 52 (1982) 31–43

1115 Zarzycki, J. (Ed.): Physics of non-crystalline solids. J. Phys. 43, Suppl. 12, Coll. C9 (1982)
1116 Zarzycki, J.: Les verres et l'état vitreux. Paris, usw.: Masson 1982
1117 Zarzycki, J.: Le verre et l'eau. Riv. Stn. Sper. Vetro 14 (1984) No. 5, 17–28
1118 Zarzycki, J.: Monolithic xero- and aerogels for gel-glass processes. In: [394], 27–42
1119 Zarzycki, J.: The gel-glass process. In: [1090], 203–223
1120 Zarzycki, J. (Ed.): Glasses and glass ceramics from gels. Proceedings of the third international workshop. J. Non-Cryst. Solids 82 (1986) Nos. 1–3
1121 Zdaniewski, W.A.; Rindone, G.E.; Day, D.E.: The internal friction of glasses. J. Mater. Sci. 14 (1979) 763–775
1122 van Zee, A.F.; Noritake, H.M.: Measurement of stress-optical coefficient and rate of stress release in commercial soda-lime glasses. J. Am. Ceram. Soc. 41 (1958) 164–175
1123 Zelinski, B.J.J.; Yinnon, H.; Uhlmann, D.R.: The Kauzmann paradox revisited. Glastech. Ber. 56 K (1983) 822–827
1124 Zhabrev, V.A.; Moiseev, V.V.; Sigaev, V.N.: The relationship between diffusion and conduction processes in sodium silicate glasses. Sov. J. Glass Phys. Chem. 1 (1975) 452–455
1125 Zhdanov, S.P.: Boron oxide anomaly and structural limitations for maximum contents of tetrahedral boron in glasses. In: X. Int. Congr. Glass. Ceram. Soc. Japan 1974, Vol. 13, 58–65
1126 Zhdanov, S.P.: Chemical stability of alkali silicate glasses and the coordination of the cations. Vacancy mechanism of leaching. Sov. J. Glass. Phys. Chem. 4 (1978) 437–445
1127 Zhdanov, S.P.: Effect of small additions of Al_2O_3 on the leaching of alkali silicate glasses. Sov. J. Glass Phys. Chem. 7 (1981) 422–428
1128 Zhdanov, S.P.; Koromaldi, E.V. On the structural and chemical changes in alkali silicate glasses during their leaching. In: 8. Int. Congr. Glass. Sheffield: Society of Glass Technology 1969, 270
1129 Zheleztsov, V.A.; Yanbaeva, G.U.: Dependence of the ion-exchange strengthening of a glass on its thermal prehistory. Sov. J. Glass Phys. Chem. 9 (1983) 323–326
1130 Zhu, C.; Phalippou, J.; Zarzycki, J.: Influence of trace alkali ions on the crystallization behaviour of silica gels. J. Non-Cryst. Solids 82 (1986) 321–328
1131 Zijlstra, A.L.: The viscosity of some silicate glasses in connection with thermal history. Phys. Chem. Glasses 4 (1963) 143–151
1132 Zolotukhin, I.V.; Barmin, Yu.V.: Methods of obtaining metal glasses. Sov. J. Glass Phys. Chem. 10 (1984) 321–331
1133 Anon.: Bibliography of physical properties of glass: strength – hardness – elasticity. Charleroi: International Commission on Glass 1967
1134 Anon.: Viscosity – temperature relations in glass. Charleroi: International Commission on Glass 1970
1135 Anon.: Crystallization of glass and glass-ceramics. A bibliography covering the period 1945–1968. Charleroi: International Commission on Glass 1971
1136 Anon.: The chemical durability of glass. A bibliographic review of literature, Vol. 1 and 2. Charleroi: International Commission on Glass 1972 and 1973
1137 Anon.: Strength testing of glass and glass products. An international survey. Charleroi: International Commission on Glass 1974
1138 Anon.: Electrical properties of glasses, glass-ceramics and amorphous solids. A bibliography covering the period 1967–1976. Vol. 1, 2. Charleroi: International Commission on Glass 1977
1139 Anon.: Review of thermal conductivity data in glass. Charleroi: International Commission on Glass 1983
1140 ASTM C 336–71. Standard method of test for annealing point and strain point of glass
1141 ASTM C 338–73. Standard test method for softening point of glass
1142 ASTM C 598–72. Standard test method for annealing point and strain point of glass by beam bending
1143 ASTM C 730–75. Knoop indentation hardness of glass
1144 ASTM C 770–77. Measurement of glass stress-optical coefficient
1145 DIN 1 259. Glas. Begriffe für Glasarten und Glasgruppen. September 1986

1146 DIN 12 111 (=ISO 719). Prüfung von Glas; Grießverfahren zur Prüfung der Wasserbeständigkeit von Glas als Werkstoff bei 98 °C und Einteilung der Gläser in hydrolytische Klassen. Mai 1976

1147 DIN 12 116. Prüfung von Glas; Bestimmung der Säurebeständigkeit (gravimetrisches Verfahren) und Einteilung der Gläser in Säureklassen. Mai 1976

1148 DIN 52 292, Teil 1 und 2. Prüfung von Glas und Glaskeramik; Bestimmung der Biegefestigkeit. April 1984 bzw. September 1986

1149 DIN 52 312, Teil 1 bis 5. Prüfung von Glas; Messung der Viskosität. Februar 1975 bis Mai 1986

1150 DIN 52 313. Prüfung von Glas; Bestimmung der Temperaturwechselbeständigkeit von Glaserzeugnissen. März 1978

1151 DIN 52 314. Prüfung von Glas; Bestimmung des spannungsoptischen Koeffizienten im Zugversuch. November 1977

1152 DIN 52 322 (=ISO 695). Prüfung von Glas; Bestimmung der Laugenbeständigkeit und Einteilung der Gläser in Laugenklassen. Mai 1976

1153 DIN 52 324. Prüfung von Glas; Bestimmung der Transformationstemperatur. Februar 1984

1154 DIN 52 326. Prüfung von Glas; Bestimmung des spezifischen elektrischen Durchgangswiderstandes. Mai 1986

1155 DIN 52 327, Teil 1 und 2. Prüfung von Glas; Bestimmung der Spannungen in Verschmelzungen von Glas mit Glas und in Glas-Metallband-Verschmelzungen. November 1977

1156 DIN 52 328. Prüfung von Glas; Bestimmung des mittleren thermischen Längenausdehnungskoeffizienten. März 1985

1157 DIN 52 333. Prüfung von Glas und Glaskeramik; Härteprüfung nach Knoop. Dezember 1978; März 1985 (Entwurf)

1158 DIN 52 347. Prüfung von Glas und Kunststoff; Verschleißprüfung; Reibradverfahren mit Streulichtmessung. Februar 1985 (Entwurf)

1159 DIN 52 348. Prüfung von Glas und Kunststoff; Verschleißprüfung; Sandriesel-Verfahren. Februar 1985

1160 DIN 58 925. Optisches Glas; Blatt 1: Begriff, Einteilung; Blatt 2: Begriffe der optischen Eigenschaften. September 1965

Autorenverzeichnis

Abdrashitova, E.I. 141
Abe, T. 131
Abe, Y. 63
Abezgauz, B.S. 121
Ackerman, D.A. 172
Acloque, P. 243, 257
Acocella, J. 190, 207
Adam, G. 51
Adams, R. 243
Adler, D. 289
Ahmed, A.A. 318
Ainsworth, L. 270
Akhtar, S. 301, 302
Aksay, I.A. 196
Alekseeva, Z.D. 32
Almeida, R.M. 141
Alper, A.M. 8
Ammar, M.M. 338
Anderegg, F.O. 240
Anderson, O.L. 284
Andrade, E.N. da C. 243
Andresen, A.F. 93
Andryukhina, T.D. 323
Anfilogov, V.N. 138
Angell, C.A. 45, 75, 86, 90, 114, 155
Anisimov, Y.S. 300
Antonova, N.I. 319
Appen, A.A. 114, 147, 176, 177, 190, 193, 207, 233, 294, 295, 302
Arahori, T. 63
Araujo, R.J. 30, 131, 132, 226
Ariyoshi, K. 112, 133, 188, 232
Armistead, W.H. 226
Aslanova, M.S. 159
Ass, H.M.J.M. van 238
Averjanov, V.I. 35
Avrami, M. 65, 89

Bach, H. 93, 95, 117
Bacon, F.R. 313

Baer, D.R. 314
Bakardjiev, I. 308, 311, 314
Baldwin, C.M. 141
Bamford, C.R. 217, 218
Bando, Y. 250
Bansal, N.P. 147
Baranovskii, V.I. 105
Barkatt, A. 313
Barmin, Yu.V. 74
Barrau, B. 142
Bart, G. 313
Bartenev, G.M. 47, 228, 239, 241, 266, 268, 271
Bartholomew, R.F. 136, 257, 329
Bartuška, M. 65
Basak, G.C. 54
Bassine, J.F. 222
Bates, T. 217
Baucke, F.G.K. 37, 117, 326
Baud, G. 288
Beales, K.J. 227
Beall, G.H. 31, 54, 67
Beck, H. 143
Belyustin, A.A. 307, 311, 316
Berjoan, R. 139
Bernheim, P. 167, 168
Bershtein, V.A. 73, 256, 323
Besse, J.-P. 288
Besborodov, M.A. 22, 306
Bicerano, J. 108
Bihuniak, P.P. 154
Blackburn, D.H. 30
Blažek, A. 339
Bockris, J.O'M. 19
Boesch, L. 49, 213, 286
Bogdanov, N.M. 75
Boilot, J.P. 288
Boksay, Z. 275, 316
Bolgov, A.T. 171
Bolz, L.H. 249

Bondi, A. 145
Bonetti, G. 210
Bonino, J.J. 294
Bottinga, Y. 8, 331, 335
Boulos, E.N. 136, 276
Bouquet, G. 316
Bradt, R.C. 238, 253, 270
Bragina, G.I. 138
Braginskii, K.I. 163
Brand, H. 334
Brawer, S. 47, 84
Bray, P.J. 94, 125, 130, 131, 132, 142
Bresker, R.I. 294, 295
Bridgman, P.W. 236
Brinker, C.J. 77, 78, 80, 140
Brow, R.K. 219
Brown, B.D. 97
Brown, S.D. 231
Brückner, R. 2, 21, 47, 90, 95, 113, 121, 149, 150, 152, 154, 158, 161, 172, 173, 175, 186, 197, 205, 219, 222, 240, 252, 255, 261, 280
Brungs, M.P. 37
Buckwalter, C.Q. 307, 313
Budov, V.M. 301
Bunker, B.C. 312, 314, 321, 328
Burnett, D.G. 31
Busbey, R.F. 134
Busch, H. 176
Buster, J.H.J.M. 188
Byhan, H.-G. 28
Busch, H. 176
Button, D.P. 287

Cable, M. 301, 302
Cahn, J.W. 25, 27, 34
Cahn, R.W. 143
Calabrese, A. 154
Campbell, A.B. 34
Capella, S. 312

Capps, W. 159, 173, 174, 194, 195, 284, 301, 304
Carnevale, A. 94
Caune, E. 37
Chaklader, A.C.D. 167, 168
Champomier, F. 259
Charles, E.A. 259
Charles, R.J. 11, 25, 27, 31, 34, 239, 247
Chaudhari, P. 143
Chen, H. 219, 335
Cheng, J.-J. 254
Chermant, J.L. 239
Chernov, V.A. 159
Chernyshov, A.V. 171
Chowdhury, M.R. 76
Chun, H.-U. 95
Clark, D.E. 77, 117, 306, 307, 316
Clavaguera, N. 142
Clavaguera-Mora, M.T. 142
Cleek, G.W. 27, 211
Coenen, M. 171, 186, 195, 221, 237, 238, 252, 331
Coey, J.M.D. 112, 291
Cohen, A.J. 225
Cohen, H.M. 236
Cohen, M.H. 45, 72
Colomban, Ph. 288
Condrate, R.A. 224
Conover, S. 118
Conradt, R. 317, 328, 329
Cook, H.E. 25
Cooper, A.R. 58, 87, 108, 197, 257
Cordaro, J.F. 277
Cormia, R.L. 155
Coutures, J.-P. 139
Coyne, D.C. 251
Craievich, A.F. 145
Cronin, D.J. 162
Corvisier, J.L. 307
Csaki, P. 37

Dabbs, T.R. 268
Damdinov, D.G. 112
Dannheim, H. 242, 256
D'Antonio, P. 90
Das, C.R. 311
Davies, H.A. 143
Davis, R.F. 196
Day, D.E. 75, 117, 125, 227, 238, 281
DeBast, J. 49, 266

Decottignies, M. 78
Deeg, E. 93, 231
DeGuire, M.R. 231
Dell, W.J. 132
Demharter, G. 150
Demkina, L.I. 218
Dentschuk, P. 171
Derno, M. 131
DeVaal, S.D. 34
Dietzel, A. 8, 21, 22, 37, 63, 70, 71, 101, 125, 129, 135, 149, 152, 154, 172, 173, 198, 221, 299, 301, 302
Dimbleby, V. 320, 326
Dingwell, D.B. 162
Dislich, H. 77, 78, 81
Dobos, S. 316
Doenitz, F.-D. 65
Doi, A. 293
Doi, K. 115
Donth, E. 47
Dore, J.C. 76
Doremus, R.H. 2, 147, 215, 239, 243, 247, 248, 251, 306, 312, 313, 316, 317, 321
Douglas, R.W. 21, 28, 31, 41, 47, 51, 156, 268, 269, 277, 282, 316
Douglas, S.C. 312
Downing, H.L. 131, 279, 281, 282
Drew, R.A.L. 139
Drotning, W.D. 80
Dubois, J.M. 144
Dubrovo, S.K. 319
Dübgen, R. 145
Duffy, J.A. 38
Duke, D.A. 67
Dumbaugh, W.H. 224
Dunken, H. 117, 313
Duperray, B. 49
Dupree, R. 124
Dutton, R. 250
Dutz, H. 94
Duwez, P. 74, 142
Dyar, M.D. 216
Dyre, J.C. 293

Eberhart, J.P. 307
Eckert, H. 94
Egami, T. 93, 125, 143
Ehret, G. 307
Ehrmann, P. 243
Ehrt, D. 141

Eisenman, G. 326
Eitel, W. 2, 147
El-Bayoumi, O.H. 256
Eliezer, N. 12
Elliott, St.R. 115
El-Shamy, T.M. 316, 318
Elyard, C.A. 327
Emel'yanov, Yu.A. 73, 323
Engel, J.R. 277
Epel'baum, M.B. 20
Eremina, N.I. 273
Ernsberger, F.M. 117, 137, 229, 239, 243, 268, 306, 313, 317
Erwin, E.M. 154
Evans, A.G. 239, 259
Eversteijn, F.C. 189, 207, 268, 270, 272
Evstropiev, K.S. 110, 133, 188, 206, 282
Ewing, R.C. 306, 328

Faber, K.T. 31
Fabes, B.D. 256
Fairbanks, C.J. 268
Fan, M.-X. 254
Fanderlik, I. 191, 199, 210
Fang, C.-Y. 52, 75
Feltz, A. 142
Fenstermacher, J.E. 219
Ferry, J.D. 45
Filipovich, V.N. 125
Finn, A.N. 208
Flörke, O.W. 21
Flood, H. 15, 20
Förland, T. 14
Fontana, E.H. 44, 154, 261
Fonteneau, G. 322
Ford, N. 118
Forkel, K. 282
Fox, P.G. 117
France, P.W. 258
Franz, H. 39, 118, 137, 139, 161, 189, 207
Fratello, V.J. 62
Fréchette, V.D. 129, 259
Freed, R.L. 143
Freiman, S.W. 54, 239, 247
Frenkel, B.N. 147, 210
Frenzel, H. 327
Freude, E. 216
Frey, Th. 37

Frischat, G.H. 82, 139, 238, 277
Frohberg, M.G. 13, 37
Fueki, K. 302
Fulcher, G.S. 281
Fulda, M. 279
Fuller, E.R. 247
Furukawa, T. 132
Furuno, R. 132, 232
Fu-Si, H. 233

Gabano, J.P. 288
Galakhov, F.Ya. 24, 31, 34, 114
Galyant, V.I. 237
Gan, F. 147, 176, 280, 295
Gao, M. 320
Gardon, R. 256
Garfinkel, H.M. 257
Garofalini, S.H. 117, 118
Gaskell, P.H. 82, 115, 121, 143
Gavin, D.L. 283
Gebhardt, F. 308
Gehlhoff, G. 157, 174, 252, 254, 274, 276
Gehman, L.P. 29
Gehrke, E. 250
Gemert, W.J.Th. van 238
Genzel, L. 337
Gerber, Th. 121
Gerke, H. 122
Gerth, K. 141
Gervais, F. 96
Gibbs, J.H. 51, 69
Gies, H. 122
Gilard, P. 49, 266
Ginther, L.B. 332
Glass, A.M. 288
Gliemeroth, G. 226
Godron, Y. 315
Götz, J. 98
Götz, W. 212
Gol'denberg, G.L. 37
Goldman, D.S. 95, 140, 221
Goldschmidt, V.M. 140
Golubkov, V.V. 18, 29, 31, 121, 131
Gonzalez, A.C. 247
Gonzalez-Oliver, C.J.R. 62
Goodman, C.H.L. 70, 109, 118
Gorbachev, V.V. 126
Goretzki, H. 95
Gossink, R.G. 135

Gottardi, V. 77, 113, 313, 319
Gräfe, W. 266
Graham, E.K. 238
Grambow, B. 317, 328
Grantscharova, E. 89
Grasso, M. 135, 288
Greaves, G.N. 96
Greenough, R.D. 171
Greer, A.L. 74
Greneche, J.M. 112
Griffith, A.A. 240
Griscom, D.L. 94, 122, 129
Grits, E.F. 300
Grjotheim, K. 14
Gu, D. 280, 295
Gudovich, O.D. 332
Güntherordt, H.-J. 143, 144
Guglielmi, M. 327
Guillemet, G. 259
Gulati, S.T. 258
Gunasekera, S.P. 172
Gupta, P.K. 131, 132
Gurman, S.J. 96
Gutenev, M.S. 294
Gutzow, I. 54, 57, 69, 89

Haaland, D.M. 140
Haasen, P. 143
Hägg, G. 109
Hähnert, M. 31, 94, 118, 250, 323
Hagan, J.T. 268
Hager, I. 31
Haggerty, J.S. 87
Hagy, H.E. 41, 170
Hakim, R.M. 278, 284
Hall, C.R. 150
Hallas, E. 94
Hallbrucker, A. 75
Halleck, P.M. 238
Haller, W. 30, 32, 34
Hammel, J.J. 28, 31, 34, 54, 58
Hammond, C.R. 205
Hampshire, S. 139
Han, Y.H. 281
Hanada, T. 140
Hanson, C.D. 93, 125
Hara, M. 272
Hartmann, H. 334
Hasegawa, H. 93, 123, 124, 125, 126, 127, 240, 254

Hasegawa, Y. 186
Hasselman, D.P.H. 263
Hayashi, T. 126, 139
Hays, J.F. 62
Hayward, P.J. 279
Headley, T.J. 312
Heasley, J.H. 87
Helmreich, D. 308, 311, 314
Hench, L.L. 54, 77, 78, 96, 117, 274, 306, 307, 316
Hendrickson, J.R. 125
Hense, C.R. 204
Herczog, A. 398
Herman, H. 23
Herms, G. 131
Herstad, O. 93
Hesse, W. 44
Hetherington, G. 161
Higgins, T.J. 293
Hillenbrand, H.-G. 143
Hilliard, J.E. 25
Hillig, W.B. 239, 242, 247
Himmel, B. 121
Hintenlang, D.E. 142
Hinz, W. 2, 31, 54
Hirao, K. 250, 255, 269
Hirota, S. 216
Hlaváč, J. 316
Hoebbel, D. 98
Höland, W. 68
Holland, D. 124
Holland, L. 117, 306
Holloway, D.G. 239, 244, 272
Holmquist, S. 39
Hood, H.P. 257
Hopper, R.W. 35
Hori, M. 337
Horisaka, T. 31
Hormadaly, J. 176
Horn, L. 35
Hornbogen, E. 143
Hosemann, R. 110
Houser, C.A. 308
Houser, M. 302
Howie, A. 97
Hrma, P. 297
Hsich, H.S.-Y. 255
Hu, H. 141
Huang, W. 75
Huang, Y.Y. 133, 188
Huang, Z.J. 62
Huggins, M.L. 110, 111, 190, 192, 193, 208, 210
Hunold, K. 158, 186, 205, 280

Imaoka, M. 93, 123, 124, 125, 126, 127, 240
Inagaki, M. 144
Ingel, R.P. 256
Ingram, M.D. 38, 277
Isard, J.O. 124, 282, 286, 307, 308, 315, 320, 326
Ishikawa, T. 319
Ish-Shalom, M. 35
Ito, S. 250
Itoh, H. 13
Ivanov, A.O. 133, 188, 206, 282
Ivanovskaya, I.S. 313
Iwamoto, N. 36, 202
Izumitani, T. 216

Jack, K.H. 139, 161
Jäckle, J. 89
Jain, H. 131, 279, 281, 282
Jakus, K. 247, 251
James, P.F. 54, 56, 58, 62, 80
Jantzen, C.M. 23, 317
Jebsen-Marwedel, H. 2
Jeddeloh, G. 38
Jercinovic, M.J. 306, 328
Jinno, H. 36, 255
Johansson, G. 326
Johansson, L.-G. 162, 163, 166, 167
Johnson, P.A.V. 93, 122
Johnson, P.S. 62
Johnson, W.L. 143
Johnston, W.D. 220
Jones, G.O. 2, 75
Joseph, I. 56

Käs, H.H. 21, 47
Kaishew, R. 69, 89
Kaller, A. 118
Kamigaito, O. 252, 263
Kamiya, K. 18, 134, 139, 236, 281, 318
Kamiya, N. 252, 263
Kamptz, H. von 270
Kaneko, H. 286
Kanno, H. 69
Kapoor, M.L. 13, 37
Karaseva, V.I. 218
Karlberg, B. 326
Karle, J. 90
Karlsson, K.H. 21
Kasahara, S. 202
Kauzmann, W. 88

Kawaguchi, M. 307
Kawaguchi, T. 172
Kawamoto, Y. 28, 31, 32, 34
Kelen, T. 39
Kelton, K.F 74
Kennedy, C.R. 253, 270
Kennedy, J.C. 161
Kerkhof, F. 238, 245, 251, 259, 271, 272, 273
Keusch, S. 327
Kingery, W.D. 263, 276, 305
Kishi, A. 302
Kisilev, A. 35
Kistler, S.S. 257
Kitazawa, K. 302
Klein, R.M. 38, 227
Klement, W. 74, 142
Knapp, W.J. 14, 15, 20
Knippenberg, W.F. 144
Knotek, M. 286
Knox, J.S. 197
Kobayashi, Y. 115
Kokubo, T. 125, 321
Komarova, L.A. 61
Konijnendijk, W.L. 131, 132, 224
Konnert, J.H. 90
Konstantinov, I. 69, 89
Kordes, E. 217
Koromaldi, E.V. 311
Koshizaki, N. 321
Kovandová, J. 163, 164
Koverda, V.P. 75
Kozlovskaya, E.I. 231, 233
Kracek, F.C. 9
Krämer, F. 94
Kranich, J.F. 269, 272
Krasotkina, N.I. 162, 175
Krause, J.T. 241
Kreidl, J.F. 225
Kreidl, N.J. 2, 129, 136, 148, 225, 229, 281
Krogh-Moe, J. 122, 130
Krol, D.M. 133
Kruchinin, Yu.D. 301
Kruithof, A.M. 242
Kruschke, D. 323
Kryukova, S.V. 273
Kühne, K. 33
Kulakov, L.F. 159
Kulkarni, A.R. 288
Kumar, B. 31, 113
Kumm, K.-A. 61, 63
Kunc, Th. 336
Kunugi, M. 140

Kurkjian, C.R. 21, 94, 156, 238, 241, 258, 335

La Course, W.C. 2, 239
Lakatos, T. 162, 163, 166, 167
Lallemand, M. 336
Landel, R.F. 45
Lanford, W.A. 307
Lapp, J.C. 125
Larche, F. 254
Lau, J. 327
Lawn, B.R. 239, 242, 247, 259, 268
Lazzari, M. 288
Leadbetter, A.J. 84, 90
Lebedev, A.A. 110
LeClerc, P. 243
Ledererova, V. 166, 176, 177, 190
Lee, J.-H. 219, 222
Leers, K.-J. 238
Lefevre, D. 49
Leko, V.K. 61, 154, 156, 161
Lenhart, A. 37
Lersmacher, B. 144
Lesikar, A.V. 125, 277
Levin, E.M. 23, 24, 27
Levine, S.M. 117
Liang, D.-T. 305
Lichvár, P. 327
Liebau, F. 100, 122
Lillie, H.R. 48
Lin, F. 280, 295
Lisenenko, A.A. 172
Lisý, A. 195
Litovitz, T.A. 45
Littleton, J.T. 151
Livshits, V.Ya. 231
Löffler, J. 315
Loehman, R.E. 139
Lommen, T.P.A. 307, 317, 321
Low, M.J.D. 118
Luborsky, F.E. 143
Lucas, J. 141, 322
Lui, M.L. 132
Lutze, W. 328
Lux, H. 37
Lydtin, H. 144
Lyon, K.C. 302

MacDowell, J.F. 31
Macedo, P.B. 45, 49, 154, 213. 293, 328

MacFarlane, D.R. 75
Mackenzie, J.D. 19, 69,80, 81, 115, 141, 155, 176, 235, 236, 271, 289
Maddalena, A. 327
Mader, D.-H. 226
Mahle, S.H. 294
Maiti, H.S. 288
Majumdar, A.J. 327
Makino, Y. 202
Makishima, A. 176, 235
Malow, G. 328
Mammone, J.F. 122
Mandolesi, D.L. 160
Manfredo, L. 238
Manns, P. 261
Mantatov, V.V. 171
Marboe, E.Ch. 2, 46, 52, 59, 107, 115
March, P. 314
Marsh, D.M. 244, 267
Marshall, D.B. 242
Martin, S.W. 155
Martinsen, W.E. 282
Masson, C.R. 16, 97
Matecki, M. 141
Matej, J. 316
Matson, D.W. 124
Matthewson, M.J. 258
Matusita, K. 55, 57, 125, 134, 262, 281
Matveev, G.M. 147, 210, 331
Matveev, M.A. 147, 210
Maurer, R.D. 227, 242
Mayer, E. 75
Mazurin, O.V. 23, 35, 42, 47, 147, 167, 266, 279, 282, 285, 287
McCammon, R.D. 294
McGee, T.D. 282
McGraw, D.A. 237
McMillan, P. 96
McMillan, P.W. 31, 67, 118, 243, 327
McVay, G.L. 307, 314
Meerlender, G. 44
Meiling, G.S. 52
Meissnerová, H. 163, 164, 283, 322
Mellor, J.W. 305
Merker, L. 161, 182, 189, 207, 215, 265, 282, 301
Métras, J.-C. 259
Michalske, T.A. 247
Mikhailov, M.D. 294
Mills, J.J. 148

Milnes, G.C. 282
Milovanov, A.P. 117
Minami, T. 74, 109, 288
Minor, J.E. 242
Misawa, M. 115
Mitin, B.S. 300
Miyake, M. 18, 122
Miyata, N. 36, 255, 287
Mochida, N. 134
Mogensen, G. 313
Mohr, R.K. 42, 256
Moiseev, V.V. 114, 117, 277
Molchanov, V.S. 308
Molchanova, E.V. 282
Montague, D.G. 76
Montenero, A. 219
Montrose, C.J. 42
Moore, H. 293, 295, 332
Moorjani, K. 291
Morey, G.W. 147
Moriya, T. 147
Moriya, Y. 28, 80, 132
Mott, N.F. 115, 289
Mould, R.E. 248
Moynihan, C.T. 47, 125, 276, 277, 283, 286
Müller, G. 67, 126
Müller, R.L. 277, 281
Müller, W. 282, 307, 320
Müller-Warmuth, W. 94
Mukherjee, S.P. 79
Mulfinger, H.-O. 139
Murch, G.E. 142
Muschick, W. 182
Myers, D.D. 38
Mylius, F. 315
Mysen, B.O. 8, 18, 96, 137, 236

Napolitano, A. 49, 154, 213
Naraev, V.N. 282
Narayanaswamy, O.S. 50, 266
Naruso, A. 63
Nassau, K. 75, 135, 288
Nath, P. 320
Navarro, J.M.F. 2
Navrotsky, A. 105
Negran, T.J. 288
Neilson, G.F. 31, 62
Nemilov, S.V. 47, 84, 160
Neuroth, N. 224
Newton, R.G. 305, 315
Niihara, K. 263

Nikitin, A.V. 282
Nikulin, V.Kh. 280
Nishihama, K. 240
Noda, T. 144
Nogami, M. 80, 132, 134
Noritake, H.M. 261, 265
Norman, S.R. 205
Norville, H.S. 242
Novopashin, A.A. 176

Oel, H.J. 49, 242, 243, 256
Ohlberg, S.M. 31
Ohya, M. 139, 318
Oka, Y. 248, 312
O'Keefe, J.G. 131
Olcott, J.S. 257
Olix, W.F. 113
Onodera, N. 115
Onorato, P.I.K. 38
Onrubia, J. 142
Osaka, A. 112, 132, 133, 188, 232
Osterstock, F. 239
Ovshinsky, S.R. 108
Owen, A.E. 34, 274, 277, 282, 289

Pacalo, R.E. 238
Pähler, G. 240
Paek, U.C. 241
Palmer, S.B. 171
Pantano, C.G. 306
Paplauskas, A.B. 256
Parikh, N.M. 299, 302
Parks, G.S. 87
Partridge, G. 118
Pask, J.A. 196
Patel, A.R. 315
Paul, A. 2, 36, 38, 224, 288, 313, 322
Pauling, L. 99
Pavelchek, E.K. 243
Pearce, M.L. 39
Pearson, A.D. 142
Pederson, L.R. 307, 313, 314
Perander, M. 21
Perera, G. 282
Perez, J. 49
Perez y Jorba, M. 313
Permyakova, T.V. 114
Pesina, T.I. 254
Peter, K.W. 267
Peters, A. 323
Peterson, G.E. 94

Peterson, N.L. 131, 279, 281, 282
Petrovskii, G.T. 141
Petzold, A. 176, 270
Petzold, J. 67
Phalippou, J. 62, 77, 78, 80
Philbrook, W.O. 12
Philipp, G. 81
Phillips, C.J. 233
Phillips, W.A. 83
Philpotts, J.A. 124
Pincus, A.G. 23, 148
Pines, A. 94
Pirani, M. 147
Plodinec, M.J. 317
Ploetz, L. 238
Plško, A. 327
Plumat, E. 59, 142
Plummer, W.A. 44, 154
Poch, W. 161, 175, 207
Poegel, H.J. 135
Polukhin, V.N. 133, 200, 205, 210
Popov, A.I. 116
Popova, S.V. 100
Popp, G. 145
Porai-Koshits, E.A. 18, 23, 29, 31, 35, 54, 82, 90, 93, 110, 114, 121, 131, 147, 167
Portier, J. 141
Portnyagin, V.I. 117
Potselueva, L.N. 167
Poulain, M. 141, 282
Prassas, M. 62, 77, 80
Prechtl, W. 242, 256
Prianishnikov, V.P. 105
Priestley, D. 307, 308
Primenko, V.I. 237, 332, 338
Proctor, B.A. 326
Prod'homme, L. 211, 215
Prod'homme, M. 49
Pronkin, A.A. 282
Pryde, J.A. 75
Pulker, H.K. 118
Puyané, R. 80
Pyare, R. 320
Pye, L.D. 2, 56, 129, 197, 238

Rabinovich, E.M. 35, 78, 127, 137
Rabukhin, A.I. 191
Rada, M. 191

Raggon, F.C. 313
Rao, C.N.R. 115
Rao, P.R. 298
Rasumowskaja, I.W. 268
Ratcliffe, E.H. 338
Rauch, F. 314
Rauschenbach, B. 117, 243
Ravaine, D. 81, 93, 276, 277, 282, 283, 288
Rawson, H. 2, 80, 106, 129, 147, 242, 327
Ray, C.S. 75
Readey, D.W. 305
Rego, D.N. 12
Rekhson, S.M. 49, 50
Remmers, G.F. 188
Rexer, M. 240
Ribes, M. 289
Rice, S.A. 75
Richardson, E.D. 15
Richet, P. 8, 331, 333, 335
Richter, H. 251, 259
Riebling, E.F. 195
Rindone, G.E. 31, 113, 158, 238, 253, 255, 270
Rinehart, D.W. 294, 297
Risbud, S.H. 97
Ritland, H.N. 197
Ritter, J.E. 249, 251, 252, 259
Roach, D.H. 251
Robertson, J. 113
Robinson, H.A. 112
Rodriguez Cuartas, R. 65, 165
Roggendorf, H. 317, 328
Roskova, G.P. 36, 287
Rostowsky, A.P. 135
Roth, E.P. 78
Roth, M. 93
Rothermel, D.L. 323
Roy, R. 77, 109, 115, 236
Rüssel, Ch. 216
Rummens, H.E.C. 160
Russ, A. 337
Ryabov, V.A. 256
Ryšavý, J. 166, 176, 177, 190

Saito, H. 126
Sakka, S. 69, 77, 116, 125, 134, 139, 161, 270, 281
Salvagno, L. 210
Sanditov, D.S. 112, 171, 239, 268, 271

Sane, A.Y. 257
Sarkar, A. 133, 188
Sarkar, B.K. de 54
Šašek, L. 65, 157, 163, 164, 167, 190, 191, 195, 283, 286, 302, 322
Scarfe, C.M. 162
Sceats, M.G. 75
Schaake, H.F. 274
Schäfer, J. 316
Schaeffer, H.A. 37, 38, 125, 316
Schardin, H. 245
Scheel, K. 147
Scheglova, N.N. 266
Scherer, G.W. 47, 51, 77, 78, 80, 109, 197
Schilling, K. 67
Schinker, M. 271, 273
Schmidt, G. 200, 322
Schmidt, H. 81
Schmidt, W. 35
Schnabel, B. 94
Schnapp, J.D. 176, 268
Schneider, E. 94
Schöpe, A. 212
Scholze, H. 39, 61, 63, 77, 81, 136, 137, 139, 145, 146, 161, 189, 207, 223, 225, 265, 269, 272, 306, 308, 311, 313, 314, 317, 328, 329
Schott, O. 176, 177, 190, 233
Schreiber, H.D. 38
Schrimpf, C. 139
Schroeder, J. 215
Schtschukarew, S.A. 277, 281
Schultz, P.C. 109, 133, 173, 188, 227, 282
Schwabe, K. 326
Schwiete, H.E. 333
Scott, G.E. 233, 236
Scrosati, B. 288
Sebastian, K. 139
Secrist, D.R. 115
Sedmalis, U.Ya. 134
Seifert, F.A. 8, 18, 96, 236
Seki, S. 88, 115
Semenov, N.I. 256
Seregin, N.N. 176
Service, T.H. 259
Seward, T.P. 27
Shackelford, J.F. 29, 93, 97
Shade, J.W. 328

Sharma, S.K.   122, 124
Sharp, D.E.   332
Shartsis, L.   159, 173, 174, 194, 195, 232, 284, 300, 301, 304, 305
Shaw, R.R.   29, 238
Shelby, J.E.   23, 125, 159, 160, 167, 168, 173, 238
Sherburne, C.L.   249
Sheshukova, G.E.   114
Sheybany, H.-A.   184
Shmidt, Yu.A.   319
Shults, M.M.   13, 25, 36, 316, 326, 331
Shutilov, V.A.   121
Shvaiko-Shvaikovskaya, T.P.   147
Sigaev, V.N.   277
Sigel, G.H.   217
Sigworth, G.K.   12
Silva, R.C. de   293, 295
Simmingsköld, B.   162, 163, 166, 167
Simmons, C.J.   322
Simmons, J.H.   30, 42, 54, 67, 213
Simon, F.   5
Simon, I.   236
Simon, K.   191
Simons, B.   122
Simpson, W.   38
Šimurka, P.   327
Sinclair, R.N.   93, 122
Singh, J.P.   263
Singh, M.   277
Sinha, N.K.   231, 260
Skatulla, W.   33
Skripov, V.P.   75
Skrivan, M.   191, 210
Smekal, A.   106
Smets, B.M.J.   133, 307, 317, 321
Smith, G.L.   31
Smith, G.P.   226
Smith, H.L.   225
Smith, J.W.   276
Smock, A.W.   300, 305
Smrček, A.   166, 176, 177, 190
Smyth, H.T.   133, 173
Snitzer, E.   226
Soga, N.   140
Solinov, F.G.   301
Sommer, F.   143
Sone, M.   123
Soules, T.F.   93, 134
Souquet, J.L.   93, 276

Southwick, R.D.   248
Spear, W.E.   289
Spinner, S.   159, 173, 174, 194, 195, 237, 284, 300, 304, 305
Splann-Mizzoni, M.   282
Sproull, J.F.   255
Srivastava, M.R.C.   320
Stachel, D.   212
Stahn, D.   251
Stanworth, J.E.   46, 105
Startsev, Yu.K.   167
Stavrinidis, B.   244
Stebbins, J.F.   94
Steil, H.   131
Stein, H.N.   135
Stepanov, V.A.   73, 323
Stevels, J.M.   108 116, 131, 132, 135, 189, 193, 207, 217, 224, 238, 268, 270, 272, 274, 292, 293, 296
Stevens, H.J.   2, 23
Stishov, S.M.   100
Stockhorst, H.   113
Stong, G.E.   238
Stookey, S.D.   67, 226, 257
Strachan, D.M.   328
Strehlow, P.   146
Streltsina, M.V.   147
Strnad, Z.   31, 67
Struth, W.   245
Stuart, D.A.   284
Sturm, K.G.   45
Subramanian, N.   298
Suga, H.   88, 115
Suire, J.   305
Suito, H.   18, 124
Sun, K.-H.   106, 190, 192, 208, 210
Suschke, H.D.   326
Suzuki, K.   115
Syed, R.   283

Tait, J.C.   160
Takagi, H.   321
Takahashi, K.   105, 112, 132, 133, 134, 188, 232
Takamori, T.   260
Takata, M.   268, 270, 275, 278, 282
Takayama, S.   125, 143
Tammann, G.   3, 43, 44, 54, 69
Tanaka, M.   74, 109
Tarrant, I.D.   121
Tashiro, M.   55, 57, 261, 321

Tatsumisago, M.   74, 109, 135
Taylor, P.   34
Taylor, T.D.   158
Teillet, J.   112
Temkin, M.   14
Tenhover, M.   142
Terai, R.   280, 281, 284, 337
Thakur, R.L.   54
Thilo, E.   136
Thomas, J.M.   115
Thomas, M.   157, 174, 252, 254, 274, 276
Thomas, S.B.   87
Thomas, W.F.   241
Tickle, R.E.   285
Tien, T.Y.   139
Tiesler, H.   306
Tille, U.   238
Tilton, L.W.   111
Titov, A.P.   18, 29, 131
Tochon, J.   257
Told, F.   210
Tomandl, G.   94, 125
Tomozawa, M.   2, 23, 28, 29, 31, 32, 35, 125, 136, 190, 207, 215, 248, 250, 255, 260, 268, 269, 270, 275, 277, 278, 288, 293, 312
Tool, A.Q.   48, 180, 198
Toschev, S.   54, 57
Townsend, P.R.   244
Tran, T.   37
Tran, T.L.   28
Trap, H.J.L.   108
Tregoat, D.   322
Tschitsjakowa, E.B.   287
Tsekhomskaya, T.S.   36
Tsien, L.C.   243
Tu, N.V.   167, 286
Tuller, H.L.   287
Turkdogan, E.T.   8
Turnbull, D.   27, 45, 54, 62, 72, 143, 155
Turner, W.E.S.   320, 324, 326
Twiggs, S.W.   48

Ubbelohde, A.R.   52
Uhlmann, D.R.   2, 27, 29, 52, 54, 60, 62, 65, 67, 72, 75, 79, 88, 113, 145, 148, 229, 236, 238, 278, 284, 287

Ullner, Ch. 248, 250
Ulrich, D.R. 77
Urnes, S. 10, 93
Uva, P. 138

Vadam, G. 239
Vaivad, Ya.A. 134
Vander Sande, J.B. 143
Van der Zwaag, S. 268
Van Thong, V. 65
Varga, M. 275
Vargin, V.V. 162, 175
Varner, J.R. 243
Varshal, B.G. 24
Varshneya, A.K. 134, 259
Vasilevskaya, T.N. 31, 121
Vavilonova, V.T. 34
Vernaz, E. 254
Verweij, H. 188
Videau, J.J. 141
Vincent, C.A. 288
Virgo, D. 8, 18, 96, 137, 236
Vlasova, N.I. 218
Vogel, H. 44
Vogel, W. 2, 23, 28, 35, 36, 68, 97, 133, 141, 200, 242
Voldán, J. 34
Volf, M.B. 2, 36
Volterra, V. 58, 293
Vorst, W.D. van 14

Wagner, C.N.J. 143
Wagner, G. 248
Wagstaff, F.E. 31, 61
Wahl, J.M. 248
Wakabayashi, H. 280, 281, 284
Wang, C.M. 219
Wang, Ch. 324
Wang, Ch.A. 135
Warren, B.E. 6, 23, 91
Warrington, D.H. 28
Waseda, Y. 18, 124, 143
Wassick, T.A. 321
Watanabe, H. 280, 284

Waterman, H.I. 189, 207, 268, 270, 272
Watson, E.B. 190, 207, 268, 270
Waxler, R.M. 211
Webb, L.E. 15
Wedding, B. 224
Weeks, R.A. 94, 108
Wegner, E. 301, 302
Weinberg, M.C. 31, 62, 114
Weir, Ch.E. 232
Weiss, A. 100
Weiss, W. 150
Werner, A.J. 224
West, J.M. 327
Westbrook, J.H. 272
Weyl, W.A. 2, 46, 52, 59, 107, 115, 217, 225, 260
Whetton, N.L. 150
White, A.F. 306
White, G.S. 247
White, J.L. 19
White, W.B. 132, 308
Wickert, H. 63, 71
Wiedemann, G. 327
Wiederhorn, S.M. 239, 242, 244, 245, 246, 247, 248, 249, 258
Wiegel, E. 313
Wieker, Ch. 136
Wieker, W. 98, 136
Wihsmann, F.G. 270, 327
Wikby, A. 275, 326
Wilkins, B.J.S. 250
Willens, R.H. 74, 142
Williams, D.S. 124
Williams, E. 45
Williams, M.L. 45, 233, 236
Winkelmann, A. 176, 177, 190, 233, 332
Winks, F. 324
Witzke, H.-D. 114, 268
Wörster, E. 217
Woignier, T. 78
Wondratschek, H. 90, 299
Wong, J. 90
Wright, A.C. 90, 93, 108, 122

Wu, Z. 320
Wusirika, R.R. 140

Xiao, S.Z. 132
Xie, Y. 255
Xiujian, Z. 125

Yageman, V.D. 331
Yajima, K. 301
Yamada, S. 144
Yamanaka, H. 281, 337
Yamane, M. 271
Yanbaeva, G.U. 257
Yastrebova, L.S. 319
Yasui, I. 93, 124, 125, 126, 127
Yinnon, H. 65, 72, 75, 88
Yoko, T. 139, 318
Yoldas, B.E. 77, 129, 158, 175, 205, 280
Yoshida, Y. 134
Yoshimaru, K. 133
Yoshio, T. 105
Yoshiyagawa, M. 125, 288
Young, J.C. 208
Youssefi, A. 313
Yun, Y.H. 132

Zachariasen, W.H. 5, 92, 108
Zakis, Yu.R. 125
Zarzycki, J. 2, 18, 62, 77, 78, 79, 80, 82, 90, 114, 117, 136, 254
Zdaniewski, W.A. 238
Zee, A.F. van 261, 265
Zelinski, B.J.J. 88
Zhabrev, V.A. 277
Zhdanov, S.P. 132, 311, 316, 321
Zheleztsov, V.A. 257
Zhou, L. 324
Zhu, C. 62
Ziegler, G. 333
Zijlstra, A.L. 49, 242
Zolotukhin, I.V. 74

Sachverzeichnis

Abbesche Zahl 200, 210
Abkühlgeschwindigkeit (s. auch Kühlung)
–, Einfluß auf chemische Beständigkeit 323
–, – Eigenschaften 113
–, – Farbe 225
–, – Glasbildung 72, 108, 135, 143
–, – Mikrohärte 271
–, – Transformationstemperatur 47
–, – Wärmedehnung 180
–, hohe 74, 135, 142
–, kritische 73
Abrieb 273
Abschirmung, Entmischung 36
–, Glasbildung 130
–, Schmelzvorgang 52
–, Viskosität 46
Abschrecken s. Abkühlgeschwindigkeit, hohe
Absolutviskosimeter 149
Absorptionskante 216
Acetatgläser 135
Adsorption 118, 302
Aerogel 77
Ag-haltige Gläser 66, 281, 288, 289
$AgPO_3$-Glas 288
Aktivierungsenergie
–, Bruchgeschwindigkeit 246
–, chemische Beständigkeit 322, 328
–, elektrische Leitfähigkeit 283, 286, 289
–, Flußsäureangriff 305
–, Induktionsperiode 58
–, Viskosität 19, 43, 46
Aktivierungsentropie 47
Aktivität 8–17, 37, 137, 276
Aktivitätskoeffizient 10, 114, 220
akustische Eigenschaften 238
Albit 52
Alcogel 77
alkalibeständige Gläser 139, 326
Alkaliboratgläser, Bildungsbedingungen 131
–, Brechzahl 206, 207
–, Dehnungsmodul 231
–, Dichte 186, 195
–, elektrische Leitfähigkeit 131, 278, 281, 285

–, Entmischung 18, 29
–, Farbe 221, 222
–, Festigkeit 253
–, Fluktuationen 18
–, H_2O-Löslichkeit 137
–, kernmagnetische Resonanz 94, 130
–, Kompressibilität 232
–, Mischalkalieffekt 131
–, Oberflächenspannung 300, 304
–, Permittivitätszahl 294
–, Röntgenographie 18, 92, 130
–, spannungsoptischer Koeffizient 262
–, spezifische Wärme 331
–, Struktur der Schmelze 13, 18, 21
–, Struktur des Glases 130
–, Transformationstemperatur 159
–, UV-Absorption 216
–, Vickershärte 270
–, Viskosität 159, 161
–, Wärmedehnung 174, 195, 196
–, Wassereinbau 137, 161
Alkalifehler 325
Alkaligermanatgläser, Brechzahl 133, 206
–, Dehnungsmodul 231
–, Dichte 133, 187, 191, 195
–, elektrische Leitfähigkeit 282, 289
–, Röntgenographie 18
–, Struktur der Schmelze 18, 21
–, Struktur des Glases 133
–, Viskosität 21, 156, 160
–, Wärmedehnung 195
alkalischer Angriff s. Laugenangriff
Alkalisilicatgläser
–, Abkühlgeschwindigkeit, kritische 74, 109
–, Basizität 39
–, Bildungsbedingungen 6, 69, 124
–, Brechzahl 189, 205, 210
–, bruchmechanische Daten 245, 254
–, chemische Beständigkeit 311, 314, 318, 320
–, CO_2-Löslichkeit 138
–, Dehnungsmodul 231, 237, 238, 245
–, Dichte 111, 184, 189, 194, 210
–, dielektrischer Verlust 293, 295
–, Diffusion 277

Alkalisilicatgläser
–, elektrische Leitfähigkeit 124, 277, 284, 288, 289
–, Elektronenmikroskopie 35
–, EMK-Messung 37
–, Entglasung 21
–, Entmischung 22, 28, 35, 124, 167
–, Farbe 218, 220
–, Festigkeit 253, 254
–, Glasigkeit 70
–, H$_2$O-Löslichkeit 137
–, Keimbildung 55–58, 62
–, kernmagnetische Resonanz 94
–, Kompressibilität 232
–, Kristallisationsgeschwindigkeit 53, 62
–, Lichtdurchlässigkeit 215, 218
–, Mischalkalieffekt 124, 173, 185
–, Molwärme 331
–, Oberflächenspannung 300, 301, 305
–, Permittivitätszahl 294
–, Phasendiagramm 9, 30
–, Ramanspektrum 19
–, Rayleigh-Streuung 215
–, Refraktion 202
–, Ritzhärte 273
–, Röntgenographie 18, 93, 124
–, Schmelzgeschwindigkeit 53
–, SO$_3$-Löslichkeit 138
–, spannungsoptischer Koeffizient 262
–, spezifische Wärme 331
–, Struktur der Schmelze 11, 13, 18, 21
–, Struktur des Glases 123–125
–, Transformationstemperatur 70, 167
–, UV-Absorption 216
–, Verdichtung 236
–, Vickershärte 270
–, Viskosität 9, 46, 70, 155, 157, 162, 167
–, Volumen, freies 112
–, Wärmedehnung 171, 173
–, Wärmeleitfähigkeit 337
–, Wassereinbau 137
Al$_2$O$_3$, Glasbildung 72, 75, 107, 128
–, Oberflächenspannung 300
–, Schmelzentropie 72
–, Struktur 128
–, Viskosität 115, 159
Al$_2$O$_3$-haltige Gläser,
– –, Bildungsbedingungen 69
– –, Brechzahl 189, 205, 210
– –, bruchmechanische Daten 245, 249
– –, chemische Beständigkeit 312, 320
– –, Dehnungsmodul 231, 235, 237, 245
– –, Dichte 185, 189, 195, 196, 210
– –, dielektrischer Verlust 281, 295
– –, elektrische Leitfähigkeit 279, 280, 281, 283
– –, Entmischung 31

– –, Festigkeit 241, 253
– –, IR-Durchlässigkeit 223
– –, Kristallisation 34
– –, Oberflächenspannung 300, 303
– –, Permittivitätszahl 281
– –, Poissonsche Zahl 235
– –, Ramanspektrum 18
– –, Ritzhärte 273
– –, spezifische Wärme 332
– –, Struktur der Schmelze 18
– –, Struktur des Glases 128, 132
– –, Vickershärte 270
– –, Viskosität 138, 157, 162
– –, Wärmedehnung 174
– –, Wärmeleitfähigkeit 337
AlPO$_4$ 134
Al(PO$_3$)$_3$-Glas 134
Alterung 250
Aluminatgläser 129, 327
amorphe Substanzen 107, 109, 115, 144
III/V-Analoga 134
Anionen (s. auch Anioneneinfluß)
–, diskrete 19
–, Polarisierbarkeit 202
–, Polymerisation 16
Anioneneinfluß auf Brechzahl 189, 207
– Dichte 189
– dielektrischen Verlust 294
– elektrische Leitfähigkeit 278, 282
– Oberflächenspannung 301
– Viskosität 160–162
– Wärmedehnung 175
– Wassereinbau 161
Anionenleitfähigkeit 282, 289
Anisotropie 21, 113
Anlaßwert 268
annealing point 151, 267
Anorthitglas 73, 88
Anti-Mischalkalieffekt 199
Antireflexionsfilm 118
Aquagel 77
AR-Glas 178
As$_2$O$_3$-Glas 6, 123
As$_2$S$_3$-Glas (s. auch Sulfidgläser)
–, Glasbildung 69, 142
–, Ionencharakter 105
–, Molwärme 87
–, Transformationstemperatur 48
As$_2$Se$_3$-Glas 142
As$_2$Te$_3$-Glas 142
Asymmetriepotential 325
athermisches Verhalten 211
Atmosphäreneinfluß s. Einfluß der Ofenatmosphäre bzw. der Umgebung
Atombindung 101
Atomwärme 83
Ätzen 305

Auflösung des Glases 306, 312, 317
Auger-Spektroskopie 95
Ausdehnungskoeffizient s. Wärmedehnung
Au/Si-Glas 74, 115, 142
Auslaugung 228, 275, 306, 311, 316
Avrami-Gleichung 65
Azidität 36–40

Bariumkronglas 200
Basaltglas 328
Basizität 36–40
–, Farbe 218, 220, 224
–, Löslichkeit von Gasen 39, 139
–, – H_2O 39, 137
–, optische 38
–, Refraktion 202
–, Schmelze 16, 39
BeF_2 (s. auch Fluoridgläser)
–, Ionencharakter 105
–, Oberflächenspannung 301
–, Schmelzentropie 72
–, SiO_2-Modell 140
–, Viskosität 155
Begriff Glas (s. auch Definition) 1
Beimengung, geringe, Einfluß auf
–, – elektrische Leitfähigkeit 277, 290
–, – Entmischung 31
–, – Farbe 215, 217, 221
–, – Keimbildung 58
–, – Kristallisation 61, 62
–, – Streuverluste 227
–, – Viskosität 154, 156, 160
–, – Wasserbeständigkeit 313
Bel 227
Benetzung 119
BeO-haltige Gläser 126, 233
Berechnung, Brechzahl 207–211
–, chemische Beständigkeit 322
–, Dehnungsmodul 233
–, Dichte 190–193
–, dielektrische Eigenschaften 295–297
–, elektrische Leitfähigkeit 285–286
–, Entmischung 24
–, Entropie 89
–, Festigkeit 239, 254
–, Kompressibilität 235
–, Kristallisationsgeschwindigkeit 65
–, Liquidustemperatur 66
–, Mikrohärte 271
–, Molwärme 334
–, Oberflächenspannung 302–304
–, Permittivitätszahl 295
–, Poissonsche Zahl 233
–, Schubmodul 233
–, spezifische Wärme 84, 332–334
–, Strukturen 105

–, Viskosität 45, 162–167
–, Wärmedehnung 175–179
–, Wärmetransport 338
Berek-Kompensator 170
Beschichtung 118
Betriebsüberwachung s. Kontrolle der Zusammensetzung
Beugung des Lichts 214
Biegefestigkeit 252, 253, 258
Bindefestigkeit 44, 46, 106
Bindungsenergie 46, 106, 108
Bindungstopologie 90
Bindungstypen, gemischt 99, 107
–, heteropolar 101
–, homöopolar 107
–, ionogen 99, 101
–, kovalent 99, 101, 143
–, metallisch 101
Bindungsverhältnisse 98–120
–, Glasoberfläche 117
Binodale 25
Bioglaskeramik 68
Bioverträglichkeit 329
Blankätzen 305
Blasendruckmethode 182, 298
bleihaltige Gläser s. PbO-haltige Gläser
Bleikristallglas (s. auch PbO-haltige Gläser) 2, 166, 167, 191, 210
B_2O_3-Glas, Bildungsbedingungen 6, 69, 70, 72
–, Brechzahl 50, 189, 207, 211
–, Dehnungsmodul 231
–, Dichte 59, 183, 189, 194
–, Doppelbrechung 47
–, elektrische Leitfähigkeit 277, 284
–, Festigkeit 253
–, Keimbildung 59
–, kernmagnetische Resonanz 94
–, Kompressibilität 233
–, Kristallisation 122
–, Kühlung 50
–, Molwärme 87
–, Nullpunktsentropie 88
–, Oberflächenspannung 299, 301, 304
–, Röntgenographie 18, 122
–, spannungsoptischer Koeffizient 261
–, spezifische Wärme 87, 335
–, Struktur des Glases 94, 112, 122
–, Transformationstemperatur 70
–, UV-Absorption 216
–, Viskosität 46, 70, 154, 155, 161
–, Wärmedehnung 173, 175, 194
–, Wassereinbau 161
Boltzmann-Gleichung 43
Borosilicatgläser
–, Bildungsbedingungen 69
–, Brechzahl 205, 213

Borosilicatgläser
–, bruchmechanische Daten 245, 249
–, chemische Beständigkeit 310, 313, 317, 318, 320, 323, 324, 328
–, Dehnungsmodul 231, 237, 245
–, Dichte 185, 197
–, dielektrischer Verlust 281, 295
–, elektrische Leitfähigkeit 280, 281
–, Elektronenmikroskopie 33
–, Entmischung 32–35, 167, 198, 213
–, Farbe 224
–, Festigkeit 240, 253
–, Gelmethode 77
–, kernmagnetische Resonanz 94, 131
–, Molwärme 87
–, Oberflächenspannung 300
–, Permittivitätszahl 281
–, Phasendiagramm 32
–, Poissonsche Zahl 237
–, Ritzhärte 273
–, Schubmodul 237
–, spezifische Wärme 332
–, Struktur des Glases 131
–, Transformationstemperatur 48, 70
–, Vickershärte 270
–, Viskosität 20, 70, 157, 160, 167
–, Wärmedehnung 174, 176
–, Wärmeleitfähigkeit 337
Boroxol-Gruppe 18, 122
Borsäureanomalie 130–132
–, Brechzahl 206
–, Dichte 187
–, elektrische Leitfähigkeit 282
–, Wärmedehnung 175
Brechung, spezifische 202, 207
Brechungsgesetz 199
Brechungsindex s. Brechzahl
Brechzahl (s. auch Lichtbrechung und bei den jeweiligen Gläsern)
–, Anomalien 110
–, Dichte 210
–, Ormosile 145
–, Permittivitätszahl 292
–, Temperaturabhängigkeit 50
–, Wellenleiter 228
–, Zeitabhängigkeit 50
Brenzkatechin 313
Brewster 260
Brewstersche Konstante s. spannungsoptischer Koeffizient
Brillouin-Streuung 215
Bruchenergie 244
Bruchfestigkeit 238
Bruchgeschwindigkeit 245–247, 250, 263, 273
Bruchgrenze 144
Bruchmechanik 238, 243–248, 259, 263, 268

Bruchspiegel 245
Bruchvorgänge 243–248, 256
Brückensauerstoff 6, 95
B_2S_3-Glas 142

Cabal-Gläser 132
Cadmiumgelb 221
CaO-haltige Gläser s. erdalkalioxidhaltige Gläser bzw. Kalk-Natronsilicatgläser
$Ca(PO_3)_2$-Glas 63
Carbide 52
Carbonatgläser 72, 139
$CdCl_2$ 141
CdO-haltige Gläser 36
CdS 66
CdSe 66
Cem-FIL 326
Chalcogenidgläser (s. auch Sulfidgläser) 142
–, elektrische Leitfähigkeit 288–290
–, halbleitende Gläser 289
–, Struktur 108, 113
chemische Beständigkeit (s. auch bei den jeweiligen Gläsern) 111, 305–329
Chloridgläser 141, 288
chloridhaltige Gläser
– –, Chlorlöslichkeit 36, 138
– –, elektrische Leitfähigkeit 283
– –, photochrome Gläser 226
Christiansenfilter 204
Chromatographie 97, 134
Chromfärbung 215, 219
Clathrasil 122
Clathrat 122
Cluster 70, 93, 109, 118, 124, 143
CO_2-Löslichkeit 39, 139
CO_2-Molekül 98, 103
CoO-Entfärbung 222
Cordierit 67
Cristobalit 21, 70, 99
–, Dichte 183
–, Röntgendiagramm 91, 121
–, Schmelzentropie 72
–, Schmelzpunkt 40
–, Schmelzvorgang 52
–, Schmelzwärme 9
–, Struktur 100, 110, 122
CSH-Phasen 312, 320
CVD-Prozeß 228

Dampfdruck 11, 54
Dämpfung, innere 238
–, optische 227
DCCA-Trocknung 78
Debye-Temperatur 84

Defekte 18, 113, 125, 290
Definition 1, 3–5
Deformationsverlust 293
Dehnungsmodul (s. auch bei den jeweiligen Gläsern) 229–238
–, Festigkeit 236
–, Mikrohärte 271
–, Schleifhärte 273
Devitrit 22
Dezibel 227
Dichte (s. auch bei den jeweiligen Gläsern) 181–199
–, Berechnung 110, 190
–, Brechzahl 210
–, Fluktuationen 18, 93, 114, 121
–, Meßmethoden 181, 299
–, Ormosile 145
–, Struktone 110, 192
–, Struktur der Schmelze 20
–, Wärmeleitfähigkeit 338
dielektrische Eigenschaften (s. auch bei den jeweiligen Gläsern) 291–297
dielektrischer Verlust 292, 296, 297
Dielektrizitätskonstante s. Permittivitätszahl
Diffusion, chemische Beständigkeit 311, 316, 322
–, dielektrischer Verlust 293
–, elektrische Leitfähigkeit 124, 277
–, Entmischung 34
–, Gase 112, 284
–, Glasoberfläche 118
–, Ionenaustausch 257
–, Keimbildung 56
–, Kristallisationsgeschwindigkeit 60
–, Mischalkalieffekt 277
Dilatometer 169
Dispersion 200, 207
–, spezifische 202, 208
Dissoziationsenergie 235
Dodecasil 122
Domäne 97
Doppelbindung 99
Doppelbrechung 203, 259–265
–, anomale 260
–, Messung 204
–, Verschmelzung 170, 259
Doppelring-Biegeversuch 258
Druckfestigkeit 253, 255
Druckspannung s. Spannungen
DSC-Methode 65, 75
DTA-Methode 65, 84
Dulong-Petitsche Regel 83
Düngemittel 329
Duran-50-Glas 178, 321
Durchdringungsgefüge 27, 34, 324
Durchgangswiderstand 275
Durchlichtelektronenmikroskopie 97

Eckenverknüpfung, Bindungszustand 100, 130
–, Röntgenographie 90
–, Netzwerkhypothese 6
Edelmetalle als Farbträger 66, 221, 226
– Keimbildner 58, 75
EDTA 313
EDXD-Methode 93
EELS-Methode 97
E-Glas, chemische Beständigkeit 318, 327
–, Ermüdung 249
–, Festigkeit 240
–, Viskosität 240
–, Zusammensetzung 318
Ehrenfestsche Systematik 85
Einbettungsmethode 203
Eindruckhärte s. Mikrohärte
Einfrierbereich 43, 90
Einfriervorgang 5, 86, 90
Einschlußverbindung 122
Einsinkpunkt 152
Einsinktemperatur 152
Eisenfärbung 38, 215, 217, 219, 221, 224
Eispunkt 198
elastische Eigenschaften (s. auch bei den jeweiligen Gläsern) 229–238, 246
Elastizitätsmodul s. Dehnungsmodul
elektrische Leitfähigkeit (s. auch bei den jeweiligen Gläsern) 124, 144, 274–291
– –, Entmischung 23, 286
– –, glasartiger Kohlenstoff 145
– –, hohe 135, 142, 287
elektrochemische Messung 37
elektromotorische Kraft
– –, Aktivitätsbestimmung 13, 15
– –, Basizität 37
– –, Glaselektrode 324
– –, Mischungslücke 23
Elektronegativität 102–105, 277
Elektronenbeugung 93
Elektronenleitfähigkeit 289
Elektronenmikroskopie 27, 33, 35, 96, 113, 243, 307, 312
Elektronenspektroskopie 94
Elektronenspinresonanz 94, 122
Elektronentheorie 99, 107
elektronische Leitfähigkeit 289
Embryo 55, 57
EMI s. Elektronenmikroskopie
EMK s. elektromotorische Kraft
Energieprofil 115
Entfärbung 222
Entglasung (s. auch Kristallisation) 21, 53, 66, 257
Enthalpie, freie 11, 82
Entmischung 22–36, 109, 126, 147
–, Aktivierungskoeffizient 10

Entmischung
–, Brechzahl 213
–, chemische Beständigkeit 312, 314, 324
–, Dämpfung, innere 238
–, Dehnungsmodul 238
–, Dichte 198
–, dielektrischer Verlust 297
–, elektrische Leitfähigkeit 286
–, Farbe 225
–, Festigkeit 242, 255
–, Fluktuationen 113
–, Fluoridgläser 141
–, Kinetik 34
–, Kalk-Natronsilicatgläser 34, 59, 126, 138
–, Meßmethoden 23, 93
–, Oberflächenspannung 301
–, Opaleszenz 214
–, Phasendiagramm 10
–, photochrome Gläser 226
–, sekundäre 35
–, spinodale 27
–, spontane 25, 34
–, Viskosität 167
–, Vitronentheorie 111
–, Wärmedehnung 181
–, Wassereinfluß 137
Entmischungstemperatur, kritische 24, 25, 28, 30, 32
Entmischungstendenz (s. auch Schwarmbildung)
–, Aktivitätskoeffizient 10
–, Alkaliboratschmelzen 18
–, Alkalisilicatschmelzen 21, 124
–, Festigkeit 242
–, Oberflächenspannung 301
Entropie 82
–, Glasbildung 71
–, Idealglas 114
–, Mischung 10
–, Nullpunktsentropie 88
–, Schmelzvorgang 51
Entspannungstemperatur 267
erdalkalihaltige Gläser (s. auch Kalk-Natronsilicatgläser)
– –, Brechzahl 189, 205
– –, chemische Beständigkeit 319
– –, Dehnungsmodul 231, 235
– –, Dichte 185, 189, 195
– –, dielektrischer Verlust 281, 295
– –, elektrische Leitfähigkeit 279, 281, 284
– –, Entmischung 23, 28, 126
– –, Festigkeit 253
– –, Keimbildung 57
– –, Oberflächenspannung 300
– –, Permittivitätszahl 281
– –, Phasendiagramm 23, 28
– –, Poissonsche Zahl 235

– –, Ritzhärte 273
– –, spezifische Wärme 332
– –, Struktur der Schmelze 13, 20
– –, Struktur des Glases 126–128
– –, Vickershärte 270
– –, Viskosität 157, 161
– –, Wärmedehnung 171, 174
– –, Wärmeleitfähigkeit 337
– –, Wassereinbau 161
Ermüdung 242, 248–252, 256, 258
Ermüdungsgrenze 249
Ermüdungskurve 248
Erweichungspunkt 151
ESCA-Methode 95, 129, 307
ESR-Methode 94
Eukryptit 67
Eutektikum, Glasbildung 71, 106, 135, 136, 143
–, Phasendiagramm 68
–, System Na_2O-SiO_2 21
EXAFS-Methode 96, 219
Extinktionskoeffizient 215, 218
Exzeßfunktion 11

Fadenmethode zur Oberflächenspannungsmessung 299, 302
Fadenziehmethode zur Viskositätsmessung 151
Faktor der Nicht-Idealität 114
Farbanion 221
Farbgläser 66, 217
Farbkation 218
Farbmeßzahl 215
Farbstich 220–222
FeF_3 112
Fe^{2+}/Fe^{3+}-Gleichgewicht 38, 220
Fehlstellen
–, amorphe Festkörper 116
–, Mischalkalieffekt 125
–, Schmelzvorgang 52
Feldspat 52, 69, 73, 129
Feldstärke 24, 101–105, 136, 199
Fernordnung 92, 100, 115
Festigkeit (s. auch bei den jeweiligen Gläsern) 238–259
–, Berechnung 242, 254
–, Dehndungsmodul 236
–, Entmischung 255
–, Meßmethoden 258
–, Mikrohärte 271
–, molekulare 271
–, praktische 240–243
–, Temperaturabhängigkeit 252
–, theoretische 239, 271
–, Umgebungseinfluß 254
–, Verbesserung 67, 118, 256, 265

Festkörper, Definition 5, 41
–, Glas 41, 81
–, glasig – amorph 116
–, poröser 77, 91, 145, 324
Feststoffbatterien 287
Feuerpolitur 241
FIC-Gläser 287
fiktive Temperatur, Begriff 48, 51, 113
– –, Dichte 197
– – von Gelen 79
– –, Lichtstreuung 215
– –, spezifische Wärme 335
– –, Viskosität 167
– –, Wärmedehnung 180
Fixpunkte 44, 150
Fließeinheiten 19, 21, 47, 160
Fließen, plastisches 42, 267
–, viskoses 250
Flintglas 200
Fluktuationen, Entmischung 25, 34
–, Festigkeit 242
–, Glasstruktur 110, 112, 114
–, Rayleigh-Streuung 215
–, thermische 18, 93, 114
–, Wellenleiter 228
fluorhaltige Gläser
– –, elektrische Leitfähigkeit 282
– –, Entmischung 35
– –, F-Löslichkeit 20, 138
– –, Keimbildung 58
– –, Kristallisation 66
– –, Oberflächenspannung 301
– –, Struktur 137
– –, Trübung 36, 66, 138
– –, Viskosität 162
– –, Wärmedehnung 175
Fluoridgläser (s. auch BeF$_2$) 140–141
–, chemische Beständigkeit 321
–, elektrische Leitfähigkeit 282, 289
–, Entmischung 35
–, Laser 227
–, magnetische Gläser 291
–, Modellgläser 141
–, Wellenleiter 228
Flußsäureangriff 305
flußsäurebeständige Gläser 326
Fraktologie 259
Frequenzabhängigkeit der dielektrischen
    Eigenschaften 292
– elektrischen Durchgangswiderstands 275

Galle 139
Gangunterschied 170
Ga$_2$O$_3$-haltige Gläser 125, 133, 281
Gaslöslichkeit 39, 112, 139
Gastransport 93, 97

Gedächtniseffekt 50, 291
Gefüge, Begriff 28, 113
–, Durchdringungsgefüge 27, 33
–, Elektronenmikroskopie 29, 97
–, Festigkeit 255
–, Gele 77
–, Viskosität 167
Gel (s. auch Sol-Gel-Prozeß) 62, 76, 78, 116
Gelglas 62
Gelmethode s. Sol-Gel-Prozeß
Gelschicht 311, 316, 319, 321, 328
Gelstruktur 77
GeO$_2$-Glas, Bildungsbedingung 6, 115
–, Dehnungsmodul 232
–, Dichte 188
–, Kristallisationsgeschwindigkeit 61
–, Ramanspektrum 19, 224
–, Schmelzgeschwindigkeit 61
–, Struktur des Glases 122, 133
–, Struktur der Schmelze 18
–, Viskosität 154
–, Wellenleiter 228
Geräteglas-20 178
Germanatanomalie, Brechzahl 206
–, Dichte 188
–, Ursache 133
–, Viskosität 160
Germanatgläser s. Alkaligermanatgläser
GeS$_2$-Glas 142
Geschichte 1
GeSe$_2$-Glas 108, 142
Gips 315
Gitterwellen 335
Glasbildung 5, 52, 107–112
–, Bindungszustand 104–107
–, Chalcogenidgläser 142
–, Halogenidgläser 141
–, Invertgläser 108
–, Kinetik 68–76
–, Kühlgeschwindigkeit 48
–, metallische Gläser 143
–, Oxogläser 135
–, Struktur der Schmelze 8
–, Thermodynamik 86
Glaselektrode 324–326
Glasfaser, alkalibeständige 326
–, chemische Beständigkeit 329
–, Festigkeit 240, 241, 249, 258
–, Struktur 181
–, Wärmedehnung 181
–, Wellenleiter 227
glasig, Begriff 115
Glasigkeit 70
Glaskeramik 34, 58, 67
Glaskrankheit 315
Glasmacherseife 221
Glasoberfläche 117–120

Glasstruktur (s. auch bei den jeweiligen
    Gläsern) 81–120
–, Netzwerkhypothese 5–7
–, spezielle 120–146
–, Strukturmodelle 92
–, Vorgeschichte, Einfluß der 50
Glucose 69
Glyzerin 87, 89
Goldrubin 66, 221
Gradientenfaser 228
Grauton 220
Grenzflächenenergie 119
Grenzflächenenthalpie 54, 59
Grenzflächenspannung 54
Grieß-Titrationsverfahren 310
Griffithsche Gleichung 239
Griffithsche Risse 242
GRIN-Faser 228
Grüneisen-Funktion 172, 176

halbleitende Gläser 289–291
Halogenidgläser (s. auch Fluoridgläser)
    140–141, 288
Härte 144, 267–274
Härteskala von Mohs 269
Hartgläser 176, 191
Härtung, chemische 257
–, thermische 256
Häufigkeitsfaktor 60, 63, 71
Hauptbrechzahl 200
Hauptdispersion 200
Heißbiegefestigkeit 252
Heißpressen 78, 114
He-Löslichkeit 29, 139
Heterogenität 18
He-Transport 97, 121
Hexaeder 99
H^+-Funktion 325
HLW-Gläser 327
H_2O, Abkühlgeschwindigkeit, kritische 75
–, Glasoberfläche 117
–, IR-Spektrum 308
–, Kompressibilität 42
–, Löslichkeit in Gläsern 39, 136
–, Oberflächenenergie 119
–, Relaxationszeit 42
–, Struktur 75, 123
–, Temperatur, charakteristische 77
–, Transformationstemperatur 69, 75
–, Viskosität 41, 75
Hohlräume (s. auch Raumerfüllung)
–, Dichte 183
–, elektrische Leitfähigkeit 284
–, Gaslöslichkeit 139
– in der Glasstruktur 97, 112
–, Kompressibilität 232

– in SiO_2-Glas 121, 183
Homogenität 79, 81, 114
Hookesches Gesetz 229, 231
HREM-Methode 96
Hybrid 99, 107
Hydrogel 80
Hydrolyse 76
hydrolytische Klasse 309, 310, 323
Hydrothermalbehandlung 190, 207, 256,
    268, 270, 323

Idealglas 110, 112–114
Ikosaeder 99
Induktionsperiode 57, 61, 74
Infrarotdurchlässigkeit 214, 222–224
–, Fe^{2+}-Bande 220
–, Fluoridgläser 141
–, Wärmetransport 336
–, Wellenleiter 228
Infrarotspektroskopie
–, Al-Koordination 129
–, gelöstes Wasser 136, 308
–, Gelschicht 311
–, Glasoberflächen 118
–, Reflexionsspektroskopie 96, 307
–, Untersuchungsmethode 18, 23, 96
Inhomogenität, Elektronenmikroskopie 97
–, Festigkeit 242
–, Kleinwinkelstreuung 91, 114
–, Kristallithypothese 110
–, Realglas 112
–, Schlieren 204
–, Wellenleiter 228
Innendruckfestigkeit 259
Interdiffusion s. Diffusion
Interferenzfarben 204
Interferenzmikroskop 203
Invertgläser 108
Ionenaustausch
–, chemische Beständigkeit 307, 311, 316
–, Festigkeitssteigerung 257
–, Glaselektrode 324
–, Mischalkalieffekt 124
–, Oberflächenfehler 243
–, Oberflächenleitfähigkeit 291
Ionenbindung 101, 104
Ionencharakter 104
Ionenradius 98, 102–103, 105
Ionenrefraktion 38, 202
IR s. Infrarot
IRRS-Methode 96
Isoliervermögen 275, 287
Isopentan 88
Isotachyne 63
Isotopeneinfluß 314

Jenaer Thermometerglas 16^{III} 152, 267

Kalbal-Gläser 132
Kaliumsilicatgläser s. Alkalisilicatgläser
Kalk-Natronsilicatgläser
–, Brechzahl 189, 205, 210
–, bruchmechanische Daten 245, 247, 249, 255
–, chemische Beständigkeit 139, 310, 312, 313, 318, 323
–, Dehnungsmodul 170, 231, 237, 238, 245
–, Dichte 184, 189, 191, 196, 197, 210
–, dielektrischer Verlust 295, 297
–, elektrische Leitfähigkeit 275, 279, 286, 290
–, Entglasung 21
–, Entmischung 31, 127, 138, 255
–, Ermüdung 248, 249
–, Farbe 140
–, Festigkeit 252, 253, 254
–, Gelmethode 77
–, H_2O-Löslichkeit 137
–, IR-Durchlässigkeit 214, 222
–, Keimbildung 34, 57, 58
–, Kompressibilität 42
–, Kristallisation 22, 62, 63
–, Kühlung 266
–, Lichtdurchlässigkeit 213
–, Mikrohärte 272
–, Molwärme 87
–, N-Löslichkeit 139
–, Oberflächenspannung 300–302
–, Permittivitätszahl 293
–, Phasendiagramm 63
–, Poissonsche Zahl 170, 233
–, Relaxationszeit 42, 266
–, Ritzhärte 273
–, Schubmodul 42
–, SO_3-Löslichkeit 138
–, spannungsoptischer Koeffizient 170, 260, 262
–, spezifische Wärme 331, 334
–, Struktur des Glases 126
–, t_{k100}-Wert 276
–, Transformationstemperatur 70
–, Trübung 138
–, UV-Absorption 213
–, Vickershärte 270
–, Viskosität 42, 46, 49, 70, 155, 157, 163
–, Wärmedehnung 171, 174, 176
–, Wärmeleitfähigkeit 336, 338
–, Wassereinbau 137
Kalorimeter 330
Kantenverknüpfung 100, 108, 142
Kationen 13
–, Ionenrefraktionen 202
Kationenverteilung, Entmischung 22
–, Mischungsentropie 10
–, Netzwerkhypothese 7
–, statistische 14

Kauzmann-Paradox 88
Keimbildung 54–60
–, Entmischung 25, 34, 58
–, heterogene 58, 67, 74
–, homogene 57
–, metallische Gläser 143
Keimbildungsarbeit 55, 70
Keimbildungsenthalpie, freie 54
Keimbildungsgeschwindigkeit 56
–, Alkalisilicatschmelzen 57
–, Berechnung 65
–, Glasbildung 68
Keimförderer 58
Keimradius, kritischer 55, 59
Kerbspannungslehre 243
kernmagnetische Resonanz 94, 124
Kernreaktionsmethode 95, 307, 319
Kerr-Effekt 203
Kettenstruktur, Alkalisilicatgläser 6, 20
–, Berechnung 17
–, Chalcogenidgläser 142
–, Glasbildung 106
–, Ormosile 80
–, Phosphatgläser 64, 134
–, Selen 47, 142
–, Strukturparameter 108
–, Wolframatgläser 135
$KHSO_4$ 72, 135
Kieselgel 3, 91, 93, 172
Kieselglas s. SiO_2-Glas
Knoophärte 269, 270, 272
Kobaltfärbung 221, 224
K_2O-B_2O_3-Gläser s. Alkaliboratgläser
Kohlegelb 221
Kohlenstoff, glasartig 144
kohlenstoffhaltige Gläser 144–146
Kolloid 76
Kolloidfärbung 76, 221
Kompensator 170, 204
Komplexbildung 313
Kompressibilität (s. auch bei den jeweiligen Gläsern) 229, 230, 235
Kompressionsmodul s. Kompressibilität
Kondensation 76, 312
Konfigurationsentropie 51, 88
Konstanz der Zusammensetzung s. Kontrolle der Zusammensetzung
Kontaktwinkel 119
Kontrolle der Zusammensetzung durch Brechzahl 211
– – Dichte 181, 193
– – Wärmedehnung 179
Koordinationswechsel (s. auch Al_2O_3-haltige Gläser und Borsäure- und Germanatanomalie)
– des Al-Ions 129, 158, 186
– des B-Ions 13, 18, 33, 130, 175

Koordinationswechsel des Co-Ions 224
– des Fe^{3+}-Ions 219
– des Ge-Ions 18, 133
– des Mg-Ions 126
– des Ni-Ions 221
– des Si-Ions 100, 135, 313
– des Ti-Ions 133
Koordinationszahl (s. auch Koordinationswechsel) 102–103
–, Al-Ion 96
–, Alkaliionen 124
–, Glasbildung 105, 107
–, Mößbauer-Effekt 94
–, Netzwerkhypothese 6
–, Radienverhältnisse 99
–, Röntgenographie 18, 92
Korrelationsfaktor 277
Korrosionsgeschwindigkeit 144, 317, 328
Korund 128
K_2O-SiO_2-Gläser s. Alkalisilicatgläser
krankes Glas 315
Kristallglas 2, 167, 210
Kristallisation 53–60
–, Definition des Glases 3
–, gezielte 66–68
–, orientierte 67
–, Strukturparameter 108
–, Wassereinfluß 137
Kristallisationsgeschwindigkeit 60–66
–, Devitrit 22
–, GeO_2 61
–, Glasbildung 70, 113, 115
–, maximale 61
–, $Na_2O \cdot 2SiO_2$ 53
Kristallithypothese 110
Kronglas 200
Kugeleindruckmethode 259
Kugelpackung 143, 183
Kühlkonstante 265
Kühltemperatur 151, 267
Kühlung (s. auch Abkühlgeschwindigkeit) 151, 264–267
–, Brechzahl 213
–, chemische Beständigkeit 308
–, Dichte 197
–, elektrische Leitfähigkeit 286, 288
–, Festigkeit 255
–, spezifische Wärme 335
Kupferfärbung 218
Kupferrubin 67, 221
kurzes Glas 41, 44, 158, 160
K_{IC}-Wert 244, 245, 251, 254, 255, 259, 268
KZ s. Koordinationszahl

Lambert-Beersches Gesetz 215
LAMMA-Methode 96

Längenausdehnung s. Wärmedehnung
langes Glas 41, 44
Langzeitverhalten der Korrosion 317
La_2O_3-Gläser 133, 327
Laser 141, 226
Laser-Ionenmikrosonde 96
Laugenangriff 312, 319
Laugenbeständigkeit 309, 310, 318, 326
Laugenklasse 309
Läuterung 38
LAXS-Methode 92
Lebensdauer 251
Leerstelle 125, 225, 316
Legierungen glasige s. metallisches Glas
Leichtflintglas 200
Leitfähigkeit s. elektrische Leitfähigkeit bzw. Wärmeleitfähigkeit
Leitungsverlust 292
Lichtbrechung (s. auch Brechzahl) 199–213
Lichtdurchlässigkeit 213–228
lichtempfindliche Gläser 67, 225
Ligandenfeldtheorie 217
LIMA-Methode 96
$LiNbO_3$-Glas 135, 288
Li_2O-B_2O_3-Gläser s. Alkaliboratgläser
Li_2O-SiO_2-Gläser s. Alkalisilicatgläser
$LiPO_3$-Glas 288
Liquidustemperatur 8, 68
–, Aktivität 10
–, Berechnung 66
–, Glasbildung 69, 75, 106
LISIGLAS 288
$LiTaO_3$-Glas 288
Lithiumsilicatgläser s. Alkalisilicatgläser
Littletonpunkt 151
Littletontemperatur 151, 161
Lorentz-Lorenz-Beziehung 200

Mac-Innes-Glas 325
Magma, natürliches 8
Magnet 144
magnetische Gläser 291
Manganfärbung 219, 221, 222
Mattätzen 305
Maxwellsche Gleichung 43, 265, 292
memory-Effekt 291
Meßmethoden, Aktivität 11
–, Basizität 37
–, Brechzahl 203–204
–, chemische Beständigkeit 307–310
–, Dehnungsmodul 230
–, Dichte 181–182
–, Doppelbrechung 204
–, dielektrische Eigenschaften 292
–, elektrische Leitfähigkeit 274–276
–, Entmischung 23

–, Festigkeit 259–259
–, Glasoberflächen 95, 117–119
–, Härte 269
–, Keimbildung 59
–, Kompressibilität 230
–, Kristallisationsgeschwindigkeit 64
–, Lichtdurchlässigkeit 215–216
–, Mikrohärte 299
–, Oberflächenfehler 243
–, Oberflächenspannung 298
–, Permittivitätszahl 292
–, Poissonsche Zahl 231
–, Schlieren 204
–, Schubmodul 230
–, spannungsoptischer Koeffizient 259
–, spezifische Wärme 330
–, Struktur des Glases 90–98
–, Struktur der Schmelze 17–22
–, Verschleiß 273
–, Viskosität 148–153, 299
–, Wärmedehnung 169–170
–, Wärmetransport 336
metallische Gläser 142–144
–, Abkühlgeschwindigkeit, kritische 74
–, Begriff 142
–, Glasbildung 70, 72, 108, 142
–, Kristallisation 62
–, Lichtdurchlässigkeit 213
–, Magnetismus 291
–, Molwärme 87
–, Viskosität 115
metallorganische Verbindung 76
Metglas 143
MgF_2-Dampf 115
MgO-haltige Gläser s. erdalkalihaltige Gläser
microstructure 28
Mikrohärte 42, 259, 267, 269
–, Berechnung 271
–, Viskosität 270
–, Vorgeschichte 272
Mikroheterogenität 131, 260, 268
Mikroorganismen 313
Mikroparakristall 110
Mikroplastizität 268
Mikrorisse 241
Mikrostruktur 28
Mineralfaser 329
Mischalkalieffekt, Alkaliboratgläser 131
–, Alkaliphosphatgläser 134
–, Alkalisilicatgläser 124
–, Auslaugung 319
–, chemische Beständigkeit 319, 320
–, Dichte 185
–, Eispunktänderung 198
–, elektrische Leitfähigkeit 275, 278–282, 287
–, innere Dämpfung 238

–, Struktur 124
–, Viskosität 157
–, Wärmedehnung 173
–, wasserhaltige Gläser 137
Mischerdalkalieffekt 321
Mischoxideffekt 124
Mischung, ideale 11
Mischungsenthalpie, freie 11, 24
Mischungsentropie 10, 31
Mischungslücke (s. auch Entmischung) 23, 26
–, Berechnung 111
–, metastabile 28
–, Übersicht 30
Mittelbereichsordnung 114, 121
MnO_2-Entfärbung 221
Modell der Glasstruktur 121
Modellgläser 135, 140
Modul 229
Modus 243
Mohssche Härteskala 269
Molrefraktion 201
Molvolumen, Berechnung 193
–, Gläser 184–188
–, Molrefraktion 201
–, partielles 20
–, Schmelzen 194, 195
–, SiO_2 183
Molwärme 83, 330
Molybdatgläser 135
Morphologieindex 65
Mößbauer-Effekt 94, 216, 219

Nabal-Gläser 132
Nachrichtenfaser 228
Nachwirkung, elastische 238
NaF 20
Na^+-Funktion 326
Nahordnung, Glasstruktur 100, 116, 144
–, Resonanzverfahren 94
–, Röntgenographie 90, 92
Na_2O-B_2O_3-Gläser s. Alkaliboratgläser
Na_2O-B_2O_3-SiO_2-Gläser s. Borosilicatgläser
Na_2O-CaO-SiO_2-Gläser s. Kalk-Natronsilicatgläser
Na_2O-SiO_2-Gläser s. Alkalisilicatgläser
NASICON-Glas 288
$Na_2SiO_3 \cdot 3H_2O$-Glas 48
Na_2SO_4 138
Natriumaluminosilicatgläser s. Al_2O_3-haltige Gläser
Natriumborosilicatgläser s. Borosilicatgläser
Natriumdampflampen 327
Natriumsilicatgläser s. Alkalisilicatgläser
Natronkalkgläser s. Kalk-Natronsilicatgläser
Nd_2O_3-Entfärbung 222

Nebengruppenelemente, Einfluß auf
  Brechzahl 205
–, – chemische Beständigkeit 320, 327
–, – Dehnungsmodul 231
–, – Dichte 185
–, – dielektrischen Verlust 295
–, – elektrische Leitfähigkeit 279, 289, 290
–, – Farbe 214, 217
–, – Festigkeit 253
–, – Lichtdurchlässigkeit 214, 228
–, – Oberflächenspannung 300
–, – Ritzhärte 273
–, – spezifische Wärme 332
–, – Struktur des Glases 94, 127
–, – UV-Absorption 214
–, – Vickershärte 270
–, – Viskosität 157
–, – Wärmedehnung 174
–, – Wärmeleitfähigkeit 337
Nebenvalenzbindung 101
Nernst-Einsteinsche Beziehung 277
Nernstsche Gleichung 37, 324
Ne-Transport 97
Netzwerk 5, 90, 100
Netzwerkauflösung 316
Netzwerkbildner, Begriff 7
–, Feldstärke 104
–, organische 81, 145
Netzwerkhypothese 5–7
–, Ausnahmen 108
–, Chalcogenidgläser 142
–, Glasstruktur 100
–, Kationenverteilung 22
–, Röntgenographie 92
Netzwerkwandler 36
–, Begriff 7
–, Feldstärke 104
–, organische 80, 145
–, Verteilung 22
–, Viskosität 155
Neumann-Koppsche Regel 83
Neutronenbeugung 93, 122
Newtonsche Flüssigkeit 41, 148, 268
Nichteinheitlichkeit 109, 114
nichtoxidische Gläser 140–146
Nickelfärbung 221, 225
Niobatgläser 135
NiO-Entfärbung 222
Nitratgläser, Glasbildung 70, 135
–, Idealglas 114
–, Transformationstemperatur 69
Nitride 52
NMR-Methode 94
NRA-Methode 95
Nullpunkt, absoluter 83, 88, 331, 337
Nullpunktsdepression 198
Nullpunktsentropie 88

Oberflächenanalyse 96, 307, 323
Oberflächenenergie 117, 119, 239, 273, 298
Oberflächenfehler 241, 252, 255
–, Ausheilung 256
–, Nachweis 243
Oberflächenkeimbildung 58
Oberflächenkristallisation 67, 243, 257
Oberflächenleitfähigkeit 275, 291, 311
Oberflächenschicht 214
Oberflächenspannung (s. auch bei den
  jeweiligen Gläsern) 117, 297–305
Obsidian 1, 306
O_2-Elektrode 37
Ofenatmosphäre, Einfluß auf (s. auch
  Umgebungseinfluß)
–, chemische Beständigkeit 323
–, Eisenfärbung 217, 220, 225
–, Halbleitung 289
–, Oxidationszustand der Schmelze 38
–, Schmelzvergangenheit 113
–, Viskosität 162
OH-haltige Gläser s. wasserhaltige Gläser
Oktaeder 99, 112
Opaleszenz 214
optische Gläser, Übersicht und Daten 201
Orbital 99
organische Gruppen 80, 100
organische Komplexe 313
organische Substanzen, Glasangriff durch
  313, 329
organisch modifiziertes Silicat 81, 145
Orientierungsdoppelbrechung 21, 47
Ormosile 81, 145
Oxidationspotential 222
Oxogläser 75, 135, 288
Oxynitridgläser 139

Paarbildung 93, 94
Packungsdichte 235, 236
parakristalline Struktur 97
Pascalsekunde 41, 148
PbO-haltige Gläser, Bleikristallglas 2
– –, Bildungsbedingungen 7, 69
– –, Brechzahl 205, 210
– –, chemische Beständigkeit 320
– –, Dehnungsmodul 231, 235
– –, Dichte 185
– –, dielektrischer Verlust 295
– –, elektrische Leitfähigkeit 279, 282, 286,
  291
– –, Festigkeit 253
– –, Oberflächenspannung 300, 305
– –, Permittivitätszahl 294
– –, Poissonsche Zahl 235
– –, Ritzhärte 273
– –, Röntgenographie 127

– –, spannungsoptischer Koeffizient 260, 261
– –, spezifische Wärme 331
– –, Struktur der Schmelze 15
– –, Struktur des Glases 7, 98, 127
– –, UV-Absorption 38
– –, Vickershärte 270
– –, Viskosität 157, 161, 166
– –, Wärmedehnung 171, 174
– –, Wärmeleitfähigkeit 337
– –, Wassereinbau 161
Pentagondodekaeder 111, 112, 122
Perlit 306
Permittivitätszahl (s. auch bei den jeweiligen Gläsern) 291
–, Berechnung 295
–, $LiNbO_3$-Glas 135
–, Messung 292
– verschiedener Gläser 294
Phasendiagramm (s. auch Systeme)
–, Auswertung 8–17, 68
–, Entmischung 22
–, Glasbildung 136
–, Glasigkeit 71
–, Kristallisationsgeschwindigkeit 63, 64
–, Mischungslücke 23
Phasenregel 33
Phasentrennung s. Entmischung
Phenolphthalein 89
Phonon 335
Phosphatgläser 134
–, Dichte 191
–, Eisenfärbung 219
–, elektrische Leitfähigkeit 282, 288
–, Flußsäurebeständigkeit 326
–, halbleitende Gläser 290
–, Kristallisation 64
–, Laser 227
–, UV-Absorption 217
photochrome Gläser 225
photoelastische Konstante s. spannungsoptischer Koeffizient
Photoelektronen 94
Photon 94, 335
photosensitives Glas 67, 222
phototrope Gläser 225
$Ph_2SiO \cdot TiO_2$-Ormosil 146
pH-Wert 37, 325
Plastizität 42, 244, 267
Platzwechselvorgang 238
Pockelsglas 261
P_2O_5-Glas, Bildungsbedingung 6
–, Struktur 123
–, Viskosität 46, 155
P_2O_5-haltige Gläser, Brechzahl 212
–, Entmischung 35
–, Glasbildung 75

–, Keimbildung 58
–, Struktur 134
–, Viskosität 160
Poise 41, 148
Poissonsche Zahl (s. auch bei den jeweiligen Gläsern)
–, Begriff 229
–, Berechnung 233
–, Messung 230
–, Temperaturabhängigkeit 237
–, Transformationstemperatur 171
–, Werte 232
Polarisierbarkeit, Basizität 39
–, Brechzahl 211
–, Dehnungsmodul 231
–, Halogenlöslichkeit 36
–, Keimbildung 59
–, Lichtdurchlässigkeit 224
–, Mikrohärte 270
–, Molrefraktion 201
–, Oberflächenspannung 117, 299
–, Permittivitätszahl 291
–, spannungsoptischer Koeffizient 261
Polieren 118
Polymere, organische 144
Polymerisation 16, 36, 77, 81
Polymorphie 116
Polysiloxan 146
Polysulfidanion 221
pO-Wert 37, 39
proof testing 251
Proton 137, 279, 294, 306
Pyknometer 181
Pyrex-Glas, Ausdehnungskoeffizient 178, 181
–, chemische Beständigkeit 318, 321
–, Dichte 198
–, Glasbildung 69
–, Molwärme 87
–, Transformationstemperatur 69, 178
–, Viskosität 168
–, Zusammensetzung 178
Pyrogallol 313

Quarz 21, 70
–, Dichte 89, 183
–, Entglasungsprodukt 21
–, Flußsäureangriff 305
–, Struktur 100, 110
Quarzglas, Begriff 2, 121

radioaktive Abfälle 317, 327
Ramanspektroskopie, B-Koordination 131, 132
–, Entmischung 23

Ramanspektroskopie, F-Einbau 137
–, Keimbildung 56
–, Strukturuntersuchung 18, 96, 124, 224
–, Verdichtung 236
random distribution 7
Randwinkel 119
Rasch-Hinrichsen-Gleichung 283
Rasterelektronenmikroskopie 97, 243
Raumerfüllung (s. auch Hohlraum) 146, 184, 201, 236
Rayleigh-Streuung 215, 228
Reaktionsschicht (s. auch Schutzschicht) 328
Realglas 112–114
Redoxreaktion 37, 222, 224
Redoxzahl 38
Reflexion 214
Reflexionsvermögen 199, 214
Refraktion, spezifische 134, 200, 207, 211
Refraktometer 203
Reibung, innere 238
Relaxation, Dichte 197
–, Mechanismus 49–51, 266
–, Spannung 257
–, strukturelle 49
Relaxationsverlust 293
Relaxationszeit, Begriff 43
–, Brechzahl 51
–, elektrische Leitfähigkeit 286
–, Kühlung 180
–, Relaxationsverlust 293
–, Spannungsabbau 266
–, spezifische Wärme 87
–, Viskosität 22, 47, 167
REM-Methode 97
Repeatability Number 116
Resonanzverfahren 93
Resonanzverlust 293
RFA-Methode 96
Ringbildung 20, 111, 112, 122, 142
Rißausbreitung 244, 247, 248
Rißspitze 244, 247, 250
Rißverlängerungskraft 244
Ritzhärte 269, 272, 273
Rollertechnik 74
Röntgenfluoreszenzspektroskopie 96, 129
Röntgenkleinwinkelstreuung
–, Alkaliborate 131
–, Entmischung 23, 35, 312
–, Fluktuationen 114
–, Kieselgel 91, 93
Röntgenographie, Festkörper 90, 115
–, Gläser 6, 90, 121, 131
–, Kristallisation 65
–, Schmelzen 18
–, Schwarmbildung 125
–, Strukturmodell 92, 110

Rückfederungswert 269, 272
Rückverformung 268

säkularer Anstieg 198
Sauerstoffion, Basizität 16, 37
–, Bindung 98
–, Glasstruktur 6
–, Ionenrefraktion 202
–, Molvolumen 183
–, Polarisierbarkeit 39
–, UV-Absorption 216
Sauerstoffpolyeder 6
Sauerstoffvolumen 183
Säureangriff 311
Säurebeständigkeit 308, 318, 321, 324
Säurefehler 326
Säureklasse 308
SAXS-Methode s. Röntgenkleinwinkelstreuung
Sb_2O_3-Glas 123
Sb_2S_3-Glas 115
Schaltverhalten 290
Scherungsmodul s. Schubmodul
Schlacken 8, 16, 63, 129, 167
Schlagfestigkeit 259
Schleifen 118
Schleifhärte 267, 273
Schlieren, Dichte 195
–, Nachweis 204
–, Spannungen 265
Schmelzdiagramm s. Phasendiagramm bzw. System
Schmelze, Dichteberechnung 191
–, Dichtemessung 182
–, Dichtewerte 194–196
–, elektrische Leitfähigkeit 283–285
–, Festigkeit 252
–, Struktur 8–40, 193
–, unterkühlte 4, 86
–, Wärmedehnung 196
Schmelzentropie 10, 62, 71
Schmelzgeschwindigkeit 52, 61
Schmelzpunkterniedrigung 8
Schmelztemperatur, Glasbildung 72, 106
–, reduzierte 72
–, Verhältnis zu T_g 69
Schmelzvergangenheit 113, 255
Schmelzvorgang 51–53
Schmelzwärme, B_2O_3 60
–, GeO_2 61
–, Na_2SiO_3 14
–, PbO 15
–, SiO_2 9
Schubmodul, Begriff 229
–, Berechnung 233
–, Messung 230

–, Temperaturabhängigkeit 237
–, Viskosität 42
–, Werte 232
Schutzschicht 307, 312, 320, 321, 328
Schwankungen s. Fluktuationen
Schwarmbildung (s. auch
 Entmischungstendenz)
–, Alkalisilicatschmelzen 124
–, Festigkeit 242
–, Glasstruktur 22
–, Röntgenographie 93
–, Schmelze 11
Schwebemethode 181
Schwefelglas 142
Schwefellöslichkeit 140
Schwefeln 257
Schwerkronglas 200
Sekundärionenmassenspektroskopie s. SIMS
Selbstdiffusion s. Diffusion
Selbstzersetzung 329
Selenglas 47, 69, 107, 142
Selenrosa 221
Selenrubin 221
SEM-Methode 97
Shelyubskii-Methode 204
Sialongläser 139
$SiCl_4$ 36
Siemens 274
SiF_4 36
Signalgläser 224
Silanolgruppe 117
Silbergelb 67, 221
Silberhalogenid 226
Silicate, organisch modifiziert 81, 145
Siloxan 146
SIMS-Methode 95, 307, 321
Si_3N_4 139
Sintern 78, 81
SiO_2 (s. auch Cristobalit, Quarz, SiO_2-Glas,
 Stischowit, Tridymit)
–, Bindungsverhältnisse 98–100
–, faseriges 100
– -Gel s. Kieselgel
– -Löslichkeit 306
–, Modelle 140
– -Netzwerk 7, 100
–, Polymorphie 116
–, Schmelzentropie 10
–, Schmelzwärme 9
–, Schmelzvorgang 52
Si-O-Abstand 90, 92, 100, 172
Si-O-Bindung 44, 98–100
$Si(OC_2H_5)_4$ 76, 81
SiO_2-Glas, Bezeichnung 2, 121
–, Bildungsbedingungen 6, 69
–, Bildungsenergie 46
–, Bindungsverhältnisse 98–100

–, Brechzahl 189, 204, 211
–, bruchmechanische Daten 245, 249
–, chemische Beständigkeit 305, 312, 318,
 323
–, Dehnungsmodul 231, 237, 245
–, Dichte 111, 182, 189, 194, 197
–, dielektrischer Verlust 294
–, elektrische Leitfähigkeit 277, 290
–, Elektronenmikroskopie 97
–, Ermüdungskurve 249
–, Festigkeit 240, 256
–, Fluktuationen 228
–, Gelmethode 79
–, Herstellung 34, 324
–, IR-Durchlässigkeit 222, 227
–, Keimbildung 58
–, Kompressibilität 232
–, Konfigurationsentropie 89
–, Kristallisationsgeschwindigkeit 61
–, Lichtdurchlässigkeit 227
–, Modifizierung 80
–, Molwärme 85, 87, 331
–, Nullpunktsentropie 88
–, Oberfläche 118
–, Oberflächenspannung 299, 305
–, Permittivitätszahl 292
–, Poissonsche Zahl 233
–, Refraktion 202
–, Röntgenographie 18, 91–93, 121
–, spannungsoptischer Koeffizient 260, 262
–, spezifische Wärme 84, 331
–, Struktur der Schmelze 18
–, Struktur des Glases 6, 90, 93, 97, 110,
 114, 118, 121
–, Transformationstemperatur 70
–, UV-Absorption 216
–, Verdichtung 236
–, Vickershärte 270
–, Viskosität 40, 70, 154, 155, 159
–, Wärmedehnung 172
–, Wärmeleitfähigkeit 336
–, Wassereinbau 136, 161
Si-OH-Bande 308
$[SiO_3N]$-Tetraeder 139
$[SiO_6]$-Oktaeder 100
Si-O-Si-Winkel 92, 100, 110, 121, 236
$[SiO_4]$-Tetraeder, Bindungszustand 92, 99
–, Netzwerkhypothese 6
–, Röntgenographie 90
SiP_2O_7 100
SiS_2 36, 100, 142
SnO_2-haltige Gläser 134, 327
SiSe$_2$-Glas 142
softening point 151
Sol s. Sol-Gel-Prozeß
Solarisation 222, 225
Sol-Gel-Prozeß 76–81

Sol-Gel-Prozeß
–, Einführung von Stickstoff   139
–, Glasherstellung   62, 109, 116, 126, 134
–, Ormosile   145
–, superionenleitendes Glas   288
–, Überzug   256, 327
–, Vergleich mit erschmolzenem Glas   113, 132
SO_3-Löslichkeit   39, 138
Spannungen   259–267
–, Festigkeit   256, 265
–, kritische   244
–, Kühlung   265
–, mechanische   260
–, permanente   265
–, Relaxationszeit   43
–, temporäre   263
–, thermische   262
–, Verschmelzung   170
Spannungsintensitätsfaktor   244
Spannungskorrosion   247, 248, 252, 254
spannungsoptischer Koeffizient
–, Bestimmung   259
–, Doppelbrechung   170
–, Temperaturabhängigkeit   261
–, Werte   260
Speichereffekt   290
Spektrallinien   200
spezifische Wärme (s. auch bei den jeweiligen Gläsern)   330–335
–, Konfigurationsanteil   86
–, Temperaturabhängigkeit   85, 331
–, Thermodynamik   82, 330
–, Vorgeschichte   87
Spinntechnik   74
Spinodale   25, 34
splat-quenching-Technik   74
Spreitung   119–120
Standardglas I   165, 166
Statistik s. Verteilung
STEM-Methode   23, 97
stickstoffhaltige Gläser   139, 140, 318
Stischowit   100, 183
Stokessches Gesetz   148
Strahlungsleitfähigkeit   335, 337, 339
strain point   151, 267
Streuung des Lichts   23, 214
Streuverlust   227
Struktontheorie   110, 192
Struktur des Glases   81–146
– der Schmelze   8–40
Strukturparameter   108
Sulfatgläser   135
sulfathaltige Gläser   138, 301
Sulfidgläser (s. auch As_2S_3-Glas)   142
–, elektrische Leitfähigkeit   277, 283, 288, 289

–, Infrarotdurchlässigkeit   224
–, Transformationstemperatur   115
sulfidhaltige Gläser, Glasbildung   140
–, Keimbildung   58
–, Kohlegelb   221
–, Schwefelgehalt   36
superionenleitende Gläser   144, 287, 288
Supremax-Glas   178
Syngenit   315
System (s. auch bei den jeweiligen Gläsern)
– Al_2O_3-CaO, Glasbildung   129, 327
– Al_2O_3-CaO-SiO_2, Glasbildung   129
– –, Kristallisation   63
– Al_2O_3-Li_2O-SiO_2, Glaskeramik   34, 67
– Al_2O_3-MgO-SiO_2, Glaskeramik   67
– Al_2O_3-P_2O_5, Glasbildung   134
– Al_2O_3-SiO_2, Dichte der Schmelzen   196
– –, Glasbildung   128
– –, Mischungslücke   30, 31
– Ba-Mg, Kristallisation   143
– BaO-B_2O_3-SiO_2, Sekundärentmischung   35
– BaO-CaO-SiO_2, Phasendiagramm   28
– BaO-SiO_2, Mischungslücke   28, 30
– B_2O_3-Na_2O-SiO_2, Phasendiagramm   32
– B_2O_3-Na_2S, Glasbildung   140
– B_2O_3-PbO, Aktivitäten   13
– –, Entmischung   23
– B_2O_3-SiO_2, Brechzahlen   205
– –, Glasbildung   132
– –, Mischungslücke   30
– Ca-Mg, Glasbildung   143
– $Ca(NO_3)_2$-KNO_3, Glasbildung   70, 72, 135
– CaO-Na_2O-SiO_2, Kristallisation   22, 63
– GeO_2-SiO_2, Brechzahlen   205
– –, Glasbildung   188
– GeS_2-Na_2S, Glasbildung   142
– K_2O-TiO_2, Glasbildung   106
– NaCl-Na_2O-SiO_2, Mischbarkeit   138
– NaCl-Na_2SiO_3, Mischbarkeit   138
– NaCl-SiO_2, Mischungslücke   138
– NaF-Na_2O-SiO_2, Phasendiagramm   138
– NaF-Na_2SiO_3, Mischbarkeit   138
– NaF-SiO_2, Mischungslücke   138
– Na_2O-SiO_2, Aktivitäten   10, 12
– –, Glasigkeit   70
– –, Kristallisation   21, 75
– –, Mischungsenthalpie   12
– –, Mischungslücke   30
– –, Phasendiagramm   9
– –, Verdampfungsgeschwindigkeit   11
– Na_2S-SiO_2, Glasbildung   140
– PbO-SiO_2, Aktivitäten   15
– –, Mischungslücke   30
– P_2O_5-SiO_2, Brechzahlen   205
– R_2O-SiO_2, Glasbildung   106, 133

– SiO_2-TiO_2, Mischungslücke 30
– –, Wärmedehnung 133, 173
– SiO_2-ZrO_2, Glasbildung 134

Tantalatgläser 135
Ta_2O_5-haltige Gläser 160
Teildispersion 200
Tektit 306
Telluritgläser 106, 133, 224
TEM-Methode 97
Temperatur, charakteristische 84
–, reduzierte 57
Temperaturabhängigkeit (s. auch Aktivierungsenergie)
–, Brechzahl 110, 211–212
–, Bruchgeschwindigkeit 246
–, chemische Beständigkeit 322
–, Dehnungsmodul 237
–, Dichte 193–196
–, dielektrische Eigenschaften 292
–, elektrische Leitfähigkeit 275, 283
–, Enthalpie 82, 85
–, Entmischung 25
–, Farbe 224
–, Festigkeit 252
–, IR-Durchlässigkeit 224
–, Keimbildung 57
–, Koordinationszahl 132
–, Kristallisationsgeschwindigkeit 61
–, Lichtdurchlässigkeit 224
–, Mikrohärte 272
–, Molwärme des SiO_2-Glases 85
–, Oberflächenspannung 304
–, Poissonsche Zahl 237
–, Relaxationszeit 266
–, Schubmodul 237
–, spannungsoptischer Koeffizient 261
–, spezifische Wärme 82, 331
–, Viskosität 43–47, 152
–, Volumen 4, 85
–, Wärmedehnung 171–172
–, Wärmetransport 336
Temperaturwechselbeständigkeit 67, 172, 263
TeO_2-Glas 105, 133, 224
Tetraeder 99
T_g s. Transformationstemperatur
$ThCl_4$ 141
Thermodynamik, Entmischung 25
– des Glases 82–90
–, Gleichgewicht 4
–, Grundgleichung 11, 82
–, Idealglas 113
–, irreversible 89
–, Mischung 11
thermodynamischer Faktor 114

Thermometereffekt 198
thermooptische Konstante 212
ThO_2-haltige Gläser 134
TiO_2 133
TiO_2-haltige Gläser
–, elastische Konstanten 235
–, Fluorgehalt 36
–, Keimbildung 58, 67
–, Laugenbeständigkeit 327
–, Ormosile 81
–, Viskosität 160
Titanatgläser 133
Titanfärbung 219
Tl_2SO_4-Glas 135
TMS-Methode 98
Torsionsmodul s. Schubmodul
Totalreflexion 199, 214
Transformationsbereich, Begriff 5, 43, 179
Transformationstemperatur (s. auch bei den jeweiligen Gläsern)
–, Begriff 5, 43, 179
–, Bestimmung 150
–, Einfluß des Wassergehalts 78, 161, 265
–, Fluoridgläser 141
–, Idealglas 114
–, Kühlung 47, 267
–, metallische Gläser 144
–, Mikrohärte 270
–, nichtkristalline Festkörper 116
–, Ormosile 145
–, Oxynitridgläser 140
–, Schmelztemperatur 69
–, Spannungen 265
–, Werte 69, 178
–, Zeitabhängigkeit 47
Trennstelle 6, 36, 80, 124
Trennstellensauerstoff 6, 95, 123, 223
Tridymit 21, 22, 63, 65, 70, 100
Trimethylchlorsilan-Methode 97, 98
Trübgläser 36, 66, 138, 214
TTT-Kurve 72, 79
$t_{k\,100}$-Wert 276

Überfangglas 256
Überhitzung 53
Überkreuzversuch 49
Überschußfunktion 11
Ultrarot, Begriff 214
Ultraschallmethode 230
Ultraviolettabsorption 38, 213, 216, 224
Umgebungseinfluß auf (s. auch Ofenatmosphäreneinfluß)
– Bruchgeschwindigkeit 246
– chemische Beständigkeit 314, 324
– elektrische Leitfähigkeit 275
– Farbe 220

Umgebungseinfluß auf
- Festigkeit 242, 254, 258
- Härte 269, 272
- Kristallisationsgeschwindigkeit 61
- Oberflächenspannung 302
- Viskosität
Umwandlungsordnung 85
Unordnung, ideale 110
-, statistische 113
Unterkühlung 54, 60, 69
Untersuchungsmethoden s. Meßmethoden
UR s. Infrarot
UV s. Ultraviolett

Vanadiumfärbung 219
Verbundwerkstoff, innerer 81
Verdampfungsgeschwindigkeit 11, 81
Verdampfungswärme 46, 72
Verdichtung 236, 268, 271
- von Gelen 78
Verformbarkeit 144
Verformung 236, 238, 244, 267
-, elastische 268, 271
-, plastische 268, 271, 274
Verhalten, ideales 9
Verlustfaktor s. dielektrischer Verlust
Verlustzahl 238
Verschleißprüfung 273
Verschmelzung 170, 179
-, Ausdehnungskoeffizient 264
-, Spannungsmessung 259
Verteilung der Ionen
-, Alkaliionen 124
-, Anionen in Schmelze 14
-, Hohlräume 89
-, Netzwerkhypothese 7
-, Netzwerkwandler 22
-, random 7
-, statistisch 22, 112
Verunreinigungen s. Beimengungen, geringe
Verwitterung 314, 324
Verwitterungsalkalität 315
Verwitterungsbeständigkeit 315
VFT-Gleichung s. Vogel-Fulcher-Tammann-Gleichung
Vickershärte 259, 268, 269, 272
Viskoelastizität 49, 148, 248, 260
Viskosimeter 148
Viskosität (s. auch bei den jeweiligen Gläsern) 147-169
-, Definition des Glases 5
-, Entmischung 23
-, Fixpunkte 150
-, Grundlagen 40-43
-, Induktionsperiode 58
-, Keimbildung 56

-, Mikrohärte 268
-, Oberflächenspannung 299
-, Struktur der Schmelze 19
-, Temperaturabhängigkeit 43-47
-, Zeitabhängigkeit 47-51
Vitronentheorie 111
Vogel-Fulcher-Tammann-Gleichung 44, 69, 150, 152
Voltametrie 21, 216
Volumen (s. auch Dichte)
-, freies 45, 89, 112, 157, 283
-, Temperaturabhängigkeit 4, 85
Vorgeschichte, Einfluß auf Brechzahl 50, 212-213
-, - chemische Beständigkeit 308, 323
-, - Dehnungsmodul 238
-, - Dichte 196-199
-, - dielektrische Eigenschaften 297
-, - elektrische Leitfähigkeit 286, 289
-, - Farbe 225
-, - Festigkeit 255, 257
-, - Glaseigenschaften 113
-, - Halbleitung 289
-, - Härte 272
-, - Lichtdurchlässigkeit 225
-, - spezifische Wärme 87, 334
-, - Struktur 50
-, - Transformationstemperatur 47, 161
-, - Viskosität 161, 167
-, - Wärmedehnung 172, 179-181
vorgespannte Gläser 272
Vorordnungsbereich 143
Vorprüfung 251
Vycor-Glas 34, 178, 324

Waldglas 2
Wärmedehnung (s. auch bei den jeweiligen Gläsern) 4, 169-181, 193
-, geringe 67, 133, 171, 256
-, Glasschmelzen 181
-, Oberflächenspannung 304
-, Ormosile 145
-, Struktur der Schmelze 20
-, Transformationstemperatur 150
Wärmeinhalt s. Enthalpie
Wärmeleitfähigkeit (s. auch bei den jeweiligen Gläsern) 335
-, Festkörper 144
-, glasartiger Kohlenstoff 145
-, Temperaturabhängigkeit 337
-, Temperaturwechselbeständigkeit 263
Wärmestrahlung 222, 335
Wärmetransport 335-339
Wasser s. H_2O bzw. wasserhaltige Gläser
Wasserangriff 250, 305, 312, 316, 323
Wasserbeständigkeit 139, 308, 310, 318, 322

wasserhaltige Gläser 136
- -, Brechzahl 189, 207
- -, Dämpfung, innere 238
- -, -, optische 228
- -, Dichte 189
- -, dielektrischer Verlust 294
- -, elektrische Leitfähigkeit 275, 278, 282
- -, Entmischung 31
- -, IR-Durchlässigkeit 222–224
- -, Kristallisationsgeschwindigkeit 61, 79
- -, Löslichkeit von Wasser 39, 161
- -, Mikrohärte 270
- -, Oberflächenspannung 301
- -, Rißlänge 268
- -, Sol-Gel-Prozeß 114
- -, Struktur 137
- -, Transformationstemperatur 265
- -, Viskosität 154
- -, Wärmedehnung 175
Wasserstoffbrückenbindung
-, Adsorption 118
-, Bindungstyp 101
-, Dichte 189
-, Glasbildung 75, 135
-, spezifische Wärme 87
-, Struktur des H_2O 123
-, Temperaturabhängigkeit 225
-, Wassereinbau 136, 223
Wasserwert 330
WAXS-Methode 92
Weibull-Statistik 251
Weichgläser 176
Wellenleiter 122, 141, 215, 227

Wetterbeständigkeit 324
Wettereinfluß 315
Widerstand, elektrischer, s. elektrische Leitfähigkeit
WLF-Gleichung 45
WO_3 112
Wolframatgläser 135
working point 152

XANES-Methode 96
Xerogel 77
XPS-Methode 94

Youngsche Beziehung 119

Zähigkeit s. Viskosität
Zeitabhängigkeit s. Vorgeschichte
Zementverstärkung 321, 326, 327
$ZnBr_2$-Glas 141
$ZnCl_2$-Glas 69, 87, 141
ZnO-haltige Gläser s. Nebengruppenelemente
ZrF_4 125, 141
ZrO_2 13, 37, 38, 75
ZrO_2-haltige Gläser
-, Alkalibeständigkeit 321, 326
-, Dehnungsmodul 233
-, Keimbildung 58
-, Struktur 134
Zugfestigkeit 252, 253, 255
Zugspannungen s. Spannungen

H. Salmang, H. Scholze

Keramik

Teil 1

Allgemeine Grundlagen und wichtige Eigenschaften

6., verbesserte und erweiterte Auflage. 1982. 145 Abbildungen, 48 Tabellen. IX, 308 Seiten. Gebunden DM 178,–. ISBN 3-540-10987-0

Inhaltsübersicht: Einführung. – Strukturen: Bindungsarten. Kristalle. Nichtkristalline Festkörper. Oberflächen – Grenzflächen. Gefüge. – Thermochemie: Thermodynamik. Gleichgewichte. Kinetik. – Kermaisch wichtige Systeme: Einstoffsysteme. Zweistoffsysteme. Dreistoffsysteme. Feldspäte. – Eigenschaften: Thermische Eigenschaften. Mechanische Eigenschaften. Elektrische Eigenschaften. Magnetische Eigenschaften. Optische Eigenschaften. Chemische Eigenschaften. – Literaturverzeichnis. – Namenverzeichnis. – Sachverzeichnis.

Teil 2

Keramische Werkstoffe

6., verbesserte und erweiterte Auflage von H. Scholze

Unter Mitarbeit von I. Elstner, F. J. Esper, H. Hausner, H. W. Hennicke, H. Leistner, K.-H. Schüller

1983. 93 Abbildungen, 48 Tabellen. XI, 276 Seiten. Gebunden DM 198,–. ISBN 3-540-12595-7

Inhaltsübersicht: Einführung. – Vom Rohstoff zum Fertigprodukt. – Silicatkeramische Werkstoffe. – Feuerfeste Werkstoffe. – Oxidkeramik. – Elektro- und Magnetokeramik. – Nichtoxidische Keramik. – Glaskeramik. – Spezielle Anwendungen keramischer Sonderwerkstoffe. – Literaturverzeichnis. – Namenverzeichnis. – Sachverzeichnis.

Springer-Verlag
Berlin Heidelberg New York
London Paris Tokyo Hong Kong

H. Jebsen-Marwedel, R. Brückner (Hrsg.)

Glastechnische Fabrikationsfehler

„Pathologische" Ausnahmezustände des Werkstoffes Glas und ihre Behebung – Eine Brücke zwischen Wissenschaft, Technologie und Praxis

3., völlig neubearbeitete Auflage. 1980. 597 Abbildungen, 34 Tabellen. XVIII, 623 Seiten. Gebunden DM 370,–. ISBN 3-540-09495-4

W. Trier

Glasschmelzöfen

Konstruktion und Betriebsverhalten

1984. 467 Abbildungen, 63 Tabellen. XVI, 311 Seiten. Gebunden DM 238,–. ISBN 3-540-12494-2

A. H. Dietzel

Emaillierung

Wissenschaftliche Grundlagen und Grundzüge der Technologie

1981. 95 Abbildungen, 29 Tabellen. XI, 312 Seiten. Gebunden DM 198,–. ISBN 3-540-10453-4

A. Petzold, H. Pöschmann

Email und Emailliertechnik

1987. 252 Abbildungen, 82 Tabellen. 432 Seiten. Gebunden DM 148,–. ISBN 3-540-17747-7*

Springer-Verlag
Berlin Heidelberg New York
London Paris Tokyo Hong

*In Zusammenarbeit mit VEB Deutscher Verlag der Grundstoffindustrie, Leipzig

MIX
Papier aus verantwortungsvollen Quellen
Paper from responsible sources
FSC® C105338

If you have any concerns about our products,
you can contact us on
ProductSafety@springernature.com

In case Publisher is established outside the EU,
the EU authorized representative is:
**Springer Nature Customer Service Center GmbH
Europaplatz 3, 69115 Heidelberg, Germany**

Printed by Libri Plureos GmbH
in Hamburg, Germany